제4판

생명과학 교양서

생명과학 강의노트

이우성 지음

Biology Lecture Note

BIOSCIENCE
(주)바이오사이언스출판

생명과학 강의노트 제4판

초판 인쇄: 2021년 3월 2일
초판 발행: 2021년 3월 10일

저　자: 이우성
발행인: 문정구
발행처: (주)바이오사이언스출판
본　사: 10860 경기도 파주시 탄현면 국화향길 10-56, 1동
서울사무소: 06569 서울특별시 서초구 도구로 115, 1층(방배동)
전　화: (02)581-4057~8
팩　스: (02)581-4059
이메일: inquiry@biosciencepub.com
홈페이지: http://www.biobooks.co.kr
ISBN: 978-89-6824-114-7 93470

등록번호: 제22-3079호

값 32,000원

(주)바이오사이언스출판

제4판을 출산하며

2004년 '생명과의 대화'라는 제목으로 초판을 펴낸 후 이제 생명과학 강의노트 제4판을 내보냅니다. 대학 생명과학 교양강의에 적합하고 이과 및 문과 학생들이 함께 사용할 수 있는 한 학기용 교재로 개발한 후 현재 20여 개 대학들과 교육부의 한국형 온라인 플랫폼 등에서 사용하게 되었습니다. 제법 긴 세월 여러 구독자들로부터 받아온 문제점, 하루가 다르게 신기루같이 쏟아져 나오는 새로운 생명과학의 발전상, 부끄러울 정도로 잘못되거나 부족한 글을 보강하게 되어 다행이라는 안도의 한숨이 나오기도 합니다. 오랜 동안 부족함을 알고 있는 것만으로도 저자로선 독자들에게 무거운 마음이었습니다.

2021년을 맞이하는 지금의 교육 현장에선 변화의 요구가 파도처럼 밀려오고 있습니다. 구태의연한 지식의 전달보다는 과학 현상의 원리를 얘기하고, 비판적으로 기존 지식을 바라보고, 생명과학 지식들의 파편들이 연결되어 커다란 스토리가 만들어지고, 생명을 음미하고 생명 신비에 도전하는 웅장한 꿈을 안내하는 교육자로서의 자성이 요구되고 있습니다.

21세기 문명의 중심축으로 진화한 생명과학의 발전상에 걸맞는 현대생명과학의 많은 얘깃거리를 압축하여 '깊고 쉬운(Deep and Easy)' 글이 되도록 하였습니다. 피상적인 지식의 나열을 피하고 지식의 역사성과 현대 과학과의 연결성을 놓치지 않으며 가급적 쉬운 글을 작성하도록 하였습니다. 전체가 연결되고 일관성 있는 스토리가 전개될 수 있도록 15장들이 아래와 같이 유기적으로 구성되도록 하였습니다.

생명을 정의하고 기본적인 구성 단위를 탐구

생명이란?(1장), 생명의 기본 단위인 세포와 분자들(2장), 생명의 설계자 DNA(3장), 생명의 정보 전달 체계(4장), 생명의 실행자 단백질(5장)

생명의 기본적 현상들

세포분열과 암(6장), 유전(7장), 호흡(8장)과 광합성과 식물(9장)

인체를 집중적으로 탐구

생식(10장), 몸의 기본기능 – 순환, 호흡, 소화와 배설(11장), 신경계(12장), 내분비계(13장), 생명의 방어체계–면역(14장), 우리 몸을 둘러싸는 환경을 다루는 생태계(15장)

제4판에서는 이전 판 여러 곳들에서의 문구 및 내용의 수정 외에도 아래의 다양한 주제들이 새로운 단락으로 추가되었습니다.

생명의 역사(1장)
유전자 편집 기술(3장)
세포주기의 조절(6장)
현대유전학(7장)
영양과 영양소(8장)
척삭과 신경관 형성(10장)
혹스 유전자와 형태 형성(10장)
변연계, 감정과 기억(12장)
시각정보의 전달(12장)
내분비계와 항상성(13장) 3판 12장으로부터 내분비계를 분리시킴
체액성면역과 항원제시(14장)
세포성면역과 항원제시(14장)
2019년 신종코로나바이러스(14장)

숨 돌릴 틈 없이 발전해가는 기술문명 시대에 생명을 바르게 이해하고 성찰하는 것은 21세기를 살아가는 교양인들에게 절실합니다. 생명을 바라보는 우리에겐 범우주적인 차원의 시야와 냉철한 통찰력이 요구됩니다. 지구의 구성원으로 인간들이 지구와 지구의 변화에 바르게 기여할 수 있어야 하기 때문입니다. 기술문명이 수십 억 년의 역사를 가지고 진화해온 생명들에게 파괴적으로 미치는 영향은 반드시 곱씹어보아야 합니다. '생명을 안다는' 것은 분명 생명을 아끼고 생명 간의 관계는 물론 생명과 환경과의 조화를 인지할 수 있게 되는 것입니다. 이 책의 독자들이 생명을 알아 가면서 생명을 고귀하고 아름답게 여기며 사랑할 수 있기를 기대해봅니다.

지난 30여년 저자가 소속되어 있는 성균관대학과 여러 대학들에서 이 책을 교재로 사용하면서 잘못을 지적해준 교수와 학생들에게 깊은 감사드립니다. 아울러 책을 잉태하고 출산까지 담당해 주신 바이오사이언스 여러분들에게도 깊은 감사를 전합니다.

2021년 2월

성균관대학교 생명과학과 명예교수 이우성

차례

열네 번째 강의 14 면역계

열다섯 번째 강의 15 생태계

약 38억 년 전 지구 끝 어디에선가 생명이 되기 위한 필요조건들을 모두 충족하고 있는 최초의 세포가 출현했다. 이 세포는 생명활동에 필요한 몇몇 물질들과 외부와 내부를 구분 짓는 세포막을 마련하게 되었다. 이 세포는 필요한 물질을 설계하고 제작하게 되었고, 한참 뒤에는 세포분열을 통해 자식을 생산할 수 있게 되었다. 이렇게 생명의 원조인 원시생명체가 탄생되었고, 지금 세상에 존재하는 수없이 많은 종류의 생명체들은 이들 원시생명체들로부터 유래되었다. 생명체들은 오랜 진화의 과정을 통해 서로 다른 모습으로 변했지만 이들은 생명으로서 반드시 갖추어야할 공통적인 특징들을 유지하고 있다.

이 장에서는 생명체의 종류에 관계없이 생명체이면 반드시 가져야 할 공통적인 특징들과 생명체의 진화와 다양함을 살펴본다.

첫 번째 강의

I 생명과 생명과학

1.1 생명의 특징

들꽃은 때가 되면 정확하게 꽃을 피운다. 때를 놓치는 실수 없이 매년 같은 수의 꽃잎과, 똑같은 꽃 색을 만들어낸다. 작은 꽃망울 안에 무엇이 들어 있기에 이토록 엄격하게 이런 특성을 유지할 수 있을까? 최고 성능의 컴퓨터라고 해도 생명체처럼 덥다고 땀을 흘리거나 춥다고 몸을 움츠리지 못한다. 반면 생물은, 움직이지도 못하는 식물들조차 한 잎이 벌레의 공격을 받으면 재빨리 다른 잎에 알려 방어 태세를 지시하는 놀라운 반응능력을 가진다. 인간의 대장 안에서 단세포생물 대장균은 매순간 1,000여 가지의 서로 다른 화학반응을 수행하는 정확하고 역동적인 능력을 가지고 있다. 흙 속에 묻힌 채, 대기 중에 날아다니는 질소를 질소화합물로 바꾸어 다른 생명체들에게 공급하는 질소고정 박테리아의 활동은 가히 자연의 대서사시에 비유할 수 있을 것이다. 몸체의 길이가 1mm에 불과한 하등생물 '꼬마선충'도 19,099개의 유전자를 지니고 있으며, 이를 통해 자신의 생로병사를 총괄한다(**그림 1.1**). 또한 드넓은 바다로 나아가 살다가 강원도의 작은 강어귀로 정확하게 회귀하는 연어들의 방향감각과 기억력 역시 생명체의 능력이 얼마나 무한한 것인지 일러준다. 그뿐이랴, 마음속에 잠재해 있는 감수성을 아름다운 시어로 창출해내는 시인의 능력을 과연 과학적으로 설명해낼 수 있을까?

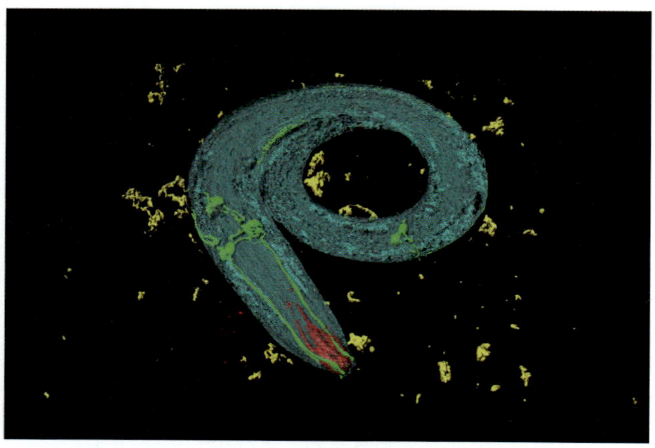

그림 1.1 꼬마선충

무엇이 생명체들에게 이런 놀라운 능력을 갖게 했을까? 생명체인 이상 모두가 가지는 특성들은 무엇일까? 이런 특성들을 모두 가져야 생명이라 할 수 있는 것이다.

생명의 특성들

공통적인 생명의 분자들

'삶이란 무엇이고 죽음이란 무엇인가?' 라는 고차원적 질문에 대한 생명과학적인 답은 무엇일까? '탄소, 수소, 질소, 인 등의 원자들이 엮여 살아가는 것이 삶이고, 엮였던 물질들이 다시 분해되어 원자들로 해체되는 현상이 죽음이다.'라고 할 수 있다.

지구상에 생명체가 처음 만들어질 때, 지구상에 널려 있는 원자들이 모여 생명의 필수품인 조금 큰 분자량의 유기물이 만들어졌다. 곧 살펴보겠지만 DNA는 생명의 설계자로서, 단백질은 생명의 실행자로서, 탄수화물은 에너지

의 저장 물질로서 등 모든 생명들에게선 없어서는 안 되는 **유기물**이다. 생명들에 의해 채택된 대부분의 물질들 하나하나는 모든 생명체에서 동일하다. 식물, 벌레나 사람이 가지고 있는 **아미노산**의 종류는 모두 20가지이며, DNA를 구성하는 염기들의 종류는 네 종류이다. 생명체들은 한 가족이며 이들이 사용하는 물품들에는 큰 차이가 발견되지 않는다. 이 세상 모든 생명들은 DNA, 단백질, 탄수화물, 지질이라는 유기물을 가질 뿐더러 이들의 제조와 사용방식조차 일치한다.

유기물
핵산, 탄수화물, 지질, 단백질 등 탄소를 포함하며 생명이 사용하는 큰 분자의 물질.

아미노산
단백질의 구성요소로 아미노산이 연결되어 단백질을 이룬다.

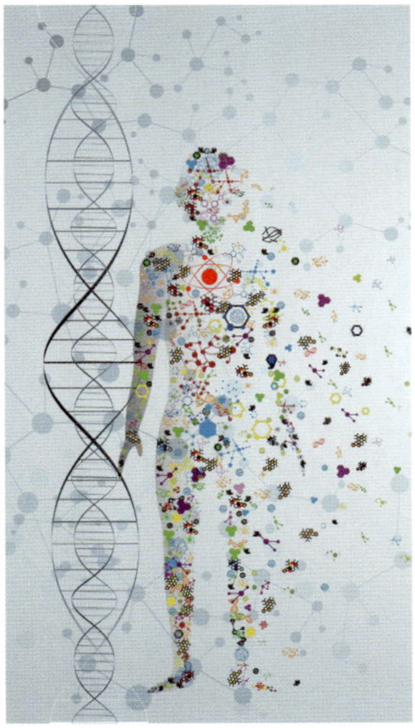

DNA, 생명의 설계도

사자는 사자를 낳고 장미는 장미꽃을 피운다. 어버이의 특징이 섞여서 태어난 자손들은 어버이와는 조금 다르지만 종족이라는 범위를 벗어나지는 않는다. 종족의 동일성은 어떻게 유지될까? 어떻게 사자의 자식은 항상 사자가 될까?

각각의 생명체가 태어나서 죽을 때까지 일어나는 모든 생명현상의 중심에는 DNA와 단백질라는 화학물질이 있다. 단백질은 생명체 안에서 벌어지는 수많은 화학반응들, 물질의 수송, 신호의 전달, 구조의 형성, 항체의 생산 등 생명이 벌이는 거의 모든 일들을 실행한다. DNA는 다양한 종류의 단백질을 만드는 설계도라 할 수 있다. DNA는 단백질의 설계도이자 생명의 설계도라 할 수 있는 것이다. 부모로부터 전달받은 DNA는 부모의 단백질과 자식의 단백질들이 모두 한 종으로서의 모습과 생명활동을 나타내도록 한다. 사자의 자식은 사자가 되는 이치이다. 모든 생명체는 DNA로서 생명체의 모습과 생명활동을 결정하고 이런 특성을 자식들에게 물려준다. 모든 생명들이 따르는 생명의 법칙이다.

생식과 유전

지구상의 모든 생물들은 반드시 죽으며, 그 때문에 새로운 생명들이 반드시 태어나야 한다. 생물들이 자손을 생산하는 현상을 생식이라 하며 대부분의 고등생물들처럼 남녀 두 개의 성으로 생식하는 유성생식과 박테리아나 효모처럼 남녀가 필요없는 무성생식으로 구분된다. 생식을 거쳐 태어난 자손은 부모의 형질(개체들이 가지고 있는 특성들을 말함)을 물려받는 현상을 유전이라 한다(**그림 1.2**). 유성생식은 단순히 부모와 닮은 자손을 만드는 현상을 넘어 부모의 형질보다 조금 개선된 형질을 가진 자손이 생겨나도록 할 수도 있다. 생식이란 어버이의 DNA를 자손에게 전달해주는 일련의 과정이라 할 수 있다. DNA를 물려받은 자손은 어버이의 형질을 전달받는다. 실제로 자손이 어버이로부터 받은 구체적인 물질은 DNA뿐이다.

발생과 성장

다섯 손가락을 가진 사람의 손, 가시가 돋아 있는 장미의 줄기 등 모든 생명체는 고유의 모습을 가진다. 고유의 모습을 갖기 위해선 수정된 이후 수많은 세포분열을 거치면서 발생이 진행되어야 한다. 수정 이후 최종 성체까지의 일련의 과정을 발생이라 하며 발생development은 세포분열과 분열된 세포가 서로 달라지는 분화

그림 1.2 유전. 부모의 형질이 자손에게 전달되는 과정

differentiation라는 현상을 필요로 한다(그림 1.3). 분화를 통해 다양해진 세포들로 형태를 이루고 최종적인 구조를 갖추게 된다. 호미가 땅을 일구는 데 적합하듯이 생명체가 가지는 형태는 그 생명체가 살아가는 데 적합한 기능을 발휘하도록 한다. 몸체를 제대로 갖춘 생명체는 성장을 통해 몸집을 크게 만들면서 생명체로서의 기능을 최대로 발휘할 수 있는 성체로 자라게 된다.

에너지의 생성과 사용

아무리 성능이 좋은 휴대전화기라도 배터리가 없으면 아무 일도 할 수 없는 것처럼 생명체들은 에너지를 만들 수 있어야 하며 적재적소에서 이 에너지를 사용하여야 한다. 에너지가 없으면 DNA도 만들 수 없고, 물질을 세포 내로 받아들일 수도 없

그림 1.3 태아의 발생. 발생은 활발한 세포 분열과 분화의 결과로 이루어진다.

다. 생명체는 에너지의 생산과 소비를 균형 있게 수행할 수 있는 특징을 가진다.

생명체에서 통용되는 ATP(adenosine triphosphate, 아데노신삼인산)이라는 고에너지 저장 물질이 있다(**그림 1.4**). 동물은 주로 섭취한 음식물을, 식물은 빛에너지를 전환하여 ATP를 얻는다. 이렇듯 모든 생명체는 ATP를 만들고 사용한다. 우리가 잠들어 있어도 심장은 박동하고 있으며, 이에 필요한 에너지는 ATP를 통해 끊임없이 제공된다. 우리가 음식물을 섭취하면 힘이 나는 까닭은 음식에 있는 에너지를 ATP로 전환하여 사용할 수 있기 때문이다.

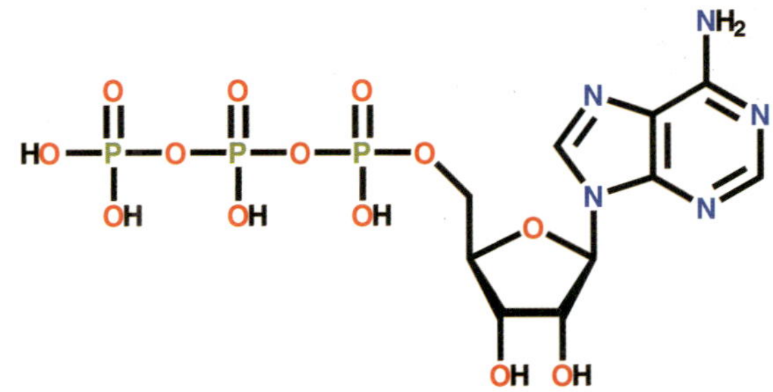

그림 1.4 에너지 저장물질 ATP

적응과 진화

변화하는 환경조건들에 적응하는 능력을 가진 생명체들은 살아남아 오랜 세월에 걸쳐 진화하고, 적응하지 못하는 생명체들은 도태된다. 생물 집단의 모든 개체들에는 서로 다른 약간씩의 변이가 존재하고, 이 중 환경에 적응할 수 있는 변이들이 축적되어 개체들의 모습이나 행동양식이 서서히 변해가는 진화를 한다. 환경에 적응할 수 있는 생물들은 세대에서 세대로 몇천 년이나 계속하는 동안 변이가 축적되고, 새로운 종으로 진화한다(**그림 1.5**).

자극에의 반응

우리 몸은 더우면 땀을 흘리며 열을 몸 밖으로 배출한다. 단세포생물인 박테리아도 이들이 좋아하는 포도당이 근처에 주어지면 포도당을 향하여 접근하며, 해로운 물

그림 1.5 환경적응과 진화 – 툰드라 지역의 식물. 캐나다나 유럽 최 북쪽에 위치하는 툰드라 지역은 기온이 매우 낮아 키가 작은 풀이나 나무만이 자랄 수 있으며 키 큰 나무나 산림을 찾아보기 힘들다. 이런 환경에 적응할 수 있는 식물들만이 이곳에서 살아남아 진화할 수 있다.

생각넓히기 1 일사량에 대한 적응과 피부색

어떠한 요인이 인류가 서로 다른 피부색을 지닌 인종으로 구분되도록 진화하게 한 것일까?

피부색을 이해하는 실마리는 인류의 진화과정에서 찾아볼 수 있다. 700만 년 전 인류의 초기 조상은 오늘날 침팬지처럼 온몸이 털로 덮여 있고 피부색은 옅었다. 그러다가 450만 년~200만 년 전 이들은 열대우림을 떠나 사바나 초원으로 삶의 터전을 옮겼다. 태양에 그대로 노출된 사바나에서 이들은 먹이를 찾아 끊임없이 움직여야 했고, 이 과정에서 땀을 잘 흘려 과열된 몸을 효율적으로 식힐 수 있는 개체가 생존에 유리했다. 인류는 땀의 증발을 방해하는 두터운 털이 없어지도록 진화해 온 것이다. 그러나 자외선은 털이 없는 피부에 심각한 위험을 줄 수 있다. 자외선은 DNA를 손상시킴으로써 정상세포를 암세포로 만들 수 있다. 따라서 자외선을 흡수해 피부조직을 보호하는 수단이 함께 진화해야 했는데, 멜라닌 색소가 바로 그것이다. 멜라닌 색소가 많을수록 피부색은 더 검어지고 피부암에 걸릴 위험은 적어지는 것이다. 실제로 멜라닌 색소가 적은 백인들의 경우 자외선에 취약해 피부암에 걸릴 확률이 높다.

자외선의 역할이 오로지 피부에 해만 끼치는 것뿐이라면, 자외선으로부터 피부를 보다 완벽하게 보호하기 위해 모든 인구 집단은 검은 피부를 지니게 됐을 것이다. 그러나 자외선은 순전히 위험하기만한 것은 아니다. 자외선은 비타민D의 합성에 중요한 역할을 한다. 비타민D는 골격 형성에 필요한 칼슘을 대장과 콩팥에서 흡수시키는 데 기여한다. 따라서 사람의 피부색은 햇빛이 너무 강해 화상이나 피부암에 걸릴 위험과 비타민D의 양이 너무 적어 비정상적 골격형성의 위험 사이의 어떤 타협점에 의해 결정된다고 여겨진다. 인류의 대다수가 갈색 피부를 가진 것이나, 열대지방 사람들의 피부가 검고 위도가 북쪽으로 올라갈수록 피부가 희어지는 것도 바로 이러한 타협의 결과로 보인다. 고위도의 경우, 적은 일조량으로 피부암이 걸릴 확률은 상대적으로 적지만 비정상적인 골격형성의 위험은 컸다. 따라서 약한 일조량으로도 비타민D를 합성해 낼 수 있는 피부가 희고 그을리지 않는 개체들이 자연선택되었을 것이다. 적도의 경우에는 일 년 내내 강하게 내리쬐는 자외선으로 인해 비타민D가 부족한 일은 없을 테지만 그들에게 있어서 피부암은 치명적인 큰 위험이었을 것이다. 피부색의 다양성은 환경에 적응해 가는 형질이 자손들에게 전해지면서 진화가 이루어지는 예이다.

질이 주어지면 그 물질과 멀어지는 방향으로 이동한다. 이와 같이 생명체들은 몸 밖에서 주어지는 환경변화, 즉 자극에 반응한다. 생명체들은 환경변화를 인식하고 이 변화에 적절하게 반응하는 능력을 가지고 있는 것이다. 이런 능력이 없다면 생명체들은 항상 변하는 외부 환경에 맞추어 생존할 수 없게 된다. 자극에의 반응을 통해 생명체들은 몸의 내부 환경을 일정하게 유지하려고 하는데, 어떤 자극에도 적절히 반응하여 몸의 기능을 항상 일정하게 유지하려는 이러한 성격을 항상성homeostasis이라고 한다. 더울 때 높아진 체온을 땀을 흘려 정상적인 체온으로 낮추려는 현상은 항상성의 한 예이다.

세포, 생명의 기본 단위

모든 생명체들은 생명체의 기본단위인 세포로 구성되어 있다(**그림 1.6**). 박테리아처럼 하나의 세포가 그대로 하나의 생명체(단세포생물)가 되거나, 대부분의 고등 생명체처럼 많은 수의 세포가 모여 하나의 생명체(다세포생물)가 된다. 한 생명체를 이루는 세포들은 정도의 차이는 있으나 역할과 기능이 서로 다르다. 예를 들면 사람의 심장을 이루는 세포는 심장 박동에 필요한 에너지를 만드는 기능이 발달되어 있는 반면, 신경을 이루는 세포는 모양이 길쭉해 신호를 전달하는 기능을 수행하는 데 적합하도록 되어 있다. 이렇듯 다양한 종류의 세포들은 서로 긴밀하게 협력하여 하나의 생명체를 이룬다.

한 학교가 단지 하나의 큰 교실로 이루어져 있다면 어떻게 될까? 전체 구성원이 온종일 혼돈 속에서 지낼 수밖에 없을 터이고 정상적인 교육이 불가능할 것이다. 여러 학년과 학급으로 세분되어야 비로소 효율적인 교육조직을 이루게 된다. 마찬가지로 하나의 세포도 너무 커지면 물질의 이동과 신

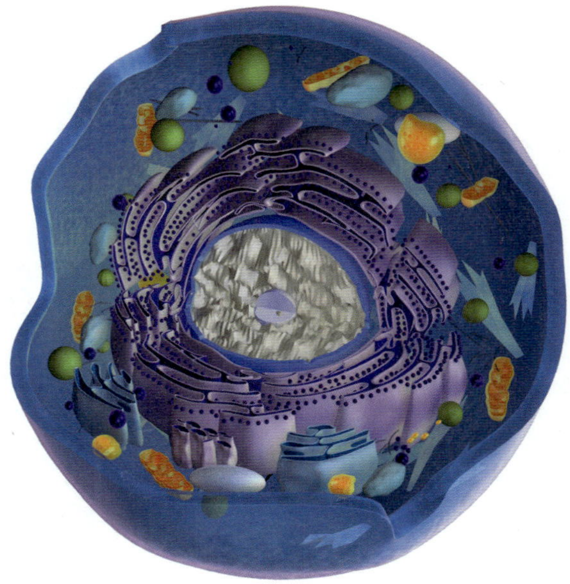

그림 1.6 동식물 등 대부분의 고등 생명체들이 가지는 전형적인 세포 모습이다. 세포 안에는 여러 세포소기관이 있어 여러 서로 다른 기능들을 수행한다.

생각넓히기 2 바이러스는 생물과 무생물의 중간형

사람들이 자주 걸리는 독감은 인플루엔자라는 바이러스에 의해 생긴다. 이 바이러스는 사람의 세포를 공격하여 세포의 정상적인 기능을 망가트려 열이 나고 콧물이 흐르게 한다. 바이러스는 생명체들과는 달리, 세포로 되어 있지 않으며 단백질로 된 껍데기(외피) 안에 핵산(DNA나 RNA)이 들어 있는 단순한 구조로 되어 있다. 이들은 박테리아보다도 훨씬 작아 전자현미경으로만 관찰된다. 자극에 대한 반응은 물론 생식이나 물질대사도 할 수 없다. 바이러스는 혼자서 독립하여 살 수 없으며 반드시 살아 있는 세포에 기생하며 살아간다. 바이러스는 세포에 침입하여 세포가 가진 장치들을 사용하여 자신의 단백질과 핵산을 만들어냄으로써 증식한다. 증식된 바이러스가 세포를 부수고 나와 다른 세포들을 침입하면서 감염의 범위는 확대된다.

침입의 대상에 따라 동물바이러스, 식물바이러스로 구분되고 박테리아를 침입하는 바이러스를 박테리오파지 또는 그냥 파지라 한다. 또한 바이러스에 따라 DNA 또는 RNA 핵산을 가지고 있으므로 각각을 DNA 바이러스 또는 RNA 바이러스라 한다. 인플루엔자 바이러스는 동물바이러스로서 RNA를 가지고 있다. 후천성면역결핍증(AIDS)을 일으키는 HIV라 불리는 바이러스는 역시 RNA를 가지고 있는데 사람의 면역세포인 T 림프구에 침입한다. 이 질병에 걸리면 면역력이 급격히 저하되어 심하면 죽음에 이르기도 한다. 이들 바이러스는 독립해서 살 수 없고 단순히 단백질과 핵산으로 이루어진 입자에 지나지 않아 생명체라 할 수 없다. 하지만 생명체가 가지고 있는 핵산과 단백질을 가지고 있으면서 세포들에 침입하여 이들 안에서 증식하기 때문에 완전히 무생물이라 하기도 곤란하다. 이런 이유로 바이러스는 생물과 무생물의 중간형이라 할 수 있다.

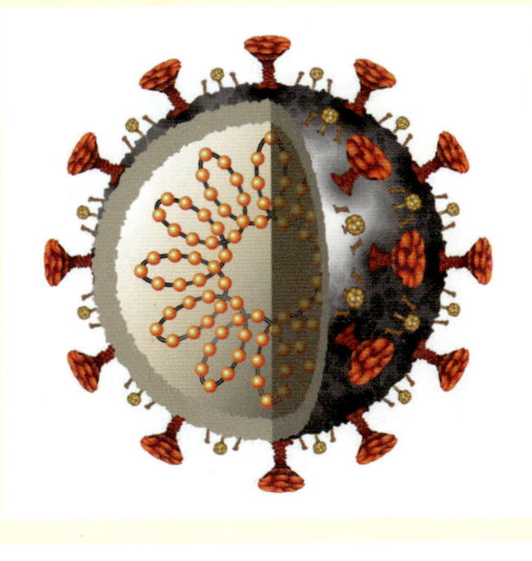

2019년 출현한 신종 코로나 바이러스. RNA를 가지며 외피의 돌출되어 있는 구조인 '스파이크' 단백질로 사람의 호흡기 세포에 침투한다.

호전달 등 여러 생명활동을 제대로 수행할 수 없다. 그래서 세포는 너무 커지지 않도록 분열을 하면서 적당한 크기를 유지한다. 이것이 여러 다세포생물들이 수십조 개나 되는 작은 크기의 세포들을 갖는 이유이다.

1.2 생명의 진화와 다양성

생명의 탄생

약 38억 년 전 지구 끝 어디에선가 생명이 되기 위한 필요조건들을 모두 충족하고 있는 최초의 세포가 출현했다. 분명 세포가 만들어지기 전 오래전부터 생명이 필요로 하는 물질들을 제조하여 생명의 탄생을 준비하고 있었을 것이다. 이 세포는 에너지를 만들어 낼 수 있게 되었고, 한참 뒤에는 세포분열을 통해 자식을 생산할 수 있게 되었다. 이렇게 생명의 원조인 단세포 원시생명체가 탄생되었고 지금 세상에 존재하는 수없이 많은 종류의 생명체들은 이들 원시생명체로부터 유래되었다. 얼마 뒤 원시생명체는 광합성을 시작하였고, 한참 뒤에는 이들로부터 어엿이 핵과 미토콘드리아를 갖춘 진핵세포가 출현했다. 단세포 진핵세포로부터 식물이 태어났고, 또 간단한 구조의 동물이 태어났다. 한참 뒤에는 다양한 종류의 동물들이 출현했고 아주 한참 뒤에는 인간이 태어났다.

약간의 논란은 있지만 45억 년 전에 나타난 지구는 생명이 살고 있는 유일한 행성이다. 지구는 태양과의 적당한 거리로 인해 생명이 탄생할 수 있게 되었다. 지구는 물, 공기는 물론 생명에 적합한 온도와 환경을 갖춘 곳이기 때문이다. 지구 환경은 어떤 방식이던 생명이 필요로 하는 분자들을 만들 수 있었을 것이다. 1953년 시카고 대학의 대학원생이었던 스탠리 밀러는 바닷물이 담긴 플라스크와 원시 대기에 풍부했을 메탄, 암모니아, 황화수소 기체의 혼합물이 담긴 플라스크를 고무관으로 연결한 후 원시 대기에서 높은 에너지의 번개에 대신할 전기방전을 일으켰다. 며칠이 지나자 플라스크 속의 물은 아미노산, 당, 지방산 등의 유기물이 녹아서 녹황색을 띠게 된 것을 발견하였다. 이 발견으로 생명의 탄생을 온전히 설명하지는 못하지만 생명의 필수품인 유기물이 만들어지는 것으로 보아 원시 바다에는 유기물이 풍부하게 녹아 있었을 것으로 여겨진다. 여러 종류의 아미노산이 만들어지고 이들이 연결되어 단백질의 역할을

태양 주변을 돌고 있는 지구

할 수 있게 되기까지의 시간과 과정은 짐작조차 할 수 없지만 긴 세월 첫 세포를 탄생시키기 위한 분위기가 무르익어 가고 있었다.

38억 년 전에 생명이 어떻게 탄생했을까? 생명이 탄생하기 위해선 아미노산이나 염기 등 간단한 구조의 유기물들로 기다란 사슬의 단백질이나 핵산을 이루었을 것이다. 이들 유기물들로 대사 등 기본적인 생명활동이 시작되었고, 한참 뒤에는 물질들의 출입과 안정된 에너지 공급이 벌어지게 되었을 것이다. 세대에서 세대로 이들 생명의 분자들이 전해지면서 생명들은 지구 어디에선가 제법 안정되게 자리 잡고 오랜 기간 살아갈 수 있었을 것이다.

지구상에서 가장 오래 된 생명의 흔적은 아마 스트로마톨라이트 stromatolite라는 바위일 것이다. 35억 년 전에 형성되기 시작된 것으로 여겨지는 이 바위에는 광합성을 하는 원시 박테리아가 바위틈에 층을 이루고 있는 모습이 보인다(그림 1.7). 박테리아의 분비물에 바위 성분이 흡착되어 층을 이룬 것으로 짐작된다. 산소가 없는 원시 환경에서 광합성을 시작한 남조균으로 불리기도 하는 시아노박테리아cyanobacteria일 것으로 추측된다. 광합성은 결코 단순한 반응이 아니라는 점에서 시아노박테리아보다 한참 전에 스트로마톨라이트로 진화한 생명체가 존재했을 것으로 짐작된다. 시아노박테리아보다 훨씬 단순한 구조와 기능의 생명체가 38억 년 전에 지구상에 나타났을 것으로 여겨진다(그림 1.8).

그림 1.7 스트로마톨라이트

원시 생명체들은 몇 종류의 유기물로 생명활동을 대부분 책임지었을 것이라는 것은 어렵지 않게 짐작할 수 있다. 혹자는 RNA 분자가 지금의 DNA와 단백질 역할을 모두 담당했을 것으로 생각하고 있다. 박테리아는 유일한 생명체로 생명의 탄생 이후 처음 20억 년 지구를 뒤덮고 있었다 한다. 이들 단세포 생물은 이 긴 세월을 거치며 큰 분자들에서 에너지를 끄집어내는 방법, 20개의 아미노산으로 다양한 종류의 단백질을 만드는 제조법, RNA만으로의 불편함을 DNA, RNA와 단백질로 구분지어 행동하게 하는 방법 등을 마련한 것으로 여겨진다. 이들은 호흡도 할 줄 알고 광합성도 할 줄 알게 된다. 많은 사람들은 박테리아가 생명의 원조라 하는데 크게 불편해하지 않는다. 생명이 탄생한 후 20억 년이 지나면서 박테리아가 다른 박테리아를 포획해 진핵세포가 생겨나게 된다(2장 '내부공생설' 참조). 생명 역사의 커다란 변곡점이 만들어진 것이다. 대부분의 식물과 동물은 진핵세포로 되어 있기 때문이다.

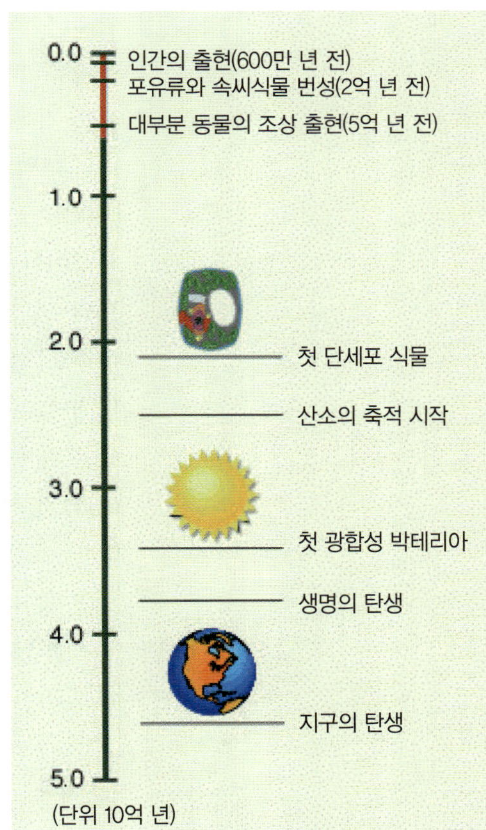

그림 1.8 생명의 역사

생명의 역사

45억 년이 된 지구의 역사를 하루라고 치고 생명의 발자취를 아주 간략하게 추적해 보자.

처음으로 단세포 생명체가 출현한 것은 아주 이른 시간인 새벽 4시경이다. 이후 저녁 8시 30분까지는 그야말로 박테리아 세상이었다. 땅 위를 어슬렁거리는 동물도 없었고 풀 한 포기도 없었다. 그 사이 광합성 박테리아도 생겨났고 이들의 광합성 덕분에 대기 중 산소의 농도가 조금씩 늘어나기 시작했다. 20분 후에는 바다나 호수 등에서 단세포 생명체들이 꿈틀거리기 시작했고 마침내 해양 식물들이 세상에 처음 선을 보인다. 곧 이어 해파리도 출현했고 원시 동물이 바다에 나타나기 시작했다. 밤 10시가 되자 땅 위에 사는 육상 식물이 보이기 시작했다(약 4억 5000만 년 전). 이들은 바다를 벗어나 독립적으로 물을 구해야 했기 때문에 뿌리를 만들어야 했고 관다발을 통해 물을 잎이나 온몸으로 공급해야 했다. 밤 10시 직전에는 물과 땅 사이에선 키가 작은 이끼 같은 식물이 있어 낮은 키로 관다발 없이도 살아갈 수 있었다. 밤 10시가 지나자 최초의 육상 동물이 나타나기 시작했다. 밤 10시 24분이 되면서 지구는 거대한 석탄기의 숲으로 덮였고 날개 달린 곤충이 하늘을 날기 시작했다. 이 숲의 퇴적물이 오늘의 우리에게 석탄과 석유를 제공해주고 있다. 공룡은 밤 11시 직전에 나타나서 45분간 세상을 휩쓸다 사라졌다. 자정을 20여 분 남겨두고 포유류의 시대가 시작되었다. 인간은 자정을 1분여 남겨두고 나타났다. 인간의 역사가 기록으로 남겨진 시간은 몇 초에 해당한다.

45억 년의 지구 역사에서 대륙은 불안정하게 미끄러지면서 서로 충돌한다. 산들이 솟았다 사라지고 바다가 생겼다가 말라버린다. 1분에 3회 정도씩이나 지구는 혜성이나 운석과 충돌하면서 끊임없이 불꽃을 내뿜는다. 이런 거친 환경에서 대부분의 생명들은 오래 살지 못하고 멸종을 맞고 있다. 이런 와중에 지구에 생명들이 아직도 버젓이 존재하고 있다는 것은 신기하기만 하다. 사실 지구 역사의 긴 세월 내내 살아남아 있는 종족은 별로 없다. 멸종과 탄생이 반복하고 있는 것이다. 생명력은 대단하여 바다에서 살던 생물들이 육상에서 살게 되는 과정은 어마어마한 개혁과 진화의 역경을 겪어야만 했다. 물에서 끄집어내던 산소를 대기로부터 얻어야 했다. 호흡기와 폐를 개발하기 위해 긴 세월 동안 몸부림쳤을 것이다. 땅을 피해 날개를 달고 하늘로 올라간 새들도 마찬가지이다.

멸종과 탄생, 변이와 자연선택을 거치며 지금 살아남은 종들이 현재 지구 생태계의 주인들이 되어 있는 것이다.

생명의 진화

생명체는 어떻게 지금과 같이 수많은 생명들로 이루어진 대집단을 이루게 되었을까? 눈에 보이지도 않는 박테리아, 세상을 온통 초록색으로 물들이는 식물들, 헤엄쳐 다니거나 기어 다니거나 날아다니거나 걸어 다니는 동물들. 각양각색의 이런 생명체들은 과연 어디에서 어떻게 나타났을까? 또한 인간은 어떻게 나타났을까?

학자들의 공통된 견해에 의하면 최초의 생명체가 약 38억 년 전에 탄생한 이후 근 30억 년 동안 생명체들은 바다, 강, 호수 등에서만 존재했고 육상은 아무런 생명체 없이 고요하기만 했다고 한다. 물이 없는 사막에서 인간이 살 수 없는 것처럼, 물이 없는 마른 땅은 생물들이 살아가기에 적합하지 않았던 것이다. 그러다 물의 공급이 원활해지지 않거나 물이 염도가 높아지게 되는 등의 조건이 되면서 몇몇 생명체들은 육상으로 이동하기 시작했다.

뿌리를 길게 뻗어 땅속의 물을 빨아들이게 된 식물은 잎을 크게 벌리면서 광합성을 통해 태양의 빛을 가져다 유기물을 만들게 되었다. 어떤 물고기들은 육지를 가로질러 좀 더 좋은 환경으로 이동하고자 일부 지느러미가 변해 다리가 되었고 공기를 들이마실 수 있는 원시적인 폐를 갖게 되었다. 그러다가 지느러미는 서서히 다리로 바뀌었으며 지금의 개구리나 두꺼비 같은 양서류로 변하게 되었다. 이렇게 생명체의 종(種)은 환경에 적응하며 진화의 과정을 거치면서 변모하였다. 앞서 말한 양서류들도 다른 형태의 동물들로 변화해나갔고, 식물들도 열악한 환경에 대처하면서 그를 극복할 수 있는 종들로 변화해나갔다. 이렇듯 지구상의 존재하는 생명체의 다양함은 모두 공통조상으로부터 조금씩의 변이가 축적되어 생겨난 것이고, 생명의 다양성에 대한 이런 시각은 진화론의 바탕이 된다.

교배가 될 수 있어 생식공동체라 할 수 있는 개체들의 모임인 종species을 살펴보면, 현재 지구상에는 곤충 7,511,000종, 꽃피는 식물 248,000종, 동물(곤충 제외) 281,000종, 균류(버섯과 곰팡이) 69,000종 등 매우 다양한 종류의 생명체들이 존재한다. 전체 종은 약 1,000만~1억 종으로 추산되며 분류와 명명이 되어서 족보가 있는 것만도 약 170만 종이 된다.

종의 분류

방에 있는 잡동사니들을 그냥 내버려두면 어떻게 될까? 잡동사니에 또 다른 잡동사니가 쌓이면 혼란의 공간이 되겠지만, 이들을 체계적으로 정리하면 필요할 때 쉽게 찾아 사용할 수 있는 값진 재산 목록으로 변한다. 마찬가지로 수천만 종의 다양한 생명체들도 어떤 규칙에 따라 정리정돈을 하면 지구상에 존재하는 생명체 하나하나는 귀중한 목록이 되고, 이 목록은 생명 전체를 체계적으로 살펴볼 수 있게 할 수 있는 생명과학 탐구의 중요한 자료가 될 수 있다.

그림 1.9 린네

생명체의 분류체계는 1700년대 중반 스웨덴의 식물학자인 린네(Carl von Linne, 1707~1778)에 의해 확립되었다(**그림 1.9**). 린네는 본인과 제자들이 수집한 방대한 양의 자료와 당시에 알려진 대부분의 동식물을 대상으로 새로운 분류체계를 마련하였다. 그는 당시 학자들에게 유용한 **검색표**를 제공하였고, 분류학이 하나의 학문으로 자리 잡는 데 기여했다. 린네는 이전의 분류체계를 더 세분화시켜 동물계,

검색표
생물이 속한 생물군(生物群)을 알아보기 쉽도록 만든 표로 생물군의 특성이 나열되어 있다.

식물계, 그리고 광물계 등의 계(界)와 그에 속한 강, 목, 속, 종, 변종 등의 계급을 새로 도입했다. 린네의 방식은 자연을 계로 나누는 것으로 시작하여 방안에 또 다른 방을 마련하는 방식으로 분류 단계들을 구분하는 것이었다. 각각의 계는 서로 다른 강으로, 강은 목으로, 목은 속으로, 속은 종으로 분리되었으며, 린네는 종에서 더 낮은 단위로의 분류도 가능하다는 것을 알게 되었다. 현대 분류학에서는 린네의 분류체계에는 존재하지 않던 '과'라는 등급이 목과 속 사이에 새로이 추가되었다.

린네의 또 하나의 분류학적 업적은 현대까지 이어져오는 명명법인 이명법을 확립시켰다는 것이다. 이명법이란 라틴어로 속명과 종명을 조합하여 생물을 나타내는 명명 방식으로, 속명은 고유 명사, 종명은 보통 명사 또는 형용사를 쓴다. 그 뒤에 명명자의 이름을 붙이고 필요시에 학명에 창시된 연도를 명시하는 경우도 있다. 속명과 종명은 이탤릭체로 하고, 명명자의 이름을 맨 뒤에 쓴다. 예를 들어 사람은 *Homo*(속명) *sapiens*(종명) Linne(명명자), 벼는 *Oryza sativa*이다. 명명자는 종종 생략되기도 한다.

린네는 본인의 분류체계를 절대적인 것이 아니고 스스로 인위적인 것이라 했다. 린네의 분류체계는 생물 집단의 간단한 차이점들 또는 공통된 물리적 특성들에 대한 관찰을 기반으로 인위적으로 설정한 기준에 의한 분류이기 때문이다. 이런 분류체계의 여러 곳들에서 오류와 부정확함이 후세 사람들에게 발견되어 그동안 많은 수정이 가해져 왔다. 하지만 린네의 분류는 생물들을 지정된 범주 안에 새로운 종으로 추가하거나 제외시킬 수 있는 유용한 체계로 현대 분류학의 단단한 기초가 되었다. 지금은 DNA 염기서열 등 새로운 지식과 과학을 기반으로 하는 분류 기준들이 광범위하게 사용되고 있지만 린네가 사용한 이론적 원리를 크게 벗어나지 않는다.

린네의 분류체계를 바탕으로 하는 현재의 분류학은 가장 광범위한 범주로부터 '계 → 문 → 강 → 목 → 과 → 속 → 종'의 분류 단계를 갖는다. 예를 들어 장수풍뎅이는 '동물계 – 절지동물문 – 곤충강 – 딱정벌레목 – 풍뎅이과 – 풍뎅이속 – 장수풍뎅이', 사람은 '동물계 – 척색동물문 – 척추동물 아문 – 포유강– 영장목 – 사람과 – 사람속 – 사람'의 분류 단계를 가진다.

학자들에 따라 여러 견해들이 제시되고 있지만 지금의 많은 분류학자들은 생물을 5계로 분류하는 데 동의하고 있다. 이러한 5계 체계에 따라 지구상에 존재하는 모든 생물은 원핵생물계, 원생생물계, 균계, 동물계, 식물계로 분류할 수 있는데, 이것은 생물의 외부형태나 내부구조, 생식 방법, 발생과정 등 그 생물만이 가지는 고유한 특징을 기준으로 한다. 이들을 차례로 살펴보면 다음과 같다(**그림 1.10**).

1. 원핵생물계monera: 원핵세포(핵이 없는 세포)를 가지는 박테리아가 속한다. 보통 세균이라 불린다.
2. 원생생물계protista: 원생생물계는 식물과 동물로 완전히 분화되기 이전 단계의 핵이 있는 단세포생물과 그 직계 다세포생물을 통틀어 원생생물이라고

한다. 이들은 핵을 가지는 진핵세포로 되어 있으며 일반적으로 단세포성 구조를 가지고 있다. 원생생물은 크게 원생동물(아메바, 짚신벌레 등), 조류 등으로 분류된다. 조류algae는 물속에서 생육하며 광합성에 의해 **독립영양생활**을 하는 체제가 간단한 식물을 말한다. 조류는 엽록소 *a*와 *b* 그 밖의 다른 광합성 색소를 가지고 광합성을 하지만 후천적으로 엽록소가 소실되어 독립적으로 영양을 얻을 수 없는 종류도 있다. 조류는 1차 생산자로서 지구에 발생하는 광합성량의 약 30~40%를 차지하고 있으며 단세포 또는 간단한 다세포로 이루어져 있다. 전 세계적으로는 약 30,000여 종이 있다고 알려져 있다.

그림 1.10 생명의 5계 분류

3. 균계fungi: 균계는 우리 주변에서 먹거리로도 사용되는 버섯을 비롯하여 곰팡이(그림 1.11) 등을 포함하는 생물 그룹으로 진핵세포 구조를 가지며 **종속영양 생물**체이다. 식물세포와는 달리 세포벽 성분은 **키틴**으로 되어 있으며 자연 생태계에서 분해자 역할을 담당하고 있다(15장 '분해자' 참조).
4. 식물계plantae: 식물은 세포벽이 있고 엽록체가 있어 광합성을 하는 독립영양생물이다. 식물은 광합성 색소로 엽록소 *a*, *b*와 카로티노이드를 가지며 세포벽은 셀룰로스로 이루어져 있다. 대부분의 식물은 크게 뿌리, 줄기, 잎으로 이루어져 있다. 뿌리는 식물을 지탱하고 양분을 얻으며 줄기는 뿌리에서 흡수한 물과 무기 양분, 잎에서 합성한 유기양분을 운반한다. 잎은 광합성을 하고 기공을 통하여 호흡작용과 증산작용을 한다. 식물은 가장 단순한 이끼부터 꽃을 피우는 진화된 식물이 두루 포함된다. 식물은 생태계의 생산자로 다른 생명체들에게 먹이를 제공한다(15장 '생산자' 참조).
5. 동물계animalia: 동물은 진핵세포로 이루어진 다세포성 생물이며 식물세포와는 달리 세포벽을 갖지 않는다. 동물은 엽록체가 없어 스스로 양분을 만들지 못하는 종속영양생물이므로 섭취한 먹이를 소화하기 위해서 소화계가 발달한다. 대부분의 동물은 신경계, 소화계, 생식계, 근육계 및 배설계를 갖는다. 가장 다양한 종의 생명체들이 동물계에 포함되며 크게 척추동물(사람, 개, 새 등)과 무척추동물(벌레, 성게, 거미 등)로 구분된다.

독립영양생활
무기물을 섭취하여 유기물을 독자적으로 만들어 사용하는 생물.

종속영양생물
독자적으로 유기물을 합성할 수 없어 주변에서 유기물을 섭취하는 생물.

키틴
단백질과 복합체를 이루는 다당체로 게, 새우, 균류 등의 외피나 세포벽에 분포한다.

그림 1.11 곰팡이

사람들에 의해 발견되고 기록된 종들보다 아직 발견되지 않은 종들이 훨씬 많을 것으로 짐작된다. 또한 종들은 계속 생기고 지구상에서 사라진다. 대부분의 종들은 서로 다르지만 이들은 많은 공통점을 가지고 있다. 즉 같은 점을 유지하면서 서로 달라지는 것이다. 그렇다면 도대체 어떻게 종들은 서로 달라지고 지구상에 이렇게 많은 다양한 종들이 생겨나게 되었을까?

진화, 다윈의 자연선택설

수많은 종들을 과학적으로 분류한 린네는 모든 종들은 변하지 않는다고 생각하였다. 즉 비슷하지만 서로 다른 모든 종들은 서로 독립적으로 만들어졌다는 생각이다. 당시 대부분의 선각자들은 린네와 같이 모든 종이 창조되었고 종은 결코 변하지 않는다는 기독교적 사고를 갖고 있었으며 이러한 사고는 18세기까지 이어졌다.

그림 1.12 다윈

종은 불변하며 창조에 의해 나타난 것이라는 생각에 결정적으로 반기를 들고 나타난 학자가 바로 다윈(Charles Darwin, 1809~1882, **그림 1.12**)이다. 그는 1859년 '종의 기원'이라는 책을 통해 생물 집단의 개체들에게는 변이가 존재하고, 이들 중 환경에 적응하고 생존에 유리한 특성을 가진 개체만이 살아남는 방식으로 변이들이 축적되어, 종국에는 새로운 종이 출현한다는 진화론을 주장하였다. 진화론은 단순한 형태의 생명체가 어떻게 복잡한 형태의 생명체로 진화하는지를 설명하고 있고, 결국 인간까지 탄생하게 하였는지를 설명하는 엄청난 이론이다. 다윈은 '종의 기원'에서 이렇게 말했다. "모든 생명들은 그 화학적 구성, 세포구조, 성장과 생활방식에서 많은 공통점을 가지고 있다." 이 책에 수록된 도표를 보면 한 종의 변종을 나무의 가지로 설명하였다(**그림 1.13**). '거대한 줄기에서 뻗어 나온 가지는 다시 큰 가지와 작은 가지로 나뉜다.' 현존하는 모든 생물들은 일련의 조상에서 가지치기를 한 것이고, 그 일련의 조상들에게는 더 적은 수의 조상이 있었다. 이런 방식으로 생명의 기원까지 거슬러 올라갈 수 있다는 생각이다. 모든 생명체 간의 관계는 잔가지가 무수히 뻗어나간 거대한 한 그루의 나무로 표현될 수 있다는 것이다.

다윈은 1831년 범선 비글호를 타고 오스트레일리아와 남태평양에 산재하여 있는 섬들과 남아메리카로부터 800km 떨어져 있는 갈라파고스 제도(**그림 1.14**)를 여행한 뒤 방대한 기록을 남겼다. 그는 다음과 같이 말했다. "작은 섬들 사이에는 강한 해류가 흐르고 있어 서로 분리되어 있는 이들 작은 섬들에 살고 있는 거북이(**그림 1.15**)들은 크기 등 많은 특징들이 서로 달랐다." 그는 계속해서 일반적인 생물의 진화에 관한 견해를 다음과 같은 예로 표현하였다. '주로 집토끼를 먹이로 하지만 때로는 산토끼도 먹는 여우나 개가 있다고 하자. (어떤 이유로) 집토끼의 수는 아주 조금

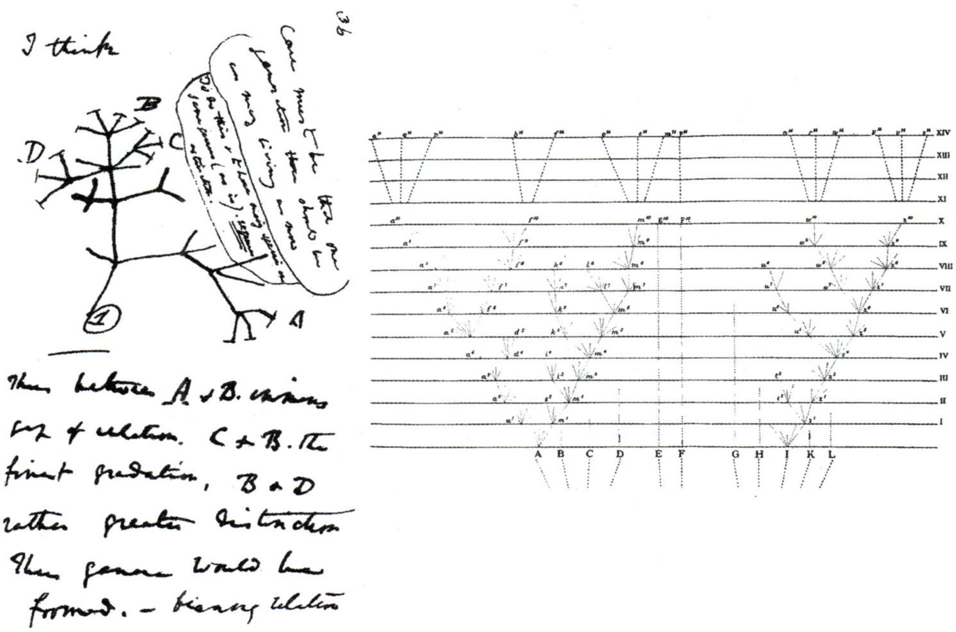

그림 1.13 **다윈의 구상.** 다윈은 「종의 기원」을 구상하면서, 큰 가지에서 여러 작은 가지들이 뻗어 나가는 형태로 새로운 종이 출현한다고 생각했다. 왼쪽의 손 그림은 이 구상의 얼개이며, 오른쪽은 이를 바탕으로 가지치기의 형태로 종이 분화되는 모습을 나타낸 것이다.

씩 줄어가고 한편 산토끼의 수는 조금씩 늘어간다고 가정하자. 그 결과 여우나 개는 좀 더 산토끼를 잡으려고 노력하지 않을 수 없을 것이다. 몸이 가볍고 다리가 가장 길고 눈이 가장 좋은 여우나 개는 약간 사냥 능력이 떨어진 여우나 개보다 오래 살아남는 경향이 있을 것이다. 또 이들은 보다 많은 새끼를 키우고 새끼들은 이런 작은 우월성을 어버이로부터 물려받는 경향이 있을 것이다. 발이 느린 여우나 개는 결국 멸종할 것이다. 이런 원인들이 여러 세대를 거치는 동안 확실히 눈에 띌 정도의 변화된 결과를 낳고 여우나 개는 집토끼 대신에 산토끼를 잡는데 알맞은 쪽으로 바

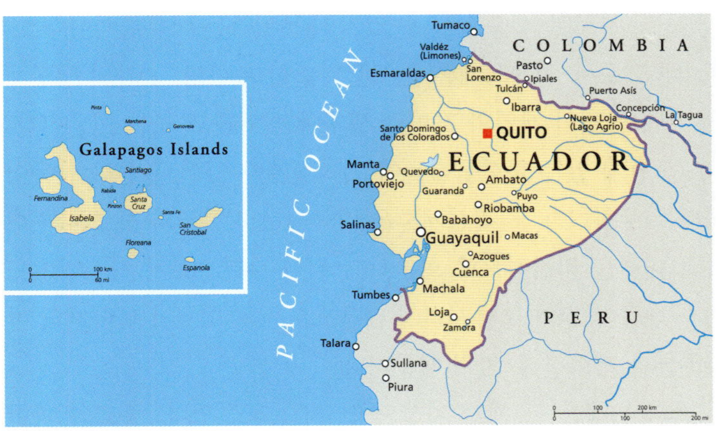

그림 1.14 갈라파고스 제도

그림 1.15 갈라파고스 거북이

꿔어갈 것이라는 사실은 의심할 여지가 없을 것이다.' '종의 선택(또는 종의 도태)이 세대에서 세대로 몇천 년이나 계속되는 동안 사소한 변이가 축적되고, 시간이 지나는 사이에 차이는 매우 커져서 같은 선조로부터 태어난 자손이 다른 종류의 변이종으로 변한다.'고 다윈은 생각하였다. 이것이 '자연선택natural selection설'의 중심내용이다. 새로운 종이 만들어지는 과정에 대해 핵심을 찌르는 통찰이 아닐 수 없다. 그의 설명을 염두에 둔다면 단세포생물이 지금의 고등생명체로 변해온 과정이 보이는 듯하다. 모든 생명체는 한 가족이고 환경과의 싸움에서 살아남은 긴 세월의 역정이 깃들어진 작품일 것이다.

생명은 친족 관계의 망으로 연결되어 있다는 영감으로 쓴 시이다

나는 너와 같은
파리가 아닐까?
아니면
너는 나와 같은
인간이 아닐까?

– William Blake, 1793년 –

진화론과 창조론

창조론에서는 진화론의 주장을 강력히 부정한다. 예를 들어, 원숭이가 인간으로 진화되었다는 진화론의 주장은 원숭이와 인간이 전혀 다른 존재라는 주장과 대치된다. 즉 '인간은 원래부터 인간으로 존재했고, 원숭이도 원래부터 원숭이로 존재했다'고 보는 것이다. 나아가 창조론은 최초의 원시세포가 존재했다는 진화론에 대해 그것(최초의 원시세포)의 시초는 무엇인가?' 라는 질문을 던진다. 즉, 이렇게 무에서 유가 탄생되었다면, 그것은 진화이기보다 창조에 가깝다는 것이다. 이점이 창조론에서 강조하는 생명존재 가능성에 대한 원인으로서의 창조주 개념이다. 즉 창조주만이 이 세상의 모든 것들을 '무로부터 창조'할 수 있기 때문이라는 이유에서이다.

창조론과 유사한 이론으로서 '지적설계론'은 복잡다단한 우주와 그 안의 생명체들은 자연선택이 아닌 지적 존재의 개입의 결과로 생겨난 것이라고 보는 이론이다. 수많은 종들과 이들의 몸 안에 있는 화학물질들이 지적설계자 없이 우연히 만들어졌다는 것은 불가능하다는 주장이다. 지적설계론은 미국에서 진화론과 창조론의 대결, 즉 과학과 종교와의 대결을 직접적으로 회피하기 위한 수단으로서 각광받기도 한다. 지적설계자라는 개념을 종교와 결부시키지 않음으로써 학교에서 과학계의 반발을 최소화하면서 창조론을 가르칠 수 있기 때문이다.

진화론과 창조론 간의 논쟁은 한 세기 이상 동안 지속되고 있다. 종교와 과학의 논쟁들 대부분은 과학의 승리로 마감되었지만, 진화론과 창조론에 대해서는 지

금까지도 논쟁이 끊이질 않고 있다. 그 이유는 아마도 두 이론 모두 증명이 안 됐거나, 혹은 증명할 수 없는 이론이기 때문일 것이다. 창조론을 증명할 방법은 없다. 흔히 진화론을 완전히 증명된 가설이라고 생각하지만, 실상은 그렇지 않다. 예를 들어, 진화론은 인류가 원숭이로부터 진화했다고 주장하고 있는데, 아직까지 원숭이와 인간 사이의 중간 단계를 확인해 줄 수 있는 화석이 발견되지 않고 있기 때문에 원숭이가 인간의 조상이라고 확실하게 말할 수는 없다고 창조론자들은 주장한다. 즉 한 개체에 대한 진화의 증거로서 진화된 개체의 화석이 발견되었어도 그 중간 단계의 화석이 발견되지 않고 있다는 것이다. 이 중간 단계의 화석을 '잃어버린 고리(missing link)'라고 부른다.

진화론의 진화

다윈의 자연선택설은 자연계에 펼쳐진 생존경쟁의 환경에 적합한 생물이 번성하여 이후의 자연적인 변화과정을 겪게 됨을 의미한다. 이 원리는 동물이나 식물의 한 종 안에서도 여러 가지 변이종이 끊임없이 출현하며, 생존환경에 적합한 종이 살아남게 된다는 것을 말한다. 하지만 다윈이 살았던 시대에는 유전자의 존재를 알지 못했기 때문에 변이종이 나타나는 원리를 이해하지 못했다. 자연선택설이 발표된 이후에 멘델의 유전에 관한 발표를 거쳐 드프리스에 의하여 '돌연변이설'이 주창되었으며, 곧 이어 DNA가 유전자의 본체라는 것이 밝혀졌다. 이들의 원리를 종합하여 현대 진화론의 바탕에는 '돌연변이설(DNA의 우연한 돌연변이를 통하여 변이종이 생기게 되고 환경에 적합한 변이종이 선발된다는 학설)'과 '자연선택의 원리'가 함께하고 있다. 다윈이 주창한 진화론에 돌연변이의 개념이 도입되어 진화론의 변이가 생기게 된 것이다.

진화론은 지금도 계속 변이의 과정을 겪고 있는 것으로 보인다. 얼마 전 영국에서 맞춤아기가 출생하였다는 보도가 있었다. 배아 단계에서 유전자 검사를 통하여 백혈병의 징후가 없는 유전자의 존재를 확인한 뒤에 출산한 것이다. 원하는 아이를 선택적으로 출산한 것이다. 다른 동물과 식물에서는 이미 인간이 선택한 유전자를 삽입하거나 특정 유전자를 변형한 유전자 조작 생명체가 출현하고 있다. 바야흐로 다윈이 주창한 자연선택이 아니라 인간선택의 시대가 다가온 것이다. 인간선택의 방법은 생명의 다양함과는 거리가 멀어지게 하고 인간이 결국 인간을 다치게 할 수 있는 비자연적인 세상으로 변모시킬 수 있다. 자연의 질서를 존중하는 깊은 성찰이 요구되는 시점이다.

인간의 진화

우리의 최대 관심사는 인간이 어떻게 출현하였으며, 현재의 모습으로 변한 과정은 어떠했는지에 관한 것이다. 무척 중요하고 호기심을 끄는 의문이지만 이에 대한 과학적인 정설은 아직 없다. 수많은 주장들에도 불구하고 우리는 아직 인간이 어느 생물체로부터 어떻게 가지를 쳐서 출현되었는지 이해하지 못하고 있는 것이다. 짐작하다시피 '고인류학'은 매우 연구하기가 어려운 분야이다. 인간이 죽어 수십 세대가 흐르면 이빨이나 뼛조각만이 남는다. 이런 불완전한 자료를 바탕으로 하여 인류의 변천사를 구성한다는 것은 매우 힘들며 해당 학자들의 자의적인 해석이 많이 존재한다. 이들 중 가장 일반적이고 그럴듯해 보이는 가정을 중심으로 인간의 출현에 관한 스토리를 소개한다.

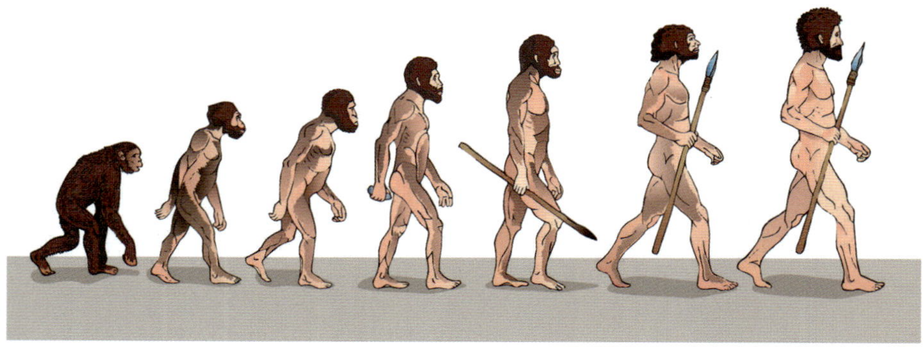

영장류에 속하는 181종 가운데 뒷다리로 직립보행하는 동물은 인간뿐이다. 고고학적 증거에 따르면 인류 최초의 조상은 약 600만 년 전에 직립보행을 시작했다. 400만 년 전에 육지가 초원으로 뒤덮이자 인류는 나무 위가 아니고 풀에서 맹수들과 맞서게 되었고 이들의 먹이가 되는 길밖에 없어 보였다. 인간의 두 다리는 시간당 60km 정도의 속도를 내는 맹수들이 우글거리는 초원에서 매우 잘못된 자연선택 같아 보였다. 두 다리는 네 다리로 뛰는 것보다 훨씬 느리기 때문이다. 이런 곤경에 처한 인류가 살아남을 수 있는 방법은 어떻게든 두 다리로 맹수의 추격을 피할 수 있을 정도의 속도를 확보하거나 맹수를 격퇴할 수 있는 근력을 갖는 것뿐이었다. 침팬지 중 몇몇은 이런 길을 선택하여 진화한 것으로 보인다. 또 다른 방법은 무리를 지어 다니는 것이다.

수십 명의 단위로 모여 돌을 던지면서 사자에게 맞선다면 살아남을 확률은 훨씬 높아진다. 당시 초원에는 수십 종의 **유인원**이 살고 있었는데 이 중에서 현생인류의 조상이 포함되어 있었다. 그들은 발생 단계에서 하나의 종으로 변모해갔다. 송곳니는 작아졌고 주력도 떨어져서 생물학적으로는 다른 유인원에 비해 경쟁력이 떨어지게 되었지만, 이들은 집단을 형성할 수 있는 능력이 있었다. 이들은 서로 협력하고 의지하여 사회를 이루었고 대를 이어 번성의 길로 접어들었다. 자연히 이들 간에는 효과적인 집단생활을 위해 다른 유인원의 포효와는 달리 의미를 담은 언어가 생겨나게 되었다. 이윽고 불과 도구를 고안하게 되었고 한참 뒤에는 전화, 자동차, 컴퓨터, 휴대폰을 갖게 되었다. 38억 년 생명 역사의 최후반부에 나타난 늦둥이이다.

유인원
사람과 같이 영장목 인간상과를 구성하는 분류군으로 신체구조가 원숭이류보다 사람에 가까운 동물을 말한다. 오랑우탄, 침팬지와 고릴라가 포함된다.

1.3 생명과학과 탐구

생명과학

역사의 기나긴 시간 동안 생명의 탄생은 신의 작품으로 인식되어 왔다. 이 간단명료한 압권의 지식은 사람들로 하여금 생명의 탄생이나 원리에 관하여 더 많은 생각을 하지 못하도록 막았다. 1800년대 찰스 다윈 등에 의하여 환경에 따라 생물의 종이 변한다는 학설이 발표되었을 때, 종교계의 혹독한 비난이 있었음은 물론이다. 서구 과학의 역사를 살펴보면, 근대 과학혁명이 일어났던 16, 17세기 이후 과학과 관련된 대부분의 업적은 물리학, 화학, 수학 등의 분야에서 이루어졌다. 다윈의 진화론을 제외하면 본격적인 생물학은 20세기에 들어오면서 비로소 시작되었다고 할 수 있다.

물리학을 중심으로 한 근대의 과학혁명은 '물질적 환원주의'에 기초를 두고 있다. '물질적 환원주의'란 우주는 창조자에 의하여 만들어진 물질 조성의 결과이고 생명체도 이 결과의 하나에 불과하다고 여기는 사상이다. 이런 사상이 주를 이루는 과학세계에서 생물학은 물리학의 연장선에서 이해되어 왔다. 생물학이 발전할 수 없었던 근본적인 이유는 복잡하고 역동적으로 변하는 생명의 물질들을 추적하고 분석할 방법이 없었기 때문이다. 생명현상을 신비로운 것으로만 여길 뿐 생명의 본질을 연구할 방법이 오랫동안 존재하지 않았던 것이다. 과거의 사람들은 세포나 세포 안에 있는 작은 물질들의 존재를 모르고 있었으며, 그들이 알고 있는 생명에 관한 지식이란 성체의 형태나 행동에 기반을 둔 것이었다. 이에 따라 생명현상에 대한 논리적인 가설과 과학적 연구가 제대로 이루어지지 않았고 제시된 가설의 수도 매우 적었다.

생물학의 이러한 답보 양상은 지난 100여 년이라는 매우 짧은 기간 동안 급격하게 변모했다. 이런 변화는 지금도 큰 규모로 진행되는 중이다. 생명현상을 담당하는 화학물질들의 존재가 규명되고 이들의 작용이 속속 밝혀지고 있다. DNA가 복제되고 이것이 단백질을 암호화하고 있다는 구체적인 역할도 알려지게 되었다. 물리학자와 화학자들의 도움으로 개발된, 물질을 분석하는 장치와 기술 덕분에 이제는 하나의 물질이 벌이는 생명현상 사이에 선 잇기가 시작되고 있다. DNA에 있는 문자가 지시하는 아미노산 규칙이 알려지게 되었고, 추위 등 외부의 환경을 인식하여 세포 내로 전달하는 신호전달 물질들의 실체가 규명되고 있다. 또한 인간의 창조적 생각과 신경세포와의 관계가 매우 구체적으로 연구되고 있다. 신비의 영역이 과학의 영역으로 들어오게 되었으며, 생물학은 이제 인류의 행

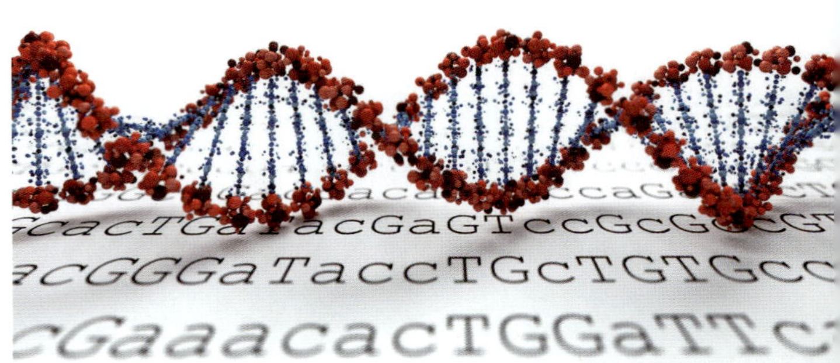

복과 직결되는 학문으로 자리매김하게 되었다. 생명체가 지구상에 남아 있는 한, 생물학은 인류와 동행하는 지식으로 남아 있을 것이다. 생명의 역동성과 정교함을 강조하는 의미를 담아 최근 생명과학이란 용어가 생물학이라는 용어 대신에 사용되고 있다.

과학의 탐구 – 가설의 제시와 검증

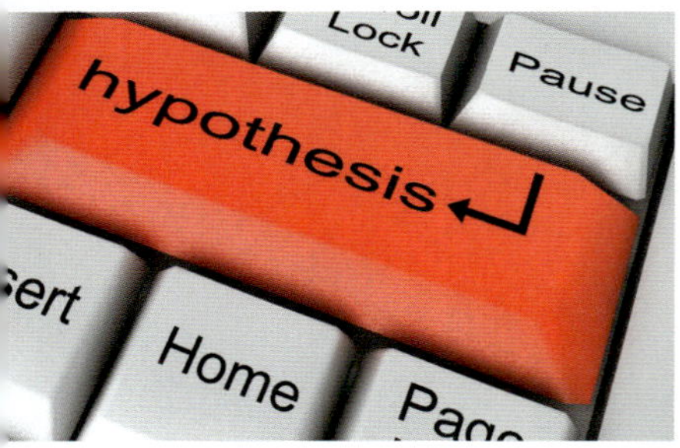

생명과학은 생명을 탐구하는 과학이며 생명과학자는 생명현상들이 좀 더 정확하고 바르게 이해되도록 하는 과학자라 할 수 있다. 생명과학을 포함하는 자연과학의 탐구 방법으론 크게 두 가지, 귀납적 방법과 연역적 방법이 있다. 귀납적 탐구 방법은 수많은 관찰과 분석을 통해 일반적인 결론을 얻어내는 것으로, 좁은 범위의 관찰이나 결과들을 바탕으로 좀 더 큰 범위의 일반화될 수 있는 결론을 얻어가는 방법이다. 여러 생물 종들에서 세포를 발견한 좁은 범위의 결과들을 바탕으로 '모든 생물은 세포를 가지고 있다'라고 넓은 범위의 결론에 도달하는 것이 예가 되겠다. 이와 대비되는 연역적 탐구 방법은 일반적 수준의 결과나 관찰들을 바탕으로 검증할 수 있는 의견인 가설hypothesis을 제시하고 이를 검증하는 방법이다(그림 1.16). '오염된 공기는 건강에 안 좋다.'라는 일반적인 결과나 관찰을 바탕으로 '우리 몸의 장기 중 폐가 가장 우선적으로 피해를 받는다.'라는 가설의 제시가 예가 될 수 있다. 가설은 실험을 통해 검증될 수 있어야 한다. 검증의 결과에 따라 사실로 받아들여지거나 잘못된 것으로 판정될 수도 있는데, 후자의 경우 새로운 가설을 제시하고 검증을 거칠 수 있다.

과학적 탐구에서는 귀납적 방식보다는 가설의 제시와 실험을 수반하는 연역적 방식이 주로 사용된다. 과학자들은 보통 자연 현상들의 관찰이나 이미 발표된 결과들을 통해 질문을 던지거나 호기심을 갖게 된다. 의문이나 호기심은 곧장 검증될 수 있는 가설의 제시로 연결되는데, 가설의 제시는 의문이나 호기심에 대한 답을 찾아가는 중요한 과정으로서 반드시 실험을 통해 검증이 가능한 견해가 되어야 한다. 검증이 될 수 없는 가설로는 과학적 탐구가 진행될 수 없다. 과학적 방법은 사실에 근거하지 않고 도덕, 믿음, 가치 판단 등 개인의 주관적 견해가 포함되는 질문에는 적용되지 않는다. 가령 '신이 생명을 창조하였다.' 등의 가설은 과학적 방법으로 검증을 할 수 없으므로 가설이 될 수 없는 것이다.

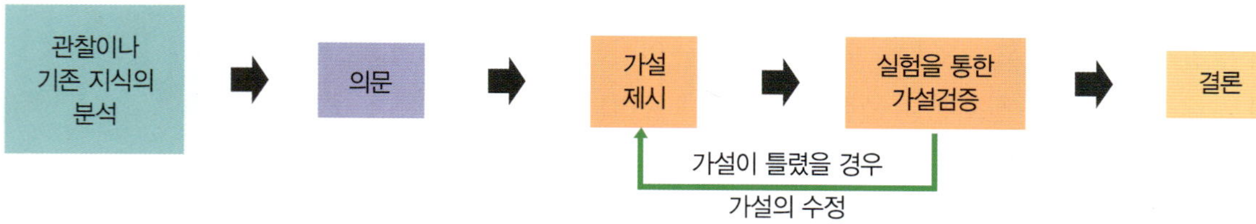

그림 1.16 가설에 의한 과학적 접근 방법

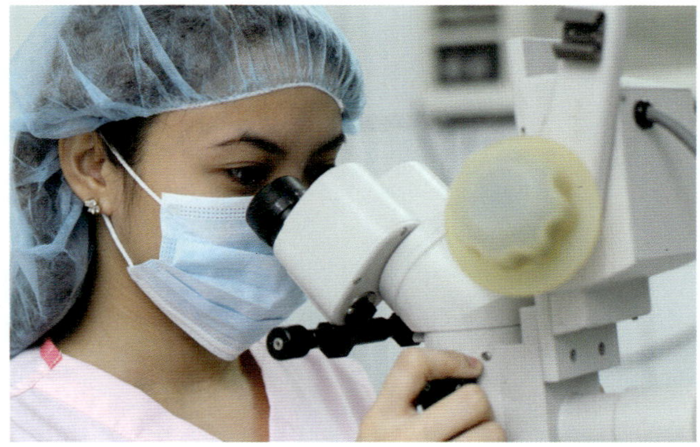

가설이 검증되기 위해선 가설을 지지하거나 부정하는 데 근거가 되는 실험 결과가 제시되어야 한다. 실험에서는 실험군(가설을 확인을 위해 가설에서 제시한 요인을 변경시키는 실험재료나 집단)과 대조군(실험군과의 비교가 가능하도록 실험군에서 적용하는 요인외의 다른 요인들이 실험군과 동일하도록 통제된 실험 재료나 집단)과의 비교가 필수적이다. 실험 결과의 분석을 위해선 실험과정에서 변할 수 있는 것들을 통칭하는 변인variable이 바르게 설정되어야 한다. 변인은 독립변인과 종속변인으로 구분된다. 독립변인은 실험결과에 영향을 미칠 수 있는 변인을 말하며, 독립변인들 중 가설의 검증을 위해 실험자가 의도적으로 조작하는 변인을 조작변인, 실험군과 대조군에서 모두 일정하게 유지되어야 하는 변인을 통제변인이라 한다. 이들 통제요인을 일정하게 유지시키는 것을 변인통제라 하는데, 대조군이 되기 위해선 변인통제가 엄격히 이루어져야 한다. 변인통제를 통해 실험군과 대조군을 바르게 구분하는 것은 모든 실험에서 필수적으로 지켜져야 할 사항이다.

탐구사례

박테리아를 죽이는 항생제 사용에 관한 예를 통해 과학적 탐구의 단계들을 순서대로 살펴본다.

- 단계 1 – 관찰, 반복적으로 일어나는 현상을 인식하는 과정이다.
  - 예) 어느 학급에서 여러 학생들의 얼굴에 붉은 종기가 생겨나는 질병이 관찰되었다. 이런 현상은 지역의 다른 학교들에서도 발견된다.
- 단계 2 – 질문 형성, 답할 수 있는 여러 질문들을 기록한다.
  - 예) 이 질병은 정신적인 이유로 생기는 것일까? 아니면 박테리아에 의해 생기는 것일까? 아니면 바이러스에 의해 생기는 것일까?
- 단계 3 – 관련 자료나 전문가 상담, 관찰된 현상에 관한 지식을 얻기 위해 도서관을 가거나 의사 등 관련 전문가들의 조언을 참고한다.
  - 예) 어느 의학 관련 서적에서 비슷한 증세의 환자를 치료하는 데 '항생제 A'를 성공적으로 사용하였다는 결과를 알 수 있었다. 또한 관련된 학자들과 이 질환의 원인에 관한 여러 자문을 구했다.
- 단계 4 – 가설의 제시, 이미 알려진 정보나 사실에 근거하여 질문에 대한 가능한 답, 즉 가설을 제시한다. 이 가설은 실험으로 검증이 가능해야 하고 가설이 틀릴 수도 있다는 것을 알고 있어야 한다.
  - 예) 항생제는 보통 바이러스에는 아무 효과를 발휘하지 않는다. 또한 여러 정보들에 의하면 얼굴에 생기는 붉은 종기는 정신적인 원인과는 관계가 없을 것이라는 생각을 할 수 있었다. 이런 사실들을 바탕으로 제시된 가설은 '이 질

환은 박테리아에 의해 생기며 항생제 A에 의해 치료될 수 있다.'이다.

- 단계 5 – 실험, 대조군과 실험군을 사용하여 제시된 가설을 검증한다.

  예) 항생제 A를 사용하여 이 질환이 치료되는지를 확인하기 위해 질환을 앓고 있는 학생들을 두 그룹, 대조군과 실험군으로 나눈다. 대조군에는 위약(플라시보placebo라 하기도 하며 약에 항생제 성분이 들어 있지 않은 가짜 약)이 투여된다. 위약과 항생제 A는 겉으로의 모습에서는 차이가 없으며 실험군과 대조군의 환자들은 자기가 항생제 A 또는 위약을 복용하고 있는지 모른다.

위약을 복용한 대조군은 항생제 A의 효과를 검증하는 실험군의 검증에 필수적이다. 플라시보 효과라 하여 실제 치료 효과가 없는 위약이라도 복용하면 심리적인 위안을 얻어 증상이 완화되는 경우가 있기 때문이다.

- 단계 6 – 실험 결과의 분석과 결론

1주일의 복용을 거친 후에 항생제 A를 투여한 실험군 환자들 중 90%가 붉은 종기가 사라진 반면 위약을 투여한 대조군에서는 10%만이 사라졌다. 반복된 실험에서도 유사한 결과가 얻어졌으며, 이런 실험결과를 바탕으로 '학생들이 앓고 있는 얼굴에서의 붉은 홍조는 정신적인 원인이 아니라 박테리아에 의해 발생하며 항생제 A에 의해 치료될 수 있다.'라는 결론이 얻어진다. 즉 제시된 가설이 맞는 것으로 결론 짓게 된 것이다. 이 결과는 여러 경로를 통해 외부에 발표되었다.

이 실험에서의 변인은 항생제 A, 복용 기간, 환자의 수, 하루 내 복용 횟수와 시간 등 실험과정에서 변할 수 있는 것들을 말한다. 독립변인은 배양조건 등 실험결과에 영향을 미칠 수 있는 변인을 말하며 항생제 A처럼 가설의 검증을 위해 실험자가 의도적으로 조작하는 변인을 조작변인, 항생제 A를 제외한 복용 기간, 환자의 수, 하루 내 복용 횟수와 시간 등 실험군과 대조군에서 모두 일정하게 유지되어야 하는 변인이 통제변인이 된다.

생명과학의 과거, 현재와 미래

생명과학은 매우 긴 세월 동안 세포 수준의 물질과 현상들에 관해서는 연구조차 불가능했다. 상당한 기간 동안 생명체를 분류하고 형태를 묘사하는 개체 수준의 연구가 주류를 이루어왔다.

1700년대에 들어와서야 현미경이 발명되었다. 이때부터 미생물에 대한 지식이 쌓이기 시작했고, 의사가 손을 씻어야 수술 성공률이 높아진다는 사실도 이해하기 시작했다. 1800년대에는 원리를 모른 채 관찰에 의존했던 유전현상에 관한 지식이 완두콩을 이용한 멘델의 유전법칙의 발견과 함께 체계화되기 시작하였다. 1900년대에 접어들면서 단백질과 DNA의 존재에 관한 연구내용이 발표되었고, 1953년에는

16c 이전	16~18c	19c	20c	21c 이후
• 관념과 관찰의 생물학	• 관찰기구의 개발(현미경 등) • 미생물, 세포 혈액 순환의 발견 • 형태학, 분류학, 형태학의 태동	• 멘델의 유전법칙, 다윈의 진화론 발견	• DNA의 구조와 기능 발견(1953년) • 분자생물학과 유전공학의 태동 • 생명현상과 물질과의 선 긋기 시작	• 인간염기서열 해독의 완성(2003) • 유전자, 생명현상 인위적 조작의 일반화 • 생명을 중심으로 한 새로운 과학, 산업, 문명의 태동
	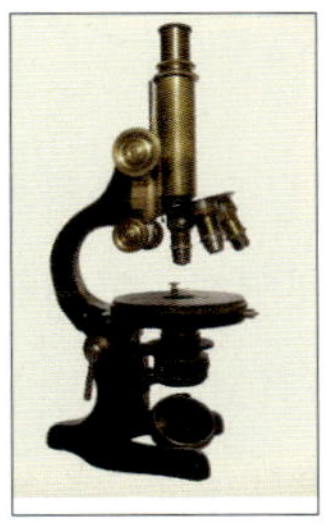		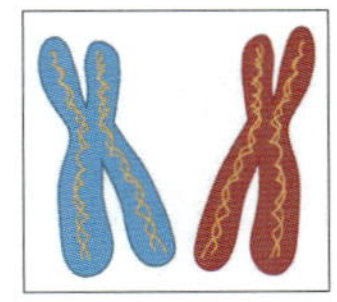	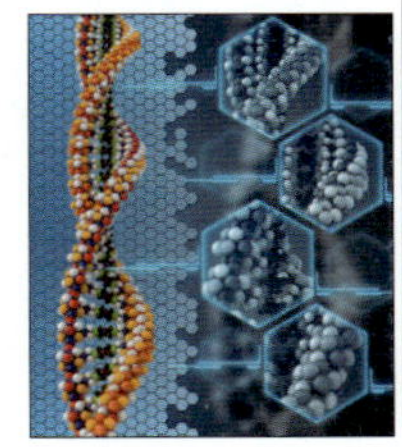

왓슨과 크릭에 의하여 DNA의 이중나선 구조와 기능에 관한 기념비적인 업적이 발표되었다. 이후 DNA와 단백질에 관한 연구가 폭발적으로 전개되었으며, 유전자 재조합에 의한 유전공학이라는 새로운 학문 영역이 개척되었다. 2003년에는 인간 지놈 프로젝트를 통하여 인간의 전체 지놈의 염기서열이 규명되었다. 이는 생명의 세계를 본격적으로 탐험할 준비를 마친 것에 해당한다. 생명과학의 발전에 힘입어 인간은 생명현상을 구체적으로 이해할 수 있게 되었으며 새로운 단계의 학문과 산업의 영역으로 도약하고 있다.

현재의 생명과학은 마치 낡은 구두를 수선하듯이 잘못된 DNA를 고쳐 질병 등 원하지 않는 형질을 고치려 하고 있다. 멀지 않은 장래에 암 등의 질병을 손쉽고 정확하게 진단하여 조기 치료는 물론 예방까지 하게 될 것이다. 손쉽게 단백질을 생산할 수 있는 새로운 산업이 부상할 것이며, 안전하고 정확한 신약이 개발되어 질병으로부터 해방될 수 있을 것이다. 심지어 개개인의 유전자 특성에 맞는 맞춤약품도 개발되고 있다. 인류의 가장 무서운 적이라 할 수 있는 암을 퇴치하고 이에 따라 수명을 연장할 수 있는 축복의 시간이 곧 다가올 것이다. 1950년대 우리나라 평균 수명은 50세 미만이었지만 현재는 80세 정도이고 머지않아 100세 정도로 늘어날 것으로 보인다.

생명과학은 인간의 질병과 식량, 그리고 환경문제를 해결할 수 있는 미래의 대안이면서도 다른 한편으로는 기이한 동물 종을 만들거나 생명체를 복제하는 등 자연의 질서를 교란할 위험을 지니고 있다. 일례로 많은 미국 여성들이 정자은행에서 국제적 운동선수와 수재들의 정자를 제공받아 출산했다 한다. 이러한 생명과학의 미래는 필연적으로 유전적 불평등을 수반하여 사회를 혼란시키고 인류의 존립 기반을 무너뜨릴 위험을 안고 있다.

우리는 생명과학이 가져올 긍정적인 측면뿐 아니라, 그것이 초래하는 부정적인 측면에 대해 엄밀히 분석해야 한다. 아무리 인류사회에 큰 이득을 주는 생명과학이라 하더라도 그것이 인간과 자연을 위협할 수 있는 부정적인 영향력을 갖고 있다면 어떤 이유로도 정당화될 수 없다. 생명과학이 인류를 진보시키기 위해서는 생명과학에 대한 깊이 있는 성찰이 요구된다. 미국의 저명한 문명비평가 제레미 리프킨은 21세기는 생명과학의 세기가 되겠지만 그로 인해 재앙이 닥칠 것이라며 생명과학의 흐름을 강하게 경고하고 있다.

학문 간의 융합

직접적이든 간접적이든 이제 '생명'에 관한 질문을 포함하지 않는 학문 분야는 없다. 생명현상은 물리, 화학, 수학, 전기공학, 기계공학, 환경학, 건축학, 예술, 인문학, 법학, 경제학 등 모든 학문 분야와 수많은 연결고리로 맞물려 있다. 최근에는 생명체를 하나의 '시스템'으로 간주하고 수학적 모델링과 컴퓨터 시뮬레이션 분석을 통해 숨겨진 생명체의 동작 원리를 규명하려는 움직임이 활발하다. 또한 생명체의 신경체계를 이용하여 감정적 행동이 가능한 로봇이 개발되고 있다.

이제 학문적 융합의 시대가 다가오고 있다. 전통적인 방식의 학문만으로는 생명현상에 관한 통합적인 조감도를 그리기가 힘들어지는 것이다. 생명과학은 학문적 융합을 통해 새로운 연구 영역을 개척할 수 있을 것이다. 인간의 정신을 디지털화하거나, 미세한 칩을 이용하여 약물을 발병 부위에 정확히 투여하려는 시도, 인공지능을 이용한 로봇의 개발, 생명의 역동성이나 신비를 주제로 하는 문학작품과 영화의 제작 등 우리 주변에서는 이미 많은 융합적 모습을 찾을 수 있다. 줄기세포 기술의 의료적 적용, 유전자 변형 동식물의 생산 등의 생명과학 기술은 생명과학만의 영역을 벗어나 사회학, 법학, 철학, 윤리학 등의 도움을 필요로 한다. 기존의 전통적인 학문들 사이의 벽을 넘어 학문의 새로운 영역과 가치를 추구하는 것은 매우 중요한 시대적 요구이다.

연습문제

I. OX 문제 (X로 답한 경우에는 이유를 설명함)

01 생명체는 에너지를 ATP 분자에 저장한다. ( )

02 DNA의 돌연변이는 진화의 주요 요인이다. ( )

03 생식을 통해 어버이로부터 자식에게 전달되는 물질은 DNA와 단백질이다. ( )

04 세포호흡을 통해 ATP가 만들어진다. ( )

05 세포분열과 분화는 발생의 중요한 과정에 속한다. ( )

06 이명법에 사용되는 분류군은 계와 과이다. ( )

07 가설은 옳을 수도 틀릴 수도 있다. ( )

08 변인통제가 잘 이루어지면 대조군 실험이 필요 없다. ( )

09 자연의 관찰을 통해 얻어진 다윈의 자연선택설은 귀납적 탐구 방법의 예이다. ( )

II. 객관식

01 생명의 특징을 틀리게 설명한 것은?

① DNA, 단백질 등은 그 구조에 있어 모든 생명체에서 매우 유사하다.
② 모든 생물들은 에너지를 획득하고 소모한다.
③ 에너지를 획득하고 사용하는 것은 모두 생명체이다.
④ 모든 생명체들은 세포로 구성되어 있다.
⑤ 생식을 통해 부모로부터 자식에게 전달되는 물질은 DNA이다.

02 '생명과학의 시대'를 틀리게 설명한 것은?

① 생명과학은 새로운 산업으로 부각될 것이다.
② 인간의 수명은 늘어날 것이다.
③ 생명과학의 문제는 생명윤리의 문제보다 우선한다.
④ 생명체들의 유전자를 조작하려는 시도가 계속될 것이다.
⑤ 생명을 중심으로 하는 융합학문이 발전할 것이다.

03 다음 중 각 사항들이 시대적으로 오래된 순서로 표시된 것은?

① DNA 구조 발견 – 관찰위주의 생물학 – 유전규칙의 발견 – 인간염기서열의 해독
② 유전규칙의 발견 – DNA 구조 발견 – 관찰위주의 생물학 – 인간염기서열의 해독
③ DNA 구조 발견 – 인간염기서열의 해독 – 관찰위주의 생물학 – 유전규칙의 발견
④ 관찰위주의 생물학 – 유전규칙의 발견 – DNA 구조 발견 – 인간염기서열의 해독
⑤ DNA 구조 발견 – 관찰위주의 생물학 – 인간염기서열의 해독 – 유전규칙의 발견

04 다윈의 진화론을 틀리게 설명한 것은?

① 화석 등의 증거로 대부분의 생물 종에서 변이과정의 추적이 가능하다.
② 종의 장기간에 걸친 변화의 축적을 설명한다.
③ 유전자의 돌연변이가 변이의 가장 중요한 원인이다.
④ 자연선택이 진화의 핵심을 이루는 원리이다.
⑤ 환경에 적합한 생물 종이 살아남는다.

05 '검증이 가능한 설명'을 무엇이라 하는가?

① 이론 ② 가설
③ 결론 ④ 법칙
⑤ 관찰

06 가설의 검증을 위한 실험에 사용되는 '대조군'에 관한 바른 설명은?

① 실험군과 동일한 처리를 받는다.
② 필요하지 않다.
③ 실험군과 비교해서 연구 목적의 한 요인만이 달라야 한다.
④ 실험군과 비교해서 연구 목적 두 요인 이상이 달라야 한다.
⑤ 실험군보다 실험이 복잡하다.

07 연역적 연구 방법에서 가장 먼저 진행해야 할 탐구 단계는?

① 실험의 진행　② 가설의 제시
③ 이론의 도출　④ 관찰하기와 명확한 질문
⑤ 실험 방법의 디자인

III. 주관식

01 다음 각각 언급에서 알 수 있는 생명의 특성을 보기에서 고르시오.

보기
a. 발생　b. 유전　c. 진화　d. 물질대사
e. 자극과 반응　f. 환경 적응

① 개구리에 전기 충격을 주면 펄쩍 뛴다. (　)
② 강아지는 보통 제 부모를 닮는다. (　)
③ 배아는 성체가 된다. (　)
④ 효모가 이산화탄소를 내뿜어 빵이 부풀어 오른다. (　)
⑤ 추운 지방에는 키가 작은 식물이 많다. (　)
⑥ 사람과 침팬지는 공통조상으로부터 유래한다. (　)

02 DNA를 '생명의 설계도'라 일컬을 수 있는 이유는?

03 최근의 첨단 기계 장치들은 에너지를 생산하여 사용할 수 있고, 사람처럼 생각하고 말하는 컴퓨터와 감정을 표현할 수 있는 로봇이 개발되고 있기도 한다. 하지만 이들 기계 장치를 우리는 '생명'이라 하지 않는다. 이들을 생명이라 볼 수 없는 근거를 이 장에서 학습한 내용에 근거하여 서술하여 보시오.

04 어느 학생이 오랜 관찰을 통해 '쥐는 음식에다 특정 호르몬을 첨가하여 제공하면 미로(복잡하고 미세한 통로)를 찾아 주파하는 능력이 향상된다'라는 가설을 제시하게 되었다. 그는 검증을 위한 실험으로 10마리의 쥐에게 호르몬이 첨가된 음식을 먹이기 전과 먹인 후 5일이 지난 후에 미로를 주파하는 시간을 측정하였다. 호르몬이 첨가된 음식을 먹인 후에 측정한 시간은 5분으로 먹이기 전에 측정한 20분보다 빠르게 미로를 주파하였다. 이 결과에 근거하여 그는 가설이 맞는 것이라 생각하게 되었다. 이 탐구과정에서 잘못된 점을 지적하고 그 이유를 설명하시오.

05 옥신(화학명 IAA)은 식물의 생장을 촉진하는 식물호르몬으로 잘 알려져 있다. 'IAA의 농도가 증가하면 생장이 증가한다'라는 가설을 제시하고 실험을 진행하여 다음의 결과를 얻었다. 완두 식물의 줄기의 단편을 IAA의 농도를 점차적으로 늘린(x축) 배지에서 24시간 자라게 한 후 단편이 자란 길이(y축)를 측정하였다.

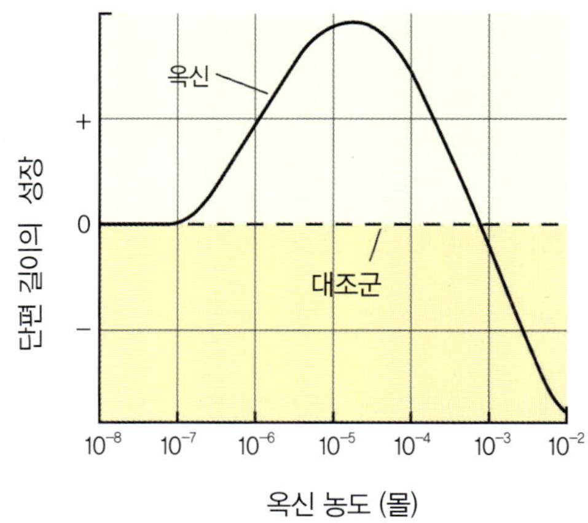

1) 그래프를 보고 결과를 요약하여 보시오.
2) 결과가 가설을 지지하는지 설명하시오.
3) 사용된 대조군은 무엇인가?
4) 조작변인은 무엇인가?
5) 통제변인에는 어떤 것이 있는지 설명하시오.

백분의 일 밀리미터밖에 되지 않는 직경의 세포 공간에는 생명이 필요로 하는 장치들이 대거 포진되어 있다. 핵, 리보솜, 골지체 등 많은 세포소기관들과 이들 주변을 단백질, 탄수화물 등 수많은 화학분자들이 움직여 다닌다. 세포 안은 마치 거대한 도시 같다. 세포의 겉모습은 밋밋하고 재미없지만, 안으로 들어갈수록 엄청난 보물이 나타난다. 서로 다른 구성원들이 한 사회를 이루듯이 조금씩 다른 기능의 세포들이 모여 한 생명체를 이룬다. 모든 생명체의 기본 단위인 세포와 생명의 분자들을 살펴본다.

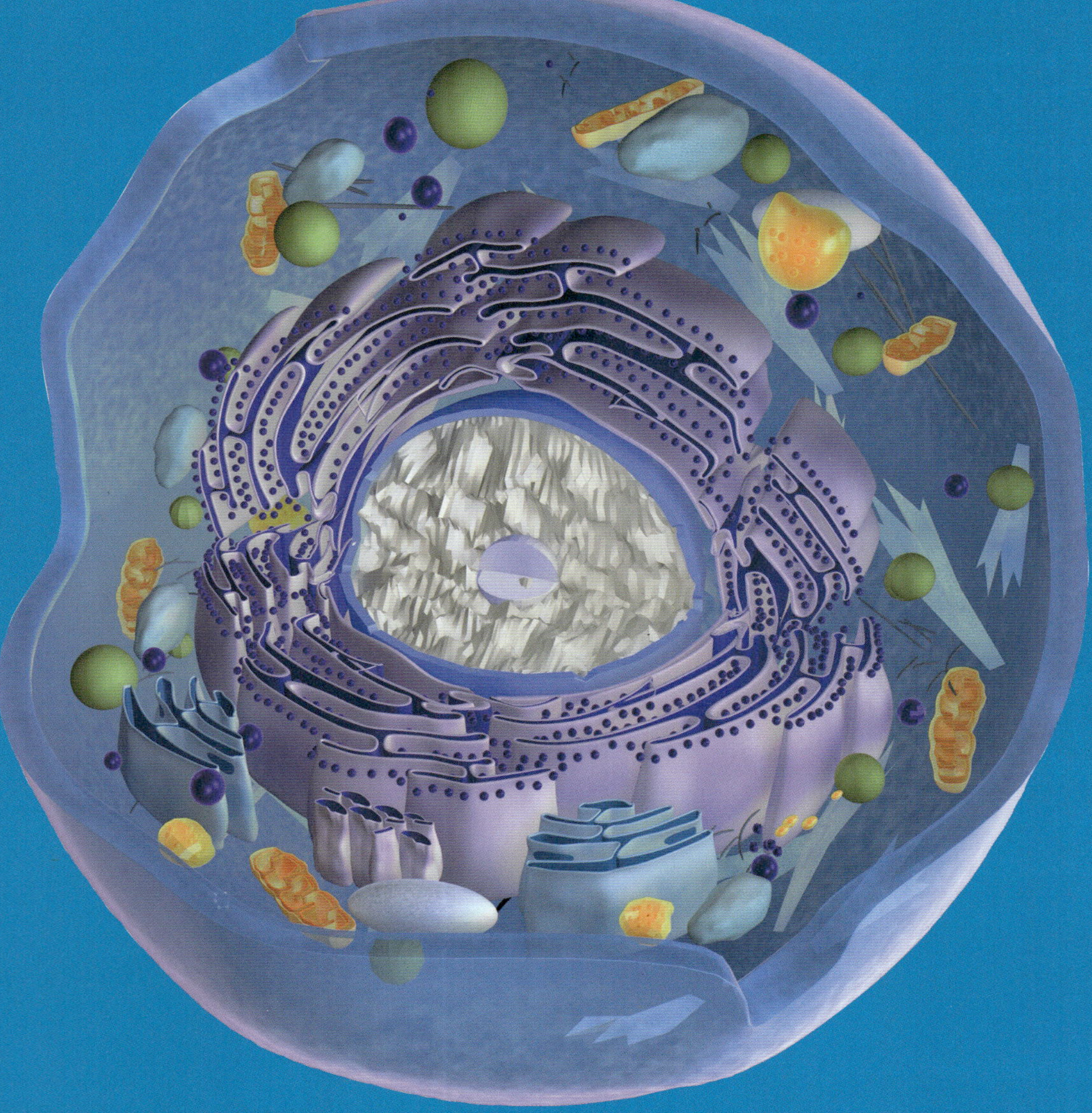

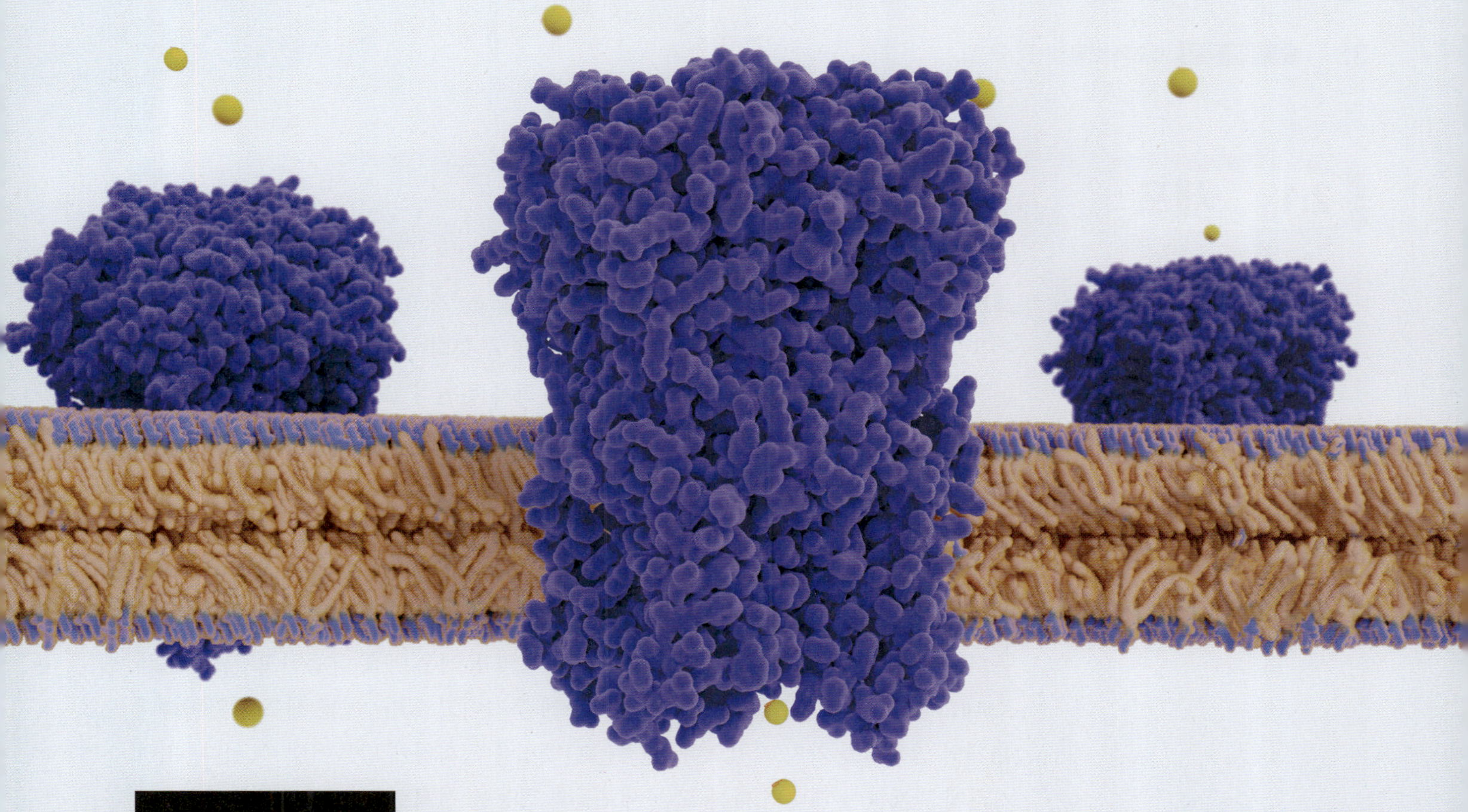

두 번째 강의

2

세포와 생명의 분자들

2.1 세포

세포cell는 한자로 '細胞'라고 쓴다. 細는 가느다랗고, 작고, 잔 것, 또는 자세하다는 뜻을 지니고 있는 글자이고, 胞는 月(肉)과 包로 구성되어 있는데, 包는 '태 안에 있는 아이'를 뜻하고 月(肉)은 그것을 싸고 있는 막을 뜻한다. 모든 생명체는 세포로 구성되어 있고 세포는 최소의 생명 단위이다. 박테리아나 아메바처럼 하나의 세포로 되어 있으면 단세포생물, 둘 이상으로 되어 있으면 다세포생물이라고 한다.

신체를 구성하고 있는 세포의 종류들을 몇 가지 나열해보자. 피부세포, 혈구세포, 생식세포, 줄기세포, 지방세포, 배아의 세포, 발의 세포, 팔의 세포…… 헤아릴 수 없을 정도로 다양한 세포가 우리 몸을 구성한다(**그림 2.1**). 우리 몸속의 세포들은 각각 독립적인 삶을 영위하고 있다. 세포 내의 용액은 계속 유동하고 있으며, 세포 내의 모든 구성 물질들과 구조들은 바쁘게 움직이고 있다. 이들 세포는 완벽하게 46개의 염색체를 가지고 있으며, 원하는 단백질을 정확하게 만들어낼 수 있다. 또한 거리에 관계없이 체내의 다른 모든 세포들과 협동을 전제로 한 대화를 나누고 있다. 펜을 집는 단순한 행동에도 손가락의 근육세포, 눈에 있는 시각세포, 뇌의 신경세포 등의 협동을 필요로 한다.

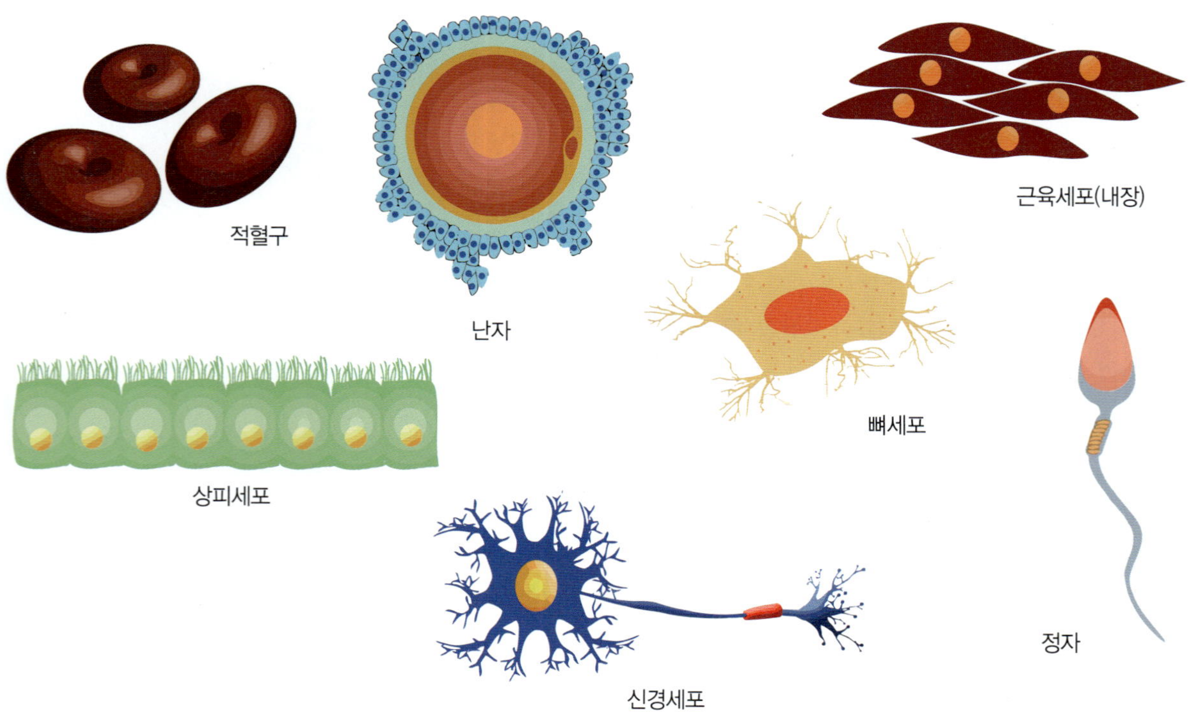

그림 2.1 다양한 세포들

세포의 발견

17세기 초 현미경이 발견되자 사람들은 하찮은 물질까지도 현미경으로 관찰하려 하였다. 로버트 훅(Robert Hooke, 1635~1703)은 병마개로 쓰이는 코르크에서 작은 반점들을 발견하였다(그림 2.2). 로버트 훅은 현미경을 통해 들여다본 새의 깃털과 물고기의 비늘에 있는 수많은 작은 방들을 관찰하고 이들을 묘사하기 위하여 '세포cell'라는 단어를 사용하였다. 세포의 발견을 확인한 동물학자 슐라이덴(Mattias Jacob Schleiden, 1804~1881)과 식물학자 슈반(Theodor Schwann, 1810~1882) 등은 '모든 생물은 세포로 구성되어 있다.'는 가설을 세우게 되었다.

동물과 식물이 세포로 구성되어 있다는 것을 알게 되자 사람들은 그 세포 안에 있는 구성 물질에 관하여 호기심을 갖게 되었다. 세포 안에는 더욱 작은 구조가 있다는 것을 알게 되었고, 세포가 생명의 기본단위라는 것도 알게 되었다. 이 세포들 각자의 활동이 모여 생물이 생명을 영위할 수 있다는 것도 알게 되었다. 19세기 프랑스 생물학자 뒤트로세는 다음과 같은 견해를 피력했다; '살아 있는 모든 생명체가 다양한 현상 속에 드러내 보이는 차이점은 근본적인 것이 아니다. 근본을 추적해 들어가면 차이점은 사라지고 놀라운 통일성이 드러난다.' 세포가 작동하는 방식이나 가지는 구조물과 분자들은 생명체마다에서 큰 차이를 보이지 않는다는 의미일 게다.

그림 2.2 로버트 훅, 코르크 세포의 관찰

원핵세포와 진핵세포

생명체가 처음 탄생될 당시의 세포들은 단순한 세포 기능과 구조를 간직하였을 것이다. 단세포생물인 박테리아는 세포 내 기능이 분업화되지 않은 단순한 내부 구조를 가지는데, 이런 종류의 세포를 원핵세포prokaryotic cell라 한다(그림 2.3a). 원핵세포는 '핵이 없는 세포'라고 정의할 수 있다. 박테리아에서 DNA가 특정 구조에 갇혀 있지 않고 세포 안에 퍼져 있는 모습이다.

세포가 발달하면서 다양한 기능을 전담하는 세포소기관들이 생겨났을 것으로 추측된다. 단세포생물이 발달하여 다세포생물이 되면서 이들 각각의 세포들은 서로 다른 기능을 수행하는 세포로 변화해왔다. 식물이나 동물 같은 다세포생물을 구성하고 있는 세포들은 원핵세포보다 진화되어 있으며, 이들을 '정말 핵이 있는 세포'라는 의미의 진핵세포eukaryotic cell라 한다(그림 2.3b). 원생동물이나 곰팡이의 경우 단세포생물이지만 진핵세포로 되어 있다(그림 2.4). 진핵세포의 가장 중요한 특징은 세포의 여러 기능이 분업화되어 있어 여러 세포소기관들이 세포 내 업무를 나누어 수행한다는 점이다.

진핵세포는 핵nucleus과 세포질cytoplasm로 나뉘며 세포질은 핵을 제외한 세포소기관들과 세포질 용액을 포함한다. 식물세포와 동물세포는 핵과 함께 모두 미토콘드리아, 소포체, 골지체 등의 세포소기관들을 가진다(그림 2.5). 동물세포와 달리 식

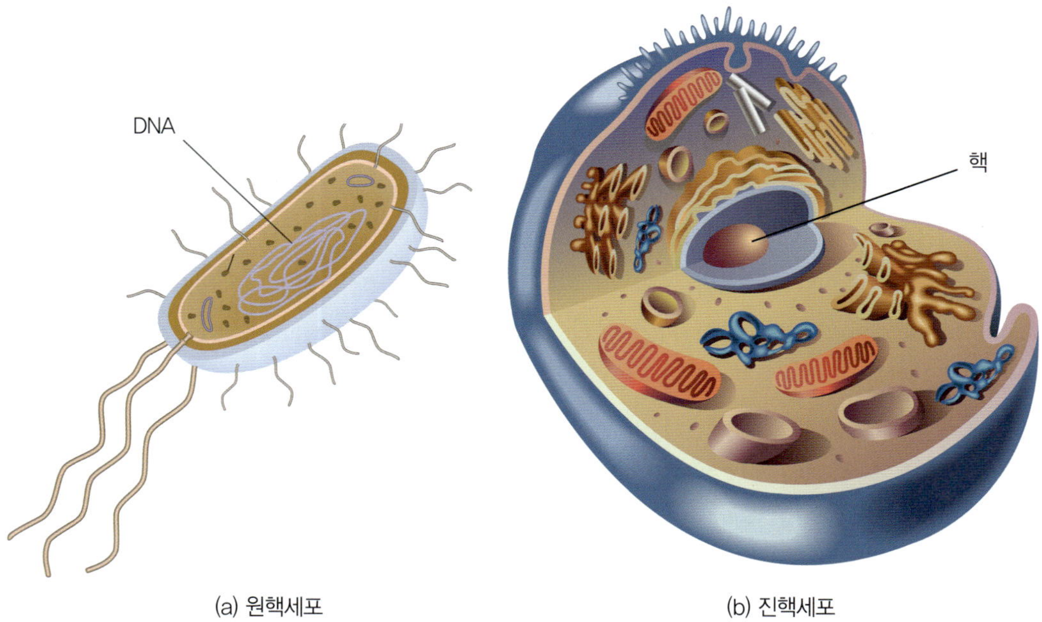

그림 2.3 원핵세포(a)와 진핵세포(b)

물세포는 세포벽cell wall 및 엽록체chloroplasts와 함께 액포vacuole를 가진다. 식물세포와 동물세포는 모두 원형질막을 가지며 식물세포에선 원형질막 밖으로 세포벽을 가진다. 다세포생물을 구성하는 세포들의 모양과 구조가 서로 다르다. 식물의 잎을 이루는 세포들은 광합성을 수행하는 세포소기관인 엽록체가 한 세포 내에 수십 개나 되지만, 광합성을 하지 않는 뿌리세포의 경우에는 엽록체가 없다. 사람의 경우, 신경세포는 신호전달에 적합하게 돌기가 많이 나 있는 모습을 하고 있고, 심장을 이루고 있는 세포들은 혈액을 온몸으로 뿜어내는 데 필요한 에너지를 많이 얻기 위하여 에너지를 생산하는 세포소기관인 미토콘드리아를 많이 가지고 있다.

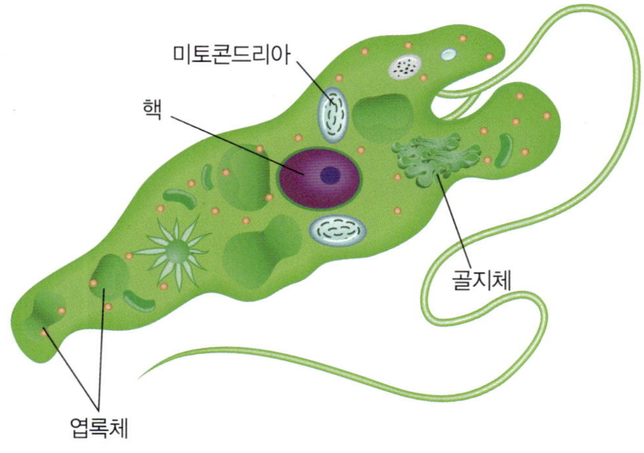

그림 2.4 단세포 진핵생물 – 원생생물인 유글레나

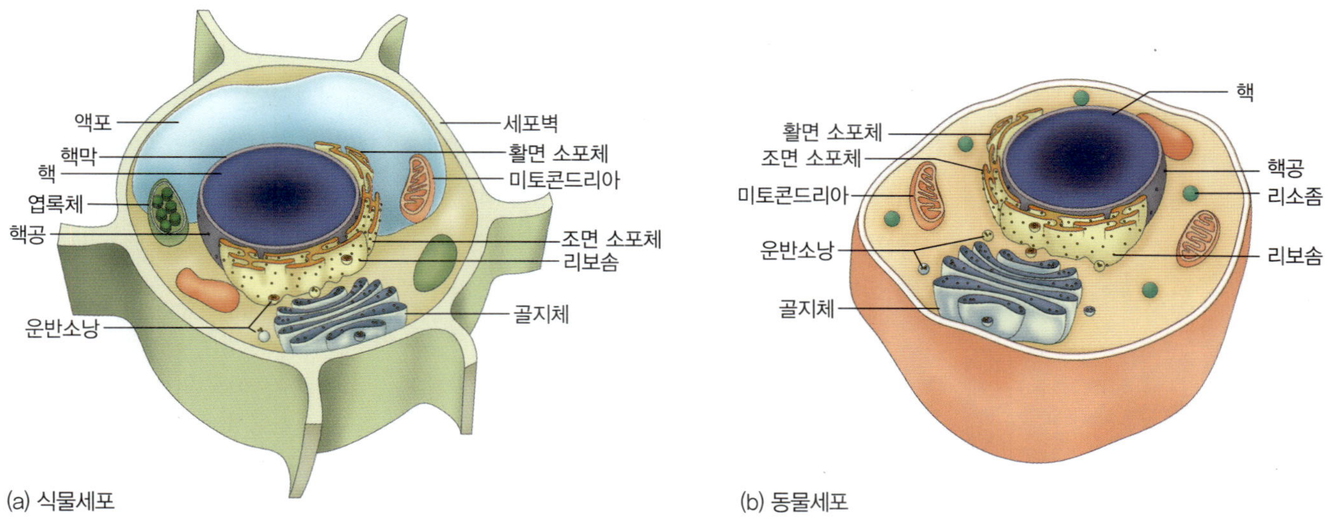

그림 2.5 동물세포(a)와 식물세포(b)

내부공생설–엽록체와 미토콘드리아의 기원

진핵세포를 이루는 세포소기관들은 어떻게 생겨났을까? 원핵세포가 다른 원핵세포에 병합되어 세포소기관들로 발전하였다는 내부공생설endosymbiotic theory이 매우 유력한 가설로 받아들여지고 있다. 내부공생설은 미국의 생명과학자인 마굴리스(Lynn Margulis, 1938~2011)에 의해 발표되었다. 발표 당시에는 매우 충격적인 가설로 받아들여졌으나 지금은 대부분의 학자들이 인정하는 보편적인 이론이 되었다(그림 2.6).

내부공생설의 핵심은 어느 진화의 시점에서 포식자 원핵세포가 피식자인 다른 원핵세포를 삼킨 후 이들은 공생의 길로 접어들었다는 것이다. 내부공생설에 의하면 식물세포에서만 있는 엽록체는 광합성을 하는 광합성 박테리아가 포식자 박테리

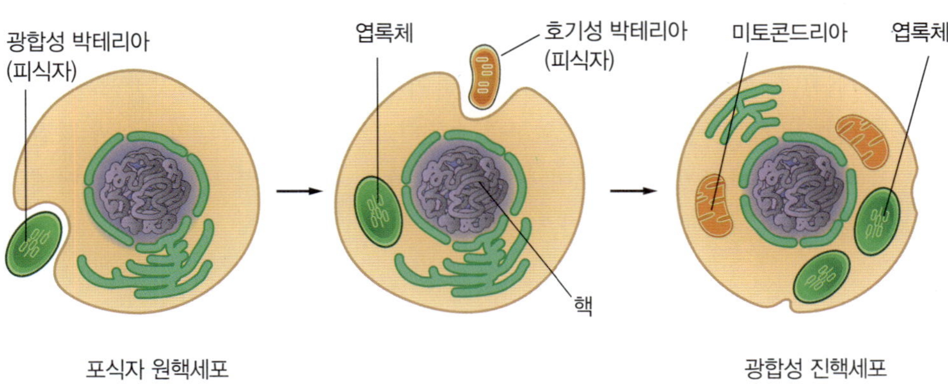

그림 2.6 내부공생에 의한 미토콘드리아와 엽록체의 탄생. 광합성 박테리아가 숙주세포(포식세포)에서 엽록체로 변하고(왼쪽), 호기성 박테리아는 숙주세포에서 미토콘드리아로 변한다.

아에 피식되어 이곳에서 광합성을 전문으로 하는 엽록체로 변모하였다는 것이다. 마찬가지로 **호기성 박테리아**는 포식자 세포에서 미토콘드리아로 변모하여 에너지를 만드는 특화된 임무를 수행하게 되었다. 어쩌면 피식과 포식의 관계가 아니라 이들은 서로의 이익을 위해 공생하는 윈-윈의 관계였는지도 모른다. 엽록체와 미토콘드리아가 피식되기 전에는 독립된 생명체였다는 증거는 이들이 지금도 간직하고 있는 독립 생명체로서 가졌던 물질들에 있다. 엽록체와 미토콘드리아는 모두 DNA와 함께 독립 생명체의 필수 품목인 리보솜과 tRNA를 가진다.

호기성 박테리아
산소가 있어야만 살 수 있는 박테리아.

진핵세포를 구성하는 엽록체와 미토콘드리아의 기원은 내부공생설로 설명할 수 있지만 다른 세포소기관들과 특히 핵의 기원을 설명하는 이론은 아직 정립되지 않고 있다. 어떤 경우이던 원핵세포가 진핵세포로 진화한 것은 틀림없어 보인다.

진핵세포 탐방

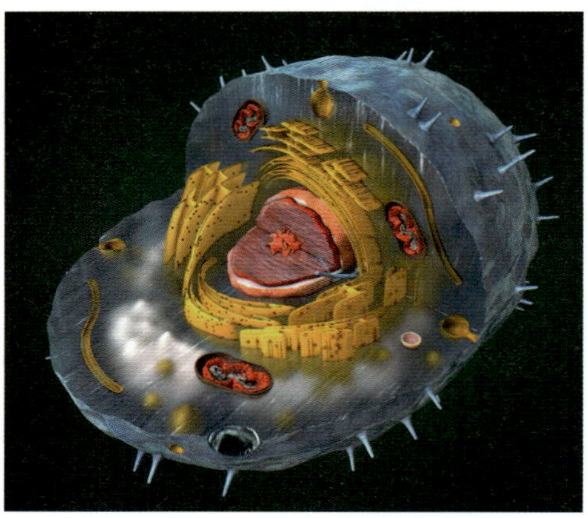

생명의 기본 단위인 세포는 생명체가 필요로 하는 다양한 기능을 수행할 수 있다. 세포의 종류에 따라 수행하는 기능이 서로 다르지만 대부분의 진핵세포는 공통적으로, 물질과 신호의 출입, 에너지의 생산과 소비, 단백질의 합성과 임무 수행 등을 기본적으로 수행한다. 진핵세포는 이런 세포 기능들이 분업화되어 세포소기관들마다 서로 다른 역할을 가진다. 이들을 차례로 살펴보자.

원형질막

모든 세포는 외부환경과 경계를 이루는 원형질막plasma membrane으로 둘러싸여 있다. 원형질막의 일차적인 기능은 세포와 외부와의 경계 지점으로 세포를 보호하고 조절되지 않는 물질의 출입을 막는 것이다. 원형질막에는 많은 물질들이 들어오고 나가는 과정을 조절하며 물질들의 이동을 돕는 복잡한 장치들이 모여 있다. 원형질막의 또 다른 중요한 기능은 세포의 바깥으로부터 전달되는 다양한 신호를 인식하여 이를 세포 내부로 전달하는 것이다. 가령 호르몬이 원형질막에 접근하면 이것을 인식하는 단백질(**수용체**receptor 라 함)이 호르몬의 신호를 세포 내에 알리게 된다. 원형질막에는 여러 단백질들이 마치 모자이크처럼 곳곳에 박혀 있으면서 신호전달과 물질수송 등의 임무를 수행하고 있다(**그림 2.7**). 따라서 원형질막은 단순한 울타리라고 할 수 없으며 신호를 접수하여 큰 소리로 세포 내로 전달해주는 북적거리는 시골의 오일장과 같은 곳이다.

수용체
세포외부로부터 전해오는 신호를 처음으로 인식하는 단백질로 원형질막 또는 세포질에 위치한다.

핵

단세포생물인 박테리아의 세포에는 막으로 구획화된 세포소기관이 없어 DNA는 세포 안에 넓게 분포되어 있다. 원핵세포가 진화하면서 핵nucleus이라는 구조를 만들어 DNA를 보관하게 된 것으로 생각된다(**그림 2.8**). 진핵세포에서는 DNA 사슬이 단백

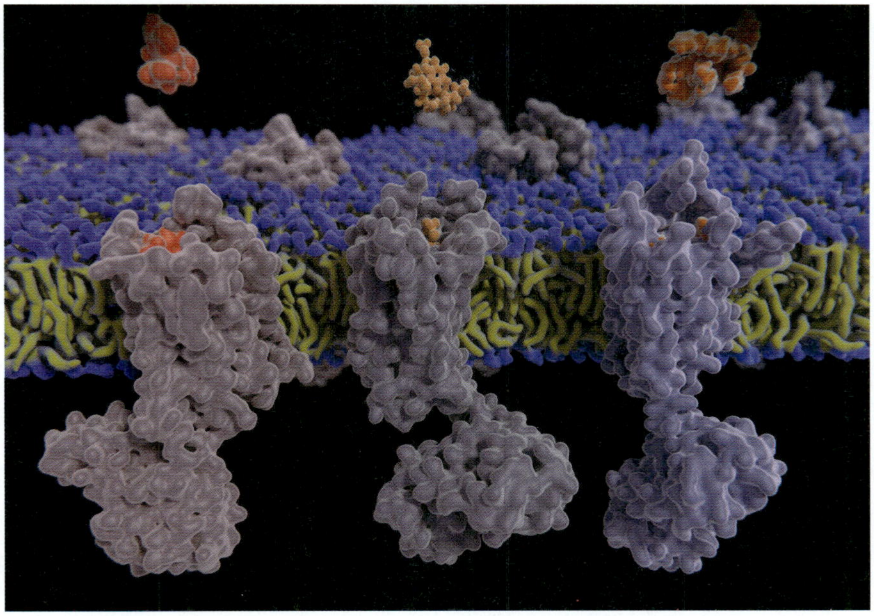

그림 2.7 원형질막을 포함하는 세포막은 기능이 많을수록 세포막에 위치하는 단백질의 비율이 높은 편이다. 원형질막은 세포막들 중에 가장 많은 역할을 수행하는 것으로 여겨진다.

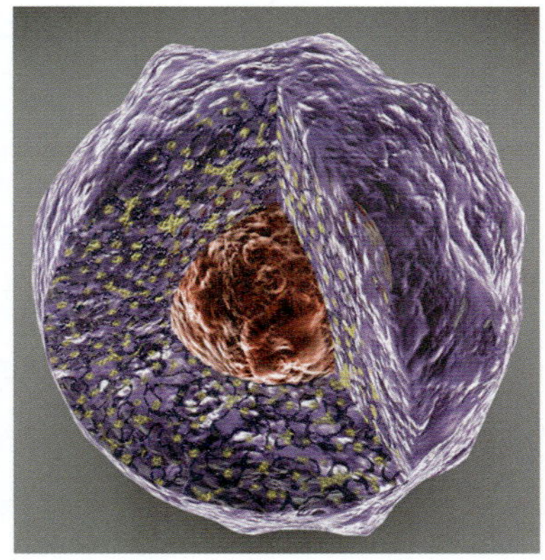

그림 2.8 핵은 염색사 또는 염색체 형태로 DNA를 가진다. 또한 핵 안에는 인(핵 한가운데 원형 구조) 또는 핵소체라 불리는 구조가 있어 리보솜RNA와 리보솜을 만든다.

질과 함께 **염색체**를 구성하고 있다. 핵의 인(또는 핵소체)nucleolus이라는 곳에선 리보솜을 만들어 세포질로 내보낸다(그림 2.8).

염색체
진핵세포의 핵에 존재하는 유전물질을 운반하는 구조. 각 염색체는 단백질과 결합된 매우 긴 하나의 DNA 분자로 이루어져 있다.

DNA는 생명의 설계도라 할 수 있는 물질이다. DNA가 손상되면 단백질을 제대로 만들 수 없게 되고 따라서 세포의 구실을 제대로 못하게 된다. DNA의 암호는 RNA를 통해 세포질에 있는 단백질 합성공장인 리보솜으로 전해진다. 핵은 생명의 설계도인 DNA가 마치 왕처럼 머물러 있는 곳이다.

리보솜

생명활동을 수행하기 위해 세포는 많은 종류의 단백질을 만든다. 생명활동이 활발한 세포일수록 만들어지는 단백질은 많아진다. 세포에서 단백질이 만들어지는 곳을 리보솜ribosome이라 한다. 리보솜은 막으로 둘러싸여 있지 않아 세포 소기관이라 하지 않는다. 대부분의 리보솜은 마치 바닷가 바위에 붙은 따개비처럼 소포체라는 곳에 다닥다닥 붙어 있다(그림 2.9). 리보솜은 20nm(nanometer, 1nm = 1/1000μm) 직경의 미세한 크기이지만 수백 수천의 아미노산들이 차례로 들어와 펩타이드 결합으로 연결되는 최첨단 단백질 공장이라 할 수 있다. 시골 마을에서 집집마다 연기가 피어오르듯 리보솜에서는 새로 만들어진 단백질이 피어 나온다. 리보솜에서 만들어진 단백질은 세포 내 임무지로 정확히 이동한다. 세포에서는 단백질은 항상 만들어지고 있으며 단백질은 세포의 곳곳으로 이동하여 필요한 임무를 수행한다.

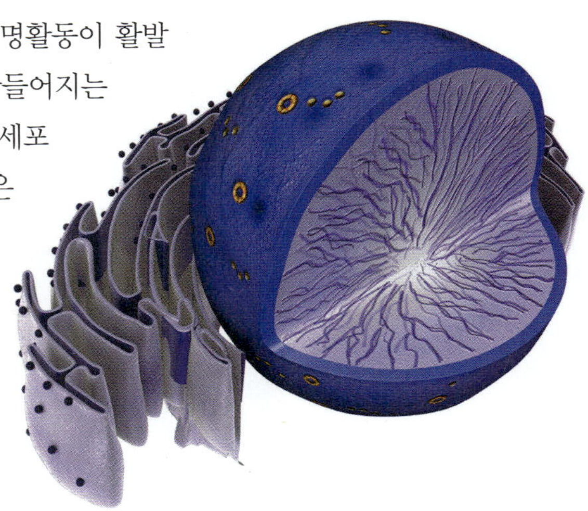

그림 2.9 **리보솜.** 리보솜은 소포체에 붙어 있기도 하고(파란색 반점들) 세포질에 위치하기도 한다.

소포체와 골지체

세포에서는 단백질을 만드는 것 못지않게 만들어진 다양한 종류의 단백질들을 임무를 수행할 장소로 정확히 이동시키는 것도 중요하다. 소포체endoplasmic reticulum는 표면적이 넓고 꾸불꾸불한 막으로 된 세포소기관으로 핵 근처에 위치한다. 소포체는 막에 리보솜이 붙어 있는 조면 소포체(거친면 소포체)와 리보솜이 붙어 있지 않은 활면 소포체(매끈면 소포체)로 되어 있다(그림 2.5). 활면 소포체는 지질이 만들어지는 곳으로 여러 세포소기관의 막을 제공하는 기능을 가진다. 조면 소포체의 가까이에는 골지체Golgi body라는 세포소기관이 위치한다(**그림 2.10**).

조면 소포체에 붙어 있는 리보솜에서 만들어진 단백질은 소포체의 막을 통과하여 조면 소포체 내부로 이동한다. 이곳에서 소포체를 최종 임무지로 하는 단백질은 잔류하고 나머지 단백질은 소포체의 막에 둘러싸인 '운반 소낭transport vesicle'(작은 단백질 주머니라 할 수 있다)에 싸여 골지체로 이동한다(그림 2.10). 골지체는 얇은 주머니들이 층층이 쌓여 있는 구조이다. 골지체에서는 단백질 구조의 변형이 벌어지는데 이는 각 단백질의 최종 목적지에 따른 표식을 단백질에 새기기 위한 것이다. 표식을 갖게 된 단백질은 골지체의 막으로 둘러싸인 '운반 소낭'을 통해 리소좀, 액포나 원형질막으로 향한다. 원형질막으로 향한 단백질은 표식의 종류에 따라 원형질막에 잔류하여 임무를 수행하거나, 세포 밖으로 분비되어 임무를 수행하기도 한다. 이와 같이 조면 소포체와 골지체는 조면 소포체, 골지체, 리소좀 또는 액포, 원

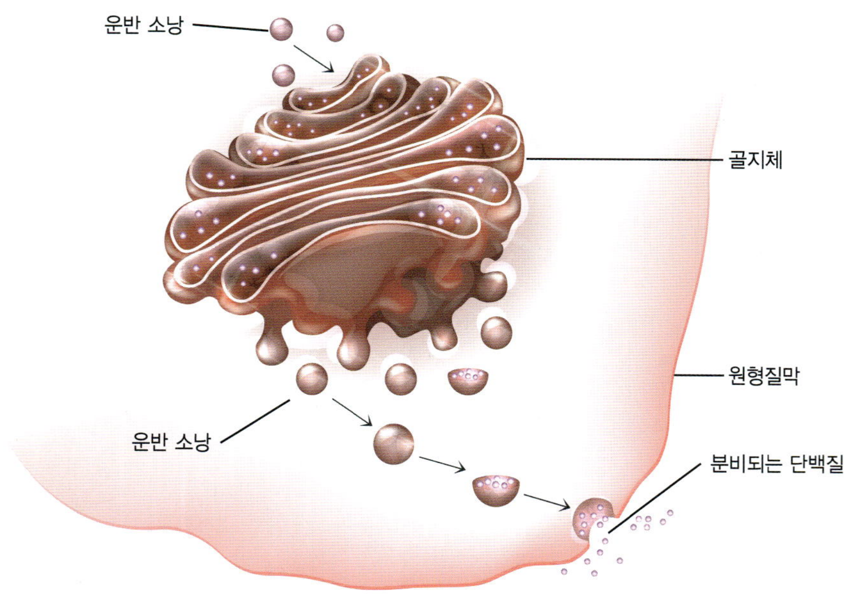

그림 2.10 골지체를 거치는 단백질의 이동. 조면 소포체의 벽면에 붙어 있는 리보솜에서 합성된 단백질은 소포체 내부로 들어온 다음 운반 소낭을 타고 골지체로 이동한다. 골지체를 지나며 추가적인 단백질 변형을 거쳐 최종 임무지로 향한다. 이들 단백질은 골지체에서 또 다른 종류의 운반 소낭을 타고 원형질막에 위치하거나 세포 밖으로 분비된다. 몇몇 단백질은 또 다른 운반 소낭을 타고 이동하여 리소좀을 최종 목적지로 하기도 한다.

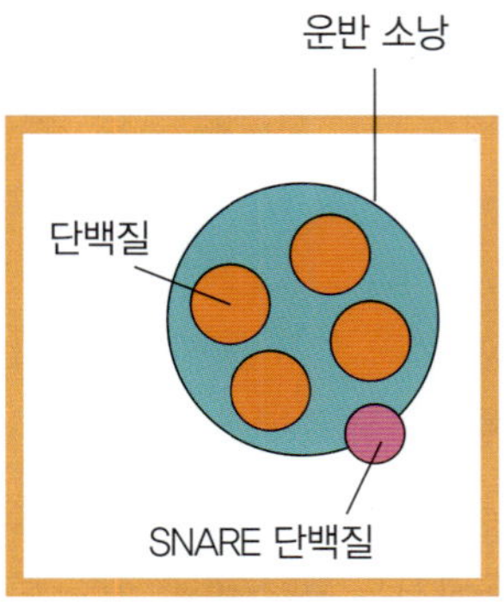

(a) SNARE 단백질과 운반 소낭

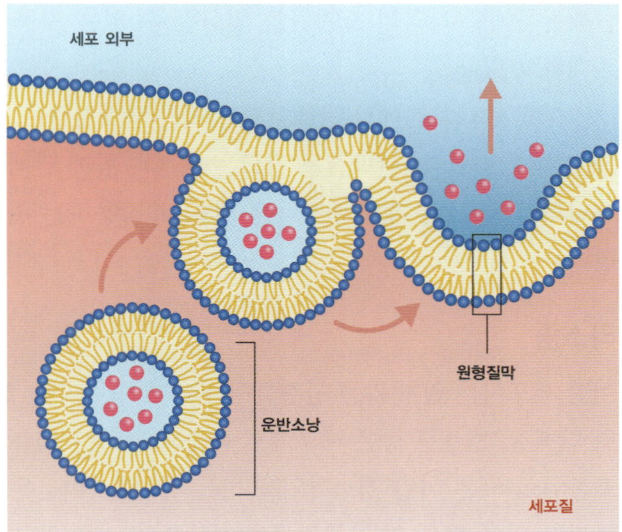

(b) 운반 소낭의 원형질막과 융합. 운반 소낭의 단백질(붉은색 구슬)이 세포 밖으로 분비된다.

그림 2.11 원형질막으로 향하는 운반 소낭

형질막 또는 세포 외에서 작용하는 단백질들의 안전하고 정확한 이동을 위해 반드시 통과해야 할 중요한 중간 기착지에 해당된다.

단백질이 세포 밖으로 분비되는 과정과 원리를 이해하는 것은 여러 질환의 치료법 개발에 중요하다. 가령 췌장의 특정 세포에서 운반 소낭에서의 이상으로 혈당을 낮추는 호르몬인 인슐린을 제대로 분비시키지 못하면 당뇨병을 유발시킬 수 있다(13장 참조). 또 다른 예로 신경세포에서는 신경전달물질이 세포 밖으로 분비되어야 하는데 운반 소낭 작용에 이상이 생기면 신경전달에 문제가 생겨 뇌질환이 발생할 수 있다(12장). 최근, 연구자들에 의해 운반 소낭을 통해 세포 밖으로 분비되는 과정이 조금씩 이해되고 있어 관련 질환의 치료 가능성이 열리고 있다. 이 분야 연구자들은 2013년 노벨 생리의학상을 수상하였다. 이들의 연구에 의하면 '스네어 SNARE'라는 단백질이 운반 소낭의 표면에 위치하여 운반 소낭이 원형질막과 융합하면 마치 지퍼가 열리는 것처럼 원형질막이 열리도록 한다. 열린 틈으로 운반 소낭이 포함하고 있던 단백질이나 분비 물질이 세포 외로 분비된다는 것이다(**그림 2.11**).

리보솜

리보솜은 조면 소포체에 붙어 있는 것bound-ribosome과 세포질에서 유리되어 자유롭게 존재하는 것(유리 리보솜free-ribosome) 두 가지 종류가 있다. 이 중에서 유리 리보솜에서 만들어지는 단백질은 대개 핵, 미토콘드리아 또는 엽록체를 목적지로 한다. 이들 단백질 내에는 각각의 목적지로 향하도록 하는 표식이 있어 그 표식에 따라 최종 목적지로 향하게 된다. 즉 핵으로 향하게 하는 핵지향성 신호가 핵을 최종 목적지로 하는 단백질에 포함되어 있다. 마찬가지로 미토콘드리아와 엽록체를 향하는 단백질들에도 각각의 소기관을 인식할 수 있는 지향성 신호들이 각각의 단백질에 존재하고 있다.

이렇듯 리보솜에서 만들어지는 모든 단백질들은 정확히 자기의 임무 수행 장소를 향해 이동한다. 단백질을 만드는 과정과 함께 단백질이 이동하는 과정은 실수가 용납되지 않으며, 각 단백질들은 세포 내 작용하는 위치에 정확히 포진하고 있어야 한다.

리소좀

어떤 세포이든 원치 않은 물질들이 생기게 마련이다. 노쇠한 세포소기관, 수명을 다한 단백질, 병원균 등은 세포에서 축출되거나 분쇄되어야 한다. 동물세포에 있는 리소좀lysosome은 이런 청소작업을 하는 곳이다. 이들은 여러 종류의 가수분해효소를 가지고 있어 필요 없는 물질들을 분해한다. 백혈구 세포들에서는 리소좀이 발달되어 있는데 외부에서 침입한 병원균을 분해하는 역할을 담당한다. **알츠하이머** 질환 등의 많은 질병들은 리소좀의 기능 이상으로 세포 안에 노폐물이 소각되지 않고 쌓이는 것이 원인으로 알려져 있다.

알츠하이머
나이와 관련된 정신 질환으로 혼돈, 기억력 감소 등의 증상을 보인다.

세포벽과 액포

식물세포의 원형질막은 바깥쪽으로 세포벽cell wall으로 둘러싸여 있다(**그림 2.12**). 세포벽은 주로 포도당이 길게 연결된 구조인 셀룰로스를 중심으로 여러 종류의 탄수화물과 단백질로 구성되어 있는 구조로서, 식물세포에 견고함을 제공한다. 세포벽은 세포를 보호하는 역할과 함께 식물세포의 성장에도 중요하다. 세포가 성장하기 위해서는 세포벽의 견고함이 느슨해져야 하는 것과 함께 세포가 확장되는 압력, 즉 **팽압**turgor pressure이 필요하다.

팽압
세포벽을 가지는 세포에서 삼투현상에 의해 세포 내로 물이 유입됨으로써 세포벽에 미치는 압력.

액포vacuole는 식물세포에서 가장 큰 부피를 차지하는 세포소기관으로, 물을 포

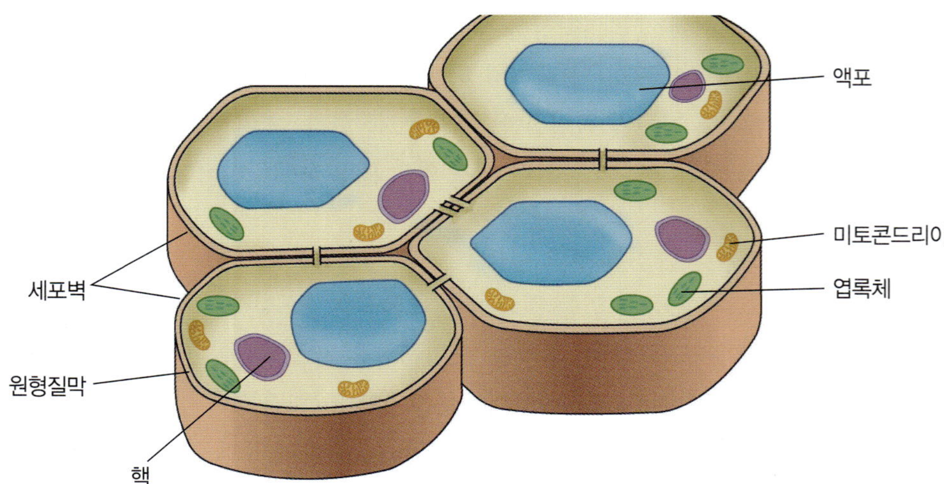

그림 2.12 세포벽과 액포

함한 많은 물질들을 저장하는 기능을 가진다. 외부로부터 흡수된 물이 액포에 저장되면 액포의 확장으로 세포벽에 가하는 팽압이 생겨 식물세포가 팽창한다. 식물 호르몬인 **옥신**(9장)은 세포벽의 느슨해짐을 유도하여 세포의 성장을 촉진하는 것으로 알려져 있다. 식물에 물 공급이 충분하면 세포를 팽팽하게 만들어 식물을 싱싱하게 보이고, 반대로 식물이 물이 부족하게 되면 액포가 쪼그라들어 팽압이 낮아지고 식물은 시들어 보인다.

옥신
세포 신장, 뿌리 형성이나 2차 생장 및 과일 생장 등 다양한 효과를 내는 식물 호르몬인 인돌아세트산(IAA)을 말한다.

엽록체와 미토콘드리아

엽록체는 식물세포에서 광합성을 하는 곳이며, 미토콘드리아는 대부분의 진핵세포들에서 에너지를 생산하는 장소이다(**그림 2.13**). 광합성은 빛이 가지고 있는 물리에너지를 ATP라는 화학에너지로 변화시키고(9장), 미토콘드리아는 음식물에 숨어 있는 에너지들을 가지고 ATP를 얻는(8장) 파워하우스power house들이다. 엽록체와 미토콘드리아에선 공통적으로 에너지를 ATP의 형태로 얻는데 적합한 구조인 막을 많이 가지고 있다. 이 막에서는 전자가 이동하는 '전자전달electron transport'이라는 현상이 벌어지며 이를 통해 ATP가 얻어진다(자세한 내용은 8장과 9장에서 설명된다).

이상 핵과 세포질에 있는 여러 세포소기관을 살펴보았다. 흔히 접하게 되는 책 속의 세포 그림으로는 세포의 복잡성과 역동성을 온전하게 이해할 수는 없다. 수없이 많은 구조물들, 항상 파도를 치고 있는 세포질, 이들 사이를 좌충우돌하면서 지나다니는 여러 미세한 화학물질들, 임무지를 찾아 이동하는 단백질들, 세포로 들어오고 떠나는 여행객들…… 어떤 이는 '세포는 마치 지구와 같다.'고 표현하기도 한다.

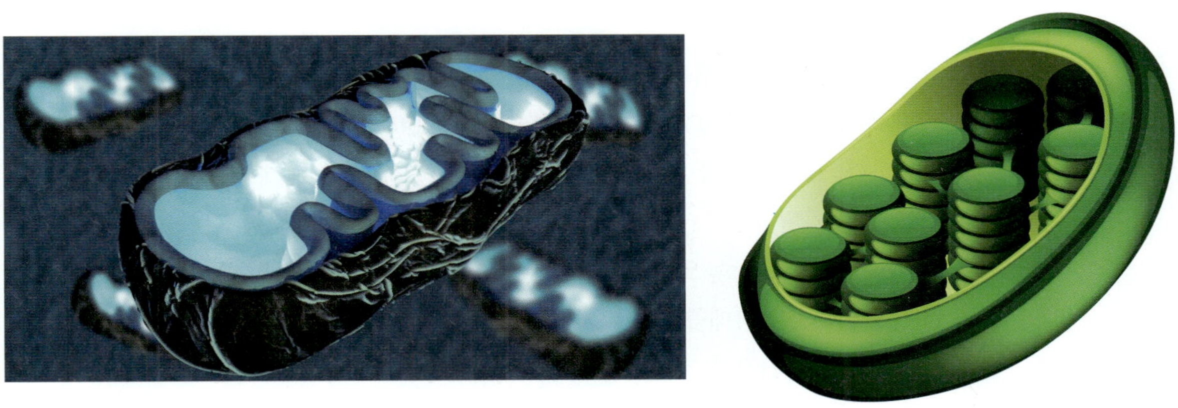

그림 2.13 미토콘드리아(왼쪽)와 엽록체(오른쪽)

2.2 생명의 분자들

물, 최고의 용매

아래에 주어진 괄호 채우기 문제를 풀어보자.

'생명체는 ( )주머니라 할 수 있다. 지방과 단백질은 20%가 제거되어도 살 수 있지만, ( )은 그만큼 없어지면 생명체는 곧 사망한다. 몇 주 음식을 안 먹어도 살 수 있지만, ( )을 마시지 않으면 살 수 없다. ( )은 내 몸 어디든지 돌아다닌다. ( )은 물질들을 머물러 있게 하며, 여러 반응을 진행시킨다. 사람들에게는 ( )이 부족해지면 시시각각 이것을 섭취하도록 명령하는 신경전달 체계가 발달되어 있다. ( )이 내 피부에 붙어 있을 때에는 체열을 발산시켜 서늘함을 느끼도록 만든다. 더운 날 식물은 끊임없이 이것을 땅속에서 끌어올려 잎을 통해 증산한다. 내 몸무게의 약 70%는 ( )의 무게이다. ( )은 생명이다.' 정답은 '물'이다.

물은 생명에 없어서는 안 될 필수품이다. 사람은 보통 하루에 2.5리터의 물을 마신다. 이 속에 포함된 물 분자들은 몸속 구석구석으로 스며들어 생명활동을 가능하게 한다. 물은 열을 흡수하여 온도 변화를 가급적 적게 하는 특성을 가지고 있다. 같은 부피의 알코올과 물에 같은 열을 가하면 알코올은 열을 이기지 못하고 곧바로 증발해 버리지만 물은 다르다. 지구를 향하는 강렬한 태양열에도 지구 표면의 70%를 차지하는 바닷물 때문에 지구온도는 급격히 변하지 않는 것이다. 물주머니인 우리의 몸도 물 때문에 체온의 변화가 적다. 물은 급격한 온도 변화로부터 우리를 보호해준다.

용액을 이루는 대부분의 물 분자는 H_2O 상태를 유지하고 있으나 극히 일부분은 분해가 되어 H^+와 OH^-으로 분리된다(그림 2.14). 생물체에서 이들의 농도는 매우 중요하다. H^+의 농도는 pH로 표시되며(pH는 $-\log[H^+]$로 계산된다.) pH의 수가 낮으면 산성(가령 pH = 1)이라 하는데, H^+농도가 높음(OH^-의 농도는 낮음)을 뜻한다. 반대로 pH의 수가 높으면(가령 pH = 10) 염기성이라 하며 H^+의 농도가 낮은(OH^-의 농도는 높은) 상태를 말한다. H^+와 OH^- 이온들이 균형을 이루고 있는 상태를 중성이라 하며, pH값은 7 근처이다. 만약 이 용액에 HCl 분자(염산)를 첨가하면 H^+의 농도가 상승하여 pH값은 급격히 낮아지게 된다. HCl의 경우처럼 H^+를 내놓는 물질을 산acid이라 하며, NaOH (염화나트륨) 경우처럼 OH^-를 내놓는(H^+ 받아들이는) 것을 염기base라 한다.

물 분자는 양성과 음성 **극성**polarity을 함께 가지고 있어 좋은 용매가 된다(그림 2.15). 곧 설명되듯이(다음 쪽 '물 분자와 수소결합') 물 분자를 이루는 산소는 음성 극성을, 수소는 양성 극성을 띠게 된다. 물 한 분자에 양성과 음성 극성을 함께 가

극성
분자를 이루는 화학결합에서 전하의 분포가 균일하지 않을 때, 즉 양전하와 음전하의 분포가 대칭적이지 않을 때 발생하는 현상을 말한다. 이런 분자들은 전하의 치우침에 의해 부분적으로 양전하, 혹은 음전하를 띠게 되며, 이를 극성이라고 부른다.

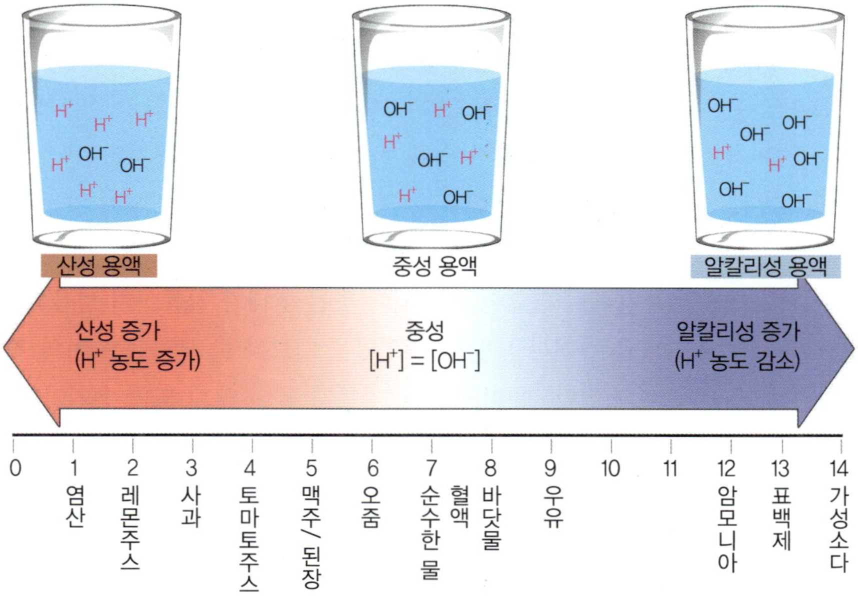

그림 2.14 다양한 용액들의 pH(수소이온 농도). 용액의 pH는 수소이온의 농도가 높을수록(pH는 낮음) 산성을, 낮을수록(pH는 높음) 알칼리성을 띤다.

짐으로 전하를 띤 분자들은 물에 용해될 수 있는 것이다. 소금덩어리를 물에 넣으면 물 분자에 있는 두 극성이 NaCl의 이온결합이 쉽게 풀리도록 한다. Na^+ 이온은 물 분자의 음성 전하(산소부분)와, Cl^-이온은 물 분자의 양성 전하(수소부분)와 만나게 된다. 이와 같이 물은 전하를 띠는 물질을 녹여 안정된 상태로 만든다. 물은 그 안에 많은 물질들을 용해할 수 있도록 해주는 최고의 용매solvent가 되는 것이다.

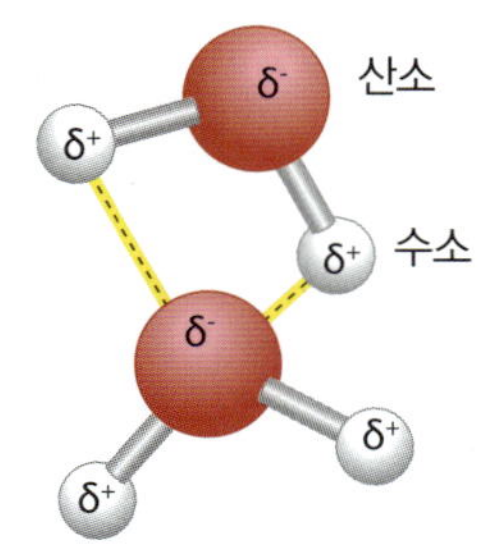

그림 2.15 물 분자의 극성. 물 분자에서 산소는 음성 극성을, 수소는 양성 극성을 띤다.

물 분자와 수소결합

수소결합hydrogen bond은 2개의 원자 사이에 수소 원자가 결합되어 일어나는 약한 화합결합이라 할 수 있는데, 물의 분자구조를 통해 알아보자. 물 분자는 하나의 산소 원자에 두 개의 수소 원자가 결합되어 있다(그림 2.15). 이 결합은 산소와 수소 원자 사이의 전자를 공유하며 이루어지는 공유결합으로 이 전자는 불균형하게 산소 쪽으로 치우쳐 위치한다. 때문에 음성 전하를 띠는 전자를 가까이에 둔 산소 원자는 약한 음성의 극성('δ^-'로 표시함)을, 전자를 멀리하게 된 수소 원자는 약한 양성의 극성(δ^+)을 띠게 된다. 산소와 수소 원자는 같은 분자 내에서는 공유결합으로 결합되지만 다른 물 분자들 사이에서는 반대되는 극성의 전기적 결합을 바탕으로 하는 수소결합이 형성된다(그림 2.15 점선). 물은 수많은 물 분자들 간의 수소결합에 의해 연결되어 있는 것이다(그림 2.16). 수소결합은 '공유결합을 하고 있는 양성 극성의 수소 원자와 다른 분자에 있는 음성 극성(주로 산소와 질소) 원자

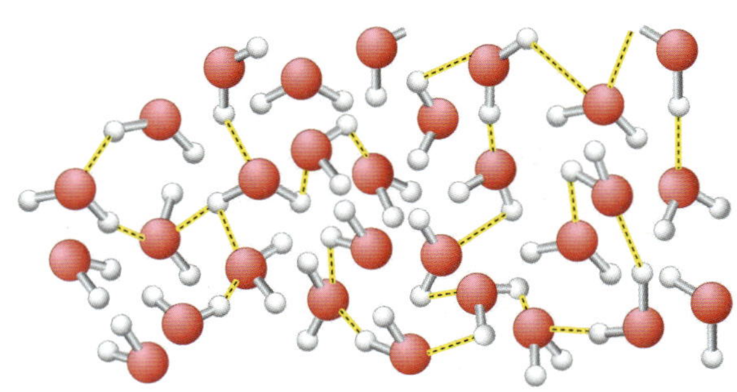

그림 2.16 물 분자들 간의 수소결합. 물 분자들 간의 광범위한 수소결합(노란 점선)을 보여준다.

간의 결합'으로 정의할 수 있다.

수소결합은 물 분자, DNA와 단백질 등 중요한 생명물질들에서 사용되는 결합 방식으로 공유결합에 비해서 매우 약한 결합이다. 물 분자들 간의 수소결합들은 물 분자들을 서로 결합된 상태로 남아 있게 한다. 만약 열이 가해지면 이 수소결합은 끊어지고 물 분자들은 분리된다. 더욱 높은 열을 가하면 수소결합이 완전히 끊겨 물 분자는 증기 상태가 된다. 물은 끓기 직전까지 많은 열을 받아들인다. 반대로 물 분자들 간에 가능한 모든 수소결합이 형성되어 있는 상태가 얼음이며(얼음의 물 한 분자는 4개의 수소결합을 가진다.), 용액으로 있을 때보다 물 분자들 사이의 거리가 멀기 때문에 부피가 더 커진다. 유리 용기에 가득찬 물이 얼게 되면 용기가 깨지는 이유이다.

유기물

우주에 생명이 존재한다는 것은 신비로운 일이다. 지구라는 극히 일부분에 해당되는 것이지만 절대빙점(−273도)에 근접하는 싸늘한 우주 공간에 따뜻한 체온을 가진 생명체가 출현한 것은 기적에 가까운 일이다. 수많은 행성들 중 지구에 생명체가 있다는 것은 지구가 생명체를 잉태할 수 있는 조건을 갖추고 있기 때문이다. 즉 지구에는 생명체가 가지고 있는 물체들이 조직되고 행동할 수 있는 온도 범위와 재료들이 존재하는 것이다.

지구의 우연적인 여건들—온도, 태양으로부터의 적당한 거리(1억 5000만 km), 원자의 광풍과 수분 등—의 조합은 자유롭게 유영하던 원자들이 결합을 할 수 있게 한다. 우주에 있는 대부분의 원자들은 뜨거운 열에 의해 전자껍질이 벗겨진 채로 걸쭉한 용광로 안에서 원자핵들끼리 서로 밀어내지만, 적당한 온도의 지구에서는 원자핵을 둘러싸고 있는 전자들은 두 원자에 의해 공유되면서 두 원자는 화학결합의 하나인 **공유결합**을 이룬다(그림 2.17). 수소, 탄소, 질소, 황, 인 등의 원자들은 공유결합을 통한 다양한 조합의 화학물질을 탄생시키고 이 중 일부는 생명체가 선택하여 사용하는 유기물이 된다.

공유결합
원자들이 전자쌍을 공유하며 만드는 화학결합.

생명이 사용하는 물질은 생명에 의해 선택되어야 한다. 생명이 고강도 테스트를 거쳐 선정한 고분자의 유기물에는 탄수화물, 지질, 단백질과 핵산(DNA와 RNA)이 있다. 이들 유기물은 모두 탄소 원자를 중심으로 형성된 큰 분자들로서 생명이 사용하는 물질이다. 유기물들이 가지는 구조 하나하나가 모든 생명체들에서 최고 효율을 발휘하고 있으며 화학식 하나하나에는 생명의 역사가 담겨져 있다.

탄소와 유기물

생명은 유기물에 기초를 두고 있고, 유기물은 탄소 원자에 기초를 두고 있다. 유기물에도 질소, 인산, 산소, 황 등 여러 원자들이 함께하지만 탄소는 유기물의 뼈대를 구성하며, 핵산, 단백질, 지질과 탄수화물 등은 기본적으로 탄소 원자들 간의 결합

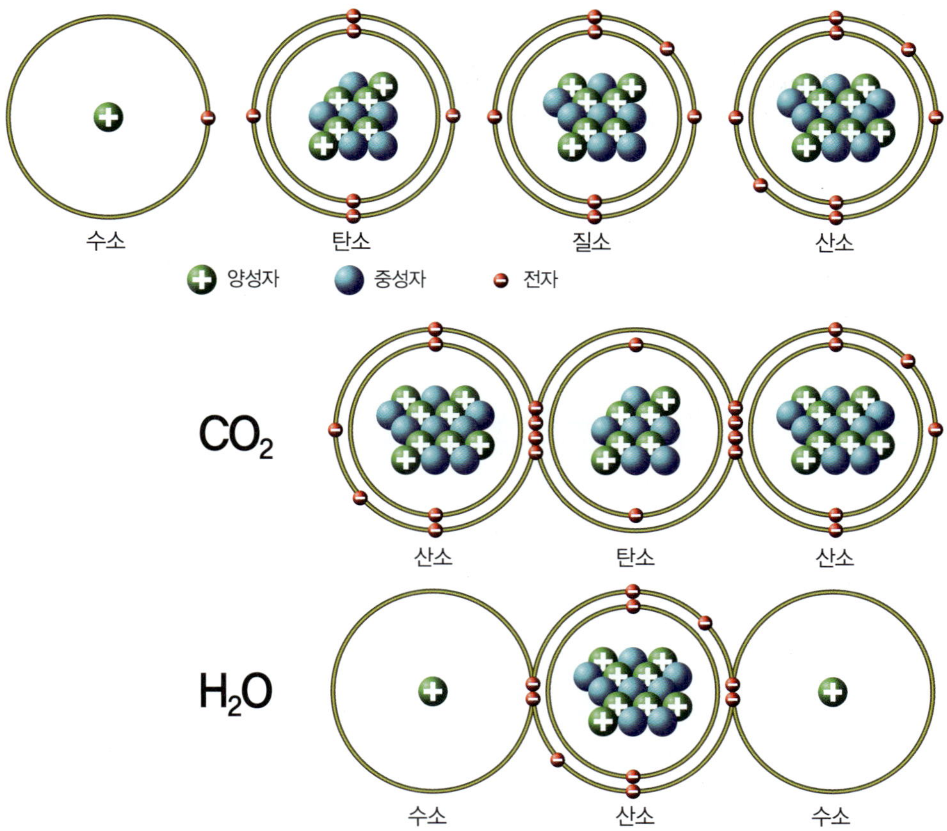

그림 2.17 **공유결합과 분자의 형성.** 생명체들에 가장 많이 존재하는 4원자(수소, 탄소, 질소, 산소)의 구조를 모식화하였다. 원자의 중앙부에 있는 원자핵은 양성 전하를 띤 양성자와 전하를 띠지 않는 중성자로 구성되어 있고, 음성 전하를 띤 전자는 원자핵 주변에 위치한다. 두 원자가 전자를 공유하며 형성되는 공유결합으로 이산화탄소(CO_2)와 물(H_2O) 등의 분자를 형성한다. CO_2의 경우, 공유결합을 통해 탄소와 산소 원자는 8개의 최외각전자를 갖게 된다.

을 중심으로 형성된다. 탄소 원자는 사슬이나 고리의 형태를 만들며 끝없이 자신과 결합할 수 있다.

탄소 원자의 무슨 특성 때문에 유기물의 중심 원자로 사용되게 되었을까? 원자의 화학적 상태는 주로 원자의 가장 가장자리에 있는 **최외각전자**들에 의해 결정된다. 탄소 원자는 다른 4개의 원자들과 공유결합을 이룰 수 있어 다양한 유기물 조합을 형성하는 데 적합한 원자이다(그림 2.18). 즉 여러 원자들과 결합할 수 있는 사교성이 많은 원자라 할 수 있겠다. 탄소 원자는 결코 혼자서 모든 유기물을 형성한 것이 아니라 수소, 산소, 질소, 인, 황 등 여러 다른 원자들과 함께 수백만 종의 유기물들을 조립한다. 어떤 원자들도 탄소만큼 화학적 다양성을 이루는 데 적합하지 않다.

최외각전자
이곳에는 8개의 전자가 있어야 화학적으로 안정된다. 탄소는 가장 가장자리에 4개의 전자를 가지고 있어 다른 원자들로부터 4개의 전자를 받을 수 있다.

여기서 잠깐 중합체polymer라는 용어를 짚고 넘어가자. 유기물 중 큰 분자의 물질들은 간단한 구조의 단량체monomer들이 연결되어 중합체로 이루어진 경우가 흔하다. 생명체들은 다양한 종류의 유기물을 만들기 위해 단량체들의 조합과 수에 따라 다양한 종류의 중합체가 만들어지는 간단한 원리를 이용하고 있다. 중합체는 단

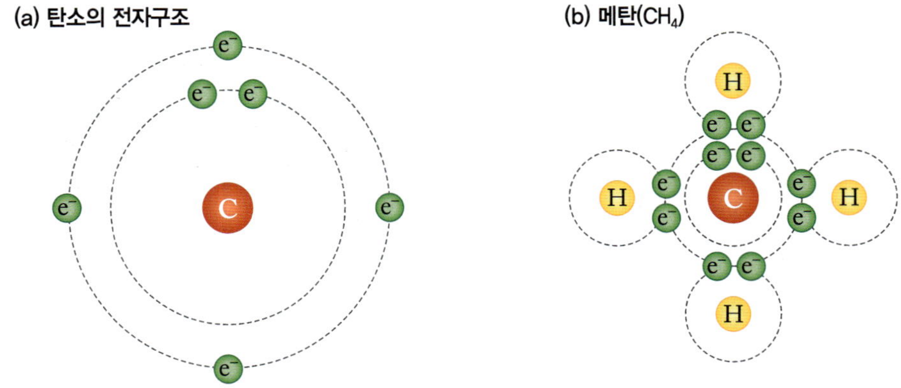

그림 2.18 **공유결합.** (a) 탄소는 원자가 궤도에 짝을 이루지 못한 4개의 전자를 갖고 있어서 공유결합을 4개까지 할 수 있다. (b) 메탄은 4개의 수소와 공유결합을 한 탄소로 구성되어 있다.

량체들의 탈수반응에 의해, 단량체는 중합체의 가수분해반응에 의해 얻어진다(그림 2.19). 나중에 살펴볼 다당류, DNA와 단백질들은 여러 종류의 단량체들이 연결된 중합체로서, 서로 다른 단량체가 길게 연결되어 있는 기차에 비유될 수 있다.

모든 생명체들이 공유하고 있으며 탄소 원자를 중심으로 이루어진 이들 유기물을 차례로 살펴보도록 하자. 모든 생명체들이 공통적으로 가지는 대표적인 유기물 중 탄수화물과 지질은 이곳에서, 핵산(DNA와 RNA)과 단백질은 각각 3장과 5장에서 자세히 살펴본다.

탄수화물

생명체들이 가지는 유기물들은 많은 수의 공유결합을 가지며 공유결합에는 화학에

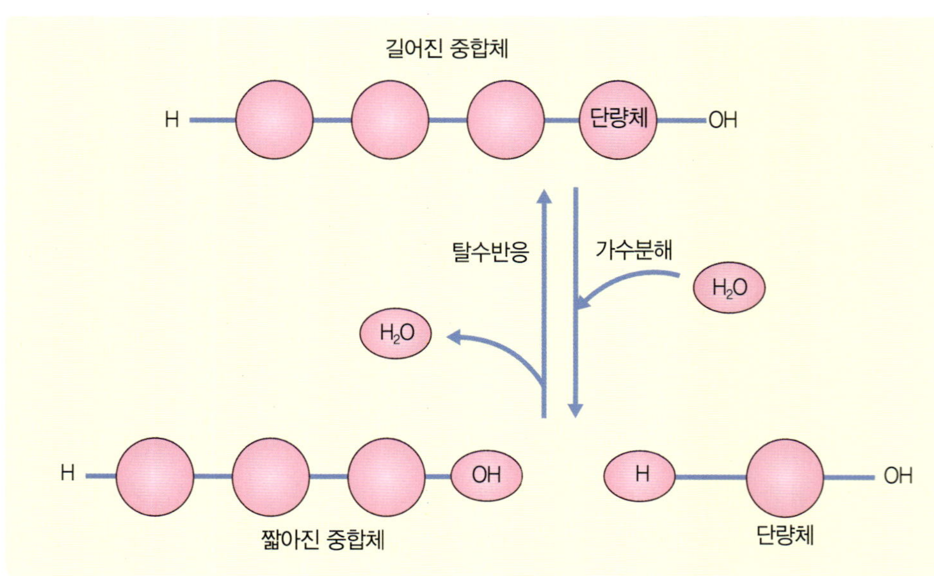

그림 2.19 중합체의 가수분해와 탈수반응

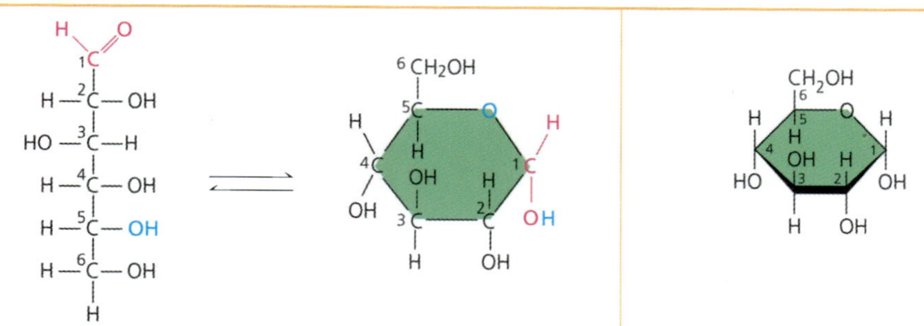

선형구조와 고리구조. 선형구조와 고리구조 사이의 화학적 평형은 주로 고리구조로 치우친다. 당을 구성하는 탄소에 1부터 6까지 번호를 매길 수 있다. 포도당의 고리구조를 형성하기 위해 선형구조의 1번 탄소가 5번 탄소에 붙어 있는 산소에 결합한다.

C가 생략된 고리구조.

그림 2.20 포도당의 선형과 고리구조

너지가 포함되어 있다. 동물이 음식을 섭취하는 이유는 먹이에 포함된 화학에너지를 세포호흡을 통해 ATP 분자를 만드는 것이다(8장). 탄수화물은 지방과 함께 대표적인 영양소들로 생명체들은 이 속에 포함된 에너지를 ATP로 전환시킨다.

탄수화물carbohydrate은 말 그대로 탄소(C)와 물(H_2O)이 화합한 물질로(CH_2O)$_n$라는 기본 구조를 가진다. 생명체가 가장 많이 이용하고 있는 탄수화물 가운데 하나인 포도당glucose의 경우에는 탄소가 6개인, $C_6H_{12}O_6$라는 화학식을 갖게 된다. 포도당은 선형(그림의 왼쪽)이나 고리형(오른쪽)으로 존재한다(**그림 2.20**). 고리형 구조에서 탄소 원자를 생략한 모습(가장 오른쪽)이 자주 사용된다. 포도당이나 갈락토스처럼 탄소가 6개인 탄수화물의 일반적인 명칭은 당이라는 말을 써서 6탄당이라 한다. 탄수화물에는 6탄당 말고도 4, 5, 7탄당 등이 있다. 여기서 말하는 당들은 모두 하나로 이루어졌으므로 단당류라 한다(**그림 2.21**).

단당류라는 단량체가 연결되어 만들어지는 고분자의 탄수화물인 다당류는 그 종류가 다양하다. 우선 가장 간단한 당의 중합체로는 단당이 두 개 연결되어 있는 이당류가 있다. 설탕sucrose이 대표적인 이당류인데 포도당과 과당이 연결되어 있어 단맛을 느끼게 하는 혀의 미각세포를 자극하기에 적합한 구조이다. 또 다른 이당류로는 우유에 포함되어 있는 젖당lactose으로 포도당과 갈락토스가 연결된 이당류이다. 식물의 세포벽을 구성하는 셀룰로스cellulose는 포도당이 매우 길게 연결되어 있는 다당류의 한 종류이다. **글리코겐**glycogen과 **녹말**starch은 모두 포도당으로 이루어진 다당류polysaccharide로 이들은 결합 방식에서 차이를 보인다.

글리코겐
동물의 간이나 근육에 존재하는 가지가 매우 많은 포도당 저장 다당류.

녹말
순수하게 포도당 단량체로만 이루어진 식물의 저장성 다당류.

에너지를 만들어내는 것 외에도 탄수화물은 다양한 역할을 하고 있다. 5탄당인 하나인 리보스ribose는 핵산을 이루는 중요한 구성물질이기도 하다(3장 참조). 탄수화물은 단백질에 붙어 표식의 역할을 하기도 한다. 적혈구 세포의 표면에는 탄수화물의 구조가 돌출되어 있어 세포 전체의 표식 구실과 함께 혈액형을 결정하기도 한다.

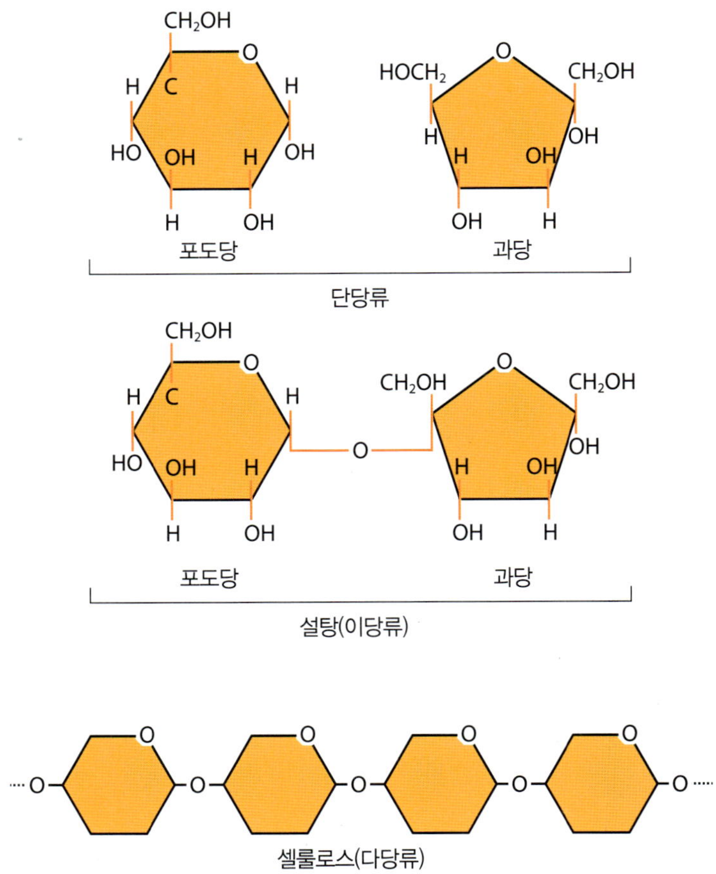

그림 2.21 탄수화물 분자들. 단당류들인 포도당과 과당(위), 포도당과 과당이 연결된 이당류 설탕(가운데)과, 포도당이 길게 연결된 다당류 셀룰로스(아래)가 보인다.

생각넓히기 1 젖당불내증-우유 못 마시는 증상

전 세계적으로 많은 사람들은 우유를 먹으면 소화를 제대로 할 수 없어 불편함을 호소한다. 어린아이들은 우유를 먹을 수 있지만 어른이 되면서 우유를 마실 수 없게 되는 경우가 흔하다. 우유의 포도당과 갈락토스가 결합한 이당류인 젖당을 분해하는 효소는 락테이스lactase로서 어린아이에서는 이 효소가 잘 만들어지다가 어른이 되면서 이 효소의 생산이 멈추게 되는 것이다.

최근 여러 인종을 대상으로 한 연구 결과에 의하면, 우유를 마시지 못하는 젖당불내증lactose intolerance이 정상이고 락테이스 유전자의 돌연변이에 의해서 락테이스가 어른이 되어서도 계속 만들어지는 경우가 오히려 예외적이라는 것이다. 연구자들은 우유를 마실 수 있는 어른은 북유럽에 집중되어 있는데, 이는 옛날 추운 날씨에 작물의 생산성은 제한되었고 우유가 거의 유일하게 항상 먹을 수 있는 음식이어서 어른이 되어도 우유를 소화할 수 능력이 자연선택되어 살아남은 것이라고 추측된다. 또한 9000년 전에 북유럽에서는 소가 가축화되어 우유를 비교적 손쉽게 먹을 수 있었다는 것도 그 이유다. 이런 형질은 북유럽 외에 다른 나라들에서도 형성되었는데 그것도 소의 가축화가 시작된 시점인 7000년 전쯤으로 보인다. 이렇게 여러 인종들에서 우유를 소화시키는 능력을 가진 어른이 자연선택되어 지금의 일부 어른들에게도 남아 있다는 것이다.

지질

또 다른 유기물로는 물에 잘 녹지 않는 특성을 지닌 지질lipid이 있다. 지질에는 저장형태로 주로 존재하는 지방, 모든 세포막의 주요 구성 성분인 인지질phospholipid, 호르몬 등의 역할을 하는 스테로이드steroid 등이 있다.

중성지방

장거리 비행을 떠나는 철새들은 떠나기 전 몸 안에 많은 에너지를 비축한다. 겨울잠에 들어가는 곰들도 충분한 에너지가 비축되어야 겨울을 날 수 있다. 대부분의 생명체들은 에너지를 비축하는 분자로 중성지방을 사용한다. 중성지방의 구조는 3탄당인 글리세롤 분자를 기둥으로 하여 세 분자의 지방산이 글리세롤의 각 탄소에 결합되어 있는 마치 방패연에 꼬리 3개가 길게 달려 있는 모습이다(**그림 2.22**). 중성지방은 TAGtriacylglyceride라 하기도 한다. 지방산은 독립되어 있을 때는 약한 산성을 띠는 친수성의 카복실기가 존재하지만 글리세롤에 결합할 때는 탈수반응을 하면서 친수성을 잃게 된다. 결과적으로 중성지방은 어떤 부분도 물과 접촉하는 부분이 없는 소수성 유기물이다. 따라서 중성지방은 물에 용해되지 않고 이들끼리 소수성 결합으로 뭉치게 된다.

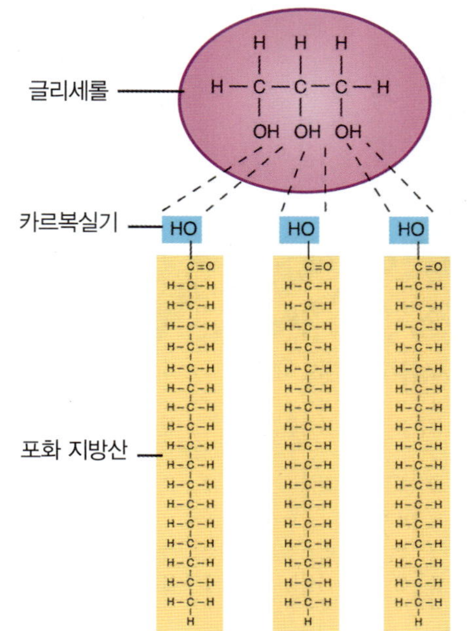

그림 2.22 중성지방. 중성지방은 글리세롤과 세 개의 지방산으로부터 합성된다.

음식을 과다하게 섭취하거나 열량의 소비가 줄어들게 되면 열량은 주로 중성지방으로 비축된다. 중성지방이 많아지면 복부 등에 있는 지방저장세포가 늘어나 체형을 부풀게 한다(**그림 2.23**). 운동 등을 통하여 열량의 소모량이 많아지면 중성지방은 분해되어 많은 열량을 ATP의 형태로 방출한다. 혈액에 있는 중성지방의 양은 우리의 건강상태를 측정하는 중요한 지표가 되고 있다. 중성지방 분자의 찐득찐득한 화학적 특징으로 혈관을 막아 혈류의 이동을 방해할 수 있기 때문이다.

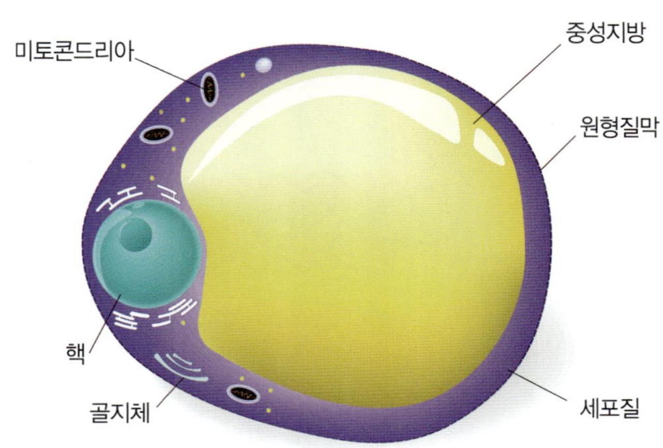

그림 2.23 지방저장세포

불포화지방산과 포화지방산

중성지방의 화학적 성격은 중성지방의 합성에 사용된 지방산의 성격에 따라 구분된다. 대체로 동물성 중성지방은 상온에서 고체의 성격을 보여 지방fat이라 하고, 식물성 중성지방은 식용유에서 보는 것처럼 상온에서 액체로 존재하여 기름oil이라 한다.

지방산fatty acid은 탄소와 수소로 구성되어 있는 긴 사슬로(탄소의 길이가 보통 16부터 24개 정도이다) 사슬의 말단부에 카복실기(기, 화학반응시 분해하지 않

포화지방산과 트랜스 지방산

고 하나의 분자로부터 다른 분자로 이동할 수 있는 원자의 집단)가 있다. 이 카복실기가 약산의 성격을 띠어 지방산이라 하는 것이다. 지방산을 이루는 탄소와 탄소간의 공유결합이 모두 단일결합이면 포화지방산saturated fatty acid, 이중 결합이 포함되어 있으면 불포화지방산unsaturated fatty acid이라 한다(**그림 2.24**). 포화지방산은 탄소 두 개에 결합한 수소가 네 개로 포화되었다는 의미이다(불포화지방산을 이루는 이중결합은 탄소 두 개당 두 개의 수소가 결합된다). 지방산에 이중결합이 포함되어 있으면 사슬이 구부러져 불포화지방산 분자가 넓게 분포하는 특성을 갖도록 한다. 따라서 불포화지방산을 많이 포함하는 지방은 지방산 구조가

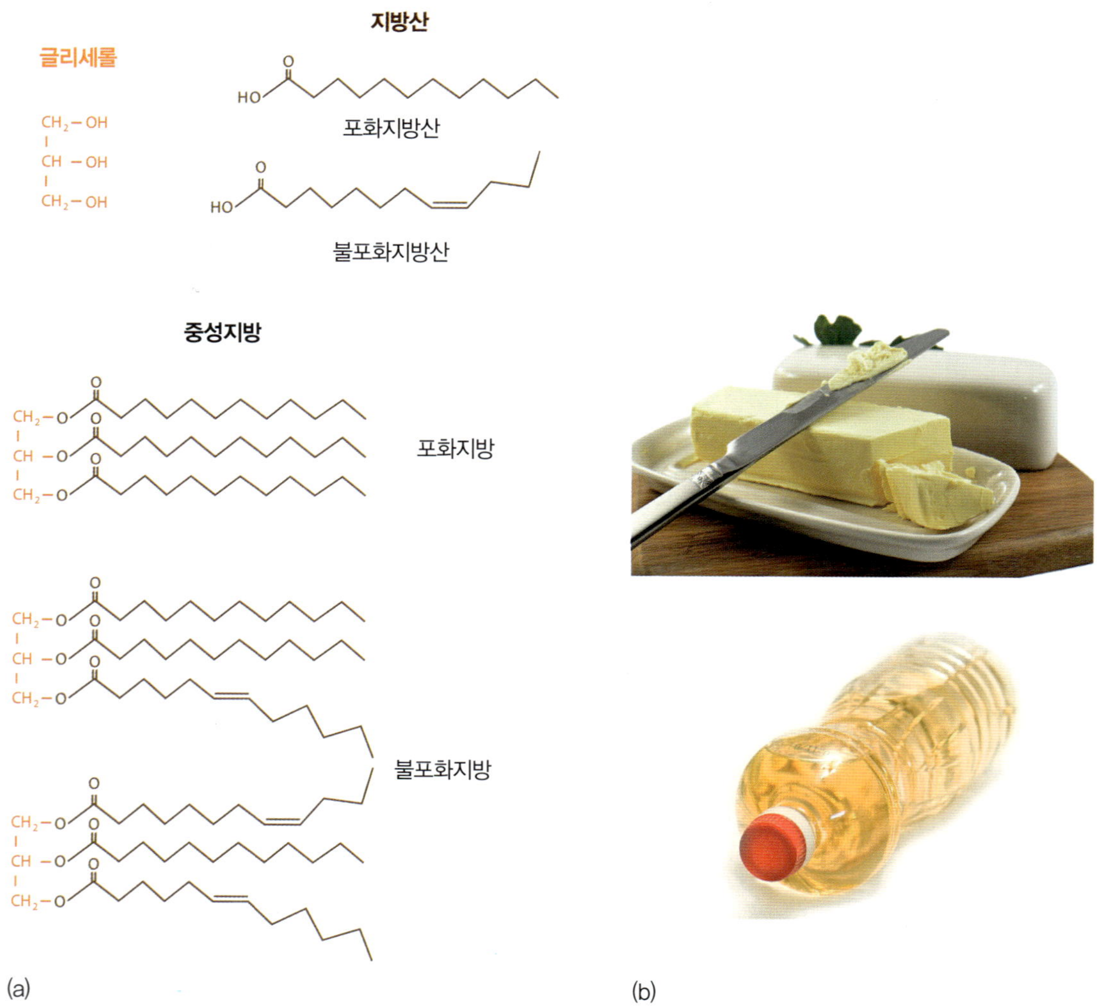

그림 2.24 포화지방산과 불포화지방산. 지방산에 이중결합이 포함되면 불포화지방산, 없으면 포화지방산이라 한다(위). 이중결합은 지방산 분자가 구부러지도록 하므로 단위 질량당 차지하는 면적이 넓어진다. 이런 특성은 불포화지방산을 많이 함유한 중성지방(식물 지방)의 유동성을 증가시켜 상온에서 액체 상태로 존재하도록 한다(아래). 이중결합이 없는 포화지방(가운데)은 차지하는 면적이 적어 상온에서 고체 상태(버터 등)로 존재한다.

넓은 공간에서 비교적 자유롭게 움직일 수 있어 녹는점이 낮고 상온에서 액체 성격을 띠도록 한다. 이중결합 없이 단일결합으로만 이루어진 포화지방산은 구조가 구부러지지 않고 직선에 가까운 형태를 갖는다. 포화지방산을 많이 가진 지방은 지방산이 모두 나란하게 직선 모양을 하고 있어 좁은 공간에 지방산 분자가 밀집하게 된다. 이는 녹는점을 높이고 상온에서 고체 성격을 띠게 한다. 이런 이유로 불포화도(불포화지방산의 빈도)가 높은 식물성 기름은 상온에서 액체로, 불포화도가 낮은 버터 등의 동물성 지방은 상온에서 고체가 된다. 식물성 기름에서 이중결합의 수를 적당히 감소시키면 고체와 액체의 중간 정도로 변한다(이것을 마가린이라 함).

지방산의 또 다른 화학적 성격으로 이중결합에 결합하는 수소 원자의 위치이다. 만약 두 수소원자가 같은 쪽에 위치하면 시스cis 지방산, 교차되어 위치하면 트랜스trans 지방산이라 한다(**그림 2.25**). 생명체에 존재하는 지방산은 모두 시스 지방산으로 트랜스 지방산이 몸에 들어오면 비자연산으로 인식되어 여러 부작용을 일으킨다. 자연산 지방산을 가공하는 단계에서(튀김이나 식품 산업 등에서) 시스 지방산이 트랜스 지방산으로 전환하는 것이 잘 알려져 있다. 지방을 함유하는 식품들에서 건강에 부정적 영향을 미치는 포화지방산과 트랜스 지방산의 포함 정도가 표기되는 것이 권장된다.

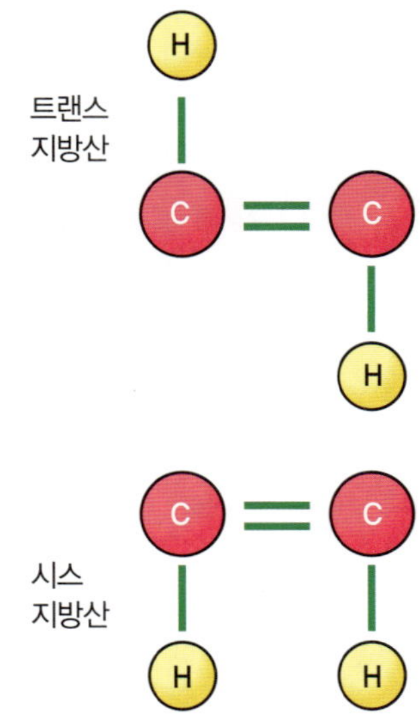

그림 2.25 트랜스 지방산과 시스 지방산의 구조

인지질

세포의 최외곽에 위치하는 원형질막뿐만 아니라 진핵세포의 경우 핵, 미토콘드리아 등 모든 세포 내 소기관들도 세포막이 필요하다. 이들 세포막은 외부와 내부에 있는 용액들과 접촉할 수 있도록 친수성 부위도 있어야 하고, 동시에 외부와의 경계를 만드는 울타리로서 차단벽의 역할, 즉 용액과 그 안에 녹아 있는 무기물과 유기물들이 함부로 혼합되지 못하도록 차단할 수 있는 소수성 지역도 필요하다. 따라서 세포막의 기본 골격을 이루는 물질은 같은 분자 내에 친수성 지역과 소수성 지역이 공존하여야 한다. 이 요구 조건에 가장 적절하게 부합하는 분자가 바로 인지질phospholipid이다(**그림 2.26**).

인지질은 인산기를 포함하는 지질로 친수성 지역이 없는 중성지방과는 차이를 보인다. 글리세롤의 세 번째 탄소에는 음전하를 띠는 인산부위와, 인지질의 종류에 따라 서로 다른 물질이 결합되어 있다. 인지질에는 여러 종류가 있는데 보

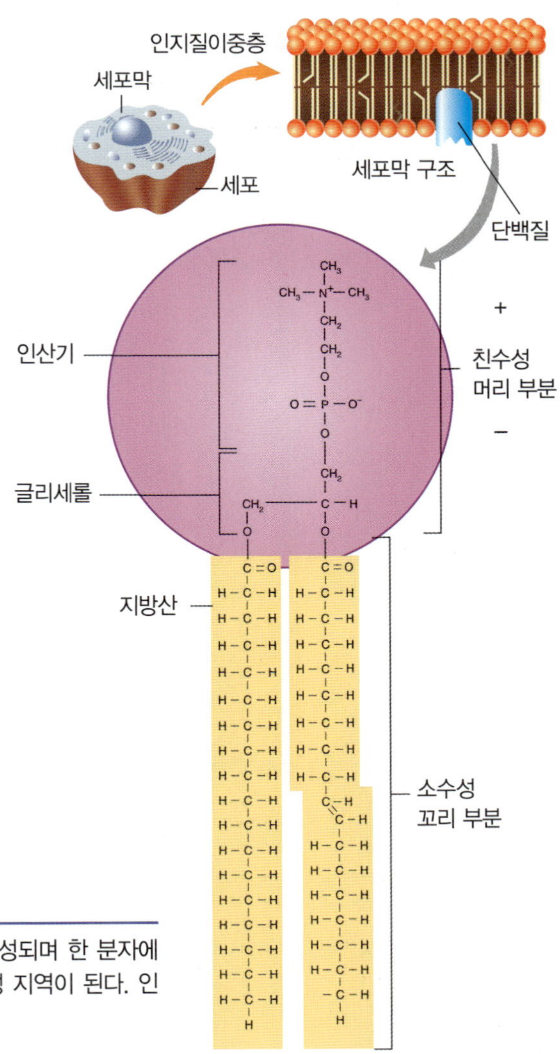

그림 2.26 인지질의 구조. 인지질은 인산(머리)과 지방산(꼬리) 부분으로 구성되며 한 분자에 친수성 지역과 소수성 지역을 모두 가진다. 인산 부위는 전하를 띠고 있어 친수성 지역이 된다. 인지질이중층(위)은 세포막을 이루는 기본 골격이다.

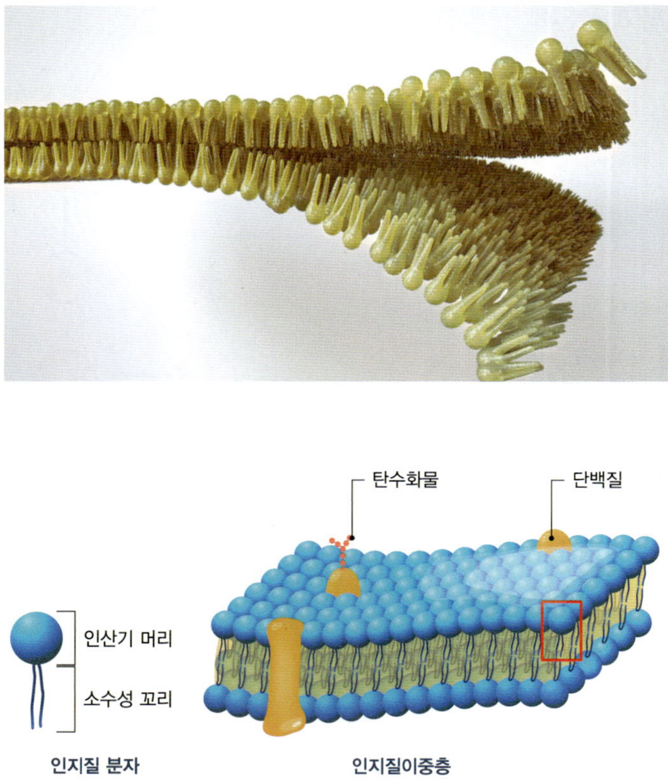

그림 2.27 인지질과 인지질이중층. 인지질 분자(왼쪽 아래)는 친수성의 인산기 머리와 소수성의 꼬리로 되어 있다. 인지질이 모여 두 개의 층(오른쪽)을 이루어 세포막의 기본 틀을 형성한다. 원형질막을 포함하는 세포막들은 대부분 단백질(탄수화물이 결합되어 있기도 함)들이 붙어있다.

통 인산기에 붙은 물질에 따라 이름이 결정된다. 예를 들어 콜린이 붙어 있는 경우에는 포스페티딜콜린phosphatidylcholine, 에탄올아민이 붙어 있으면 포스페티딜에탄놀아민phosphatidylethanolamine이라 한다. 글리세롤의 첫 번째와 두 번째 탄소에는 중성지방의 경우처럼 지방산이 붙어 있다. 이처럼 인지질은 세포막 골격에 필요한 요건인 친수성 지역과 소수성 지역을 함께 갖고 있다. 인지질 구조를 간단히 나누어 인산기를 포함하는 친수성 지역을 머리, 두 개의 긴 지방산 사슬로 되어 있는 소수성 지역을 꼬리 지역으로 표시할 수 있다(그림 2.27). 세포막은 인지질이중층phospholipid bilayer을 이루는데, 세포 외부와 내부의 용액은 친수성 머리 부분과 맞닿게 되고 소수성 꼬리 부분은 이들 수용액 환경과 직접적인 접촉을 피해 세포막의 안쪽이 위치하게 된다. 인지질 단일층은 친수성 지역이 하나뿐이므로 세포 외부와 내부의 용액들과 모두 안정된 관계를 가질 수 없다. 이런 화학적 특성 때문에 세포막의 기본 골격은 인지질이중층으로 이루어진다.

세포막

인지질이중층을 기본 구조로 하는 세포막에는 여러 기능의 단백질들이 곳곳에 모자이크처럼 박혀 있다(그림 2.28). 인지질은 소수성인 세포막 내부 환경에서 자유롭게 세포막 평면을 따라 이동할 수 있는 유동성을 가지고 있다. 이런 분자적 특성으로 인해 세포막은 유동적이며 세포막과 함께 있는 단백질도 이동하면서 물질의 수송이나 신호의 전달 같은 기능을 탄력적으로 수행할 수 있다. 이런 세포막에 관한 학설을 '유동 모자이크설fluid mosaic model'이라 한다.

스테로이드

스테로이드라 불리는 지질은 물에 용해되지 않는 특성 때문에 지질로 분류되지만 앞서 설명한 지방이나 인지질과는 매우 다른 구조와 기능을 가진다. 스테로이드 물질은 17개의 탄소 원자들로 이루어진 네 개의 고리로 된 기본 구조를 가진다(그림 2.29). 네 고리에 결합하는 물질의 종류에 따라 스테로이드 물질의 종류가 결정된다. 많은 사람들에게 잘 알려진 콜레스테롤, 성호르몬인 테스토스테론과 에스트로젠 등은 모두 스테로이드 물질들이다.

스테로이드 물질들의 구조는 서로 유사하지만 수행하는 기능은 무척 다르다. 예를 들어 여성호르몬으로 알려진 에스트라디올(에스트로젠의 일종)과 남성호르몬

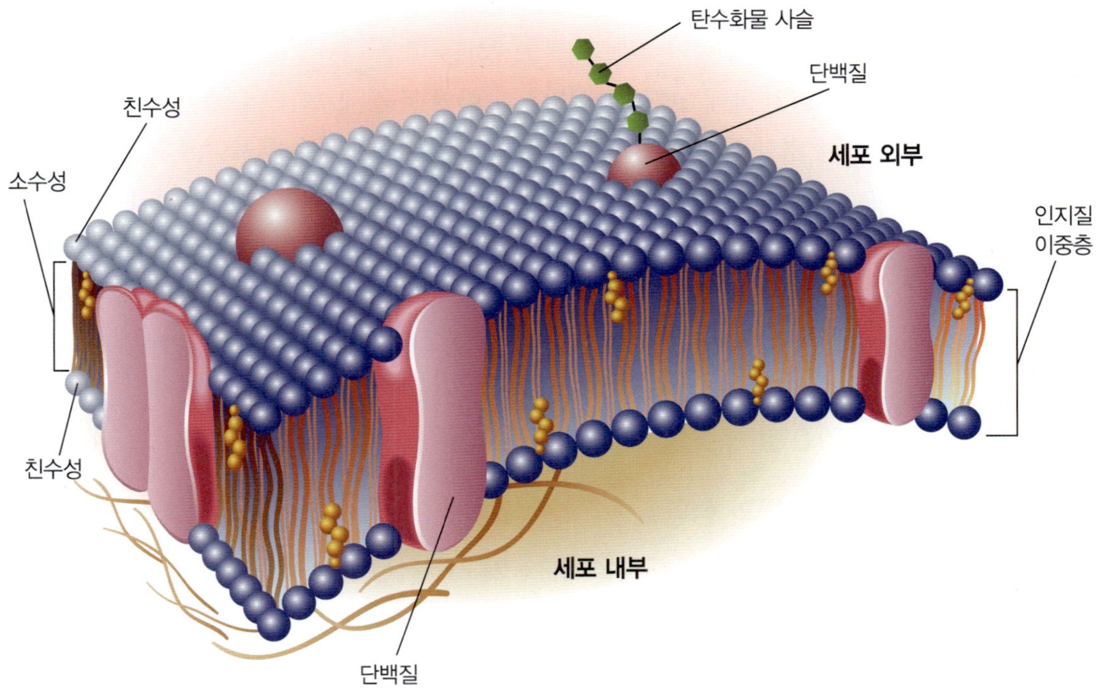

그림 2.28 유동 모자이크설. 인지질이중층 기본 세포막 틀에 여러 단백질들이 결합되어 신호전달과 물질수송 등의 역할을 수행한다. 인지질은 세포막의 좌우 평면으로 이동하는 유동성을 가진다.

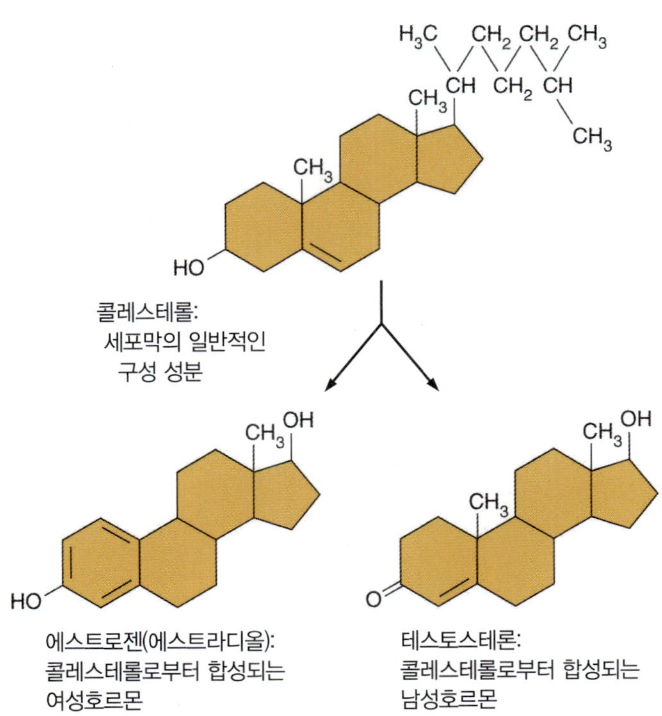

그림 2.29 스테로이드

인 테스토스테론은 같은 스테로이드 물질로서 비슷한 화학구조를 갖지만 각각 여성과 남성의 여러 특성들을 조절하는 매우 다른 기능을 가진다. 또 다른 스테로이드 물질인 콜레스테롤은 인지질과 함께 동물 세포막의 구성 성분으로 세포막의 유동성에 영향을 미친다. 혈관벽을 이루는 세포의 경우 세포막에 포함된 콜레스테롤의 양이 너무 많으면 세포막이 경화되어 혈압을 높이는 결과를 야기한다. 또한 콜레스테롤이 세포막을 빠져나와 혈관에 쌓여 혈류의 흐름을 방해할 수도 있다. 콜레스테롤이 너무 적으면 세포막의 경화 정도가 낮아져 저혈압의 위험을 갖기도 한다. 또한 콜레스테롤은 에스트로젠과 테스토스테론 등 여러 다른 스테로이드 물질의 재료로 사용되기도 한다(그림 2.29). 따라서 콜레스테롤은 항상 건강에 나쁜 물질이라는 생각은 잘못된 것으로 우리 몸은 적당량의 콜레스테롤을 필요로 한다.

유기물과 생명활동

탄소는 결합의 대상을 자유롭게 선택하는 것처럼 보이지만, 좀 더 면밀히 관찰해본다면 여기에는 생명의 지혜와 고뇌가 숨어 있다. 유기물은 좁은 문을 지나 생명에 의해 선택되어야 한다. 생명이 필요로 하는 물질은 결국 생명이 다시 만들 수 있어야 한다. 생명은 결국 엄격한 유기물의 요구 조건과 함께 이들을 제조할 수 있는 방법을 지금껏 유지하여 왔고, 이것은 앞으로도 유지될 것이다. 이들을 만들어 생명을 영위해 가고 자신이 죽으면서 다음 세포를 위해 이들 제조법을 정확히 전수한다. 너무나 정확하여 제조법에 약간의 이상이라도 생기면 그 생명은 곧바로 죽음이나 비정상의 길로 접어들게 된다. 유기물들은 생명이 필요로 하는 동작 하나하나에 가장 적합한 구조를 가지고 있으며 세포라는 작은 공간 안에서 적재적소에 배치되어 자기의 역할을 정확히 수행한다. 최고 효율을 구가하는 이 유기물들의 구조를 바라보며 생명의 깊은 질서를 음미할 수 있었으면 한다.

이제 남은 두 종류의 유기물 핵산과 단백질은 다음 장들(3장과 5장)에서 다른다.

연습문제

I. OX 문제 (X로 답한 경우에는 이유를 설명함)

01 식물세포에서 DNA를 가지는 세포소기관은 핵과 엽록체이다. ( )

02 리보솜은 항상 소포체에 붙어 있다. ( )

03 리소좀은 가수분해효소를 많이 포함하고 있다. ( )

04 하나의 탄소 원자는 4개의 공유결합을 가질 수 있다. ( )

05 물 분자가 가지는 극성은 물 분자들 간의 수소결합을 만든다. ( )

06 중성지방과 인지질은 모두 전하를 띠지 않는 소수성 물질이다. ( )

07 이중결합을 많이 가지는 중성지방은 상온에서 액체인 경향이 강하다. ( )

08 단백질은 단량체들이 연결되어 이루어진 중합체이다. ( )

II. 객관식

01 내부공생설에 의할 때 미토콘드리아의 조상으로 가장 타당한 것은?

① 호기성 박테리아　② 엽록체
③ 호기성 진핵생물　④ 혐기성 박테리아
⑤ 곰팡이

02 세포 밖으로 분비되는 단백질은 세포 내에서 다음의 순서로 이동한다.

① 거친면 소포체 – 골지체 – 리소좀 – 원형질막
② 거친면 소포체 – 골지체 – 운반 소낭 – 원형질막
③ 핵 – 골지체 – 거친면 소포체 – 원형질막
④ 미토콘드리아 – 거친면 소포체 – 골지체 – 원형질막
⑤ 골지체 – 리소좀 – 미토콘드리아 – 원형질막

03 이자에 있는 세포들은 소화효소를 만들어 분비시키는 작용을 한다. 이 세포들에서 많이 존재하고 있을 것으로 예상되는 것은?

① DNA　② 미토콘드리아
③ 매끈면 소포체　④ 골지체
⑤ 핵

04 '테이삭스병(Tay-sachs disease)'은 희귀한 유전적 질환으로 세포 내에 복잡한 구조의 지질이 과도하게 축적되어 생긴다. 다음 중 어느 것이 이런 현상과 관련이 있을까?

① 소포체　② 미토콘드리아
③ 리소좀　④ 골지체
⑤ 원형질막

05 탄소 원자가 가지고 있는 최외각전자의 수는?

① 3　② 4
③ 5　④ 6
⑤ 8

06 세포 내에서 수소결합에 자주 사용되는 원자들은?

① 탄소와 질소　② 산소와 질소
③ 질소와 탄소　④ 인과 황
⑤ 탄소와 인

07 유기물이 형성되는 과정을 틀리게 설명한 것은?

① 4개의 공유결합을 할 수 있는 탄소 원자를 중심으로 유기물이 생성되었다.
② 각각의 유기물들은 세포의 기능에 가장 적합한 구조일 것으로 추측된다.
③ 중합체 형태의 유기물이 생성됨으로써, 유기물의 종류가 다양해졌을 것이다.
④ 유기물 형성에는 공유결합이 필요하며 이는 에너지를 필요로 한다.
⑤ 물과 이산화탄소도 유기물에 포함된다.

08 분자식이 $C_{55}H_{110}O_{55}$인 물질은 아마도 (　　　)일 가능성이 높다.

① 아미노산　② 뉴클레오타이드
③ 탄수화물　④ 인지질
⑤ 지방

09 밥에 있는 녹말을 섭취하면 입에 있는 소화효소에 의해 엿당(maltose)이 되고, 이 엿당은 소장의 소화효소에 의해 포도당이 되어 혈액으로 흡수된다. 그렇다면 다음 괄호에 적합한 용어들은 무엇일까?

'녹말은 (　　　　　　), 엿당은 (　　　　　　), 포도당은 (　　　　　　)이다.'

① 단백질, 탄수화물, 아미노산
② 지방, 지방산, 글리세롤
③ 다당류, 이당류, 단당류
④ 단당류, 이당류, 다당류
⑤ 다당류, 다당류, 단당류

10 인지질에 관한 설명 중 바른 것은?

① 인지질에는 전하를 띤 부분이 없다.
② 세포막은 인지질 단일층으로 구성되어 있다.
③ 인지질은 친수성 지역과 소수성 지역을 모두 가지고 있다.
④ 세포막은 인지질이중층으로 구성되어 있다.
⑤ ③과 ④

11 다음 용어는 나머지 다른 것들을 모두 포함한다.

① 탄수화물　② 단당류
③ 녹말　④ 다당류
⑤ 리보스 당

III. 주관식

01 다음 세포소기관들의 역할에 맞는 것을 보기에서 찾아 연결하시오.

보기
a. 광합성　b. 가수분해
c. 단백질 합성　d. 단백질의 변형과 배송

① 리보솜 ____,　② 골지체 ____,
③ 엽록체 ____,　④ 리소좀 ____

02 괄호 채우기

a. 물 분자를 이루는 수소와 산소 사이의 결합은 (　　　)이고, 이웃하는 물 분자들 간에는 (　　　)결합을 이룬다.

b. 주로 양분의 저장 형태로 사용되는 탄수화물 중 식물에 존재하는 것은 (　　), 동물에는 (　　　)이 있다.

03 거의 대부분의 세포막은 인지질이중층을 기본골격으로 하고 있다. 식물의 종자를 이루는 세포에는 기름집(oilbody)이라는 구조가 있으며 이것의 내부는 식용유의 재료가 되는 식물성 지방으로 꽉 차 있다. 이 기름집을 둘러싸는 세포막도 여전히 인지질이중층으로 되어 있을지 설명하시오.

04 몇몇 관련된 학자들은 실리콘(규소) 원자가 탄소처럼 우주 생명체에서 중심되는 원자가 될 수 있다고 생각한다. 주어진 탄소와 규소(실리콘) 원자의 전자 배치를 살펴보면서 규소가 우주 생명체에서 사용될 수 있다는 생각의 근거를 설명해 보시오.

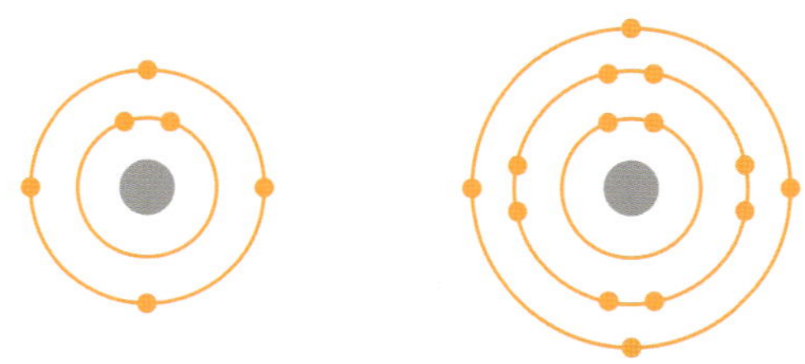

그림 탄소와 실리콘(규소)의 전자 배치

'한국문화의 DNA', '우리 회사의 DNA' 등 DNA는 점점 더 널리 사용되고 있는 생명과학 용어이다. DNA는 생명의 모든 '프로토콜'을 저장하고 있는 생명의 분자이다. 왓슨과 크릭에 의한 DNA 이중나선 구조의 발견은 인류역사상 가장 위대한 업적 가운데 하나이다. 이를 통해 생명현상의 핵심적인 부분을 설명할 수 있게 되었다. 부모가 자식에게 전해주는 구체적인 물질은 DNA뿐이다. DNA의 정보로 만들어진 단백질들에 의해 내 몸의 모든 생명현상이 진행된다. 『생명의 서(書)』에 필적하고 현대 생명과학의 총아로 부각되고 있는 DNA에 친숙해보도록 하자.

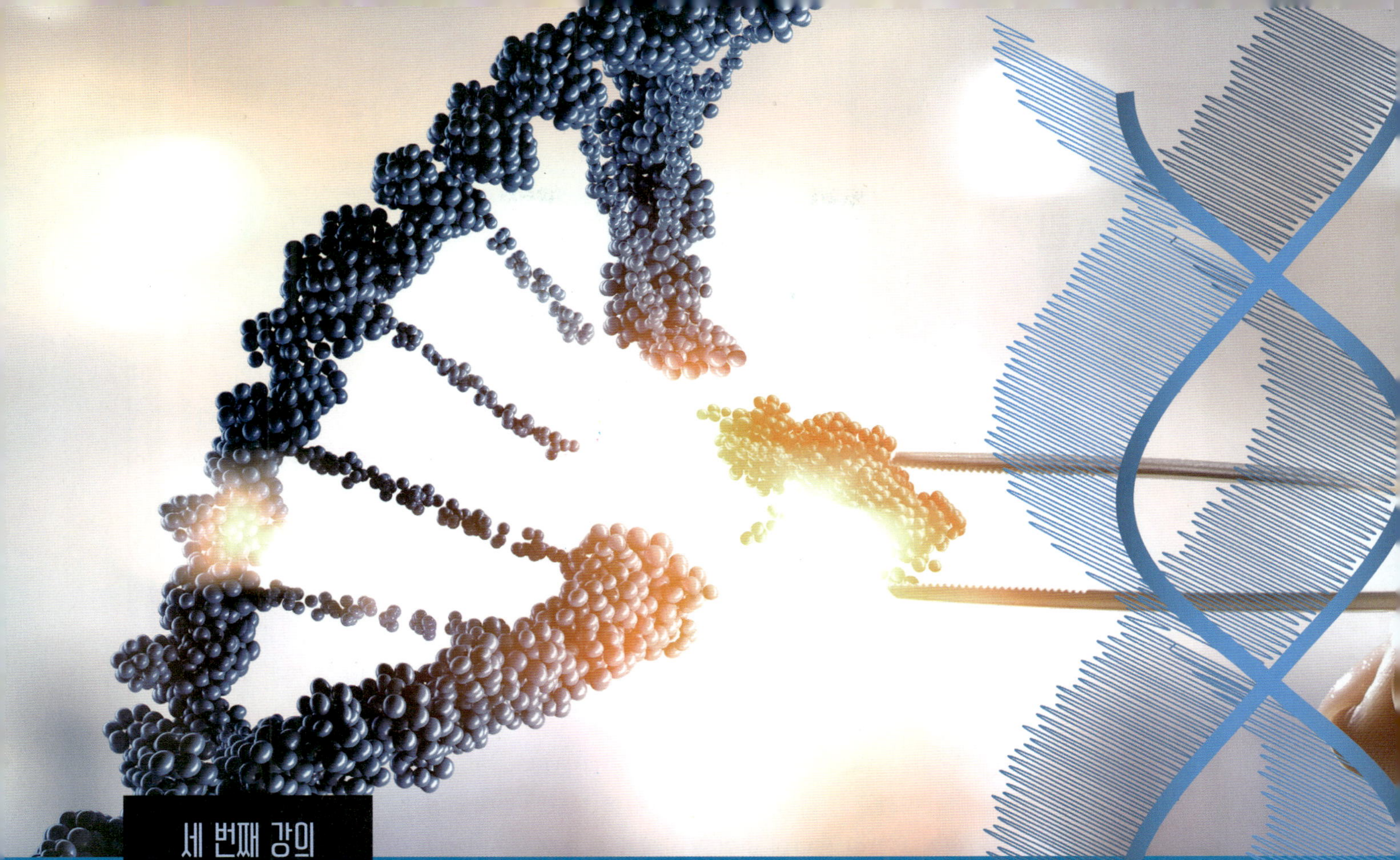

세 번째 강의

3 DNA

3.1 DNA란?

조상과 나를 연결시켜주는 끈이 있다. 두툼한 엄지손가락 마디, 느림보 걸음, 낮은 음성 등 하나하나가 이 끈에 의하여 창조되었고, 이 끈에 의하여 조상의 흔적이 내 몸속에 스며들어 있다. 세포 하나 안에 있는 이 끈의 길이는 약 1.8m나 된다. 이 끈은 계단을 이루면서 나선형으로 꼬인 두 개의 줄을 가지고 있는 까닭에 이중나선이라 부르기도 한다.

이 끈을 감싸고 있는 베일이 이제 조금씩 걷히기 시작하였다. 이 끈에 적혀 있는 언어를 통하여 단백질이 만들어지고 수많은 생명현상이 연출된다. 이 끈은 생명체를 둘러싸고 있는 수많은 신호들을 접수하여 필요한 단백질을 필요한 만큼 필요할 때 만들도록 한다. 이 끈은 세포가 분열하여 두 개의 딸세포를 만들 때 자기와 똑같은 끈을 복제함으로써 이 두 딸에게 똑같은 생명의 정체와 삶의 방식을 전수한다. 우리는 이 끈을 디옥시리보핵산deoxyribonucleic acid, 즉 DNA라고 부른다.

오랫동안 사람들은 생명은 신이 창조한 것이고 생명은 신비롭고 초자연적인 것이지 사람이 생명의 비밀을 이해할 수 있을 것이라고는 짐작하지 못했다. 이런 신비주의적 생명관에 결정적인 변화를 일으킨 것이 바로 DNA의 발견이다. 이 발견을 기점으로 생명의 특성은 핵 안에 있는 DNA 분자에 배열된 염기서열에 의해 결정된다는 것이 알려지게 되었다. 생명의 신비로 치부되던 수많은 생명현상들은 이제 과학의 영역으로 들어오고 있다. '신의 숨결'이 아니라 DNA라는 화학물질이 생명의 비밀을 간직하고 조절한다고 믿게 된 것이다.

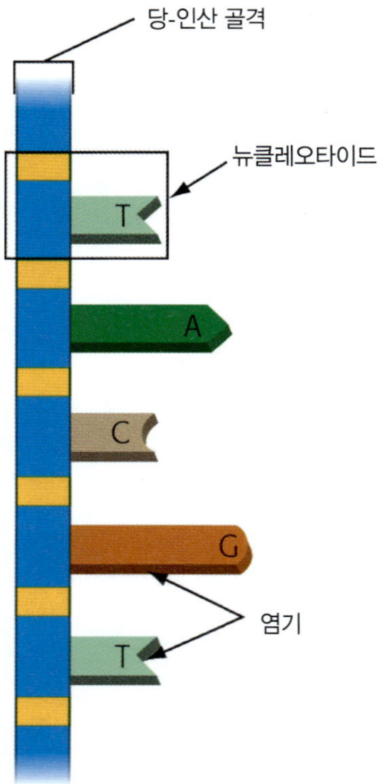

그림 3.1 DNA는 뉴클레오타이드의 연결. DNA 사슬은 당과 인산으로 된 중심축에 염기들이 돌출되어 있다.

DNA의 발견

DNA를 처음 발견한 사람은 스위스의 의사인 미셔(Johann Friedrich Miescher, 1844~1895)이다. 1869년 그는 붕대에 묻어 있는 고름에서 DNA를 발견하였으며 핵에 존재한다 하여 '뉴클레인nuclein'이라 명명하였다. 이 무렵의 학자들은 핵에 있는 산성 물질의 의미를 담아 이 물질을 핵산nucleic acid이라 부르기 시작하였다. 1878년에 핵산은 5개의 염기(아데닌, 구아닌, 시토신, 티민, 우라실)를 포함하고 있고, 1919년에는 핵산은 염기-당-인산으로 된 뉴클레오타이드가 사슬로 연결되어 있다는 것이 알려지게 되었다(**그림 3.1**). 곧이어 핵산은 DNA와 RNA로 구분되어 있고, 이들은 각각 네 종류의 염기로 구성되어 있다는 것을 알게 되었다. 핵산은 이 세상 모든 생명체, 살아 있는 모든 세포들에서 존재하고 있다는 것도 알게 되었다.

당시 학자들은 단지 네 개의 염기가 단조롭게 반복되어 있는 DNA가 비슷한 시대의 학자인 멘델이 말한 '유전인자genetic factor'의 실체이고, 21세기 '생명과학 시대'를 열고 있는 스타와 같은 물질이라는 것은 짐작조차 못하고 있었다. 학자들에게는 DNA가 생명의 징표로서 조상과 후손 간의 연결고리가 되는 물질이라기에는 분자가 너무 단순한 구조를 가지고 있는 것으로 보였다. DNA보다는 풍성한 부피와 다양한 부속품(20개의 아미노산을 말함)을 가지고 있는 단백질이 그에 더 적합한 것으로 보였던 것이다. 그 당시 DNA는 '단백질 유전자' 근처에 떠도는 주변의 어떤 물질에 불과한 것으로 치부되었다.

DNA는 유전물질

1928년 영국의 세균학자인 그리피스(Frederick Griffith, 1879~1941)는 지금의 분자유전학 연구의 기초를 제공한 중요한 연구 결과를 발표하였다. 폐렴을 일으키는 박테리아인 폐렴쌍구균은 자신의 세포막에 다당체(여러 개의 당이 모여 있는 구조)가 붙어 있으면 표면이 부드러운 Ssmooth형이 되어 폐렴을 일으킬 수 있고, 다당체가 붙어 있지 않으면 표면이 거친 Rrough형으로 폐렴을 일으킬 수 없다(**그림 3.2**). 다당체는 폐렴균에 피막capsule을 만들어 쥐나 사람의 면역체계로부터 자신을 보호할 수 있는 병원성을 갖게 된다. 피막을 만들지 못하는 R형은 면역체계에 노출되어 죽게 된다.

병원성을 가진 S형 박테리아를 가열하여 죽인 후 쥐에 주사하면 병을 유발하지 못한다. 다당체가 파괴되었거나 다당체를 만드는 효소 단백질이 열에 의하여 파괴되었기 때문이다. 그런데 그리피스는 가열해 죽게 한 S형 박테리아를 살아 있는 R형 박테리아와 섞어 주사하면 쥐가 죽게 된다는 사실을 발견한다(그림 3.2 오른쪽 끝). 이것은 죽은 S형 박테리아에 있는 어떤 물질이 R형으로 옮겨져 병원성이 없던 R형이 다당체를 만들 수 있어 병원성을 갖게 된 것을 의미한다. 그리피스의 결과는 어떤 물질에 의해 R형이 S형으로 형질이 전환될 수 있다는 것을 보여주는 획기적인 결과였다.

그리피스의 연구를 좀 더 정교하게 발전시켜 1944년 미국의 세균학자인 에이

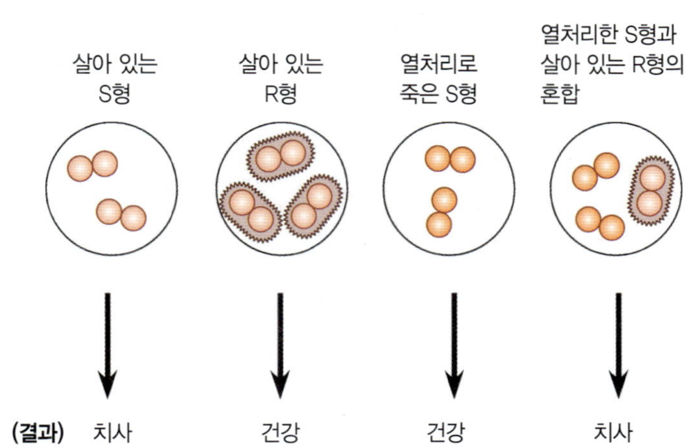

그림 3.2 그리피스의 형질전환 실험. R형을 주사하면 쥐를 죽일 수 없지만(왼쪽에서 두 번째 그림) 열처리한 S형과 섞어 함께 주사하면 쥐가 죽는다(오른쪽 끝). 이는 죽은 S형의 DNA가 R형으로 옮겨온 것을 설명한다.

형질전환
외부 DNA의 세포 내 도입에 의한 형질의 변화.

버리(Oswald T. Avery, 1877~1955), 매클리오드(Colin MacLeod, 1909~1972)와 맥카티(Maclyn McCarty, 1911~) 등은 실험을 통해 단백질과 탄수화물이 아니라 DNA가 R형 폐렴균의 형질을 비병원성에서 병원성으로 전환시킨다고 발표한다. 그들은 죽인 S형에서 단백질, 탄수화물과 DNA를 분리하여 이들 각각을 별도로 살아있는 R형의 세균과 섞어주는 방법으로 DNA만이 **형질전환**을 일으킬 수 있다는 것을 확인한 것이다. 이들의 연구는 멘델 이후 오랫동안 논란이 되어온 유전물질이 바로 DNA라는 사실을 확인시켰다. 이후 많은 연구자들의 관심은 DNA에 쏠리게 되었다.

뉴클레오타이드

단백질의 설계도를 가지고 있는 DNA와 생명의 정보전달체계에서 중요한 역할을 담당하는 RNA의 구조를 살펴보자. 이들 두 종류의 핵산은 염기, 당, 인산 등 세 가지 구성 성분으로 되어 있는 단량체인 뉴클레오타이드nucleotide가 길게 연결되어 있다. 뉴클레오타이드를 이루는 당은 RNA의 경우 5탄당인 리보스를 가지며, DNA는 리보스 당의 2번째 탄소에서 산소가 없어진 디옥시리보스deoxyribose를 가진다(deoxy-는 산소가 없다는 의미임)(**그림 3.3**).

RNA와 DNA 모두 당의 첫 번째 탄소에 질소 원자를 포함하고 있는 염기들이 결합되어 있다. DNA는 4종류의 염기 아데닌(A로 표시), 구아닌(G), 시토신(C), 티민(T)을 가진다. RNA 역시 4종류의 염기로 되어 있는데 A, G, C와 DNA와 다르게

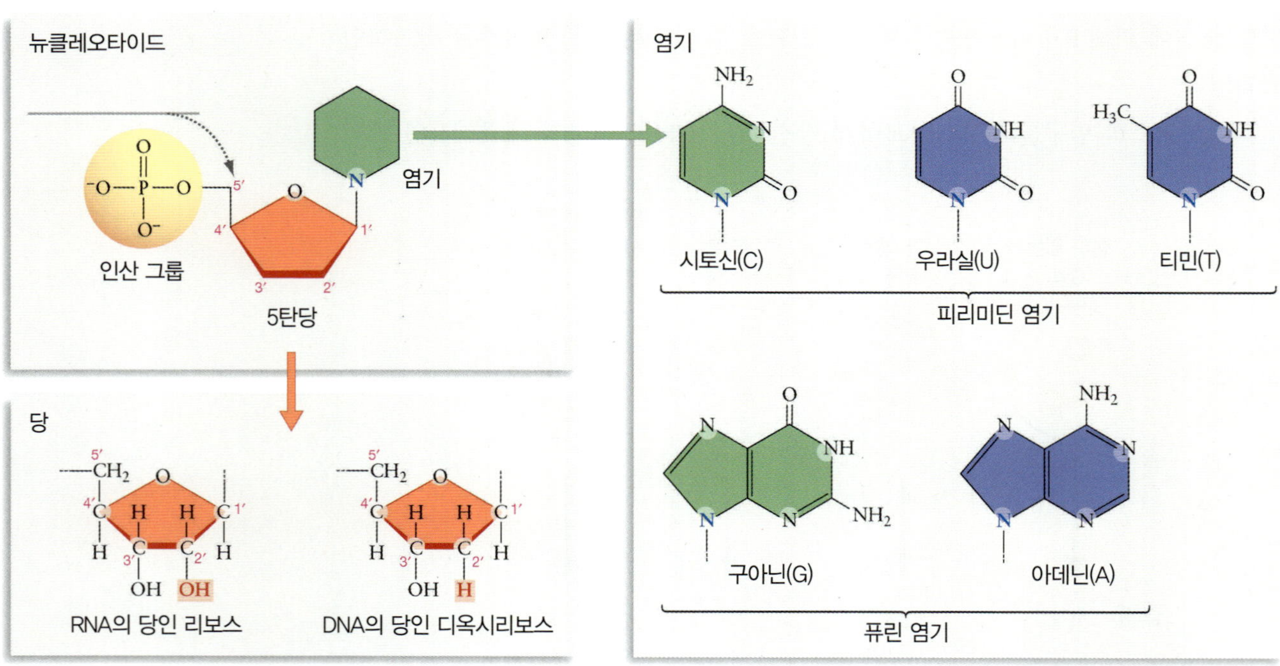

그림 3.3 뉴클레오타이드의 구조. 뉴클레오타이드(왼쪽 위)는 당, 인산과 염기들로 되어 있다. DNA는 디옥시리보스 당을, RNA는 리보스 당을 가진다(왼쪽 아래). 피리미딘 염기는 고리가 하나이고, 퓨린 염기는 고리가 두 개다(우측).

T 대신 우라실(U)을 가진다. 하나의 고리 구조를 가진 작은 분자량의 C, U, T 염기를 피리미딘 염기, 두 개의 고리 구조를 가진 큰 분자량의 G와 A 염기를 퓨린 염기라 한다. 뉴클레오타이드는 당, 염기와 함께 인산을 가지는데 인산은 5탄당의 5번째 탄소에 결합되어 있다. DNA는 deoxyribonucleic acid의 약어로, D는 디옥시리보스 당을, RNA는 ribonucleic acid의 약어로서, R은 리보스 당을 나타낸다.

앞서 설명되었듯이 **핵산**을 이루는 사슬은 뉴클레오타이드가 연결된 것으로 당과 인산 사이의 결합으로 이루어지고 염기가 사슬에서 돌출되어 있다(그림 3.1). DNA가 이중나선 구조를 가지려면 두 사슬에서 돌출되어 있는 염기들 간의 수소결합이 형성되어야 한다(**그림 3.4a**). 수소결합은 약한 결합력을 가지며 높은 온도가 가해지면 끊어져 이중나선이 두 개의 단일가닥으로 분리된다. 염기들 간의 수소결합은 항상 A는 T(두 개의 수소결합으로)와, G는 C(세 개의 수소결합으로)와의 사이에서 이루어진다(**그림 3.4b**). 양성 극성을 갖는 수소 원자와 음성 극성을 갖는 질소 또는 산소 사이에서 수소결합이 이루어진다. 수소결합으로 이루어지는 두 염기의 관계를 '상보적complementary'이라고 표현한다. 가령 G의 상보적인 염기는 C, T의 상보적 염기는 A인 것이다. 상보적 염기들끼리 수소결합을 이룬 상태를 염기쌍base pair이라 한다. DNA는 세포 내에서 주로 이중나선으로

핵산
단량체인 뉴클레오타이드의 중합체로 DNA와 RNA를 말한다.

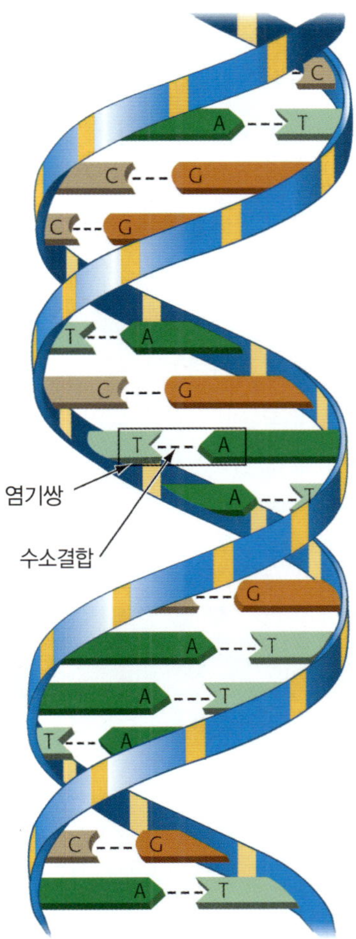

(a) 이중나선

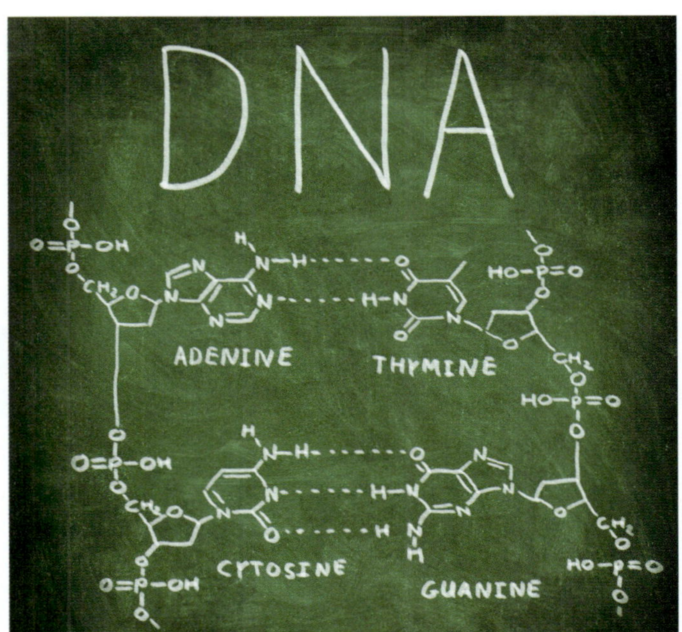

(b) 염기들 간의 수소결합

그림 3.4 DNA 이중나선 구조

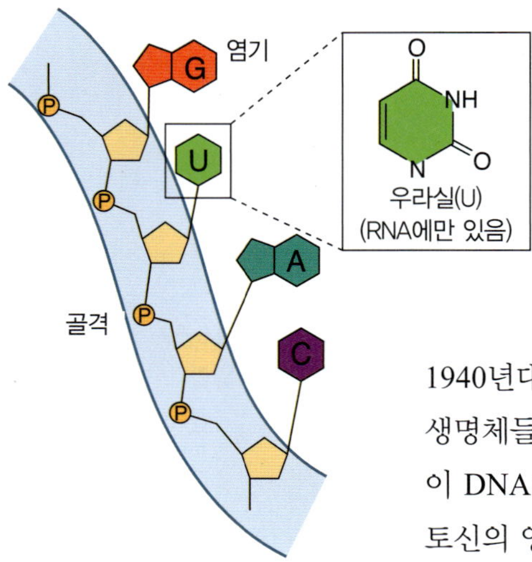

그림 3.5 RNA 사슬. 단일가닥으로 존재한다.

샤가프
샤가프는 2002년 많은 아쉬움을 남긴 채 사망한 미국의 생화학자이다. 샤가프는 모든 생물에서 DNA를 구성하는 염기들에서 A와 T의 양과 G와 C의 양은 항상 일정하다는 사실을 발견하였다. 샤가프는 이 발견의 중요성을 인식하지 못한 채 영국으로 건너가 왓슨과 크릭에게 이 결과를 설명하였다. 이들은 이중나선 모델에서 항상 A는 T를, G는 C와 수소결합 한다는 것을 주장하였다. 샤가프의 발견이 왓슨과 크릭에게 DNA 분자의 염기 상보성을 일깨워 주었던 것이다.

존재하다가 복제 등 특별한 경우에만 단일가닥으로 전환된다. 반면에 RNA는 DNA와 다르게 단일가닥으로 존재한다(**그림 3.5**).

샤가프와 프랭클린의 연구

그리피스의 결과를 계기로 많은 연구들이 DNA에 집중되기 시작되었다. 이들 중 DNA 연구의 결정적인 초석을 마련한 두 연구가 있다. 1940년대 후반부 미국의 생화학자인 **샤가프**(Erwin Chargaff, 1905~2002)는 여러 생명체들에서의 그들이 지닌 핵산을 분석하였다(**표 3.1**). 샤가프는 생명체에 관계없이 DNA에 존재하는 아데닌 염기의 양은 항상 티민과 비슷하고, 구아닌의 양은 시토신의 양과 비슷하다는 것을 발견하였다. 가령 사람의 경우 A와 T의 구성비율은 30% 정도로, G와 C는 19% 정도로 비슷하다. 즉 아데닌과 구아닌 염기들의 합은 티민과 시토신 염기의 합과 같다는 것이다. 이는 DNA 구조가 어떤 규칙성을 지니고 있음을 암시하는 결과였다. 불행하게도 샤가프는 이 연구의 중요성을 인식하지 못했다. 나중에 왓슨과 크릭은 이 결과를 검토하면서 DNA의 구조에 관한 통찰을 얻을 수 있었다. 이들은 염기의 상보성을 직감한 것이다.

이 무렵 DNA 구조에 관한 또 다른 중요한 연구결과가 영국의 프랭클린(Rosalind Elsie Franklin, 1920~1958)에 의해 알려지게 되었다. 38세의 나이에 암으로 요절한 여성과학자로서 프랭클린은 X선 회절방법을 이용하여 DNA의 구조를 연구하였다. 분자 결정 속에 있는 원자들의 어떤 규칙성이 있는 곳에 X선을 쏘이게 되면, 일정한 규칙에 의하여 투시된 X선이 산란하여 특정한 형태를 보여주게 된다. 마치 막대기라는 구조물을 연못 속에 박아 두고 물결을 일으켜서 연못의 수면 위에 생기는 파형을 보고 막대기의 구조를 찾아가는 것과 같은 원리이다. 그녀는 많은 노력을 기울여 DNA가 8자형, 바나나 모양 또는 나선 모양으로 되어 있을 것이라고 추정하였다. 하지만 프랭클린은 병으로 이 연구를 계속할 수 없었다.

표 3.1 샤가프의 연구

생명체	염기 구성비율 (mole %)			
	A	T	G	C
대장균	26.0	23.9	24.9	25.2
결핵균	15.1	14.6	34.9	35.4
효모	31.3	32.9	18.7	17.1
성게	32.8	32.1	17.7	18.4
청어	27.8	27.5	22.2	22.6
쥐	28.6	28.4	21.4	21.5
사람	30.9	29.4	19.9	19.8

DNA 사슬의 합성과 역방향성

DNA 사슬은 DNA 중합효소DNA polymerase에 의해 합성된다. 우선 DNA 사슬의 두 번째와 세 번째 뉴클레오타이드 간의 연결을 살펴보자(**그림 3.6**). 두 번째 뉴클레오타이드(염기는 G)의 디옥시리보스에서 세 번째 탄소에 붙어 있는 산소 원자(위쪽 그림의 화살표)와 세 번째 뉴클레오타이드(염기는 T)에 있는 인산의 인 원자와의 공유결합으로 두 뉴클레오타이드는 결합한다(그림 3.6 그림의 빨간 선). 결합하는 과정에서 세 번째 뉴클레오타이드의 세 개의 인산 중 두 개가 분리된다(두 노란색 원). DNA 중합효소는 이런 방식으로 수백, 수천의 뉴클레오타이드들을 차례로 연결하여 긴 DNA 사슬을 형성하는 것이다. DNA 합성에 사용되는 단량체 뉴클레오타이드들을 dNTP(N은 A, C, G 또는 T)로 표시할 수 있는데, d는 deoxy, TP는 세 개의 인산triphosphate을 나타낸다. 그림 3.6에서 세 번째 뉴클레오타이드가 되는 과정에 사용된 단량체는 염기가 T인 dTTP이다.

DNA 사슬의 시작과 끝을 이루는 뉴클레오타이드는 앞서 보여준 사슬 중간의 뉴클레오타이드와는 차이를 보인다. 사슬의 첫 뉴클레오타이드 dCTP에는 당의 5번 탄소에 있는 세 개의 인산이 그대로 남아 있다. 첫 번째 뉴클레오타이드이기 때문이다. 사슬의 마지막 뉴클레오타이드 당의 세 번째 탄소에 결합된 OH는 사슬의 합성이 완료된 후에도 아무 변화가 없다. 마지막 뉴클레오타이드이기 때문이다(그림 3.6 하단 화살표). 여기에서 볼 수 있듯이 DNA 사슬은(RNA 사슬도 마찬가지) 항상 5′(5 말단, 5번 탄소에 세 개의 인산이 붙어 있는 모습을 의미)에서 합성이 시작되어 3′(3 말단, 3번 탄소에 붙은 OH 모습을 의미)에서 종료된다. 이렇게 형성된 DNA 사슬은 당과 인산으로 사슬의 축이 형성되고 각 뉴클레오타이드로부터 염기들이 돌출된다.

왓슨과 크릭이 제안한 이중나선의 또 다른 DNA 가닥의 사슬은 어떻게 합성될까? 만약 두 사슬이 같은 방향으로 합성되면 각 사슬로부터 돌출된 염기들 간에 수소결합을 이룰 수 없다. 따라서 두 사슬은 반드시 역방향으로 위치하여 염기들이 가깝게 위치하여 서로 마주볼 수 있어야 한다(**그림 3.7**). 그림의 위 가닥은 화살표 방향을 따라 왼쪽(5′ 말단)에서 오른쪽(3′ 말단)으로 합성되고, 아래 가닥은 오른쪽(5′ 말단)에서 왼쪽(3′ 말단)으로 합성된다.

DNA 사슬에서 돌출되어 있는 염기들의 순서(염기서열)를 표기하는 방식을 살펴보자. 5′에서 시작한 첫 뉴클레오타이드의 염기가 C, 두 번째 염기가 A, 세 번째 염기가 G, 마지막 염기가 T인 DNA 사슬을 5′CAGT3′로, 이 사슬과 상보적인 다른 사슬은 역방향으로 위치하므로 3′GTCA5′이 된다(그림

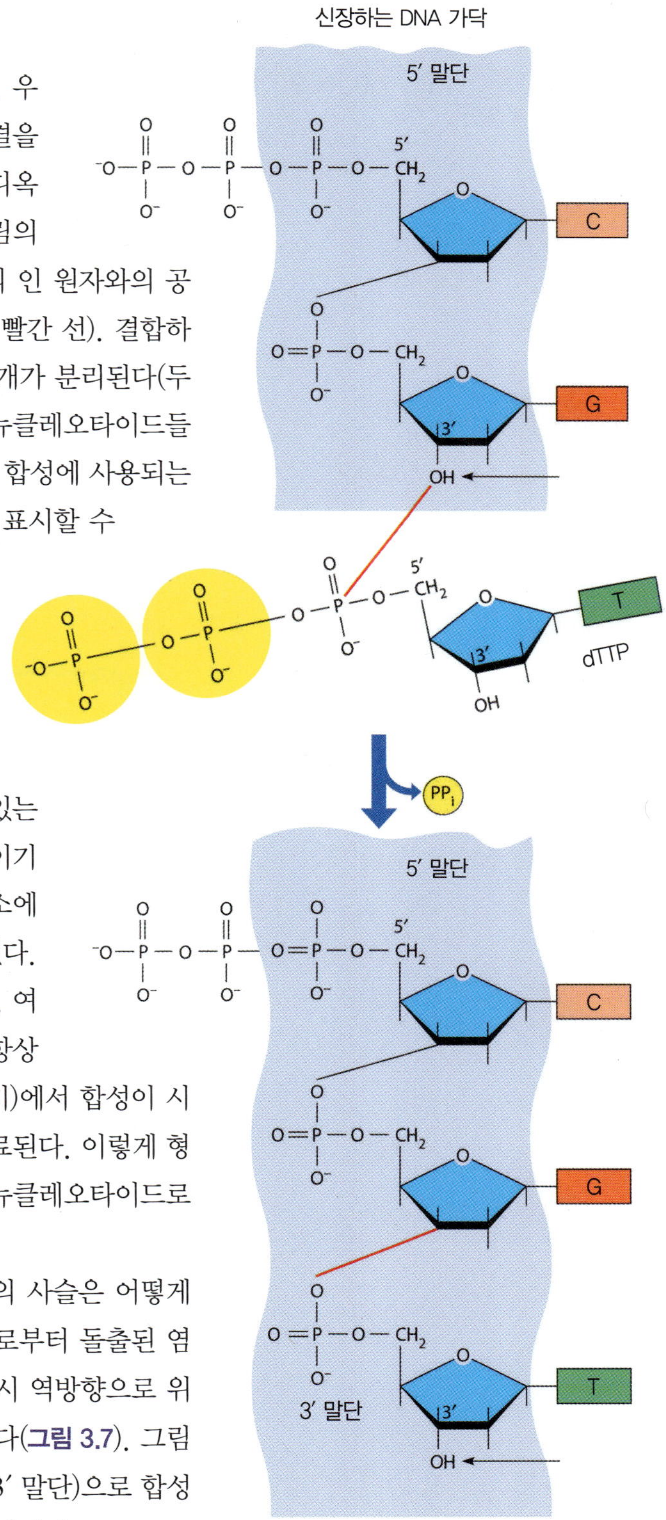

그림 3.6 DNA 합성은 5′ → 3′ 방향. 세 번째 뉴클레오타이드 dTTP가 두 번째 뉴클레오타이드 dGTP과 결합되는 모습을 보여준다(그림의 빨간 선). DNA와 RNA 사슬의 합성은 항상 5′으로부터 시작해서 3′에서 종료한다.

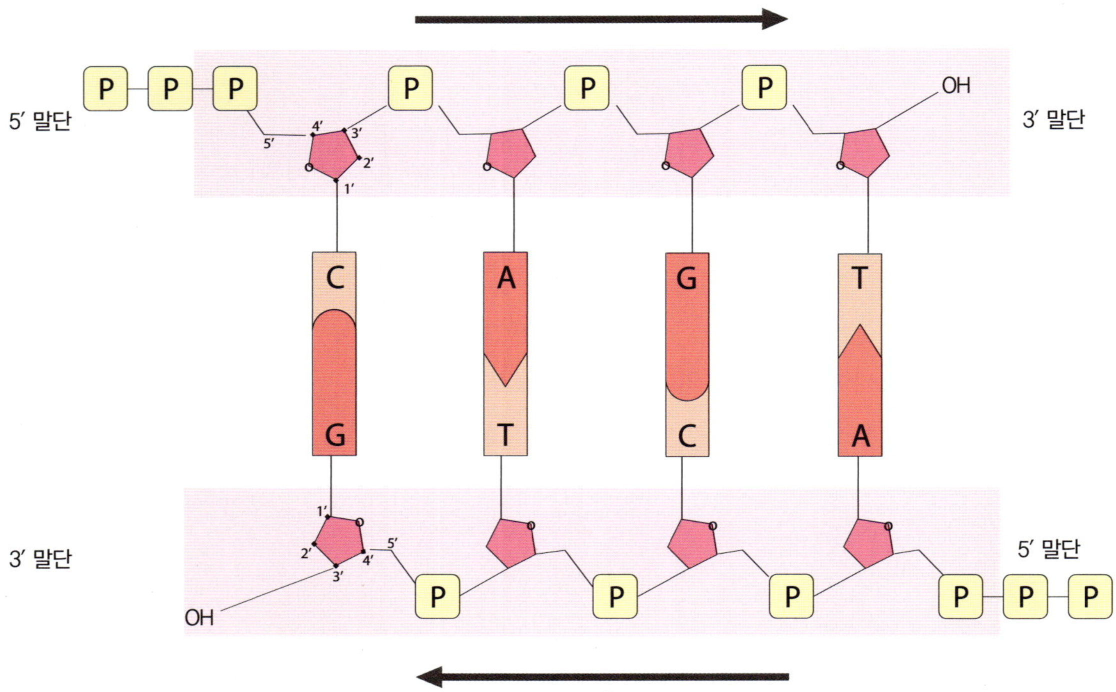

그림 3.7 두 가닥 DNA는 역방향으로 합성. 이중나선을 이루는 두 가닥은 반드시 역방향으로 위치(DNA 합성은 위 가닥에서는 좌에서 우로, 아래 가닥에서는 우에서 좌로 진행한다)하여야 두 가닥에 있는 염기들 간의 수소결합이 가능하다.

3.7). 핵산이 합성되는 방향은 예외 없이 5‘ → 3’이다. 두 사슬을 역방향성과 염기의 상보성을 함께 표시하면 다음과 같다.

5′CAGT3′
3′GTCA5′

이런 DNA 분자의 가장 일반적인 표기로는 ‘CAGT’로, 정해진 방향성과 상보적 사슬을 별도로 표시하지 않고 5′→3′ 사슬의 염기서열 CAGT을 사용한다. DNA가 단백질을 암호화하는 설계자의 기능을 갖는 것은 바로 이 염기의 순서에 따라 단백질을 이루는 아미노산이 배열되기 때문이다. 마치 알파벳이 모여 의미 있는 단어가 되듯이 염기서열에 따라 특정한 단백질이 만들어지는 것이다(4장).

왓슨과 크릭의 위대한 발견

1950년대 초반부까지 그리피스를 포함하는 여러 연구자들의 공로로 DNA가 유전물질로 세대에서 세대로 전달된다는 것이 잘 알려지게 되었다. 이 무렵 학자들의 주요 관심은 과연 DNA는 어떤 구조로 생겼으며 또한 어떤 원리로 세대에서 세대로 이동할 수 있는지에 관한 것이었다. 마침내 1953년에 당시 27세의 미국인 왓슨(James Watson, 1928~)과 37세의 영국인인 크릭(Francis Crick, 1916~2004)은 학술지 *Nature*에 1쪽도 안 되는 128줄로 DNA 구조에 관한 엄청난 가설을 제시하였다(그림 3.8). 이들은 영국 케임브리지대학의 지하 연구실에서 1년 반의 짧은 기간 동안에 위대한 업적을 이룩한 것이다.

왓슨과 크릭은 프랭클린의 연구결과를 보고 'DNA의 구조는 두 DNA 사슬이 함께 꼬이면서 이루는 이중나선이다'라고 직감하였다 한다. 이들은 당과 인산이 DNA의 사슬을 형성하고 염기가 이들 두 사슬로부터 안쪽으로 돌출되어 있는 사다리 모형의 구조를 생각해냈다. 문제는 이 두 개의 사슬에 어떻게 염기들이 끼워져 들어가느냐 하는 것이었다. 이때 이들에게 결정적인 힌트를 제공한 것이 바로 '어떤 생물에서도 DNA 염기 아데닌과 티민의 양은 같고, 마찬가지로 구아닌과 시토신의 양도 같다'는 샤가프의 발견이었다. 왓슨과 크릭은 두 사슬의 안쪽에서 서로 다른 사슬로부터 돌출된 염기들이 결합하는데, 이 결합은 반드시 아데닌과 티민 또는 구아닌과 시토신 사이에서만 이루어질 수 있다고 생각하였다. 이 결합은 수소결합이라는 비교적 약한 화학적 결합으로 되어 있고, 이렇게 형성된 이중나선은 필요에 따라 쉽게 풀어지기도 한다고 생각하였다. 사슬 사이의 공간을 적당하게 차지하기 위해서는 구조가 큰 퓨린 염기 A와 G, 그리고 구조가 작은 피리미딘 염기 C와 T가 결합하여야 하는데, 반드시 A는 T(수소결합 2개)와 G는 C(수소결합 3개)와 결합한다는 엄격한 규칙을 제시하였다. 퓨린 염기들

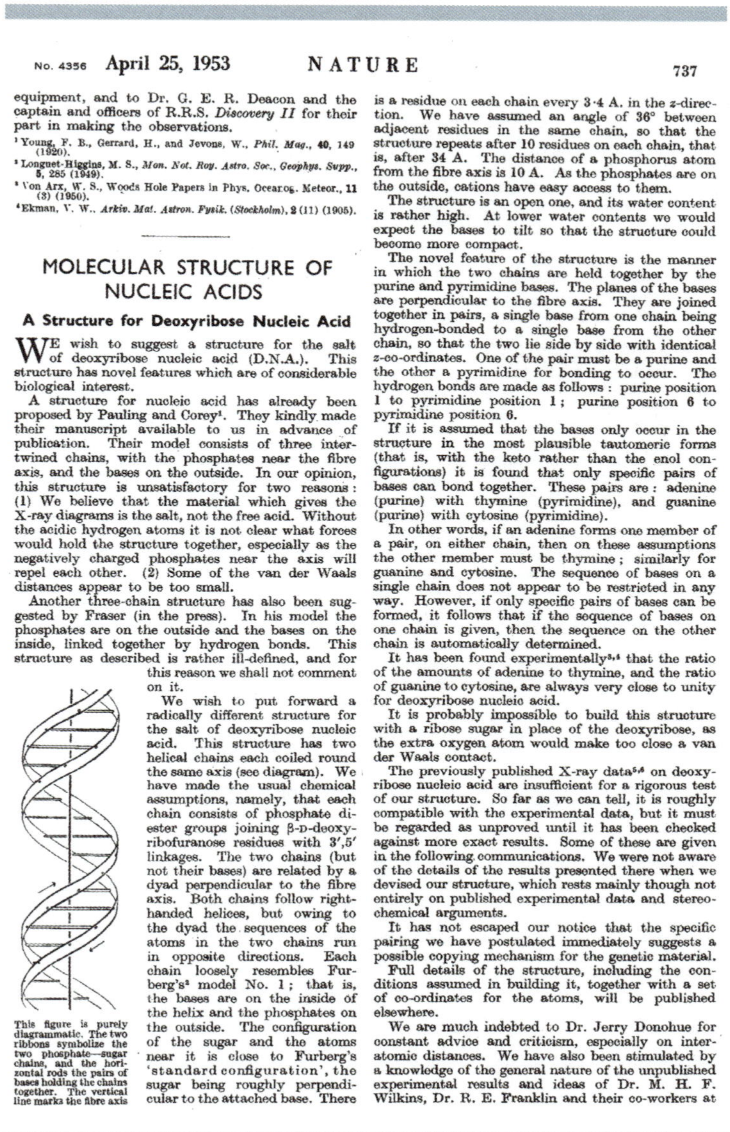

No. 4356 April 25, 1953 NATURE 737

equipment, and to Dr. G. E. R. Deacon and the captain and officers of R.R.S. *Discovery II* for their part in making the observations.

[1] Young, F. B., Gerrard, H., and Jevons, W., *Phil. Mag.*, **40**, 149 (1920).
[2] Longuet-Higgins, M. S., *Mon. Not. Roy. Astro. Soc., Geophys. Supp.*, **5**, 285 (1949).
[3] Von Arx, W. S., Woods Hole Papers in Phys. Oceanog. Meteor., **11** (3) (1950).
[4] Ekman, V. W., *Arkiv. Mat. Astron. Fysik. (Stockholm)*, **2** (11) (1905).

MOLECULAR STRUCTURE OF NUCLEIC ACIDS

A Structure for Deoxyribose Nucleic Acid

WE wish to suggest a structure for the salt of deoxyribose nucleic acid (D.N.A.). This structure has novel features which are of considerable biological interest.

A structure for nucleic acid has already been proposed by Pauling and Corey[1]. They kindly made their manuscript available to us in advance of publication. Their model consists of three intertwined chains, with the phosphates near the fibre axis, and the bases on the outside. In our opinion, this structure is unsatisfactory for two reasons: (1) We believe that the material which gives the X-ray diagrams is the salt, not the free acid. Without the acidic hydrogen atoms it is not clear what forces would hold the structure together, especially as the negatively charged phosphates near the axis will repel each other. (2) Some of the van der Waals distances appear to be too small.

Another three-chain structure has also been suggested by Fraser (in the press). In his model the phosphates are on the outside and the bases on the inside, linked together by hydrogen bonds. This structure as described is rather ill-defined, and for this reason we shall not comment on it.

We wish to put forward a radically different structure for the salt of deoxyribose nucleic acid. This structure has two helical chains each coiled round the same axis (see diagram). We have made the usual chemical assumptions, namely, that each chain consists of phosphate diester groups joining β-D-deoxyribofuranose residues with 3′,5′ linkages. The two chains (but not their bases) are related by a dyad perpendicular to the fibre axis. Both chains follow right-handed helices, but owing to the dyad the sequences of the atoms in the two chains run in opposite directions. Each chain loosely resembles Furberg's[2] model No. 1; that is, the bases are on the inside of the helix and the phosphates on the outside. The configuration of the sugar and the atoms near it is close to Furberg's 'standard configuration', the sugar being roughly perpendicular to the attached base. There is a residue on each chain every 3·4 A. in the z-direction. We have assumed an angle of 36° between adjacent residues in the same chain, so that the structure repeats after 10 residues on each chain, that is, after 34 A. The distance of a phosphorus atom from the fibre axis is 10 A. As the phosphates are on the outside, cations have easy access to them.

This figure is purely diagrammatic. The two ribbons symbolize the two phosphate—sugar chains, and the horizontal rods the pairs of bases holding the chains together. The vertical line marks the fibre axis

The structure is an open one, and its water content is rather high. At lower water contents we would expect the bases to tilt so that the structure could become more compact.

The novel feature of the structure is the manner in which the two chains are held together by the purine and pyrimidine bases. The planes of the bases are perpendicular to the fibre axis. They are joined together in pairs, a single base from one chain being hydrogen-bonded to a single base from the other chain, so that the two lie side by side with identical z-co-ordinates. One of the pair must be a purine and the other a pyrimidine for bonding to occur. The hydrogen bonds are made as follows: purine position 1 to pyrimidine position 1; purine position 6 to pyrimidine position 6.

If it is assumed that the bases only occur in the structure in the most plausible tautomeric forms (that is, with the keto rather than the enol configurations) it is found that only specific pairs of bases can bond together. These pairs are: adenine (purine) with thymine (pyrimidine), and guanine (purine) with cytosine (pyrimidine).

In other words, if an adenine forms one member of a pair, on either chain, then on these assumptions the other member must be thymine; similarly for guanine and cytosine. The sequence of bases on a single chain does not appear to be restricted in any way. However, if only specific pairs of bases can be formed, it follows that if the sequence of bases on one chain is given, then the sequence on the other chain is automatically determined.

It has been found experimentally[3,4] that the ratio of the amounts of adenine to thymine, and the ratio of guanine to cytosine, are always very close to unity for deoxyribose nucleic acid.

It is probably impossible to build this structure with a ribose sugar in place of the deoxyribose, as the extra oxygen atom would make too close a van der Waals contact.

The previously published X-ray data[5,6] on deoxyribose nucleic acid are insufficient for a rigorous test of our structure. So far as we can tell, it is roughly compatible with the experimental data, but it must be regarded as unproved until it has been checked against more exact results. Some of these are given in the following communications. We were not aware of the details of the results presented there when we devised our structure, which rests mainly though not entirely on published experimental data and stereochemical arguments.

It has not escaped our notice that the specific pairing we have postulated immediately suggests a possible copying mechanism for the genetic material.

Full details of the structure, including the conditions assumed in building it, together with a set of co-ordinates for the atoms, will be published elsewhere.

We are much indebted to Dr. Jerry Donohue for constant advice and criticism, especially on interatomic distances. We have also been stimulated by a knowledge of the general nature of the unpublished experimental results and ideas of Dr. M. H. F. Wilkins, Dr. R. E. Franklin and their co-workers at

그림 3.8 1953년 왓슨과 크릭에 의해 발표된 기념비적 논문

크릭

왓슨

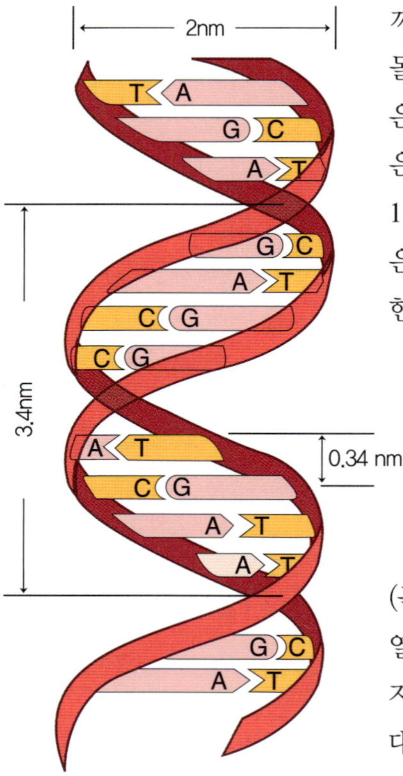

그림 3.9 DNA 이중나선과 규격

끼리 있으면 이 공간이 너무 비좁고, 피리미딘 염기들끼리 있으면 공간이 너무 남아돌아 안정된 DNA 구조를 형성하기에는 부적합하다고 생각한 것이다. 왓슨과 크릭은 이런 규칙으로 분자 모형을 만들었다. 이들은 이중나선의 '지름이 2nm이고 나선은 축을 따라 3.4nm 진행할 때마다 1회전 한다'라며 이중나선의 모형을 설명하였다. 1회전 하는 사이에 10개의 염기가 계단처럼 들어가 있으므로 각 염기들 간의 간격은 0.34nm이 된다'는 내용의 발표도 뒤따랐다(그림 3.9). 이상이 왓슨과 크릭이 발표한 'DNA 이중나선 구조'의 주요 내용이다.

발표 50주년(2003년)을 맞이했을 때, 이들은 그 당시에 발표할 내용이 너무 간단명료하여 오히려 두려웠다고 회고하였다. 이중나선 구조는 DNA가 유전물질이라고 한 내용을 뒷받침하고 있다. 세포가 분열되거나 생식세포를 만들 때, 이중나선이 풀어지고 각 사슬을 주형으로 하여 염기의 상보성에 의거한 새로운 사슬이 생성되는 DNA 복제과정이 설명될 수 있었다(곧 설명됨). 복제의 결과로 생겨난 동일한 두 복제본 DNA가 하나씩 나뉘어 세포분열을 하는 두 딸세포에 전해진다는 것이다. 이 생각은 그 동안 생명의 신비로 여겨지던 유전물질이 어떻게 세대에서 세대로, 어버이 세포에서 딸세포로 전해지는가에 대한 정확한 해답을 제시하고 있다. 이 내용은 이제는 더 이상 가설이 아닌 확고부동한 법칙으로 자리 잡았다. 이들의 발견은 생명과 유전의 원리를 설명한 것으로 인류문명사의 위대한 업적으로 일컬어진다.

DNA 복제

세포가 가진 DNA는 정보를 저장하고 전달하는 일 외에도 세포분열로 생겨나는 두 딸세포에 자신과 동일한 DNA를 복제해 전달해 준다. 즉 세포분열의 필수 요건으로 DNA는 두 복제본을 만들 수 있어야 한다(그림 3.10). 왓슨과 크릭은 DNA의 구조를 규명한 것 외에도 이중나선 모델을 통해 DNA가 자기복제 능력을 가지고 있으며,

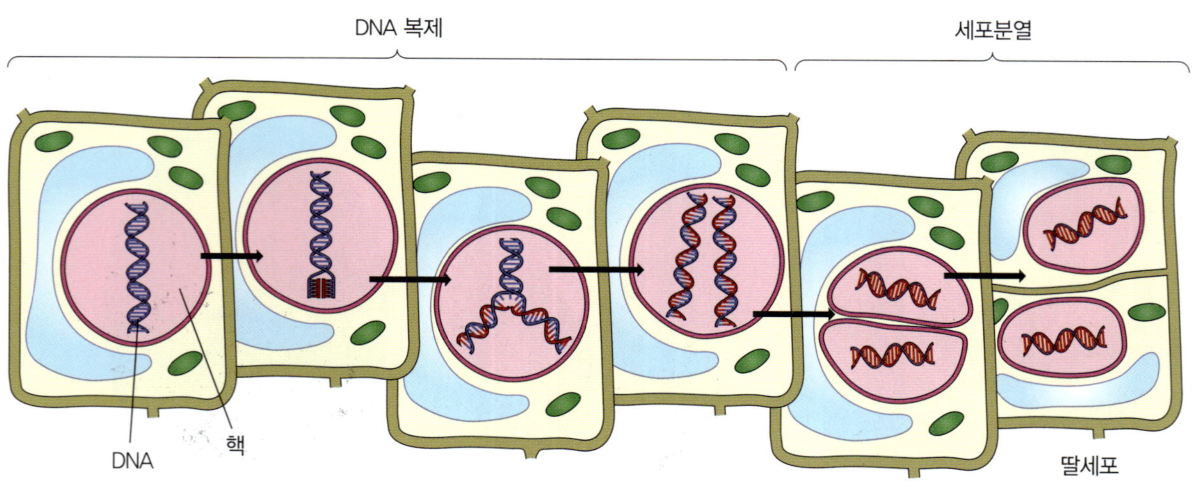

그림 3.10 **DNA 복제와 세포분열.** DNA는 복제를 거쳐 두 개의 동일 사본을 준비한 다음 세포분열 과정에서 두 딸세포에 하나씩 분배된다.

자신을 주형으로 새로운 DNA 가닥을 만들어낼 수 있다는 가설을 제시하였다. 왓슨과 크릭의 가설을 실험적으로 확인한 사람은 콘버그(Arthur Kornberg, 1908~)로 그는 DNA가 복제됨을 증명하였고, 이 업적으로 1959년에 노벨상을 수상하였다.

DNA가 복제replication되기 위해서는 우선 두 가닥의 DNA가 두 개의 단일가닥으로 분리되어야 한다(**그림 3.11a**). 그림에서 두 가닥이 풀리는 시작점이 '복제 분기점'으로 표시되어 있다. 두 가닥이 풀어진 지점에서부터 복제가 시작되며, 이 지점을 복제개시점이라 한다. 두 단일가닥은 각각이 주형이 되어 이 주형의 염기에 상보적인 뉴클레오타이드들이 DNA 중합효소에 의해 연결된다. 복제는 그림의 오른

헬리케이스
DNA가 복제할 때 복제개시시점에서 DNA의 이중가닥을 풀어주는 효소.

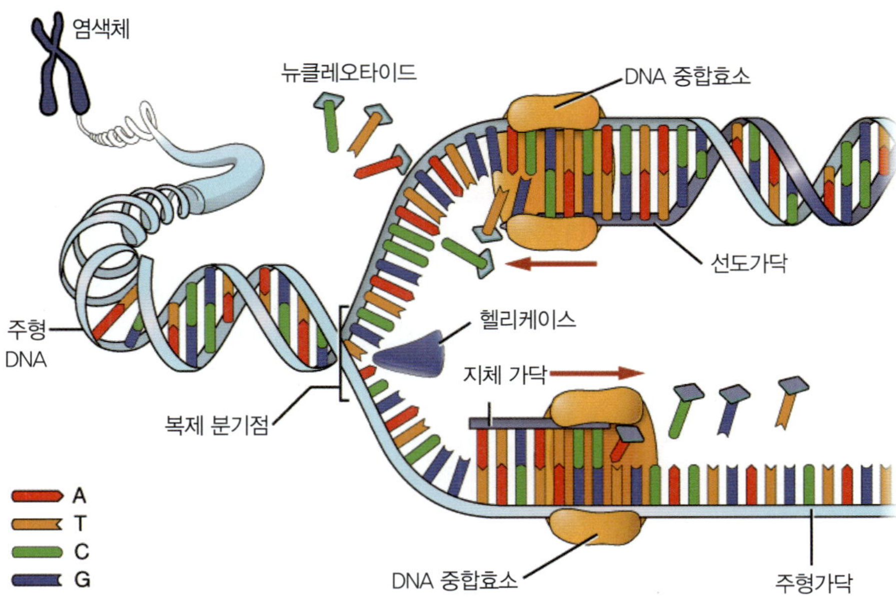

(a) DNA 복제

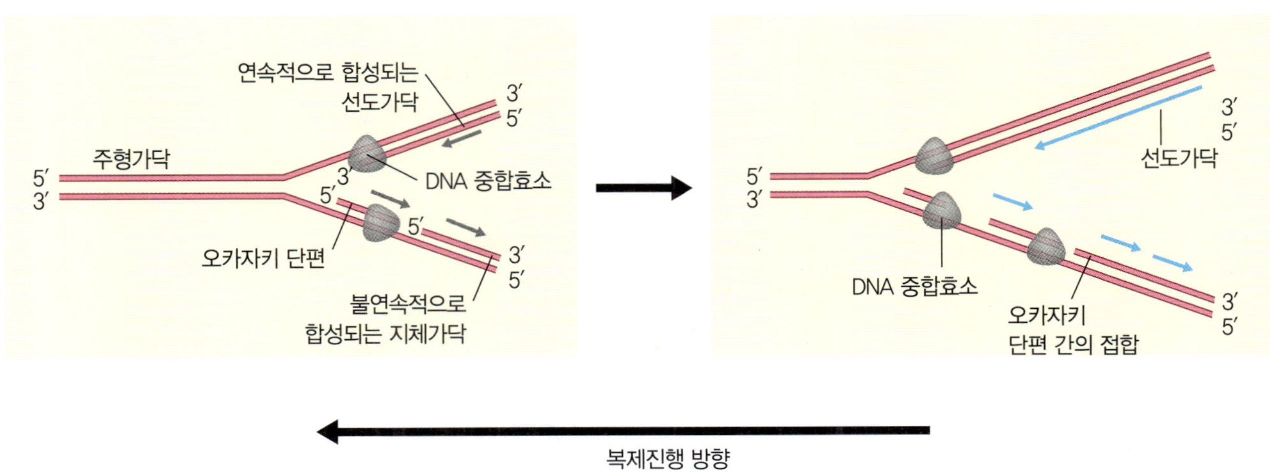

(b) 선도가닥과 지체가닥의 방향성

그림 3.11 DNA 복제–선도가닥과 지체가닥의 합성. DNA 복제는 한 가닥에선 연속적으로(선도가닥), 다른 가닥은 불연속적으로 벌어진다(지체가닥). 주형은 복제되기 전의 원 가닥으로 주형의 염기서열은 상보성으로 새롭게 합성되는 사슬의 염기서열을 결정한다. (a) DNA 이중나선이 풀리는 지점에서 DNA 복제가 시작된다. 풀어진 두 가닥을 주형으로 상보적인 가닥(선도가닥과 지체가닥)이 합성되기 시작한다. (b) DNA 풀어짐이 진행되면서 선도가닥의 DNA 합성은 연속적으로, 지체가닥은 오카자키 단편을 생성하며 불연속적으로 벌어진다.

쪽에서 왼쪽 방향으로 진행된다(그림 3.11 하단의 화살표 표시). DNA 풀림은 그림의 왼쪽으로 진행된다. 복제되기 위해서 응축된 DNA 구조의 이중나선을 풀어야 하는데, 헬스케이스helicase 등이 이 일을 담당한다. 풀어진 두 주형가닥의 복제 방식은 서로 다르다. 먼저 두 주형가닥 중 위쪽의 가닥은 DNA 중합효소에 의해 주형의 역방향(오른쪽에서 왼쪽 방향으로)으로 합성된다(그림 3.11b). 복제가 진행됨에 따라 복제 분기점은 그림의 왼쪽 방향으로 계속 이동하고 DNA 합성도 같은 방향으로 막힘이 없이 계속 진행되는데, 이 가닥을 선도가닥leading strand이라 한다. 선도가닥과는 달리 그림의 아래쪽 주형가닥의 복제 방식은 다르다. 풀어진 복제개시점에서 주형가닥과 역방향으로 진행되는 DNA 합성(왼쪽에서 오른쪽 방향으로)은 복제 분기점이 그림의 왼쪽으로 이동함에 따라 연속적으로 합성이 진행될 수 없다. 새롭게 풀어진 주형가닥에 DNA 중합효소가 다가와 5′→3′ 방향의 합성이 다시 개시되어야 한다. 즉, 복제가 연속적으로 진행될 수 없는 것이다. 결과적으로 부분적으로 합성된 DNA 단편들이 생겨나는데, 이를 오카자키 단편Okazaki fragment이라 한다(그림 3.11b 왼쪽). 오카자키 단편은 진핵생물의 경우 100~200 염기(원핵생물은 1000 염기 정도) 정도의 길이이다. 오카자키 단편은 나중에 DNA 접합효소에 의해 연결된다. 이처럼 불연속으로 합성되어 오카자키 단편을 만들어내는 가닥을 지체가닥lagging strand이라 한다.

DNA의 합성에는 약 20 염기 길이의 짧은 RNA 프라이머primer가 필요하다(그림 3.12). 프라이머는 합성 시작 지점의 주형가닥에 상보성으로 결합하여 프라이머 3′ 말단의 OH를 DNA 중합효소에 제공한다. DNA 중합효소는 중합 시작 지점에 3′-OH가 있어야 뉴클레오타이드를 결합시켜 합성을 시작할 수 있다. DNA 합성이 마쳐지면 RNA 프라이머는 제거되고 프라이머 자리는 DNA 합성효소에 의해 DNA로 채워지고 단편들 간의 틈새는 DNA 접합효소에 의해 연결된다. RNA 프라이머는 프라이메이스primase라는 효소에 의해 합성된다.

무척 긴 DNA를 가진 고등생물의 경우에는 수없이 많은 복제 개시점을 통해 세

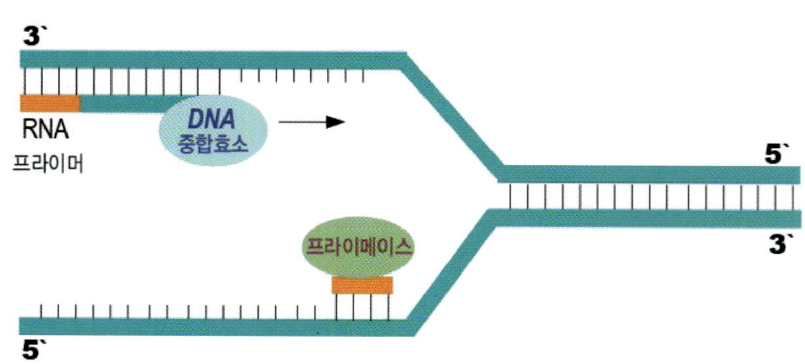

그림 3.12 **RNA 프라이머와 프라이메이스.** DNA 복제의 시작엔 RNA 프라이머가 필요하다. RNA 프라이머는 프라이메이스에 의해 합성된다.

포 전체 DNA의 복제를 신속하게 진행시킨다. 만약 복제개시점이 하나만 있다면 사람의 경우 한 세포에 있는 1.8m 길이의 DNA를 복제하는 데 많은 시간이 걸릴 것이다. 사실 DNA의 복제는 지금 얘기하고 있는 것보다 훨씬 복잡한 과정이다. 지금까지 언급된 여러 효소들 외에도 풀어진 단일 가닥을 움켜잡아 복제가 원활하게 이루어지도록 하는 단백질 등 적어도 10종류 이상의 단백질이 복제과정에 참여하고 있다. 이와 같이 DNA를 복제하는 일은 많은 참여자들을 필요로 하는 대공사이다. 사실 물질이 물질을 잉태한다는 것은 아이의 출산만큼이나 복잡하고 경이로운 일이다.

DNA 수선

DNA 합성은 DNA 중합효소에 의하여 주형의 염기에 상보적인 단량체 dNTP가 연결되는 과정이다. 하지만 수만, 수십만의 dNTP를 주형에 끌어오다 보면 가끔 실수가 생기게 된다. 가령 주형의 A에는 상보적인 dTTP가 다가와서 T가 연결되어야 하는데 실수로 dCTP가 다가와서 C를 삽입하였다면 C는 A와 수소결합을 이루지 못한다(그림 3.13). 이런 실수를 그대로 방치하면 DNA에는 돌연변이가 생겨나고 비정상적인 단백질이 만들어져서 나쁜 형질을 유발할 수 있다. 다행스럽게도 DNA 중합효소는 잘못 삽입된 염기 C를 없애고 dTTP를 가지고 T를 삽입하는, 즉 실수를 수선하는 능력이 있다. DNA 중합효소는 5′→ 3′ 방향으로 DNA를 합성하지만, 합성한 뉴클레오타이드에 실수가 발견되면 3′→5′ 방향으로 되돌아와 잘못된 염기를 제거하고 새 염기를 결합시킨다. A−T와 G−C의 상보적 결합이 아니면 DNA 구조에 이상이 나타나고 이를 DNA 중합효소가 알아채고 수선하는 것이다. 이런 현상을 DNA 수선repair이라 한다.

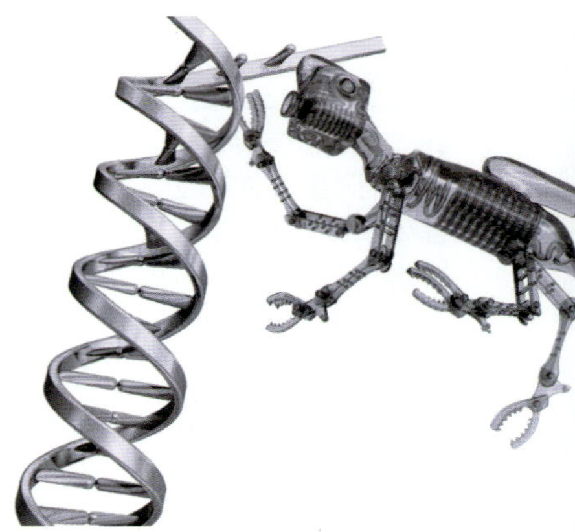

이렇게 잘못된 뉴클레오타이드의 삽입은 의외로 흔하여 복제과정뿐만 아니라 DNA에 손상을 초래하는 자극이나 화학물질에 의하여 생기기도 한다. 암을 비롯한 수많은 질병들은 잘못된 유전자를 부모로부터 물려받아 발생하기도 하지만 태어난 후 DNA 손상이나 변이에 의하여 생기기도 한다. 이는 수선 능력의 부족으로부터 발생한다. 이런 실수가 암 관련 유전자에 위치하면 암이 될 수 있는 것이다. 이상에서 알 수 있듯이 DNA 수선은 중요한 생명의 보호 장치이다. DNA 중합효소는 DNA 사슬의 합성뿐만 아니라 수선 능력도 가진 다재다능한 효소이다.

그림 3.13 DNA 수선. DNA 중합효소는 복제 시 잘못 짝을 이룬 염기쌍이 발견되면 복제를 멈추고 바른 염기쌍되도록 이를 교체한다.

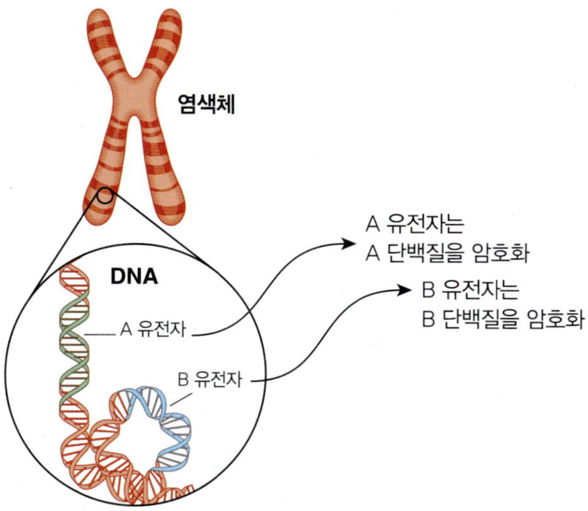

그림 3.14 유전자. 유전자는 염색체에서 단백질을 암호화하는 지역을 말한다. 한 유전자는 보통 수천 염기쌍부터 수만 염기쌍으로 되어 있다. 그림에서 보여주듯이 A 유전자는 A 단백질을, B 유전자는 B 단백질을 암호화한다.

유전자란?

각 생명체의 DNA 전체, 즉 사람의 경우 46개 염색체에 있는 DNA 전체를 지놈genome이라 한다. 사람의 지놈은 31억 개의 염기쌍을 가진다. 곧 설명될 인간 지놈 프로젝트(인간 유전체 사업이라 하기도 함)에 의해 이 31억 개의 염기서열 분석이 완료되었고 인터넷으로 일반인에게 공개되고 있다.

31억 개 염기서열 모두가 단백질을 암호화하는 데 사용되지는 않는다. 이 중 일부 지역에서만이 염기서열이 아미노산을 지정하여 단백질을 만든다. 가령 염기서열이 ATG 이면 아미노산의 한 종류인 메티오닌을 지정하는 식이다. 단백질은 보통 수십 개로부터 수천 개의 아미노산들이 연결되어 이루어지는데, 이를 암호화는 DNA 염기서열도 아미노산 수와 비례하여 수백에서 수천 개가 필요하다. 이와 같이 하나의 단백질을 암호화coding하는 DNA 지역을 유전자gene라 한다(**그림 3.14**). 인간 지놈 프로젝트에 의하면 약 25,000개의 유전자가 지놈에 산재되어 있다. 유전자가 아닌 DNA 지역을 비암호화 지역non-coding region이라 하며 지놈의 약 90% 이상을 구성한다. 혹자는 암호화하지 않는 비암호화 지역을 '쓰레기' 지역으로 혹평하기도 하지만 점점 더 이 지역에 대한 중요성이 부각되고 있다.

인간 지놈 프로젝트

1980년대의 많은 학자들은 인간 지놈을 이루는 전체 염기서열을 모두 규명해보자는 생각을 가지게 되었다. 이들의 우선적인 관심은 사람의 질병을 일으키는 단백질을 암호화하는 유전자들을 찾아 이들의 지놈 내의 위치를 밝히고자 하는 것이었다. 많은 논란 끝에 1990년에 미국, 중국, 영국, 프랑스, 일본, 독일, 스페인 등의 국제적 협력으로 이 프로젝트가 시작되었으며 2003년에 염기서열을 최종적으로 발표하기에 이르렀다. 이에 대한 전 세계의 과학자들과 언론들은 '신비롭게만 생각되었던 인간의 베일이 이제 벗겨지기 시작하였다'라며 흥분하였다. 암, 당뇨, 정신질환 등 인류를 괴롭히는 질병들이 곧 퇴치될 것이라는 희망과 축제 분위기 속에서 전 세계가 이 발표를 축하하였다. 이 프로젝트 결과를 이용하여 곧 새로운 산업혁명이 시작될 것으로 판단한 많은 바이오 벤처 회사가 투자자들의 지원을 받아 미국뿐 아니라 우리나라에도 속속 설립되었다. 인간 지놈의 염기서열을 규명한 것은 분명 기념비적인 업적임에 틀림없다.

인간 지놈 프로젝트Human Genome Project에 의해 규명된 31억 6470만 쌍의 염기서열만 가지고는 어디가 유전자이고 어디가 비암호화 지역인지 정확하게 알 수는 없다(**그림 3.15**). 인간 지놈 프로젝트가 많은 사람들의 기대처럼 인간문화와 생활

```
GATATTAGGTCCTGATTGCTAGCTAGCTAGCTAGCTAGCT
ATCGTCGATCGATCGATCGATTGGCTATCGATCGATCGAT
ATTCCGAGCTAGCTATATAGCTAGCTAGCTAGCTAGCGTA
TCGATCGCTGCTAGCTATATCCGATGCGCTATGCTAGCTG
GATATTAGGTCCTGATTGCTAGCTAGCTAGCTAGCTAGCT
ATCGTCGATCGATCGATCGATTGGCTATCGATCGATCGAT
ATTCCGAGCTAGCTATATAGCTAGCTAGCTAGCTAGCGTA
TCGATCGCTGCTAGCTATATCCGATGCGCTATGCTAGCTG
GATATTAGGTCCTGATTGCTAGCTAGCTAGCTAGCTAGCT
ATCGTCGATCGATCGATCGATTGGCTATCGATCGATCGAT
ATTCCGAGCTAGCTATATAGCTAGCTAGCTAGCTAGCGTA
TCGATCGCTGCTAGCTATATCCGATGCGCTATGCTAGCTG
GATATTAGGTCCTGATTGCTAGCTAGCTAGCTAGCTAGCT
ATCGTCGATCGATCGATCGATTGGCTATCGATCGATCGAT
ATTCCGAGCTAGCTATATAGCTAGCTAGCTAGCTAGCGTA
TCGATCGCTGCTAGCTATATCCGATGCGCTATGCTAGCTG
ACTCGTAGCTAGCTAGCTAGCTAGCTAGCTAGCTAGCGCT
```

그림 3.15 1000개 염기(1000b 또는 1kb)로 31억 개로 된 사람 지놈의 극히 일부에 해당한다.

양식을 순식간에 변화시킬 만큼의 즉각적인 결과를 가져다주는 것은 아니다. 장서를 많이 가지고 있다고 해서 학식이 대단한 것이 아닌 것과 같은 이치이다. 인간 지놈 프로젝트의 의미는 장서를 준비한 것에 해당될 뿐이며 인간 지놈 프로젝트의 진정한 의미는 지놈에 있는 유전자들의 기능을 규명하는 것이다. 궁극적으로 지놈에 포함된 모든 유전자들이 찾아지고, 이들과 인간의 생로병사 현상들과 줄긋기를 정립하는 데 있다.

개인별 염기서열 차이

사람들 간의 염기서열은 동일할까? 답은 물론 '아니다'이다. 사람들 간에는 염기서열이 대략 99.9% 동일하고 0.1% 정도에서 차이가 나는 것으로 알려져 있다. 이 0.1%의 차이 때문에 개인별로 키, 성격, 질병 등의 형질에서 차이가 나는 것이다. 만약 50명의 염기서열을 비교해서 어느 유전병을 갖는 한 사람이 특정 유전자에서 다른 49명과 다르다면 이 특정 유전자가 유전병의 원인이 되는 것으로 짐작할 수 있을 것이다. 이처럼 사람들 간의 유전자 비교를 통해 질병 등 많은 형질을 유발하는 유전자의 정체를 규명할 수 있다. 이런 방식으로 각각의 형질과 원인이 되는 유전자와의 선긋기가 가능하고, 이런 선긋기는 궁극적으로 형질의 원인을 알거

사람 A	…………	A	G	G	C	T	T	G	A	C	C	T	T	T	G …………
사람 B	…………	A	G	G	C	T	T	C	A	C	C	T	T	T	G …………
사람 C	…………	A	G	G	C	T	T	A	A	C	C	T	T	T	G …………

그림 3.16 단일염기 다형성. 사람 A, B, C 지놈의 동일한 지역에서 염기서열의 다형성을 보여준다(G, C, A가 서로 다르다). 만약 A, B, C의 단일염기 다형성이 이 지역에서만 나타나고 이들의 특정 형질이 서로 다르다면, 이 지역이 특정 형질을 형성하는 유전자일 것으로 짐작할 수 있다.

나, 수정 또는 개선하는 데 이용될 수 있을 것이다.

개인별 염기서열을 연구하는 방법으로 단일염기 다형성single nucleotide polymorphism, SNP이 광범위하게 사용된다. 이는 동일한 지역에서의 염기서열의 차이를 분석하는 것이다. 그림에서는 세 사람의 염기서열이 특정 염기서열에서 서로 다름을 보여주고 있다(**그림 3.16**). 만약 이들 세 사람이 나타내는 특정 형질이 서로 다르다면 이 지역은 특정 형질을 결정하는 유전자에 포함될 가능성이 높다. 단일염기 다형성 분석으로 다양한 형질을 결정하는 유전자가 규명될 시점은 생각보다 빠르게 다가오고 있다.

개인별 지놈 프로젝트가 일반화되면 새로운 국면의 생명과학 시대에 접어들 것으로 예상된다. 최근 카타르 정부는 결혼을 앞둔 신랑과 신부를 대상으로 혼전 유전자 검사를 의무화하였다. 이는 친족 간의 결혼일 경우, 발생할 수 있는 유전병의 발병 가능성을 사전에 파악하기 위해서라 한다. 어쨌든 개인별 염기서열 정보가 축적될수록 단일염기 다형성 분석의 정확도는 높아질 것이다. 2008년에는 우리나라 학자들에 의해 한 **한국인의 지놈 프로젝트**가 완성되었다. 앞으로 한국인의 개인별 염기서열이 많이 축적된다면 한국인 고유 형질의 원인이 되는 유전자를 찾을 수 있을 것이다. 인간 지놈 프로젝트의 부수적인 효과로 염기서열을 결정하는 방법이 크게 개선되었다. 최근에는 그리 크지 않는 비용으로 개인의 지놈 염기서열을 결정할 수 있다. 바야흐로 개인별로 염기서열을 분석하여 자신의 형질을 분석하고 예측할 수 있는 시대가 다가오고 있다.

한국인의 지놈 프로젝트
2008년 한국인 최초로 한 남성(54세)의 지놈프로젝트가 완성되었다. 한국인의 개인별 지놈의 대중화에 기여하는 첫 시도이다.

DNA 염기서열과 카스트 제도

발달된 염기서열 결정법과 컴퓨터의 정보 분석으로 많은 사람들이 개인별 지놈 프로젝트를 통해 자신의 고유 염기서열을 알게 될 것이다. 또한 많은 학자들은 약 20~30년 내로 대부분의 질병 유발 원인 유전자들이 규명될 것으로 예상하고 있다. 이는 기술적으로 충분히 가능한 것으로, 사람들은 자신이 어떤 질병에 걸릴 위험이 있는지 미리 알아볼 수도 있을 것이다. 미국의 여배우인 안젤리나 졸리는 얼마 전 자기의 염기서열을 분석해 본 결과 **유방암** 확률이 87%, 난소암 확률이 50%로 확인돼 암이 없는 상태에서 양쪽 유방을 절제하였다. 이런 추세가 계속된다면 염기서열이 주민등록증처럼 신분증명에 사용될 수도 있을 것이다. 어떤 회사에서는 신입사

유방암
*BRCA1*와 *BRCA2* 유전자에서의 변이와 유방암 발생과의 상관관계가 높다. 최근 한국유방암학회는 가족력 3명 이상인 유방암 환자 2명 중 1명에서 *BRCA1/2* 유전자에서의 변이가 발견되었다고 발표하였다.

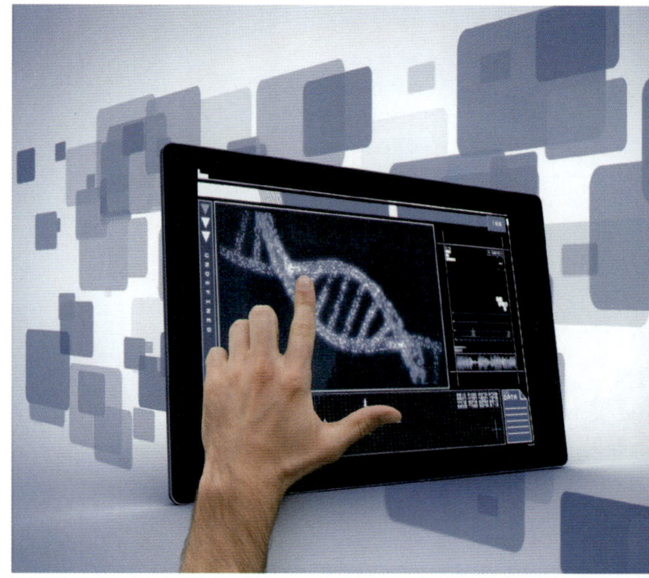

원 채용 시 지원자의 염기서열을 요구할 것이며, '무슨 병에 걸릴 확률 X%, 협동심 관련 유전자에 이상 발견' 등으로 평가될 수 있을 것이다. 결혼할 때 염기서열 파일을 주고받기도 할 것이다.

어느 보도에 의하면 말의 DNA 정보를 바탕으로 경주마의 능력을 예측하는 프로그램이 개발되었다 한다. 경주마로 데뷔하기 전에 DNA 염기서열을 보고 예상 성적을 점쳐보고, 이 결과로 말의 경쟁력과 가격이 산정되기도 한다. 분석되는 유전자 중 하나인 **미오스타틴**myostatin 유전자는 근육의 모양과 탄력을 조절하는 데 중요하다 한다. 이런 프로그램이 사람에게 적용되지는 않을까?

최근 미국의 어느 청각장애 부부는, 소리를 못 듣는 사람들의 문화를 공유하고자 새로 태어나는 아이도 청각장애이기를 바라며 유전자 검사를 의뢰했다고 한다. 영국의 어느 부부는 체외수정을 통해 얻은 배아의 유전자를 사전에 검사해 볼 수 있는 권리를 얻었다고 한다. 원하지 않는 유전적 특징이 발견되면 출산을 포기하겠다는 의도다. 장래에는 지놈에 적힌 염기서열 중 의심스런 유전자는 교체될 것이고, 이런 과정을 거쳐 태어난 아이들로 지구가 가득 찰지도 모른다. 우리는 컴퓨터 프로그램을 거쳐 태어난 아이를 어떻게 볼 것인가? 이러한 추세로 간다면, 미래에는 유전자의 품질에 따른 유전적 카스트 시대가 도래할지도 모른다.

미오스타틴
근육형성을 조절하는 단백질로 주로 골격근에서 생성된다.

DNA의 변이는 창조의 모태

네델란드의 식물학자 드 프리스(Hugo de Vries, 1848~1935)는 재배하던 밭에서 달맞이꽃 변종이 무척 많이 출현하고 있는 것을 발견하였다. 좁은 잎과 넓은 잎, 우람한 줄기와 왜소한 줄기가 모두 섞여 있었다. 드 프리스는 이들을 '부모와 확실히 다르면서, 순수하고 뚜렷한 새로운 종류'라 하였다. 예기치 못한 변종의 출현을 통하여 그는 '**돌연변이**'라는 용어를 처음 사용하게 되었다.

돌연변이
궁극적으로 유전적 다양성을 야기하는 DNA의 뉴클레오타이드 변화.

DNA 염기들은 결코 완벽하지 못해 종종 변이가 나타난다. 수선능력이 있다지만 이들 실수를 완벽히 만회할 수는 없다. '점 돌연변이point mutation'라 해서 한 염기가 다른 염기로 교체되든지, 아예 DNA에서 빠져나가기도 한다. 가끔 제법 큰 규모의 DNA 조각이 떨어져 나가기도 하고, 조각은 다른 염색체로 이동하기도 한다. 결과적으로 이렇게 변화된 유전자를 통해 만들어진 단백질로 인하여 형질이 변화되기도 한다. 이는 생명체에게 치명적일 수도 있고 오히려 도움이 될 수도 있다.

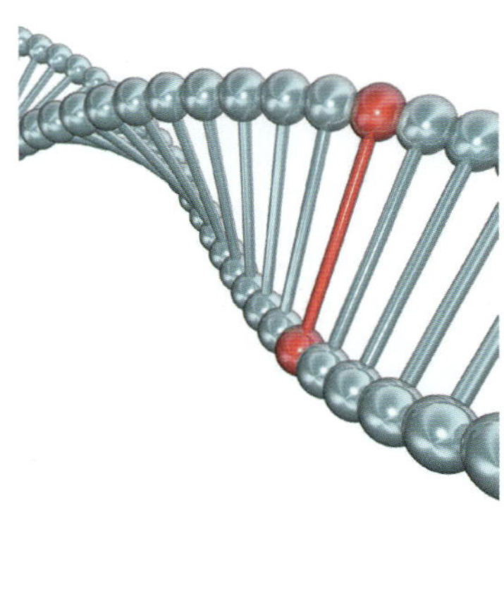

다윈이 방문하였던 갈라파고스 섬에서 어느 해 가뭄이 들자, 수분의 증발을 막기 위해 과일의 껍데기가 예년에 비해 매우 단단해졌다. 그러자 이를 먹고 사는 핀치새에서 유전자의 변이가 연속적으로 발생해 두꺼워진 껍질을 벗길 수 있는 부리가 생겨나는 진화가 재빨리 일어났다. 화산 폭발로 먹이가 귀해진 갈라파고스 섬에

이구아나

서는 이구아나가 단 두 해 만에 몸의 길이를 20%나 줄여 역경을 이겨냈다. 특정 유전자 염기서열에 생기는 변이는 우연이나 DNA 복제 과정에서의 실수로 인한 것으로 누군가의 의도에 따른 변이를 상상하기는 어렵다. 우연한 변이로 생겨난 다양한 변이 종들 중에서 환경에 잘 적응하는 형질을 갖는 종이 자연선택되어 형질을 자손에게 전달되는 것이다. 생명은 한편으로는 엄격한 통제와 항상성을 유지하려 하지만, 또 다른 방향으로 새로운 형질을 창조하여 풍성한 능력을 보유하려는 개혁을 수행한다. 생명은 종종 변이를 통해 원대한 꿈을 이루기도 한다.

3.2 DNA와 현대생활

DNA라는 화학물질을 다루는 기술들이 발전되어 실생활 속으로 깊숙이 들어오고 있다. 사람이 만드는 단백질을 박테리아에서 대량 생산할 수 있을 뿐 아니라, 오래전 헤어진 부모와 자식을 DNA 염기서열로 확인해 주기도 한다. 최근 유전자를 사람이 원하는 대로 편집할 수 있는 기술이 갖추어지고 있다. 현대 생활과 관련이 깊은 DNA 기술들을 살펴보자.

유전자재조합

DNA 분자를 원하는 대로 자르고, 다른 DNA 조각에다 옮겨 붙일 수 있게 되었다. 가령 사람의 DNA에서 일부를 절단하여 박테리아 DNA에 접합시킬 수 있는 것이다. 이때 DNA 절단에 사용되는 것은 DNA 제한효소restriction enzyme이며, 잘라진 조각을 접합시키는 것은 DNA 접합효소DNA ligase이다. 제한효소는 박테리아가 외부로부터 들어온 DNA를 분해하는 것으로, 제한효소의 종류에 따라 특정 염기서열(보통 4–7 염기서열)을 인식하여 절단한다. 접합효소는 DNA 사슬에서 절단된 지역을 접합하는 효소로 두 DNA 단편들의 3′–OH 말단과 5′–인산 말단 사이를 연결한다.

서로 다른 출처의 DNA (가령 박테리아와 사람의 DNA) 단편을 연결하는 기술을 'DNA 재조합recombination'이라 한다(그림 3.17). 그림은 DNA를 제한효소의 일종인 *Hind*III (AAGCTT를 인식하여 절단)로 자른 사람의 DNA 조각을 역시 *Hind*III로 절단한 대장균 박테리아의 플라스미드 DNA에 접합시키는 재조합 과정을 보여준다. 같은 제한효소로 절단된 두 서로 다른 DNA 조각은 말단 지역에 위치하는 상보적 염기들 간의 수소결합을 통해 연결될 수 있으나 당–인산으로 된 DNA 중심축은 여전히 절단된 상태로 남는다(아래에서 두 번째 그림). DNA 접합효소는 이 절단 부분을 연결하여 완전한 DNA 사슬을 이루도록 한다.

유전자 재조합 기술의 한 예로 사람의 인슐린 유전자를 박테리아에 접합시키는 과정을 살펴보자(**그림 3.18**). 인슐린은 몸에서 혈당량을 낮추는 호르몬으로서 많은 당뇨병 환자들이 사용하고 있다. 하지만 사람이나 동물에서 얻을 수 있는 인슐린 단백질의 양은 매우 적어 일반 환자들이 사용하기에는 고가의 약품이었다. 1978년에 미국의 제넨테크Genentech라는 회사는 사람의 인슐린 유전자를 박테리아인 대장균에 옮겨 대장균에서 인슐린을 대량으로 만들고자 하였다. 연구자들은 제한효소를 사용하여 인슐린 유전자 조각과 대장균 플라스미드 조각을 얻어낸 다음 접합효소를 사용하여 이들을 연결하였다(그림 3.18). 재조합된 **플라스미드**plasmid를 가지게 된 대장균은 인슐린을 생산할 수 있게 되었는데, 이 기술은 유전공학genetic engineering이라는 새로운 산업의 효시가 되었다. 유전공학은 '산업적 목적의 유전자 이용'이라 정의할 수 있으며 가장 기본이 되는 기술은 DNA 재조합 기술이다.

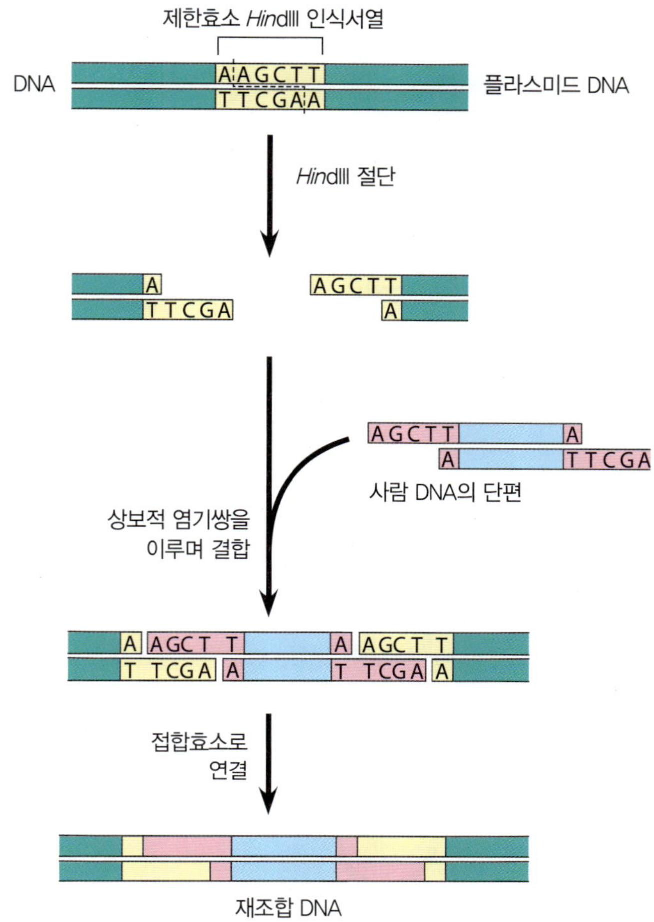

그림 3.17 동일한 제한효소를 이용한 상이한 두 가닥 DNA 조각의 재조합. 서로 다르지만 같은 *Hind*III 절단 부분을 가지는 두 DNA 단편은 염기의 상보성으로 수소결합을 이루고(AGCT와 TCGA) DNA 접합효소에 의해 틈이 결합된다.

DNA 증폭 기술, PCR

미세한 양의 DNA를 대량으로 늘리는 기술이다. DNA 증폭 기술은 요즈음 DNA를 다루는 대부분의 실험실과 병원, 법의학실 등에서 흔히 사용하는 기술로서, 1993년도 노벨상을 수상한 미국의 멀리스(Kary B. Mullis, 1944~)가 고안해낸 방법이다. 범인의 옷에 붙어 있는 세포, 수백만 년 전의 것으로 추정되는 화석 등에서의 DNA는 양이 너무 적어 분석하기가 쉽지 않다. 따라서 DNA를 복제하는 것처럼 DNA 양을 인위적으로 증폭시키는 작업은 중요한 의미를 갖는다. 노벨상은 보통 학문적 성취가 아닌 특정 기술에 수여되지 않았지만, DNA 증폭 기술은 이런 관례를 깨뜨릴 정도로 중요한 기술로 평가 받은 것이다. DNA를 증폭하는 기술은 DNA 중합효소, DNA 뉴클레오타이드인 dNTP, 프라이머primer 등과 자동적인 온도조절 장치를 이용하여 미세한 양의 시료로부터 많은 양의 DNA를 얻을 수 있는 기술로 중합효소 연쇄반응 또는 PCR(polymerase chain reaction)로 불린다.

PCR은 어떤 출처에서 얻어진 극미량의 DNA에 90도 정도의 높은 온도를 가하여 두 가닥을 한 가닥으로 풀어놓는 변성denaturation 과정으로부터 시작한다(**그**

플라스미드
박테리아에서 원형으로 존재하는 DNA로 자체적으로 증식이 가능하다. 플라스미드는 DNA 재조합 기술에 자주 사용되어 원하는 DNA 조각(가령 인슐린 유전자)을 박테리아에서 발현(DNA로부터 단백질을 생산)시키는 도구로 사용된다. 플라스미드를 DNA를 옮기는 운반체로 사용된다는 의미에서 벡터vector라 한다.

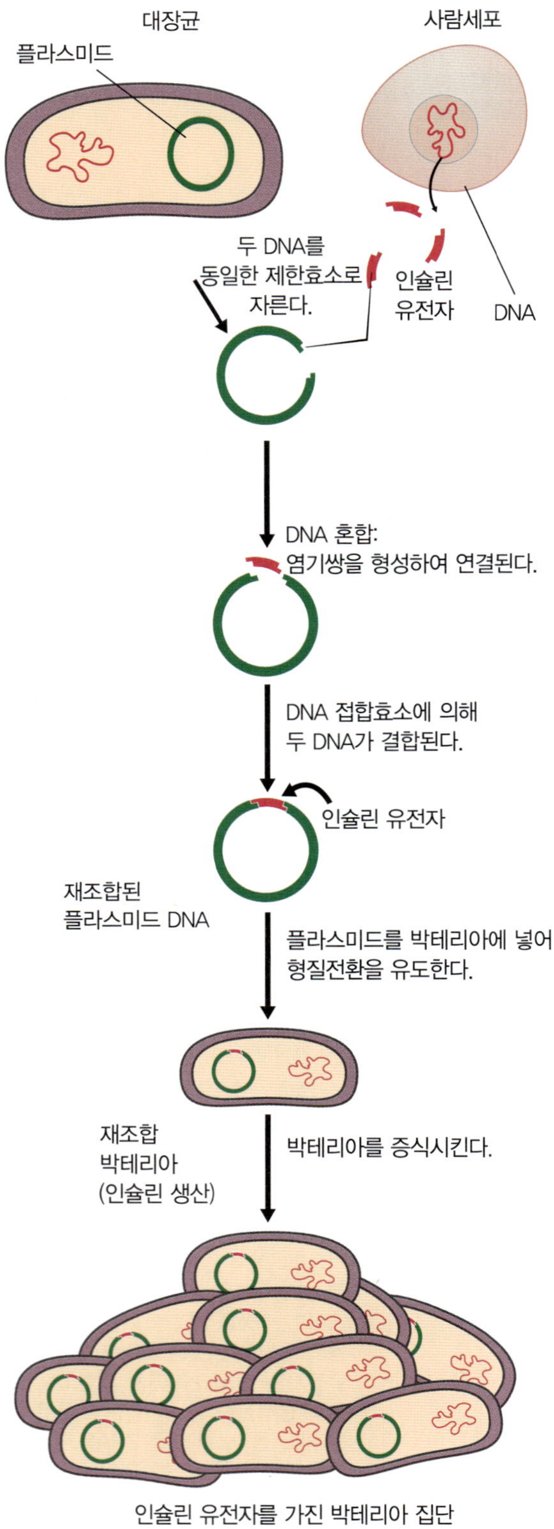

그림 3.18 인슐린 유전자의 재조합. 사람의 인슐린 유전자를 박테리아에 발현(단백질 생산)시키는 과정을 보여준다. 플라스미드에 인슐린 유전자를 삽입시킨 다음 플라스미드를 박테리아에 옮겨 박테리아의 형질전환을 유도한다(박테리아는 인슐린 유전자를 갖는 형질로 전환됨을 의미). 박테리아의 배양을 통해 플라스미드 양은 늘어나고 이들이 생산하는 인슐린 양도 늘어난다. 같은 DNA를 대량으로 늘리는 기술을 'DNA cloning'이라 한다.

***Taq* 중합효소**
고온(50~90°C)에서 잘 자라는 박테리아 *Thermus aquaticus*로부터 얻은 DNA 중합효소로 PCR에 사용된다. 이 효소는 고온에서도 안정된 구조를 유지한다.

림 3.19). 그 후 단일가닥에 프라이머를 결합시키는 과정을 보통 50도 정도에서 수행한다(annealing 과정이라 하기도 한다). DNA 중합효소가 작용하기 위해 필요한 3′-OH 말단이 프라이머로부터 제공된다. 프라이머는 보통 20개 정도의 염기들로 이루어진 작은 DNA 조각으로 주형의 DNA에 염기의 상보성에 의해 결합한다(그림 3.20b). 시발체가 결합된 단일가닥에 dNTP와 DNA 중합효소를 처리하면 DNA 복제과정에서처럼 새로운 가닥이 합성된다(그림 3.19). 이 과정을 합성 또는 중합이라 하는데 70도 정도의 높은 온도에서 이루어진다. 37도에서 잘 작용하는 DNA 중합효소 대신 70도에서 잘 작동하는 *Taq* 중합효소라는 특별한 중합효소를 사용한다. 이 효소는 온천 등 높은 온도에 서식하는 박테리아로부터 얻는다.

이와 같이 '변성(90도) - 프라이머 결합(50도) - 합성(70도)'의 세 단계를 통해 DNA가 두 배로 늘어나게 된다. 이 반응을 약 30회 정도 반복하면 엄청난 양의 DNA로 증폭된다. PCR에 필요한 기계장치는 '90도→50도→70도'의 온도 조절을 자동적으로 수행할 수 있다. PCR에서 37도에서 작용하는 DNA 중합효소를 사용할 수 없는 이유는 90도에서 효소가 파괴되기 때문이다. 반면 ***Taq* 중합효소**는 50 - 90도에서 파괴되지 않는다.

고고학이라는 분야에서 PCR은 중요한 학문적 수단이 되고 있다. 오래된 동물의 뼈나 유물에서 추출한 미세량의 DNA로부터 PCR을 통해 DNA를 대량으로 확보할 수 있기 때문이다. PCR 덕분에 고고학은 상상력에 의존하기보다 과학적 실체에 근거한 학문으로 변모되기 시작했다. 수십 세기 전에 종적을 감춘 생물들이 남긴 한 오라기의 DNA 분자로부터 여러 귀중한 정보를 얻을 수 있게 된 것이다. 최근 신종 코로나바이러스의 진단 kit에도 PCR이 이용된다. 목구멍 등에서 얻은

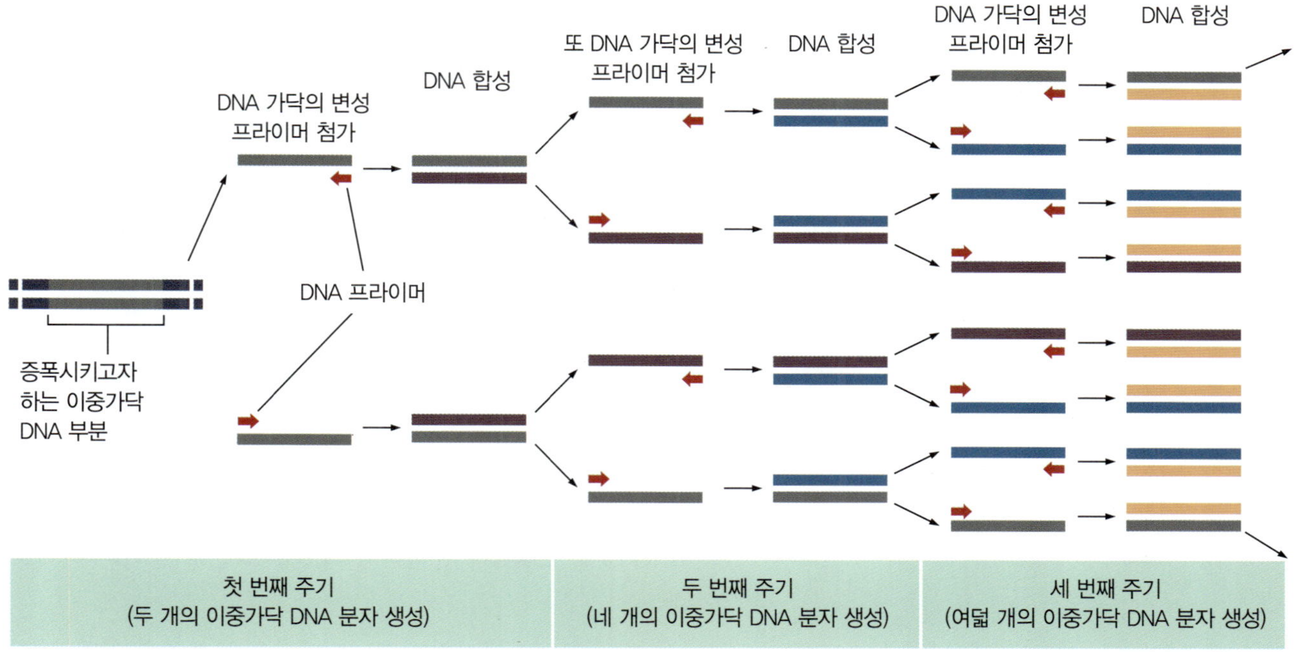

그림 3.19 중합효소 연쇄반응(PCR). PCR 반응의 한 주기(cycle)는 순서적으로 변성(DNA 두 가닥이 분리됨, 90℃), annealing(프라이머의 결합, 50℃)과 DNA 합성(Taq 중합효소 사용, 70℃)으로 구성된다. 같은 방식으로 두 번째 주기가 벌어지면 4개, 세 번째 주기가 벌어지면 8개의 두 가닥 DNA가 얻어진다. 보통 30주기 정도 반복된다.

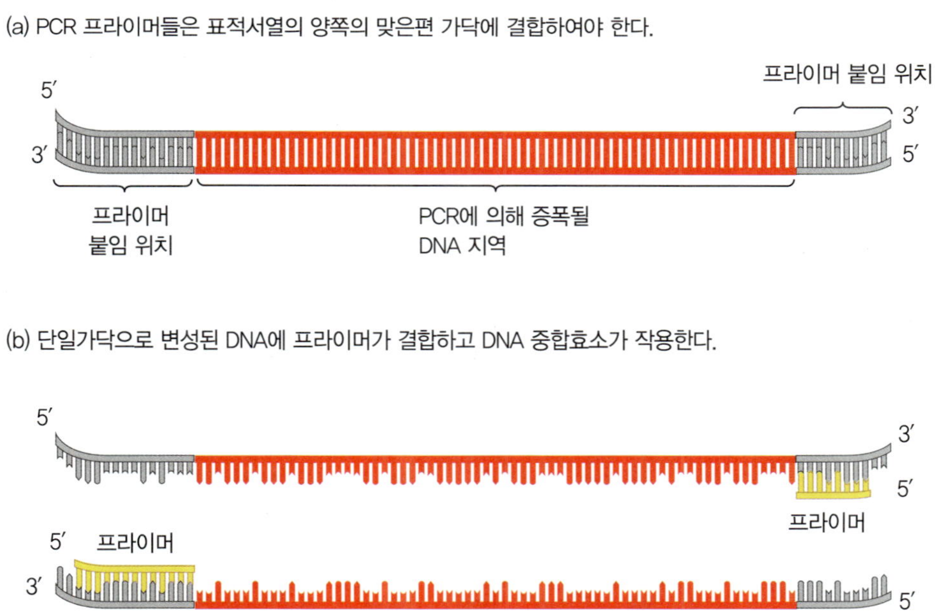

그림 3.20 프라이머 결합. (a) 변성 (b) 프라이머가 변성된 두 가닥 DNA의 결합 지역에 결합한다(annealing).

검체로부터 많은 양의 DNA를 얻어 감염 여부를 확인한다. 친자확인, 범죄수사 등 PCR의 이용 범위는 계속 넓어지고 있다.

제한효소 단편 다형성(RFLP)

사람마다 손금이 다르듯 DNA 염기서열도 다르다. 염기서열 차이를 간단하게 찾아낼 수 있다면 사람들 간의 구분, 친자나 범죄자의 확인, 식물이나 가축의 원산지 확인 등의 여러 목적으로 사용될 수 있을 것이다. 앞에서 얘기된 제한효소를 사용하여 염기서열의 차이를 분석하는 방법을 살펴본다.

제한효소는 특정 염기서열을 인식하여 자르는 것으로 개인별로 염기서열이 다르면 제한효소에 의해 자르는 지역에서 차이가 날 것이다. 여러 종류의 제한효소를 사용하면 개인별로 잘려지는 DNA 단편들은 서로 다를 것이다. 제한효소로 얻어진 단편들을 각 사람에서 분석하면 동일인 여부를 알아낼 수 있다. 이런 방법을 '제한효소 단편 다형성restriction fragment length polymorphism' 또는 RFLP라 한다. 모든 사람의 제한효소 단편이 다르다는 의미로 RFLP를 'DNA 지문법DNA finger-printing' 기술이라 하기도 한다.

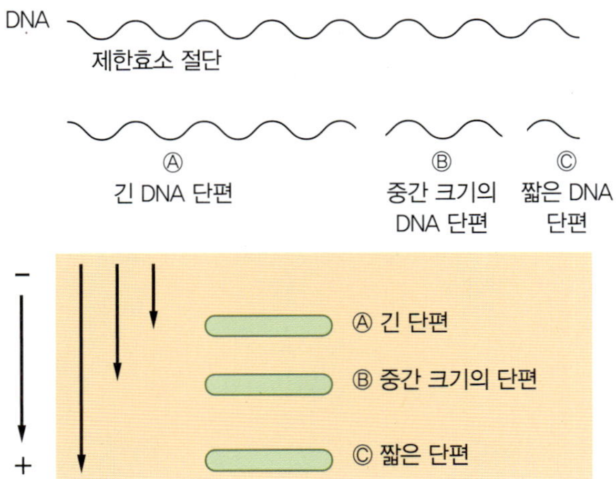

그림 3.21 전기영동법을 이용한 DNA 분리

제한효소로 얻어지는 DNA 단편을 분석하기 위해서 '전기영동electrophoresis'이라는 기법을 사용한다. 전기영동은 보통 한천(해조류인 우뭇가사리의 추출물로 이를 녹인 다음 식히면 그물조직이 형성되면서 생겨난 말랑말랑한 고체 젤)으로 된 젤에 DNA 시료를 넣고 전류를 흘려보낸다. DNA는 음전하를 띠므로(DNA 사슬의 축을 이루는 인산 때문) 음극에서 양극으로 이동한다. 젤은 다공성 물질로 작은 길이의 DNA 단편이 긴 길이의 단편보다 더 멀리 이동하게 된다. 이와 같이 제한효소에 의해 잘려진 DNA 단편들은 단편의 크기(길이)에 따라 젤에서 분리된다(그림 3.21).

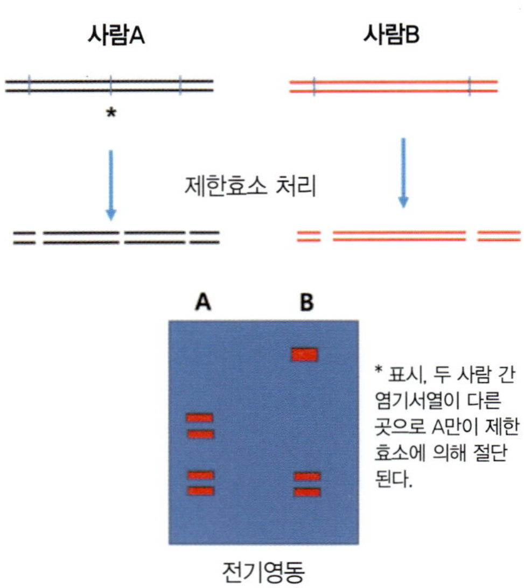

그림 3.22 RFLP를 통한 친자 확인

간단한 실례로 RFLP를 좀 더 살펴보자(그림 3.22). 사람 A와 사람 B의 RFLP 분석을 해보자. A는 친모로 여겨지는 사람이고, B는 친모를 찾고 있는 사람이다. 우선 이들로부터 PCR을 통해 충분한 양의 DNA를 얻는다(머리카락으로 얻은 DNA로 PCR 할 수 있다). 제한효소를 사용하여 DNA를 절단한 다음 DNA 시료를 전기영동한다. B DNA는 A DNA에서 *로 표시된 지역에 A와는 다른 염기서열을 가지고 있다. 따라서 이 지역은 제한효소에 의해 A DNA만이 절단될 수 있다. 동일한 제한효소로 A와 B DNA를 절단한 후 전기영동을 하면 A는 4개의 단편을, B는 3개의 단편을 갖게 된다. A와 B의 DNA에서 얻어진 DNA 단편들이 서로 다름을 알 수 있다. B에서 가장 긴 길이의 단편은 전기영동을 통해 조금밖에 이동하지 않았다(그림 3.22 아래). 이 결과는 A와 B는 서로 다른 염기서열을 가지며 A와 B는 친자 관계가 아닐 것으로 추정된다.

유전자 가위

유전자에 돌연변이가 생기면 자칫 질병이나 나쁜 형질이 생겨난다. 연구자들은 오랫동안 돌연변이가 된 염기를 정상 염기로의 교체를 시도하였으나 성공하지 못했다. 교체 작업의 첫 단계라 할 수 있는 돌연변이 지역만을 정확하게 자르는 것부터가 쉽지 않았다. 특정 염기서열을 인식할 수 있는 제한효소가 고려되었으나 한계에 봉착한다. 제한효소가 지놈상의 여러 지역을 동시에 절단할 수 있기 때문이다. 장기간에 걸쳐 제한효소 대신 특이적으로 돌연변이 지역만을 인식하여 절단할 수 있는 방법들이 개발되어 오다 2013년에 이르러 'CRISPR–Cas9'이라는 획기적이고 효율이 높은 방법이 개발되었다('**크리스퍼** 유전자 가위'라 하기도 한다). 박테리아가 침입한 바이러스의 DNA를 자르면서 자신을 방어하는 방식에서 찾은 방법이다. '크리스퍼 유전자 가위'는 인간이나 동식물의 세포에서 교정하려는 DNA를 상보적 염기결합으로 찾아내는 가이드 RNA(gRNA)와 DNA를 잘라내는 Cas9 단백질로 구성된다(그림 3.23). 가이드 RNA가 Cas9 단백질에 결합되어 있는 것이다. Cas9 단백질로 잘라진 틈새에 수정하려는 DNA가 삽입된다. 찢어진 옷 부위를 제거하고 새로운 천으로 교체하는 것이다. 이 기술을 이용하면 에이즈, 혈우병 등 유전 질환을 치료하고, 농작물 품질 개량이 용이해 유전자 변형 식물(GMO)의 대안으로 주목받고 있다.

크리스퍼
크리스퍼는 DNA상에 존재하는 18~40개로 구성된 특정 염기서열을 인식하여(guideRNA에 의해) DNA 두 가닥을 절단하는 Cas9 인공 제한효소로 동식물 유전자의 손상된 DNA를 잘라내고 정상 DNA로 교체하는 유전자 편집 기술을 의미한다.

유전자를 수정하거나 편집할 수 있는 크리스퍼 기술에는 생태계 파괴 및 「맞춤형 아기 탄생」이라는 윤리적 문제에 대한 우려도 존재한다. 인간이 생태계에 없던 새로운 형질을 창조하여 방사할 수 있다는 것이다. 입맛대로 만들어진 아이가 탄생한다는 윤리적 논란과 아무리 유전자 가위가 정교해도 예측하기 어려운 부작용이 일어날 수 있다는 위험성은 연구자들에게 많은 성찰을 요구하고 있다. 얼마 전 중국에서 유전자 가위 기술로 유전자가 변형되어 태어난 아이가 보고되었다. 수정란의 DNA를 교정한 후 착상을 거쳐 태어난 아이로 커다란 논란을 야기한 사건이다. 하지만 윤리적 문제와 유전자 가위 본연의 기술적 문제가 해결되면 이 특별한 크리스퍼 기술은 분명 유전병 등 유전질환을 치유할 수 있는 기념비적인 업적으로 인정받을 것이다.

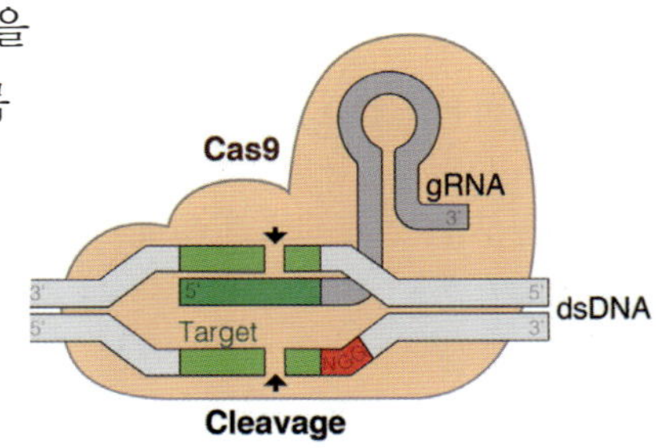

그림 3.23 크리스퍼–Cas9 유전자 편집기술

연습문제

I. OX 문제 (X로 답한 경우에는 이유를 설명함)

01 각 생명체에 존재하는 염기의 구성에서 A + T의 양은 G + C의 양과 같다. (   )

02 죽은 S형 폐렴균의 세포벽을 분리하여 살아 있는 R형 폐렴균에 혼합하면 비병원성의 R형은 병원성으로 전환된다. (   )

03 세포분열이 일어나기 위해서는 DNA가 복제되어야 한다. (   )

04 DNA 합성에는 dATP, dGTP, dCTP와 dUTP가 필요하다. (   )

05 RNA와 DNA를 구성하는 당의 구조는 동일하다. (   )

06 지놈의 대부분은 유전자로 구성된다. (   )

07 인간 지놈 프로젝트의 결과로 모든 유전자의 기능이 규명되었다. (   )

08 *Taq* 중합효소는 고온에서 잘 작용하는 DNA 중합효소이다. (   )

09 단일염기 다형성(SNP) 분석으로 특정 질환에 관여하는 유전자를 알아낼 수 있다. (   )

10 DNA 복제 시 형성되는 지체가닥은 DNA 두 가닥이 풀어지는 방향으로 합성되는 가닥을 말한다. (   )

II. 객관식

01 고양이와 쥐가 다른 이유는?

① 이들은 서로 다른 유기물을 가진다.
② 이들이 만드는 탄수화물과 지질이 서로 다르다.
③ 이들이 가진 DNA 염기의 종류가 서로 다르다.
④ 이들이 가진 DNA 염기서열이 서로 다르다.
⑤ 이들이 가진 단백질 합성 방식이 서로 다르다.

02 세포의 배지에 방사능이 표식된 ^{14}C-UTP를 처리하면 다음 중 어느 물질에서 방사능이 검출될까?

① 인지질　② 단백질
③ DNA　④ 중성지방
⑤ RNA

03 어느 DNA 샘플에서 염기 T의 양이 전체 염기의 10%라면, G의 양은 (   )일 것이다.

① 10　② 20
③ 40　④ 80
⑤ 주어진 정보로 계산이 불가능함

04 DNA를 이루는 두 가닥 중 한 가닥의 염기서열이 5′ATTGCA3′이라면, 상보적인 가닥의 염기서열은?

① 5′TAACGT3′　② 5′TGCAAT3′
③ 5′UAACGU3′　④ 3′UAACGU5′
⑤ 5′UGCAAU3′

05 DNA에 관한 사항 중 바르게 설명한 것은?

① DNA를 처음으로 발견한 것은 왓슨과 크릭이다.
② 프랭클린은 왓슨과 크릭에 앞서 DNA의 구조를 연구하였다.
③ 왓슨과 크릭은 염기들의 수소결합을 예측하지 못했다.
④ DNA 이중나선 구조는 끓는 온도에서도 변화가 없다.
⑤ 샤가프의 발견은 DNA 구조의 발견과는 아무 관련이 없다.

06 DNA 복제에 관하여 틀리게 설명한 것은?

① DNA 중합효소에 의해 벌어지며 항상 5′에서 3′ 방향으로 복제가 이루어진다.
② 진핵세포의 경우 여러 복제개시점에서 복제가 시작된다.
③ 복제될 두 DNA 가닥(주형) 중 한 가닥은 끊김없이 연속적으로 복제된다.
④ 복제에는 DNA 중합효소 외에도 많은 참여자들이 있다.
⑤ 오카자키 단편은 선도가닥 합성과정에서 만들어진다.

07 DNA 사슬의 합성에 관하여 틀리게 설명한 것은?

① 처음 시작하는 뉴클레오타이드는 합성이 완성된 후에도 5′에 3개의 인산을 가지고 있다.

② 맨 마지막의 뉴클레오타이드는 합성이 완성된 후에도 3개의 인산을 가지고 있다.

③ 맨 마지막의 뉴클레오타이드는 합성이 완성된 후에도 3′에 OH를 그대로 가지고 있다.

④ DNA 합성은 반드시 5′에서 3′ 방향이다.

⑤ DNA 합성은 DNA 중합효소에 의해 이루어진다.

08 인간 지놈 프로젝트의 성과를 바르게 설명한 것은?

① 인간 지놈의 염기서열화가 완성되었다.

② 인간 지놈에 포함되는 유전자가 모두 규명되었다.

③ 인간 지놈에 의해 만들어지는 단백질의 종류가 규명되었다.

④ 인간 지놈에 의해 형성되는 형질의 대부분이 규명되었다.

⑤ ①과 ④

09 심장의 세포와 콩팥의 세포와의 관계를 바르게 설명한 것은?

① 모두 같은 DNA로 구성되어 있다.

② 모두 같은 단백질로 구성되어 있다.

③ 만들어지는 단백질의 종류가 다르다.

④ 심장의 세포는 박동에 관련된 유전자를 좀 더 많이 가지고 있다.

⑤ ①과 ③

10 한 DNA 단편의 3′ 말단과 다른 DNA 단편의 5′ 말단 사이를 결합시키는 효소는?

① 제한효소(restriction enzyme)

② DNA 분해효소 ③ DNA 중합효소

④ DNA 접합효소 ⑤ 인산화효소

11 RFLP를 바르게 설명한 것은?

① 사람들 간의 염기서열 차이를 분석하는 방법의 하나이다.

② 전기영동을 한다.

③ 특정 제한효소가 인식하는 지역의 염기서열이 다름을 이용한다.

④ ①과 ②

⑤ 모두

12 PCR의 작동 내용을 바르게 설명한 것은?

① *Taq* 중합효소의 작동 온도는 70도 근처이다.

② 'DNA 주형에의 프라이머 붙임'의 작동 온도는 50도 근처이다.

③ 두 가닥의 DNA를 한 가닥으로 분리하는 '변성'의 작동 온도는 90도 근처이다.

④ ①과 ② ⑤ 모두

III. 주관식

01 다음은 핵산 DNA 또는 RNA의 특성을 설명하고 있다. DNA에만 관한 내용이면 D로, RNA에만 관련된 내용이면 R로, DNA와 RNA에 모두 관련된 내용이면 DR로, 핵산에 관련된 내용이 아니면 N으로 답하시오.

1) 합성에 dATP를 필요로 한다. ( )

2) 합성에 UTP를 필요로 한다. ( )

3) 주로 한 가닥으로 존재한다. ( )

4) 합성에 단량체를 필요로 하지 않는다. ( )

5) 5탄당을 가진다. ( )

6) 5탄당의 2번째 탄소에 산소가 결합되어 있다. ( )

02 세포분열을 준비하는 어느 동물세포에서 DNA 복제가 종료되었음에도 불구하고 작은 길이의 DNA 단편들이 많이 발견되었다. 이 세포의 무엇에서 이상이 있었는지 짐작해 보시오.

03 ATP는 모든 생명체들이 사용하는 가장 대표적인 고에너지 저장 물질이다. 생명체들이 ATP를 필요로 하는 또 다른 현상은?

04 무성생식을 하는 박테리아는 세포분열시 DNA의 돌연변이를 유발시켜 환경 스트레스에 대응하는데, 이런 현상이 갖는 진화적 의미는?

05 같은 염기쌍 수를 갖는 이중가닥의 DNA 시료 A와 B가 있다고 가정하자. A 시료는 80도에서, B 시료는 90도에서 각 시료의 50%가 단일가닥으로 분리된다. 주어진 정보로부터 A와 B 시료의 염기 조성의 차이를 유추하시오.

DNA 설계도로부터 단백질을 합성하는 과정을 일컫는 유전자 발현은 모든 생명들이 공유하고 있는 정보전달 체계이다. DNA 정보는 RNA를 거쳐 단백질로 전달된다. 유전자 발현을 거쳐 얻어진 단백질은 세포 안팎 곳곳에 포진하여 생명현상들을 수행한다. 유전자 발현의 긴 여정은 핵 안에서 DNA의 염기서열의 정보가 RNA로 옮겨짐으로 시작한다. DNA는 핵을 떠나지 않으며 mRNA라는 심부름꾼에게 DNA 정보를 전달한다(이 과정을 전사라 한다). DNA에 적힌 정보가 mRNA로 전사되는 과정은 단백질의 필요에 따라 조절된다. 즉 단백질의 필요성을 확인한 다음에야 세포는 mRNA를 만들도록 명령을 내린다. 이 명령과 함께 mRNA가 만들어지고, mRNA는 핵을 빠져나와 단백질을 합성하는 공장인 리보솜으로 향한다.

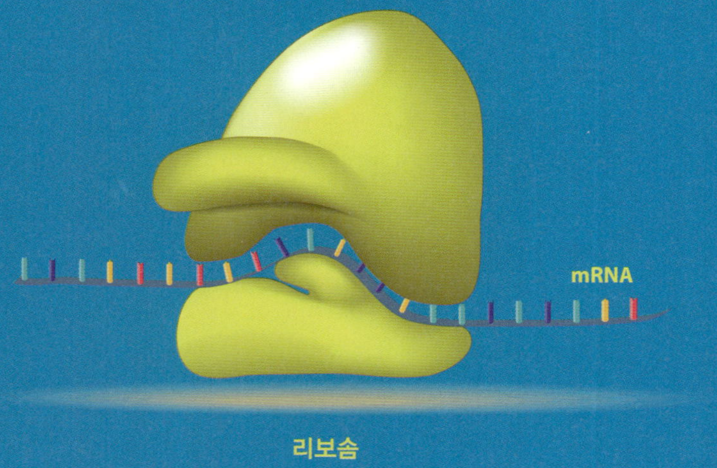

네 번째 강의

4 유전자 발현, DNA → RNA → 단백질

4.1 유전자 발현

유전자 발현은 핵 안에서 DNA의 염기서열의 정보가 RNA로 옮겨짐으로 시작한다(**그림 4.1**). 전사transcription라는 과정을 통해 유전자 DNA의 염기서열은 mRNA에 전달된다. mRNA는 핵을 빠져나와 세포질의 리보솜이라는 단백질 합성공장으로 이동한다. 번역translation이라는 과정을 거쳐 mRNA 염기서열은 단백질을 이루는 20종류의 아미노산을 지정하면 이들 아미노산은 리보솜에서 길게 연결되고 최종적으로 입체구조를 이루면서 단백질 합성을 완성한다. 유전자 발현은 DNA 정보가 곧바로 단백질로 전해지지 않고 반드시 mRNA를 거쳐 전해진다. mRNA는 DNA의 심부름꾼이라 할 수 있는데, mRNA의 'm'은 전달자 의미의 messenger를 나타낸다. DNA는 핵 안에 머물러 있으면서 자신의 염기서열 정보를 mRNA를 통해 리보솜으로 보내는 것이다. DNA가 세포질로 직접 나오면 설계도 원본이 손상될 염려가 있기 때문이라 여겨진다.

DNA 염기서열과 아미노산 서열

DNA 염기서열과 단백질의 아미노산 서열과의 관계를 헤모글로빈 단백질을 통해 살펴보자. 헤모글로빈의 특정 부분에 7개의 아미노산 서열, 발린으로부터 글루탐

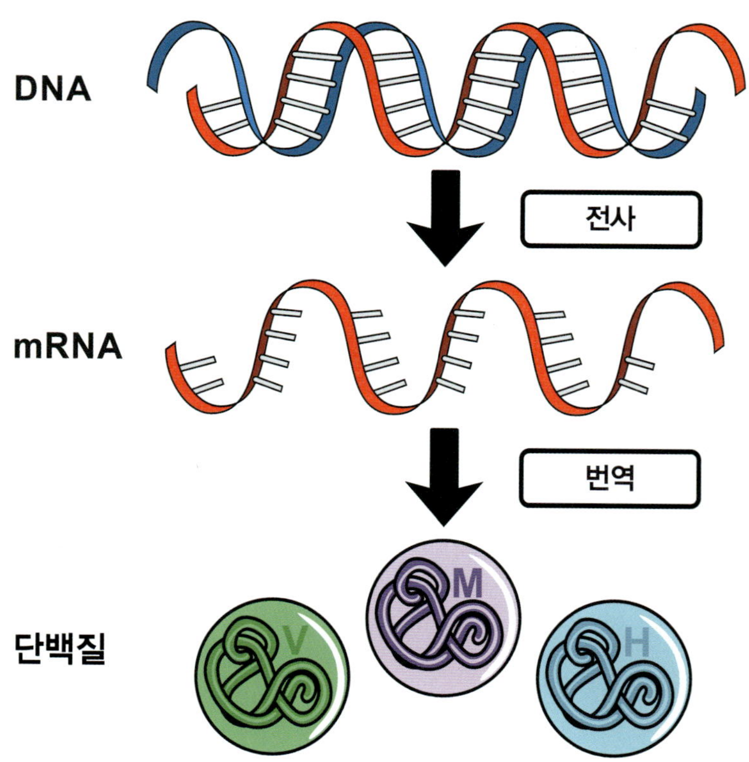

그림 4.1 유전자 발현 단계

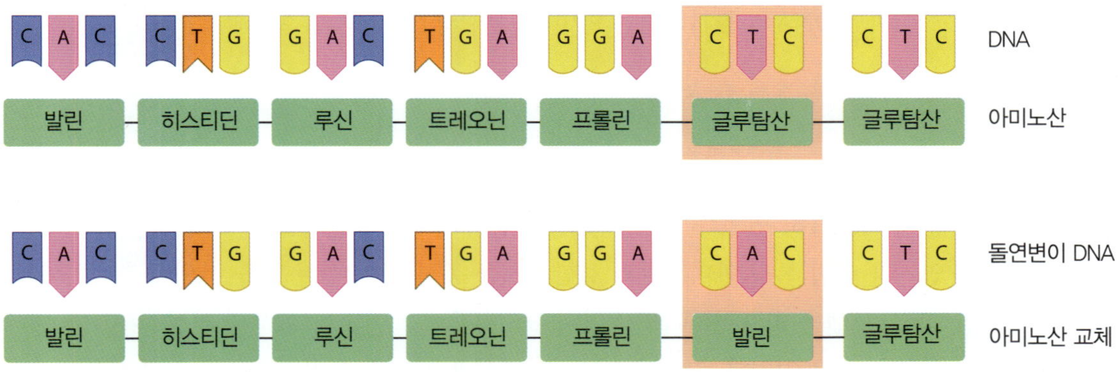

그림 4.2 DNA 염기서열은 아미노산 서열과 나란하다(헤모글로빈 일부). 6번째 아미노산 글루탐산을 암호화하는 DNA 염기서열 CTC가 CAC로 돌연변이 되면 글루탐산 대신 발린을 암호화한다.

산, 이 보인다(그림 4.2 위쪽). 이 아미노산 서열을 암호화하는 DNA 지역의 염기서열이 아미노산 서열과 나란히 줄지어져 있다. 염기서열 3개가 한 묶음이 되어 하나의 아미노산을 암호화(또는 지정)하고 있다(나중에 자세히 설명됨). CAC는 발린을, CTG는 히스티딘을 암호화하는 식이다. 여기서 6번째 아미노산 글루탐산을 암호화하는 CTC에 돌연변이가 생겨 T가 A로 전환되면 글루탐산은 발린으로 바뀐다(그림 4.2 아래쪽). 발린으로 바뀐 헤모글로빈 단백질은 비정상적인 구조가 되고 적혈구는 낫형(겸상)으로 변한다. 이는 '낫형 적혈구 빈혈증'의 원인이 된다(그림 4.3). 이상의 내용은 DNA 염기서열의 순서와 아미노산의 순서는 평행하게 위치한다는 것과 염기서열의 돌연변이는 해당 아미노산의 교체를 일으킨다는 것을 보여준다. DNA 염기서열은 단백질을 이루는 아미노산 서열을 암호화한다는 것을 보여주는 기념비적인 연구내용으로, 1962년 노벨상 수상자인 막스 페루츠(Max Perutz, 1914~2002)의 공로이다.

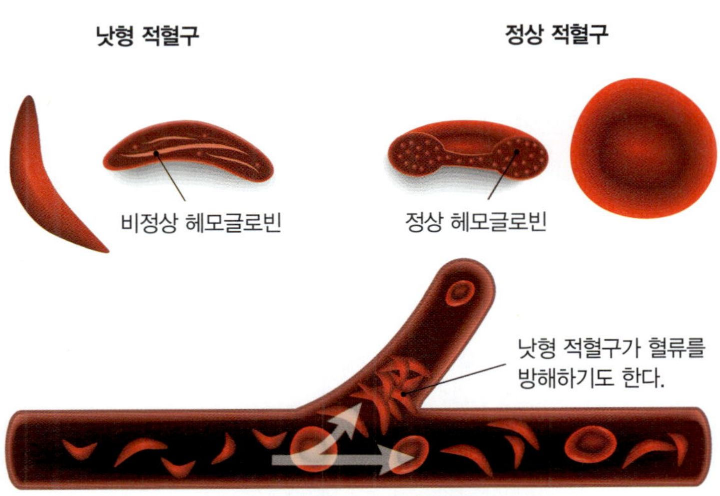

그림 4.3 낫형 적혈구 빈혈증

과연 DNA의 염기서열은 어떻게 아미노산 서열로 암호화될까?

중심원리

이 당시 학자들은 '과연 DNA 염기서열이 어떻게 아미노산을 지정하느냐?'라는 의문에 사로잡혀 있었다. 이들은 DNA 염기와 아미노산의 화학적 구조는 매우 달라 염기가 직접 특정 아미노산과 결합하거나 통신을 할 수는 없을 것으로 추측하였다. DNA 모델을 발표한 후 크릭 역시 DNA 정보가 어떻게 형질을 결정하는가에 대해 의문을 갖고 있었다. 크릭은 DNA 염기서열과 20종류 각각의 아미노산을 연결시키는 분자가 있을 것으로 생각하였고, RNA가 바로 그 것일 것으로 추측하였다. 크릭은 계속해서 'DNA의 정보는 RNA를 거쳐 아미노산으로 연결된다'는 가설을 제시하게 되었다. 이 가설은 '중심원리Central Dogma'로 잘 알려져 있다(그림 4.1). RNA가 DNA에 상보적일 수 있으므로 (즉 DNA를 주형으로 하여 RNA를 만들 수 있다) DNA의 정보 전달에 사용될 수 있을 것으로 추측한 것이다. 직감에 의해 설정된 이 가설은 나중에 정확한 것으로 판명되었다. 중심원리를 좀 더 정확하게 표현하면 'DNA 정보는 mRNA로 전사transcription되고, mRNA 정보는 단백질로 번역translation된다'이다. 생명의 헌법이라 할 수 있는 중심원리는 모든 생명체와 모든 세포에서 적용되고 있다. 전사와 번역과정을 차례로 살펴보도록 하자.

4.2 전사 - DNA 정보가 mRNA로

mRNA

1960년 모노(J. L. Monod, 1910~1976)라는 학자는 박테리아 대장균이 젖당에서 자라면 젖당을 분해하는 β-galactosidase라는 효소가 즉시 만들어지고, 배지에서 젖당이 포도당과 함께 있으면 이 효소는 더 이상 만들어지지 않는다는 사실을 알게 되었다. 즉 포도당과 젖당이 함께 있으면 포도당이 β-galactosidase 합성을 중지시킨다는 것이다. 그는 포도당의 존재 여부에 따라 민감하게 나타나고 소멸하는 RNA를 발견하였다. 이 RNA를 확인하기 위하여 모노는 RNA의 정상적인 염기인 우라실uracil 대신에 우라실과 구조가 매우 유사하며 형광색을 내는 FU(플루오르 우라실)를 배지에 첨가하였다. 이때 만들어지는 RNA는 U를 대신하여 FU가 삽입되어 RNA의 생성을 형광으로 알 수 있었다. 모노는 이런 방법으로 포도당 없이 젖당만 있을 때 나타나는 RNA를 확인하였으며, 그는 이 RNA를 mRNAmessengerRNA라 명명하였다. mRNA를 통해 DNA의 정보가 아미노산에 전달되고 있다는 가설이 세워지게 되었다. mRNA는 세포 내에서 매우 적은 양으로 존재하며, 단백질이 만들어질 때에만 출현한다. 이들의 가설을 증명하기 위해서는 실제 mRNA를 추출하여 이것과 단백질 합성과의 연관을 확인하여야 한다. 하지만 당시에는 소량의 mRNA를 분리해낼 수 있는 기술이 없었다.

단백질 합성에 mRNA가 관여하고 있다는 것을 처음으로 증명한 사람은 니렌버그(Marshall W. Nierenberg, 1927~2010)라는 학자였다. 그는 mRNA를 실험실에서 합성하여 세포에 주입하면 단백질이 만들어진다는 것을 증명하였다. 또한 mRNA에 있는 염기를 바꿈에 따라 만들어지는 아미노산의 종류에도 변화가 생긴다는 것도 발견하였다. 이 연구를 통하여 mRNA의 염기서열이 지정하는 아미노산을 찾아내었다. 1959년에는 mRNA 염기서열은 전사를 통해 DNA 염기서열로부터 옮겨진 것이라는 사실도 밝혀졌다.

전사

유전자 발현에서 가장 먼저 벌어지는 현상은 전사로서 DNA 염기서열이 mRNA로 옮겨간다. 전사는 RNA 중합효소RNA polymerase에 의해 진행된다(**그림 4.4**). 전사가 개시되려면 유전자의 두 가닥이 풀어져서 DNA 두 가닥 중 한 가닥이 주형으로 전사에 사용된다. 그림에서 보듯이 전사는 DNA 두 가닥 중 하나를 주형으로 하여 5′ → 3′ 방향으로 mRNA가 합성되면서 진행된다. 따라서 mRNA의 합성이 5′ → 3′이 되도록 mRNA의 역방향이 되는 DNA 가닥이 주형template으로 선택된다(그림의 '주형가닥' 표시). 가령 전사되는 주형가닥의 염기서열이 3′AGCGTAAT5′라면 RNA 중합효소는 5′UCGCAUUA3′ 서열의 mRNA를 생성한다.

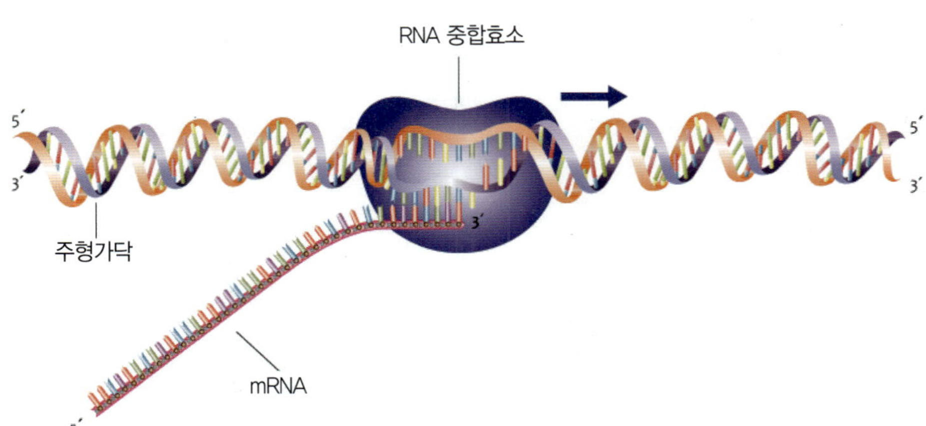

그림 4.4 유전자 두 가닥 중 한 가닥을 주형으로 mRNA가 RNA 중합효소에 의해 전사된다. 전사가 시작되려면 DNA 두 가닥이 풀어져야 한다(푸른색 지역, RNA 중합효소가 위치한다). 두 가닥 중 아래 가닥(옅은 푸른색 가닥, 왼쪽이 3′ 말단)이 주형가닥이 되어 mRNA 합성이 5′에서 3′ 방향으로(그림의 오른쪽 방향으로) 진행된다. RNA 중합효소가 주형가닥을 타고 이동하면서 전사 종료 지점까지 전사를 진행한다. 합성된 mRNA가 RNA 중합효소 밖으로 길게 보인다.

전사의 시작과 조절

프로모터
RNA 중합효소가 유전자의 전사를 시작하기 위해 결합하는 특정 DNA 지역.

전사가 되는 유전자의 **프로모터**promoter에 RNA 중합효소가 결합하여 전사를 시작한다(**그림 4.5**). 전사가 시작하는 전사개시점이 그림에 +1로 표시되어 있다. 이 +1 지점부터 mRNA가 합성된다는 의미이다. 프로모터는 RNA 중합효소가 결합하는 지역으로 전사개시점 이전, 즉 전사방향과 반대방향으로 수백 염기쌍 정도 길이의 지역을 말한다. 유전자에 따라 프로모터 지역의 염기서열은 다르지만 TATA box라 불리는 염기서열 TATA이 대부분의 프로모터에 공통적으로 위치한다(그림 4.5a). 이 지역은 RNA 중합효소의 프로모터와의 결합이나 전사의 개시에 중요하다.

RNA 중합효소가 프로모터에의 결합에는 여러 전자조절인자transcription factor들의 영향을 받는다. 전사조절인자들의 종류에 따라 RNA 중합효소의 결합을 촉진하기도 하고(촉진자activator) 억제하기도 한다(억제자repressor). 전사조절인자들은 RNA 중합효소의 프로모터에의 결합을 조절함으로 전사를 조절한다. 그림에 여러 종류의 전사조절인자들이 프로모터 지역에 결합하여 RNA 중합효소의 결합을 유도하고 있다(그림 4.5b). 전사조절인자들은 대부분 단백질로 유전자의 전사를 조절하는 다양한 조건들을 대표하는 것이다. 가령 포도당이 배지에 있으면 β−galactosidase 유전자의 전사가 억제되는 것은 포도당이 억제자 전사조절인자를 유도하여 RNA 중합효소의 포로모터와의 결합을 방해하기 때문이다. 포도당이 없으면 촉진자 전사조절인자가 나타나 전사를 촉진한다. 전사조절인자에 의한 전사의

(a) 프로모터 지역에 RNA 중합효소가 결합하여 전사 개시점(+1로 표시)부터 전사를 시작한다. −10 지점의 TATA 염기서열과 −35 지점의 염기서열이 유전자들에 공통적으로 존재하여 RNA중합효소의 결합을 돕는다.

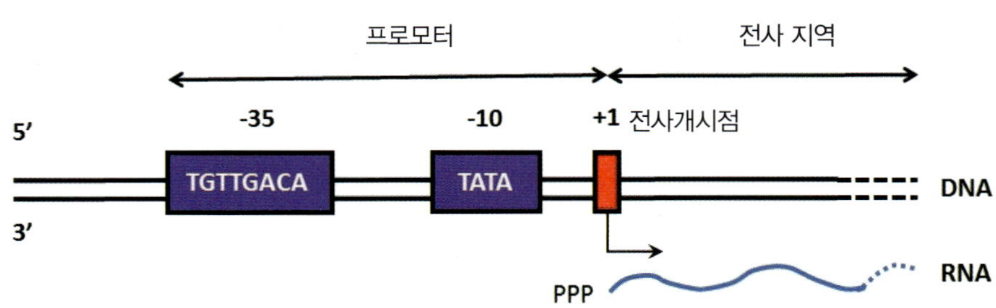

(b) 프로모터 지역에는 다수의 전자조절인자transcription factor들이 결합하여 RNA 중합효소의 프로모터와의 결합을 조절한다. 이런 방식으로 전자조절인자들은 종류에 따라 전사를 촉진하기도 하고(촉진자activator) 억제하기도 한다(억제자repressor). 전사조절은 프로모터에 결합하는 전자조절인자에 추가하여 인핸서 지역에 결합하는 단백질들에 의해 벌어지기도 한다. 인핸서에 결합하는 단백질들과 전사조절인자들이 프로모터 지역에서 큰 복합구조를 이루어 전사를 촉진 또는 억제한다. 인핸서 지역은 프로모터와는 멀리 떨어져 있을 수 있으나 DNA의 구부림(구부림 단백질에 의함) 현상에 의해 프로모터의 전자조절인자들과 근접하여 위치할 수 있다. 유전자들의 전사는 여러 내적 또는 외적 조건들을 대표하는 많은 수의 전자조절 단백질들에 의해 조절받는다.

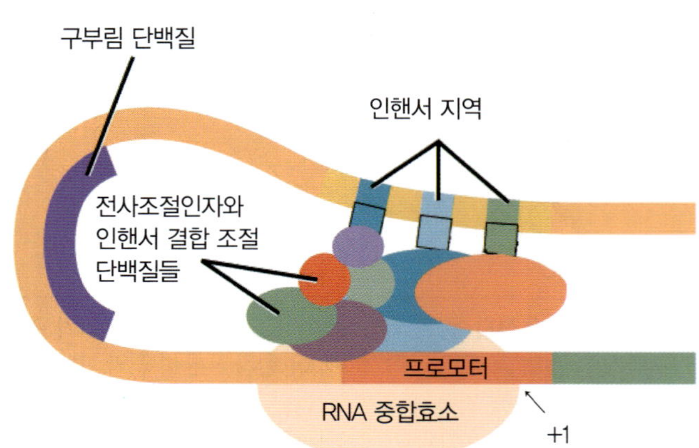

그림 4.5 전사의 조절. 프로모터와 인핸서 지역에 결합하는 여러 단백질들에 의해 전사가 조절된다.

조절을 전사조절transcription control이라 한다. 전사조절은 유전자 발현 중에 가장 대표적인 조절로 여겨진다.

전사를 조절하는 지역은 프로모터 외에도 인핸서enhancer라는 지역이 있다. 인핸서는 프로모터로부터 멀리 떨어져 있을 수 있다(그림 4.5b). DNA가 구부러져서 인핸서 지역이 프로모터에 가까워질 수 있다. 전사조절인자처럼 인핸서에도 여러 조절단백질들이 결합하여 전사조절인자들과 함께 전사를 조절한다. 전사의 시점과 전사되는 위치 등 그야말로 다양하고 복잡한 주변 여건들에 따라 전사가 조절되어야 하는 것이다. 프로모터와 인핸서 말고도 추가적인 DNA 지역도 전사조절에 참여할 수 있을 것으로 생각된다. 복합적인 장치들에 의해 전사가 엄격하게 통제되고 있는 것이다.

mRNA 성숙과 스플라이싱

진핵세포의 경우 전사는 핵 안에서 벌어진다. mRNA가 핵을 나와 세포질의 리보솜으로 이동하여 제대로 작용하기 위해서는 전사를 막 마친 mRNA는 핵에서 여러 성숙과정을 거쳐야 한다. 험난한 먼 길을 떠나는 자식에게 옷을 입히는 등의 준비를 하는 것에 비유된다.

진핵세포의 유전자들은 일반적으로 모두 암호화되는 지역으로만 되어 있지 않고 암호화 지역 사이사이에 암호화되지 않는 비암호화 지역이 삽입되어 있다(**그림 4.6**). 여기서 암호화 지역을 엑손exon, 비암호화 지역을 인트론intron이라 한다. RNA 중합효소가 전사를 시작하면 엑손과 인트론이 모두 포함된 pre-mRNA이 먼저 만

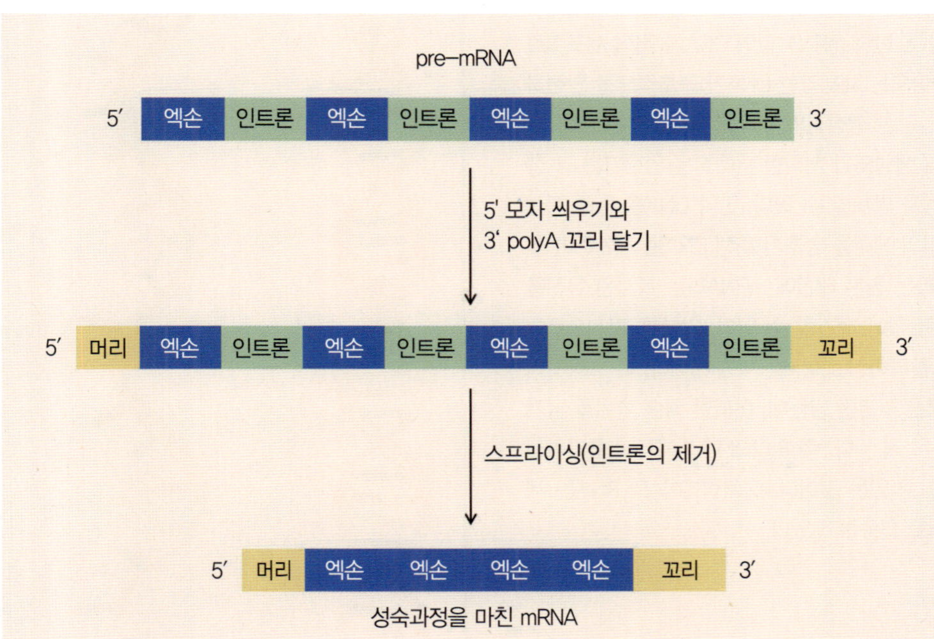

그림 4.6 진핵생물의 mRNA 성숙 과정

들어진다. 이 pre−mRNA는 여러 단계의 성숙과정을 거친다(그림 4.8). 처음으로 5′ 말단에 특별한 구조(capping이라 하며 모자를 씌운다는 의미임)와 3′ 말단에 '폴리A 꼬리'(염기A가 길게 연결된 구조)가 결합된다. 머리와 꼬리구조가 결합되면 인트론이 잘려 나가고 엑손들이 연결되는 스플라이싱splicing이 벌어진다. 인트론이 없어지고 모자와 꼬리로 단장된 최종 mRNA는 핵을 떠나 세포질에 있는 리보솜으로 이동한다. 이들 모자와 꼬리는 mRNA의 구조적 안정성에 중요하다. mRNA는 단일가닥으로 자칫 세포질의 험난한 환경에 의해 다칠 수 있다. 모자와 꼬리 구조로 무장한 mRNA는 무사히 리보솜으로 이동할 수 있게 된다.

진핵세포에서 이런 스플라이싱이 존재하는 이유는 엑손들이 연결되는 과정에서 여러 조합의 연결이 가능하기 때문인 것으로 여겨진다. 진핵세포에서 유전자의 종류를 늘리지 않고 단백질의 종류를 늘릴 수 있는 방법으로 스플라이싱이 선택된

생각넓히기 1 DNA와 RNA의 협동

RNA는 단일가닥으로, DNA는 두 가닥으로 존재한다. 상보적 염기서열이라는 것은 DNA를 이루고 있는 염기들이 짝을 이루어 이중가닥을 형성한다는 것이다. 이것은 DNA와 RNA 간의 매우 중요한 차이점이 되는데, DNA는 DNA의 어느 한 곳에 돌연변이가 일어나거나 훼손되더라도 다른 한 쪽 가닥의 염기를 근거로 원상으로 복구될 수 있다. 즉, DNA는 RNA보다 어떤 생물 고유의 특성을 간직하고 그것을 다음 세대에 안전하게 전달하는 데 적합하다. 실제로 체내에서는 DNA 수선 기작이 작동되어 체내의 유전물질이 제멋대로 돌연변이를 일으키는 것을 최소화한다.

RNA의 작용도 DNA만큼이나 중요하다. 만약 mRNA 없이 DNA가 직접 세포질로 나갔다가 단백질을 합성하고 핵으로 돌아오는 체제라면 DNA가 구조적으로 안전하지 못할 것이라는 것을 짐작할 수 있다. 또한 항상성의 문제에서도 mRNA는 큰 효율성을 가져다준다. DNA의 지시에 의해 생성되기 시작한 단백질은 언젠가는 그 생성을 멈춰야만 우리 몸이 정상적인 기능을 발휘할 수 있다. 만약 DNA를 통해 직접 단백질이 생성된다면 체내에서는 단백질의 생성을 멈추기 위해 DNA를 제거해야 할지도 모른다. 그러나 우리의 몸은 DNA라는 원본 대신에 mRNA라는 복사된 유전물질을 사용하기 때문에 그 복사본을 미련 없이 제거할 수 있다. RNA를 가짐으로써 갖게 되는 또 다른 유익한 점은 RNA 스플라이싱(splicing, 짜깁기)이다. 이 스플라이싱 과정에서 인트론 부분은 제거되고 액손 부분만 남는데, 어떠한 액손 부위를 남겨두느냐에 따라 서로 다른 단백질을 합성하게 된다. 즉 하나의 DNA에서 스플라이싱 과정에 따라 다양한 단백질이 만들어질 수 있는 것이다. 이처럼 DNA와 RNA는 세포에서 다양한 기능을 유지하기 위해 서로 협동하고 있다.

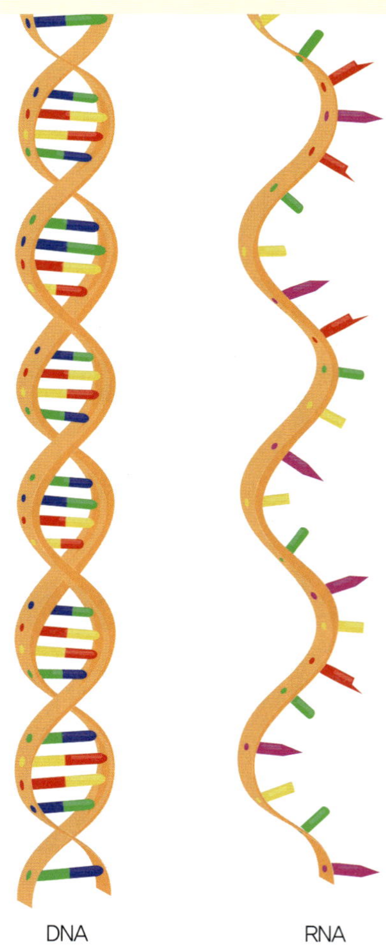

것이라는 생각이다. 진핵세포에서만 작동하는 스플라이싱은 아마도 DNA가 길어지지 않고도 많은 종류의 단백질을 만들기 위한 것으로 여겨진다.

mRNA 분석과 cDNA

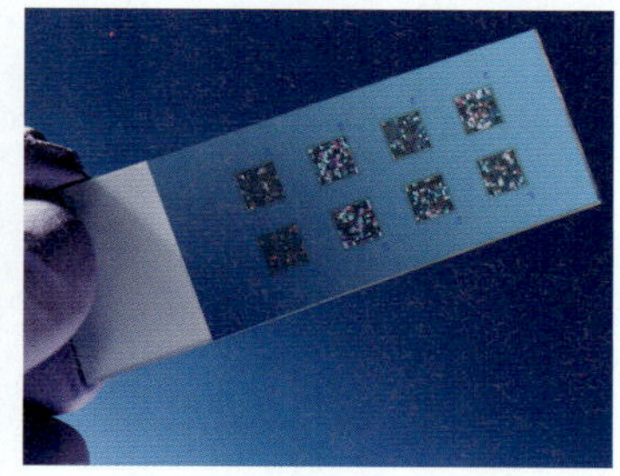

mRNA는 단백질이 필요한 때와 장소에서 만들어지고, 단백질이 필요 없게 되면 소멸된다. 따라서 어떤 조직에서 만들어지는 단백질 목록을 알고 싶으면 이 조직에서 만들어지고 있는 mRNA를 모아 분석하면 된다. 비슷한 논리로, 어떤 조직에서 온도 등의 외부 자극에 따라 만들어지는(또는 없어지는) 단백질의 종류가 알고 싶으면 자극이 주어진 후에 새롭게 만들어지거나 없어지는 mRNA를 분석하면 된다. 이와 같이 어느 세포나 조직에서 만들어지는 mRNA의 종류나 양을 분석하는 것은 그곳에서 있는 단백질의 종류와 생명 활동의 내역을 짐작하게 한다. 예를 들어 특정 질병이 어느 특정 단백질에 의해 시작된다고 가정해보자. 이 질병을 진단할 수 있는 가장 간단한 방법은 이 단백질을 합성시키는 mRNA를 분석하는 것이다. 즉 이 mRNA가 찾아지면 이 질병을 가질 확률이 높다는 것을 의미한다. 이와 같이 세포에 존재하는 mRNA의 분석을 통해 질병이나 형질들을 예측할 수 있는 것이다.

구조적 불안정의 이유로 mRNA를 그대로 분석하기는 쉽지 않다. 때문에 바이러스에서 유래한 **역전사효소**reverse transcriptase를 사용하여 mRNA를 주형으로 DNA를 합성하여 mRNA 대신에 DNA를 분석에 사용할 수 있다(그림 4.7). 이처럼 mRNA의 염기서열이 역전사되어 만들어진 DNA를 'cDNAcomplementary DNA'라 한다. cDNA는 인위적으로 만들어진 DNA로서 mRNA의 사본이라 할 수 있다. cDNA는 매우 쓸모 있는 연구 또는 진단용 DNA로서 이를 통해 mRNA의 양이나 존재 여부를 알 수 있다.

현재 연구실이나 병원 등에서 사용되고 있는 DNA 칩chip을 통해 cDNA 분석을 할 수 있다. DNA 칩이란 한 생명체에 있는 DNA나 유전자를 칩 형태로 만든 것이다. 기계공학과 전자기술을 이용하여 가로 × 세로 1cm 미만의 작은 유리 기판에 우리가 알고 있는 유전자 수백부터 수만 개를 고밀도로 마치 모를 심듯 부착시키는 방법으로 DNA 칩을 만든다(그림 4.8). 이때 부착되는 DNA는 단일가닥이어야 한다. 다음으로 형광 물질이 결합되어 있는 cDNA 시료(역시 단일가닥이 되어야 한다)를 칩에 뿌린다. 유전자와 cDNA간의 상보적 결합이 이루어지면 형광을 통해 결합된 유전자를 추적할 수 있게 된다. 예를 들어 위암 환자가 특별히 발현

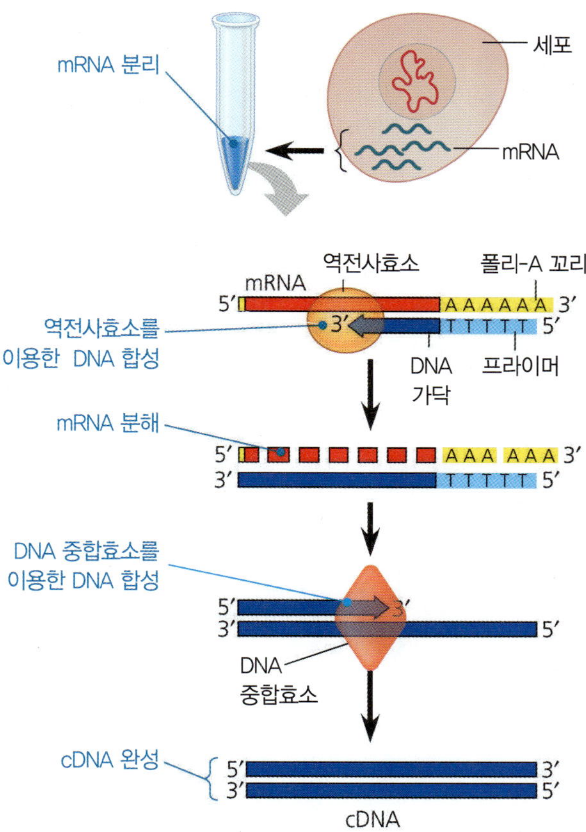

그림 4.7 진핵생물의 유전자에 대한 상보 DNA(cDNA) 합성. 역전사효소에 의해 DNA가 만들어지면 mRNA를 제거한 다음(RNAse에 의해) DNA를 주형으로 상보적 DNA 가닥을 만들어 이중가닥의 최종 cDNA의 합성을 마친다.

하는 유전자를 알고 있다면 위암이 의심되는 사람으로부터 얻은 cDNA를 가지고 mRNA의 존재를 확인하여 위암 여부를 판정할 수 있는 것이다. 멀지 않는 장래에는 약국에서 구입한 DNA 칩 기판에 혈액 한 방울을 떨어트려 자동적으로 cDNA가 만들어지고 분석까지 마쳐지는 시대가 열릴 것으로 예상된다. 현재 질병의 진단이나 이상 유전자의 색출 등 다양한 목적으로 DNA 칩이 사용되고 있다.

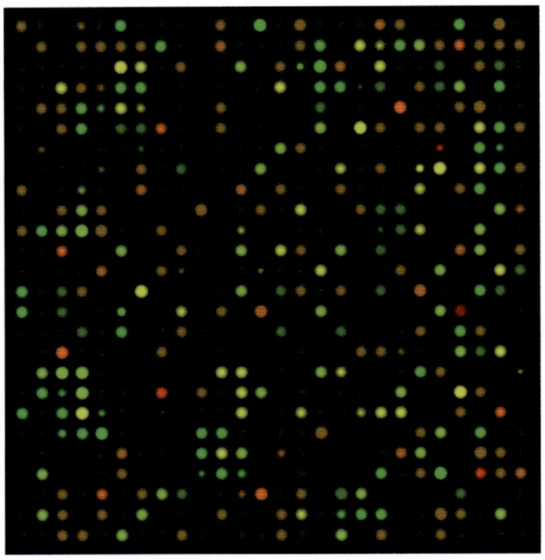

그림 4.8 **cDNA 칩.** DNA 칩에 심어진 DNA와 cDNA가 결합하면 형광을 보인다.

RNA 간섭

전사조절과는 다르게 mRNA의 양이 조절되는 또 다른 방식이 알려지고 있다. microRNA라는 짧은 길이(20 염기 정도의 길이)의 RNA 조각이 전사되어 생성되어 있는 mRNA에 결합하여 mRNA를 분해하거나 mRNA로부터 벌어지는 단백질 합성을 방해한다. 이 현상을 mRNA의 역할을 방해한다는 의미에서 'RNA 간섭' 또는 RNAi(RNA interference)라 한다. 미국의 생명과학자들인 파이어(Andrew Zachary Fire, 1959∼)와 멜로(Craig Cameron Mello, 1960∼)는 이 분야에 관한

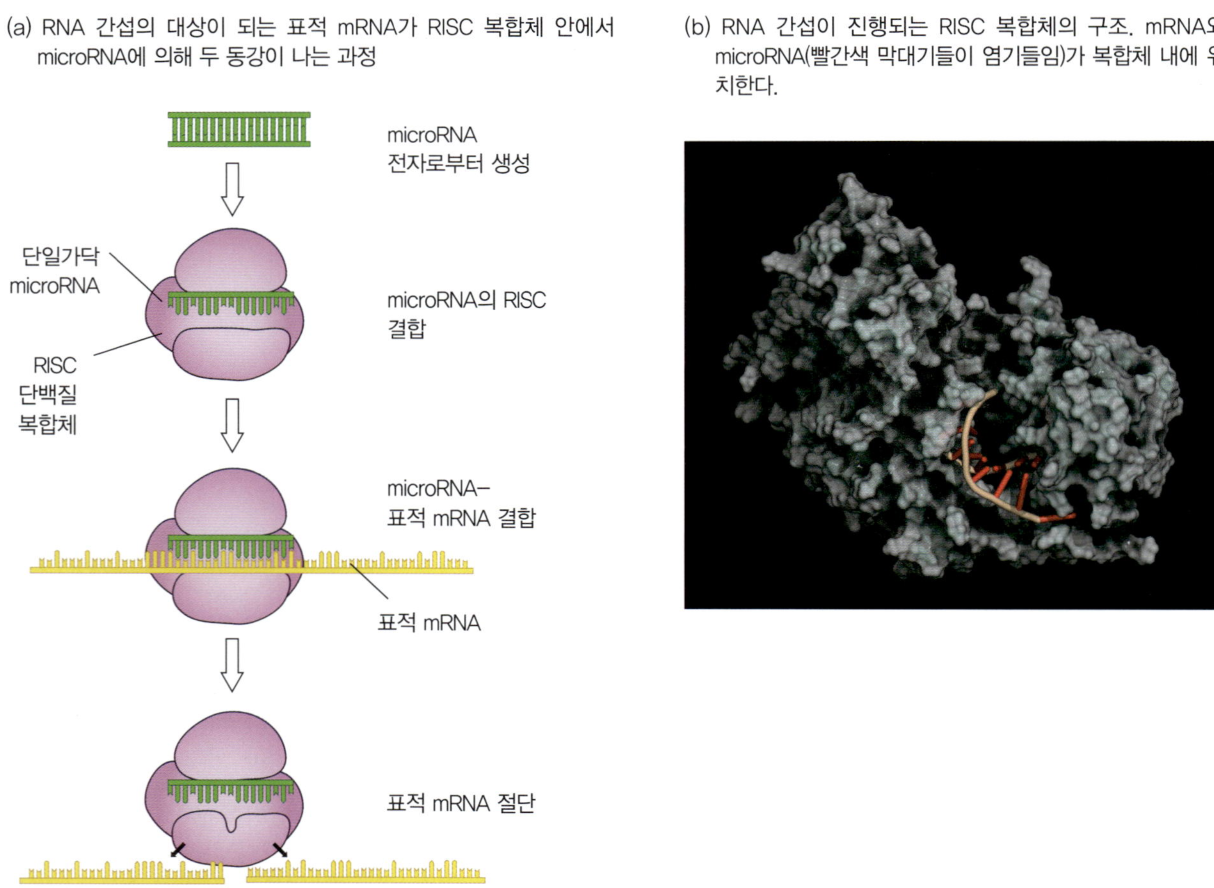

그림 4.9 **RISC 복합체 구조 안에서 벌어지는 RNA 간섭**

공로로 2006년도 노벨상을 수상하였다.

microRNA는 너무 작은 크기라 오랫동안 학자들에 의해서 발견되지 못했었다. 동물과 식물을 포함하는 다양한 진핵생물에서 발견되는 것으로 미루어 RNA 간섭은 진화적으로 진핵생물의 생성 초기부터 자리 잡은 것으로 추정된다. 진핵생물은 전사조절과 '전사 후 조절post-transcriptional control'이라 할 수 있는 RNA 간섭의 이중적 방법으로 mRNA가 필요한 지역, 시점과 양을 엄격히 통제하는 것으로 짐작할 수 있다. RNA 간섭은 mRNA와 mRNA의 일부분과 상보적인 microRNA가 세포질에 있는 RISC(RNA–Induced Silencing Complex)라는 특별한 구조에서 결합을 이루면서 벌어진다(**그림 4.9**). 세포는 mRNA의 양을 조절하기 위해 각 mRNA와 결합할 수 있는 다양한 종류의 microRNA들을 간직하고 있는 것이다. microRNA는 microRNA를 만드는 유전자로부터 만들어진다. 유전자들의 최종 산물은 대부분 단백질이지만 microRNA가 될 수도 있는 것이다.

mRNA의 양과 작용을 조절하기 위해 생명이 벌이는 방식이 무척이나 정교하고 광범위해 보인다.

4.3 번역, mRNA 정보가 단백질로

어느 mRNA 염기서열의 일부이다 – 5′AGUUUCCUGACCAU3′. 과연 mRNA의 염기서열 정보와 단백질을 구성하는 아미노산 정보와는 어떻게 연결될까? 1961년 8월 모스크바에서 벌어진 국제생화학학회에서 니렌버그(Marshall W. Nierenberg, 1927~2010)는 작은 발표장에서 청중 몇 사람만을 앞에 두고 자신의 연구 결과를 발표하였다. 대장균을 분쇄한 후 생기는 즙(이 즙 안에는 리보솜 등 단백질 합성에 필요한 단백질과 재료들이 포함되어 있다)에 mRNA를 첨가하면 시험관에서 단백질을 합성할 수 있다는 내용이었다. 니렌버그는 우라실(U) 염기로만 연결된 폴리 U(UUUUUUU—U) mRNA를 합성하여 시험관에서 단백질 합성이 벌어지도록 하였다. 그는 만들어진 단백질은 아미노산 페닐알라닌으로만 연결되어 있다는 것을 발견하였다. 이 결과는 mRNA의 염기에 따라 만들어지는 아미노산의 종류를 알 수 있는 발판을 마련한 쾌거였다. 당시 이 발표는 참석자들의 주목을 거의 받지 못했다 한다. 하지만 10명 정도의 청중 속에는 마침 크릭이 있었다. 크릭은 이 니렌버그 발견의 대단함을 인식하고 곧바로 학회 주최 측에 이 연구 결과를 대형 발표장에서 다시 발표할 수 있도록 하였다.

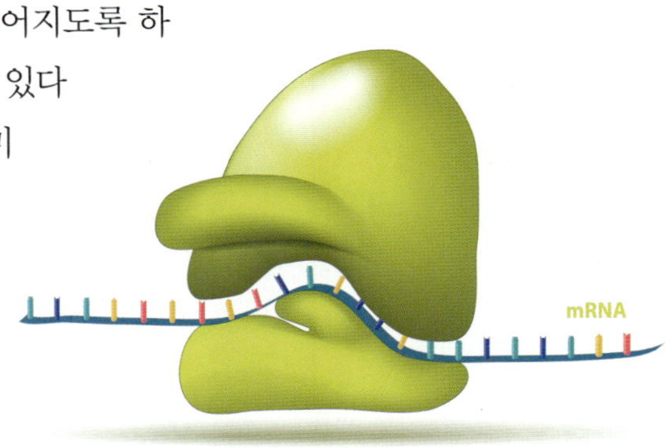

리보솜과 mRNA

니렌버그는 자신이 개발한 RNA 합성법으로 만들어진 여러 다른 염기서열의 mRNA가 다른 조합의 아미노산들로 연결된다는 것을 알게 된다. 이는 단백질의 아미노산 서열이 mRNA의 염기서열에 의해 결정된다는 것이다. UUU는 페닐알라닌을, AUG는 메티오닌을, 이런 식으로 mRNA의 염기서열이 20개의 아미노산 각각을 지정하는 것이 규명된 것이다. DNA 염기서열이 mRNA 염기서열로 전환되어 아미노산을 지정한다는 크릭의 가설이 확인된 셈이다.

단백질 합성은 서로 다른 언어(핵산과 단백질) 간의 정보전달을 의미하는 'translation'(번역)이란 용어로 표현된다. 같은 핵산의 언어로 정보가 전달되는(DNA가 mRNA로) 전사와는 사뭇 다른 방식이다.

암호표

어떻게 mRNA의 염기서열이 20종류의 아미노산을 지정할 수 있을까? 4 종류밖에 되지 않는 염기서열 하나가 하나의 아미노산을 지정할 수는 없다. 그러면 2개의 염기서열이 하나의 아미노산을 결정할 수 있을까? 이것 역시 아니다. 2개의 서열로 만들 수 있는 조합의 수는 16(4×4)으로 20개의 아미노산 수에는 미치지 못한다. 만약 염기 3개로 한 아미노산을 지정한다면 64개의 조합(4×4×4 = 64)이 생기며 이것은 20개의 아미노산을 충분히 결정할 수 있다. 뿐만 아니라 한 아미노산을 지정하는 세 염기(triplet이라 함)의 수는 하나 이상인 경우가 대부분일 것이다. 바로 이것이 mRNA의 염기서열이 아미노산을 지정하는 방식이다.

두 번째 염기

첫 번째 염기	U	C	A	G	세 번째 염기
U	UUU Phe	UCU Ser	UAU Tyr	UGU Cys	U
	UUC Phe	UCC Ser	UAC Tyr	UGC Cys	C
	UUA Leu	UCA Ser	UAA 종결	UGA 종결	A
	UUG Leu	UCG Ser	UAG 종결	UGG Trp	G
C	CUU Leu	CCU Pro	CAU His	CGU Arg	U
	CUC Leu	CCC Pro	CAC His	CGC Arg	C
	CUA Leu	CCA Pro	CAA Gln	CGA Arg	A
	CUG Leu	CCG Pro	CAG Gln	CGG Arg	G
A	AUU Ile	ACU Thr	AAU Asn	AGU Ser	U
	AUC Ile	ACC Thr	AAC Asn	AGC Ser	C
	AUA Ile	ACA Thr	AAA Lys	AGA Arg	A
	AUG Met or 개시	ACG Thr	AAG Lys	AGG Arg	G
G	GUU Val	GCU Ala	GAU Asp	GGU Gly	U
	GUC Val	GCC Ala	GAC Asp	GGC Gly	C
	GUA Val	GCA Ala	GAA Glu	GGA Gly	A
	GUG Val	GCG Ala	GAG Glu	GGG Gly	G

그림 4.10 암호표

mRNA에 있는 염기서열(이를 코돈codon이라 한다)을 3개씩 묶어(3개씩을 의미하는 3중자 코돈triplet codon이라 한다) 하나의 아미노산을 결정한다. 만약 mRNA에 150개의 코돈이 있다면 50개(150/3)의 아미노산이 지정되는 것이다. 니렌버그의 시험관 단백질 합성법, 즉 여러 조합의 합성 mRNA가 투입되어 이루어진 실험에 의하여 결국 이 암호가 해독되었다. 다양한 염기배합을 합성하여 분석해본 결과 GUG, GUC, GUA, GUU는 아미노산 발린을, AAA나 AAG는 아미노산 라이신을 지정하는 등의 결과를 얻게 되었고, 마침내 유전암호를 완전하게 해독한 결과인 암호표가 완성되었다. 암호표는 3중자 코돈에서 첫 번째, 두 번째와 세 번째 코돈이 모아져서 지정하는 아미노산을 도표로 만든 것이다(그림 4.10).

64개의 조합 중 AUG는 메티오닌을 지정하며 동시에 단백질 합성을 시작하는 지점에 위치한다. 즉 단백질 합성은 일단 메티오닌으로 시작하며 AUG를 시작 또는 개시코돈이라 한다. UAG, UGA, UAA는 종결코돈이라 하여 해당되는 아미노산은 없다. 즉 이들 종결코돈이 나타나는 지점에서 단백질 합성은 끝나게 된다. 이와 같이 단백질 합성을 개시하고 종료하는 지점이 mRNA의 텍스트에 적혀 있는 것이다. 이 코돈은 중복되거나 쉬면서 사용되지 않는다. AUGAA 코돈에서 가운데의 G가 중복되어 AUG와 GAA로 사용되지 않는다는 것이다. 개시코돈에 의하여 번역이 시작되면 종결코돈이 나타날 때까지 쉬거나 멈춤이 없이 3개 염기가 지정하는 아미노산을 조립라인으로 불러들인다. 이들 개시코돈과 종결코돈의 지점을 역추적해 보면 DNA상에서 이 단백질을 암호화하는 지역을 정확하게 알아낼 수 있는데, 이 DNA 지역이 암호화 지역이 된다. mRNA의 염기서열은 DNA의 서열과 상보적, 즉 사본이므로 결국 DNA 염기서열만 있어도 아미노산의 순서를 알 수 있다. 도대체 어떻게 이런 컴퓨터 프로그램 같은 정교한 암호표가 디자인되었을까? 생명의 천재성을 엿볼 수 있는 대목이다.

이제 mRNA의 코돈이 아미노산을 지정하는 과정을 살펴보자.

tRNA와 amino-acyl tRNA 합성효소

크릭의 '중심원리' 가설을 탐구하고 있던 호글랜드(M. B. Hogland, 1921~2009)는 세포를 분쇄한 즙을 사용하여 시험관에서 단백질을 합성하는 과정에서 리보솜이라는 작은 입자가 필요하다는 사실을 알게 되었다. 그는 방사능 표식이 붙은 아미노산을 쥐에 주사한 후 시간별로 방사능의 세포 내 위치를 추적하였다. 방사능 표식은 가장 빠른 시간에는 RNA 분자에, 조금 시간이 지난 후에는 리보솜에서 검출되었다. 시간이 한참(수 시간) 지난 후에는 방사능으로 표식된 아미노산이 세포 전체에 퍼져 있는 것을 알게 되었다(단백질에 포함되어 있으므로).

호글랜드가 말하는 RNA 분자는 mRNA와는 다른 tRNA(transfer RNA, 운반 RNA)이다(**그림 4.11**). 단백질을 이루는 단량체인 20종의 아미노산은 tRNA에 결합되어 단백질 합성 공장인 리보솜으로 들어온다. 20개에 이르는 아미노산 종류에 따라 tRNA의 종류도 각각 다르다. 따라서 세포 안에는 적어도 20가지의 tRNA가 있어야 한다. tRNA는 약 70~80개 염기로 된 작은 분자량의 RNA이며, 자기들끼리 상보적 결합을 이루어 몇 개의 돌출부 또는 루프를 가지는 구조를 가진다(그림 4.11). 그림에서 RNA 가닥의 한쪽 말단에 아미노산이 붙어 있으며 아래쪽 돌출부 안티코돈 루프에 있는 3개의 연속된 염기서열이 mRNA 코돈을 인식하는 어댑터의 역할을 하는 곳이다. 이들 tRNA에 있는 세 염기를 안티코돈anticodon이라 한다. mRNA에 있는 코돈의 텍스트는 tRNA의 안티코돈으로 번역되는 것이다.

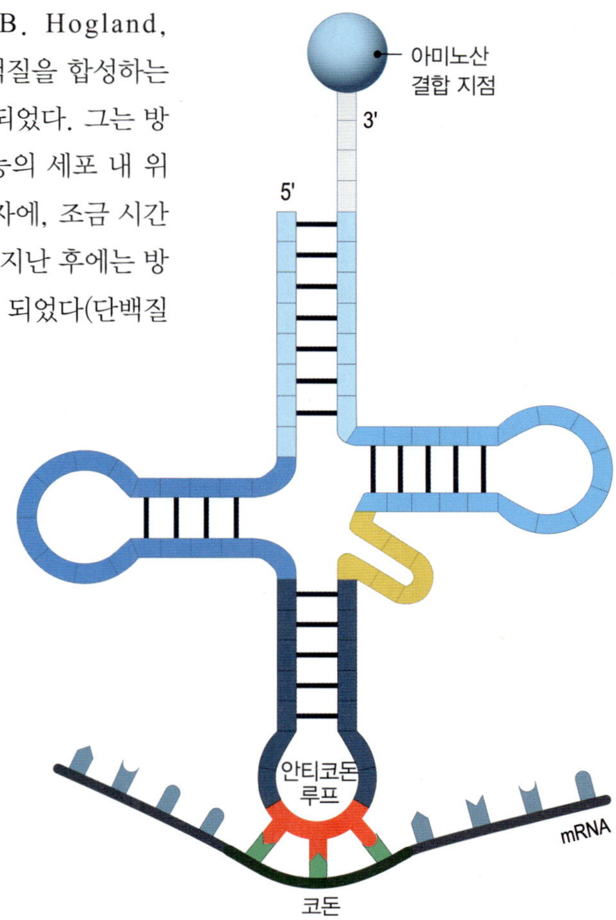

그림 4.11 tRNA의 구조. tRNA의 안티코돈 루프에 있는 안티코돈과 mRNA의 코돈 사이의 결합으로 안티코돈에 맞는 아미노산이 tRNA 3' 말단에 결합한다.

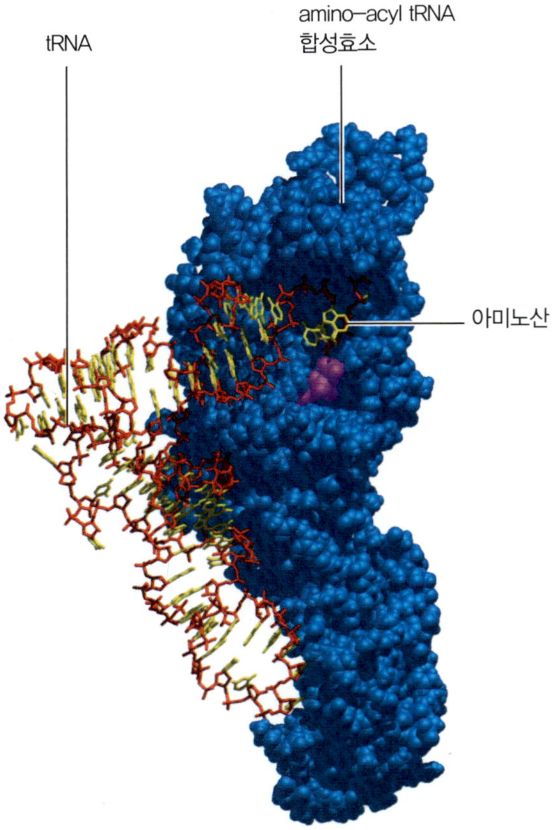

그림 4.12 **Amino-acyl tRNA 합성효소.** Amino-acyl tRNA 합성효소(tRNA를 감싸고 있는 푸른색 단백질)는 안티코돈 염기서열을 인식한 다음 입체구조를 변화시키면서 3' 말단에 코돈이 지정하는 아미노산을 결합시킨다.

각각의 안티코돈을 인식하는 효소인 amino-acyl tRNA 합성효소가 안티코돈과 반대쪽에 있는 tRNA의 3′ 말단부위에 코돈이 지정하고 있는 아미노산을 결합시킨다(그림 4.12). 예를 들어 mRNA 3중자 코돈이 AUG 이면 tRNA 안티코돈은 염기의 상보성에 의해 UAC가 된다. 안티코돈 UAC는 amino-acyl tRNA 합성효소에 의해 3′ 말단에 메티오닌이 결합되도록 한다. 메티오닌이 결합된 tRNA인 $tRNA^{met}$가 리보솜으로 접근하여 mRNA의 3중자 코돈 AUG에 안티코돈 UAC를 통해 결합하게 된다. 진핵세포에는 $tRNA^{met}$을 포함하여 적어도 20종류의 tRNA가 있어 이들이 가진 아미노산을 단백질 합성에 참여시킨다. 이와 같이 mRNA의 3중자 코돈은 안티코돈을 통해 tRNA에 부착된 아미노산을 리보솜으로 끌어들인다. 즉 아미노산은 tRNA에 이끌려 리보솜으로 들어오는 것이다. tRNA는 mRNA 정보를 아미노산으로 전달하는 역할을 하고 있는 번역기라 할 수 있다. 안티코돈 서열을 인식하여 이에 맞는 아미노산을 tRNA에 결합시키는 amino-acyl tRNA 합성효소의 몸놀림이 무척이나 섬세해 보인다.

'워블' 가설

앞에서 언급되었듯이 3중자 코돈이 GUG, GUC, GUA 또는 GUU이면 모두 아미노산 발린을 지정한다. 여러 3중자 코돈이 하나의 아미노산을 지정하므로 한 종류의 안티코돈과 결합할 수 있는 3중자 코돈의 종류는 하나 이상이 될 수 있다. 크릭은 3중자 코돈의 5′쪽 두 염기가 특정한 아미노산을 지정하는 기능이 있음을 지적하였다(그림 4.13). 리보솜에 있는 mRNA가 tRNA와 정렬하는 것은 mRNA 코돈 앞의 두 염기서열에 결합하는지 여부에 의해 좌우되며, 세 번째 염기(3′)에서는 tRNA와 mRNA가 정상적인 A-U, G-C의 상보적 결합을 벗어나도 특별히 허용된다는 것이다. 예를 들어 페닐알라닌이 결합되어 있는 $tRNA^{phe}$는 안티코돈으로 3′AAG5′ 인데 mRNA의 3중자 코돈은 5′UUC3′ 또는 5′UUU3′ 모두 가능한 것이다. 이것은 1966년에 크릭에 의해 제안된 '워블wobble' 가설의 핵심 내용으로 이미 실험적으로 증명되었다. '워블'(동요)은 '엄격하지 않음'을 의미하며 코돈과 안티코돈 간의 염기쌍 형성은 A-U와 G-C의 상보성 원칙을 벗어날 수 있음을 의미하는 것이다. 워블 가설의 의미는 세포에 존재하는 tRNA의 종류가 mRNA의 3중자 코돈의 수보다 적다는 것이다. 이는 mRNA 코돈이 변화되어도 아미노산의 교체가 최소화될 수 있음을 의미한다. 한 아미노산을 지정하는 코돈의 종류가 풍부하다는 것이 이런 여유로움을 보이고 있는 것이다. 엄격하기만 한 생명의 질서에도 약간의 관대함이 엿보이는 대

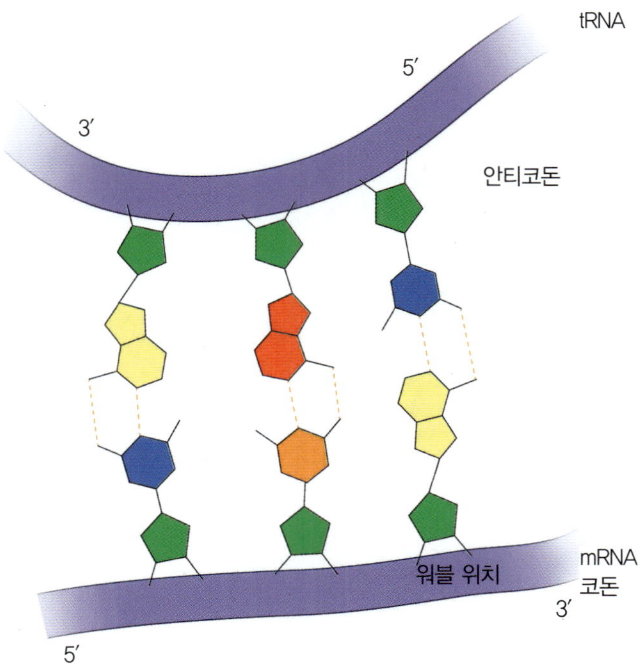

그림 4.13 워블 가설. 그림의 워블 위치에서 코돈과 안티코돈 결합에 참여하는 염기들 간의 수소 결합은 상보성 규칙을 엄격하게 따르지 않는다.

목이다. 암호표의 64개 조합으로 20개 아미노산을 여유롭게 지정할 수 있는 원리이다.

단백질 합성

tRNA에 이끌려 리보솜으로 온 아미노산들은 차례로 연결되어 단백질을 합성한다. 리보솜은 단백질을 만들 수 있는 설비가 갖추어진 공장이다. 리보솜은 두 덩어리—'큰 소단위large subunit'와 '작은 소단위small subunit' —로 이루어진다(그림 4.14). 이들 소단위 각각은 많은 수의 단백질ribosomal protein과 rRNAribosomal RNA로 이루어진다. 큰 소단위 구조에는 P자리와 A자리가 있어 아미노산을 지닌 tRNA가 들어오는 장소이다.

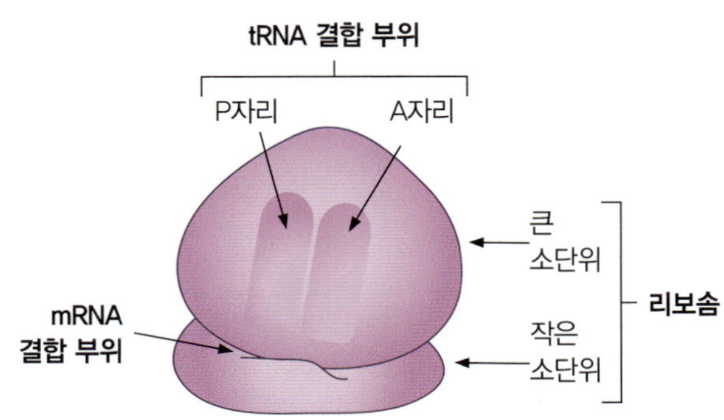

그림 4.14 리보솜 구조

단백질 합성이 시작되면 '작은 소단위'에 mRNA 자리 잡으면서 개시코돈 AUG에 안티코돈 UAC와 메티오닌(Met)을 가진 $tRNA^{met}$가 결합하고 곧이어 '큰 소단위'가 '작은 소단위' 위에 결합한다(그림 4.15). $tRNA^{met}$은 '큰 소단위' 안의 두 개의 공간 중 P자리에 위치하게 되고 AUG 다음의 3중자 코돈에 맞는 다음 $tRNA^{phe}$가 A자리로 들어온다. P자리의 메티오닌과 A자리로 들어온 두 번째 아미노산 페닐알라닌(phe) 간에는 peptidyl transferase 효소에 의해 펩타이드 결합이 이루어진다. A자리의 $tRNA^{phe}$는 $tRNA^{phe-met}$가 되면서 P자리로 이동한다(그림 4.15 아래). 메티오닌이 없어진 P자리의 $tRNA^{met}$는 리보솜을 떠나고 다음 아미노산 아지닌(arg)이 장착

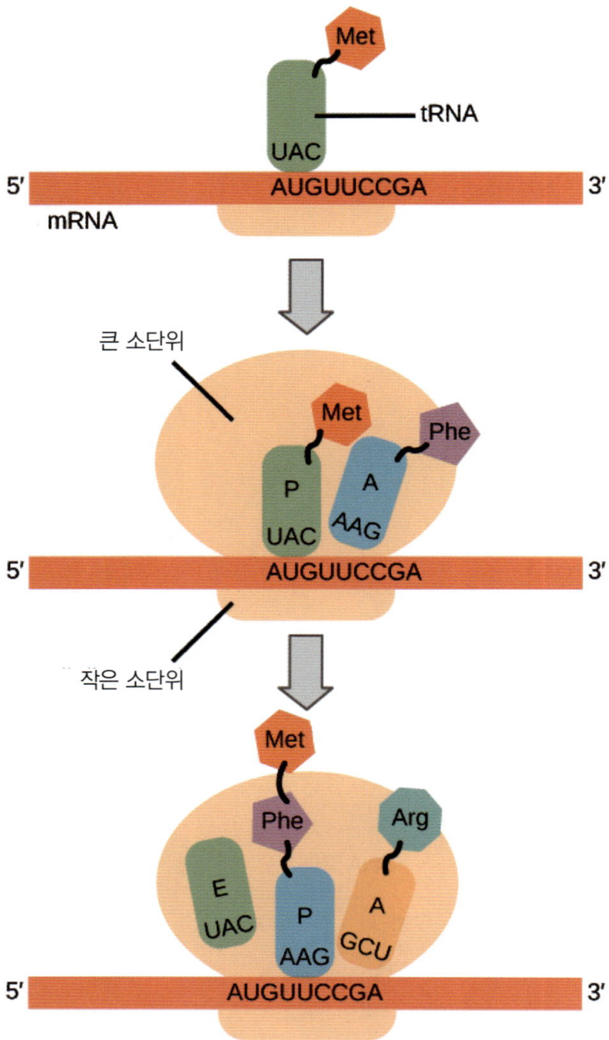

그림 4.15 단백질 합성 과정. 아미노산이 없어진 tRNA는 E자리를 거쳐 리보솜을 떠난다.

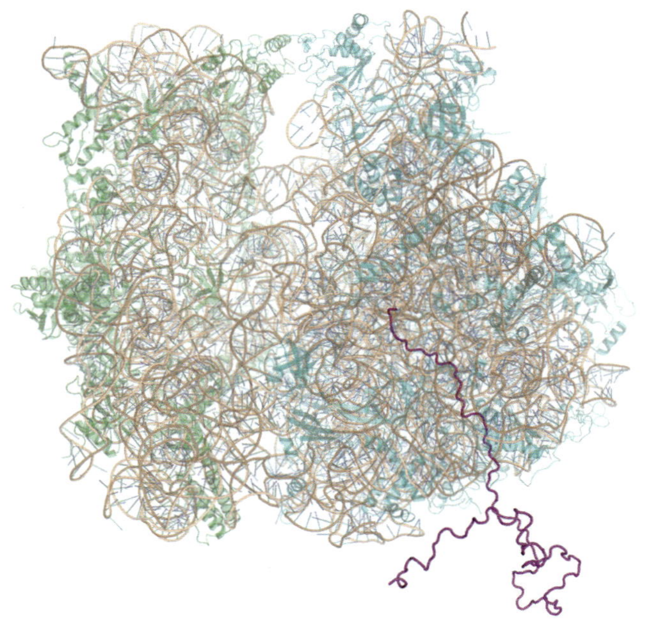

그림 4.16 리보솜에서 연기처럼 뿜어 나오는 단백질 사슬(자주색 선)

된 $tRNA^{phe}$가 A자리에 들어온다(그림 4.15 아래). 아미노산이 없어진 tRNA는 E자리를 거쳐(아래 그림) 리보솜을 떠난다. 다음의 펩타이드 결합이 벌어지면서 A자리의 $tRNA^{arg}$는 $tRNA^{arg-phe-met}$로 전환되고 P자리로 이동한다. 이런 방식으로 단백질 사슬이 길어지다가 A자리에 종결코돈이 나타나면 더 이상 tRNA은 유입되지 않고 단백질 합성은 종료된다. 리보솜은 mRNA를 타고 미끄러지면서 코돈을 읽고 단백질 합성을 진행한다. 단백질 사슬이 마치 연기처럼 리보솜으로부터 뿜어져 나온다(그림 4.16).

나노테크놀로지
나노 단위의 물질들을 기초로 실생활에 유용한 소재나 시스템을 만드는 기술.

혹자는 리보솜에서 벌어지는 단백질 합성과정을 전형적인 **나노테크놀로지** nanotechnology의 예라 한다. 직경이 20 nm밖에 안 되는 미세한 공간에서 mRNA, tRNA에 이끌려 아미노산들이 결합하는 초미세 공정 라인이 작동하는 것이다. 눈에 보이는 세상만이 다가 아니다. 우리가 가진 수십조 개의 세포마다 무수히 가지고 있는 리보솜 안에는 이처럼 어마어마한 세상이 있는 것이다. 리보솜으로부터 흘러나오는 콘베이어 벨트의 굉음이 들리는가?

rRNA(리보솜 RNA)

rRNA
리보솜을 구성하는 RNA로 리보솜 구조 형성에 참여한다.

리보솜은 단백질과 **rRNA** ribosomal RNA로 형성된다. 리보솜을 이루는 단백질 사이로 rRNA가 위치하면서 리보솜이라는 단백질합성 공장이 완성되는 것이다. mRNA와

tRNA와는 달리 rRNA는 정보전달과는 관계없고 리보솜 구조 형성에만 참여하는 것으로 알려져 있다. 단백질의 종류와 rRNA의 염기서열은 생명체마다 매우 비슷하다. rRNA 염기서열의 차이가 나는 정도가 생물들의 분류에 이용되기도 한다. 나노테크놀로지가 진행되는 리보솜의 공장 규격은 모든 생물들에서 차이가 크게 나지 않는 생명의 엄격함을 볼 수 있는 대목이다.

rRNA는 세포 전체 RNA의 약 80%를 차지하며 핵 속의 핵소체nucleolus (핵 안의 작은 구조물로 인이라 하기도 함)에서 리보솜 단백질ribosomal protein과 함께 리보솜을 형성에 참여한다. 이렇게 형성된 리보솜은 핵 속의 인으로부터 빠져나와 세포질에서 리보솜 형성을 완성한다.

번역 후 단백질 변형

지금까지 유전자 발현이라는 여러 단계를 거쳐 단백질이 만들어졌다. 이렇게 만들어진 단백질은 세포가 만들어내는 최종 작품일까? 그렇지 않다. 많은 단백질들은 계속 변신을 꾀하며 세포가 원하는 역할을 하게 된다.

단백질은 일부가 잘려나가기도 하고, 단백질에 사슴뿔처럼 탄수화물이 장식되기도 한다(그림 4.17). 또한 단백질에 인산기를 붙여 단백질 기능을 활성화 또는 불활성화 시키기도 한다. 이 인산화 과정을 담당하는 효소를 '**단백질 인산화효소**protein kinase'라 하는데, 세포 내 신호전달과 단백질의 활성도 조절 등 여러 핵심적인 기능에 관여한다. 이와 같이 단백질이 합성된 이후에 벌어지는 단백질의 변형을 '번역 후 단백질 변형post-translational protein modification'이라 한다. 단백질은 분명히 DNA에 의해 설계되지만 '번역 후 변형'은 누가 조절하는가? 현대 생명과학이 풀어야 할 또 하나의 숙제이다.

단백질 인산화효소
단백질에다 인산을 결합시키는 효소로 세포 내 신호전달 경로에 자주 사용된다.

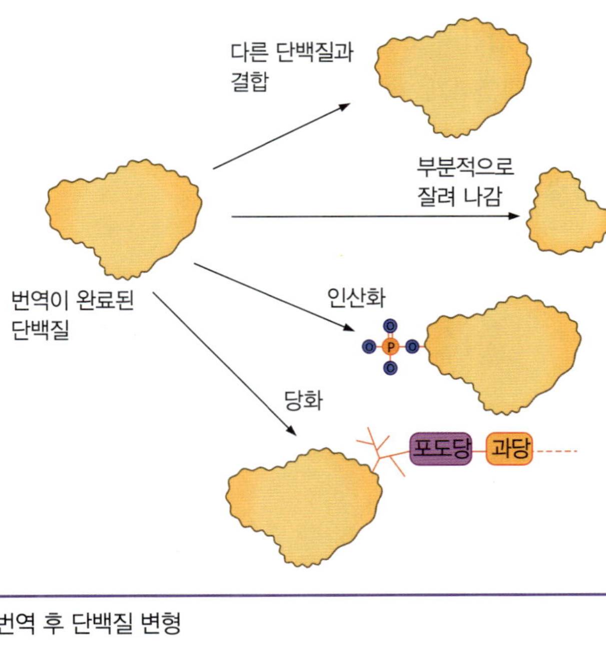

그림 4.17 번역 후 단백질 변형

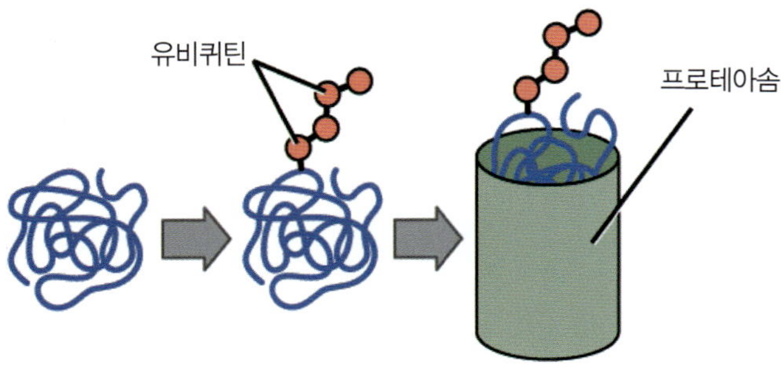

그림 4.18 **유비퀴틴에 의한 단백질 소각.** 유비퀴틴이 소각되어야 할 단백질에 결합하면 이것을 표식으로 프로테아솜 구조로 옮겨져 소각된다.

유비퀴틴과 단백질 소각

2004년도 노벨상의 키워드는 '**유비퀴틴**ubiquitin'이란 조그마한 단백질이었다. 이 단백질은 효모에서부터 인간에 이르기까지 모든 진핵세포 내 어디에나 거의 같은 모습으로 존재하고 있는 까닭에 '어디에나ubiquitous'란 의미가 담겨 있다.

이 단백질의 별명은 '죽음의 키스'이다. 세포 내 수명이 다하거나 손상되어 쓸모없어진 단백질에 결합하여 이들을 분해하기 때문이다. 세포에 더 이상의 필요가 없어진 단백질이 쌓이는 것은 위험하다. 정상인의 경우 이런 단백질은 유비퀴틴에 의해 소각된다(그림 4.18). 유비퀴틴 단백질이 소각될 단백질에 결합하면 단백질은 **프로테아솜**proteasome 구조로 옮겨져 소각된다. 알츠하이머병은 뇌세포에 **아밀로이드**라는 단백질이 없어지지 않고 축적되어 뇌세포의 기능을 소멸시키는 병이다.

유비퀴틴
모든 진핵세포에서 진화적으로 잘 보존된 76개의 아미노산으로 구성된 작은 단백질로 분해될 단백질에 공유결합 형태로 부착된다. 유비퀴틴의 결합은 프로테아솜(proteasome)에 의한 단백질 분해 신호가 된다.

프로테아솜
단백질 분해가 벌어지는 거대한 복합체이다. 수명이 다하거나 제대로 작용하지 못하는 단백질들은 유비퀴틴과의 결합을 신호로 프로테아솜으로 이동한 후 소각된다.

아밀로이드
용액에 용해되지 않은 단백질 집합체로서 세포 내에서 여러 세포활동을 방해한다.

생명의 정보전달, DNA → mRNA → 단백질

단백질 합성은 세밀한 과정을 거쳐 리보솜에서 이루어진다. 바로 이 설계의 내용은 DNA가 담고 있다. 생명은 세상의 소식을 판단한다. 단백질이 필요하다는 판단이 들면 DNA는 그 설계도를 전사시켜 mRNA을 리보솜에 보내 단백질의 합성을 명령한다. 유전자 발현 과정에는 '조절'이라는 생명의 핵심적인 지략이 담겨 있다. 생명체에 들려오는 수많은 신호들은 여러 경로를 통해 각각의 단백질들이 필요한 때와 장소에서 필요한 만큼 만들어지도록 한다. 전사 조절, RNA 간섭, 번역 조절, 번역 후 조절 등 여러 겹의 조절 장치로 유전자 발현은 정확하고 정교하게 조절된다. 이처럼 하나의 단백질은 겹겹의 조절을 거쳐 생명의 실행자로서의 임무를 수행하게 된다. 세포 전체가 질서정연하게 이들 DNA와 단백질에 이끌려 깨어나고 잠자리에 드는 것이다. 때문에 혹자는 DNA와 단백질을 생명의 쌍두마차라 한다.

다음 장에서 생명의 실행자인 단백질을 살펴본다.

연습문제

I. OX 문제 (X로 답한 경우에는 이유를 설명함)

01 포도당은 β-galactosidase 유전자의 조절유전자 지역에 억제자 전사조절인자가 결합되도록 한다. (　)

02 진핵세포에서 최종 mRNA는 pre-mRNA보다 길다. (　)

03 mRNA에서 염기의 교체는 항상 아미노산의 교체를 야기한다. (　)

04 한 폴리펩타이드 사슬에서 메티오닌은 '시작 아미노산'으로 한 번만 나타난다. (　)

05 RNA 간섭(RNAi)은 전사조절에 해당한다. (　)

06 암호표는 동물에만 적용된다. (　)

II. 객관식

01 ribosomalRNA(rRNA)의 역할을 바르게 설명한 것은?

① mRNA 정보를 tRNA로 번역한다.
② tRNA에 따라 아미노산을 연결한다.
③ 리보솜의 중요 구성성분으로 리보솜 형성에 중요하다.
④ 폴리펩타이드 사슬의 입체 구조 형성을 도와준다.
⑤ 안티코돈과 상보적 결합을 한다.

02 전사조절인자(transcription factor)에 관한 설명 중 틀린 것은?

① 한 유전자의 조절유전자에는 보통 여러 개의 전사조절인자가 관여한다.
② 전사조절인자들은 RNA 중합효소의 결합을 조절한다.
③ 전사조절인자는 보통 activator와 repressor로 구분된다.
④ 전사조절인자들은 모두 조절유전자 지역의 DNA에 직접 결합한다.
⑤ 전사조절인자들은 인핸서(enhancer)에 결합하기도 한다.

03 tRNA를 '연결시키는 물질'로 일컬을 수 있는 까닭은?

① DNA와 mRNA 사이를 연결시켜 줌
② 이중나선의 염기들 사이를 연결시켜 줌
③ 리보솜들을 연결시켜 줌
④ 아미노산과 mRNA을 연결시켜 줌
⑤ 아미노산들을 연결시켜 줌

04 'mRNA 스플라이싱'을 바르게 설명한 것은?

① 핵에서 벌어진다.
② 인트론이 잘려나가는 것으로 최종 mRNA 형성에 필요하다.
③ 스플라이싱은 세포 내 단백질의 종류를 늘리는 효과를 가진다.
④ 박테리아에서는 벌어지지 않는다.
⑤ 모두

05 세포질에 있는 mRNA는 핵에서 처음 만들어진 mRNA보다 훨씬 작다. 그 이유는?

① 인트론이 잘려 나가서
② 엑손이 잘려 나가서
③ 전사가 중지되어서
④ 골지체에서 3′ 부분이 잘려서
⑤ 리보솜에 들어가기 위해서

06 니렌버그가 아미노산 페닐알라닌(phenylalanine)을 암호화하는 코돈이 UUU임을 알게 된 방법은?

① 인위적으로 U로만 된 RNA 분자를 합성하여서
② U 염기에 방사능 처리를 하여서
③ U 염기에 돌연변이를 일으켜서
④ 페닐알라닌과 UUU의 결합을 발견함으로써
⑤ 우연히 알게 되었다.

07 어떤 mRNA의 번역(translation)을 시작하는 신호를 제공하는 서열은?

① ATG　② UAG
③ AUG　④ UAG
⑤ UAA

08 다음 중 '워블 가설(wobble hypothesis)'에 관한 바른 설명은?

① 하나의 안티코돈은 하나의 코돈을 인식한다.
② 하나의 코돈은 여러 개의 안티코돈을 인식한다.
③ 하나의 안티코돈은 여러 개의 코돈을 인식한다.
④ 코돈의 종류가 tRNA의 종류보다 많기 때문이다.
⑤ ③과 ④

09 DNA에 돌연변이가 생겼음에도 불구하고 유전자에 의해 만들어진 단백질의 구조와 기능에 아무 이상이 없었다면 어떤 형태의 돌연변이가 벌어졌을까?

① 한 뉴클레오타이드의 결실
② 개시코돈에의 교체
③ 한 뉴클레오타이드의 삽입
④ 두 뉴클레오타이드의 결실
⑤ 한 뉴클레오타이드의 교체

10 코돈과 안티코돈에 관한 설명 중 틀린 것은?

① 코돈은 mRNA상에, 안티코돈은 tRNA상에 있는 염기를 말한다.
② 암호표에서는 코돈에 있는 3중자 코돈과 해당되는 아미노산이 표시되어 있다.
③ 코돈과 안티코돈은 왓슨과 크릭이 주장한 엄격한 규칙의 염기쌍(base-pairing)을 한다.
④ 한 단백질을 암호화하는 염기는 중복되어 사용될 수 있다.
⑤ ③과 ④

11 다음 중 유비퀴틴 단백질과 결합해 있을 확률이 가장 높은 것은?

① 세포 표면에서 단백질의 분비를 돕는 단백질
② 당의 대사를 조절하는 단백질
③ 세포분열이 종료된 후의 세포분열을 시작시키는 단백질
④ 단백질 합성을 돕는 리보솜 단백질
⑤ 추위에 대한 반응을 조절하는 단백질

III. 주관식

01 다음은 매우 작은 크기의 가상 단백질 KOREA를 암호화하는 구조유전자의 3′ → 5′ 가닥의 염기서열이다.

3′TACGATTAAAGAATC5′

1) 이 유전자로부터 만들어지는 mRNA 염기서열과 아미노산 서열을 쓰시오.(정답은 개시코돈과 종결코돈을 모두 포함하고 있다.)
2) 아미노산 세린(serine)이 결합된 tRNA의 안티코돈 염기서열은?

02 몇몇 연구에 의해 암세포나 조직에서만 특별히 만들어지는 단백질들이 규명되었다고 가정하자. 암 진단을 위해 사용할 수 있는 DNA 칩과 사용 내용을 간략히 설명하시오.

03 어느 단백질 A가 만들어지는 과정을 다음 용어를 반드시 포함시키면서 한 문단으로 설명하시오. 사용된 용어에 밑줄 치시오.

"유전자 A, RNA 중합효소, 전사조절인자, 인트론, 엑손, mRNA, 리보솜, tRNA, 시작코돈, 정지코돈, 안티코돈, 코돈, 단백질 A"

04 내 몸의 체세포들은 같은 염색체 수와 유전자를 가진다. 그럼에도 불구하고 내 몸은 수많은 종류의 서로 다른 체세포들을 가질 수 있는 것일까?

단백질은 생명을 연출한다. 수없이 많은 물질들이 단백질 근처를 맴돌면서 생명현상의 소용돌이에 휩쓸린다. 단백질은 특유의 정밀함과 역동성으로 작은 화학물질들을 품에 안고 다른 물질로 변형시키기도 하며, 세포 밖에 있는 영양물질을 잡아 안쪽으로 끌어들이기도 하고, 세포 주변을 맴도는 호르몬을 인식하여 호르몬이 원하는 여러 일들을 수행하기도 한다. 사람이 세상을 운영하듯 단백질은 세포를 운영한다.

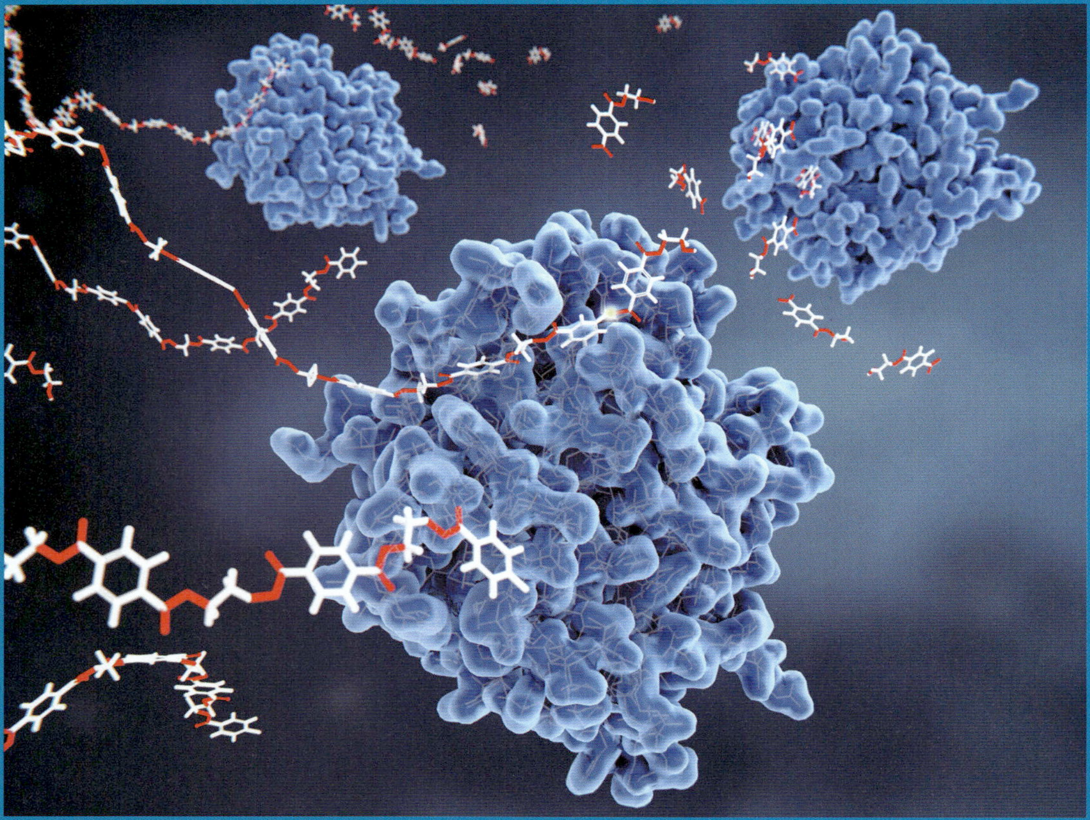

다섯 번째 강의

5 단백질과 효소

5.1 단백질

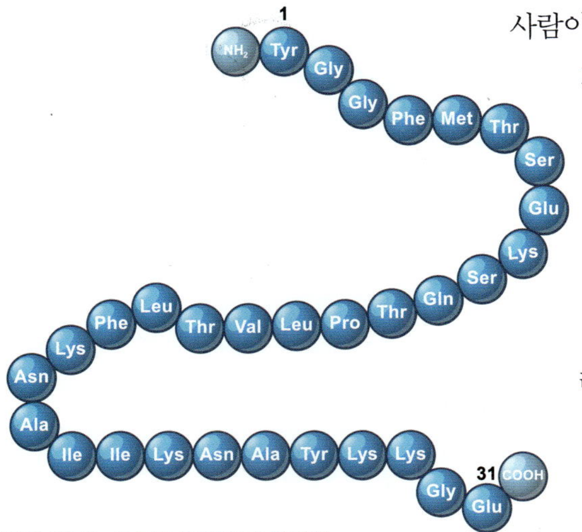

31개 아미노산으로 이루어진 단백질

사람이 가지는 단백질은 약 10만 종류나 된다. 다양한 종류의 단백질을 갖기 위해서 생명체들은 공통적으로 20종류의 아미노산을 다양한 조합과 길이로 연결하는 방법을 사용한다. 단백질은 반복되어서 사용될 수 있는 20개 아미노산들의 중합체로서 단백질 각각은 서로 다른 구조와 기능을 갖는다. 아미노산의 연결로 생긴 사슬은 곧바로 입체구조로 전환되며 탄력이 붙은 채로 생명을 연출한다. 단백질은 여러 아미노산들이 멋없이 길게 연결되어 있는 것이 아니라, 아미노산들이 서로를 잡아당기거나 배척하면서 꽤 멋있고 율동적인 입체구조를 형성한다. 20종의 아미노산들이 어떤 구조와 화학적 성격을 가지고 있기에 단백질을 이루는 필수품이 되었을까?

아미노산과 펩타이드 결합

아미노산은 한가운데 탄소 원자를 중심으로 아미노기(NH_2), 카복실기(COOH), 수소(H)와 아미노산 종류에 따라 서로 다른 곁사슬side chain로 이루어진다(그림 5.1). 아미노기와 카복실기는 모든 아미노산이 공통적으로 가지며 20종의 아미노산은 모두 서로 다른 곁사슬을 가진다. 즉 곁사슬의 종류에 따라 각 아미노산의 특성과 종류가 결정된다.

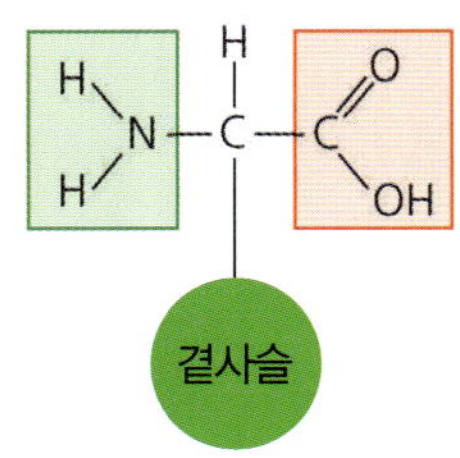

그림 5.1 아미노산의 구조

아미노산들의 연결로 이루어진 사슬을 폴리펩타이드 사슬polypeptide chain이라 한다. 단백질은 종류에 따라 폴리펩타이드 사슬이 하나 또는 두 개 이상을 가진다. 아미노산들은 펩타이드 결합에 의해 연결된다(그림 5.2). 연결되는 두 아미노산은 한 아미노산 카복실기와 다른 아미노산 아미노기 사이에서 결합이 이루어지는데, 이 결합을 펩타이드 결합이라 한다. 이 결합은 탈수반응으로 펩타이드 전이효소peptidyl transferase가 담당한다. 펩타이드 결합으로 수십, 수백 또는 수천 개의 아미노산들이 연결된다. 단백질은 항상 시작되는 첫 번째 아미노산에는 아미노기와 마지막 아미노산에는 카복실기는 펩타이드 결합에 사용되지 않고 그대로 남아 있게 된다. 이들을 각각 N-말단과 C-말단이라 한다(그림 5.3). 마치

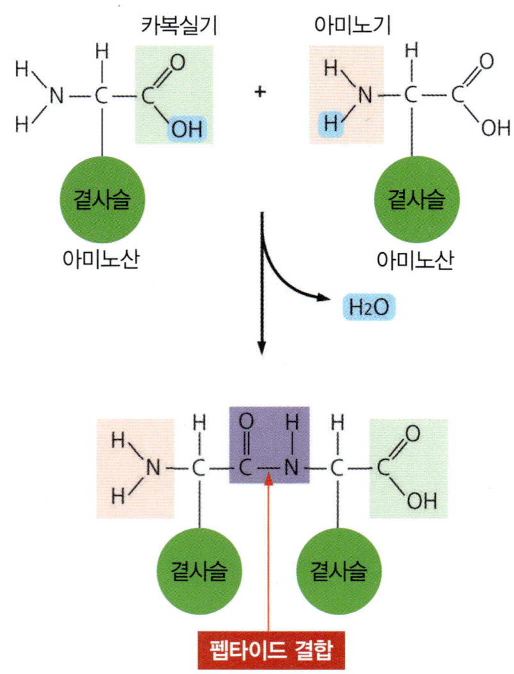

그림 5.2 펩타이드 결합

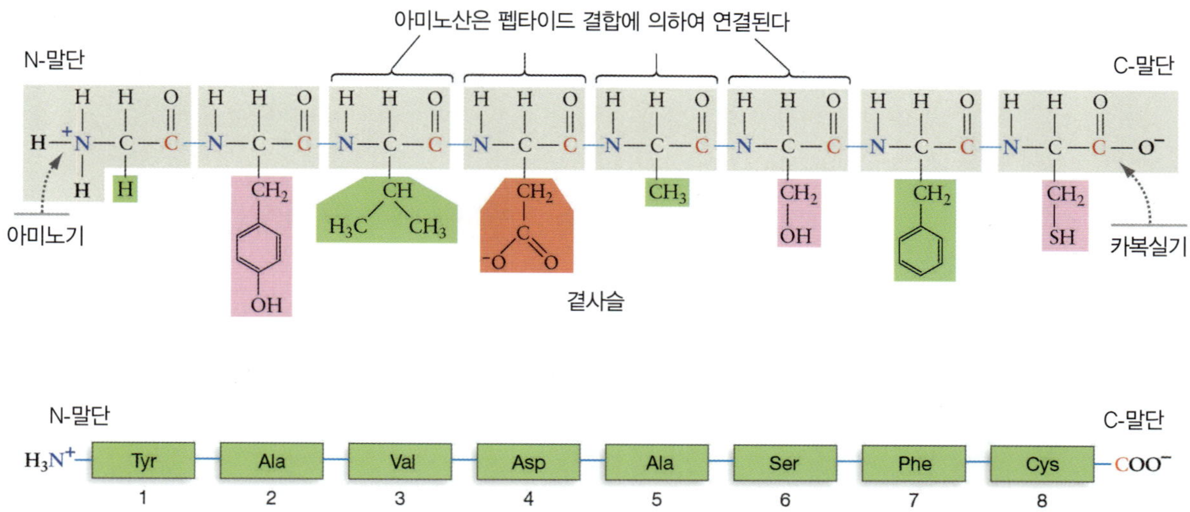

그림 5.3 간단한 폴리펩타이드 사슬. 8개의 아미노산이 펩타이드 결합으로 형성된 폴리펩타이드 사슬로 N-말단과 C-말단이 각각 사슬의 시작점과 종료점에 위치한다. 단백질을 둘러싸고 있는 용액의 pH에 따라 아미노기의 NH_2는 NH_3^+로도, 카복실기의 COO^-는 COOH로도 존재할 수 있다.

DNA 사슬이 항상 5′-말단에서 시작하여 3′-말단에서 사슬이 종료되는 것처럼, 폴리펩타이드 사슬은 반드시 N-말단에서 시작하여 C-말단에서 종료된다. 엄밀하게 말해 폴리펩타이드 사슬에는 아미노산이 더 이상 존재하지 않는다. 아미노산이 펩타이드 결합을 하면서 COOH가 없어졌기 때문이다(C-말단 아미노산을 제외하곤). 따라서 아미노산 대신 아미노 잔기라는 용어를 사용하기도 한다. 폴리펩타이드 사슬에서 125번째 잔기라 하면 그것은 N-말단으로부터 125번째 잔기임을 나타낸다(흔히들 125번째 아미노산이라 하기도 한다). 펩타이드 결합으로 길게 늘어선 폴리펩타이드 사슬은 마치 '크리스마스 트리의 전선'과 비슷하다고 할 수 있다. 긴 사슬에 삐죽삐죽 돌출되어 있는 곁사슬들이 마치 크리스마스 트리의 전구들에 비유된다(그림 5.3).

아미노산 20종

단백질이 생명현상을 연출하기 위해선 폴리펩타이드 사슬이 입체구조를 이루어야 한다. 곧 설명되듯이 입체구조의 형성에는 아미노산 곁사슬의 화학적 특성이 중요하다. 가령 수백의 아미노산들이 연결되어 있는 폴리펩타이드 사슬이 입체구조로 전환하려면 수백 아미노산들의 곁사슬들 간의 상호관계가 중요하게 작용한다. 반대되는 전하를 가진 두 곁사슬은 서로 가깝게 위치하려 하고, 소수성을 띠는 곁사슬들은 물을 피해 입체구조의 안쪽에서 서로 뭉치는 등으로 입체구조 형성에 참여한다. 모든 생명의 모든 단백질이 20종류의 아미노산을 가진다는 것은 놀라운 일이다. 20종 아미노산의 곁사슬이 가지는 화학적 특성만으로 무척이나 다양한 입체구조를 만들어낼 수 있다는 것이다. 이들 20종 아미노산은 아마도 오랜 세월 진화를 거치면서도 변하지 않아 왔고, 앞으로도 변하지 않을 것으로 보인다. 이는 20종 아미노산의 구조 하나하나가 단백질의 재료로 최적화된 것들이다. 만약 한 아미노산의 곁사슬이 바뀌는 변화가 일어난다면 이 곁사슬과 관계하는 나머지 19개 아미노산의 곁사슬 구조도 바뀌어야 할 것이다.

그림 5.4가 20종의 아미노산을 보여준다. 이들 곁사슬(옅은 노란색)은 몇 가지

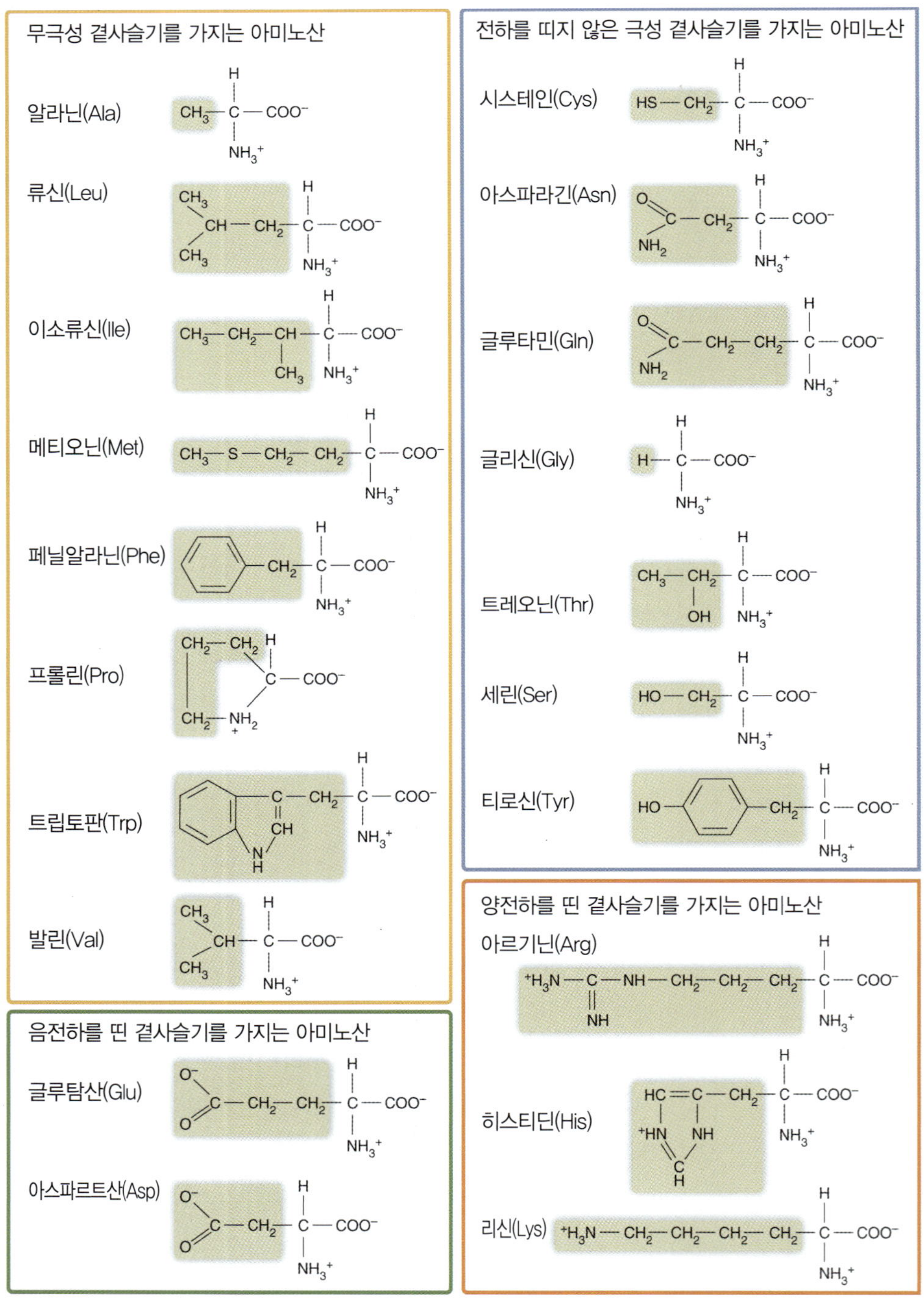

그림 5.4 곁사슬의 화학적 특성별로 분류한 20가지 아미노산. 곁사슬들은 옅은 노란색으로 표시되어 있다.

특성에 의해 구분된다. 우선 곁사슬이 가지는 전하에 따라 구분해보면 양성 전하를 가지는 리신, 아르기닌과 히스티딘이 있고(그림의 오른쪽 아래), 음성 전하를 가지는 아스파르트산과 글루탐산 이 있다(왼쪽 아래). 또한 곁사슬 내에서 **극성**polarity을 띠거나(오른쪽 위) 극성을 갖지 않는 소수성을 띠고 있다(왼쪽 위). 곁사슬의 크기로 구분해보면 트립토판과 티로신 등은 분자량이 크고, 글리신은 H로만 된 가장 작은 곁사슬을 가진다. 이런 아미노산들의 다양한 화학적 특성들이 모여 폴리펩타이드 사슬이 입체구조를 형성하고 구체적인 기능을 수행할 수 있게 되는 것이다.

극성
공유결합을 이루는 두 원자 사이의 전자가 불균형하게 분포하여 반대되는 전하를 갖는 특성을 말한다.

단백질의 활성과 pH

단백질의 작용은 pH에 민감하다. 많은 단백질들은 pH가 7 근처인 중성에서 잘 작용하지만 위에서 단백질의 분해효소로 작용하는 펩신은 pH가 1~2정도인 강산에서 잘 작용한다(**그림 5.5**). 곁사슬에 위치하는 카복실기(아스파틱산 등)와 아미노기(리신 등)들이 띠는 전하는 용액의 pH에 민감하다. 카복실기는 약산의 성격을 가지며 COOH의 일부만이 H^+로 이온화된다. 산성 용액에서는(H^+ 농도가 높은) H^+의 평형에 의해 카복실기로부터 잘 떨어지지 않고 카복실기는 전하를 띠지 않는 COOH로 주로 존재한다. 염기 환경(H^+ 농도가 낮은)이 되면 COOH는 이온화가 빠르게 진행되어 주로 전하를 갖는 COO− 상태로 존재한다. 이와 비슷한 원리로 곁사슬에 있는 아미노기도 pH에 따라 양성 전하(NH_3^+)를 띠기도 하고 띠지 않기도(NH_2)한다. 한 아미노산에서 전하가 변하는 것은 단백질 전체의 구조와 기능에 영향을 줄 수 있다. 이런 이유로 단백질의 구조와 기능은 단백질을 둘러싸고 있는 용액의 pH에 민감한 것이다.

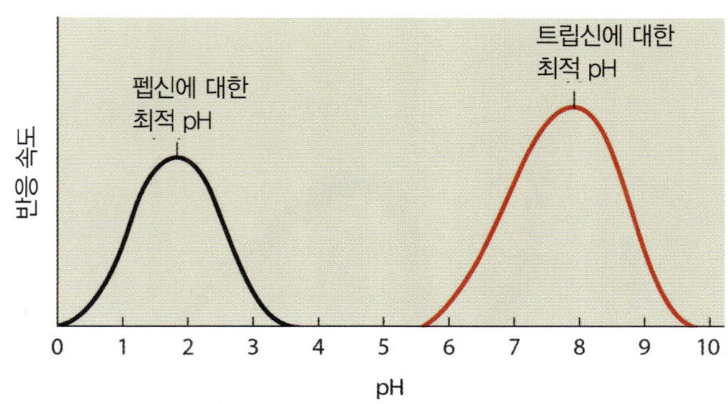

그림 5.5 각 효소는 최적 pH를 가진다. pH에 따라 몇몇 곁사슬의 전하가 변하고 단백질의 입체구조가 변해 단백질의 활성이 변한다. 펩신은 산성에서, 트립신은 중성에서 잘 작동한다.

단백질의 입체구조 형성

리보솜에서 합성되는 폴리펩타이드 사슬은 곧바로 입체구조로 변한다. 폴리펩타이드 사슬에 있는 펩타이드 결합들과 곁사슬들 간의 복잡한 상호관계를 거쳐 순식간에 입체구조가 완성된다. 폴리펩타이드 사슬이 입체구조로 변하는 과정을 '단백질 접힘protein folding'이라 한다. 놀라울 정도로 빠르게 진행되는 이 입체화의 과정은 스무 개의 조립 블록을 가지고 온갖 조합을 시험해보는 예사롭지 않은 재주이다. 높은 열을 가해 입체구조를 사슬로 풀어 놓았다가 다시 온도를 낮춰 주면, 정확히 입체화 과정을 반복하여 가열하기 전과 동일한 입체구조를 형성한다. 정해진 접힘 방식과 순서가 각 단백질의 입체화 과정에 존재하지만 학자들은 아직 정확한 입체화 과정을 이해하지 못한다. 너무 빠르게 진행되는 과정이라 입체화 과정의 중간 단계들을

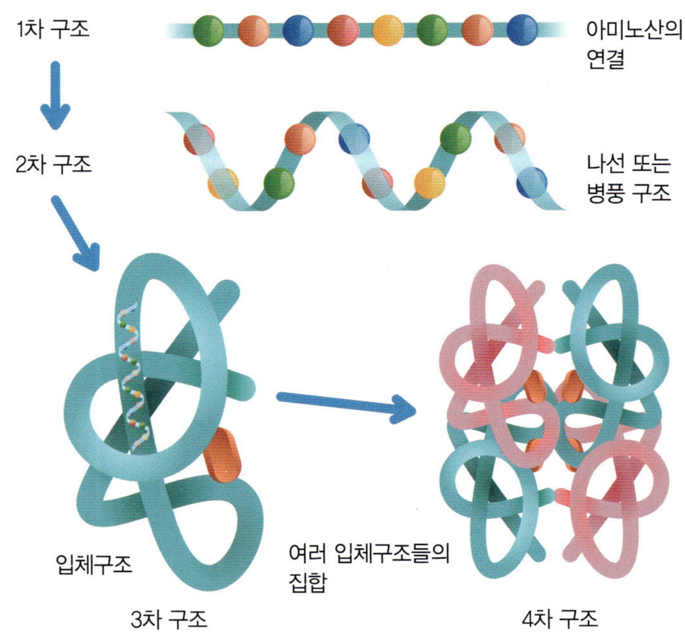

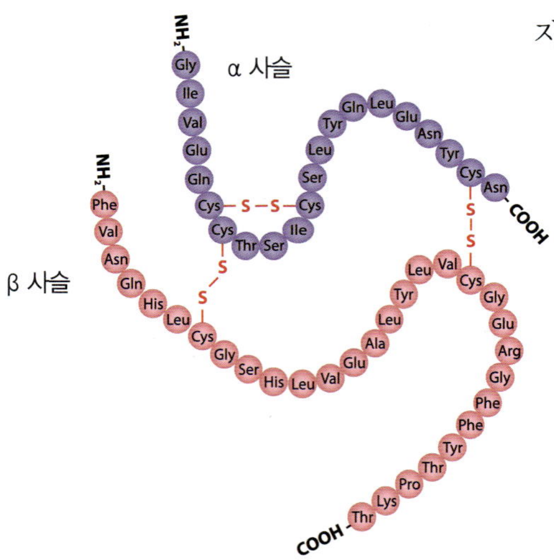

그림 5.6 인슐린의 1차 구조. 인슐린은 두 개의 폴리펩타이드 사슬로 되어 있다. 두 사슬은 이황화결합에 의해 연결된다.

자세히 살펴볼 겨를이 없다는 것이 가장 큰 이유다.

정확한 접힘 방식은 모르지만 대부분의 단백질들은 다음의 입체화 단계들을 거친다. 긴 폴리펩타이드 사슬(1차 구조)은 우선 부분적으로 입체구조의 기본 틀인 2차 구조를 형성하고, 곧이어 2차 구조와 나머지 아미노산들이 협력하여 최종 입체구조인 3차 구조를 완성한다. 단백질의 종류에 따라 하나 이상의 3차 구조들이 모여 4차 구조를 형성하기도 한다.

1차 구조

리보솜에서 단백질이 만들어질 때는 어떤 구조도 띠지 않은 사슬 모양으로 시작한다. 1차 구조는 공유결합으로만 이루어진, 입체화되기 전의 긴 사슬 구조를 말한다. 그림 5.6은 호르몬인 인슐린 단백질의 1차 구조를 보여준다. 인슐린은 두 개의 폴리펩타이드 사슬(α와 β)이 **이황화결합**(S−S)disulfide bond으로 연결되어 있다.

이황화결합
두 아미노산 시스테인에 있는 SH들 사이에 형성되는 —S—S— 형태의 공유결합을 말한다.

2차 구조

긴 사슬의 1차 구조는 입체구조를 이루기 위해 2차 구조를 1차 구조의 부분부분에 형성한다. 큰 건축물의 철골 구조처럼 단백질은 최종 구조를 이루기 위해 우선 2차 구조라는 기본 골격을 형성한다. 2차 구조는 펩타이드 결합들 간의 수소결합을 바탕으로 형성되는 구조로 나선구조 α−helix와 병풍구조 β−sheet가 있다(그림 5.7).

2차 구조는 펩타이드 결합을 중심으로 이루어진다(그림 5.8). 펩타이드 결합을 이루는 C=O와 N−H를 살펴보자. 공유 결합을 이루는 전자들은 산소와 질소에 불

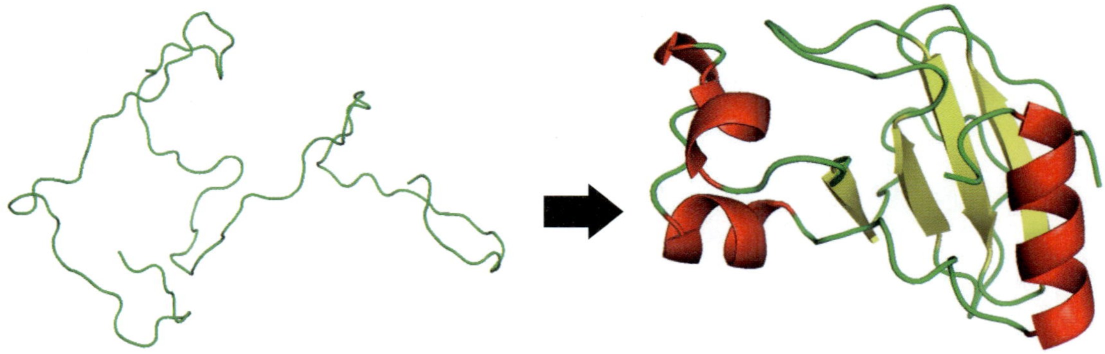

그림 5.7 2차 구조. 길게 늘어선 1차 구조(왼쪽)는 2차 구조인 α-helix(코일 모습) 또는 β-sheet(넓은 화살표)를 형성한다(오른쪽).

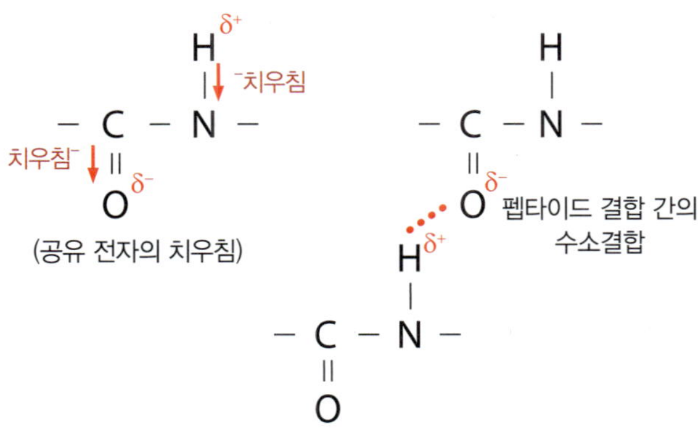

그림 5.8 펩타이드 결합 간의 수소결합. 두 다른 펩타이드 결합들 간의 수소결합을 통해 2차 구조가 형성된다.

균형하게 치우치면서 산소는 음성 극성을, 수소는 양성 극성을 띠게 된다. 하나의 펩타이드 결합에 있는 수소는 가까이에 있는 다른 펩타이드 결합에 있는 반대 전하의 산소와 수소결합을 이루면서 2차 구조를 형성한다.

α-나선구조는 한 펩타이드 결합에 있는 수소와 이 펩타이드 결합을 포함하여 네 번째 뒤에 오는 펩타이드 결합의 산소 간 수소결합으로 이루어진다. 이런 방식으로 형성된 연속적인 수소결합은 나선 모양(α-helix)의 안정된 2차 구조가 형성되도록 한다(**그림 5.9**). DNA와 폴리펩타이드 사슬에서 관찰되는 나선구조는 이 물질들의 구조적 안정성과 탄력성에 중요한 것으로 여겨진다. 또 다른 2차 구조인 병풍구조(β-sheet)는 특정 구역에서 연속적으로 위치하고 있는 펩타이드 결합들과 다른 부위와 연속적인 펩타이드 결합들 간의 수소결합들로 이루어진다(**그림 5.10**). 이런 구조가 몇 겹으로 반복되면 병풍처럼 넓게 펼쳐진 구조가 된다.

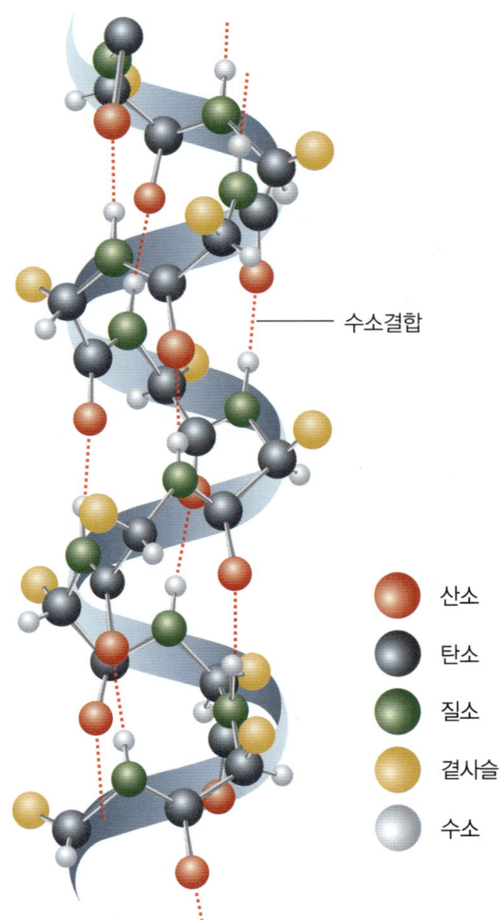

그림 5.9 α-helix를 이루는 수소결합들

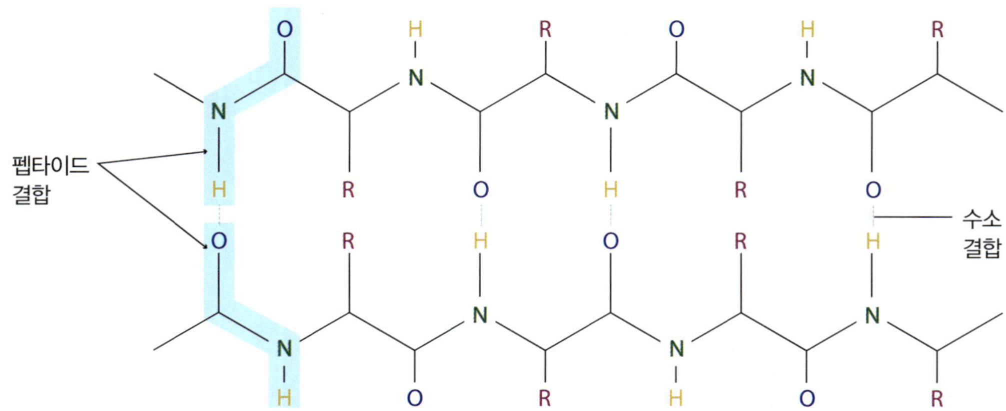

그림 5.10 **β-sheet의 수소결합.** 폴리펩타이드 사슬의 부분들이 길게 펼쳐져서 펩타이드 결합들 간의 수소결합을 연속적으로 이루며 병풍처럼 넓게 펼쳐진 구조를 형성한다. 2개 이상의 사슬들이 병풍구조에 참여하여 더욱 펼쳐진 구조를 형성하기도 한다. R은 곁사슬을 나타냄.

3차 구조

2차 구조로 기본 골격이 갖추어진 초기 단계의 단백질 구조는 이제 곁사슬들 간의 상호관계를 중심으로 최종 입체구조인 3차구조를 형성한다. 3차 구조를 형성하는 곁사슬들 간의 상호작용으로는 소수성 결합, 반대 전하들 간의 결합인 이온결합, 이황화결합, 반데르발스 힘 등이 있다(그림 5.11). 소수성 곁사슬들은 물을 피하여 3차 구조의 내부로 모이게 되고, 친수성의 곁사슬들(양 또는 음전하를 띠는 곁사슬들)은 주로 입체구조의 바깥쪽에 포진하여 외부의 용액과 접한다. 이런 특성은 단백질 접힘의 중요한 동력이 된다. 또한 양전하를 띤 곁사슬은 음전하의 곁사슬과 근접해지고, 같은 전하를 갖는 곁사슬은 서로 밀치게 되는 특성도 마찬가지로 중요한 동력이

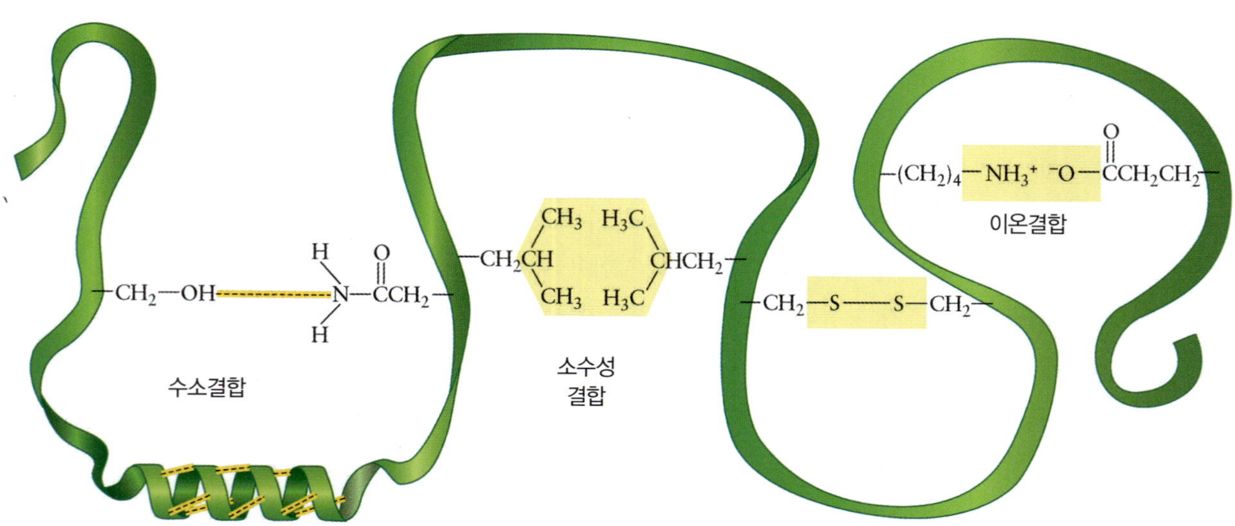

그림 5.11 단백질의 3차 구조는 주로 곁사슬들 간의 상호작용으로 형성된다.

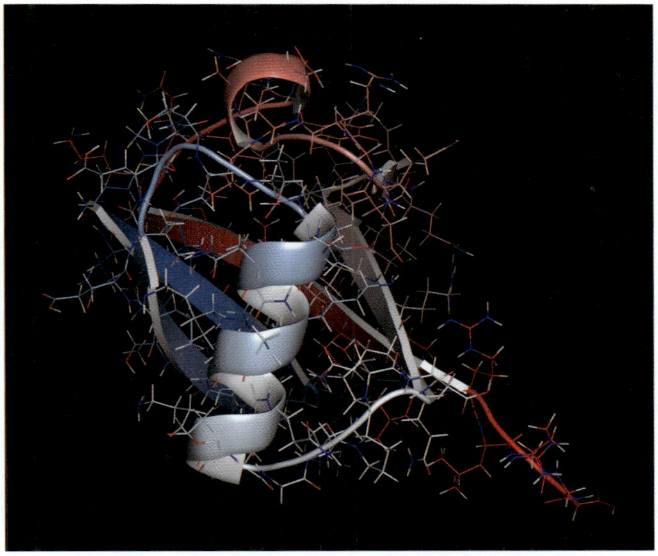

그림 5.12 **유비퀴틴 단백질의 3차 구조.** 2차 구조인 α-helix(흰색 코일)와 β-sheet(넓은 화살표)와 나머지 아미노 잔기의 곁사슬들 간의 상호작용으로 형성된다.

된다. 1차 구조상으로는 멀리 떨어져 있는 곁사슬들도 상호작용을 통해 가까워질 수 있다.

이렇게 하여 만들어진 최종 입체구조는 경직되어 있는 것이 아니라 탄력적으로 변하며 고유의 기능을 발휘하게 된다. 그림은 유비퀴틴 단백질이 여러 2차 구조들로 틀을 이루고 나머지 아미노산들과 함께 형성한 최종 3차 구조 모습을 보여준다(그림 5.12). 20개 아미노산에 있는 곁사슬들 간의 정교한 상호작용을 통하여 순식간에 벌어지는 입체화 과정은 생명의 초능력적 퍼즐 맞추기라 할 수 있다. 현재로선 생명만이 이 퍼즐 순서를 정확히 알고 있다.

4차 구조

단백질의 종류에 따라 3차 구조에서 끝나는 것이 아니고, 3차 구조가 두 개 이상 모여 4차 구조를 만들기도 한다. 즉 4차 구조에서는 폴리펩타이드 사슬이 둘 이상이다. 예를 들어 헤모글로빈은 4개의 폴리펩타이드 사슬(2개씩의 α-사슬과 β-사슬)로 되어 있다(그림 5.13).

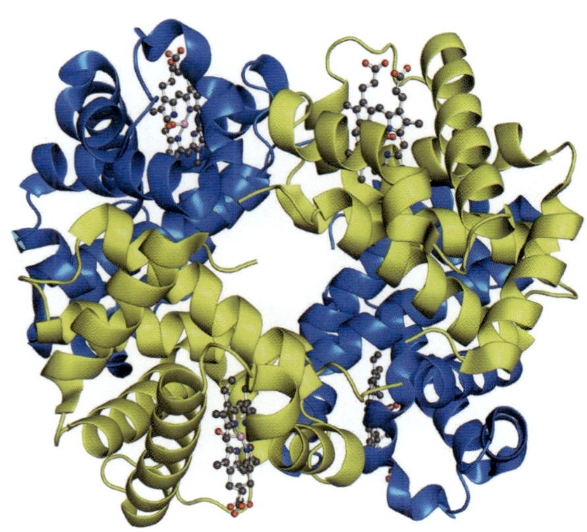

그림 5.13 헤모글로빈 4차 구조

5.2 효소

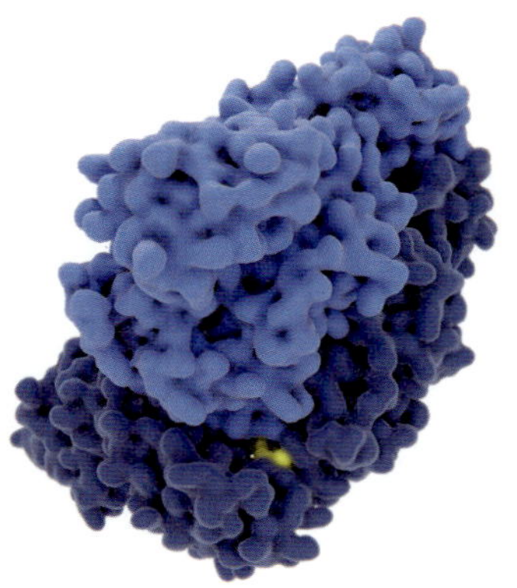

반응할 분자(노란색)가 효소 단백질 깊숙히 위치하고 있다.

세포는 매 순간 수천 가지의 화학반응을 진행한다. 에너지를 얻거나 사용하도록, DNA/단백질/지질/탄수화물을 합성 또는 분해하고, DNA를 복제하고, 단백질에 인산을 붙이는 등 각각의 반응에는 각 반응에 특이적인 단백질인 효소enzyme를 필요로 한다. 효소는 생물학적 촉매catalysts로 반응의 방향을 변화시키지 않으면서 반응을 신속하게 진행시킨다. 반응에 필요한 에너지를 얻기 위해 세포가 화학 실험실에서처럼 특별한 장치나 화학물질을 사용할 수는 없는 것이다. 대신 세포는 반응할 분자를 단백질 입체구조 안에서 끌어들이고 특유의 꿈틀거림으로 생성물을 만들어낸다. 화학 실험실에서는 버너를 사용하지만 세포는 효소의 정교한 꿈틀거림을 이용하는 것이다.

다음 반응식으로 효소반응을 좀 더 살펴보자.

$$A + B-C \rightarrow A-B + C$$

이 반응은 B와 C가 결합되어 있는 B−C 분자가 분해되어 B가 A와 결합하는 반응이다(그림 5.14). 반응 전의 A와 B−C는 반응물 또는 기질substrate, 반응의 결과로 생긴 A−B와 C를 생성물product이라 한다. 반응이 일어나기 위해서는 기질인 A와 B−C가 충돌하면서 이들의 구조적 변화를 일으킬 수 있도록 충분한 에너지가 주어져야 한다. 이 에너지가 주어지면 B−C 결합이 풀리면서 B가 A에 결합을 하기 직전의 전이상태transition-state에 도달한다('A…B…C'로 표시)(그림 5.14b). 전이상태는 에너지를 흡수하여 반응물이 생겨나기 직전 단계에 해당한다. 전이상태는 높은 에너지를 포함하는 순간적인 구조로 이 전이상태에 도달하게 하기 위해서 '활성화 에너지

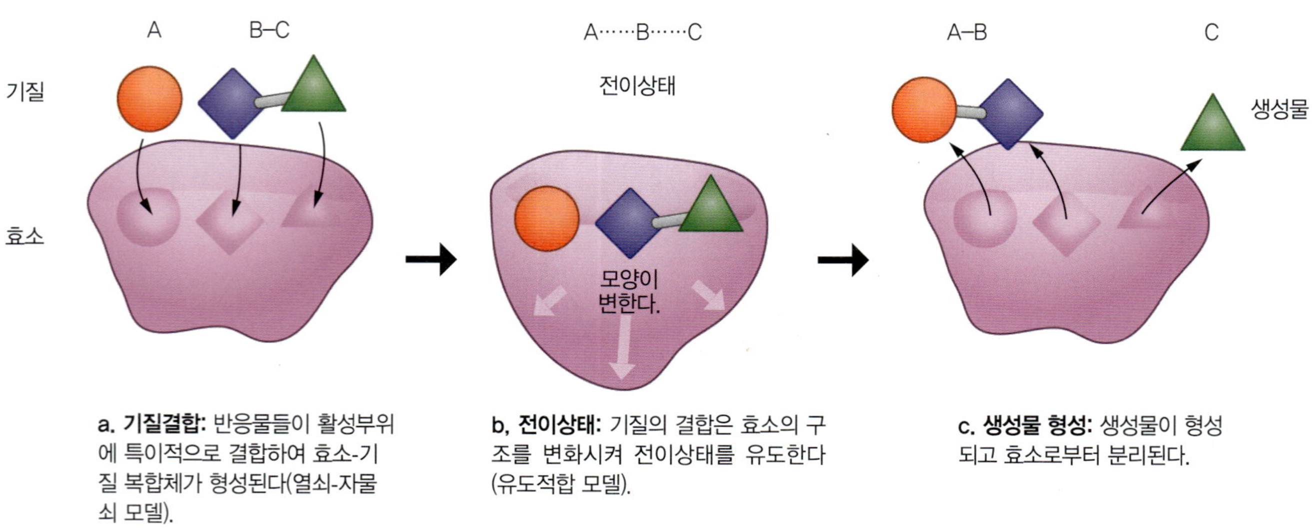

그림 5.14 효소의 작용

activation energy'가 필요하다. 활성화에너지가 주어져야 기질이 전이상태에 도달할 수 있는 것이다.

반응의 활성화 에너지를 낮추어 반응의 속도를 높이는 물질을 촉매라 한다. 효소는 바로 생물학적 촉매로 활성화 에너지를 낮추어 반응이 신속하게 벌어지도록 한다(**그림 5.15**). 효소가 없다면 높은 활성화 에너지 때문에 반응은 벌어지지 못하고 생명체는 살아갈 수 없을 것이다. 탄력적인 단백질의 입체구조가 생물학적 촉매로서의 역할을 하는 것이다. 만약 활성화 에너지가 없다면 모든 반응은 효소 없이도 자유롭게 조절되지 않고 벌어질 것이다. 조절 없는 반응은 세포 내에서 허용되지 않는다. 활성화 에너지라는 언덕이 있어 필요한 반응에는 반드시 효소가 나타나 활성화 에너지의 언덕을 낮추어 신속하게 반응이 벌어지도록 하는 것이다.

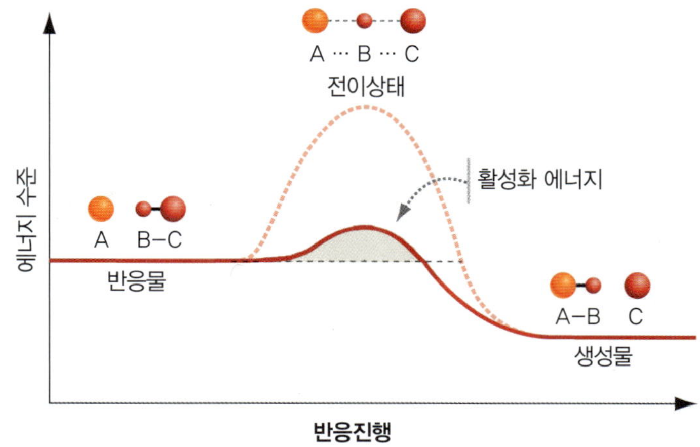

그림 5.15 활성화 에너지. 효소는 반응의 활성화 에너지를 낮춘다.

'열쇠–자물쇠'와 '유도 적합'

효소가 어떻게 활성화 에너지를 낮추어 반응이 신속하게 벌어지게 할 수 있는 것일까? 또 다른 반응을 예로 이유를 생각해보자. 포도당에다 인산을 결합시키는 반응은 효소 헥소카이네이스hexokinase에 의해 벌어진다. 8장에서 살펴볼 해당작용의 첫 번째 반응이기도 하다.

효소는 수행하고자 하는 화학반응을 일으킬 수 있도록 특이적인 입체구조를 하고 있다. 효소에는 활성부위active site가 있어 이곳에 기질이 들어와 생성물이 만들어진다. 효소는 '열쇠–자물쇠lock and key' 모델에 의해 마치 열쇠와 자물쇠처럼 기질이 활성부위에 꼭 맞도록 하는 활성부위 구조를 가진다. 헥소카이네이스의 경우 기질인 포도당과 인산이 효소의 활성부위(푸른색 지역)에 자리를 잡는 모습이다(**그림 5.16** 위). 열쇠–자물쇠 결합만으로는 기질이 생성물로 변하지 않는다. 기질에 활성화 에너지를 제공하여 전이상태에 도달하도록 하기 위해서 기질과 효소의 결합과 함께 효소의 입체구조가 변화하는 '유도적합induced-fit'이 벌어진다(그림 5.16 아래). 효소의 구조를 비틀어 쉽게 기질이 전이상태에 도달하도록 하는 것이다. 활성부위의 구조가 약간 변해 있는 모습이 보인다. 바로 유도적합이 큰 에너

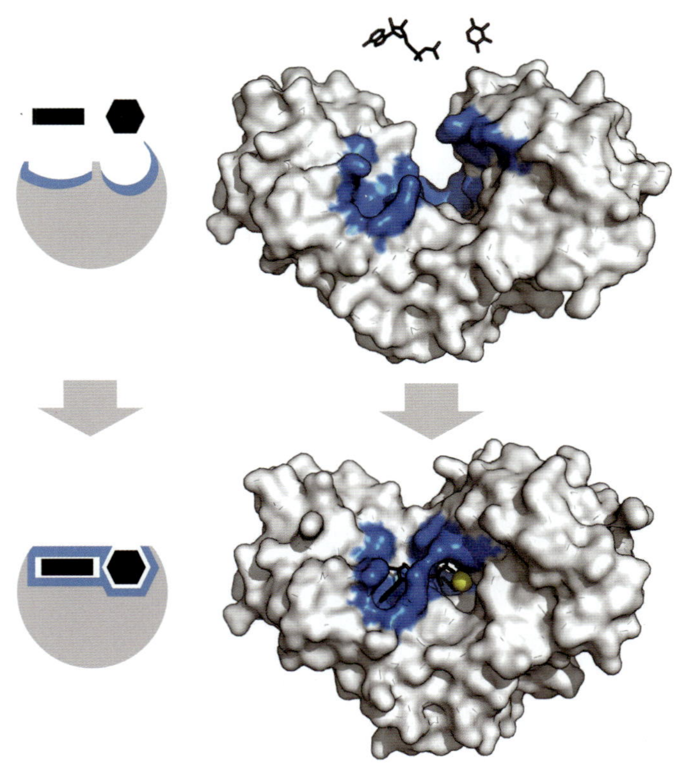

그림 5.16 '열쇠–자물쇠'(위)와 '유도 적합'(아래)

지를 소모하지 않고, 즉 활성화 에너지를 낮추어, 기질이 전이상태를 거쳐 생성물인 인산이 결합된 포도당을 생성하는 것이다. 병마개를 손바닥에 꼭 끼도록 위치시킨 후(열쇠-자물쇠) 손바닥을 비틀어(유도적합) 손쉽게(활성화 에너지를 낮추어) 병마개를 딸 수 있는 이치에 비유된다.

단백질 소화효소 카복시펩티데이스A

효소가 작용하는 현장을 '카복시펩티데이스Acarboxypeptidase A' 를 통해 살펴보자. '카복시펩티데이스A'는 작은창자에서 작용하는 소화효소로 폴리펩타이드 사슬의 C-말단에 있는 아미노산을 하나씩 분해한다.

기질인 C-말단을 포함하는 폴리펩타이드 사슬의 일부가 이 효소의 활성부위에 붙어 있는 모습이다(**그림 5.17**). '열쇠와 자물쇠'의 개념처럼 기질이 활성부위의 소수성 주머니에 꼭 끼여 있다. 곧 분해가 될 펩타이드 결합(그림 한 가운데 빨간색 표시)의 주위에는 여러 특정한 아미노산들이 포진하고 있다. Tyr248(N-말단부터 시작해서 248번째의 아미노산), Arg145, His69, His196, Glu72들이 펩타이드 결합의 여러 부분과 전기적 인력을 형성하고 있다. 활성부위의 여러 일꾼들이 기질의 앞다리와 뒷다리를 잡고 있는 모습이다. 한 치의 오차도 허용하지 않는 매우 정밀한 결합이다.

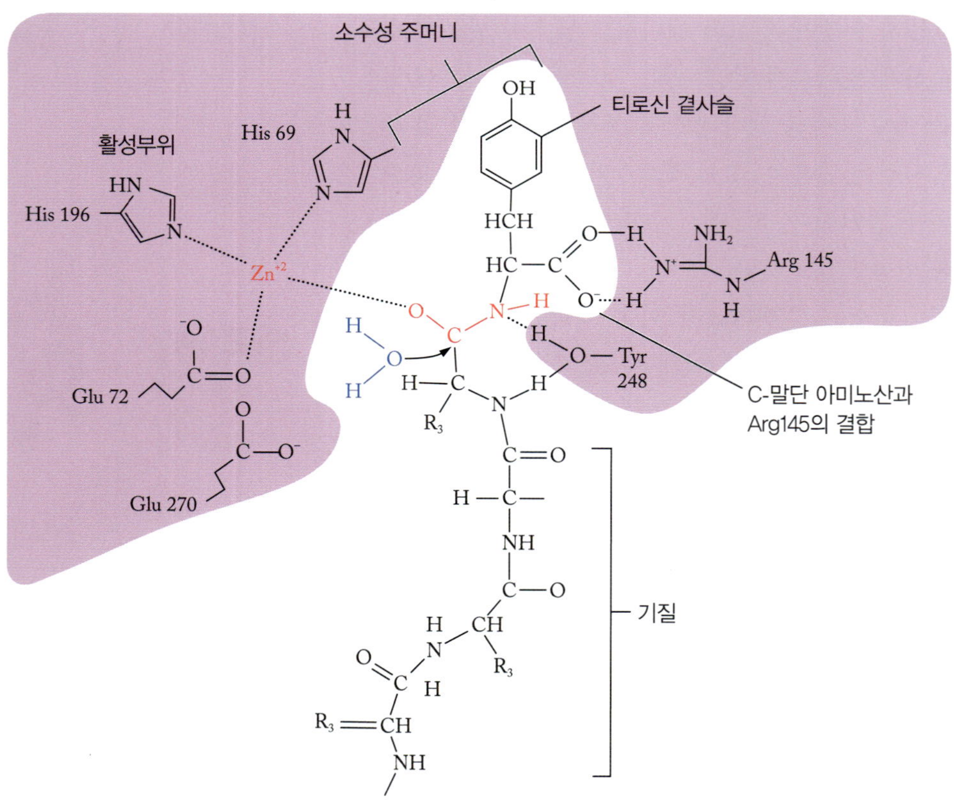

그림 5.17 카복시펩티데이스 A의 활성부위. 기질의 C-말단 아미노산이 효소의 활성부위에 결합되어 있는 모습으로, 가수분해될 펩타이드 결합(빨간색)이 보인다.

화학반응을 일으키기 위해서는 형성된 효소-기질구조는 유도적합 과정을 거쳐 순간적으로 높은 에너지를 간직하는(구조가 매우 불안정한) 전이상태로 변해야 한다. 전이상태의 분자는 오래 지속하지 못하고 에너지를 방출하며 생성물(가수분해된 두 조각)을 만든다. 이렇게 순간적으로 불안한 구조를 갖기 위해서는 높은 활성화 에너지가 주어져야 하지만 효소는 기질의 앞다리와 뒷다리를 잡고 비트는 유도적합으로 활성화 에너지를 낮추어 수월하게 반응을 진행시킬 수 있는 것이다. 이 효소반응에는 효소 말고도 Zn^{++} 등의 도우미가 필요하다. 가령 His69, His196, Glu72들이 Zn^{++}가 정확하게 목적하는 펩타이드 결합의 산소를 잡아당기게 만든다. 기질의 펩타이드 결합이 여러 곁사슬과 Zn^{++} 등에 의하여 반응의 준비단계가 끝나면 물분자가 나타나 이 펩타이드 결합을 가수분해한다. 카복시펩티데이스 A는 307개의 아미노산으로 된 단백질로, 언급한 활성부위 주변의 도우미들 외에도 이 효소를 구성하는 모든 아미노산들은 정확한 입체구조 형성과 탄력성에 필요한 것들이다.

효소 활성의 억제제

여러 화학물질은 효소에 특이적으로 결합하여 효소의 작용을 방해할 수 있는데, 이들을 억제제inhibitor라 하며 두 종류로 구분된다. 효소의 활성부위에 결합하여 기질이 활성부위에 붙지 못하도록 방해하는 경쟁적 억제제competitive inhibitor와 억제제가 활성부위가 아닌 부분에 결합하여 기질이 활성부위에 결합하지 못하도록 하는(효소의 입체구조를 변화시킴으로써) 비경쟁적 억제제non-competitive inhibitor가 있다(**그림 5.18**).

독소 같은 위험한 물질은 비가역적(한번 결합하면 분리되지 않음)으로 활성부

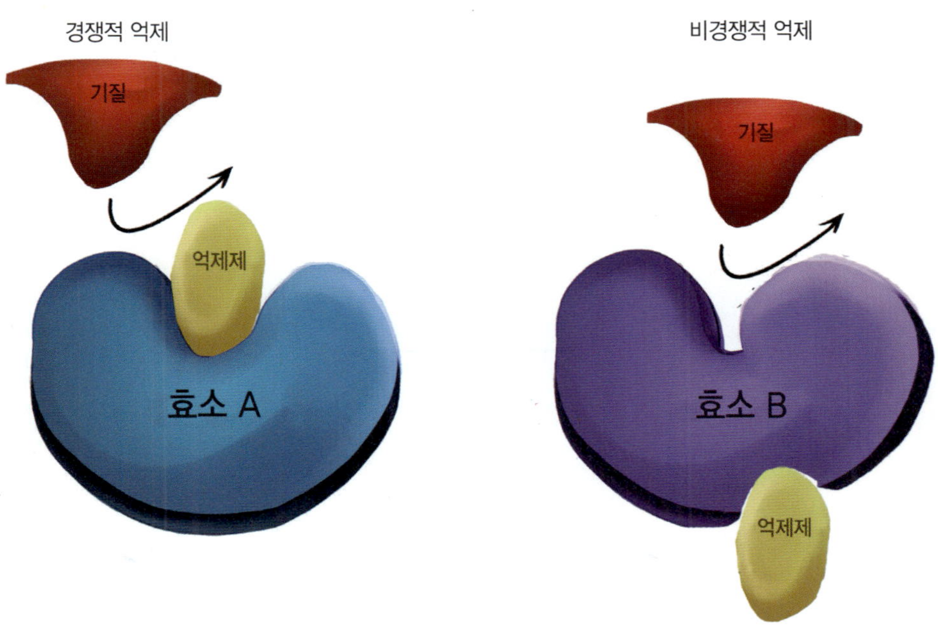

그림 5.18 경쟁적 억제와 비경쟁적 억제

위에 결합하여 효소의 작용을 방해하기도 한다. 1995년 동경의 지하철에서 살포된 '사린'이라는 신경 기체는 아세틸콜린 에스터레이스acetylcholinesterase의 활성부위에 있는 세린 아미노산의 곁사슬에 비가역적으로 결합하여 아세틸콜린이라는 신경전달물질의 작용을 방해한다. 많은 항생제들도 박테리아의 효소들에 경쟁적 억제제로 작용하여 박테리아를 죽인다. 가령 항생제 페니실린은 박테리아의 세포벽을 합성하는 효소의 활성부위에 붙어 세포벽 합성을 방해한다. 우리가 사용하는 많은 의약품들은 경쟁적 억제제로 작용한다. 오랜 기간 동안 많은 사람들이 사용하고 있는 진통제 아스피린의 작용을 살펴보자.

아스피린

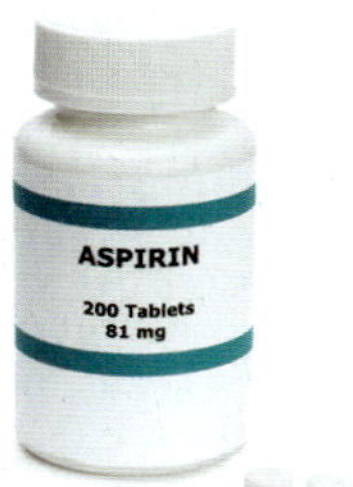

아스피린aspirin은 버드나무의 껍질과 잎에 있는 성분으로 이미 2,500년 전 의학의 아버지 히포크라테스가 해열과 진통, 소염제로 사용했던 기록을 남기고 있다. 그 후 1897년 호프만 박사가 천연화합물인 아스피린(화학명 아세틸 살리실산)을 실험실에서 합성하여 대량생산의 길을 확보하고 제약화에 성공하였다. 20세기 들어 존 베인은 아세틸 살리실산이 생체 내 염증반응과 통증의 원인이 되는 프로스타글란딘prostaglandin을 합성하는 효소인 사이클로옥시저네이스cyclooxygenase, COX의 활성을 억제한다는 것을 규명하였다. COX는 혈액 응고를 돕는 트롬복산의 작용을 방해하기도 한다. 아스피린이 가진 신비로운 효능의 실체가 규명된 것이다. 전 세계적으로 1년에 40,000톤 정도가 사용될 정도로 사람들이 가장 많이 복용하는 의약품이다.

아스피린은 이 COX 효소의 경쟁적 억제제이다. 아스피린은 이 효소의 활성부위에 아세틸기를 결합시켜 정상적인 기질과의 결합을 방해한다(**그림 5.19**). 이런 이유로 아스피린은 국소적인 통증을 줄이거나 혈액 응고를 방해한다. 아스피린의 복용은 혈전을 줄여 동맥의 막힘을 예방할 수 있는 것으로도 알려져 있다.

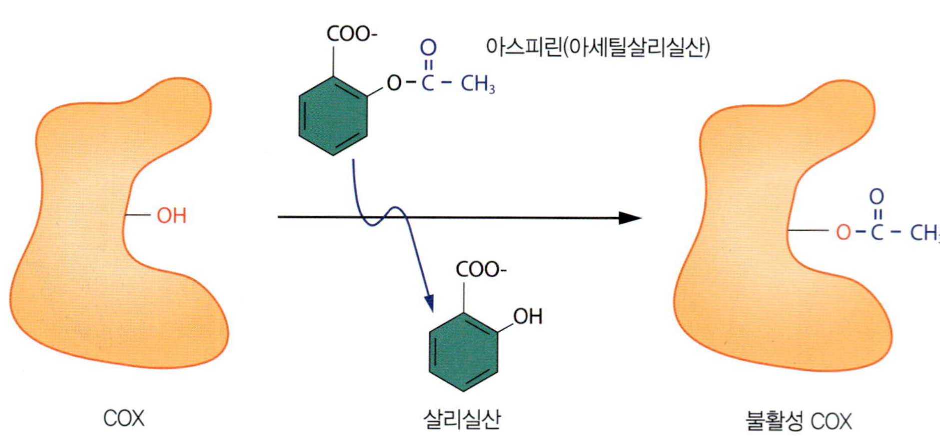

그림 5.19 아스피린은 경쟁적 억제제. 활성부위(왼쪽)에 CO–CH_3가 결합하여(오른쪽) COX의 기능을 경쟁적으로 억제한다.

많은 연구자들은 자연의 동식물에서나 화학적 합성을 통해 억제제를 찾고 있다. 이런 효소 억제제는 종종 세계적인 의약품으로 발전되기도 한다. 이런 의약품들은 다른 단백질에까지 결합하여 부작용을 일으켜서는 안되며, 목표하는 특정 단백질에만 특이적으로 결합하는 특성을 가져야 한다. 버드나무에 아스피린이 있듯이 지구가 가지는 수많은 생명체들에는 인류를 질병으로부터 보호할 수 있는 값진 억제제들이 숨어 있을 가능성이 높다. 생물다양성biodiversity이 인류에게 중요한 이유이기도 하다(15장).

신약 개발

신약은 특별한 기능을 갖는 신물질이나 기존에 알려진 물질의 새로운 기능을 의약품으로 만들어 보건당국으로부터 제조 허가를 받은 제품으로 정의될 수 있다. 산더미 같은 인체의 단백질 집단에서 다른 단백질에는 영향을 주지 않으면서 특정한 목표 단백질에 선택적으로 결합하여 그 기능을 조절하는 신 물질을 찾는 것은 결코 쉽지 않은 일이다. 하지만 신약 개발에 대한 필요성은 대단하여 대부분의 국가에서는 이 분야에 많은 노력을 쏟는다.

신약을 개발하는 것은 환자를 질병의 고통에서 해방시켜 주는 기쁨과 함께 '황금알을 낳는 거위'에 비유될 정도로 엄청난 부를 개발자에게 안겨주기도 한다. 항궤양제, 항우울제, 콜레스테롤 저해제, 항암제 등은 실로 어마어마한 시장가치를 보여주고 있다.

신약 물질에는 천연물(천연물 신약), 새로운 합성물질(화학 신약), 항체, 효소, 성장인자, 호르몬과 같이 원래 몸에 있던 단백질(바이오 신약) 등이 있다. 이들은 공통적으로 목표하는 단백질과 특이적으로 결합하여야 한다. 신약 후보물질은 목표 단백질에 특이적이며 인체에 독성이 없어야 하는 것이 기본적인 요건이다. 신약은 인체에 적용되는 것이니만큼 신약으로 판매되기까지에는 많은 검증이 필요하다. 약물의 탐색, 독성검사, 동물실험, 임상실험(1차, 건강한 사람에서의 독성검사; 2차, 소수의 환자 대상; 3차, 다수의 환자 대상)의 과정이 요구된다. 보통 하나의 신약을 개발하는 데는 10~20년의 시간과 막대한 자본이 투입된다.

연습문제

I. OX 문제 (X로 답한 경우에는 이유를 설명함)

01 단백질의 2차 구조 형성에는 수소결합이 중요하다. ( )

02 5개의 아미노산으로 만들어지는 1차 구조에는 펩타이드 결합이 5개이다. ( )

03 아미노산의 곁사슬은 항상 전하를 띤다. ( )

04 A를 B로 전환하는 효소는 B를 A로 전환할 수 있다. ( )

05 신약은 일반적으로 특정 효소의 작용을 촉진한다. ( )

II. 객관식

01 단백질에 관한 설명 중 옳은 것은?

① 모든 단백질은 하나의 폴리펩타이드 사슬을 가진다.
② 단백질은 아미노산으로 구성되어 있으며 아미노산 종류는 20개이다.
③ 단백질은 매우 경직된 구조로 구조의 변화는 허용되지 않는다.
④ 사람과 박테리아가 단백질 합성에 사용하는 아미노산의 종류는 서로 다르다.
⑤ 단백질의 활성은 pH에 영향을 받지 않는다.

02 다음 괄호에 적당한 단어의 쌍으로 된 것은?

"뉴클레오타이드와 ( )의 관계는 ( )와/과 단백질의 관계와 같다."

① 유전자, 효소 ② 핵산, 아미노산
③ DNA, 탄수화물 ④ 중합체, 폴리펩타이드
⑤ 지방산, 중성지방

03 아미노산들의 차이는 어느 부분에서 오는가?

① 카복실기 ② 아미노기
③ 수소 ④ 곁사슬
⑤ 탄소

04 단백질의 3차 구조에서 찾을 수 있는 결합은?

① 수소결합 ② 펩타이드 결합
③ 이온결합 ④ 소수성결합
⑤ 모두

05 다음 중 곁사슬들 간의 상호관계가 가장 중요한 단백질 구조형성 단계는?

① 1차 구조 ② 2차 구조
③ 3차 구조 ④ 4차 구조
⑤ 모두

06 단백질의 입체구조 형성을 바르게 설명한 것은?

① 1차 구조, 2차 구조, 3차 구조, 4차 구조의 순으로 형성된다.
② 한 폴리펩타이드 사슬에 있는 모든 아미노산들은 2차 구조 형성에 참여한다.
③ 소수성결합은 3차 구조 형성에 중요하다.
④ 4차 구조에는 N-말단이 하나이다.
⑤ ①과 ③

07 세포 내 화학반응에서 활성화 에너지를 낮추는 방법으로 옳은 것은?

① 온도를 낮춘다.
② 압력을 가한다.
③ ATP를 첨가한다.
④ 반응물의 양을 더욱 늘린다.
⑤ 효소를 사용한다.

08 효소반응을 틀리게 설명한 것은?

① 효소반응에서 '전이상태'는 가장 높은 에너지(활성화 에너지)를 가진다.
② 효소반응은 보통 '열쇠-자물쇠설'과 '유도적합(induced-fit) 가설' 모두 적용된다.
③ 활성부위와 알로스테릭 부위는 가깝게 위치해야 한다.
④ 알로스테릭 조절은 '비경쟁적 억제'라 할 수 있다.
⑤ 활성부위에 결합하여 기질의 결합을 방해하는 억제제를 '경쟁적 억제제'라 한다.

09 소화효소 '카르복시펩티데이스 A(carboxypeptidase A)'의 활성부위에서 벌어지는 현상을 틀리게 설명한 것은?

① 활성부위는 기질과 밀착된 결합을 하기에 적합한 구조를 가지고 있다.
② 반응에는 효소 자체로 가능하며 Zn 이온이나 물 분자는 필요치 않다.
③ 분해될 기질의 펩타이드 결합에는 물 분자가 접근하여 가수분해를 유도한다.
④ 효소의 꿈틀거림은 '유도적합 가설'로 표현된다.
⑤ 효소의 꿈틀거림은 활성화 에너지를 낮추는 역할을 한다.

10 사람이 음식물을 통하여 비타민을 섭취하여야 하는 가장 일반적인 이유는?

① 에너지원으로 사용하기 위해
② 작은창자 흡수에 도움을 주기 위해
③ 효소로 작용함으로
④ 효소반응의 조효소(coenzyme)로 작용하므로
⑤ 세포막의 안정을 위해

Ⅲ. 주관식

01 괄호 채우기

1) DNA는 5′에서 3′ 방향으로 단위체가 연결되듯이, 단백질은 ( )에서 ( ) 방향으로 연결된다.
2) '기질이 생성물로 되기 위한 중간 과정으로 높은 에너지를 갖는 순간적인 상태의 구조'를 ( ) (이)라 한다.
3) 곁사슬에 양성 전하를 띠는 아미노산 2개는 ( ) 와/과 ( )이다.
4) 아스피린은 사이클로옥시게나아제(COX) 효소에 작용하는 ( )이다.
5) 하나의 폴리펩타이드 사슬이 충분히 접혀서 완성된 입체구조를 ( ) (이)라 한다.

02 어느 폴리펩타이드 사슬의 일부분에서 류신, 이소류신, 발린, 메티오닌 등의 아미노산이 연속해서 연결되어 있다. 이 사슬이 물에 접촉되면 위 아미노산들이 위치한 부분엔 어떤 현상이 벌어지겠는가?

03 효소가 활성화 에너지를 낮추는 방법을 설명하시오.

04 해당작용은 포도당이 여러 단계를 거쳐 피루브산을 형성하는 생성하는 대사경로이다. 만약 피루브산이 충분히 생성되어서 더 이상의 생성이 필요 없어지면 세포는 이를 어떻게 해결할지 설명하시오.

05 최근 효소의 활성부위에 있는 아미노산의 위치 변화를 측정할 수 있는 기술이 개발되었다. 이 기술에 의하면 효소의 활성은 활성부위의 특정 아미노산들이 기질의 결합에 따라 발생하는 이동 거리에 비례하는 것을 알게 되었다. 이 결과가 의미하는 내용은?

세포가 세포를 출산하는 세포분열을 통해 체세포들이나 생식세포들이 만들어진다. 수정란으로부터 시작된 우리 몸은 체세포분열을 통해 수십조 개의 세포를 만들어내며 이들은 성장과 분화를 거치면서 몸을 완성한다. 무작정 세포의 수가 늘어나는 것이 아니라 세포분열은 엄격히 통제되어 필요한 곳에 필요한 만큼만 세포가 만들어진다. 이것에 문제가 생기면 암이 생긴다.

체세포분열과는 또 다른 세포분열 방식인 감수분열은 생식세포인 정자 또는 난자를 만들어 생식을 준비시킨다. 두 번의 분열 과정을 거치는 감수분열에는 생명을 다양함으로 무장시켜 최악의 순간에서도 살아남으려는 생명의 원대한 지혜가 숨어 있다. 세포분열은 세포의 마지막을 장식하는 순간으로 모든 일상적인 세포 활동을 멈추고 세포가 가진 모든 것을 둘로 나누는 생명의 대역사이다.

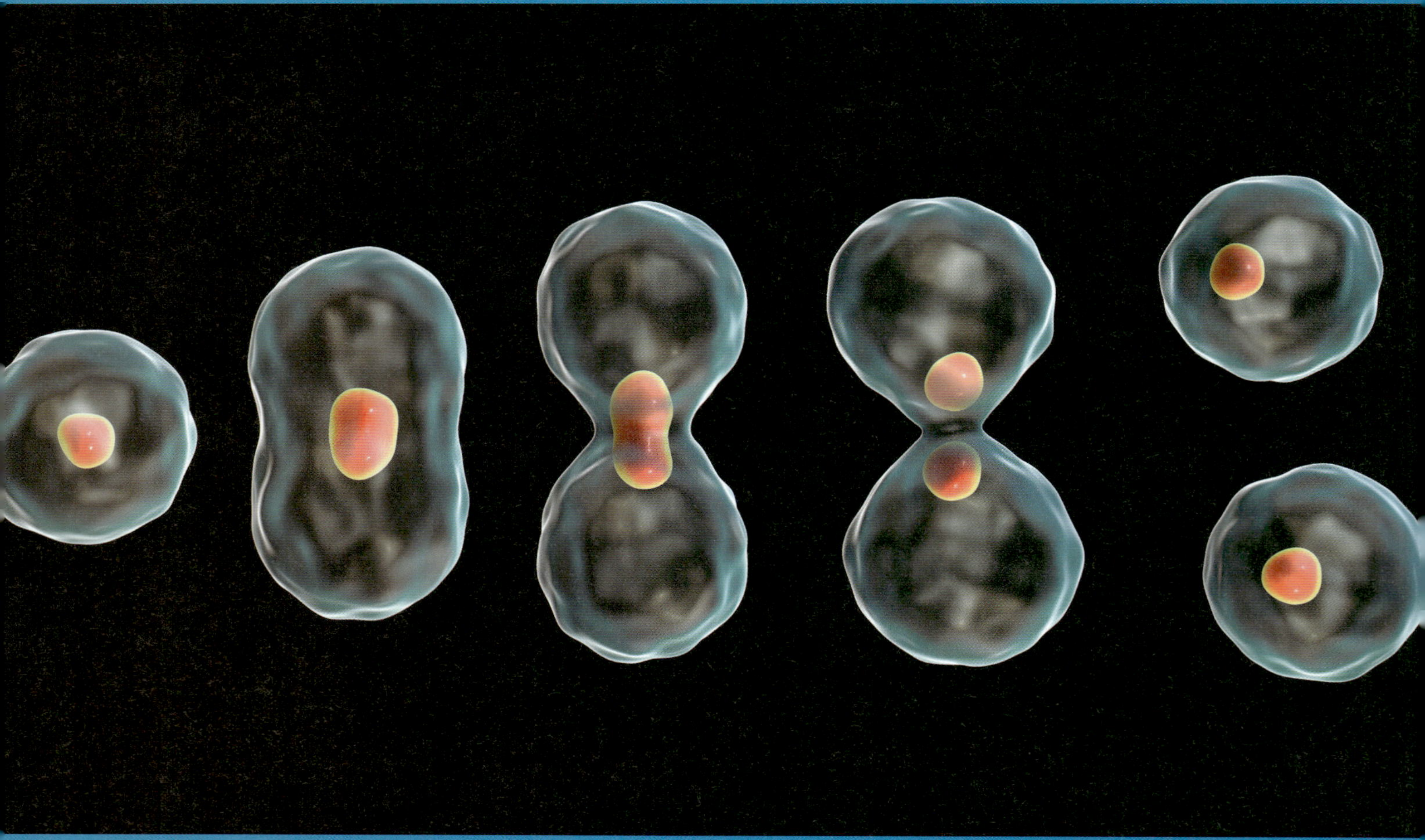

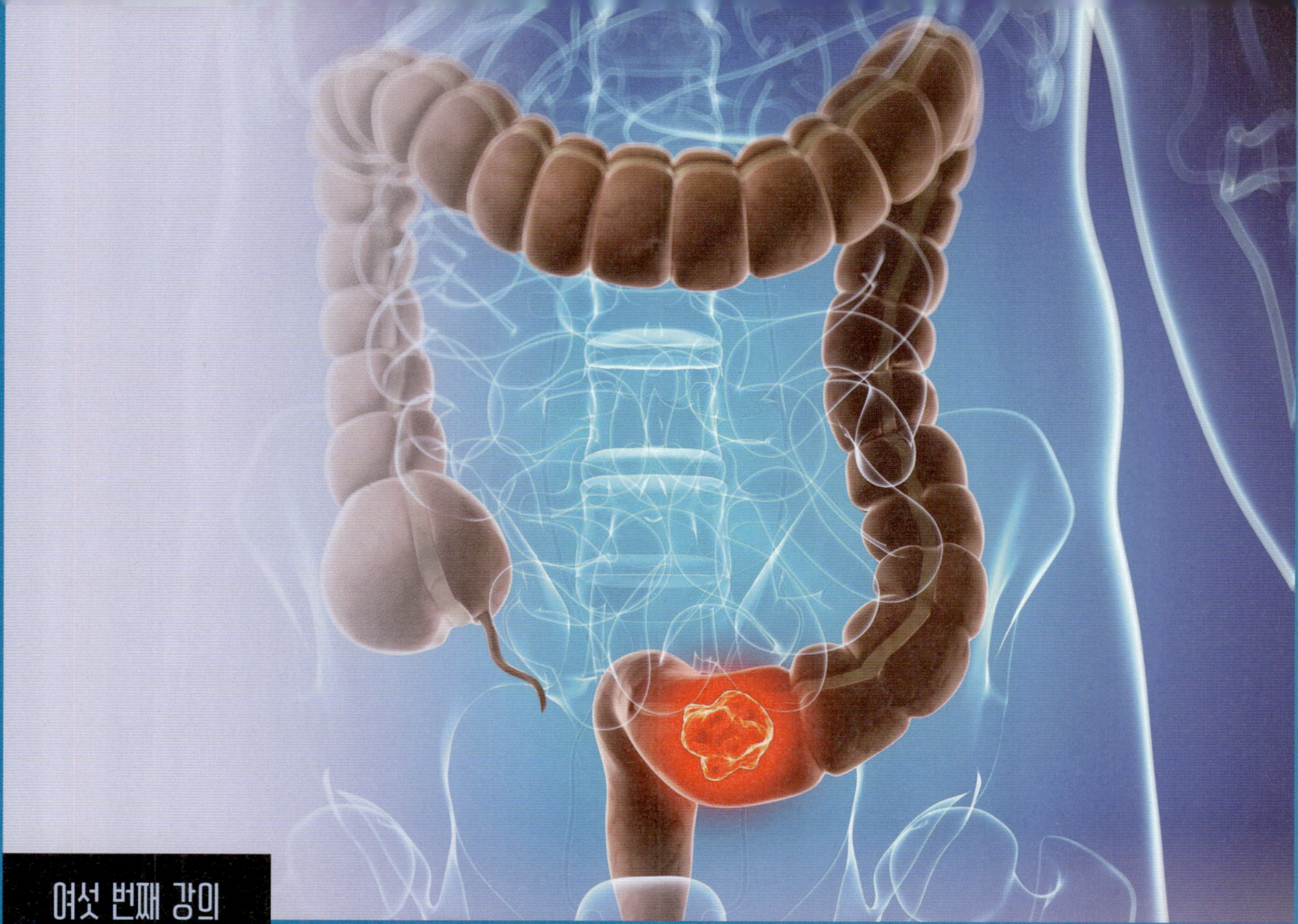

여섯 번째 강의

6 세포분열과 암

6.1 염색체

사람의 경우 세포당 약 1.8m나 되는 길이의 DNA가 직경이 겨우 10μm 정도인 핵 안에 위치한다. 이렇게 긴 DNA가 어떻게 세포 안에 존재할 수 있을까? 진핵세포에 있는 DNA는 단백질과 함께 비좁은 공간에서 포개어지는 아주 특별한 압축 기술을 가지고 있기 때문이다. DNA 이중나선은 하나의 긴 실 모양을 하고 있는 것이 아니라 46개의 조각으로 나누어져 있고, 각각의 조각은 단백질과 함께 무척 꼬인 구조로 되어 있다(**그림 6.1**). DNA와 단백질로 된 이 구조는 압축 정도에 따라 염색사chromatin 또는 염색체chromosome로 구분되어 불린다. 염색체는 세포분열 시에만 형성되는 것으로 압축의 정도가 가장 높으며 짧고 두툼한 구조를 가진다. 염색체는 세포분열을 통해 DNA를 딸세포에게 안전하게 전달하기에 적합한 구조를 가진다.

염색사와 염색체

핵에 있는 DNA는 히스톤histone이라 불리는 단백질을 감고 있다(**그림 6.2**). 마치 실패에 실이 감겨 있듯이 히스톤 단백질 8개가 모여 있는 구조 주위를 DNA가 감싸고 있는 10nm 두께의 뉴클레오솜nucleosome을 형성한다(**그림 6.3a**). 뉴클레오솜 형성으로 DNA의 직선 길이는 약 1/10,000배 정도로 압축된다. 이 단계에서는 DNA가 뉴

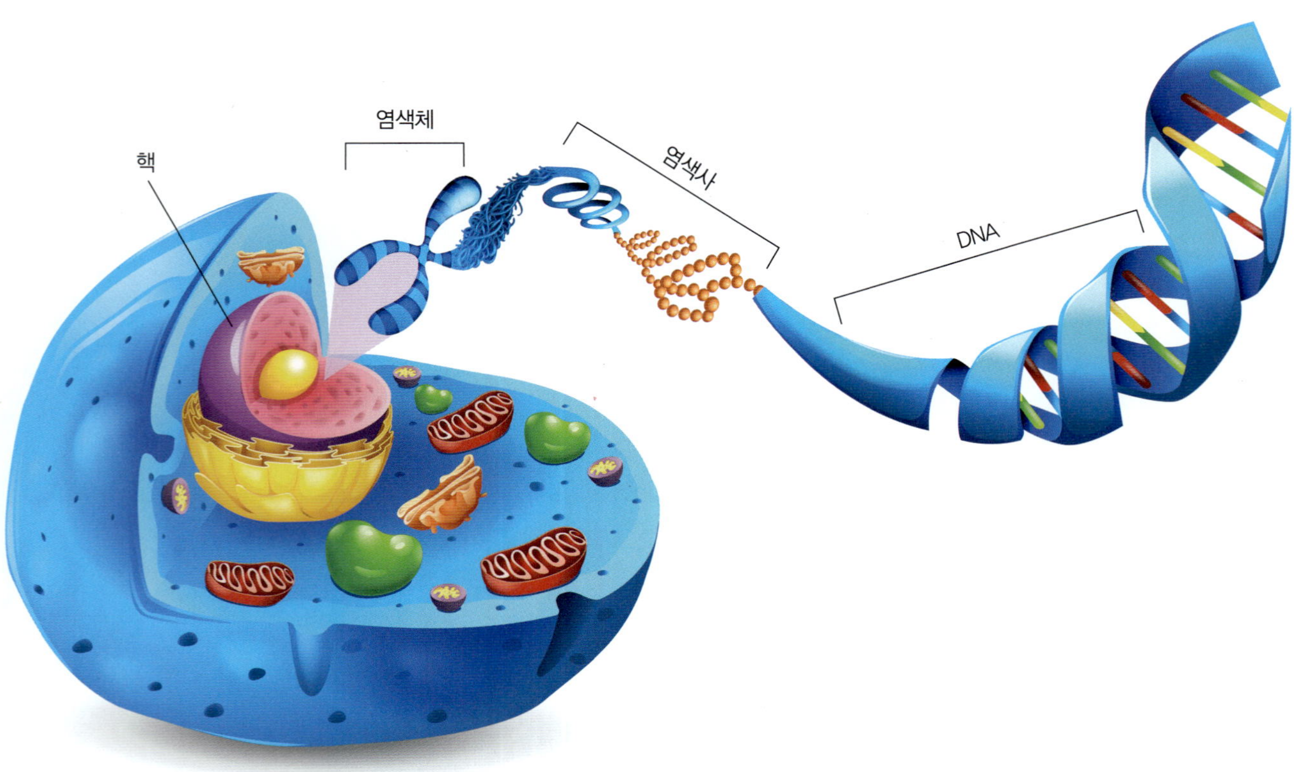

그림 6.1 염색사와 염색체

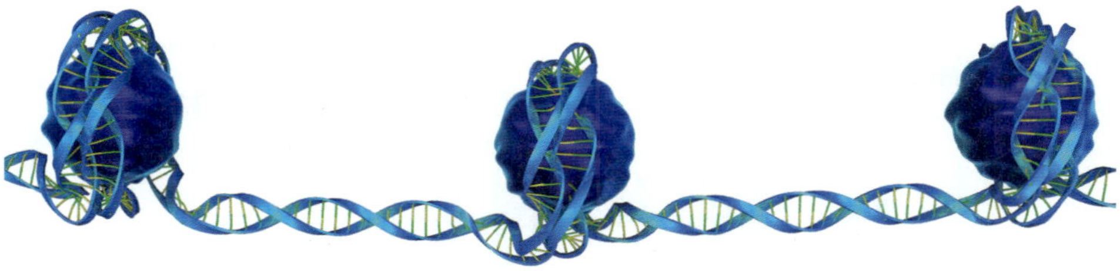

그림 6.2 히스톤을 둘러싸고 있는 DNA. 뉴클레오솜들 사이에 단백질과 결합되지 않는 DNA가 보인다.

클레오솜에 감기어 있는 부분과 뉴클레오솜들 사이에서 히스톤에 감기어 있지 않은 부분(연결 DNA)으로 나뉜다(그림 6.2). 다음 단계로 뉴클레오솜들이 서로 근접하면서 DNA/히스톤 가닥은 두께가 굵어진다. 가닥은 점점 꼬이고 꼬인 구조가 다시 꼬이는 방식으로 이 가닥의 두께는 30nm에서 수백 nm 정도로 두꺼워진다(**그림 6.3b**). 두께는 바로 DNA의 압축 정도에 비례하는 것으로 볼 수 있다. 지금까지의 압축 정도를 가진 DNA/히스톤 가닥을 염색사라 한다. 염색사는 세포 활동에 따라 압축 정도가 변할 수 있다. 특정 DNA 지역에선 압축이 풀어지면서 RNA 중합효소 등 단백질이 접근하여 DNA는 정보 전달의 기능을 할 수 있다. 염색사는 DNA 가닥보다는 한층 두꺼워졌지만 아직 광학현미경으로 관찰하기에 충분히 굵지 않다. 염색사는 바닥에 흐트러져 있는 국수 가닥처럼 핵 안에 넓게 펴져 있다.

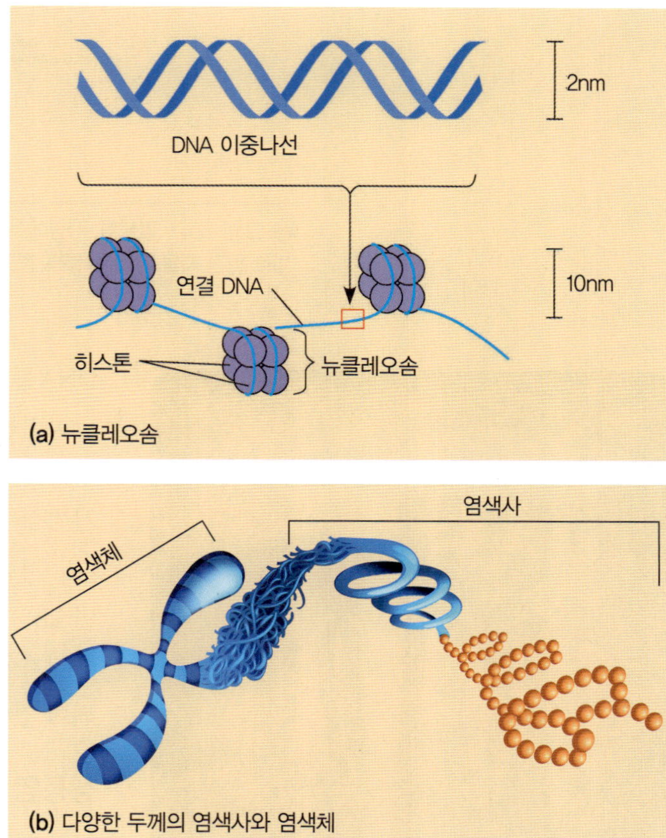

그림 6.3 DNA의 압축

세포가 세포분열을 준비하는 단계에 이르면 염색사가 더욱 꼬여 꼬마 소시지처럼 짧고 굵어진 모양의 염색체를 형성한다(**그림 6.3b**). 염색체의 두께는 1400nm나 될 정도로 압축이 많이 된 구조로 염색체 하나의 평균 길이는 4nm 정도에 지나지 않는다. 46개 염색체의 전체 길이는 200nm(1nm는 10^{-9} m)로 압축되지 않을 때의 1.8m의 DNA 길이가 이처럼 짧아진 것이다.

염색체는 염색사가 더욱 압축된 구조로, 염색체에서의 DNA는 더 이상 히스톤 이외의 다른 단백질과의 결합은 불가능하며 유전자 발현 등 DNA 기능은 멈춘다. 염색체란 '염색이 되는 물체'라는 의미로 색소를 흡수하여 광학현미경으로도 관찰이 가능하다. 이사 갈 때 잡다한 짐들을 한곳에 모아 압축된 상태로 옮기듯이 세포분열하는 세포는 핵 안에 넓게 펴져 있는 염색사들을 염색체로 포개어 딸세포로 옮긴다.

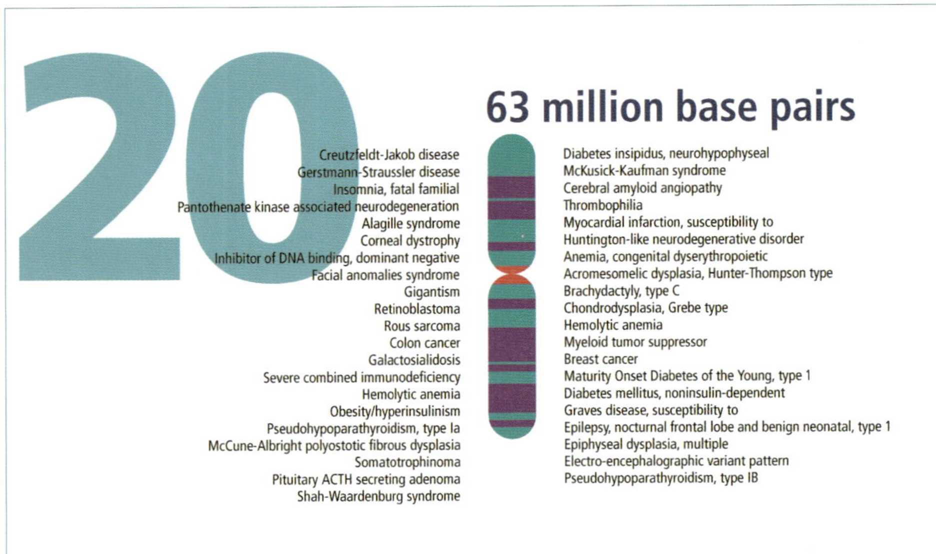

그림 6.4 **염색체.** 사람에서 46개 염색체 중 하나인 20번 염색체는 크기가 약 6000만 kb(1kb=1000염기)로 인간 지놈 전체에서 2% 정도를 차지하고 있다.

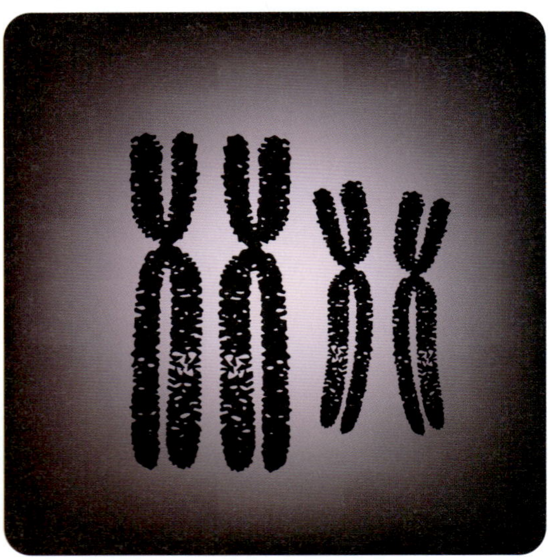

상동염색체

DNA를 잃거나 손상되지 않고 정확하고 안전하게 딸세포에게 전달하려는 어버이 세포들의 작품이 염색체이다. 이런 혁신적인 압축 기술로 1.8m 길이의 DNA 이중나선이 비좁은 핵 안에서 염색사 또는 염색체로 존재할 수 있는 것이다.

사람의 46개 염색체 중 하나인 20번 염색체는 길이가 6,000만 kb나 되고 727개의 유전자들이 위치하고 있다(그림 6.4). 이들 유전자에 의해 생겨나는 다양한 형질들의 대략적인 위치가 표시되어 있다.

상동염색체

사람이 46개의 염색체들을 가지듯이 각 생명체들은 고유한 염색체 수를 가진다. 또한 대부분의 염색체들은 쌍으로 있는데, 가령 사람은 46개 염색체가 23쌍으로, 고릴라는 48개 염색체가 24쌍으로, 완두는 14개 염색체가 7쌍으로 되어 있다. 쌍으로 되어 있는 이들 두 개의 염색체를 상동염색체homologous chromosome라 하며(그림 6.5a), 이 중 하나는 아버지로부터 다른 하나는 어머니로부터 물려받은 것이다. 각 생물의 상동염색체의 상태를 **핵상**이란 용어로 표현한다. 즉 사람, 고릴라와 완두처럼 두 개씩의 상동염색체가 쌍으로 되어 있는 경우를 $2n$의 핵상으로 표현한다. 상동염색체 쌍 중 한쪽 염색체들, 즉 한 벌의 염색체 세트를 $1n$ 핵상이라 하며 생식세포들은 $1n$ 핵상을 가진다. 핵상과는 다르게 **핵형**은 현미경으로 관찰되는 각 생물체의 염색체의 수, 염색체의 크기, 동원체(다음 문단에서 설명됨)의 위치, 염색분체의 형태 등을 말한다. 사람이 가지는 46

핵상
핵의 염색체 구성상태, 즉 1n과 2n을 의미한다.

핵형
한 생명체의 염색체 전체를 크기, 형태 및 동원체의 위치를 기준으로 배열하여 염색체 전체의 개요를 나타낸 것

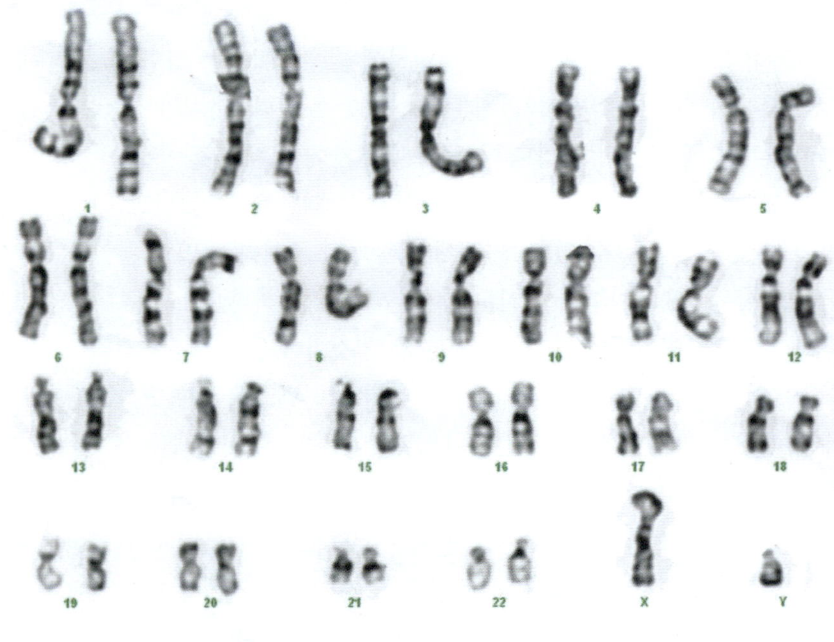

(a) 46염색체의 핵형

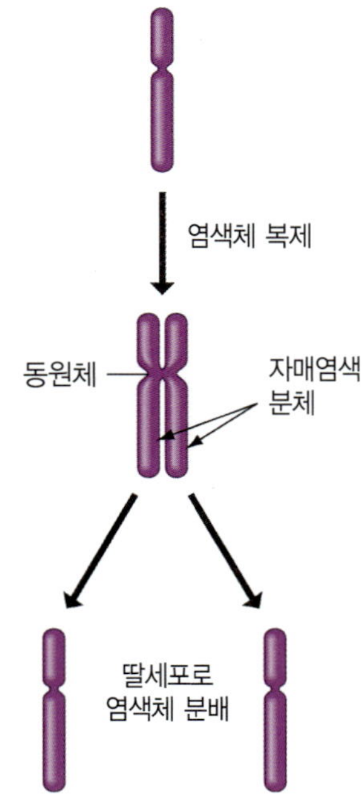

(b) 염색체 구조

그림 6.5 상동염색체. (a) 상동염색체를 이루는 두 염색체의 모습은 매우 유사하다. 염색체를 좌우로 가로지르는 줄무늬는 염색으로 생기는 것으로 염색체 구조에 따른 염색 형태다. 다른 염색을 사용하면 줄무늬가 다를 수 있다. (b) 염색체는 2개의 자매염색분체를 가진다.

개 염색체들의 상동염색체 쌍(1–22번 표시)과 쌍을 이루지 않는 성염색체 X와 Y 염색체들의 핵형이 보인다. 사람의 경우 46개 염색체 중 두 개는 성염색체인 X와 Y 염색체로 남자는 XY, 여자는 XX를 가진다. 즉 여자의 성염색체는 쌍으로 되어 있고 남자는 쌍으로 되어 있지 않다. 성염색체를 제외한 나머지 44개의 염색체를 상염색체autosome라 한다.

염색체는 세포분열 과정의 대부분을 두 개의 자매염색분체sister chromatid로 결합된 상태로 존재한다(그림 6.5b). 세포분열 과정에서 DNA를 복제해서 두 개의 자매염색분체를 형성하여 각각을 두 딸세포에 나누어 전달한다. 세포분열 시에 관찰되는 염색체는 두 개의 자매염색분체들로 이루어진 것으로 이는 복제를 통해 DNA의 양이 두 배로 늘어난 모습이다. 이 두 자매염색분체는 **동원체**centromere라는 구조로 연결되어 있어 H자와 비슷한 모습이다. 복제를 통해 염색체에 포함된 DNA 양이 두 배로 늘어난 것이며 염색체 수가 늘어난 것은 아니다. 한 쌍의 상동염색체는 각 염색체당 2개씩 모두 4개의 자매염색분체를 가진다.

동원체
두 자매염색분체를 이어주는 역할을 하는 염색체의 특정 부분.

상동염색체와 대립유전자

남성에서의 성염색체 XY를 제외하고는 사람의 모든 염색체는 쌍으로 되어 있다. 왜 염색체는 쌍으로 되어 있을까? 23개 염색체 한 벌만 있으면 사람이 필요한 모든 유전자들이 포함될 터인데 왜 상동염색체를 가지고 있을까? 이 질문에 답하기 위해 다음의 경우를 생각해보자. 염색체에 있는 어느 생명현상에 필수적인 유전자(이 유전자가 만들어내는 단백질의 역할이 생명현상에 필수적이라는 의미)에 돌연변이 등의 이유로 이상이 생기면 치명적인 결과를 초래할 수 있다. 하지만 상동염색체가 있으면 한쪽 유전자에 이상이 생겨도 다른 쪽 유전자에 의해 만들어진 정상적인 단백질로 인해 생명현상에는 별문제가 없을 것이다. 즉 염색체를 쌍으로 가지고 있는 것은 생명의 안전장치라 할 수 있다. 염색체가 쌍으로 존재하는 또 다른 이유는, 쌍으로 있어야만 상동염색체가 나누어지는 감수분열이 가능하다. 감수분열로 생겨난 $1n$ 핵상의 생식세포가 있어야만 유성생식이 가능한 것이다(곧 설명됨).

상동염색체에서 쌍을 이루는 유전자들은 같은 단백질을 만들고 이 단백질에 의해 개체의 형질이 결정된다. 이들 유전자는 같은 형질, 즉 같은 단백질을 만드는 데 필요한 정보를 가지고 있지만 이 정보를 이루는 유전자의 염기서열이 같지 않을 수도 있다. 아버지와 어머니가 자라온 환경이 서로 다르듯이 아버지와 어머니로부터 물려받아 쌍을 이룬 상동염색체와 이 안에 있는 유전자들은 서로 다를 수 있는 것이다. 즉 이들 유전자는 같은 종류의 단백질에 대한 정보를 가지지만 유전자의 염기서열이 조금씩 달라 만들어진 단백질은 약간씩 차이가 나거나 아예 단백질을 만들지 못하는 경우도 있다. 마치 같은 휴대폰이라도 제조 회사인 A사(아버지 쪽 염색체)와 B사(어머니 쪽 염색체)에 따라 차이를 보이는 것과 같은 이치다. 상동염색체에서 동일한 위치에 포진되어 있으면서 같은 종류의 단백질에 대한 정보를 가진 두 유전자를 대립유전자allele라 한다(그림 6.6). 완두 씨앗의 표면을 결정짓는 두 대립유전자가 서로 달라 한쪽은 둥근 씨를, 다른 쪽은 주름진 씨의 서로 다른 형질을 보이도록 한다. 즉 모든 유전자는 두 개의 대립유전자들로 되어 있으며, 아버지와 어머니로부터 받은 각각의 대립유전자들은 내 몸에서 다양한 방식으로 나의 형질을 결정한다(7장).

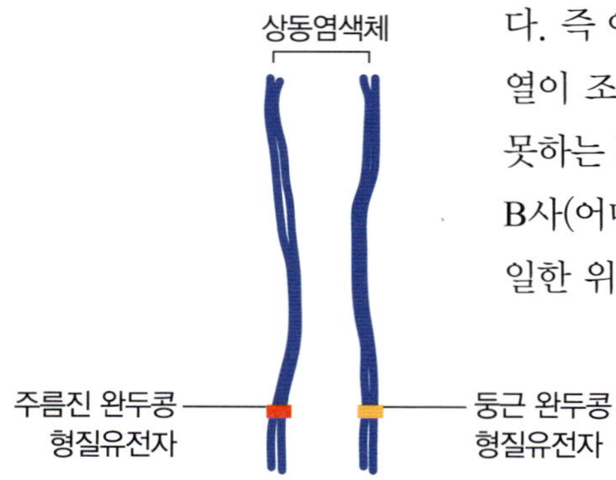

그림 6.6 상동염색체와 대립유전자

후성 유전

앞에서 설명되었듯이 진핵세포의 DNA는 압축된 염색사 안에 갇혀 있다. 염색사에 위치한 특정 유전자가 발현되기 위해서는 RNA 중합효소와 전사조절인자들이 유전자에 접근할 수 있어야 하며 이를 위해서 유전자가 위치한 염색사의 특정 부분에서 압축된 구조가 풀려야 한다. 즉 압축된 정도에 따라 유전자의 발현이 조절될 수 있는 것이다. 염색사의 압축 정도는 전체 DNA에 길이에 걸쳐 일정하지 않고 유전자 발현이 필요한 지역과 필요하지 않은 지역에서 서로 다르다. 염색사의 압축 조절을 통해 발현되는 유전자가 선택되기도 한다.

염색사의 히스톤에 아세틸기($-COCH_3$)를 결합시켜 이 지역의 유전자의 발현을 조절하는 현상이 알려지고 있다(그림 6.7). 히스톤 **아세틸레이스**histone acetylase와

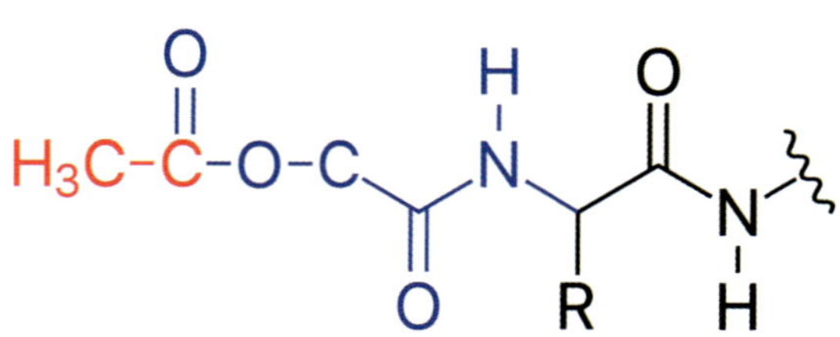

그림 6.7 **아세틸화.** 히스톤 단백질의 N-말단 아미노산에 아세틸기(빨간색)가 acetylase에 의해 결합되고 deacetylase에 의해 분리된다.

아세틸레이스
화합물 중의 수소를 아세틸기($COCH_3$)로 치환하는 효소로 아세틸기는 메틸기(CH_3)를 포함한다.

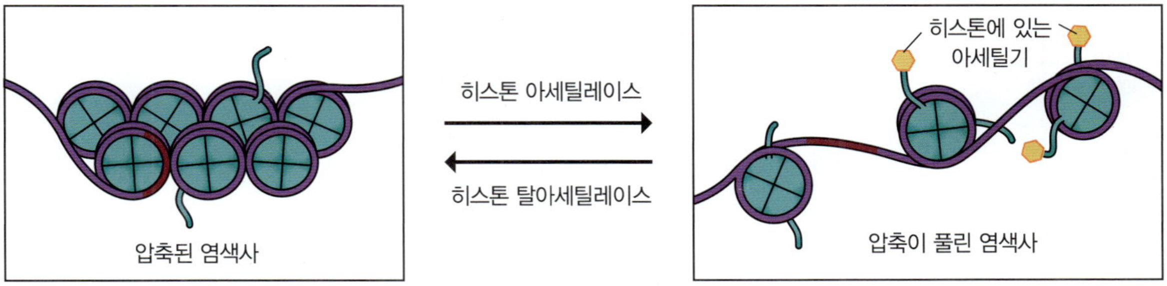

그림 6.8 염색사 리모델링

히스톤 탈아세틸레이스histone deacetylase 효소는 히스톤에 각각 아세틸기를 붙이고 분리시키는 기능을 가진다. 아세틸기가 결합하면 압축구조가 풀어지고, 아세틸기가 분리되면 다시 압축된다(**그림 6.8**). 압축이 풀리는 지역에 RNA 중합효소와 여러 전사조절인자들이 접근하여 전사를 시작한다. 이처럼 염색사의 구조가 변하는 현상을 '염색사 리모델링'이라 한다.

히스톤과 함께 DNA도 메틸화(염기에 CH_3 결합)를 통해 유전자의 발현이 조절된다(**그림 6.9**). 메틸화를 통해 유전자 발현을 장기적으로 정지시키고, 이 상태가 자식에게 유전되기도 한다. 이처럼 염기서열과는 상관없는 형질의 유전을 후성 유전epigenetic inheritance이라 한다. '후성(後成)'은 발생이 종료된 성체에서 얻어지는 후천적 형질을 의미한다. 메틸화는 생활 습관이나 여러 원인들에 의해 조절될 수 있다. 동일한 염기서열을 가지면서 서로 다른 생활환경에서 자란 일란성 쌍둥이가 어른이 되어서 서로 다른 형질을 보이는 원인으로 후성 형질을 꼽기도 한다. 나의 생활 습관이 염기서열을 바꾸지는 못하겠지만 DNA의 메틸화 패턴은 바꿀 수 있는 것이다. 최근 식생활 습관이 후성 유전을 통해 자손들에게 유전될 수 있다는 것이 알려지고 있다. 염기서열로 정해지는 형질과 후성 형질이 합해져서 자손에게 유전된다는 생각이다. 최근 생명과학자들의 많은 관심과 연구가 집중되고 있는 분야다.

그림 6.9 **메틸화.** 염기 C가 메틸화된 모습

6.2 체세포분열

사람이 사람을 출산하듯 세포는 세포를 낳는다. 세포는 세포로서의 기능을 수행하다가 때가 되면 활동을 멈추고 세포분열이라는 출산의 과정을 겪는다. 세포분열을 통해 세포의 수가 늘어나야 몸체도 커지고 장기를 구축할 수 있다.

세포분열은 세포가 단순히 반으로 갈라지는 과정이 아니다. 세포는 세포분열이 시작되기 전에 DNA를 두 배로 늘리고 세포분열을 통해 생겨나는 두 딸세포에 정확히 DNA를 반반씩 나누어 전달한다. 세포의 종류에 따라 수없이 많은 세포분열을 하기도 하지만(예: 피부세포) 신경세포처럼 한 번 생겨난 세포는 평생 분열하지 않기도 한다. 아주 정교한 검문장치에 의해 세포분열은 조절된다. 이 검문장치에 이상이 생기면 세포분열이 되지 않아야 할 세포들이 세포분열을 일으켜 암이 되기도 한다. 1951년 미국의 어느 자궁암 환자에서 얻은 암세포는 지금도 실험실에서 분열을 계속하고 있다.

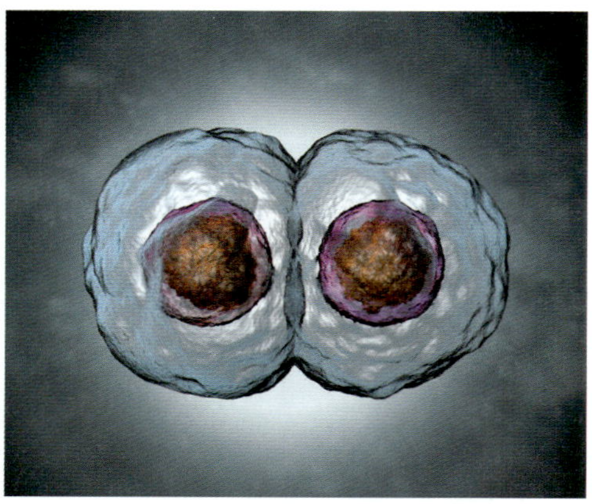

세포분열은 체세포가 분열하는 체세포분열mitosis과 생식세포가 분열하는 감수분열meiosis 두 종류가 있다.

$2n$ 핵상의 체세포가 자기와 동일한 $2n$의 핵상을 갖는 두 딸세포로 분열하는 과정을 체세포분열mitosis이라 한다. 체세포분열에서는 분열 전 세포에서 DNA 복제로 생겨난 두 개의 자매염색분체가 갈라져 두 딸세포로 나뉘어 들어간다(그림 6.10). 하나의 세포가 DNA 복제와 분열를 거쳐 두 개의 딸세포를 생산하는 일련의 과정을 세포주기cell cycle라 한다. 세포주기는 세포분열을 본격적으로 진행하는 세포분열기와 세포분열을 시작하게 전에 DNA 복제 등 세포분열을 준비하는 기간인 간기로 구성된다(그림 6.11a).

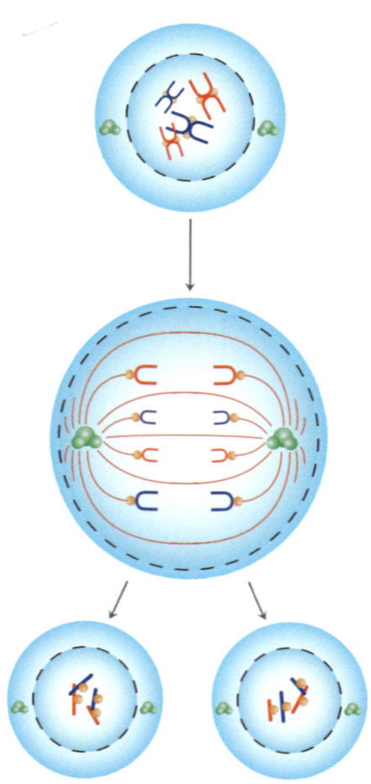

그림 6.10 체세포분열. 체세포분열은 한 염색체에 있는 두 자매염색분체(위)가 분리되어(가운데) 두 딸세포로 나뉘어 들어간다(아래).

간기

간기interphase는 세포주기의 약 90%에 해당하는 긴 기간으로 G_1first gap기, Ssynthesis기와 G_2second gap기의 세 단계로 다시 나뉜다(그림 6.11a). 간기에서의 세포들은 계속 성장을 하며 세포로서의 역할을 수행한다.

G_1기 – G_1기는 체세포분열을 마치고 갓 생겨난 세포들이 성장을 활발하게 하는 기간이다. G_1기의 후반부에는 세포분열을 통제하는 검문의 기능이 있어 세포분열을 하지 않을 세포들은 G_0기에서 일생을 보내고 세포분열을 하고자 하는 세포들은 G_1의 검문(나중에 좀 더 설명됨)을 통과하여 S기로 진입한다(그림 6.11b).

S기 – G_1기의 검문에서 세포분열로의 진입이 결정되면 S기('합성'을 의미하는 synthesis의 약어임) 단계로 접어든다. S기를 'DNA 합성기'라 할 수 있는데, S기가

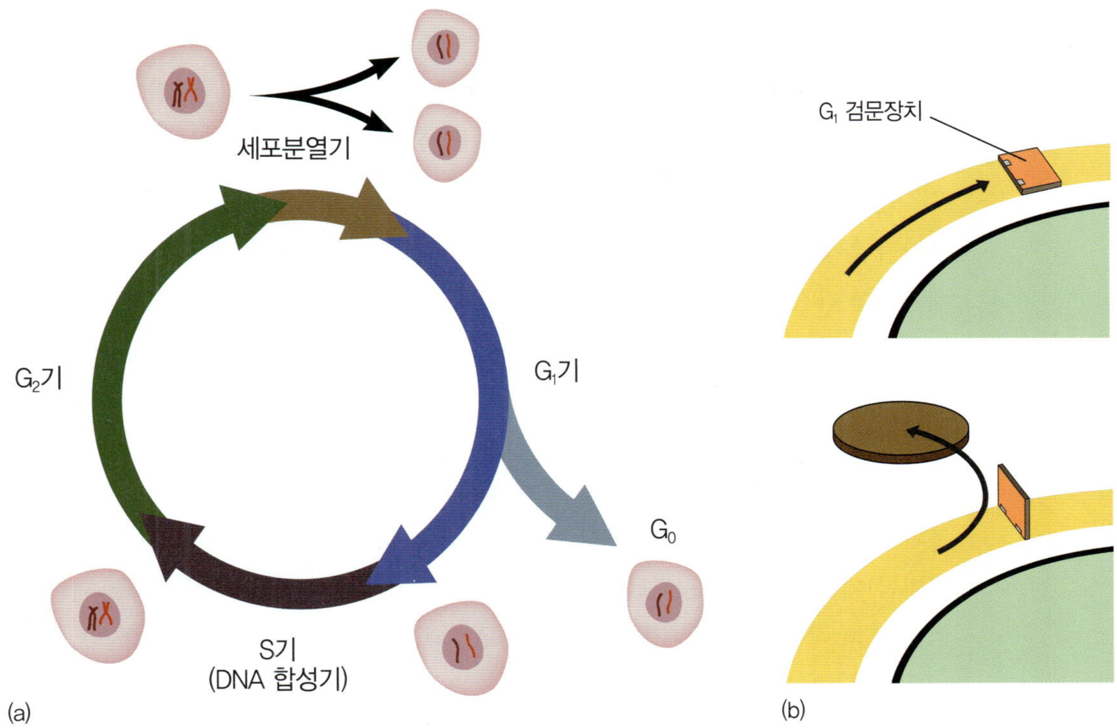

그림 6.11 (a) 세포주기. 세포주기는 세포분열이 구체적으로 벌어지는 세포분열기(M)와 세포분열을 준비하는 간기(G1기, S기, G2기)로 나뉜다. S기에서 DNA 복제를 통해 DNA 양이 두 배로 늘어난다. **(b) G_1 검문.** 세포분열을 결정하는 검문장치 중에서 가장 대표적인 것이 G_1기 후반부에 벌어지는 G_1 검문이다. 여러 주변 여건에 따라 세포분열이 결정되면 S기로 진입하고, 세포분열의 정지가 결정되면 (b) S기로의 진입이 이루어지지 않고 G_0기로 진입한다.

마쳐질 무렵이면 DNA 복제가 완성된다. 복제는 염색사 상태에서 벌어진다.

G_2기 – G_2 단계가 시작되면 세포는 계속 성장을 하면서 세포분열의 준비를 마친다. G_2기에서는 세포분열에 사용될 두 개의 중심체가 생겨난다. S기를 통해 DNA 양이 두 배로 늘어난 염색사는 짧아지고 응축되어 염색체로 변해간다. 각 염색체는 2개의 염색분체를 지닌다.

간기의 S기와 G_2기를 거치면서 세포분열의 준비를 마친 세포들은 세포가 실제로 체세포분열을 하는 세포분열기로 접어든다. 세포의 종류에 따라 상당히 다르지만 빠르게 체세포분열하는 동물세포는 대략 24시간에 걸쳐 세포주기를 마친다. 이 동물세포를 기준으로 각 주기당 걸리는 시간은 다음과 같다.

G_1기 11시간
S기 8시간
G_2기 4시간
세포분열기 1시간

대체로 G_1기가 가장 길고 세포분열기가 가장 짧다. 세포분열을 결정하고 준비하는 기간은 길어도 실제로 세포분열을 실행하는 기간은 짧은 것이다.

세포분열기

세포분열기는 진행되는 순서에 따라 전기, 중기, 후기와 말기의 네 단계로 구분된다. 동물세포를 예로 각 단계별로 벌어지는 특징적인 현상들을 살펴보자.

방추사
방추사는 튜블린이라는 단백질의 연결로 이루어진 다발 구조로 길이가 짧아지면서 염색체의 이동을 유도한다.

전기 – 전기prophase에는 핵과 세포질 모두에서 변화가 나타나기 시작한다. 염색사가 압축되기 시작하여 전기의 전반부(전중기라 하기도 함)에는 두 개의 자매염색분체를 가진 염색체들이 뚜렷이 관찰된다(그림 6.12a). 세포질의 양쪽 끝부분에 있는 중심체로부터 단백질들이 연결되어 탄력 있는 긴 밧줄모양의 **방추사**spindle fiber가 뻗어 나오기 시작한다. 전기의 후반부에는 핵막(흰 점선)이 소실되고 방추사가 동원체에 결합되기 시작한다.

중기 – 중기metaphase가 되면 염색체들은 세포의 한가운데의 적도면(특별한 구조가 있는 것이 아니라 세포 양쪽의 중심체들로부터의 정중앙을 가르는 지역임을 의미함)에 배열된다(그림 6.12b). 각 염색체들에 있는 두 자매염색분체는 동원체 지역을 통해 각각 서로 반대쪽의 중심체들로부터 뻗어 나온 방추사와 결합한다. 핵막

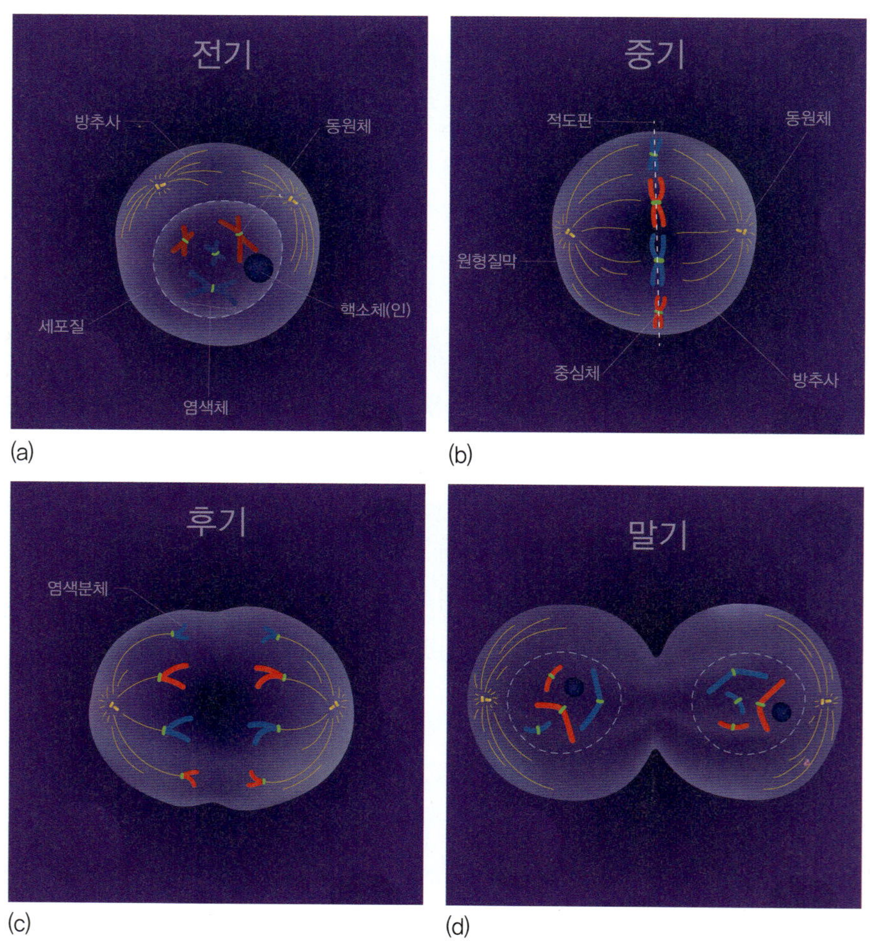

그림 6.12 **체세포분열기의 단계들.** (a) 전기 (b) 중기 (c) 후기 (d) 말기

은 보이지 않는다.

후기 – 후기anaphase에는 동원체에 결합되어 있던 방추사가 짧아지며 방추사에 연결되어 있는 두 자매염색분체가 분리되어 세포의 양쪽 끝 지역에 있는 중심체 쪽으로 이동한다(**그림 6.12c**).

말기 – 말기telophase에서는 염색체들이 모여 있는 세포의 양쪽 지역들 주위에 핵막이 새로 생겨나며 동일한 염색체를 가진 두 개의 핵이 만들어진다(**그림 6.12d**). 세포분열의 마지막 단계로 핵과 세포질이 두 개의 딸세포로 나뉜다. 세포의 한가운데가 함몰되면서 세포질이 갈라지는 세포질분열이 벌어지고 두 개의 딸세포가 완성된다. 말기의 대부분은 세포질분열 기간과 겹친다.

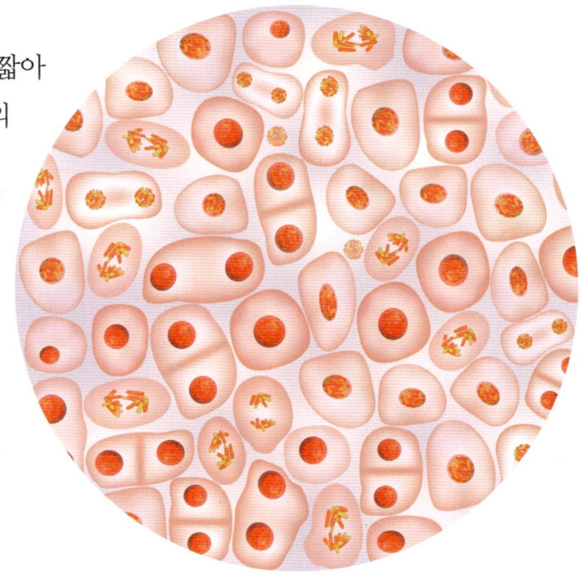

그림 6.13 양파 표피세포들이 다양한 세포분열 단계의 세포들을 보여준다.

이와 같은 체세포분열을 통해 46개의 염색체를 가진 체세포는 정확히 동일한 46개의 염색체를 가진 두 개의 두 딸세포로 변모한다. S기에서 벌어지는 DNA 복제를 통해 DNA의 양은 두 배로 늘어나지만 염색체 수와 핵상은 체세포분열 이후에도 변동이 없다. 우리 몸의 세포 하나하나는 세포주기의 어느 단계를 지나고 있다(**그림 6.13**).

세포주기의 조절

세포분열의 각 단계를 통과하여 다음 단계로 진입하는 과정은 복잡한 검문 절차를 필요로 한다. 가령 무슨 이유로 DNA가 손상되었거나 돌연변이가 되어 있다고 가정해보자. 이 세포는 DNA를 수선하여 정상적으로 회복시키던지 아니면 세포분열을 멈추어야 한다. 이런 DNA의 상태가 인지되어 세포주기가 멈추도록 하는 검문 과정이 존재한다. DNA 상태뿐만 아니라 세포를 둘러싸고 있는 다양한 환경조건들은 세포주기와 밀접하게 연관되어 있다. 정상적인 DNA를 가지고 있고 세포분열을 해야 되는 환경에서 세포분열이 시작되어야 하는 것이다.

세포주기의 여러 단계는 엄격한 검문을 거쳐 다음 단계로의 진입이 결정된다. 이 결정에는 두 종류의 단백질 Cyclin과 'Cyclin 의존적 **인산화효소**cyclin-dependent

인산화효소
특정 분자에 인산기를 붙여주는 효소.

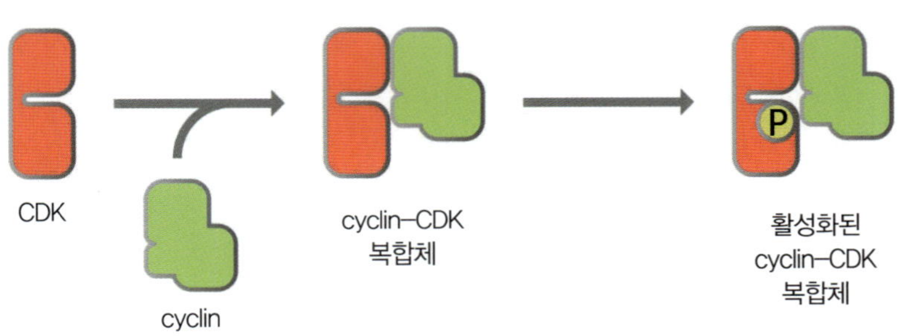

그림 6.14 Cyclin–CDK 복합체

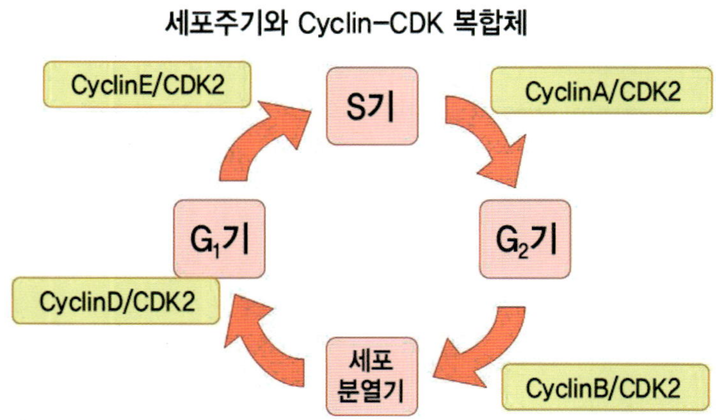

그림 6.15 주기별로 작용하는 Cyclin과 CDK 종류

kinase(CDK)'가 중요하게 작용한다(그림 6.14). 'Cyclin-의존적'은 짝이 되는 Cyclin이 있어야 CDK가 활성화(다른 단백질을 인산화시킬 수 있음)된다는 의미이다.

세포주기 단계별로 작용하는 Cyclin과 CDK의 종류는 서로 다르다. 종류는 CDK는 서로 다르다. Cyclin은 네 종류가 있어 G_1, S, G_2와 세포분열기에 맞추어 작용한다(그림 6.15). 가령 G_1기에는 CyclinE가 CDK2와 복합체를 이룬다. 활성화된 CDK2는 다음 단계인 S기에 필요한 단백질(가령 DNA 복제 담당)을 인산화시켜 S기가 진행될 수 있도록 한다. G2 후반부에 CyclinB는 CDK1과 복합체를 이루어 활성화된 CDK1으로 하여금 세포분열기에 작용하는 단백질을 인산화시켜 세포분열기가 진행되도록 한다.

진핵세포는 세포주기 동안 세 곳에서 검문소를 가진 것으로 알려져 있다 - G_1, G_2와 세포분열기 검문소. 각 검문소에서는 여러 종류의 단백질checkpoint protein들이 세포의 여러 상태를 확인하여 주기를 진전시킬 것인지를 결정한다. 앞에서 설명되었듯이 G_1 검문소는 S기로의 진입할지를 결정한다. 즉 세포분열을 할 수 있는 상태를 확인하는 것이다. 이 검문소의 주요 기능 중 하나는 DNA 손상을 확인하는 것이다. 손상이 확인되면 CyclinE-CDK2 형성과 CDK2 활성화가 억제되어 S기로의 진입이 정지된다. G_2 검문소는 주로 DNA 복제가 제대로 이루어졌는지와 세포분열에 필요한 단백질들이 제대로 준비되어 있는지를 확인한다. 마지막으로 세포분열기 검문소는 주로 방추사가 모든 염색체의 동원체에 제대로 결합되어 있는지를 확인한다. 검문 결과 잘못된 것은 수선하거나(수선되면 다음 주기로 진입), 수선이 안 되면 세포주기를 멈추도록 한다. 검문소에서 작용하는 많은 종류의 단백질 유전자에 이상이 생기면 검문 기능이 손상되어 세포분열이 멈추어야 할 곳에서 세포분열이 벌어지는 암이 발생할 수도 있는 것이다.

6.3 암

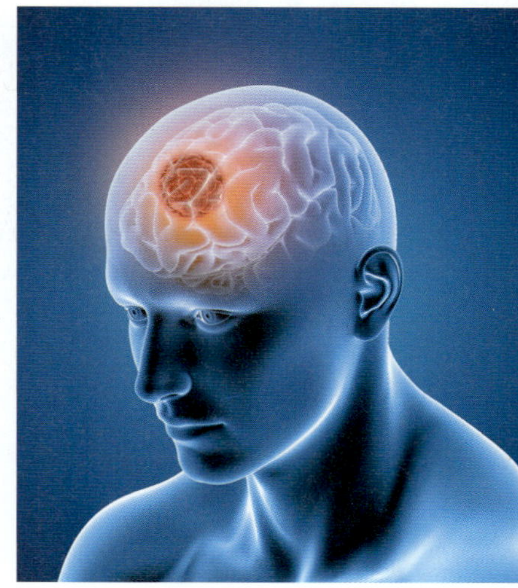

암cancer은 세포들 중 일부가 무절제하게 체세포분열하여 특정 모양과 기능이 없는 세포덩어리인 종양tumor을 형성하는 질병을 말한다. 이 세포들은 정상적인 조직이나 기관을 파괴하거나 기능을 방해하고, 치료가 되지 않으면 궁극적으로 죽음으로 몰아간다. 세계적으로 암은 심장 질환과 함께 대표적인 사망 원인이다. 한국의 경우 암이 제1의 사망 원인이고, 전체 사망자의 1/4은 암 때문이다. 기대수명이 늘어나면서 암 진단자의 수는 증가 추세에 있다. 2016년 한국암정보센터의 자료에 의하면 82세까지 사는 남녀가 암에 걸릴 확률은 평균 35% 정도나 된다 한다.

암세포는 얼마 전만 해도 정상세포였다. 정상세포의 유전자가 여러 가지 이유로 손상된 후 복구가 되지 않고 축적되면 이 정상세포는 암세포로 돌변하게 된다. 이 암세포들은 끊임없이 분열하고 성장한다. 대부분의 암은 앞서 학습한 세포주기 조절에 연관된 검문소 단백질, 세포 외부와 내부의 신호와 검문소 사이의 신호전달 단백질들의 유전자 또는 세포분열에 직접 참여하는 단백질의 유전자들에 이상이 생겨 발생한다. 이들 유전자의 염기서열에 돌연변이가 생기면 세포분열이 제대로 조절되지 않는다.

암세포는 증식하면서 주위 조직으로 파고들어가는 침윤invasiveness 현상을 보이기도 한다(**그림 6.16a**). 암세포는 증식하면서 혈관을 새로 만들어(신생혈관) 영양분을 공급받고 환자를 해치면서 무서운 속도로 증식해 나간다. 암세포는 세포막의 변질로 인해 세포 사이의 접착이 약해져 세포가 분리된 후 혈관이나 림프관을 타고 다른 조직으로 옮겨가는 전이metastasis 현상을 보이기도 한다(**그림 6.16b**). 암세포는 점점 크기가 커지면서 DNA 양도 많아지고 세포소기관의 수도 증가하여 괴물 같은 모습의 세포가 된다(**그림 6.16c**). 암이 유발되는 것은 이와 같이 한 단백질, 즉 한 유전자의 손상에 의하여 생기는 단순한 변화 때문이 아니라, DNA 복제, 세포의 크기, 세포 모양의 변화, 세포소기관의 생산 등에 관련되는 여러 단백질(유전자)들의 비정상에 의한 것이다. 때문에 암의 발생 빈도는 보통 이런 비정상의 축적이 충분히 이루어지는 나이가 든 사람에서 높아진다.

암은 약 10% 빈도로 유전 요인에 의해 발생하지만 나머지는 후천적인 원인에 의한다. 약 80%의 암은 직간접적으로 발암물질carcinogen(암을 발생시키는 물질)에 영향을 받는다. 벤조피렌은 대표적인 발암물질로 담배 연기나 배기가스에 포함되어 있는 것으로 DNA와 결합하여 DNA의 손상을 일으킬 수 있다. 방사선 동위원소, 자외선이나 여러 화학물질은 발암물질로서 DNA 손상이나 유전자 발현에 부정적인 영향을 끼친다.

암은 한 세포의 이상으로 시작한다. 이 세포의 딸세포에서의 추가적인 이상이 축적되면서 정상세포는 암세포로 전환된다. 이런 암세포들은 비정상적인 성장을 통

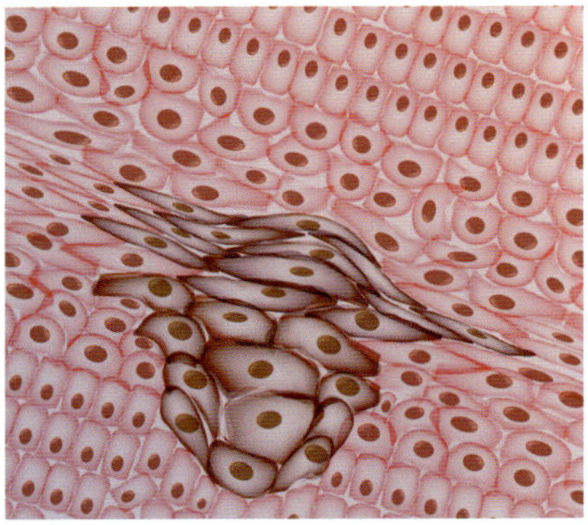

(a) 악성 종양의 침윤

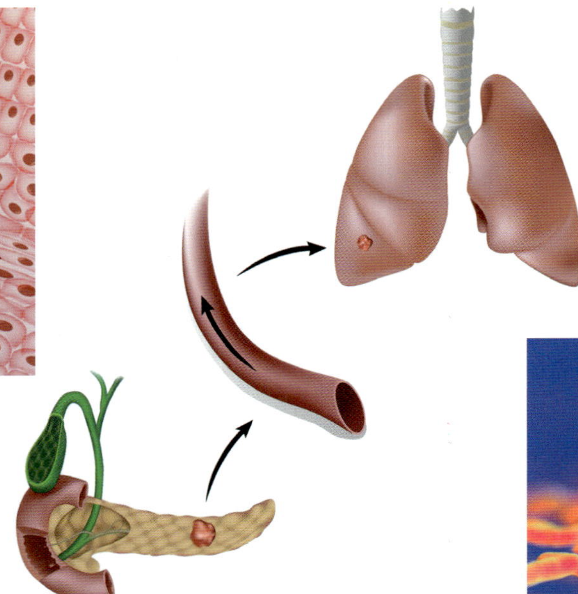

(b) 악성 종양의 전이

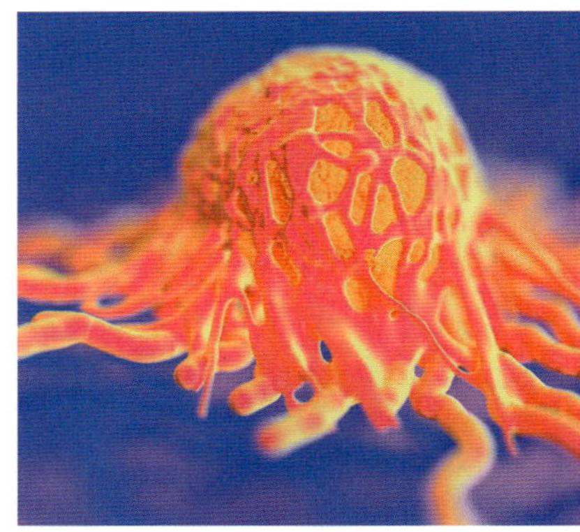

(c) 비정상적인 암세포

그림 6.16 종양

해 암세포들의 덩어리라 할 수 있는 종양tumor이 된다. 종양은 처음에는 양성종양 benign tumor으로 남아 있으면서 성장도 느리고 다른 조직으로 이동하지 않는다. 양성종양에 추가적인 돌연변이가 생기면 몇몇 세포들이 악성으로 변하여 빠르게 성장하고 다른 조직으로 전이되는 악성종양malignant tumor으로 돌변한다.

암유전자와 암 억제 유전자

암은 세포주기의 조절에 연관된 유전자의 이상에 기인한다. 여기에 관여하는 유전자는 크게 암유전자oncogene와 암 억제 유전자tumor suppressor gene로 나눌 수 있다. 암유전자는 정상세포에선 세포분열을 촉진하는 작용을 한다. 암유전자에 돌연변이가 생기면 세포분열이 과도하게 촉진되어 암을 발생시킨다. 자동차로 빗대면 가속기 고장으로 멈춤 없는 과도한 속도로 세포분열을 하는 것이다. 이와는 달리 암 억제 유전자는 정상세포에서 세포분열을 억제하는 역할을 담당한다. 암 억제 유전자에 돌연변이가 생기면 억제 기능이 상실되어 세포분열이 촉진되고 암을 발생시킨다. 브레이크가 고장을 일으켜 세포분열을 멈출 수 없게 된 것이다. 가속기와 브레이크가 손상되면 자동차를 제어할 수 없는 것처럼 이들 두 종류의 유전자에 이상이 생기면 암세포는 무섭게 증식하게 된다.

암유전자는 대부분 성장인자growth factor라는 세포분열을 촉진하는 물질의 신호

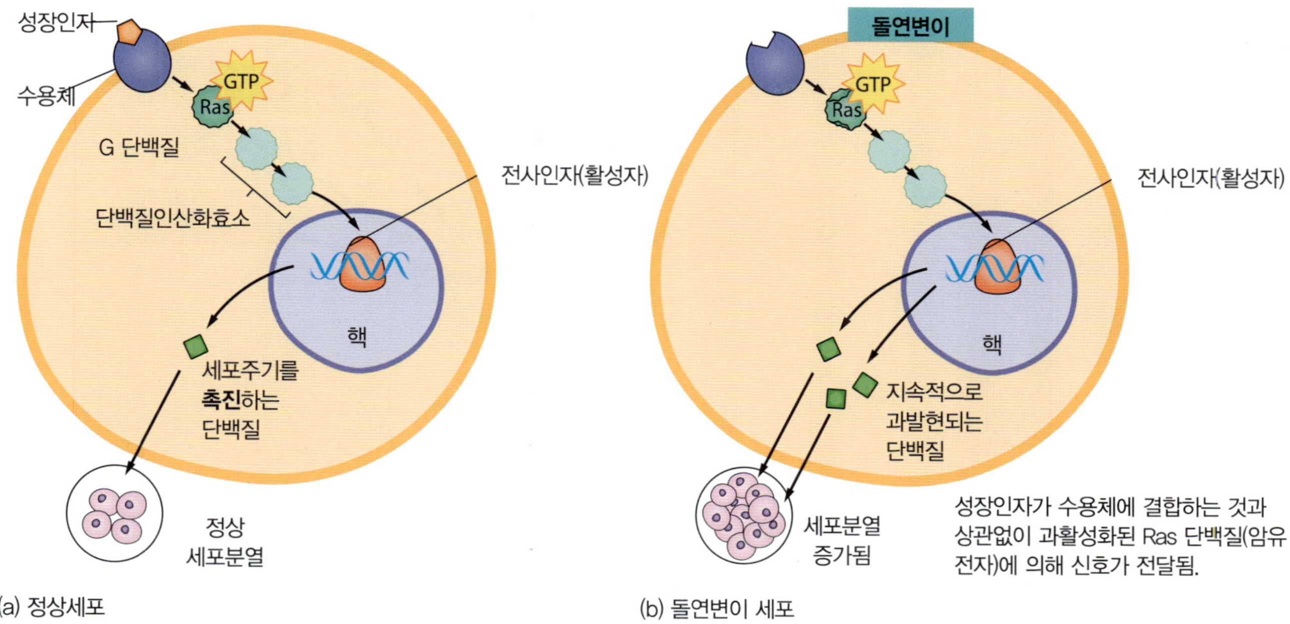

그림 6.17 암유전자 *Ras*와 돌연변이. (a) 정상세포에서 Ras 단백질은 성장인자의 신호를 전달하여 세포분열을 촉진한다. 활성화된 Ras 단백질은 GTP와 결합하고, 활성화가 멈추면 Ras 단백질의 GTP는 GDP로 교체된다. 활성화된 Ras 단백질은 여러 유전자들의 발현을 유도하고 최종적으로 CyclinE/CDK2 복합체를 활성화 시켜 세포는 G_1 검문을 통과하여 S기로 진입하도록 한다. (b) *Ras* 유전자에 돌연변이가 생기면 Ras 단백질에 결합한 GTP는 분리되지 않는다. 활성화가 멈추게 되더라도 GTP가 결합되어 있어 Ras 단백질은 활성화된 상태로 지속적으로 세포분열을 촉진시켜 암을 유발한다.

전달에 참여하는 유전자들이다. 성장인자는 원형질막의 수용체에 결합하여 신호전달과정을 활성화시키고 세포분열을 촉진하게 된다. 대표적인 암유전자로서 이런 신호전달과정에서 중요한 역할을 하는 단백질이 바로 Ras 단백질이다(**그림 6.17**). 복잡한 신호전달과정의 일부에 국한하여 살펴보도록 한다. 성장인자의 결합으로 신호전달과정이 활성화되면 Ras 단백질에 결합되어 있던 GDP는 GTP로 교체된다. 활성화된 GTP–Ras 단백질은 세포분열를 활발하게 하여 세포를 성장시키는 신호전달경로를 활성화시키는 역할을 담당한다. 세포분열이 활성화되지 않는 시점이 다가오면 Ras 단백질은 GTP를 분해하여 GDP와 인산을 생성한다. 이런 방식으로 GDP와 결합된 GDP–Ras 단백질은 세포분열을 촉진하지 못하게 된다. 이때 *Ras* 유전자에 돌연변이가 생기면 GTP가 분해될 수 없게 된다. 즉, 활성화된 GTP–Ras 단백질은 활성화된 상태가 마치 고장 난 가속기처럼 오래도록 지속된다. 세포분열과 성장이 멈추지 못하고 결국 종양이 생겨나는 것이다. Ras 가속기의 고장으로 스위치가 'on'인 채로('off'로 전환되지 않고) 오래도록 남아 있는 것이다. 이렇듯 *Ras*(DNA를 지칭할 때는 이탤릭체를 사용한다) 유전자는 대표적인 암유전자로 현재 발견되는 암 환자의 약 30% 정도에서 *Ras* 유전자에 돌연변이가 발견될 정도이다. *Ras* 유전자의 이상은 앞서 설명된 cyclinE/CDK2 복합체가 비정상적으로 작동하여 G_1 검문 기능이 제대로 작동하지 않게 된다.

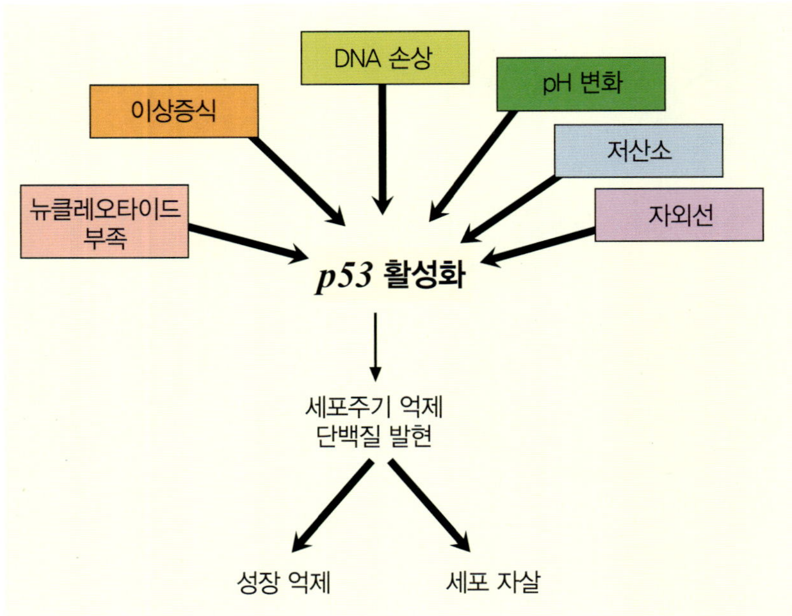

그림 6.18 *p53* 활성의 촉진요인과 기능

암 유전자와는 달리 암 억제 유전자는 세포분열을 억제하는 역할과 게놈의 안정성을 확인하고 유지하는 역할을 담당한다. 대표적인 암 억제 유전자로는 *p53*이 있다. 암 환자의 약 50% 정도에서 이 유전자에서의 돌연변이가 발견되고 있을 정도로 잘 알려진 유전자이다(**그림 6.18**). 폐암, 유방암, 췌장암, 뇌암, 신장암 등 광범위한 암 종류에서 p53 유전자의 돌연변이가 발견되고 있다. '지놈의 수호자'라 불리는 p53 단백질의 주요 임무 중 하나는 손상된 DNA를 가진 세포가 손상이 수선될 때까지 세포분열이 멈추도록 브레이크를 밟는 것이다(그림 6.18). 수선이 곤란할 정도로 손상이 심하면 p53 단백질은 세포를 고사apoptosis시켜 암 발생을 막아준다. 1979년에 발견된 p53 단백질은 G_1 검문소 단백질의 하나로 알려져 있다. DNA가 손상되었거나 손상될 수 있는 여러 조건(자외선, 저산소 등)에서 *p53* 유전자가 p53 단백질을 발현시킨다. p53 단백질은 전사조절인자로서 DNA를 수선하거나 세포분열을 억제시키는 유전자들의 단백질 발현을 촉진한다. p53 단백질이 많아지면 cyclinE/CDK2 복합체 형성을 방해함으로 G_1기에서 S기로의 진입을 막는다. *p53* 유전자에 돌연변이가 생기면 정상적인 G_1 검문에 이상이 생겨 S기로의 진입이 지속적으로 활성화된다.

체세포분열을 조절하는 신호전달에 참여하는 단백질의 종류가 많은 만큼 이들 유전자에서의 돌연변이는 암의 원인이 될 수 있다. 일반적으로 암은 관련 유전자 한 곳에 생기는 돌연변이보다는 여러 곳의 돌연변이가 축적되면서 시작된다. 가령 암 유전자와 암 억제 유전자 모두에서 돌연변이가 생기면 종양이 더욱 빠르게 자랄 수 있다. 어린 나이에 담배를 피우기 시작하면 곧바로 암이 발생하는 것이 아니라 돌연변이가 축적되어 어른이 되어서 암이 발생하게 된다.

이상에서 알 수 있듯이 암 유발과 관련이 되는 유전자의 수는 매우 많다. 암 유발 유전자 프로젝트라 할 수 있는 대형연구사업 등을 통해 광범위한 암 관련 유전자들의 정체가 알려지고 있다. 암으로부터 우리를 보호할 수 있는 가장 중요한 방법은 유전자의 손상을 일으키는 원인으로부터 몸을 멀리하는 것이다. 특히 발암물질로부터 멀리하는 생활습관이 필요하다.

한국인의 암

암은 한국인의 사망 원인 중 1위를 차지한다. 2009년 암으로 사망한 사람의 수는 약 6만 9,000명에 이르며 평균 잡아 하루에 약 170여 명이 암으로 사망한다. 지난 10년간 암을 제외한 주요 사망 원인인 뇌혈관질환, 심장질환 등에 의한 사망은 감소하고 있으나, 암으로 인한 사망은 계속 증가하고 있다. 한국 국립암센터의 통계에 의하면 대부분의 암에서 5년 생존율이 1993~2011년 기간에 높아지고 있으나 췌장암의 경우는 지속적으로 10% 이하의 낮은 생존율을 보인다(**그림 6.19a**). 췌장암과 함께 폐암과 간암의 5년 생존율이 매우 낮다는 것도 주목된다. 또한 남자의 경우 위암과 대장암이, 여자의 경우 갑상선 암과 유방암이 높은 발생 빈도를 보인다(**그림 6.19b**).

최근에는 많이 개선되었지만 식생활도 암 발생의 중요한 요인으로 알려진다.

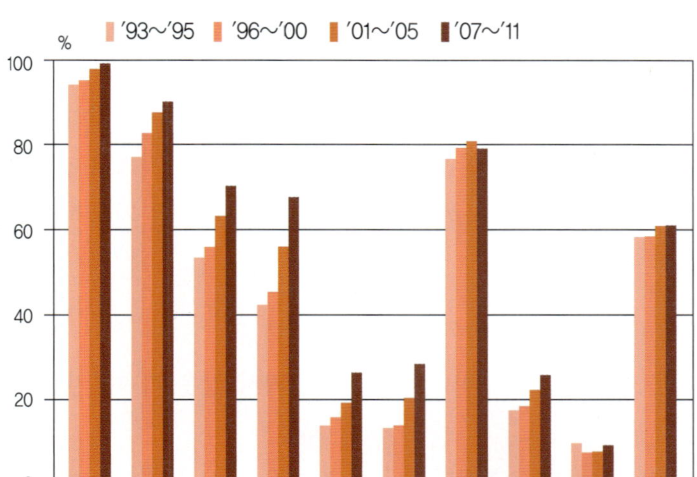

갑상선	유방	대장	위	폐	간	자궁경부	담낭 및 기타담도	췌장암	림프종
95.4	78.0	54.2	42.6	14.2	13.6	77.5	18.0	10.1	58.7
95.9	83.7	56.8	46.0	16.2	14.2	80.0	19.1	8.1	58.9
98.7	88.5	64.1	56.4	19.7	20.3	81.3	22.3	8.1	61.4
99.9	91.3	70.7	67.9	26.8	28.7	80.1	26.1	9.5	61.6
4.5	13.3	16.5	25.3	12.6	15.1	2.6	8.1	0.6	2.9

(a) 암 종류별 5년 생존율과 생존율의 변화

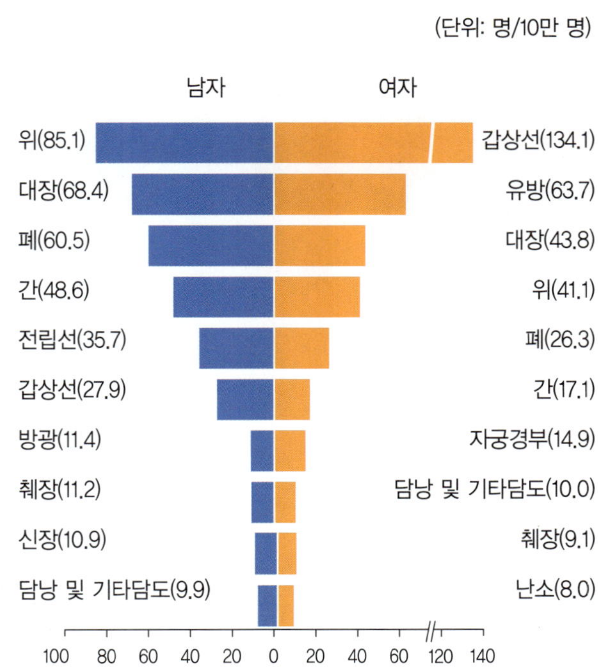

(b) 남녀별 암 종류별 발생 빈도

그림 6.19 한국인의 암(국립암센터 자료)

식생활 습관은 위암, 대장암, 유방암 등에 영향을 많이 미치고 있는데, 유난히 발병률이 높은 우리나라의 위암(남자의 경우 전체 암 발생의 24%, 여자는 15%)은 우리의 식생활과 깊은 관련이 있는 것으로 짐작된다. 위암은 매년 2만 5,000~2만 8,000명의 신규 환자가 발생하고 있으며, 현재 위암의 발생 빈도는 세계에서 가장 높다. 우리나라보다 인구가 6배나 많은 미국의 위암 발생 환자 수가 연 2만 2,000명이라는 사실은 한국의 위암 발생률이 상대적으로 얼마나 높은지를 짐작하게 한다. 짜거나 자극성 있는 음식을 즐기는 우리의 식생활이 문제일 가능성이 높아 보인다. 이 밖에도 간암은 주로 간염을 일으키는 간염바이러스(B, C형)가 주요 원인인데, 우리나라의 경우 백신의 개발로 B형 간염의 예방은 가능해졌다. 자궁경부암의 경우 주요 원인은 인유두종 바이러스로 알려지고 있다.

암 예방과 치료

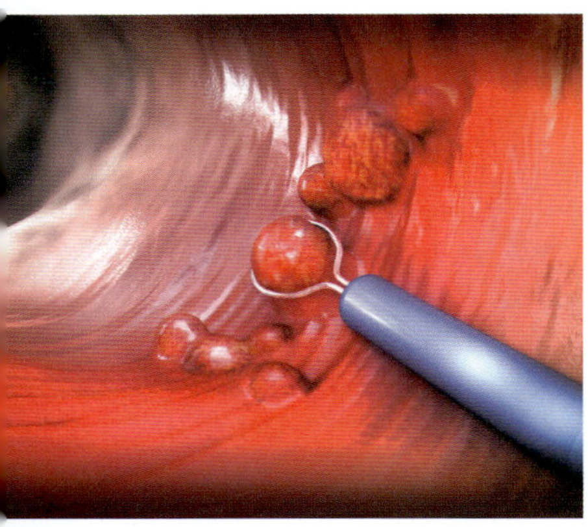

암은 상당히 진행되어 전신에 퍼질 때까지도 특이한 증상이 나타나지 않는 경우가 흔하다. 암이 진행되어 나타나는 증상들도 평상시에 흔히 경험할 수 있는 것들로 병원에 방문하였을 때에는 이미 치료시기를 놓친 경우가 자주 있다. 계속되는 마른 기침은 폐암, 체중감소와 식욕부진 등은 간암, 복부의 불쾌감, 식욕 부진 등은 위암, 통증이 없는 멍울은 유방암 등의 징후인 것으로 알려지고 있다. 내시경을 통해 2~3mm 정도의 종양을 찾아낼 수는 있지만, 몸의 깊은 곳에 있는 종양은 직경이 1cm는 되어야 발견된다. 이 정도면 약 10억 개의 세포가 모여 있는 것이며, 이 중 일부가 이미 다른 조직으로 전이되어 있을 수 있다는 것을 의미한다.

암은 사전에 철저히 대비해야 한다. 앞에서 언급된 발병 원인들을 멀리하는 생활습관을 키워야 하고, 무엇보다 조기에 암을 발견할 수 있도록 정기적으로 진단을 받아야 한다. 대부분의 암은 조기진단을 통해 완치가 가능하다. 다음은 기본적인 암 예방수칙이다.

1. 담배를 끊자. 암의 1/3은 담배가 원인이다.
2. 청결한 생활습관을 몸에 익히자. 바이러스나 검증되지 않은 화학분자를 멀리하자.
3. 건강한 식생활을 갖도록 하자. 훈제되거나 짜고 매운 음식을 피하고 항산화제가 많이 포함된 녹황색 야채를 많이 먹도록 하자. 과음을 피하자.
4. 땀이 날 정도의 운동을 규칙적으로 하자. 혈액순환을 통해 암세포가 자리 잡지 못하게 하자.

전통적으로 많이 사용되는 암 치료법으로는 절제와 같은 수술 요법을 비롯하여 화학 요법 · 면역 요법 · 방사선 요법 등이 있다. 수술은 다른 장기로 암이 전이되지 않은 경우에만 가능하기 때문에 말기 암이나 다른 장기로 전이되기 쉬운 암(췌장암 등)을 치료할 수는 없다. 방사선은 암세포를 괴사시킬 수 있으나 정상세포도 다칠 수 있어 상당한 주의가 요구되는 치료법이다. 화학 요법은 암세포를 괴사시키거나 세포분열을 억제하기 위해 화학물질을 사용하는 것을 말한다. 화학 요법으로 DNA의 합성을 방해하거나 방추사에 결합하여 세포분열을 억제하기도 한다. 화학 요법은 빠르게 증식하는 암세포가 1차 공격대상이지만 정상적인 세포분열을 하는 세포들에도 영향을 줄 수 있다. 화학 요법을 받는 암 환자들이 탈모 등 다양한 형태의 부작용을 보이는 이유다(**그림 6.20**).

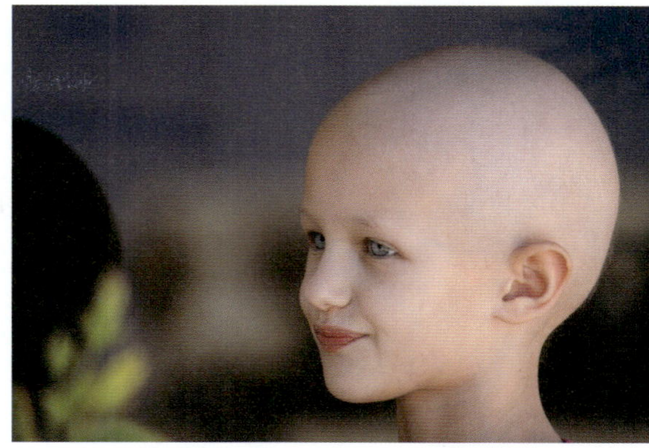

그림 6.20 항암치료

화학 요법과 함께 많은 치료법들이 연구 중에 있는데 대표적인 것으로 표적치료제를 이용한 치료법이 있다. 표적치료제는 모든 세포를 공격하는 기존의 항암치료와는 달리 암세포만을 특이적으로 공격한다. 표적치료제의 가장 큰 장점은 화학 요법에서처럼의 부작용이 작다는 점이다. 지금까지 개발된 표적치료제로는 악성 림프종 치료제 '타세바', 대장암 및 비소세포 폐암 치료제 '아바스틴', 다발성골수종치료제 '벨케이드' 등이 있다.

최근 우리나라 백혈병 환자들에게 큰 희망을 주고 있는 '글리벡'이 좋은 표적치료제의 예이다. 외국제약회사가 이 약을 백혈병 환자들이 감당할 수 없을 정도의 비싼 값으로 공급하여 문제가 되기도 하였다. 골수성 백혈병세포에서는 9번과 22번 염색체 간의 유전자 재조합을 통해 유전자 변형이 발생되는데 이 변형된 유전자에서 새롭게 만들어지는 단백질은 암을 촉진하는 인자로 작용한다. 이 단백질은 ATP와 결합하여 작용하는데, 글리벡이 이 단백질에 결합하면 ATP 결합이 방해를 받아 이 단백질의 작용 또한 방해받게 된다. 결국 이 세포는 암세포로 발전하지 못하고 죽게 된다. 표적치료제에 대한 기대는 당연히 클 수밖에 없다.

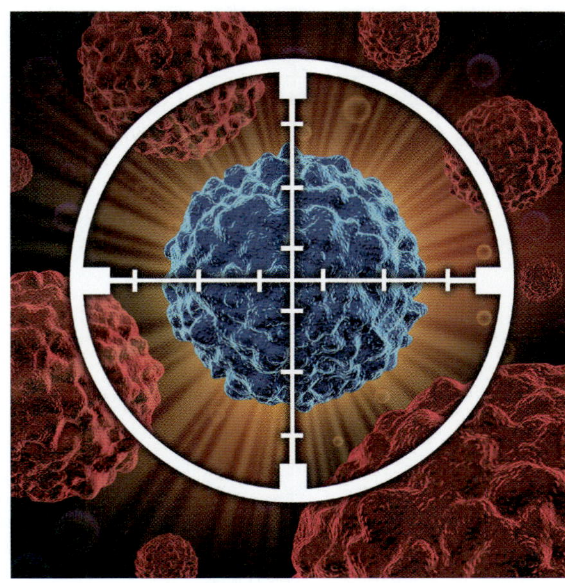

최근 또 다른 항암 요법으로 면역 치료가 많은 관심을 받고 있다. 우리 몸에서 암 세포는 침입자로 인식되어 여러 면역 세포들의 공격 대상이 된다(14장 참조). 특정 면역 세포들을 활성화시키거나 면역 세포를 변형하여 암세포를 공격하게 하는 면역 항암 요법이 여러 암들에서 적용되고 있다.

6.4 감수분열

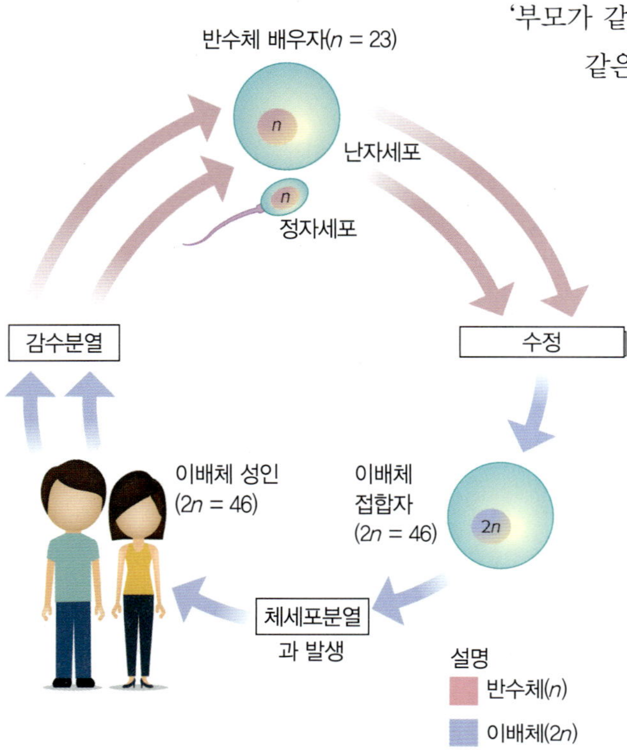

그림 6.21 감수분열과 유성생식. 반수체인 생식세포를 생산하는 감수분열과 수정 후에 벌어지는 체세포분열을 보여준다.

'부모가 같은데 나는 왜 다른 형제들과 다를까?' 정도의 차이는 있지만 같은 부모로부터 태어난 형제 · 자매들이 물려받는 형질은 일란성 쌍둥이를 제외하고는 같지 않다. 형제들 간의 서로 다름, 나아가 지구 생명체의 다양성은 생식세포 난자 또는 정자를 만드는 감수분열meiosis(또는 생식세포분열)로부터 온다. 식물의 생식세포인 꽃가루나 난세포도 감수분열을 거쳐 만들어진다. 감수분열은 남과 여가 있는 생명체에 적용되는 생식세포 제조법이다.

감수분열은 생식기관(여자는 난소, 남자는 정소)에서 46개 염색체($2n$)를 가진 특정 체세포들이 23개의 염색체($1n$)를 가진 반수체 생식세포들로 분열되는 것을 말한다. 감수분열(염색체 수가 반으로 줄어든다는 의미)을 통해 생겨난 생식세포들은 유성생식sexual reproduction에 사용된다. 유성생식에선 $1n$의 핵상을 갖는 정자와 난자가 만나 $2n$ 핵상의 수정란을 만든다(그림 6.21). 감수분열은 두 번의 분열과정(감수1분열과 감수2분열)을 거치면서 하나의 $2n$ 체세포로부터 4개의 $1n$ 생식세포를 생성한다(그림 6.22). 앞서 살펴본 체세포분열과는 다른 방식이다.

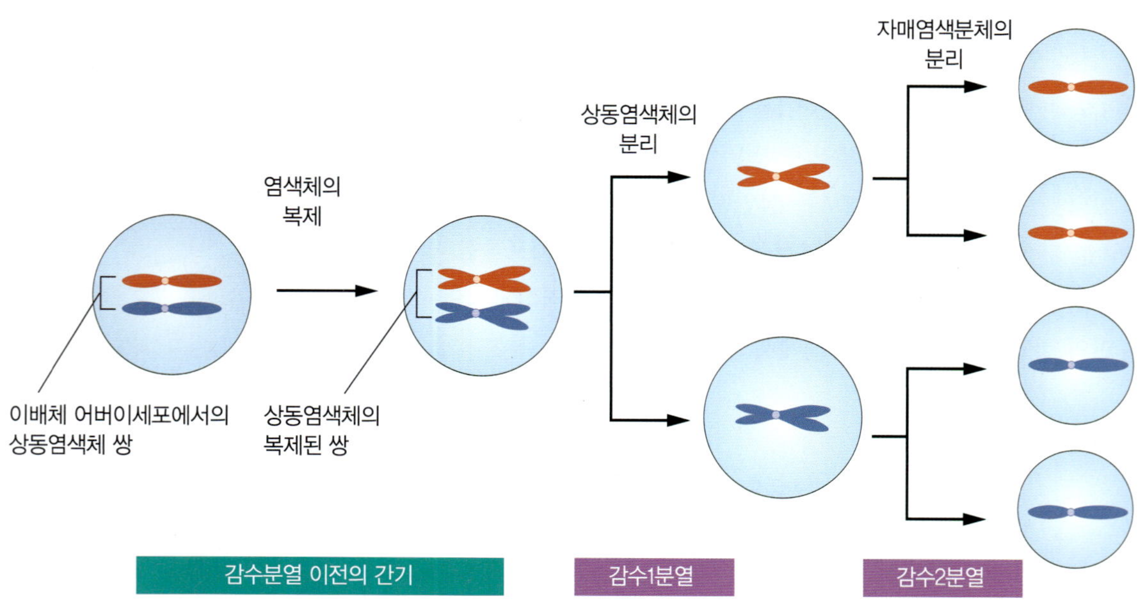

그림 6.22 감수분열 요약. 감수분열은 감수1분열($2n$이 $1n$으로)과 감수2분열($1n$이 $1n$으로)을 거쳐 하나의 $2n$ 세포가 4개의 생식세포를 생산한다.

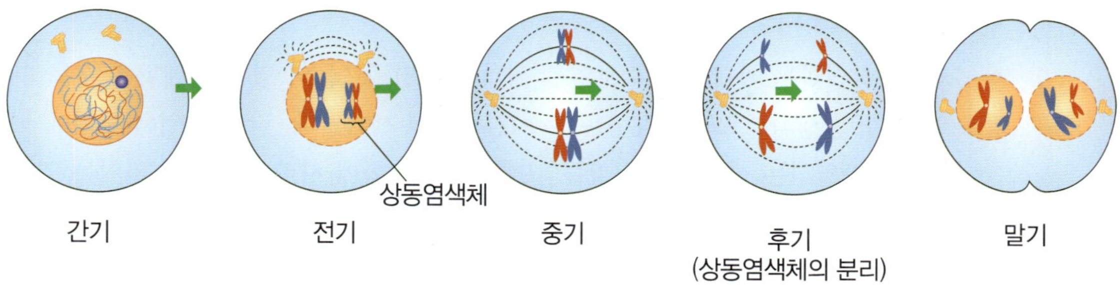

그림 6.23 감수1분열

감수1분열(2*n*이 1*n*으로)

핵상이 $2n = 4$인 가상의 체세포를 예로 감수1분열을 살펴보자(그림 6.23). 감수분열의 시작은 체세포분열과 비슷하다. 감수분열 역시 간기에서 DNA 복제가 이루어진 후 세포분열기로 접어든다. 감수1분열의 전기에는 두 개의 자매염색분체가 동원체로 연결되어 있는 염색체들이 생겨나고 핵막이 소실된다. 중기가 되면서 4개의 염색체는 적도판에 모이는데, 이때의 염색체 정렬 방식은 체세포분열의 경우와 뚜렷이 구별된다. 체세포분열의 중기에서는 4개 염색체가 상동염색체 여부에 관계없이 적도판에 한 줄로 늘어서지만 감수1분열의 경우에는 상동염색체들이 서로 나란히 마주보면서 적도면에 두 줄로 늘어선다(그림 6.23). 후기가 되면 상동염색체는 방추사에 결합되어 세포의 양쪽 중심체 방향으로 나뉘어 이동하며, 말기와 세포질분열을 거치면서 감수1분열이 종료된다. 결과적으로 감수1분열을 거치면서 $2n$의 체세포가 $1n$의 딸세포 2개를 생성한다. 감수1분열을 마친 $1n$ 생식세포의 염색체들은 자매염색분체를 가지고 있다.

감수2분열(1*n*이 1*n*으로)

감수1분열을 마친 세포들은 계속해서 감수2분열을 진행한다. 감수2분열은 체세포분열의 모든 과정과 매우 유사하며 단지 반수체로 시작한다는 점이 다르다. 감수2분열에서는 체세포분열에서처럼 방추사를 통해 두 자매염색분체가 분리된다(그림 6.24). 이처럼 감수2분열은 $1n$의 반수체 세포가 염색체 수는 변하지 않고 DNA 양만 반으로 줄어든 최종 반수체 생식세포로 분열된다.

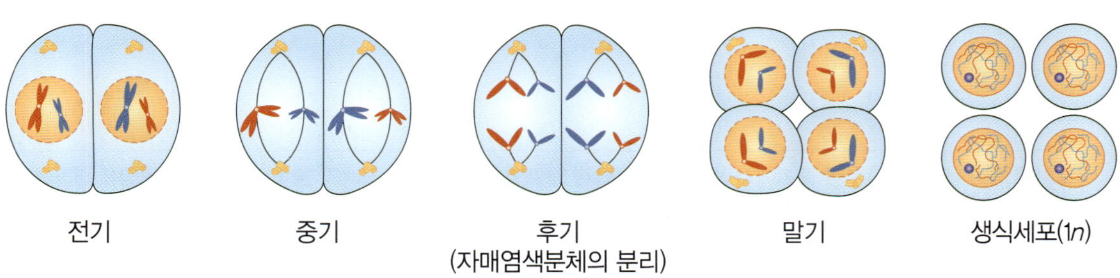

그림 6.24 감수2분열

생식세포의 다양성

체세포분열과는 다르게 감수분열로 생겨나는 딸세포들의 염색체 배합은 서로 다르다. 이런 생식세포의 다양성은 감수1분열에서 생겨난다. 감수1분열의 중기에 적도판에 배열되는 상동염색체 쌍들의 배열하는 조합에 따라 딸세포가 가지는 염색체 구성은 서로 다르게 된다(**그림 6.25**). 한쪽 어버이로부터 온 같은 색의 두 염색체가 모두 적도판의 위쪽 또는 아래쪽에(그림의 배열 방식 1), 혹은 하나는 위쪽에 다른 하나는 아래쪽에 배열될 수 있다(그림의 배열 방식 2). 4개의 염색체(2개의 상동염색체 쌍)를 가진 세포에서 얻어지는 딸세포에서의 조합은 4종류(2^2)이지만 23쌍의 상동염색체들을 가지는 경우에는 딸세포에서 생길 수 있는 조합의 수는 2^{23}로 늘어난다. 가령 어떤 딸세포는 23개 염색체 모두를 아버지쪽 염색체만을 받을 수 있고, 혹은 12개는 아버지쪽, 다른 11개는 어머니쪽 염색체를 받을 수 있다. 이처럼 감수1분열을 통해 얻어지는 딸세포의 염색체 배합은 무척 다양하다. 이처럼 감수분열은 핵상을 반으로 줄이는 것과 함께 생식세포의 다양성을 제공하는 세포분열 방식이다. 나와 동일한 형질의 형제나 자매가 없는 이유이다.

감수1분열의 전기의 중요한 특징으로는 상동염색체 쌍이 매우 근접한다는 것이다. 이때 두 상동염색체들 간에는 DNA 조각들이 교환되거나 한 쪽에서 다른 한

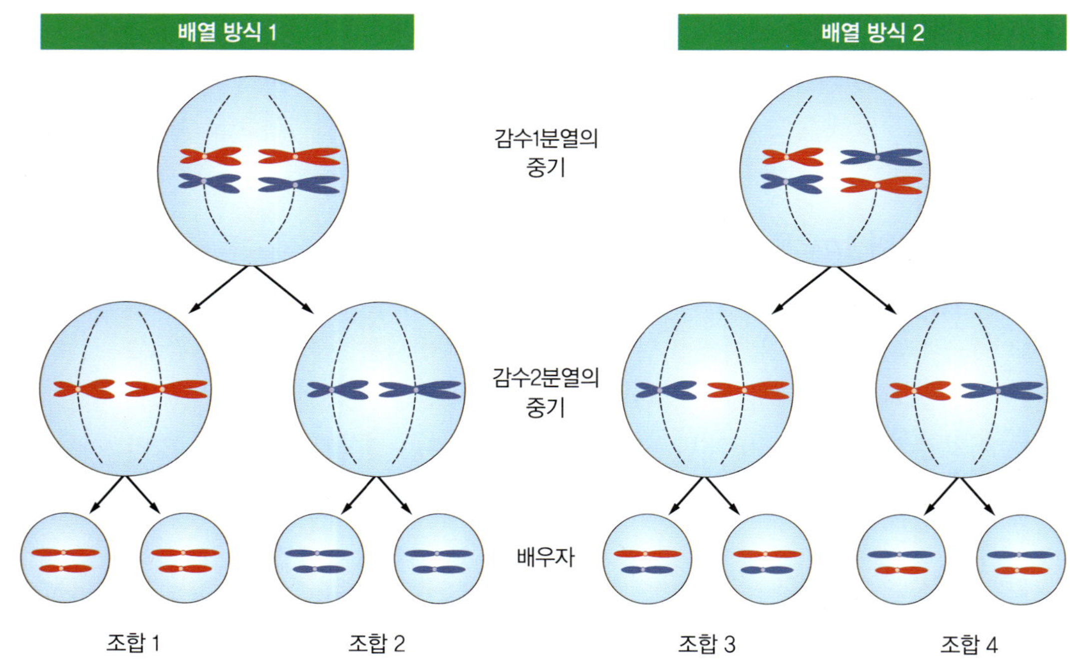

그림 6.25 감수1분열 중기에서 벌어지는 염색체 배열의 다양한 조합. 4개의 염색체(두 쌍의 상동염색체)를 가지는 세포가 네 염색체 조합을 갖는 생식세포들을 생산한다.

다양성

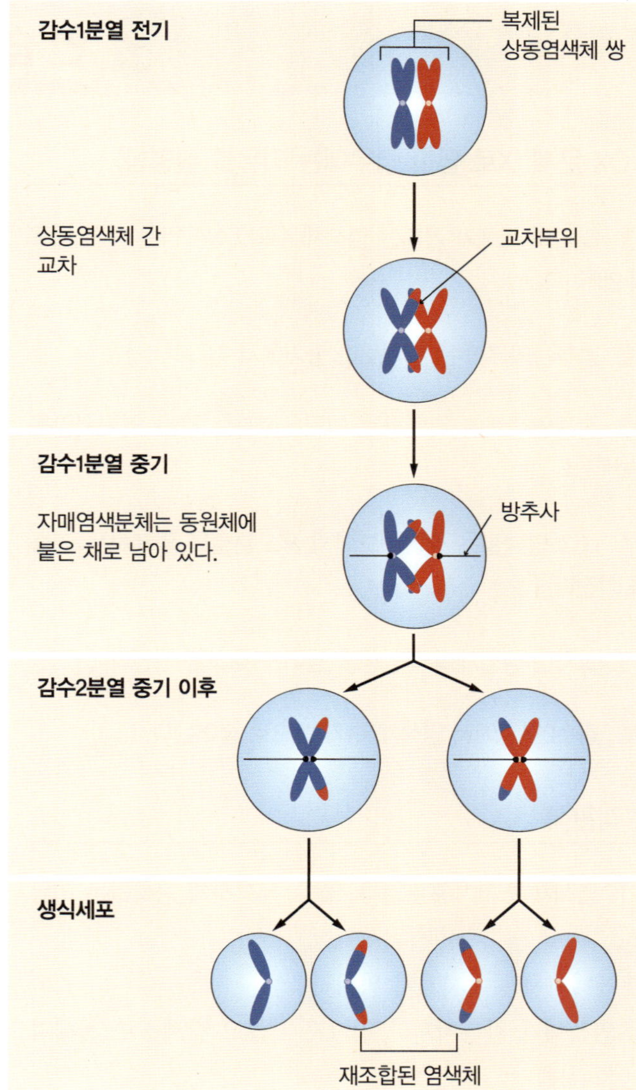

그림 6.26 **교차.** 감수1분열 전기에서 근접한 상동염색체 간 염색체 일부가 상동염색체 간에 교환될 수 있다.

쪽으로 이동하여 위치하게 되는 교차cross-over현상이 무작위로 벌어진다(**그림 6.26**). 교차를 통해 한 염색체에 있는 자매염색분체들도 서로 달라진다. 교차는 생식세포의 다양성을 더욱 증가시키는 요인이 된다.

다양성을 바탕으로 각기 고유한 특징들을 갖게 된 생명체들은 우수한 형질로의 진화가 가능하게 된다. 다양성이 존재해야 자연선택이라는 진화 방식이 성립될 수 있는 것이다. 무성생식으로는 동일한 염색체 구성을 지닌 다양성이 결핍된 자손들이 생기며, 이는 자칫 나쁜 환경에 노출되면 한꺼번에 멸종될 수 있다. 감수분열을 통해 유성생식을 하는 우리는 서로 다르며 또 그래야만 어떤 열악한 환경이 다가와도 다양성이 풍부한 종에서는 살아남는 개체가 있는 것이다. 각자의 짝을 찾아 헤매는 수고로움을 동반하는 유성생식이지만 다양한 형질의 자손으로 진화하려는 생명들의 원대한 꿈이 감수분열 속에 담겨 있다. 다양성이 풍부한 종이 지구상에 오래 머무르며 번창할 수 있는 것이다.

연습문제

I. OX 문제 (X로 답한 경우에는 이유를 설명함)

01 G_2기의 세포가 가지는 염색체 수와 DNA 양은 G_1기 세포의 2배이다. ( )

02 방추사의 길이는 말기보다 중기에서 길다. ( )

03 상동염색체에 위치하는 대립유전자는 같은 염기서열을 가진다. ( )

04 p53 단백질은 정상세포에서 세포분열을 억제하는 기능을 가진다. ( )

05 교차는 생명체의 다양성을 높이는 효과를 가진다. ( )

06 감수2분열에서 염색체 수가 반으로 줄어든다. ( )

II. 객관식

01 염색체가 체세포분열 시 짧고 두툼하게 응축하는 이유는?

① 에너지를 증가시키기 위해
② 염색체가 갈라지거나 엉켜지지 않고 딸세포로 전해지기 위해
③ 핵막의 분해를 돕기 위해
④ 자매염색분체가 결합된 채로 남기 위해
⑤ 동원체의 형성을 위해

02 체세포분열의 후기에서 벌어지는 염색체의 분리는 다음 기능의 약품에 의해 멈출 것이다.

① DNA 합성을 방해
② 방추사의 길어짐을 방해
③ 방추사의 짧아짐을 방해
④ 방추사의 동원체에의 접근을 방해
⑤ 히스톤의 이동을 방해

03 신경세포나 근육세포는 세포분열을 좀처럼 하지 않는다. 이유는?

① 이들은 핵을 갖지 않는다.
② 신호물질에 대한 수용체를 갖지 않는다.
③ G_0기로 진입해 있기 때문이다.
④ 전기의 시작이 불가능하다.
⑤ 방추사 형성이 이루어지지 않는다.

04 항암제가 가져야 할 특성은?

① 세포의 자살을 막아야 한다.
② 대사가 활발해지도록 한다.
③ 밀도가 높아진 세포들에서만 작용한다.
④ G_0기의 진입을 방해한다.
⑤ 빠른 세포분열을 억제한다.

05 감수분열과 관련된 설명 중 틀린 것은?

① 감수분열을 통해 생식세포가 만들어진다.
② 한 생물체에 의해 만들어지는 생식세포의 DNA 구성은 서로 다르다.
③ 감수분열을 준비하기 위해 DNA 복제가 벌어진다.
④ 감수분열은 상동염색체들 간의 교차 현상을 포함한다.
⑤ 체세포분열과 마찬가지로 감수분열 과정에서도 염색체 수는 일정하게 유지된다.

06 감수2분열과 체세포분열은 모두 다음 현상을 갖는다.

① 후기에 자매염색분체가 분리된다.
② 세포분열 전에 DNA 복제가 일어난다.
③ 딸세포는 이배체 핵상을 갖는다.
④ 상동염색체가 가까이 붙는다.
⑤ 염색체 수가 감소한다.

07 여러 세포주기 단계에 있는 어느 식물세포의 핵에 있는 DNA 양은 3~6picogram (pg, 1pg = 10^{-12}g)이었다면 6pg을 가지는 핵은 어느 세포주기에 있는 것인가?

① G_0 ② G_1
③ S ④ G_2
⑤ 세포분열기

08 유전적 다양성은?

① 염색체들의 재배열을 통해서 증가된다.
② 유성생식을 통해 얻어지는 생물들에서 관찰된다.
③ 환경변화에 적응할 수 있는 개체를 얻도록 한다.
④ 교차를 통해 증가된다.
⑤ 모두

09 교차가 벌어지는 시기는?

① 체세포분열 중기 ② 체세포분열 말기
③ 감수1분열 전기 ④ 감수1분열 중기
⑤ 감수2분열 중기

10 표적 항암제인 글리벡은 효소 'abl–bcr tyrosine kinase'에 경쟁적 억제제로 작용하는 백혈병 표적 항암제이다. 'abl–bcr tyrosine kinase'에 관한 설명 중 옳은 것은?

① 이 효소는 정상세포에서만 발견된다.
② 이 효소는 백혈구에서만 발견된다.
③ 이 효소는 암화된 백혈구에서만 발견된다.
④ 이 효소는 정상과 암세포 모두에서 발견된다.
⑤ 이 효소는 체세포분열 중인 모든 세포에서 발견된다.

11 방사능이 포함된 뉴클레오타이드를 배양 중인 림프구에 처리하면 방사능의 양은 배양액에 병원균이 포함되어 있을 때 급격히 증가하는 현상을 발견하였다. 이 결과가 의미하는 것은?

① 병원균 오염으로 결과를 믿을 수 없었다.
② 실험 방법이 잘못되었다.
③ 병원균은 림프구의 세포분열을 촉진한다.
④ 병원균은 림프구의 세포분열을 억제한다.
⑤ 병원균은 세포주기의 G1기를 건너뛰도록 한다.

III. 주관식

01 다음 현상의 순서를 바르게 정하고 해당되는 세포분열의 종류를 지적하시오.

(A) a. 염색체 세포 중앙에의 배열
b. 핵막 형성과 염색체 응축 구조 풀림
c. 염색체 응축과 방추사 형성
d. 자매염색분체의 분리 및 세포 양극으로 이동

(B) a. 염색분체가 분리되지 않은 상태에서 상동염색체 세포 양극으로의 이동
b. 세포 양극에서의 염색체 모임, 핵막 다시 형성
c. 상동염색체 접근 및 단편 교환
d. 상동염색체의 적도판 배열
e. 반수체 세포로의 완전 분리

02 고성능의 현미경으로 중기에 있는 세포를 관찰하고 있다. 관찰하고 있는 세포가 체세포분열, 감수1분열 또는 감수2분열 중의 어떤 것인지 어떻게 구분할 수 있는지 설명하시오.

03 골격근을 이루는 세포는 여러 개의 핵과 매우 큰 세포질을 갖는 하나의 거대한 세포로 이루어진다(12장 참조). 어떻게 이런 세포가 생성될 수 있을까?

04 다음 관계에서 DNA 염기서열이 비슷한 정도를 설명하시오.

1) 상동염색체가 아닌 염색체 간
2) 상동염색체에 있는 자매 사이가 아닌 두 염색분체 간
3) 한 염색체에 있는 자매염색분체 간

05 다음 세포들의 세포주기에 따라 핵에 있는 DNA 양이 변한다.

1) 어느 식물의 뿌리 끝 부분에 있는 세포들에서 핵에 있는 DNA 양을 측정하였다. 세포에 따라 DNA 양이 다음과 같이 달라졌다. 각 DNA 양을 가진 세포가 세포분열의 어느 단계인지 지적하시오.

20pg의 DNA를 가진 세포
10pg의 DNA를 가진 세포
15pg의 DNA를 가진 세포 (1pg = 10^{-12}g)

2) 어느 원숭이의 생식기관인 정소에 있는 세포들에서 핵에 있는 DNA 양을 측정하였다. 세포에 따라 DNA 양이 다음과 같이 달라졌다. 각 DNA 양을 가지 세포가 세포분열의 어느 단계인지 지적하시오.

40pg의 DNA를 가진 세포
20pg의 DNA를 가진 세포
80pg의 DNA를 가진 세포
49.3pg의 DNA를 가진 세포

06 노새(mule)는 암컷의 말(64개 염색체)과 수컷의 당나귀(62개 염색체) 간의 종간 잡종으로 얻어지는 동물이다. 말의 난자는 32개의 염색체를, 당나귀의 정자는 31개의 염색체를 가지며 노새의 수정란은 63개의 염색체를 가진다. 노새는 체세포분열을 할 수 있지만 감수분열을 할 수 없어 생식을 하지 못한다. 이유를 설명하시오.

07 다음 제시문을 읽고 물음에 답하시오.

제시문

바나나, 식탁에서 사라질 위기

네덜란드의 연구진은 지난 10월 국제 학술지 '식물 질병'에 '중동 요르단에서 바나나에 치명적인 Foc-TR4 곰팡이가 발견됐다'는 연구 결과를 발표했다. Foc-TR4는 땅에 사는 푸사리움 곰팡이의 한 종류로 바나나가 이 곰팡이에 감염되면 잎이 갈색으로 변하면서 말라 죽는다. 지난달에는 아프리카 모잠비크에서도 이 곰팡이병이 발생했다는 연구 결과가 나왔다.

과학계는 두 사건을 바나나 멸종의 전조(前兆)로 받아들이고 있다. Foc-TR4 곰팡이는 1980년대 대만에서 처음 발견됐다. 당시 대만에서 재배하는 바나나의 70%가 이 곰팡이 때문에 말라 죽었고, 비슷한 현상이 중국과 필리핀 · 인도네시아 · 호주로 퍼졌다. 이번에 중동과 아프리카로 이 곰팡이가 퍼진 것이 확인되면서 전 세계 바나나 수출량의 80%를 차지하는 중남미로 전파되는 것도 시간 문제라는 전망이 나오고 있다. (중략)

바나나 멸종 위기는 인간이 자초한 일이다. 바나나가 수출품으로 인기를 얻은 것은 껍질이 단단해 장거리 수송에 적합한 '그로 미셸' 품종이 개발된 19세기 이후다. '그로 미셸'이나 그 후계자인 '캐번디시' 모두 씨가 없어 뿌리나 줄기를 잘라 번식시킨다. 즉 모든 바나나가 유전적으로 한 개체인 셈이다.

– 조선일보 2013년 12월 19일자 기사에서 –

문제

바나나의 멸종위기의 현 상황과 그 원인을 서술하고 대응책을 제시해 보시오.

2500여 년 전 고대 그리스의 의학자 히포크라테스의 유전에 관한 생각이다. 히포크라테스는 몸 전체가 가지고 있는 특성들은 어떤 액체 성분으로 표현되고, 남자의 정액과 여자의 비슷한 액체가 섞여 자식의 형질이 결정된다고 생각하였다. 이때 자식은 남자의 정액이 더 많이 작용하면 아버지 쪽을, 여자의 액체가 더 많이 작용하면 어머니 쪽의 형질을 더 많이 닮게 된다는 생각이다.

역사의 오랜 기간 유전에 대한 생각은 히포크라테스의 생각과 크게 다르지 않은 부모 형질의 '혼합'에 의해 자식의 형질이 결정된다는 것이었다. 파란색과 노란색을 섞으면 초록색이 되는 식의 혼합에 의해 형질이 결정된다는 설명이다. 하지만 이는 형질에 따라 혼합되지 않거나 세대를 건너뛰면서 형질이 다시 출현하는 현상 등을 설명하지 못하고 있다. 유전에 대한 과학적인 설명을 누구도 못하고 있던 유전학의 암흑기가 1800년대 후반부까지 지속되었다. 유전 현상을 과학적으로 설명하기 시작한 유전학의 선구자 멘델(Gregor Johann Mendel, 1822~1884)에 대한 이야기로부터 풀어본다.

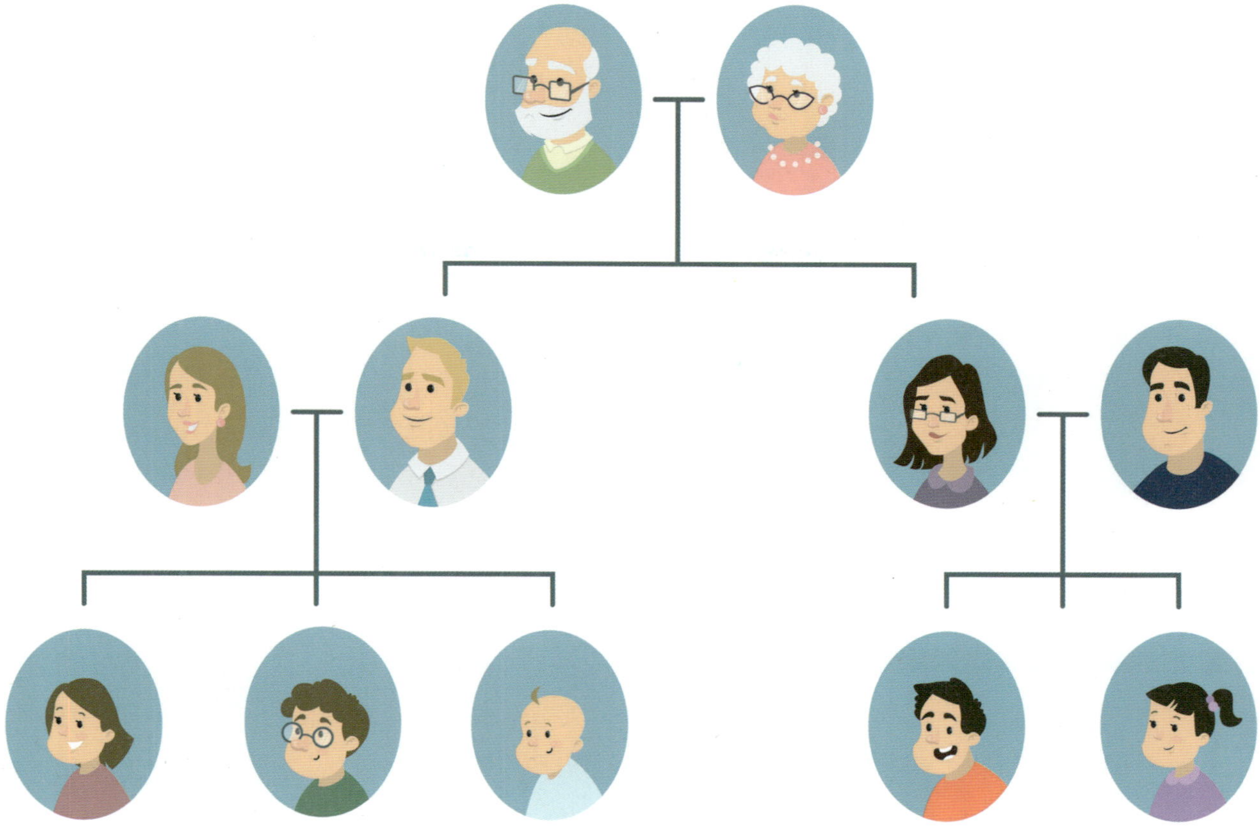

일곱 번째 강의

7

유전

7.1 멘델의 유전 법칙

생명과학을 전혀 모르는 사람도 '너는 아빠보다 엄마를 많이 닮았다' 등의 말에 익숙할 것이다. 이처럼 자식이 부모를 닮은 것을 신기하게 생각하는 사람은 없다. 부모를 닮는다는 사실은 실험이 필요 없는, 누구나 다 아는 생명의 법칙이다. 하지만 유전이란 것은 간단치 않으며 다양한 요소들이 관여하는 복합적인 현상이다.

유전현상을 과학적으로 바라보기 시작한 것은 그리 오래된 일이 아니다. 유전학의 선구자인 오스트리아의 신부 멘델은 1865년 「식물의 잡종에 관한 실험」이라는 제목의 논문을 통해 유전의 법칙들을 세상에 알렸다. 당시에 누구도 상상하지 못했던 호기심과 통찰력으로 유전학은 물론 현대 생명과학의 초석을 이룬 기념비적인 업적이다.

꽃가루
꽃가루는 수술의 꽃밥anther 속에 들어 있는 낟알 모양의 생식세포를 말한다. 꽃가루는 모양,크기와 표면의 구조가 다양하여 식물을 구분하는데도 사용된다. 꽃가루 자체는 수배우자male gamete가 아니다. 각각의 꽃가루는 영양세포vegetative cell와 생식세포generative cell로 이루어져 있다. 대부분의 개화식물에서 영양 세포는 꽃가루관pollen tube을, 생식세포는 두 개의 정자세포sperm cell)를 만든다. 정자세포는 꽃가루관을 타고 씨방 안의 밑씨로 이동하여 난세포egg cell와 수정한다.

멘델의 연구

멘델은 관찰하고자 하는 형질의 완두들을 교배시켰다. 완두는 같은 꽃 안의 **꽃가루**pollen($1n$의 남성 배우자)와 씨방의 난세포egg($1n$의 여성 배우자) 사이의 수정인 자가수정self-fertilization과 서로 다른 완두 꽃 사이의 수정인 타가수정cross-fertilization을 모두 할 수 있다. 따라서 완두는 연구자가 실험 대상이 되는 개체들로부터 꽃가루를 인위적으로 암술머리에 옮겨 수정시켜 줌으로써 원하는 교배가 이루어지도록 하기에 편리한 식물이다. 꽃가루는 반수체인 두 개의 영양세포와 생식세포를 가진다. 꽃가루가 암술머리에 닿으면 영양세포로 꽃가루관pollen tube을 만들어 놓으면 생식세포인 정자세포sperm cell는 꽃가루관을 타고 씨방 안에 있는 **밑씨**로 이동하여 난세포egg cell와 수정한다(**그림 7.1**). 수정을 통해 얻어진 $2n$의 접합자(배)는 동물에서의 자식에 해당하는 씨앗(완두 콩)으로 성숙한다.

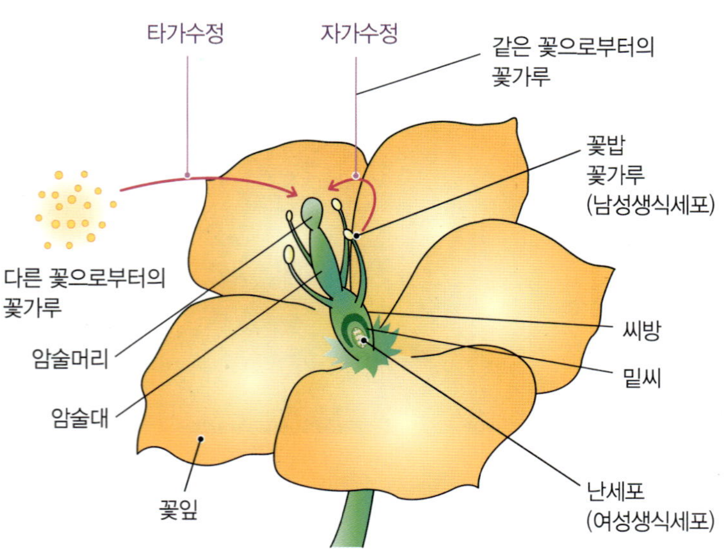

그림 7.1 자가수정과 타가수정

멘델은 씨앗의 표면, 꽃의 색깔 등 관찰이 용이한 7가지의 형질들을 연구 대상으로 삼았다(**그림 7.2**). 멘델은 가장 먼저 씨앗의 표면이 둥근 완두 씨와 표면이 쭈글쭈글한 주름진 씨를 교배하여 생기는 자손들의 형질을 분석하였다. 멘델은 교배를 한 식물을 Pparents(어버이)로, 어버이들 간의 교배로 생겨 난 처음 세대의 자식을 잡종1세대 또는 F_1(자식을 의미하는 filial이라는 어휘로부터 유래)으로, F_1들 간의

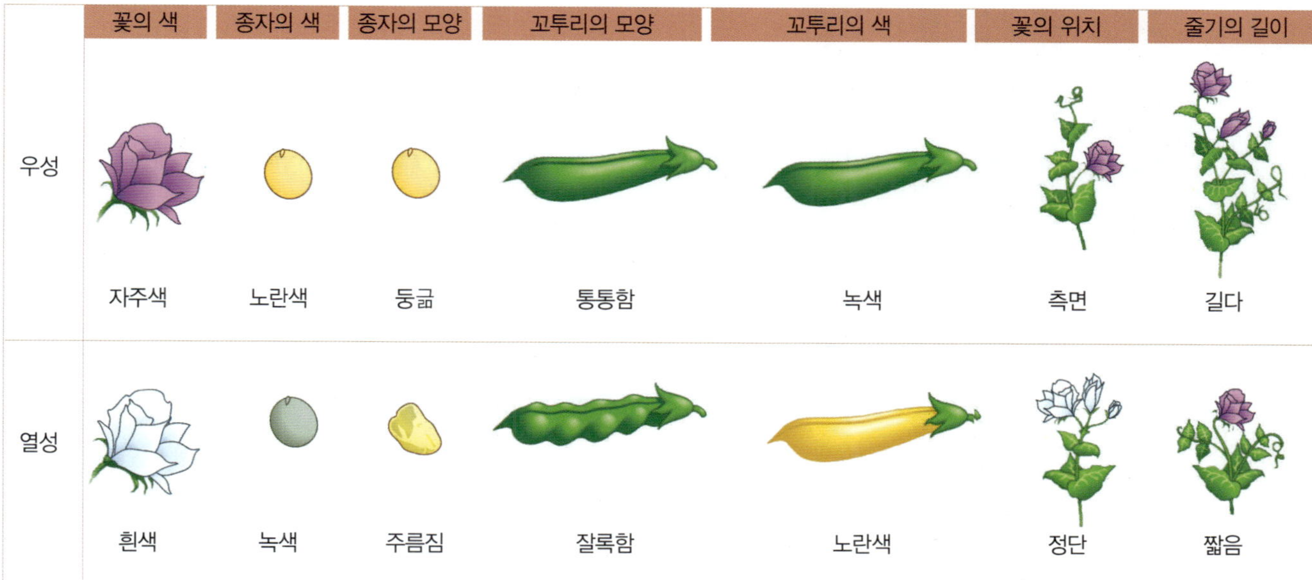

그림 7.2 멘델이 연구에 사용한 7가지 형질. 이들 형질은 모두 멘델의 유전 법칙을 따른다.

자가수정으로 생긴 다음 대의 자식을 잡종2세대 또는 F_2로 표시하였다. 이 표기법은 지금도 사용된다.

밑씨(ovule)
암술의 씨방ovary 속에 있는 기관으로 자라서 씨앗이 된다. 밑씨의 난세포는 정자세포를 만나 배(embryo)를 형성한다.

멘델이 사용한 어버이는 모두 순종purebred이었다. 순종이란 같은 형질을 가진 어버이들이 만들어 내는 자손의 형질이 모두 어버이와 동일한 경우를 말한다. 가령 모두 둥근 씨를 가진 양쪽 어버이들을 교배하면 모두 둥근 씨를 가진 자손이 얻어지고, 모두 주름진 씨의 어버이를 교배하면 모두 주름진 씨의 자손이 생겨난다. 멘델은 순종인 둥근 씨와 역시 순종인 주름진 씨 어버이 간의 교배를 하였다. 어버이들의 형질이 혼합되어 중간 정도의 형질(가령 덜 주름진 씨)이 자손에서 나타날 것으로 예상되었다. 하지만 멘델의 실험 결과는 이런 예상과는 다르게 모두 둥근 씨 자손(F_1)이 나타났다(그림 7.3). 이 F_1 둥근 씨 자손 끼리를 자가수정 결과 멘델은 F_2에서 둥근 씨가 3, 주름진 씨가 1의 비율로 나타나는 결과를 얻었다. 순종 어버이의 1세대 자손을 F_1 잡종1세대로 부르는데, 이는 1세대 자손 간의 자가수정을 통해 얻어진 2세대 자손의 형질이 동일하지 않기 때문이다. 이처럼 자손의 형질이 동일하지 않은 경우 어버이를 잡종이라 한다. 이 연구의 의미를 계속 살펴보자.

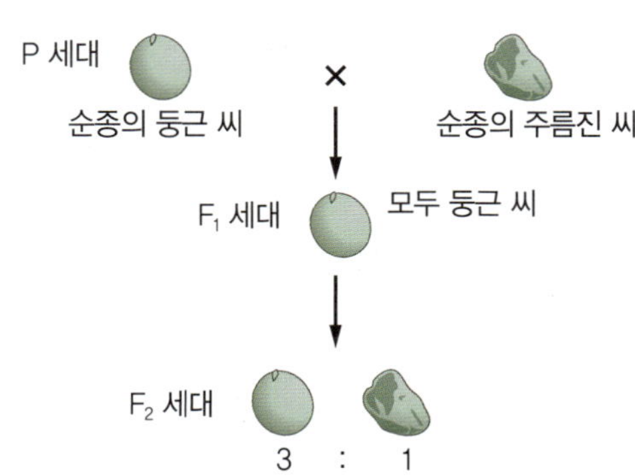

그림 7.3 우성의 법칙. F_1에서는 우성 형질만 나타나고 열성 형질은 F_2에서 나타난다.

우성의 법칙

앞에서 언급되었듯이 둥근 씨와 주름진 씨를 가진 두 순종 어버이의 교배 결과로 생긴 F_1 자손들은 모두 둥근 씨를 가진 완두였다. 멘델은 F_1에서 주름진 씨 형질이 관찰되지 않는 이유를 알아보기 위해 둥근 씨를 갖는 F_1 완두 간의 자가수정을 하여 F_2를 얻어 보았다. F_2 씨앗 7,324개 가

주름진 씨와 둥근 씨

운데 5,474개는 둥근 씨였고, 1,850개가 주름진 씨로 약 3:1의 비율로 주름진 씨 형질이 F_2에서 다시 나타났다. F_1에서 안보이던 주름진 씨 형질이 F_2에서 다시 나타난 것을 보고 멘델은 어떤 유전 요인genetic factor이 세대에서 세대로 전해지고 있다는 생각을 하게 되었다.

멘델은 또한 세대에서 세대로 전해지는 유전 요인에는 두 유전단위가 있어 한쪽 유전단위가 다른 쪽 유전단위의 작용을 방해할 것으로 생각하였다. 즉 둥근 씨를 만드는 유전단위가 주름진 씨를 만드는 유전단위의 작용을 방해하여 F_1에서 둥근 씨 형질만이 나타난다는 생각이다. 멘델은 한 형질을 이루는 두 유전단위 중 한쪽 유전단위가 다른 쪽 유전단위의 기능에 상관없이 F_1에서 형질을 나타내면 그 형질을 우성dominant, 주름진 씨처럼 F_1에서는 나타나지 않고 F_2에서 다시 출현하는 형질을 열성recessive이라 하였다. 우수한 형질을 우성, 열등한 형질을 열성이라 하는 것이 아니라 우성은 두 유전단위 중 한쪽만 있어도 나타나고, 열성은 양쪽 모두 있어야 나타나는 형질이란 의미이다. 두 유전단위, 유전인자, 우성/열성 등에 관한 멘델의 통찰은 정확한 것이었다. DNA, 유전자, 염색체를 모르고 있던 멘델이 한 통찰은 실로 엄청난 것으로 현대 유전학의 초석이 되었다. 지금의 우리는 멘델이 말한 두 유전단위는 상동염색체에 위치하는 대립유전자이고, 멘델이 말한 세대에서 세대로 전해지는 유전인자는 바로 DNA라는 것을 잘 알고 있다.

멘델은 우성인자를 대문자로, 열성인자를 소문자로 표현하였는데, 이는 현재까지 지켜지고 있다. 멘델이 사용한 순종 어버이는 동일한 대립유전자를 가지고 있다. 순종의 둥근 씨 완두와 주름진 씨 완두를 각각 대립유전자 AA와 aa로 표시할 수 있다. 이와 같이 동일한 대립유전자쌍(AA 또는 aa)을 갖는 경우를 동형접합homozygous이라 한다. 이들 동형접합의 순종들 간의 교배(AA와 aa)로 생겨난 F_1은 각 부모의 생식세포가 가지는 A와 a의 수정을 통해 얻어진 Aa를 갖게 된다(곧 설명될 분리의 법칙 참조). Aa처럼 동일하지 않은 대립유전자쌍을 이형접합heterozygous이라 한다. 이때, AA, aa와 Aa처럼 알파벳으로 표현되는 대립유전자의 상태를 유전자형genotype, 둥글거나 주름진 것과 같이 유전자의 작용으로 표현된 형질을 표현형phenotype이라 한다.

F_1에서 형질이 표현되는 유전자형(이 경우 A)을 우성이라 하며, 이것이 멘델이 말하는 '우성의 법칙'의 핵심이다. 유전자형 a는 F_1 자식에 존재하여도 표현이 되지 않아 열성이라 한다. 열성 형질은 aa의 경우에 나타나는데, aa는 F_1의 자가수정으로 얻은 F_2에서 1/4의 빈도로 출현한다. 이처럼 열성 형질은 F_1을 건너뛰어 F_2에서 다시 나타난다. 우성의 법칙은 대립되는 두 형질이 있을 때 F_1에서 우성이 발현되는 법칙을 말한다. 멘델이 연구한 7가지 형질 모두에서 동일한 유전양상을 보여 법칙으로 표현되고 있으나 이들 7가지 외의 다른 모든 형질들도 모두 우성의 법칙을 따르

는 것은 아니다. 가령 '잎의 크기' 같은 형질은 우성의 법칙을 따르지 않는다.

요즘 학자들에 의해 식물세포의 세포벽cell wall을 합성하는 효소 단백질의 유전자가 제대로 작동하면 둥근 씨가, 그렇지 못하면 주름진 씨가 되는 것이 알려졌다. 이 효소 단백질을 암호화하는 대립유전자 쌍은 다음 세 경우의 조합이 될 수 있다.

① 모두 제대로 작동하는 유전자
② 하나는 제대로 작동하고, 다른 하나는 제대로 작동하지 않는 유전자
③ 모두 제대로 작동하지 않는 유전자

①의 경우 세포벽이 잘 만들어져 둥근 씨가 되고, ③의 경우에는 쌍의 유전자 모두가 기능을 발휘할 수 없어 세포벽이 제대로 생기지 않고 주름진 씨가 된다. 그렇다면 ②의 경우, 즉 한쪽의 유전자만 제대로 기능을 발휘할 수 있다면 어떻게 될까? 비록 한쪽이 세포벽을 제대로 만들지 못하는 유전자라 하더라도 다른 하나는 정상적으로 기능을 발휘할 수 있기 때문에 이 경우에도 둥근 씨가 된다. 멘델의 연구 결과에서 보듯이 둥근 씨가 우성으로 F_1에 출현하게 되는 이유가 바로 여기에 있다. *Aa*의 경우처럼 대립유전자 중에 적어도 하나만 정상으로 작동하면 우성인 둥근 씨 형질을 보이는 것이다. 열성인 주름진 씨는 양쪽 모두 제대로 작동하지 않는 열성 유전자로 된 동형접합 aa에서만 생긴다. 이처럼 형질의 결정은 대립유전자들 간의 상호관계에 의해 결정되는 것이다.

멘델이 순종을 어버이로 사용한 것은 탁월한 선택이었다. 순종인 동형접합을 어버이로 사용하였기 때문에 우성의 법칙을 발견할 수 있었던 것이다. 잡종인 이형접합을 어버이로 사용하였다면 우성의 법칙은 발견될 수 없었을 것이다.

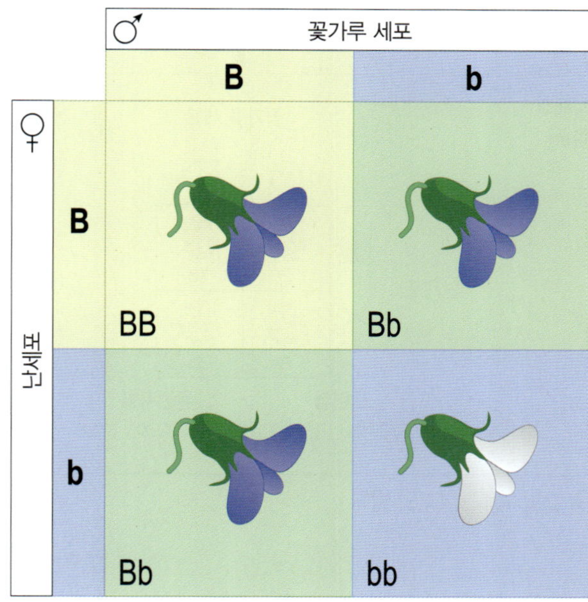

퍼넷 사각형

분리의 법칙

멘델의 계속된 질문은 'F_1에선 안 나타나던 주름진 씨 형질이 F_2에서 다시 나타나는 이유는 무엇일까?'였다. 멘델은 연구 결과를 발표하며 '두 유전단위가 분리되어 자손에 전해진다'라 언급하였는데, '두 유전단위의 분리'는 바로 감수분열에서 상동염색체 쌍이 생식세포로 분리하여 들어가는 것을 의미한다(6장).

두 어버이의 교배를 분석하는 데는 '**퍼넷 사각형**Punett square' 방법이 자주 이용된다. 이 방법으로 분리의 법칙을 살펴보자(**그림 7.4**). 두 순종의 자주색 꽃(*PP*)과 흰색 꽃(*pp*) 식물 간의 교배로 생기는 F_1은 모두 *Pp*의 유전자형과 자주색 꽃 표현형을 갖는다(자주색 꽃 형질이 우성이다). *Pp*의 유전자형을 가지는 F_1 간의 자가수정을 살펴보자. F_1어버이들이 갖는 생식세포들은 50%의 확률로 *P* 또는 *p*의 대립유전자를 갖게 된다. 이들 두 어버이의 생식세포를 각각 세로축과 가로축에 표시할 수 있

퍼넷 사각형
개체에 포함된 생식 세포의 유전자를 *X*,*Y*축으로 나란히 배열하여 그 자손의 조합을 쉽게 설명하기 위해 만들어진 그림으로 유전학자 퍼넷으로부터 발견되었기에 퍼넷 사각형이라 한다.

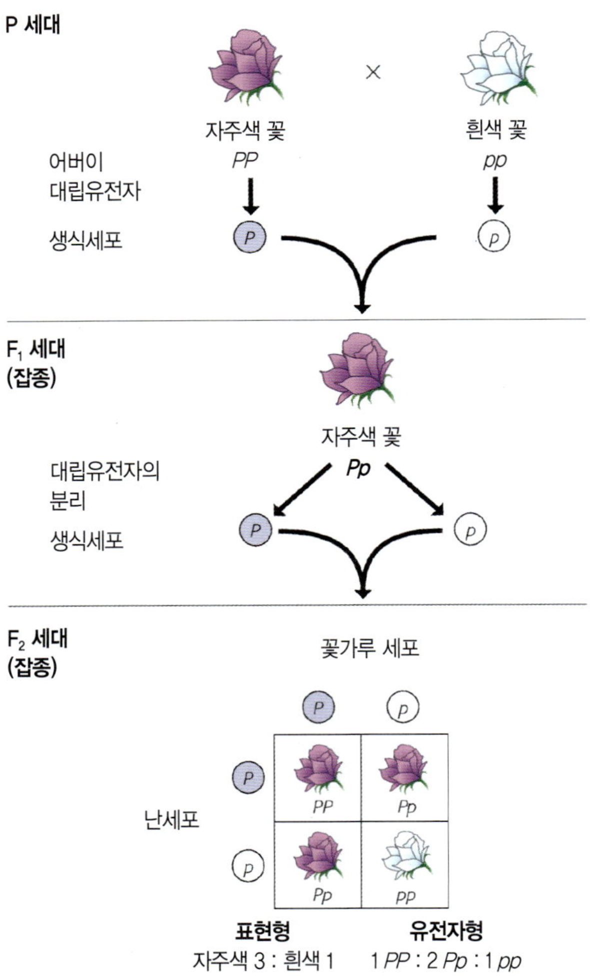

그림 7.4 분리의 법칙

다. 세로축으로 한쪽 F_1의 대립유전자들인 *Pp*가 *P*와 *p*로 분리되어 두 생식세포(난세포)로 나뉘어 들어가는 것을 표시하고, 가로축도 마찬가지로 다른 한쪽 F_1도 *Pp*가 분리되어 두 생식세포(꽃가루)로 나뉘어 들어간다. 두 F_1이 감수분열을 통해 만들어진 생식세포들은 같은 확률로 수정될 수 있으므로 4개의 작은 네모 칸에 새로 형성된 F_2의 유전자형을 채워 넣을 수 있다. F_1의 자가수정 결과로 생겨난 F_2 자식은 *PP* 1, *Pp* 2와 *pp* 1의 유전자형 비율과, 자주색 꽃 3과 흰색 꽃 1의 표현형 비율로 얻어진다. 이와 같은 방식으로 F_1에서 보이지 않던 흰색 꽃 형질이 F_2 자식에서 다시 나타나는 것이다. 이 현상은 바로 F_1의 *Pp* 대립유전자쌍이 감수분열을 통해 *P*와 *p*로 분리되는 것에 기인하는 것을 보여주고 있다. '하나의 형질을 지배하는 한 쌍의 대립유전자는 서로 분리되어 자식에게 전달된다' – 그가 주장하는 '분리의 법칙'의 핵심이다.

지금까지 살펴본 것처럼 한 쌍의 대립유전자에 의해 하나의 형질이 결정되는 교배를 단성 잡종 교배라 한다.

독립의 법칙

멘델이 발견한 또 다른 유전 법칙은 하나의 형질이 다른 형질의 유전에 어떤 영향을 미칠까라는 의문으로부터 시작되었다. 이를테면 씨앗 표면 형질과 씨앗 색 형질의 유전이 서로에게 영향을 미칠까? 라는 의문인 것이다.

멘델은 이를 확인하기 위한 실험으로 둥근 씨와 노란색 씨의 우성 형질을 가지는 *RRYY*와 주름진 씨와 초록색 씨의 열성형질을 갖는 *rryy*를 갖는 두 순종의 어버이들을 교배하였다. 둥근 씨는 주름진 씨에, 노란색 씨는 초록색 씨에 대해 각각 우성을 보인다. 두 어버이가 가질 수 있는 생식세포의 유전자형은 각각 *RY*와 *ry*이고, 이들 간의 수정으로 생긴 F_1의 유전자형은 모두 *RrYy*이며 표현형은 모두 둥근 노란색 씨이다(그림 7.5). 멘델은 계속해서 *RrYy*의 F_1을 자가수정하였다. 씨앗의 표면과 씨앗의 색을 결정하는 유전자들이 서로 다른 염색체에 위치한다고 가정할 때 F_1이 가질 수 있는 배우자는 *RY*, *Ry*, *rY*, *ry*의 4종류가 된다(감수1분열 중기에서 벌어지는 염색체의 배열방식에 따라). 이들 간의 교배로 생기는 F_2 자손들의 유전자형과 표현형은 '퍼넷 사각형' 방법을 통해 분석할 수 있다. 표현형에 있어서 둥근–노란색:둥근–초록색:주름진–노란색:주름진–초록색 비율은 9: 3: 3: 1 비율로 나타난다. F_1에서 볼 수 없었던 둥근–초록색 씨와 주름진–노란색 씨 형질이 F_2에서 새롭게 나타나고 있다.

얻어진 F_2로부터 각각의 형질 별로 분석해보자. 둥근 씨를 가지고 있는 경우는

16개의 F_2 식물들 중 둥근–노란색 씨의 9식물와 둥근–초록색의 3식물을 합쳐서 12식물이다. 주름진 씨는 주름진–노란색의 3식물과 주름진–초록색 씨의 1식물을 합쳐 4식물이 된다. 결국 12:4로, 즉 3:1로, 한 형질로만 살펴보던 단성 잡종 교배 경우와 동일하다. 씨앗의 색도 마찬가지로 노란색과 초록색이 3:1의 비율을 보인다. 이 결과는 씨앗 표면 형질과 씨앗 색 형질의 유전이 서로에게 영향을 미치지 않고 독립적으로 이루어지는 것임을 보여준다. 서로 다른 두 형질은 독립적으로 유전한다는 의미로 멘델이 발표한 '독립의 법칙'의 핵심 내용이다. 두 서로 다른 형질을 결정하는 두 서로 다른 대립유전자들은 서로에게 영향을 미치지 않고 독립적으로 생식세포로 나뉘어 들어감을 말하고 있다.

독립의 법칙이 성립하기 위해서는 서로 다른 형질을 결정하는 두 대립유전자 쌍들이 서로 다른 염색체에 위치해야만 한다. 만약 각각의 형질에 해당하는 두 대립유전자 쌍들이 같은 염색체에 위치한다면 두 형질은 연관linked되어 유전되고 앞서 설명된 F_2에서의 9:3:3:1의 분리 비는 생기지 않는다(그림 7.6). 두 형질을 결정하는

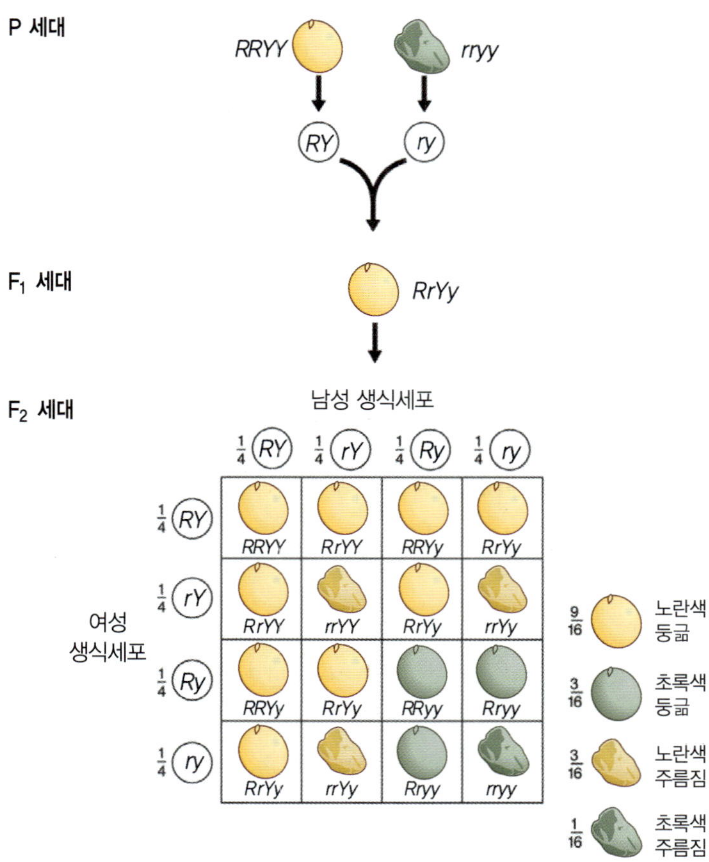

그림 7.5 **독립의 법칙.** 서로 다른 염색체에 위치하는 두 가지 서로 다른 형질(씨앗의 색과 씨앗의 표면)이 서로에게 영향을 미치지 않고 독립적으로 유전된다는 법칙이다. F_1 *RrYy*가 *RY*, *Ry*, *rY*, *ry*로 분리되어 생식세포에 들어간다. 퍼넷 사각형 방식에 따라 수정이 이루어지면 4가지 조합의 표현형이 9:3:3:1의 비율로 F_2에서 나타난다.

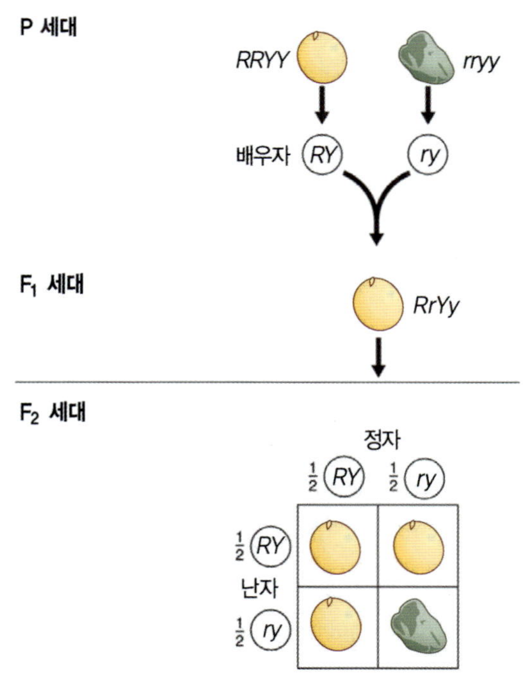

그림 7.6 **연관 유전.** 두 형질에 대한 두 대립유전자 쌍이 같은 염색체에 위치하면 독립의 법칙이 성립되지 않고 두 형질은 연관되어 유전된다.

두 유전자가 같은 염색체에 위치하면 두 유전자는 감수분열 시 분리되지 않고 함께 같은 생식세포로 들어간다. 이 경우에는 독립의 법칙이 성립될 수 없으며 둥근 씨 형질을 보이면 노란색 씨가 되는 식으로 두 형질은 연관되어 유전된다. *R*과 *Y* 유전자가 한 염색체에 (당연히 *r*과 *y* 유전자는 다른 상동염색체 쌍에 함께 있다) 위치하는 경우 F_1에서 얻어지는 *RrYy*가 F_2를 얻기 위한 생식세포는 *RY*와 *ry*의 두 종류만이 얻어지며 *Ry*와 *rY*는 얻어지지 않는다. F_2에서 얻어지는 표현형은 둥근-노란색 씨가 3, 주름진-초록색 씨가 1의 비율로 나타난다.

멘델 발표의 아쉬움

멘델은 7가지 형질로 우성의 법칙을 설명하였고(그림7.2), 마찬가지로 이들 7가지 형질 간에는 모두 독립의 법칙이 성립함을 발표하였다. 이 대목에서 멘델의 발표에 아쉬움이 남는다. 완두의 염색체 수는 14개로 7개의 상동염색체 쌍으로 되어 있다. 따라서 이들 7형질 중 어떤 조합의 두 형질을 결정하는 유전자가 항상 서로 다른 염색체에 존재해야만 독립의 법칙이 성립된다. 7 형질을 결정하는 7개의 대립유전자 쌍 중 적어도 몇 개는 같은 염색체에 위치할 확률이 높아 독립의 법칙이 성립하지 않는 결과를 예상할 수 있다. 이는 F_2에서 표현형의 분리가 9:3:3:1를 벗어나는 경우가 있었을 텐데 이를 발표하지 않았다는 의견이 가능하다. 아니면 멘델이 연구한 7 형질 이외에도 다른 형질들도 연구를 하였는데 7 형질의 경우에서만 독립의 법칙이 성립되었다고 추측할 수도 있다. 때문에 수많은 조합의 형질들 간의 교배들 중 9:3:3:1의 비율이 생기는 형질들을 선택해서 독립의 법칙으로 발표했을 가능성을 배제하기 힘들다. 우성의 법칙도 비슷한 경우인데 멘델이 발표한 7가지 형질 외에서는 우성의 법칙이 성립하지 않는 경우도 있었을 것이다. 지금은 잘 알고 있지만 '법칙'이라는 용어가 무색할 정도로 '우성의 법칙'과 '독립의 법칙'은 성립하지 않는 경우가 흔하다. 멘델이 설파한 법칙들과 함께 이들 법칙을 따르지 않았던 예외적인 경우도 함께 발표하였다면 좀 더 과학적인 사실에 충실한 연구 결과가 되었을 텐데 하는 아쉬움이 남는다.

DNA 연구의 초석

멘델과 같은 시대의 학자인 프랑스의 발비아니(Édouard-Gérard Balbiani, 1823~1899)는 1876년에 메뚜기의 세포 내에 있는 핵을 염색하다가 많은 반점들이 나타나는 것을 발견하였다. 더불어 이 반점이 세포분열을 할 때 두 딸세포로 나뉘어 전달되는 것도 관찰하였다. 이후 이 반점이 바로 염색체인 것으로 규명되었다. 이 무렵의 학자들은 멘델이 말하는 유전인자가 아마 이 염색체와 상관이 있을 것이라고 추측하게 되었다. **서튼**이라는 학자는 1903년에 메뚜기에서 상동염색체의 존재를 발견하게 된다. 서튼은 이 한 쌍의 염색체가 한 개씩 두 개의 생식세포로 나뉘어 들어간다는 것 역시 발견하였다. 서튼은 이 한 쌍의 염색체에 멘델이 주장한 두

서튼(Walter Stanborough Sutton, 1877~1916)
미국의 생명과학자로 감수분열에서 벌어지는 염색체의 이동이 멘델의 유전법칙과 일치하는 것을 발견하였다. 그는 1903년에 모든 유전자는 염색체에 위치하며, 상동염색체 쌍 중 하나는 부로부터 다른 하나는 모로부터 온다는 염색체설을 제안하였다.

유전단위가 한 개씩 있을 것이라 생각하였다. 멘델이 제시한 유전인자가 바로 염색체일 것이라고 추측할 수 있게 된 중요한 단서가 나타난 것이다. 멘델의 이러한 선행 연구가 없었다면 염색체의 역할을 이해하기란 불가능했을 것이다. 이런 큰 발견들이 절묘하게 연결되어서 상동염색체를 통해 부모의 형질이 자식에게 옮겨간다는 과학적 지식으로 발전하게 된 것이다. 멘델은 그 시절 염색체의 존재조차 밝혀지지 않은 상태에서 '유전의 법칙'들을 발견했다. 이는 과거 인류들이 가졌던 유전에 관한 막연한 생각들과 현대 과학이 찾아낸 DNA라는 물질을 연결시켜주는 인류 문명사에 큰 공헌을 한 것이다. 멘델은 유전학은 물론 현대생명과학의 선구자라 할 수 있다.

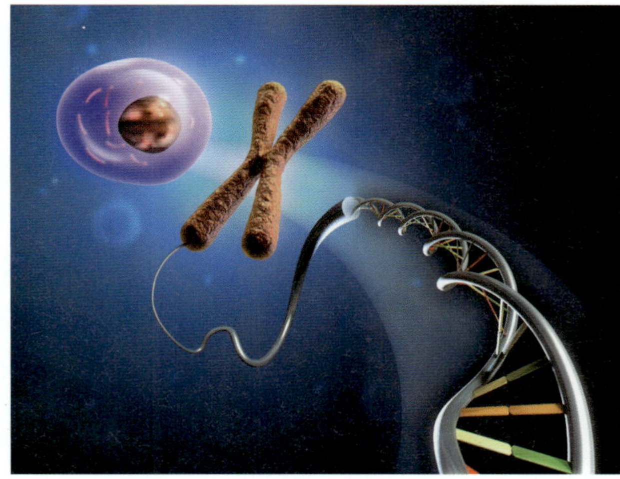

멘델의 발견과 진화론

다윈이 주창한 진화론은 자연선택natural selection 이론에 근거하고 있다. 자연선택 이론의 바탕에는 같은 종에는 다양한 변이종이 있어야 한다는 전제가 있다. 그래야 다양한 변이종 중에 자연에 좀 더 적합한 종이 선택되어 진화의 길을 걷게 된다는 설명이 가능하다. 멘델이 완두의 교배를 통해 얻은 서로 다른 형질의 자손들은 진화론을 지지하고 있다. 모든 형질이 신에 의해 만들어지는 것이 아니고 유전인자의 작용에 의해 결정되는 것을 보여준 셈이다. 같은 시대 학자인 다윈의 서가에서 멘델이 발표한 논문을 담은 편지가 개봉되지 않은 상태로 발견되었다 한다. 다윈이 멘델의 결과를 읽었다면 그는 멘델의 결과를 자신이 주장하던 진화론을 지지하는 강력한 과학적 근거로 사용하였을 것이다.

드프리스가 주장한 '**돌연변이설**mutation theory' 또한 다양한 형질이 출현하는 원인을 잘 설명하는 이론으로 다양성의 원인을 제대로 설명하지 못하는 다윈의 진화론에 결정적인 도움이 되는 이론이다. 실제로 드프리스는 도서관에서 유전 관련 논문을 살펴보던 중 우연히 멘델의 연구 내용을 접하고는 감탄해마지 않았다 한다. 이것을 기점으로 1900년도는 몇몇 학자들에 의해서 1865년 발표 후 잊혀져 가던 멘델의 결과가 재발견되는 해가 되었다. 멘델의 결과나 돌연변이설은 모두 같은 종에서 생기는 종의 다양성을 과학적으로 보여주는 것으로 진화론을 지지하는 강력한 이론으로 대두된다.

돌연변이설
진화의 원인이 돌연변이에 있다는 학설로 네덜란드의 식물학자인 드프리스(1848~1933)에 의해 제창되었다.

7.2 사람의 유전

유전자가 다치면 단백질이 다치고 결국 형질의 이상으로 연결된다. 유전자 이상은 백혈병이나 혈우병 같은 유전병들을 유발한다. 사람에서의 유전 연구는 많은 제약이 뒤따른다. 자식을 얻는 세대의 길이가 길고 임의적 교배가 불가능하기 때문이다. 사람의 유전에 관한 연구는 주로 가계도 조사 등을 통해 이루어지며 식물에서처럼 정확하고 분석적인 결과를 얻기는 쉽지 않다. 하지만 우리의 관심은 아무래도 사람의 유전에 집중된다.

사람에서도 여러 형질들은 멘델의 유전 법칙을 따른다(물론 따르지 않는 형질들도 많이 있다). 가령 혀를 동그랗게 말 수 있으면 우성형질로 *RR* 또는 *Rr* 유전자형을, 말 수 없으면 열성의 동형접합인 *rr* 유전자형을 가진다. 혀를 말 수 있는 형질처럼 생명에는 아무 지장 없는 경우도 있지만 경우에 따라서는 우성/열성의 작용이 생명에 치명적일 수도 있다. 뇌 중앙부 공간에 위치하는 뇌실의 특정지역에 있는 뇌세포가 변성해 뇌실이 확장되는 '헌팅톤병huntington's disease'은 우성 형질을 보이고 있어 우성의 대립유전자를 가지고 있는 대부분의 환자들은 30세 정도까지밖에 생존하지 못한다(**그림 7.7**). 하지만 이처럼 조기 사망이나 낮은 결혼 빈도 등의 이유로 우성의 대립유전자는 자식으로 유전될 확률이 낮아 실제로 병에 걸린 사람들은 많지 않다. 때문에 우성인 유전병을 가진 인구는 제한적이며 관찰되는 대부분의 유전병은 열성유전자에 의한 것이다.

열성 형질을 보이는 유전병의 경우에는 열성의 대립유전자가 동형접합이어야만 질병이 유발된다. 열성유전자가 이형접합으로 한쪽 염색체에만 존재하는 사람은 보인자carrier로 불리며 질병을 일으키지 않는다. 그러나 문제는 열성 대립유전자는 집단에서 사라지지 않고 계속해서 유전된다는 데 있으며, 자손에서 열성유전자끼

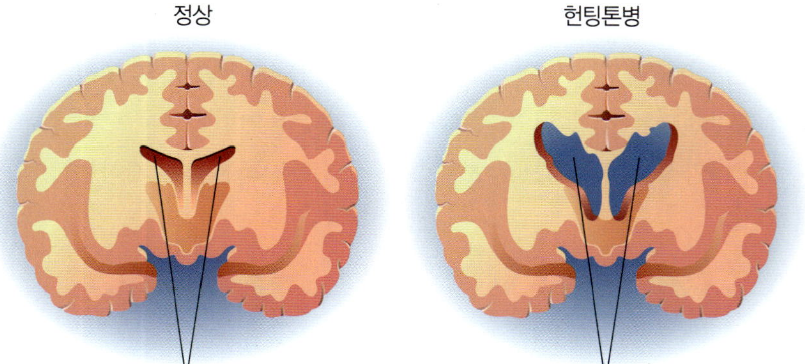

그림 7.7 헌팅톤병. 헌팅톤병 환자의 뇌 특정 부위가 확장되어 있다.

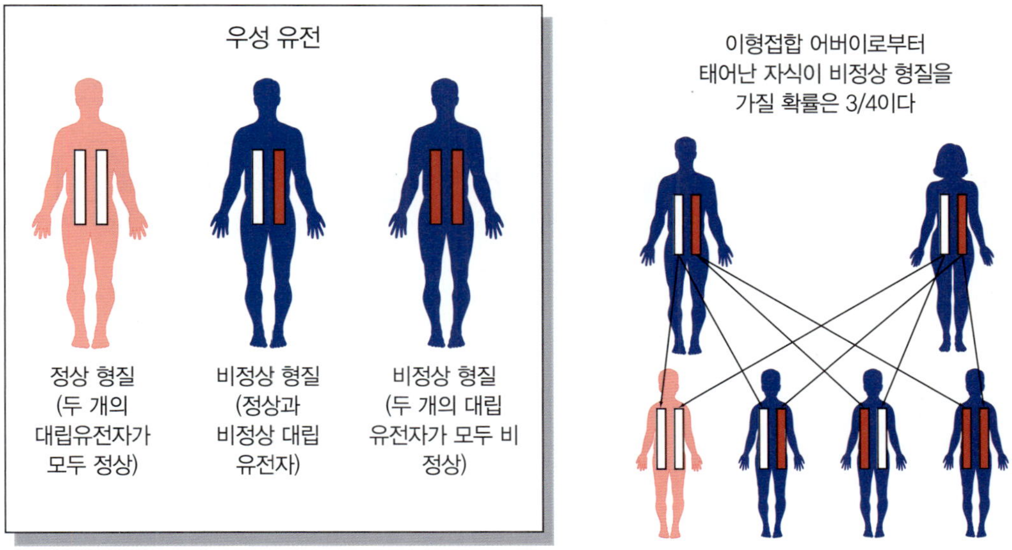

그림 7.8 우성 유전. 열성 유전과 다르게 우성 유전은 두 대립유전자 중 한쪽에 만이라도 비정상 유전자(붉은색 막대기)가 있으면 비정상 형질(짙은 색)을 나타낸다(왼쪽). 비정상 대립유전자를 가진 이형접합 유전자형의 부모로부터 태어난 자식에서 비정상 형질을 가질 확률은 3/4이다(오른쪽).

리 서로 짝을 이루게 되면 병이 생긴다는 점이다. 따라서 보인자들이 모여 있는 특정 집단에서 열성 유전병이 발생할 확률이 높다. 한동안 우리나라에서 유지되었던 동성동본들 간에 혼인을 금지하는 법도 다 이런 이유에 기인한다. 이런 열성유전(우성유전도 마찬가지)은 상염색체(성염색체가 아닌 염색체)에 위치하는 유전자의 이상으로부터 생길 수도 있고, 성염색체에 위치하는 유전자에 의해서도 생길 수 있다. 헌팅톤병을 유발하는 유전자는 상염색체에 위치하여 이 병은 남녀 성에 관계없이 발생한다. 이와는 다르게 혈우병이나 색맹을 유발하는 대립유전자는 성염색체 위치하여 여자보다 남자에게서 높은 빈도로 병이 발생한다(곧 설명됨).

문제 풀이 – 가계도 분석으로 열성 유전 익숙해지기

주어진 문제의 풀이를 통해 가계도 분석과 열성 유전에 익숙해지도록 하자(**그림 7.9**).

문제

가계도는 몇 세대에 걸쳐 가족들의 유전적 상관관계를 나타내는 도표를 말한다. 가계도의 분석을 통해 관찰하는 유전병의 특징을 알아낼 수 있다. 수평으로 동그라미와 네모를 잇는 선은 교배를 표시하고, 수직으로 내려선 선은 두 부모 사이에 생겨난 다음 세대를 나타낸다. 선에 연결된 자식들은 왼쪽부터 태어난 순으로 표시한다.

주어진 가계도는 열성 유전을 하는 왼손잡이 형질의 유전을 보여준다. 왼손잡이는 열성으로, 오른손잡이는 우성으로 유전된다. 검은색은 왼손잡이를, 색이 없으면 오른손잡이를, 네모는 남자를, 동그라미는 여자를 표시한다. 가계도에 나타나는 각 사람들의 유전자형을 추적해 보자.

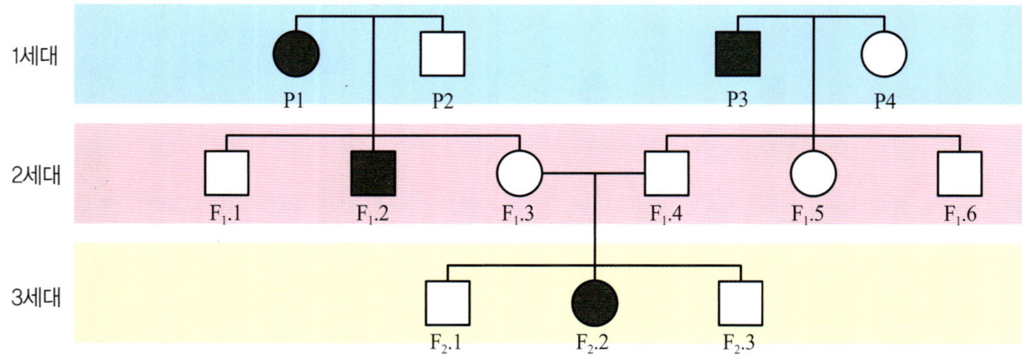

그림 7.9 문제와 가계도

답

문제에서 주어진 왼손잡이를 나타내는 열성의 대립유전자를 *a*, 오른손잡이를 나타내는 우성의 대립유전자를 *A*로 표시한다. 어버이 P1은 왼손잡이임으로 유전자형은 *aa*이다. 어버이 P2는 오른손잡이임으로 유전자형은 *AA* 또는 *Aa*가 된다. 이들의 자식인 F_1.2가 왼손잡이 남자로 *aa*이며 각 대립유전자 *a*는 어버이로부터 온다. 따라서 P2 남자의 유전자형은 *Aa*이다. P1(*aa*)와 P2(*Aa*) 사이에서 태어난 다른 자식 F_1.1과 F_1.3의 유전자형은 *Aa*가 된다. 어버이 P3는 왼손잡이로 유전자형은 *aa*이며, P3와 P4 어버이로부터 태어난 자식들이 모두 오른손잡이임으로 이들 자식의 유전자형은 모두 *Aa*일 수밖에 없다. 자식이 모두 *Aa*이므로, P4의 유전자형은 *AA*일 가능성이 높다. F_1.3(*Aa*)와 F_1.4(*Aa*) 사이에 태어난 자식은 *aa*인 오른손잡이 여자(F_2.2)와 두 *Aa* 또는 *AA*의 오른손잡이 남자(F_2.1과 F_2.3)이다. 가계도 전체를 볼 때 남자와 여자 왼손잡이가 두 명씩 있어 유전자는 성 결정에 관계없는 상염색체에 위치함을 알 수 있다.

반성유전 또는 한성유전

반성유전sex-linked inheritance은 열성의 대립유전자가 성염색체 X에 위치하여 성별에 따라 발병 빈도에서 차이를 보이는 유전이다. XX의 성염색체를 가지고 있는 여자의 경우에는 열성의 동형접합이 되어야만 발병이 되지만 XY로 X가 한쪽 밖에 없는 남자의 경우에는 X에 열성 대립유전자가 있으면 발병된다. 이처럼 남자에게서 높은 빈도로 발생하는, 즉 성에 따라 발생 빈도가 다른 유전을 반성유전이라 한다. X염색체는 1000여 개의 유전자를 가지고 있지만 Y염색체는 무척 작아 70여 개의 유전자만을 지니고 있다. 열성유전자가 Y염색체에 위치하는 경우로 남자에게만 유전되는 형질을 한성유전sex-limited inheritance이라 하는데, Y염색체에 위치하는 유전자 수가 매우 적음에 따라 한성유전의 경우는 매우 드물다. 자궁암이나 젖의 분비처럼 여성에게만 나타나는 형질도 한성유전의 예가 될 수 있다.

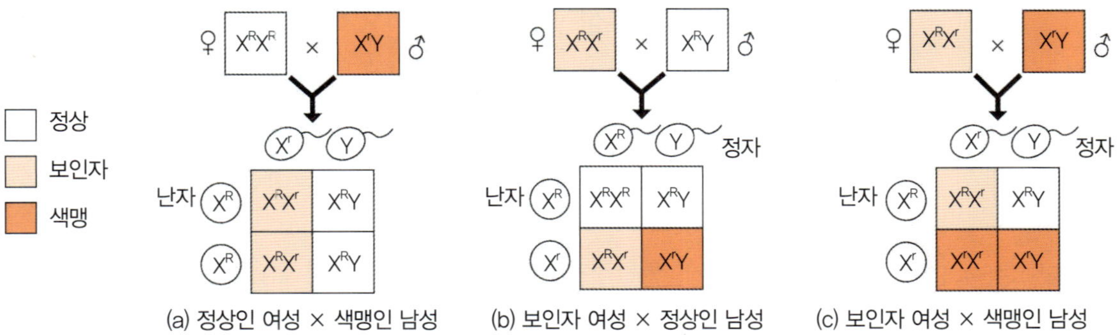

그림 7.10 열성형질인 색맹의 유전

적색과 녹색을 구분하지 못하는 적록색맹은 열성유전으로 열성유전자가 X염색체에 있다. 망막의 원추세포에 있는 적색이나 녹색을 인식하는 특정 단백질에 이상이 생긴 경우이다(**그림 7.10**). X염색체에 위치하는 열성 대립유전자를 X^r, 정상 대립유전자를 X^R로 표시해보자. 그림(a)에서처럼 정상 여자(X^RX^R)와 색맹 남자(X^rY) 사이에서 태어나는 자식 중 남자는 모두 정상(X^RY)이고 여성은 모두 보인자(X^rX^R)가 된다(b). 또한 보인자인 여자(X^rX^R)와 색맹인 남성(X^rY) 사이에서 태어나는 자식은 X^rX^r(색맹 여자), X^rX^R(보인자 여자), X^rY(색맹 남자)와 X^RY(정상 남자)가 같은 빈도로 출현한다(c). 또 다른 열성 유전의 예로 혈액의 응고가 일어나지 않고 단순한 상처에도 혈액의 손실이 많은 질병인 혈우병이 있다. 혈액응고를 담당하는 특정 단백질에 이상이 생긴 열성유전자가 X염색체에 있다. 이들은 모두 남자에서 높은 빈도로, 여자에게서는 낮은 빈도로 나타난다.

생각넓히기 1 근친교배

살아가는 동안 사람이 지니는 가장 큰 관심 중 하나는 자기의 짝에 관한 것이다. 누구나 할 것 없이 좋은 짝을 찾느라고 밤낮으로 분주하게 생각하고 움직인다. 인간뿐만 아니라 모든 동물도 이 점에 있어서는 마찬가지다.

그렇다면 암수 구별 없이 한 몸에 남녀 생식기를 모두 가지고 있는 지렁이의 경우는 어떠할까? 이와 같은 생물을 자웅동체(이와 반대로 암수가 구별되는 경우는 자웅이체)라 하는데, 이들도 짝을 찾아다니는 노력을 한다. 다만 땅을 기어 다니느라 기동성이 떨어져 혹 짝을 못 찾을 경우에 대비하여 남녀 생식기를 함께 가지고 있다고 볼 수 있다. 움직이지 못하는 식물의 경우도 이와 유사하다. 많은 식물들은 생식기관인 꽃 안에 수술과 암술을 함께 가지고 있다. 하지만 이런 식물도 다른 꽃의 꽃가루를 발에 묻히고 있는 곤충이나 벌 등을 유인하여 수정하려고 노력한다. 이와 같이 식물들은 될 수 있는 한 자가수정을 피하려고 한다. 한 꽃 안에는 같이 있는 수술에 있는 꽃가루를 피하는 여러 형태의 장치가 마련되어 있다. 그럼에도 지렁이처럼 짝을 못 찾게 되면 어쩔 수 없이 자가수정을 하기도 한다.

그러면 유성생식을 하는 생물들이 근친교배를 피하여 교미를 하려는 이유는 무엇일까? 근친교배는 열성유전자들이 짝을 이루는 자식이 생길 확률을 높이기 때문이다.

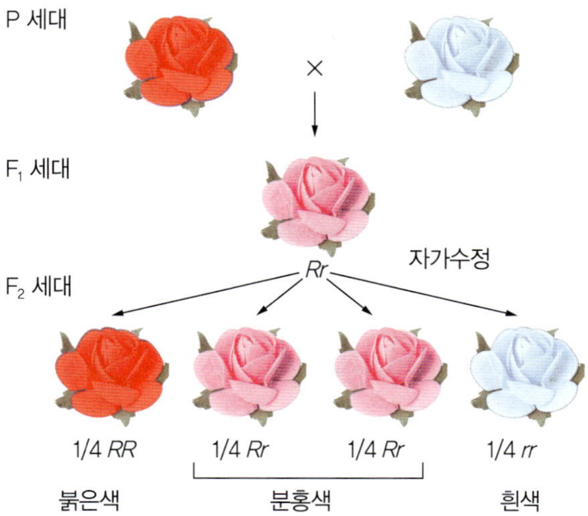

그림 7.11 불완전우성. 불완전우성은 어버이와 다른 중간 정도의 형질이 F_1과 F_2에서 나타나는 유전을 말한다. 어버이에서는 볼 수 없었던 분홍색꽃이 F_1과 F_2에서 나타난다.

불완전우성

앞에서 언급되었듯이 멘델의 유전 법칙들은 완두뿐만 아니라 유성생식을 하는 동식물들에서 공통적으로 발견되지만 모든 형질들이 멘델의 유전 법칙을 따르는 것은 아니다. 불완전우성 incomplete dominance이 한 예이다.

불완전우성의 예는 모두 순종인 붉은색 분꽃과 흰색 분꽃 간의 교배에서 찾을 수 있다. 멘델의 '우성의 법칙'을 따른다면 F_1에서 우성인 어버이 중 한쪽 형질이 예상되지만 분꽃에선 어버이에서 볼 수 없었던 분홍색 꽃이 관찰된다(그림 7.11). 나아가 분홍색 꽃을 가진 F_1끼리 자가수정의 결과로 생긴 F_2에서는 붉은색 1 : 분홍색 2 : 흰색 1로 어버이의 형질이 다시 관찰된다. 분리의 법칙에 따라 우성과 열성의 형질이 F_2에서 다시 나타나는 것처럼 분꽃의 F_2에서도 붉은 꽃과 흰 꽃의 동형접합 유전자형과 표현형이 다시 출현한다. F_1에서 관찰된 분홍색 형질은 자칫 멘델 이전의 사람들이 예상했던 '어버이의 형질이 자손에서 혼합된다'는 가설을 뒷받침하는 것으로 해석될 수 있다.

이상의 결과를 종합해보면 F_1에서의 이형접합인 경우에는 멘델 유전에서 보이는 우성형질이 보이지 않고 두 형질의 중간형인 분홍색 형질이 나타난다. 이는 멘델이 제시한 서로 다른 두 유전단위(대립유전자)에서 우성 대립인자가 하나만 있어도 완전한 우성 표현형이 드러나는 경우와는 달리 우성 대립인자가 두 개 있을 때와 하나 있을 때의 발현 정도가 다르게 나타나기 때문이다. 우성 대립인자가 하나 있을 때는 중간 정도의 형질을 보이며, 이런 현상을 불완전우성 또는 중간유전이라 한다. 이런 불완전우성 현상은 닭 깃털의 색, 말의 피부색 등에서도 관찰된다.

공동우성

불완전우성과는 다르게 두 대립유전자가 결정하는 형질이 이형접합에서 모두 뚜렷이 나타나는 유전을 공동우성codominance이라 한다. 혈액형의 유전에서 볼 수 있는 현상이다.

혈액형에는 A, B, AB와 O형 네 종류가 있다. A형은 A 타입이라 할 수 있는 특정 탄수화물 구조를 적혈구의 표면에 가진다. B형은 B 타입의 탄수화물 구조를, AB형은 A 타입과 B 타입 모두를, O형은 A 타입과 B 타입을 모두 갖지 않는다(그림 7.12). A 타입 또는 B 타입의 탄수화물을 만드는 효소의 유전자가 대립유전자의 형태로 상동염색체에 위치한다. 대립유전자로는 A 타입 탄수화물을 만드는 I^A, B 타입 탄수화물을 I^B와 탄수화물을 만들 수 없는 i의 세 종류가 있다. A형은 I^AI^A나 I^Ai의 대립유전자형에서, B형은 I^BI^B나 I^Bi에서 만들어지는 표현형이다. 이형접합인 I^Ai와 I^Bi의 경우에는 I^A와 I^B 대립유전자들은 i에 대해 우성을 보인다. 즉 I^A와 I^B 대립유전자는 i에 대해서 우성으로 작용하고, I^A와 I^B 대립유전자가 이형접합인 I^AI^B로 있으면 A와 B 타입 모두가 우성으로 발현되어 AB형이 된다. 즉 불완전우성의 경우에서처럼 두 대립형질의 중간 정도가 아니라 두 우성 대립유전자 산물이 모두 뚜렷이 AB형 자손에서 나타나며 이런 현상을 공동우성이라 한다. 이상에서 보는 것처럼 두 개의 대립유전자보다 많은 수의 대립유전자를 갖는 경우를 복대립유전자라 한다. 개인으로 보면 항상 두 대립인자들이 상동염색체에 위치하지만 여러 사람이 모여 있는 집단을 기준으로 보면 두 개 이상의 대립유전자들이 존재한다. 혈액형의 유전은 복대립유전자들 간의 상호작용으로 결정된다.

혈액형의 유전자형과 표현형				
표현형 (혈액형)	A	B	AB	O
적혈구 표면		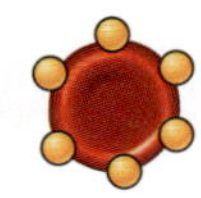		
유전자형	I^AI^A 또는 I^Ai	I^BI^B 또는 I^Bi	I^AI^B	ii

그림 7.12 복대립유전자와 공동우성. ABO식 혈액형에서 나타나는 유전 방식으로 두 우성형질이 모두 나타나는 현상을 말한다.

다인자유전

지금까지 멘델의 유전을 중심으로 한 쌍의 대립유전자에 의해 하나의 형질이 결정되는 유전(단일인자 유전)을 살펴보았다. 이와는 다르게 또 다른 많은 형질들에서는 하나의 형질이 여러 대립유전자들의 통합적인 작용에 의해 결정되는 다인자유전polygenic inheritance을 보인다. 완두 잎의 크기, 사람의 피부색과 키 등은 다인자유전의 예로 단일인자 유전 현상에 비해 유전의 양상이 복잡하다.

멜라닌이라는 색소의 양에 의해 결정되는 사람의 피부색은 멜라닌 색소의 합성이 관여하는 적어도 세 개 이상의 효소들에 의해 결정된다. 이들 세 효소를 만드는 세 유전자가 알려져 있는데, 색소를 많이 만들게 하는 대립유전자 A, B, C와 색소를 조금만 만들게 하는 대립유전자 a, b, c가 있다. 즉 대립유전자들이 $AABBCC$이면 색소가 많이 만들어져 짙은 피부색을, $aabbcc$이면 옅은 피부색을 갖게 된다. 이들의 유전에는 $AbBbCc$, $AABBCc$, $aaBbCC$ 등 많은 조합의 유전자형이 자식들에 나타나 짙은 피부색과 옅은 피부색 사이의 다양한 강도의 피부색을 보이게 된다. 이와 같이 다인자유전은 유전자형이나 표현형이 다양하고, 표현형은 중간 정도의 피부색이 가장 많이 생기며 짙거나 옅은 피부색의 빈도는 낮다(그림 7.13). 다인자유전에서의 표현형의 분포는 일반적으로 가운데 형질의 빈도가 가장 높은 종 모

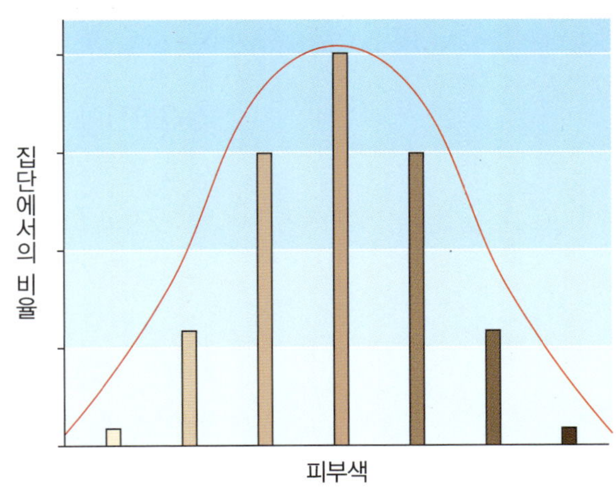

그림 7.13 다인자유전의 예 – 피부색

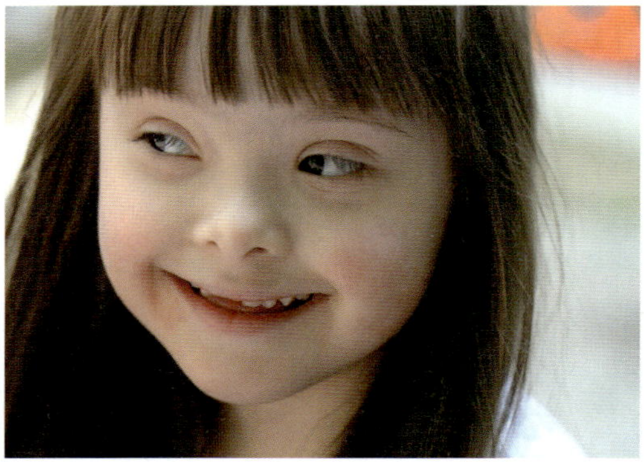

(a) 다운증후군 아이

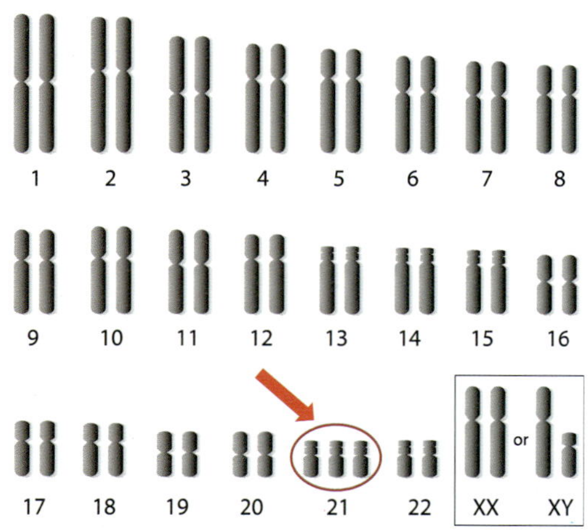

(b) 다운증후군 핵형

그림 7.14 다운증후군. 21번 염색체가 3개인 경우로 감수분열에서 염색체의 비분리 현상에 의해 발생한다.

양을 이룬다.

사람의 성격, 행동, 능력과 키 등의 형질은 피부색을 결정하는 유전자의 수보다 훨씬 많은 유전자들에 의해 결정될 것으로 예상된다. 한 유전자에 의해 성격이 결정된다면 아마 이 세상에는 좋은 성격과 나쁜 성격으로 구분될 것이지만 실제로는 이루 말할 수 없을 정도로 다양한 성격들이 이 세상에 존재한다. 이유는 바로 다인자유전이기 때문이다.

다운증후군

DNA 염기서열의 이상과는 상관없이 감수분열에서 벌어지는 상동염색체의 분리가 제대로 이루어지지 않는 염색체 비분리현상nondisjunction에 의해 생기는 질병들이 있다. 감수1분열에서 상동염색체 간의 분리가 이루어져야 하는데 이것이 제대로 이루어지지 않아 치명적인 이상이 초래되는 경우가 있다. 대표적인 예가 '다운증후군Down syndrome'이라는 병으로 21번 염색체의 분리가 감수1분열 또는 감수2분열에서 제대로 이루어지지 않아 발생한다. 생식세포에서 이들 염색체가 쌍으로 존재하게 되고 결국 수정된 이후 염색체를 하나 더 가지게 되어 47개가 된다(그림 7.14). 산모가 나이가 많으면 이 병의 발생 확률이 높아져 40세 산모의 경우 60:1 정도의 확률로 다운증후군인 아이가 태어난다(20세인 경우 1500:1). 이들은 얼굴이 납작하고 골격이 잘 발달되지 않으며 지능이 떨어지는 특징들을 가진다.

남자와 여자

인류 문화와 역사에서 남자와 여자라는 주제보다 더 많은 관심과 연구의 대상이 되는 것이 있을까? 남자들은 여자보다 키가 더 크고 힘이 더 세다고, 여자는 남자보다 정신연령이 높고 두뇌회전이 신속하다고 내세우며, 서로들 자기가 속한 성의 우월성을 말하기도 한다. 여성이 염색체 X염색체를 쌍으로 갖는 대신 남자는 Y염색체를 가지고 있다는 점을 빼면 다른 상염색체 44개는 모두 같은데도 서로 다른 모습과 특성들을 가진다. 도대체 X염색체와 Y염색체는 무엇이 다른가?

X염색체는 큰 염색체로서 약 1,000개 정도의 유전자를 가지고 있고, 반면 Y염색체는 매우 작은 것으로 수십 개 정도의 유전자만을 가진다(그림 7.15). X염색체를 쌍으로 가지고 있는 여자의 경우에는 X염색체들에 있는 대립유전자 간의 상호관계에 의하여 단백질이 만들어진다. 하지만 남자는 X염색체가 하나뿐이니 1,000여 개의 유전자들은 여자의 경우와는 달리 대립유전자들 간의 상호작용 없이 발현이 결정된다. 마찬가지로 Y에 있는 수십 개의 유전자들도 상호작용 없이 발현된다. 혹자

는 심사숙고 끝에 결정된 유전자들의 발현으로 여자의 경우 좀 더 조직적인 단백질군을 가질 수 있고, 남자의 경우에는 즉흥적인, 즉 실수가 있을 수 있는 단백질군을 가질 수 있을 것이라 말하기도 한다.

Y염색체는 짝이 없기 때문에 감수분열을 할 때에도 짝이 있는 다른 염색체들처럼 교차를 하지 않는다. 만약 Y염색체가 X염색체 사이에서 교차가 벌어진다면 남성과 여성의 구분은 점점 더 사라져 그야말로 중성이 나타날 수 있을 것이다. X와 Y염색체를 철저하게 구별시켜 감수분열 시에 교차가 일어나지 않도록 하는 것은 남성과 여성의 구분을 확실하게 하기 위한 자연의 섭리일지도 모른다.

그림 7.15 X(큰 것)와 Y(작은 것) 염색체

남녀의 성 구분이 모호한 경우도 있다. 성염색체의 배합이 XX면 여자, XY는 남자가 되며 이들 성염색체에는 생식기를 포함하는 남녀를 구분 짓는 모든 차이에 관여하는 유전자들이 위치하고 있을 것으로 짐작할 수 있다. 그런데 예외적인 경우로 성염색체가 XY인 남자가 여성이 되는 경우가 있으며, 이를 '스와이어 증후군'이라 한다. 정확한 원인은 아직 모르지만 이들에서는 여성호르몬이 많이 분비되어 작기는 하지만 여성생식기인 난소와 자궁을 갖게 된다. 이 증후군과 비슷한 맥락으로 XX 여성이 남성처럼 닮아가는 경우도 있다. 이런 사람들은 아예 성을 전환하여 트랜스젠더가 되고자 하는 충동이 있다고 한다.

환경과 유전

많은 형질들의 표현형은 유전자뿐만 아니라 환경에 의해서도 영향을 받는다. 가령 잎의 크기, 몸무게, 키, 성격 등의 형질들은 환경의 지배를 많이 받는다. 바다에서 수영을 많이 즐기는 사람의 피부는 검은색을 띤다. 이와 다르게 혈액형과 같은 형질들은 절대적으로 유전자에 의해서만 결정된다. 어느 특정 형질이 유전자와 환경 중 어느 것에 영향을 많이 받느냐라는 질문에는 대부분의 경우 답하기가 쉽지 않다. 유전자의 프로모터 지역에 결합하는 전사조절인자들에 의해 유전자 발현이 조절되는데, 전사조절인자들의 출현은 환경 요인에 민감한 경우가 많은 편이다. 유전자들에 이상이 있어도 유전자 발현이 되지 않으면 형질이 생기지 않는 경우를 생각해 볼 수 있다.

정도의 차이는 있겠지만 유전자와 환경이 대부분의 형질에 모두 관여한다는 것에는 논란이 없다. 환경에 의해 얻어진 형질은 자식에 유전되지 않는다는 것도 잘 알려진 이론이다. 하지만 앞에서 설명되었듯이 생활 습관이 후성 유전을 통해 자손에게 전해질 가능성이 대두되고 있다. 환경이 어떻게 표현형 결정에 영향을 미치는가? 향후 오래도록 사람들의 관심을 모으는 질문이 될 것이다.

일란성 쌍둥이
1개의 수정란이 분열하여 2개의 세포가 된 후 이들이 분리되어 독립된 개체로 발생한 쌍둥이를 말하며 이들의 유전자는 동일하다.

최근 **일란성 쌍둥이**의 사례를 이용해 환경과 유전자와의 상관관계를 분석하는 연구가 활발하게 이루어지고 있다. 유전자가 같은 일란성 쌍둥이가 서로 다른 환경에서 자랄 때 과연 어떤 일이 벌어질까? 다른 환경에서 자란 5,000쌍의 일란성과 이란성 쌍둥이를 대상으로 실시한 연구에 의하면 일란성 쌍둥이에서 눈의 색깔이 일치할 확률은 99.5%이지만, 유전자가 같지 않은 이란성 쌍둥이는 28%, 쌍둥이가 모두 정신불안증에 걸리는 확률은 일란성의 경우 40%, 이란성은 17%, 같이 암에 걸릴 확률은 모두 5~10% 정도라고 한다.

일란성 쌍둥이를 통한 연구 결과는 대체로 정신질환이나 성격 등은 유전적 영향을 크게 받고 있음을 보여준다. 오랫동안 교육학자들은 지능발달이 교육 환경에 결정적으로 영향을 받고, IQ는 환경보다 유전의 영향이 더 큰 것으로 알려지고 있다. 또한 창의성은 유전보다 환경의 지배를 더욱 많이 받는 것으로 나타나고 있다. 이 연구가 100% 정확하여 모든 사람에게 적용될 수 있을지는 아직 확실하지 않으나, 우리는 여기서 성격이나 지능에 관여하는 유전자의 실체가 존재하며 환경적 요인과 함께 형질이 결정되고 있음을 알 수 있다.

현대 유전학

멘델의 유전법칙은 DNA를 모르는 시대에 얻어졌다. 그때로부터 150여 년이 지난 지금엔 너무나 많은 학문적 진보가 축적되어 있다. DNA염기서열이 규명되어 있고 많은 유전자들과 이들이 암호화하는 단백질들 간의 선긋기 상당 부분 완성되어 있다. 상당수 유전병들의 원인이 되는 유전자들이 알려져 있다. '낫형 적혈구 빈혈증'은 헤모글로빈 유전자의 특정 염기서열의 돌연변이로 발생한다는 것도 알게 되었다. 이제 원하면 나의 게놈프로젝트를 할 수 있고, 내가 가지고 있는 유전적 특성이 분석될 수 있다. 개인별 염기서열이 축적됨에 따라 DNA분석은 점점 더 정교해지고 있다. 아마 20~30년 내로 사람이 가진 다양한 형질들과 유전자들 간의 선긋기가 완성 단계에 접어들게 될 것이다. 사람은 물론 모든 생명체들에서 유전 현상에 관한 지식이 엄청난 속도로 늘어날 것이다. DNA 염기서열로 형질을 분석할 수 있는 시대는 이미 시작되었다. DNA 분석 결과를 보고 무슨 형질이 생겨날 확률이 몇 %인지가 알려지고 있다. 유방암이 생길 확률이 높다는 분석 결과에 따라 현재 유방암이 없음에도 유방을 절제하는 예가 나타나고 있다.

앞으로는 적은 비용으로 개개인의 게놈 염기서열을 확보하여 잘못된 유전자를 치료하는 유전자 치료의 시대가 열릴 것이다. 마치 성형 수술하는 것처럼 우리의 잘못된 유전자를 정상적인 유전자로 교체할 수 있을 것이다. 최근 유전자를 편집할 수 있는 기술이 개발되고 있다. 잘못된(편집하고 싶은) 유전자 지역을 정확하게 제거하

생각넓히기 3 어느 일란성 쌍둥이 이야기

미국 동부에서 수십 년 전 일란성 쌍둥이 두 자매가 태어났다. 산모는 정신분열증 환자였으며, 아버지는 알려지지 않는다. 심리학자들이 '인간의 유전자와 성장 환경 중 어느 쪽이 인간의 인성 형성에 더 영향을 주는가?'라는 주제를 연구하기 위하여 이들 자매를 각각 다른 가정에 입양을 시켰다. 연구자들은 10여 년간 이들의 성장에 관한 자료를 얻어 분석하다가, 인도주의적 문제에 부딪혀 연구를 중단하고 말았다.

지난 2003년 나이 35세가 된 이들 자매 중 한 명이 생모를 찾아 나선다. 그녀는 자신의 과거를 알렸고 수소문 끝에 다른 자매를 만나 그 과정을 책(Identical Strangers)으로 내었다. Paula Bernstein은 뉴욕에서 좋은 가정에서 양육되어 좋은 학교를 졸업, 결혼 후 두 아이의 어머니가 되어 프리랜서 작가로 활동 중이며, 남편과 행복한 생활을 하고 있다. Elyce Schein은 6살 때 양모가 사망한 후, 사랑을 받지 못하고 자랐으며, 온갖 고난을 겪으면서 강한 성격으로 성장하여, 파리에서 영화 제작자로 활약하고 있다.

이들이 만나서 서로 알게 된 점은, 비록 자란 환경이 무척 다르지만, 만나자마자 서로가 쌍둥이란 것을 알 정도로 닮았으며, 행동거지, 말투, 웃는 버릇, 영화를 좋아하는 취미, 신체적 알러지, 안면 경련증 등 많은 부분이 서로 같다는 것을 확인하였다. 또한 둘 다 어릴 때부터 꿈꾸던 파리 여행을 이루었으며, 고교 때는 학교신문 편집 일을 했으며, 대학에서는 영화를 전공했고, 지금은 글을 쓰고 있다는, 많은 우연찮은 일치를 확인한 것이다. 결과적으로, 성장 환경과 유전적 요소들은 함께 한 인간의 생애에 영향을 미치며, 개인의 행동을 결정짓는다는 사실을 알게 해준다.

고 정상 유전자를 교체하는 '유전자 가위' 기술이 식물과 사람 등에서 적용되고 있다(3장). 유전자 편집에 대한 수요는 대단하지만 정상 유전자를 전달하는 방법, 잘못된 유전자의 정확한 편집, 윤리성이 확보된 유전자 편집 기술의 적용 등과 관련해서 더 많은 노력과 연구가 필요하다. 하지만 이 방법은 결국 성공하여 인류가 유전적 결함으로부터 해방될 수 있게 하는 생명과학 기술로 자리 잡을 것이다. 멘델로부터 시작된 유전학 연구의 미래엔 두려울 정도로 많은 변화가 예상되고 있다.

연습문제

I. OX 문제 (X로 답한 경우에는 이유를 설명함)

01 멘델은 DNA의 기능을 알고 있었다. ( )

02 분리의 법칙은 두 대립유전자가 분리되어 생식세포로 들어가는 현상에 바탕을 둔다. ( )

03 독립의 법칙은 두 다른 형질을 결정하는 두 다른 유전자가 다른 염색체에 위치할 때 성립한다. ( )

04 대립유전자란 두 다른 단백질을 암호화하는 유전자들을 말한다. ( )

05 사람들의 유전병은 대부분 우성 대립유전자에 의한 것이다. ( )

06 열성 대립유전자는 집단에서 쉽게 소멸되지 않는다. ( )

07 열성 유전은 보통 세대를 건너뛰면서 발생한다. ( )

08 다인자유전에서는 하나의 형질이 여러 개의 유전자에 의해 결정된다. ( )

II. 객관식

01 멘델은 ( )가/이 부모로부터 자식에게 이동하는 것을 주장했다.

① 유전인자 ② DNA
③ 유전자 ④ 단백질
⑤ 염색체

02 한 대립유전자가 우성 또는 열성인지는 다음을 통해 알 수 있다.

① 어머니 또는 아버지로부터 유래한 것인지에 따라
② 어느 염색체에 위치하는가에 따라
③ 두 대립유전자가 함께 있을 때 어느 것이 표현형으로 사용되는가에 따라
④ 다른 유전자와 함께 위치하는가에 따라
⑤ 좀 더 질이 좋은 형질인지의 여부에 따라

03 '형질을 결정하는 염색체의 특정 지역'을 가장 잘 설명하는 용어는?

① 염색사 ② 유전자
③ 단백질 ④ DNA
⑤ 유전인자

04 모두 순종인 어느 사과 나무에서 한 그룹은 한 가지당 3개씩의 사과가 달리고 다른 그룹은 한 가지당 1개씩의 사과가 달린다. 이 두 그룹을 교배하여 얻어진 자손은 한 가지당 2개씩의 사과를 얻는다면 무슨 현상이 벌어졌을까?

① 공동우성 ② 불완전우성
③ 우성 유전 ④ 열성 유전
⑤ ①~④ 모두

05 대립유전자와 관련이 없는 항목은?

① 꽃색 결정 관련 유전자 A와 a
② 혈우병 결정 관련 유전자 B와 b
③ 서로 대응하며 같은 특성을 결정하는 유전자
④ 꽃색을 결정하는 유전자 A와 꽃잎을 결정하는 유전자 C
⑤ 불완전우성의 관계도 생길 수 있다.

06 멘델의 연구가 F_1에서 멈추지 않고 F_2까지 계속 진행된 이유는?

① 좀 더 많은 자식을 갖기 위해
② 열성 형질이 다시 나타나는지를 알아보기 위해
③ 우성 형질이 다시 나타나는지를 알아보기 위해
④ 분리되는 대립유전자들의 종류를 알아보기 위해
⑤ 재조합되는 형질을 알아보기 위해

07 멘델의 독립의 법칙은 감수1분열 과정에서 어느 과정에 근거를 둔 것인가?

① 상동염색체의 접근
② 교차
③ 염색체의 적도판 배열의 다양성
④ 상동염색체의 분리
⑤ 말기에서의 세포질분열

08 쥐의 검은색(B) 털은 흰색 (b) 털에 대해 우성이고 짧은 (T) 꼬리는 긴(t) 꼬리에 대해 우성이다. $BbTt$와 $BBtt$의 교배에서 검은색 털과 긴 꼬리의 자손이 생길 확률은?

① 1/16　② 3/16
③ 3/8　④ 1/2
⑤ 9/16

09 사람을 대상으로 유전현상을 연구하기가 어려운 이유를 바르게 설명한 것은?

① 여러 유전자들이 한 형질을 결정하는 경우가 많다.
② 원하는 교배를 실시하기 어렵다.
③ 원하는 형질의 사람을 발견하기 어렵다.
④ 세대가 너무 길어 자손의 형질을 관찰하기 어렵다.
⑤ 모두

10 색맹인 여자와 색맹이 아닌 남자 사이에 생겨난 자식 중 아들은 모두 색맹이고 딸은 모두 색맹이 아니었다. 이 결과를 바르게 설명하는 것은?

① 색을 인식하게 하는 유전자와 성을 결정하게 하는 유전자는 같다.
② 색을 인식하게 하는 유전자는 성을 결정하게 하는 유전자에 대해 우성이다.
③ 색을 인식하게 하는 유전자와 성을 결정하게 하는 유전자는 공동우성을 보인다.
④ 색을 인식하는 유전자는 X염색체에 위치한다.
⑤ 색을 인식하는 유전자는 Y염색체에 위치한다.

11 A의 부모는 정상이지만 A는 귀머거리이다. 귀머거리 형질은 열성 형질로 열성 대립유전자 d에 의하며 정상 형질을 나타내는 우성의 대립유전자는 D이다. A의 부모들이 가질 수 있는 유전자형은?

① DD와 dd
② dD와 dd
③ dd와 dd
④ Dd와 Dd
⑤ DD와 Dd

12 헌팅톤병은 H 대립유전자(열성 대립유전자인 h에 대해 우성임)에 의해 발생된다. 남자가 Hh이며 여자가 hh인 부부 사이에서 태어나는 아이가 헌팅톤병을 가질 확률은?

① 0　② 1/4
③ 1/2　④ 3/4
⑤ 1

III. 주관식

01 완두콩의 노란색(A)은 초록색(a)에 대해서 우성이다. 다음 교배에서 생길 수 있는 자손에서의 유전자형과 표현형은?

1) 동형접합 노란색 × 동형접합 초록색
2) 이형접합 노란색 × 동형접합 초록색
3) 이형접합 노란색 × 동형접합 노란색
4) 이형접합 노란색 × 이형접합 노란색

02 혀를 동그랗게 말 수 있는 형질은 말 수 없는 형질에 대해 우성이다. 부부가 모두 혀를 말 수 있는데 자식은 혀를 말 수 없었다. 왜 이런 현상이 생겼는지 설명하시오.

03 한 쌍의 상동염색체 중 한 쪽 염색체에 A와 B가, 다른 쪽 염색체에는 a, b가 위치한다. 이 세포의 감수분열을 통해 얻어진 생식세포에서 AB, aB, Ab, ab의 조합이 관찰되었다면 감수분열 도중에 어떤 현상이 벌어졌을까? (A와 a, B와 b는 대립유전자 관계이다.)

04 다음의 각 경우에 해당하는 유전의 종류는?

1) 형질의 발현이 여자보다 남자에게서 높은 빈도로 나타난다. (　　)
2) 형질을 보이는 자식의 부모 중 적어도 한쪽은 형질을 가진다. (　　)
3) 부모가 형질을 보이지 않더라도 자식은 형질을 나타낼 수 있다. (　　)
4) 형질은 남자와 여자에서 비슷한 빈도로 나타난다. (　　)

05 열성 대립유전자에 의해 발생하는 유전병이 있다. 모두 보인자인 부부가 자식을 세 명 가진다면 다음 경우의 확률은?

1) 세 자식이 모두 정상일 경우.

2) 세 자식이 모두 병을 가질 경우.

06 어느 여학생이 자신이 X염색체 열성 반성 유전인 적록색맹임을 알게 되었다. 생명과학 선생님은 곧바로 이 여학생에게 '너의 아버지가 적록색맹이시구나'라 말씀하셨다. 어떻게 선생님이 이 사실을 아셨을까? 선생님은 같은 말을 역시 적록색맹인 남학생들에게는 말씀하지 않으셨다. 이유는?

07 얼마 전 기다리던 여동생이 태어났는데 여동생이 소화 기능에 문제점을 가지고 있는 것을 알게 되었다. 의사의 진단에 의하면 여동생은 상염색체 열성으로 유전되는 '갈락토스혈증' (갈락토스 소화에 이상)이라는 질환을 가지고 있다.

1) 우리 남매의 부모는 모두 이 질환을 가지지 않는다. 여동생의 유전자형이 *gg*라면 부모의 유전자형은?

2) 나도 이 질환을 갖지 않는다. 나의 유전자형은?

3) 여동생이 나중에 결혼해서 얻은 자식은 반드시 이 질환을 가질까?

세상의 모든 일이 그렇듯이 생명이 벌이는 일들에도 에너지가 필요하다. 에너지는 움직임이나 변화를 유도할 수 있는 능력으로 정의된다. 생명의 가장 큰 특징 중의 하나는 에너지를 만들고 또 사용하는 것이다. 생명체들이 사용하는 에너지는 궁극적으로 빛이라는 물리에너지로부터 온다. 빛이 가진 에너지는 광합성을 통해서 유기물로 전환되고, 유기물에 포함되어 있는 에너지는 호흡을 하는 생명들에 의해 ATPadenine triphosphate로 전환된다. 지금 이 순간에도 생명체들은 ATP를 만들고 사용한다. 생명들이 항상 호흡하고 있는 이유이다.

여덟 번째 강의

8 세포호흡

8.1 세포호흡

탄수화물이나 단백질 등의 영양소nutrients는 공유결합 형태로 에너지를 포함하고 있다. 공유결합이란 두 원자 간 전자의 공유로 이루어지는 결합을 말한다(**그림 8.1**). 이 공유결합을 위해서는 전자들은 질서정연하게 재배치되고, 이 과정에서 공유결합은 에너지를 포함하게 된다. 음성전하를 띤 가벼운 무게의 전자는 양성 전하를 띤 원자핵 주변을 멀리 벗어나지 않으며 자유롭게 움직인다. 반면에 두 원자에 의해 공유되는 전자들의 자유로운 움직임은 멈추고 공유될 수 있도록 전자의 행동반경은 매우 좁아진다. 어지러운 방안의 잡동사니들을 질서정연하게 정리하려면 에너지가 필요하듯이 공유결합에 참여하는 전자들의 질서정연한 행동반경을 위해선 에너지가 필요하다. 때문에 공유결합은 에너지를 갖게 되는 것이다.

세포호흡은 산소를 필요로 하는 산소호흡(또는 유기호흡)aerobic respiration과 산소 없이 벌어지는 무기호흡anaerobic respiration으로 구분된다. 산소호흡은 영양소로부터 수소 원자를 끄집어내며 공유결합을 이루느라 높은 에너지를 간직하고 있던 수소 원자가 가진 전자로부터 생명들이 사용할 수 있는 에너지 형태인 ATP를 생성하는 것이다. 곧 설명되듯이 높은 에너지의 전자로부터 ATP를 얻기 위해서 산소가 필요한 것이다. 우리가 들숨으로 산소를 흡입하는 이유이다.

열역학 법칙

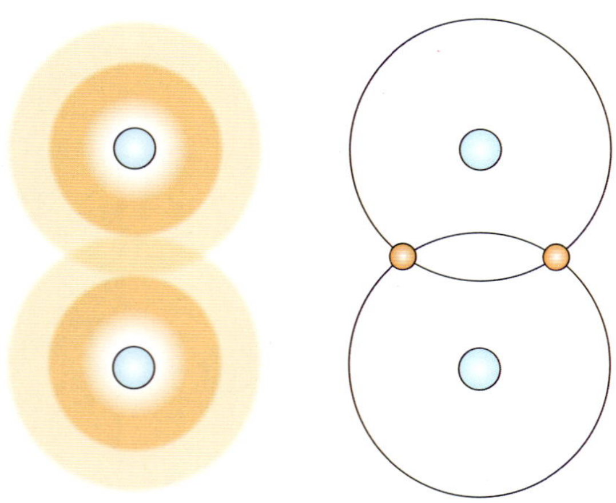

그림 8.1 두 수소 원자의 공유결합 두 수소(H) 원자 간의 공유결합으로 수소 분자(H_2)를 이루는 과정이다. 수소 원자가 가지는 하나의 전자는 원자핵(푸른색 원형) 주변(노란색 지역)을 자유롭게 움직인다(왼쪽). 두 수소 원자 간의 공유결합이 이루어지면 전자 2개(오른쪽, 가운데의 두 노란색 작은 원형)는 더 이상 자유롭게 옮겨 다니지 못하고 두 수소 원자에 의해 공유된다. 공유결합 후의 전자 배치는 질서정연해지고 전자는 높은 에너지를 갖게 된다.

에너지와 일과의 관계를 다루는 열역학에는 중요한 두 법칙이 있다. 열역학 제1법칙은 '에너지는 새롭게 만들어지는 것이 아니라 한 형태의 에너지가 다른 형태의 에너지로 전환된다'로 표현된다. 무슨 일에 에너지가 필요하면 우리는 에너지를 직접 만드는 것이 아니라 한 곳에서 얻은 에너지를 다른 형태의 에너지로 전환하여 사용한다는 것이다. 빛이라는 물리에너지가 ATP라는 화학에너지로 전환하는 것이 한 예이다. 열역학 제2법칙은 질서정연한 구조를 갖는 물체가 에너지를 가진다는 것이다. 이런 물질은 결국 에너지를 방출하며 무질서의 상태로 전환한다는 것이다. 질서정연하게 정리하려면 에너지가 필요하며 에너지가 계속 주어지지 않으면 결국 방은 어지럽혀지고 무질서의 상태로 변하게 된다. 항상 질서정연한 상태의 방을 유지하기 위해서는 에너지가 필요하다는 것이다. 분자, 세포, 조직 등의 체계를 갖는 생명체는 질서정연함을 유지하기 위해 지속적인 에너지 공급이 필요하다.

세포호흡의 중요한 역할은 바로 이 높은 에너지의 전자를

ATP로 전환하는 것이다. 큰 분자의 영양소들은 대사를 통해 작은 분자로 전환하는 과정에서 높은 에너지를 갖는 전자를 에너지 생성에 사용한다. 전자는 전자전달이라는 과정을 거치며 ATP를 만든다. 세포호흡은 호흡기(11장)를 통해 벌어지는 산소와 이산화탄소의 기체 교환(외호흡이라 함)을 필요로 한다.

ATP

ATP는 아데노신삼인산adenosine triphosphate의 약자로 5탄당 리보스를 중심으로 한쪽에는(1번 탄소) 아데닌 염기가 붙어 있고 반대쪽엔(5번 탄소) 인산 세 개가 나란히 붙어 있는 뉴클레오타이드 구조이다(**그림 8.2a**). ATP는 UTP, GTP, CTP와 함께 RNA를 구성하는 뉴클레오타이드이기도 하다.

ATP의 모습은 권총을 연상시킨다. 리보스 당, 아데닌 염기와 리보스 당 가까이에 있는 두 개의 인산이 총이고 끝에 붙어 있는 세 번째 인산을 총알이라 할 수 있다. 세 인산 중 끝에 있는 인산은 마치 권총에서 총알이 튀어 나가듯 ATP 분자로부터 떨어져 나갈 수 있다. 총알을 내보낸 총에는 인산이 두 개만 남게 되는데 이를 아데노신이인산adenosine diphosphate, ADP라 한다. 세포호흡을 통해 영양소로부터 얻은 에너지로 인산을 ADP에 결합시켜 ATP를 얻는다(**그림 8.2b**). 이 결합은 음성 전하를 가지는 세 번째 인산과 역시 음성 전하를 갖는 두 번째 인산 간의 전기적 배척을 극복하는 7.3kcal/mole의 높은 에너지를 필요로 한다. 이런 이유로 ATP를 고에

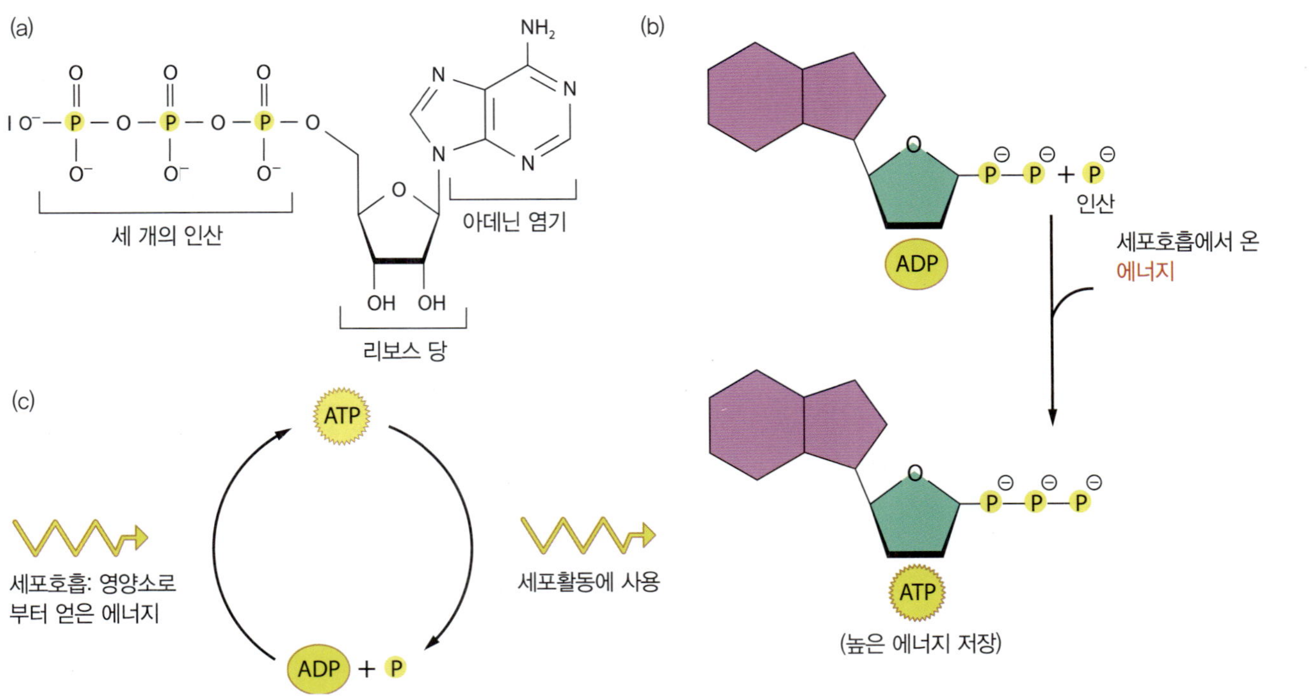

그림 8.2 생명의 배터리 ATP. ATP는 뉴클레오타이드로서 리보스 당, 아데닌 염기와 인산 3개를 가진다(a). ATP는 얻은 에너지를 사용하여 ADP에다 인산 한 분자를 결합시켜 생성된다(b). ATP는 두 번째 인산과 세 번째 인산 사이의 결합에 7.3kcal/mole의 높은 에너지를 지닌다. ATP의 분해(ADP와 인산으로)로 방출되는 에너지는 여러 생명활동에 사용된다(c).

너지 저장분자 또는 생명의 배터리라 한다. ATP는 에너지가 필요한 세포활동의 현장에 다가가 ADP와 인산으로 갈라지면서 에너지를 제공한다(그림 8.2c). 화폐로 다양한 물건을 구입할 수 있듯이 ATP로 에너지가 필요한 다양한 생명활동을 할 수 있다. ATP를 에너지 화폐energy currency라 하기도 하는 이유이다. 어느 생명활동에는 몇 분자의 ATP가 필요하다는 등 화폐처럼 계산도 할 수 있다.

탈수소효소와 NAD^+

높은 에너지의 전자는 탈수소효소dehydrogenase에 의해 영양소로부터 얻어진다. 탈수소효소의 작용에는 NAD^+라는 조효소coenzyme가 있어야 한다(그림 8.3). 조효소란 효소의 일부가 아니면서 효소 반응에는 필수적인 분자를 말한다. 탈수소 반응은 기질(전자를 내놓는 분자)로부터 공유결합을 하고 있는 전자 2개와 양성자(H^+) 1개를 NAD^+nicotinamide adenine dinucleotide에 결합시켜 NADH가 생겨나도록 하고, 이 과정에서 하나의 양성자는 용액으로 분리된다. NAD^+는 전자 두 개와 양성자를 받아(그림 8.4 고리구조에서 붉은색 질소 원자) 고리구조의 변화를 유도하며 NADH로 전환한다. 탈수소 반응은 다음 식으로 요약될 수 있다.

$$NAD^+ + 2e + 2H^+ = NADH + H^+$$

산화와 환원이라는 용어를 사용하여 위의 식을 다시 표현해본다. 어떤 분자로부터 수소 원자나 전자를 끄집어내는 현상을 산화oxidation, 수소 원자나 전자를 결합시키는 현상을 환원reduction이라 한다. '기질로부터 산화되어 나온 전자 2개와 하나의 양성자가 NAD^+를 환원시켜 NADH가 된다'라 표현할 수 있다. 환원된 NADH가 포함하고 있는 두 개의 전자는 기질에서 수소 원자가 다른 원자와의 공유결합에 사

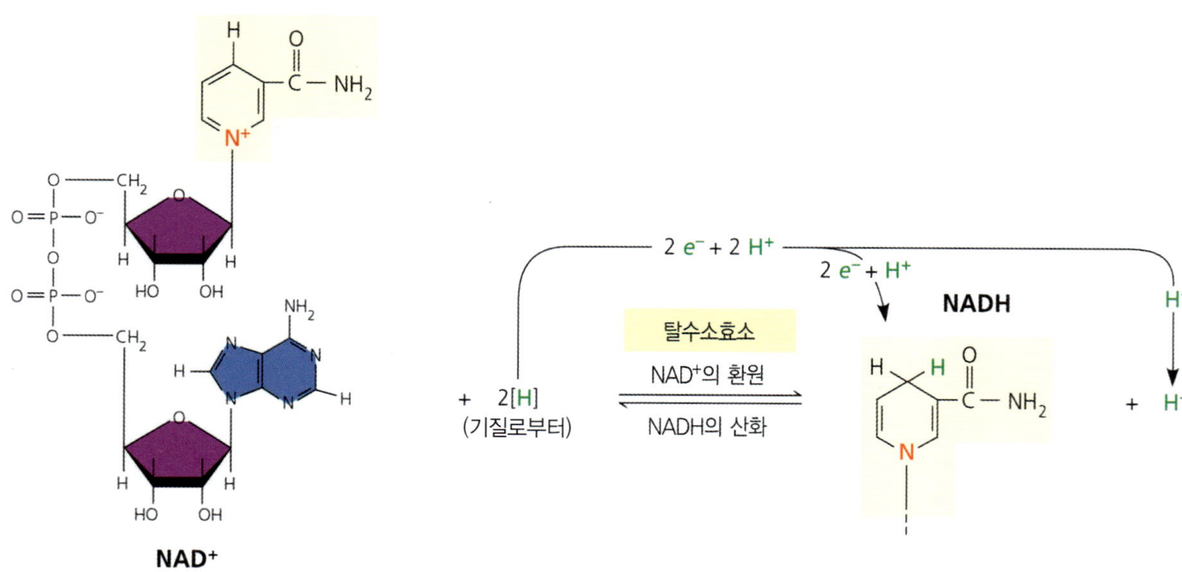

그림 8.3 **전자전달체 NAD^+.** NAD^+는 영양소로부터 얻은 2개의 전자, 하나의 양성자(H^+)와 결합하여 NADH로 전환되고 1개의 H^+가 기질로부터 떨어져 나온다. 결과적으로 탈수소반응을 통해 기질로부터 2개의 수소 원자가 분리되어 NAD^+를 환원시킨다.

용된 전자들로 높은 에너지를 포함하고 있다. NADH는 높은 에너지를 가진 전자들을 손님으로 태우고 곧 설명될 미토콘드리아에 있는 전자전달계로 이동시키는 택시에 비유될 수 있다. NADH는 전자전달계에 전자 손님을 내려놓고 빈 택시인 NAD^+가 된 다음 기질로 이동하여 다음 손님(전자)을 태운다. NADH/NAD^+는 니아신이라는 비타민으로부터 합성되는 복잡한 구조로 산화와 환원 반응을 거치며 전자를 기질로부터 전자전달계로 이동시키는 역할을 담당한다. NADH와 NAD^+는 새롭게 합성되기보다 서로 간에 전환되면서 재활용된다.

FAD는 NAD^+와 유사한 임무를 담당하는 비슷한 구조의 또 다른 조효소이다. FAD는 기질에서 2개씩의 전자와 양성자로 환원되어 $FADH_2$가 된다. 세포 내 탈수소효소의 종류는 무척 다양하며 주로 산화되는 기질의 이름을 추가하여 명명된다. 가령 포도당으로부터 전자를 끄집어내면 '포도당 탈수소효소', 말릭산으로부터 전자를 끄집어내면 '말릭산 탈수소효소'라 한다.

산소호흡을 하는 생명체들은 다음 세 단계의 대사 경로를 거친다. 해당작용glycolysis, 구연산회로citric acid cycle와 전자전달계electron transport chain가 그것이다(그림 8.4). 해당작용과 구연산회로를 거치며 여럿의 탈수소반응이 벌어진다. 이들 대사 경로는 산소호흡을 하는 생명체들이 공통적으로 가지고 있다. 해당작용과 구연산회로는 탈수소반응과 함께 여러 고분자 물질들을 합성하는 데 필요한 재료를 제공하기도 한다. 이들 대사 경로를 중심으로 다양한 종류의 영양소들이 유입되고 또 다양한 종류의 고분자 물질들이 이들로부터 만들어진다. 이들 세 대사 경로를 좀 더 살펴보도록 하자.

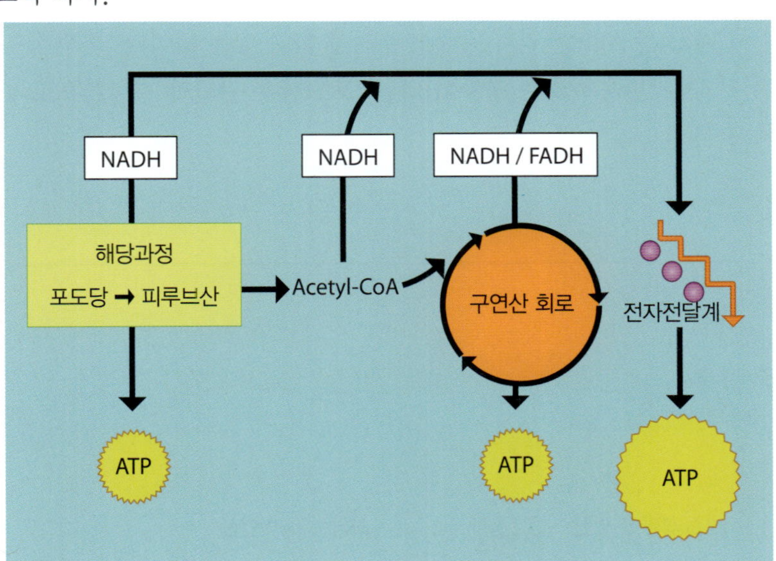

그림 8.4 중심대사 요약

8.2 중심대사 – 해당작용, 구연산회로와 전자전달계

해당작용

해당작용glycolysis은 말 그대로 당을 분해하는 대사경로로 6탄당인 포도당 한 분자가 2분자의 3탄당 피루브산pyruvate으로 분해(해당)되는 과정이다(그림 8.6). 해당작용은 산소의 사용 여부에 관계없이(산소가 있거나 없거나) 동물, 식물과 미생물 등 모든 생명체들이 사용하는 대사경로로 많은 종류의 탄수화물들이 세포호흡으로 유입되는 통로이다. 해당작용은 진핵세포의 경우 세포질에서 벌어진다. 이들 10개 반응을 통해 해당과정의 내용과 역할을 살펴보자.

해당과정의 10단계 반응

해당작용은 1930년대에 여러 학자들의 협력으로 규명된 것으로 포도당의 분해 과정에 참여하는 10단계의 반응(**그림 8.5**)을 말한다. 고세균, 박테리아, 동식물에서도 동일한 10단계의 반응이 벌어지고 있다는 사실에서 해당작용은 생명의 기원과 함께 시작된 대사경로라 할 수 있다. 무기호흡을 하는 박테리아나 유기호흡을 하는 사람에서 동일한 방식으로 작동하고 있는 것이다.

1단계 포도당은 ATP에 있는 인산과 결합하여 포도당 6-인산이 된다. 해당작용의 목적 가운데 하나가 ATP를 만드는 것인데, 이 단계에서는 오히려 ATP를 소비한다. 이는 나중에 더 많은 ATP를 얻기 위해서 투자를 하고 있는 셈이다. 화학적으로 비교적 안정된 분자인 (반응하려는 경향이 낮음) 포도당은 인산과 결합함으로써 반응성이 높아지게 된다.

그림 8.5 해당작용의 10단계 반응

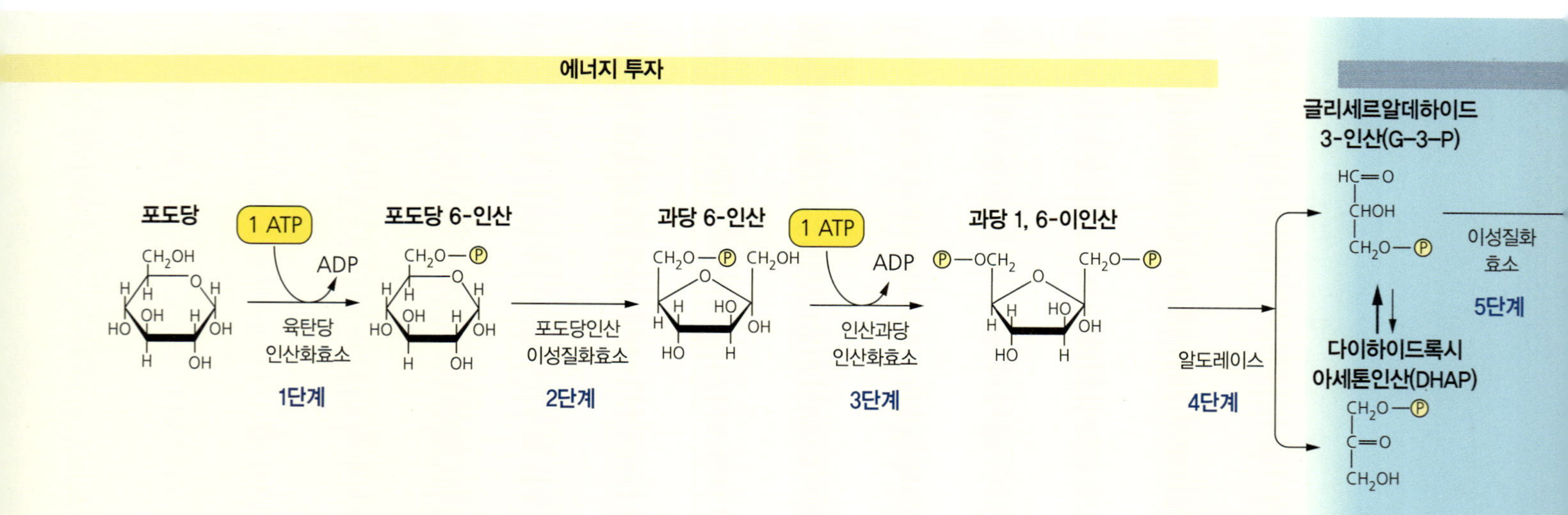

2단계 포도당 6–인산이 과당 6–인산이 된다. 해당과정의 시작 부분에 이들 포도당 6–인산과 과당 6–인산이 위치해 있으면서 세포 내의 여러 종류의 당이 이들을 거쳐 해당과정이라는 강줄기에 합류할 수 있게 된다.

3단계 다시 한 번 ATP가 투자되어 과당 6–인산에 인산이 하나 더 붙어 과당 1,6–이인산이 된다. 당 분해(해당)를 위한 준비단계로 과당 1,6–이인산fructose-1,6 diphosphate은 한 분자에 인산을 두 개나 가진 매우 불안한, 즉 반응성이 높은 구조이다. 음성 전하를 띤 인산 두 개가 한 분자에 위치하면 전기적으로 서로 배척하여 불안한 구조를 가지게 한다. 이 과정에 참여하는 효소는 인산과당인산화 효소phosphofructokinase(PFK)로 이 반응은 실제로 해당작용의 첫 번째 반응인 것으로 생각할 수 있다(1~2단계는 준비단계). PFK는 해당을 일으키기 위한 마지막 준비 단계로 PFK는 세포의 여러 대사산물들에 의해 활성이 조절된다. 가령 해당작용의 최종 산물인 피루브산이 많으면 피루브산은 PFK의 알로스테릭 지역(활성부위가 아닌 지역)에 결합하여 PFK의 작용을 억제하는 음성되먹임 조절을 유도한다. 마치 한강에 물(피루브산)이 너무 많으면 소양강댐(PFK)에 연락하여 방류 중지를 요청하는 것과 같다.

4/5단계 과당 1,6–인산은 두 개의 3탄당 글리세르알데하이드 3–인산(G–3–P)과 다이하이드록시아세톤인산(DHAP)으로 해당(분해)된다(4단계). 서로 가역적으로 전환할 수 있는 이 두 3탄당은 DHAP에서 G–3–P쪽으로 전환하려는 경향이 강하다(5단계). 결과적으로 포도당 한 분자는 주로 2분자의 G–3–P로 분해되어 G–3–P가 다음의 해당과정 단계를 계속하게 된다. 한편 DHAP는 해당작용을 벗어나 글리세롤 분자로 전환하기도 한다. 글리세롤은 세 분자의 지방산과 결합하여 중성지방을 생성한다.

지금까지의 1~5단계의 반응은 ATP를 2회 사용하는 '에너지 투자단계'라 할 수 있다. 6~10단계에서 벌어지는 ATP 획득을 위한 준비단계이다.

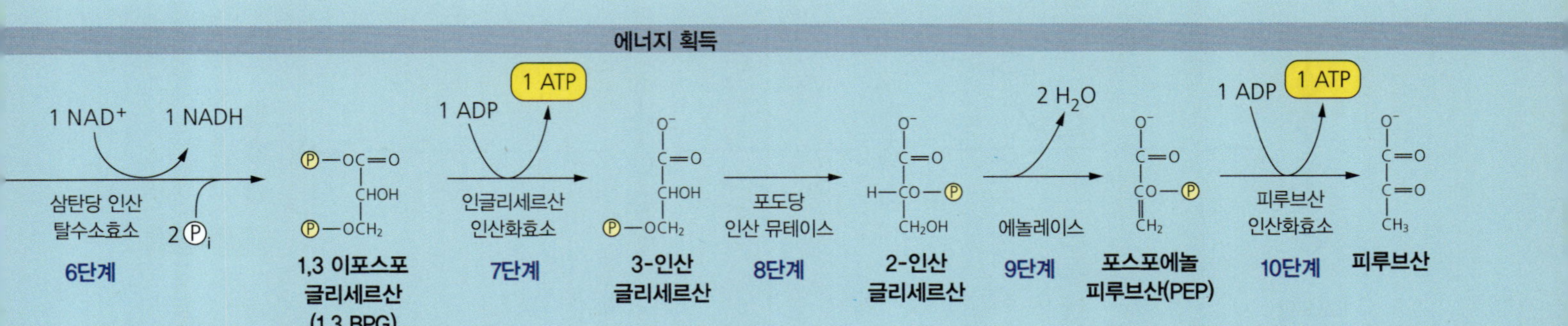

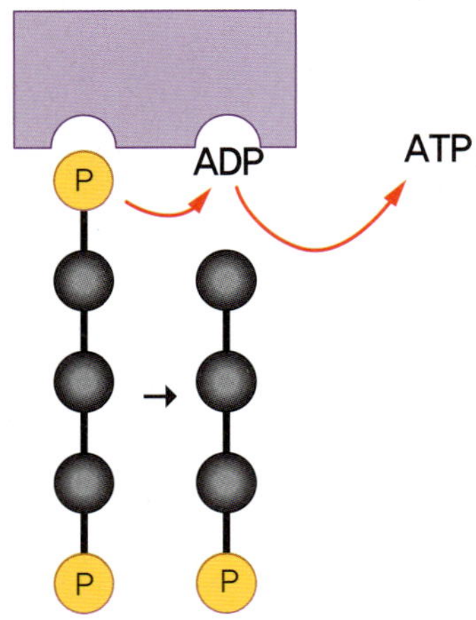

그림 8.6 **기질수준인산화.** 해당작용 7단계에서 벌어지는 반응으로 1,3 이포스포글리세르산의 인산이 ADP와 결합하여 ATP를 생성한다(주황색 구조는 효소임). 이처럼 구조적인 불안정으로 반응성이 높아진 분자의 인산이 ADP와 결합하여 ATP를 형성하는 과정을 기질수준인산화라 한다.

6단계 한 분자의 포도당으로부터 얻어진 2분자의 G-3-P로부터 에너지를 얻는 단계들이 진행된다. 우선 G-3-P에 인산을 첨가하여 1,3-이포스포글리세르산 1,3-bisphosphoglycerate으로 전환되는데, 이 반응은 삼탄당인산탈수소효소에 의해 벌어진다. 인산을 첨가하는 단계에서 수소가 떨어져 나오는 탈수소반응이 벌어진다. 조효소 NAD^+가 이 효소에 접근하여 NADH를 생성한다. 이 반응은 해당작용에서 벌어지는 유일한 탈수소반응이다.

7단계 6단계의 결과로 생긴 1,3-이포스포글리세르산(1,3 BPG)은 작은 구조(3탄당)에 음전하의 인산을 두 개나 가지는 일촉즉발의 구조적 불안정성을 가진다. 구조적 불안정성을 낮추고자 1,3-이포스포글리세르산의 인산 하나를 주위에 있는 ADP에 결합시켜 ATP를 형성하도록 한다. 이와 같이 에너지가 높은 분자에서 인산을 끄집어내어 ATP를 만드는 것을 기질수준인산화substrate-level phosphorylation라 한다(그림 8.6). 나중에 얘기될 전자전달계를 통해 ATP를 얻는 산화적 인산화oxidative phosphorylation와 함께 생명체가 ATP를 얻는 또 다른 방법이다. 이 반응을 통하여 1,3 이포스포글리세르산은 3-인산글리세르산으로 전환된다.

8/9단계 3-인산글리세르산은 8과 9단계를 거치며 또 한 번 높은 에너지를 갖는 포스포에놀피루브산phosphoenolpyruvate(PEP)으로 전환된다. 이 반응은 인산기가 3-인산글리세르산의 가운데 탄소로 옮겨지며 이중결합이 생기는 복잡한 과정으로 이 구조에 붙어 있는 인산은 높은 에너지를 갖게 된다.

10단계 PEP의 인산은 ADP와 결합하는 기질수준인산화로 ATP를 만든다. 이때 PEP는 피루브산으로 전환된다. 이상의 10단계의 반응들이 차례로 진행되어 한 분자의 포도당이 두 분자의 피루브산을 만드는 해당작용이 완성된다.

6~10단계는 1~5단계의 에너지 투자를 거쳐 에너지를 획득하는 단계이다. 포도당 1분자가 2분자의 G-3-P를 생성하였고, 한 분자의 G-3-P는 2번의 기질수준인산화를 거쳐 2분자의 ATP를 얻었다. 따라서 2분자의 G-3-P는 4분자의 ATP를

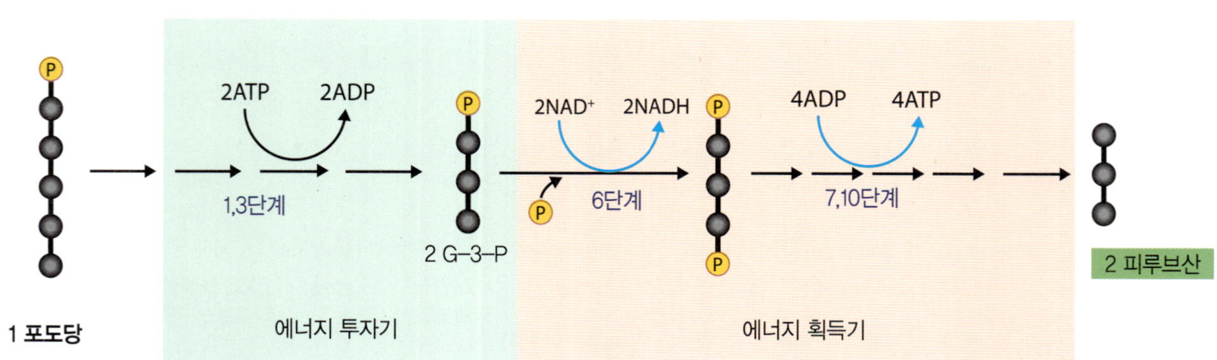

그림 8.7 **해당과정 요약.** 에너지 투자기(1~5단계)에서 2개의 ATP가 사용되고 에너지 획득기를 통해 4개의 ATP를 얻는다. 해당작용은 1분자의 포도당이 2분자의 피루브산으로 전환되는 과정으로 2분자의 NADH와 2분자의 ATP를 얻는다.

생성한다. 에너지 투자 단계에서 투자된 2ATP를 감하면 한 분자의 포도당은 해당작용을 거치며 순수하게 2ATP를 획득한다(그림 8.7). 2ATP는 많은 수의 ATP는 아니지만 이는 즉각적으로 얻어지는 것으로 즉시 생명활동에 사용할 수 있는 것이다. 곧 학습할 전자전달계는 비록 많은 수의 ATP를 생산하지만 이를 위해 긴 시간이 필요하다. 과도한 운동으로 에너지가 소진되었다면 포도당 주사나 초콜릿(당)을 섭취하는데, 이유는 바로 빠르게 ATP를 얻을 수 있는 해당작용 때문이다.

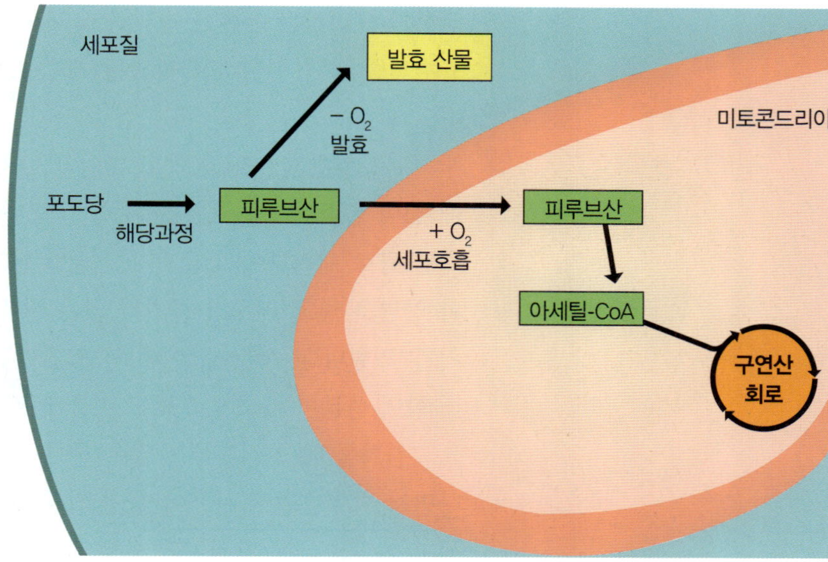

그림 8.8 세포호흡과 발효

발효

산소가 없는 환경에서 살아가는 생물들이나 심한 운동 등으로 산소가 고갈된 사람의 근육세포는 산소호흡 대신 무기호흡을 한다(그림 8.8). 해당작용의 산물인 피루브산은 산소가 없으면 무기호흡인 발효를 거쳐 알코올 등의 발효 산물은 생성한다. 무기호흡을 하는 세포들은 해당작용을 통해 에너지와 필요한 대사산물을 얻는다. 해당작용이 지속되기 위해서는 해당작용의 6단계(그림 8.5)에서 벌어지는 탈수소반응에 필요한 NAD^+가 지속적으로 공급되어야 한다. 무기호흡에선 발효fermentation를 통해 NAD^+를 공급받는다(그림 8.9). 발효과정에서 NADH가 NAD^+로 전환되면서 젖산 등의 발효 산물이 생성된다. 발효는 무기호흡의 일종으로 알코올이나 젖산 등 사람에 유용한 물질이 생산되는 경우를 말하며 유해한 물질이 생성되는 무기호흡을 썩음 또는 부패라 한다.

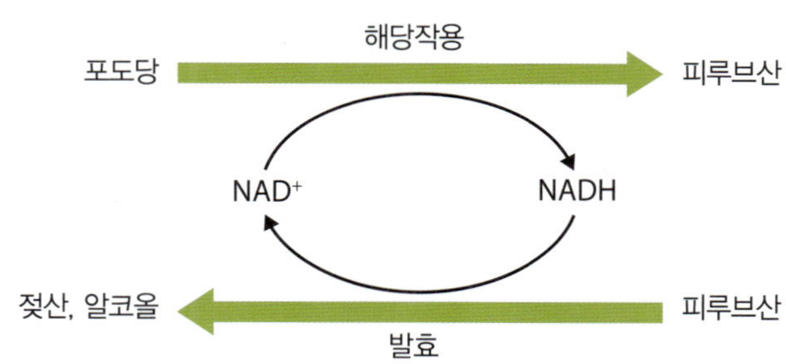

그림 8.9 발효

발효 산물로는 술의 원료인 에틸알코올, 김치 맛을 나게 하는 젖산 등이 있다. 발효를 이용한 식품의 제조는 역사시대 이전부터 시작되었다. 효모yeast를 사용하여 빵을 발효시키는 방법은 약 6,000년 전 이집트에서 시행되었다. 미생물의 종류, 식품의 재료, 발효반응의 조건 등에 따라 발효식품의 종류는 다양하며 모두 독특한 맛과 향을 가진다. 우리나라에서도 예로부터 많은 발효식품이 알려져 왔는데, 김치, 된장, 젓갈, 간장, 청주, 막걸리 등이 이에 해당한다.

김치

김치는 한국인에게는 없어서는 안 될 중요한 음식으로 대표적인 우리 식품이라 할 수 있다. 사계절이 뚜렷한 기후와 채소 위주의 식생활 덕분에 한국인은 채소를 저장하고 요리하는 특별한 방법을 오래전에 개발했다. 채소를 재배할 수 없는 겨울철 3~4개월 동안 신선하고 맛있는 채소를 먹기 위하여 김장 김치라는 걸작이 탄생한 것이다.

저장성뿐만 아니라 맛도 뛰어난 김치는, 우선 무, 배추, 오이 등의 채소를 소금에 절여 삼투현상을 이용해 채소 안의 물기를 밖으로 나오도록 한다. 이 과정이 끝나면 물로 세척하여 소금기가 조금만 남게 한 후 고추, 마늘, 파, 젓갈 등의 부재료와 양념을 넣고 버무려 공기가 없는 밀폐된 용기에 넣어 저장한다. 이것을 두고 김치를 '익힌다'고 하는데, 이때 양념과 미생물에 의한 발효의 결과로 생긴 젖산 등 여러 향미 성분이 채소 안으로 스며들게 된다.

김치를 담근 직후에는 많은 종류의 미생물이 번식하게 되지만, 점차 시간이 지나면서 발효균인 젖산균이 생겨 잡균들의 번식을 막아준다. 소금과 발효의 결과로 생겨난 젖산 때문에 김치의 방부 효과와 저장성이 유지된다. 소금의 농도는 발효 과정에서도 중요하여 높은 농도에서는 젖산균의 성장이 억제되어 김치가 숙성되는(익어가는) 속도가 늦어진다. 숙성과 저장을 낮은 온도에서 하는 것이 김치 맛을 오래 보존하는 방법이기도 하다. 냉장고가 없던 시절 선조들은 겨울 내내 신선하고 일정한 맛의 김치를 먹기 위해 김치를 일정하게 낮은 온도가 유지되도록 땅속에 저장하였다.

포도주

포도주wine는 포도를 발효시켜 만든 대표적인 과실주이다. 포도주는 일반적으로 포도껍질에 있는 천연효모나 인공효모를 이용해 포도의 과즙에 있는 당을 발효시켜 알코올과 이산화탄소로 변화시키는 과정에서 만들어진다. 적당한 온도로 일정 기간 발효하면 술이 흘러나오는데 이를 상등주라 한다. 상등주를 참나무통에 넣어 적당히 숙성을 하면 상품화할 수 있는 포도주로 변한다. 효모균은 계속 남아 있으므로 발효는 이 기간에도 진행된다. 포도주는 보통 1~2년의 숙성을 거치면 400~600종류의 휘발성 향미 성분이 만들어진다.

피루브산과 산소호흡

산소호흡을 하는 생명체는 피루브산에 남아 있는 에너지를 더욱 끄집어내기 위해 피루브산을 미토콘드리아로 이동시킨다(그림 8.8). 산소호흡을 하는 생명체들은 필요한 ATP의 대부분을 전자전달계를 통해 얻는다. 미토콘드리아로 들어온 피루브산은 우선 피루브산 탈수소효소복합체pyruvate dehydrogenase complex(세 개의 효소가 모여 있는 매우 크고 복잡한 구조물)의 작용을 통하여 먼저 피루브산의 카복실기가 이산화탄소로 떨어져 나가면서 아세트산으로 전환된다(**그림 8.10**). 이렇게 생겨난 이산화탄소는 날숨을 통해 체외로 배출된다. 이산화탄소의 방출은 곧이어 벌어지는 아세트산의 탈수소반응을 위한 것이라 할 수 있다. 아세트산은 피루브산 탈

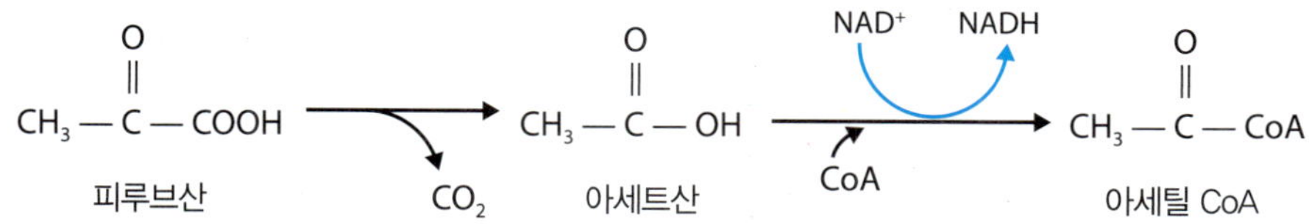

그림 8.10 **아세틸-CoA의 생성.** 유기호흡의 환경이 되면 피루브산은 피루브산 탈수소효소 복합체에 의해 아세트산을 거쳐 아세틸-CoA로 전환된다. 아세틸-CoA는 아세트산이 구연산회로로 유입되도록 한다.

수소효소복합체의 작용으로 탈수소반응이 벌어지는 동시에 아세트산은 조효소인 **CoA**coenzyme-A와 결합하여 아세틸-CoA로 전환된다. CoA는 목표 물질(이 경우 아세트산)에 붙어 목표 물질의 반응성을 높여주는 기능을 가진다.

반응성이 높아진 아세틸-CoA는 이제 구연산회로로 진입한다. 아세틸-CoA는 여러 대사 경로들과 연결되는 중요한 길목에 위치한다. 아세틸-CoA로부터 지방산이 합성될 수 있고 또한 지방산이 분해과정을 거쳐 아세틸-CoA로 유입될 수도 있다. 몇몇 아미노산도 아세틸-CoA로 유입된다. 여러 경로를 거쳐 생겨난 아세틸-CoA는 4탄당인 옥살산oxaloacetate과 반응하여 6탄당인 구연산citrate을 생성하며 구연산회로를 시작한다(그림 8.11❶).

CoA(Coenzyme-A)
비타민의 변형체로 결합한 물질의 반응성을 높이는 역할을 한다. 한 예로서 CoA와 아세트산의 반응에 의해 생긴 아세틸-CoA는 아세트산의 반응성을 높여 옥살산과 쉽게 반응해서 구연산회로로 유입되도록 한다.

구연산회로

구연산회로citric acid cycle는 고리 형태의 대사경로로 6탄당인 구연산citrate은 8개의 반응을 거쳐 4탄당인 옥살산으로 전환된다(그림 8.11). 이 과정에서 4회에 걸친 탈수소반응과 함께 2회에 걸친 **탈탄산반응**decarboxylation과 기질수준인산화 반응도 한번 벌어진다. 구연산회로의 가장 큰 특징은 탈수소반응이 4회에 걸쳐 벌어진다는 것이다. 구연산회로가 한 번 순환할 때마다 3분자의 NADH와 1분자의 $FADH_2$가 생성된다. 전자전달계에 필요한 전자의 대부분은 구연산회로를 통해 얻어지는 것이다.

아세틸-CoA와 구연산회로의 4탄당 옥살산과 반응하여 6탄당인 구연산이 만들어지면서 구연산회로가 시작된다(❶). 구연산은 구조의 변화를 거쳐 이소구연산isocitrate이 되며(❷), 이소구연산은 2회에 걸친 탈탄산 반응(❸과 ❹)을 통해 4탄당인 숙시닐-CoA가 된다. 이 과정에서 발생하는 2분자의 이산화탄소는 날숨으로 체외로 배출된다. 이때 탈수소반응도 함께 벌어져 2개의 NADH가 생긴다(❸과 ❹). 숙시닐-CoA는 높은 에너지를 함유하고 있어 기질수준인산화 반응을 통해 한 분자의 ATP가 만들어지고 자신은 숙신산succinate으로 전환된다(❺). 숙신산은 조효소 NAD^+ 대신 FAD가 나타나 탈수소반응을 일으키면서 푸마르산fumarate으로 전환된다(❻). 푸마르산은 물 분자의 첨가로 말릭산malate으로 전환되고(❼), 말릭산은 탈수소반응을 거쳐 옥살산oxaloacetate으로 전환된다(❽). 옥살산은 아세틸-CoA와 결합하여 구연산을 형성하면서 구연산회로는 계속된다(❶).

탈탄산반응
기질의 카복실기(COOH)를 분리시켜 이산화탄소를 방출하는 반응. 탈탄산반응은 반응의 부산물이 아니라 반응을 일으키는 데 필요하다. 우리 몸의 대사 반응 곳곳에서 탈탄산반응이 벌어져서 생겨난 이산화탄소는 폐에서 날숨으로 몸 밖으로 배출된다.

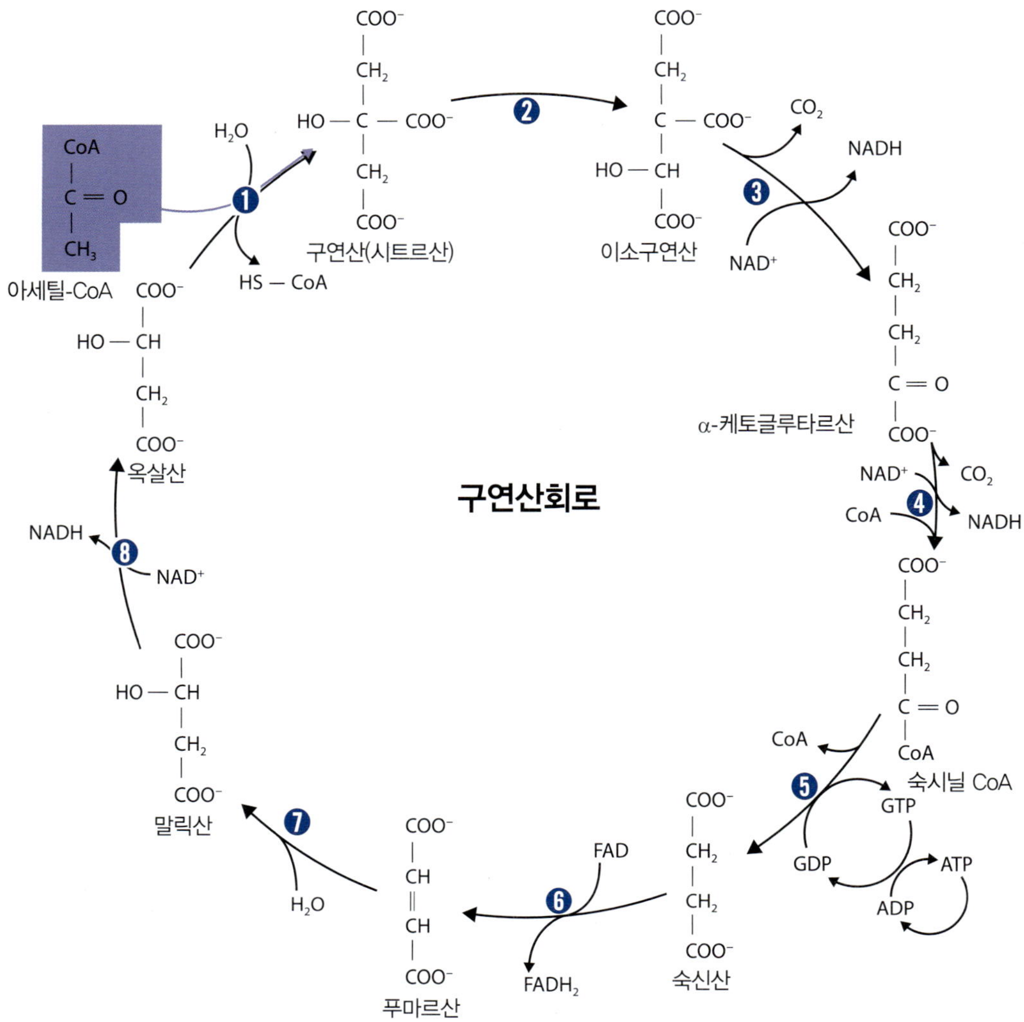

그림 8.11 구연산회로

산소호흡을 하는 생물들은 구연산회로를 공통적으로 가진다. 구연산회로는 '대사의 교차로'라고 불리기도 한다. 여러 물질들이 유입되고 유출되는 마치 물질대사의 장터 같은 곳이다. 가령 반응 ❸으로 생성되는 α-케토글루타르산은 반드시 숙시닐-CoA로 전환하는 것이 아니며 세포의 필요에 따라 아미노산인 글루탐산, 아스파르트산, 글루타민, 아스파라긴 등으로 전환되기도 한다. 또한 이들 아미노산은 α-케토글루타르산을 통해 구연산회로에 유입되기도 한다. 이처럼 구연산회로는 많은 대사 물질들이 출입하는 대사의 중심지라 할 수 있다. 해당작용과 구연산회로를 거치면서 얻어진 NADH와 $FADH_2$들은 이제 산소호흡의 또 다른 대사 경로인 전자전달계로 진입한다.

전자전달계

산소호흡을 하는 생명체에서 전자의 전달을 통해 ATP를 생성하는 장소는 미토콘드리아에 위치하는 전자전달계이다. 미토콘드리아는 외막과 내막으로 되어 있는데, 내막은 상당히 꿈틀거리는 구조를 하고 있다(그림 8.12a). 내막은 전자를 이동시키는 여러 전자이동체(전자전달매개체라고도 함)electron carrier들을 가진다(**그림 8.12**). 세포의 여러 곳에서 벌어지는 탈수소반응으로 생겨난 높은 에너지의 전자는 NADH에 실려 내막의 전자전달계로 집결한다. 산소호흡을 하는 생명체들은 산소가 최종 전자수용체final electron acceptor로 작용한다. 즉, 산소가 있어야 전자가 이동할 수 있는 것이다. 전자전달계는 높은 에너지의 전자를 곧바로 산소에 전달하는 것이 아니다. 높은 에너지의 전자들은 여러 전자이동체들을 단계적으로 이동하며 약간씩의 에너지를 방출한다. 이런 단계적 이동은 높은 에너지를 가급적 열로 손실되지 않고 ATP 생성에 효율적으로 사용하기 위해서이다. 전자이동체들은 높은 에너지의 전자를 받아들인(환원) 다음 전자를 다음 전자이동체에 전달한다(산화). 단계적으로 방출되는 에너지는 양성자를 미토콘드리아의 내부 공간에서 내막을 통과하여 내막과 외막 사이의 공간으로 이동시키는 데 사용된다. 내막을 사이에 두고 양성자의 농도와 전하가 불균형해진다(내막과 외막 사이에 많은 양성자가 위치한다.)(**그림 8.13**). 결과적으로 내막은 농도와 전하의 불균형으로 인해 막전위membrane potential를 갖게 된다. 바로 이 막전위로 내막과 외막 사이에 높은 농도의 양성자가 균형을 잡기 위해 ATP 합성효소를 통과하여 미토콘드리아 내부 공간으로 이동한다. 양성자가 이동하는 과정에서 발생하는 에너지로 ADP와 인산이 결합하여(인산화되어) ATP를 생성한다. 이런 방식으로 ATP를 생성하는 것을 **산화적 인산화**oxidative phosphorylation라 한다. NADH로부터 전자를 내어놓으며(산화하며) 인산을 ADP에 결합시키는 인산화 반응을 의미한다.

산화적 인산화
전자의 산화와 이동으로 발생하는 에너지로 인산을 ADP에 결합시켜(인산화) ATP를 얻는 과정.

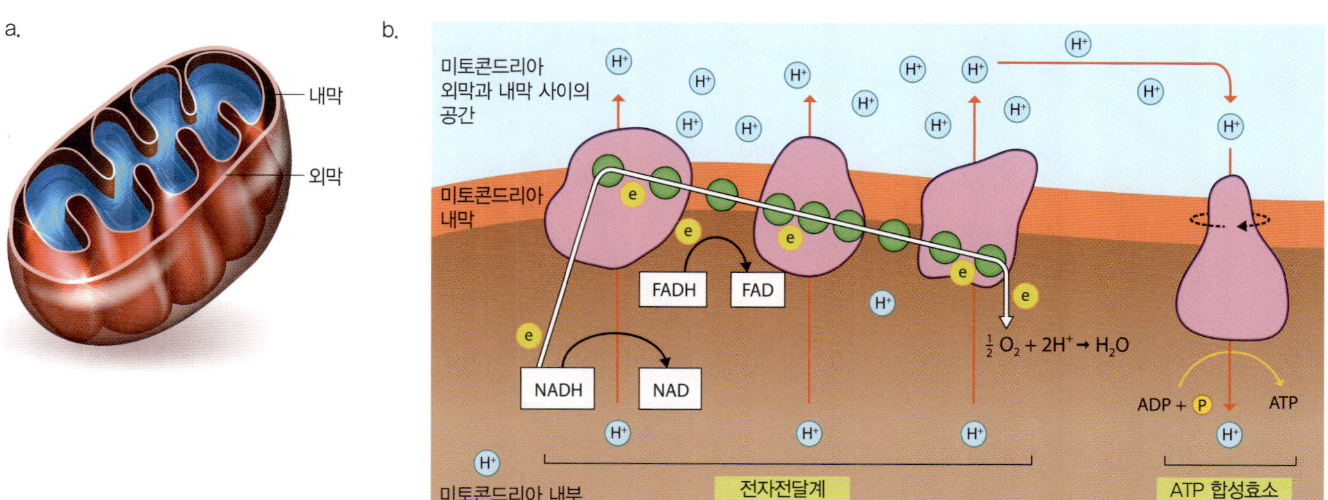

그림 8.12 전자전달계. 미토콘드리아 내막(a)에 있는 전자전달계의 모습이다(b).

여러 단계의 전자전달을 마친 다음 전자는 마지막 단계에서 산소와 결합하여 물 분자를 형성한다. NADH로부터 산화되는 전자의 이동으로 약 3개 정도의 ATP가 생성된다. 또 다른 조효소 $FADH_2$로부터 산화된 전자의 이동거리는 NADH보다는 짧고 약 2개 정도의 ATP 정도를 생성한다. 무기호흡을 하는 생물들은 포도당 한 분자가 해당작용을 거치며 2개의 ATP밖에는 생산하지 못하지만 구연산회로와 전자전달계를 추가적으로 작동하는 산소호흡은 하나의 포도당 분자로부터 많은 수의 NADH/FADH를 발생시키고 많은 양(약 30개 이상)의 ATP를 생성한다. 대규모로 생산되는 ATP 때문에 산소호흡을 하는 생명체들은 무기호흡을 하는 생명체보다 생명활동의 범위가 훨씬 넓다.

죽어 있는 나무를 태우면 연소라 해서 화염을 내뿜고 ATP는 생성되지 않는다. 나무에 포함되어 있는 분자들이 가진 전자는 전자전달계를 거치지 않고 곧바로 산소와 반응하여 전자가 가진 높은 에너지는 열로써 방출되는 연소 현상을 보인다(그림 8.14). 맛있는 음식을 조금씩 아껴 먹듯이 전자가 가진 높은 에너지를 조금씩 단계적으로 방출하여 가급적 많은 ATP를 생성하려는 것이 전자전달계의 특징이다. 전자전달을 일으키는 전자이동체가 많아야 열효율이 높아지고 ATP 생성이 효율적으

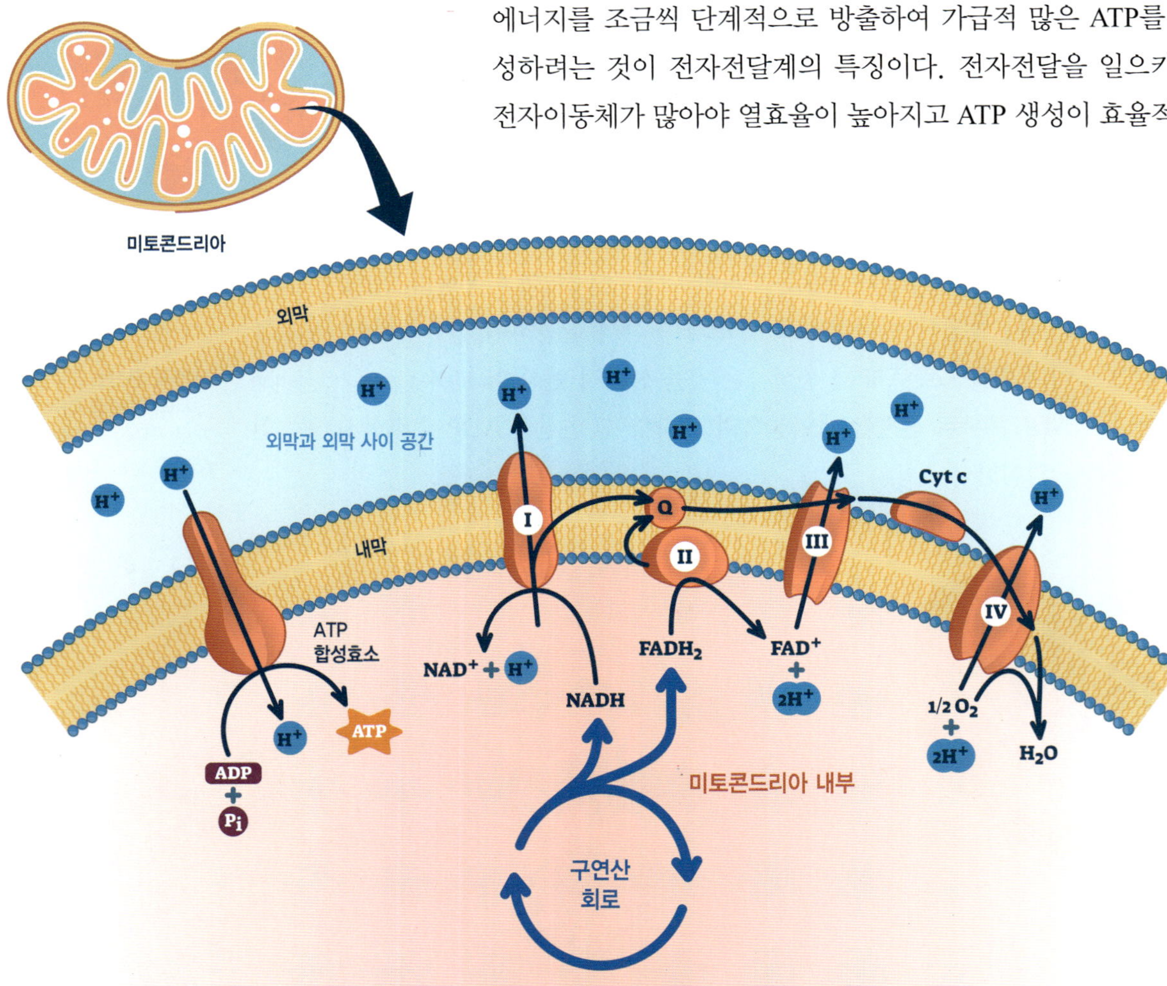

그림 8.13 양성자의 불균형 분포. 전자전달로 발생하는 에너지로 양성자가 미토콘드리아의 내부로부터 내막을 거쳐 외막과 내막 사이의 공간으로 이동한다. 내막을 사이에 두고 발생하는 양성자 농도의 차이로 막전위가 발생한다.

로 진행될 수 있는 것이다. 많은 전자이동체를 수용하기 위해서 미토콘드리아의 내막은 꿈틀거리는 구조로 넓은 표면적을 가진다.

그림 8.14 연소

산소호흡 요약

산소호흡은 아래의 식으로 요약된다.

$$C_6H_{12}O_6 + O_2 = CO_2 + H_2O + ATP$$

반응식은 포도당이 산소를 사용하여 이산화탄소, 물과 ATP를 생성하는 것을 보여준다. 포도당이 산화oxidation되어 이산화탄소를 방출하고 산소가 환원reduction되어 물 분자를 생성하는 것을 말하고 있다. 산소호흡은 이런 산화와 환원 과정을 거치면서 포도당 등의 영양소들로부터 얻은 에너지를 ATP로 전환하는 것이다.

대기 중 산소가 20%의 농도로, 이산화탄소는 0.03%의 농도로 존재한다. 이들의 농도가 일정하게 유지되는 것은 산소호흡과 광합성 때문이다. 산소호흡과는 반대로 광합성은 이산화탄소를 사용하고 산소를 방출한다(그림 8.15a). 산소호흡으로 발생하는 이산화탄소는 광합성에, 광합성으로 발생하는 산소는 산소호흡에 사용된다. 이와 같이 식물과 동물이 공존하는 지구생태계는 산소와 이산화탄소가 교환되는 장소로 바로 이 기체 교환은 모든 지구생명체가 살아갈 수 있는 바탕이 된다(그림 8.15b).

(a)

(b)

그림 8.15 **산소호흡과 광합성.** (a) 광합성의 결과로 발생하는 산소는 세포호흡의 재료로, 세포호흡의 결과로 발생되는 이산화탄소는 광합성의 재료로 사용된다. (b) 광합성을 하는 식물(나무)과 세포호흡을 하는 사람(엄마와 아이)들이 산소와 이산화탄소의 교류를 통해 생태계에서 공존함을 상징적으로 보여준다.

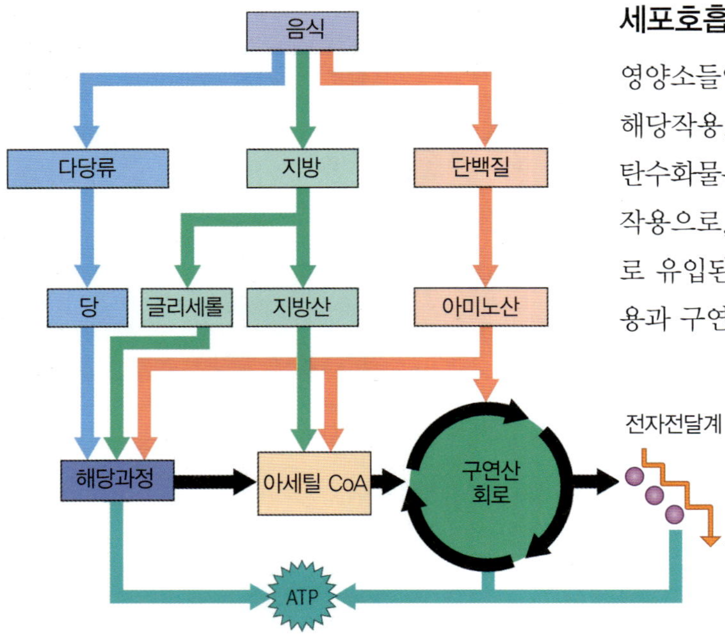

그림 8.16 세포호흡 과정으로 유입되는 다양한 영양소들

세포호흡과 다양한 영양소

영양소들인 탄수화물, 단백질과 지방은 여러 대사경로를 거쳐 해당작용, 아세틸-CoA, 구연산회로에 합류한다(그림 8.16). 탄수화물은 해당작용으로, 지방은 분해되어 글리세롤은 해당작용으로, 지방산은 여러 탈수소반응을 거치며 아세틸-CoA로 유입된다. 단백질을 이루는 20개 아미노산 각각은 해당작용과 구연산회로의 다양한 경로로 유입된다. 해당작용과 구연산회로는 수많은 중간대사물들이 들어오고 떠나는 물질대사의 중심 교차로에 해당한다.

세포 내 화학반응의 전체를 말하는 대사metabolism는 크게 두 부분으로 나뉜다. 큰 분자가 작은 분자로 전환하면서 ATP를 생성하는 이화작용catabolism과 작은 분자가 ATP를 사용하며 큰 분자를 합성하는 동화작용anabolism을 말한다(그림 8.17). 산소호흡은 대표적인 이화반응이다. 포도당이라는 큰 분자는 이화작용을 통해 CO_2라는 작은 분자로 변하면서 에너지를 발생한다. 대사를 통해 얻어진 작은 분자들은 ATP를 사용하며 단백질과 지방 같은 큰 분자를 만든다(동화작용). 생명체들은 항상 이화작용과 동화작용을 균형있게 진행시킨다. 항상 ATP가 생성되고 또 사용되고 있다.

산소와 진화

원시 생명체가 살던 시대에는 지구상에 산소가 없어 이들 원시 생명체들은 산소호흡을 못하고 대신 무산소호흡을 하였다. 지금부터 약 20억 년 전부터 지구상에는 광합성 박테리아가 수행하는 광합성을 통해 산소가 조금씩 생겨나기 시작하였고 식물

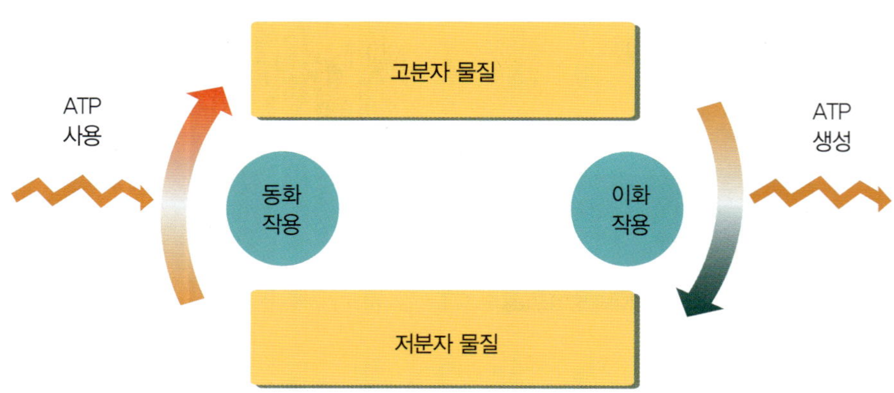

그림 8.17 **세포의 에너지 생산(이화작용)과 에너지 소비(동화작용).** 모든 세포는 큰 분자를 작은 분자로 전환하며 ATP를 만들고(이화작용), ATP를 사용하며 작은 분자를 큰 분자로 전환한다(동화작용).

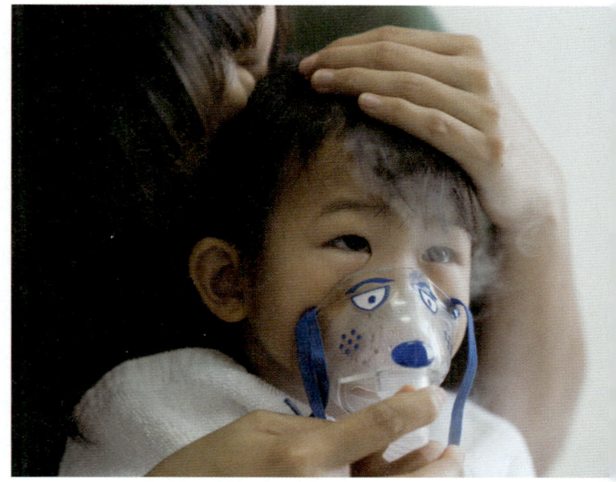

이 번창하기 시작한 4억 년 전부터는 산소의 농도가 급격히 늘어 지금처럼 대기 중에 약 20%나 차지하게 되었다. 풍부해진 산소 덕분에 생명체들은 산소호흡을 통해 많은 수의 ATP를 생산할 수 있게 되었고 생명활동의 범위가 점점 더 확장되는 진화를 할 수 있게 되었다. 풍부해진 ATP로 생명체들은 커질 수 있게 되었고 뛰거나 먼 거리를 이동할 수 있게 되었다. 산소는 산소호흡을 가능하게 한 생명의 엔진이며 우리 눈앞에 보이는 생명 진화의 대역사를 가능하게 한 생명의 분자인 것이다. 산소호흡을 통해 ATP의 대량 생산이 가능해졌고 단세포 생물은 다세포 생물로, 나아가 좀 더 다양한 모습의 생물이 지구상에 속속 등장하게 되었다.

유해산소

우리가 생각하고 있는 것만큼 모든 생명현상이 완벽하지는 않다. 전자전달계를 타고 이동하는 전자가 반드시 산소 및 양성자와 반응하여 물을 만드는 것은 아니다. 가끔 전자는 근처의 산소와 결합하여 물을 만드는 대신 전자전달계를 이탈하여 슈퍼옥사이드superoxide(•O2) 등의 반응성이 높은 유해산소reactive oxygen를 생산한다(**그림 8.18**). 유해산소에는 슈퍼옥사이드 말고도 하이드록시래디컬(•OH)과 과산화수소(H_2O_2) 등이 있다. 안정된 분자들에는 전자들의 운동 구역인 오비탈이라는 곳에 두 개의 전자가 있어야 한다. 슈퍼옥사이드처럼 하나의 오비탈에 짝이 없이 하나의 전자만 갖고 있는 분자를 유리기radical라 하는데, 이들은 다른 분자에 있는 전자를 빼앗으려는 경향이 매우 높다. 이 짝이 없는 유리기에 전자에 전자를 뺏긴 분자는 다시 짝이 없는 전자를 갖게 된다. 이 짝이 없는 전자를 갖게 된 분자는 다시 다른 분자들에서 전자를 낚아채 가는 연쇄반응을 벌이며, 결국 세포에 있는 DNA, 단백질, 지질 등 중요한 물질들이 다치게 된다. 경우에 따라 한 유리기가 수백 개의 분자를 연쇄적으로 다치게 하는 후유증을 세포에 남기게 된다.

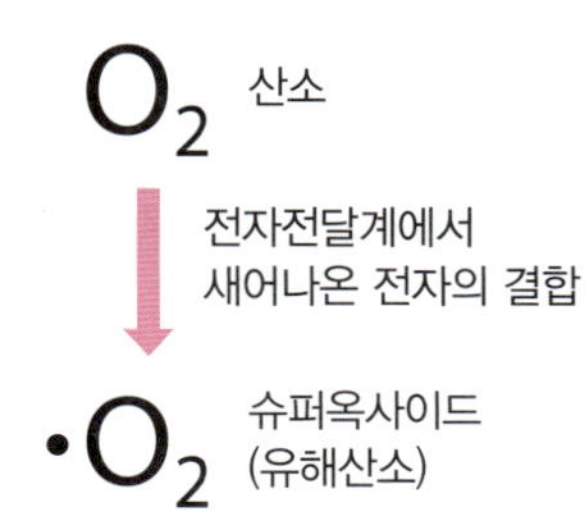

그림 8.18 산소의 두 얼굴. 산소는 산소호흡을 가능하게 하는 생명의 필수품이지만, 경우에 따라 유해산소로 돌변하여 생체 내 많은 물질을 다치게 하고 노화의 원인이 되기도 한다.

전자전달이 정상적으로 이루어지기 위해서는 미토콘드리아 내막의 구조와 유연성이 정상적이어야 한다. 전자를 받아 다음 전자전달체에게 전달하기 위해서는 모든 전자전달매개체들은 서로 가까이 위치하고 있으면서 유동적이어야 한다. 온도가 낮아지거나 정신적인 스트레스를 받으면 이 내막의 유연성이 낮아져 전달되는 전자들은 자기를 받아줄 전자전달매게체를 찾지 못하고 서성대다 근처에 있는 산소와 결합한다. 생명들이 산소를 이용하는 한 유해산소reactive oxygen의 발생 위험성은 어쩔 수 없이 상존해 보인다.

생명은 이미 생긴 유해산소들을 제거할 수 있는 항산화효소와 항산화물질들로 유해산소에 저항하고 있다. 대표적인 항산화효소로는 SODsuperoxide dismutase가 있는데, 슈퍼옥사이드를 제거시키는 역할을 한다. **항산화제**antioxidants는 자신은 독성물질로 변하지 않으면서 유해산소의 유리기에 전자를 제공하여 유리기의 독성과 연

항산화제
자신이 산화(전자 방출)되는 성질에 의하여 어떤 분자의 산화를 방지하는 물질. 유리기에 전자를 제공하여 정상 분자로 전환시킨다.

쇄반응을 막아주는 물질이다. 잘 알려진 항산화제로는 토코페롤tocopherol(비타민 E), 아스코르브산ascorbate(비타민 C), 카로티노이드carotenoid 등이 있다. 이들은 식물에 많이 존재하는데, 전자의 이동(광합성의 일부)이 활발한 식물은 유해산소의 발생 빈도가 높아 식물은 항산화효소와 항산화제를 많이 가지고 있다. 식물의 섭취가 권장되는 이유이기도 하다.

생명체가 가지고 있는 항산화 기능을 넘어서는 유해산소는 몸에 부정적인 결과를 초래한다. 학자들은 바로 이 유해산소의 발생과 축적의 결과로 노화 현상이 일어난다고 생각한다. 나이가 들수록 유해산소의 양이 많아져 주름이 생기는 등 세포기능의 저하를 가져온다는 것이다. 혹자는 생존기간의 한계를 정하기 위한 수단으로 생명체가 유해산소를 생성한다 한다. 죽음도 생태계에 필요한 요소이니까 말이다.

8.3 영양과 영양소

우리는 음식을 먹거나 준비할 때 보통 음식이 가진 영양nutrition보다 맛을 생각하곤 한다. 하지만 음식을 섭취할 때 음식이 가진 영양을 고려하는 것은 매우 중요한다. 음식은 몸에 필요한 에너지를 제공할 뿐만 아니라 생명에 필수적인 물질의 재료가 되기 때문이다. 가령 충분한 양의 비타민을 섭취하지 않거나, 지방이나 당을 과도하게 섭취하는 것은 건강에 나쁜 결과를 초래한다. 음식을 얘기할 때 영양이란 용어가 자주 등장한다. 영양이란 음식을 섭취, 소화, 흡수를 한 후 몸의 기능에 작용하는 과정 전체라 말할 수 있다. 또한 몸의 정상적인 기능에 필요한 음식의 종류나 요구량을 말하기도 한다. 영양소(또는 영양분)nutrients는 영양에 관련된 화학분자들을 말한다.

영양소는 5종류로 구분된다: (1) 탄수화물, (2) 지질, (3) 단백질, (4) 비타민, (5) 무기질. 물이 영양소에 추가되기도 한다. 이들 중 탄수화물, 지질과 단백질은 대표적인 유기 영양소로 소화과정에서 효소들에 의해 분해되어 몸에 흡수된다. 세포들에서 이들 유기 영양소들은 대사과정을 거치며 에너지를 생성하기도 하고, 많은 물질들의 재료가 되기도 하고, 또한 서로 다른 영양소들로 전환되기도 한다. 포도당은 해당작용, 아세틸-CoA, 구연산회로, 전자전달계를 거치며 ATP 생성을 하기도 하지만 아세틸-CoA가 지방산 합성에 사용되기도 하는 것이다. 간에서는 포도당이나 글리코겐의 양이 많아지면 이들을 지방으로 전환하여 저장한다. 구연산회로의 여러 중간 대사체들은 아미노산 합성의 시작점이 되기도 한다. 비타민이나 무기질은 섭취된 후 더 이상 분해되지 않고 여러 중요한 대사를 진행시키는 데 중요하게 작용한다. 가령 비타민이 부족하면 탈수소반응이나 탈탄산반응이 제대로 진행되지 못한다.

영양소는 종류에 따라 많은 양이 필요하기도 하고 아주 적은 양으로도 충분하기도 한다. 균형 잡힌 음식 섭취를 통해 이들 영양소가 부족하지 않게 공급되어야 한다. 어떤 영양소들은 몸에서 합성할 수 없거나 필요량을 충분히 합성할 수 없어 반드시 음식을 통해 섭취되어야만 하는데, 이를 필수영양소essential nutrients라 한다. 필수영양소로는 몇몇 아미노산들, 몇몇 지방산들과 대부분의 비타민과 무기질들이 있다. 다행히 우리가 먹는 음식에는 대부분의 필수영양소들 포함되어 있지만, 제한된 종류의 음식만을 오랜 기간 섭취하게 되면 결핍이 나타날 수 있다. 좋은 음식습관이라는 것은 중요한 영양소 어느 한 가지라도 결핍되지 않도록 골고루 먹는 것이다. 균형 잡히고 건강한 음식 종류나 음식 습관은 건강 유지에 필수적이다. 심장병이나 여러 만성질환들은 영양과 밀접한 연관이 있다. 과도한 지방이나 당의 섭취는 혈관에서 염증을 일으키는 중요한 원인이 되고 있다.

탄수화물

탄수화물은 주로 단당류, 이당류와 다당류를 말한다. 대표적인 단당류론 포도당과 과당이 있다. 대부분의 탄수화물은 광합성을 하는 식물로부터 얻지만 예외적으로 이당류인 젖당(포도당과 갈락토오스의 결합)은 우유로부터 얻는다. 또 다른 이당류인 설탕sucrose은 사탕수수에 풍부하게 존재하며 포도당과 과당의 결합으로 되어 있다. 셀룰로스cellulose, 녹말starch과 글리코겐glycogen은 포도당이 길게 연결되어 있는 다당류이다(연결되어 있는 형태는 조금씩 다름). 녹말은 탄수화물의 저장분자로 주로 야채나 과일 등에 풍부하게 존재한다. 이들 탄수화물은 여러 효소를 통해 소화과정에서 단당류로 분해되어 혈액으로 흡수된다. 글리코겐은 주로 간과 근육조직에 존재하며 에너지를 저장하는 분자이다. 셀룰로스는 식물세포의 세포벽을 구성하는 다당류분자로 사람에선 이를 분해하는 효소가 존재하지 않는다. 소화되지 않은 셀룰로스는 대장에서 섬유질로 남아 주변 조직으로부터 물을 흡수하여 원활한 배변에 도움을 주는 것으로 알려져 있다. 탄수화물은 주로 에너지원으로 사용되지만 포도당의 섭취가 과다하면 포도당은 주로 간에서 글리코겐이나 지방산 등으로 전환되기도 한다. 포도당이 부족해지면 글리코겐이나 지방산은 다시 포도당으로 전환되어 사용된다. 포도당이 너무 적게 섭취되면 지방이나 단백질로부터 에너지를 얻게 된다.

지질

지질lipids은 중성지방, 스테로이드 분자(콜레스테롤도 스테로이드)와 인지질을 포

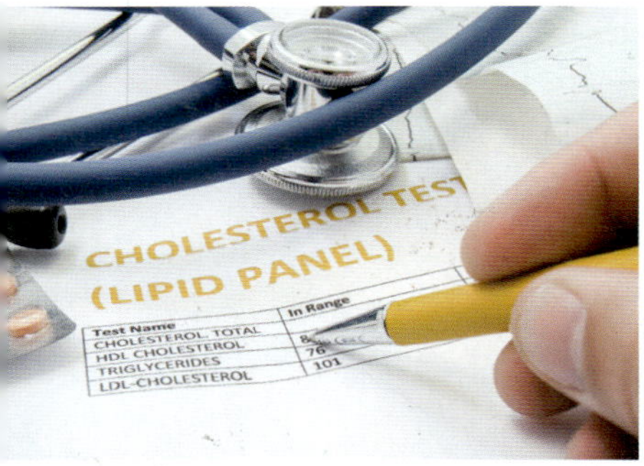

함한다. 이들 중 중성지방이 음식으로 가장(95% 정도) 많이 사용되는 지질이다. 중성지방은 포함하고 있는 지방산의 종류에 따라 포화지방과 불포화지방으로 나뉜다. 같은 무게의 중성지방은 탄수화물이나 단백질보다 약 2배 정도의 많은 ATP를 생성한다. 중성지방은 음식으로 섭취된 후 곧 바로 사용되는 것이 아니라 일단 지방저장 조직에 축적된다. 에너지가 필요하면 축적되어 있는 중성지방이 분해되어 지방산이 혈액으로 이동하여 세포들에 의해 사용된다. 스테로이드인 콜레스테롤은 음식으로 섭취되는 중요한 영양소로 간이나 여러 조직에서 합성된다. 콜레스테롤은 세포막의 성분이기도 하고, 담즙산이나 또 다른 스테로이드 분자(에스트로젠이나 테스토스테론 등)들의 재료가 되기도 한다.

단백질

단백질은 대부분의 식물성이나 동물성 음식에 포함되어 있다. 단백질은 20개 아미노산들의 연결로 되어 있는데, 이들 중 9개는 우리 몸이 합성하지 못한다. 이들 아미노산들은 반드시 음식을 통해 섭취해야 하며 이들을 필수아미노산essential amino acids이라 한다. 9개의 필수아미노산은 히스티딘, 루신, 아이소루신, 라이신, 메티오닌, 페닐알라닌, 트레오닌, 트립토판, 벨린 등이다. 대체로 고기와 생선 등 동물성 단백질은 모든 필수아미노산을 포함하고 있으나, 식물성 단백질은 그렇지 못하다. 하지만 여러 종류의 식물성 단백질을 함께 섭취하면 필수아미노산의 결핍이 생기지 않는다.

단백질은 생명현상에 여러 중요한 역할을 담당한다. 효소로 거의 모든 화학반응을 촉매하고, 근육의 주요 구성성분으로 몸의 움직임을 담당하기도 한다. 항체, 단백질 호르몬, 수송체, 신호전달자 등으로 없어서는 안 될 중요한 영양소이다. 단백질도 탄수화물이나 지질처럼 에너지원으로 사용된다. 과도한 단식으로 탄수화물과 지방이 에너지원으로 소진되면 단백질이 분해되어 에너지를 만드는 데 사용된다. 이 경우 자칫 효소나 항체 등의 단백질이 분해되어 생체 기능이 망가질 수 있다. 단백질의 분해로 혈액 내 암모니아나 요산 등의 농도가 급증하고 pH의 변화를 일으킬 수 있다. 이는 심각한 결과를 초해할 수도 있는데, 단식을 회피할 수 없는 상황에서는 적어도 충분한 물 섭취를 통해 혈액 내 pH 변화를 최소화하고 독성 물질의 농도를 희석시켜야 한다.

비타민

비타민vitamin은 20세기 초반에 처음으로 알려졌다. 당시 특정 음식이 특정 질환 구루병(비타민 D의 부족으로 뼈에 변형을 일으킴)이나 각기병(비타민 B1의 부족으로 팔과 다리 등에 신경염이 생겨 심하게 붓는 부종을 보임)과의 연관성이 알려지기 시작하면서부터이다. 비타민은 음식에 소량 존재하면서 대사에 필수적인 유기분자를 말한다. 음식을 다양하게 섭취하여 여러 종류의 비타민이 골고루 보충되도록 해야 한다. 몇몇 비타민들은 필수비타민으로 반드시 음식으로 섭취되어 한다. 이것들이 부족되면 특정 질환이 나타난다. 몸에서 전구물질이 변하여 비타민이 되기도 한다. 베타-케로틴β-caroten이 변하여 비타민A가, 7-dehydrocholesterol이 변하여 비타민 D가, 아미노산 트립토판이 변하여 니아신niacin이 된다. 니아신은 비타민B3로 NAD나 NADP의 구성 성분이다.

대부분의 비타민들은 조효소로 작용한다. 특정 효소의 일부가 아니면서 효소 반응을 돕는 것이다. 앞서 세포호흡 단원에서 살펴본 탈수소 반응, 탈탄산 반응, ATP나 핵산의 합성 등 중요한 대사 곳곳에서 비타민은 작용한다. 비타민은 수용성과 지용성으로 구분된다. 지용성인 비타민 A, D, E, K 등은 소장에서 지질 등과 함께 흡수되어 몸에 장기간 머물러 있고, 수용성인 비타민 B, C 등은 역시 소장으로부터 흡수되어 단기간 머물다 오줌으로 배출된다. 몇몇 비타민은 과도하게 섭취되면 오히려 부정적인 결과를 초래하기도 한다.

무기질

칼슘과 철분 등 무기질은 여러 대사 반응에 중요한 무기분자를 말한다. Na^+, K^+ 등은 신경세포에서 휴지전위나 활동전위를 일으키고, 여러 종류의 무기질은 삼투압 조절, 신호전달 물질, 헤모글로빈의 구성성분, 근육 활동 등 여러 중요한 대사에 참여한다.

열량과 비만

우리가 하는 모든 활동에는 에너지가 필요하며, 이 에너지는 음식물을 통해 얻는다. 식품에 들어 있는 에너지의 양은 열량으로 표시하며 단위는 칼로리calories, 또는 kcal다. 1cal는 물 1g을 1도 올리는 데 필요한 열량이며, 1kcal는 이것의 1000배에 해당하는 열량을 말한다. 햄버거에는 약 560kcal, 콜라 한 잔에는 100kcal 정도의 열량이 포함되어 있다. 1시간을 걷는 데 필요한 열량은 약 200kcal이다. 아무 일도 하지 않고 있어도 심장박동, 숨쉬기 등 기본적인 생명유지에 필요한 열량을 '기초대사량'이라 하는데, 하루에 약 1500kcal 정도이다. 사람들이 음식을 통해 얻어야 하는 에너지는 기초대사량과 함께 걷기, 공부하기 등에 필요한 활동대사량의 합이다. 필요한 에너지 이상의 음식을 섭취하면 잉여 에너지는 지방 등으로 저장되어 비만을 유도한다. 필요한 만큼의 음식을 적절히 섭취하는 것은 식생활의 기본적인 수칙이다.

비만은 주로 지방의 과다 축적으로 생긴다. 소모량 이상의 잉여 열량은 주로 중성지방으로 저장되어 지방저장조직에 축적된다. 가장 많이 이용되는 비만의 기준은 체질량 지수(BMI, body mass index)에 따른다. 몸무게(kg)를 키(m)의 제곱으로 나눈 값이다. 가령 70kg 몸무게와 180cm 키를 가진 사람의 BMI 지수는 21.6kg/m^2이다(70/1.82). 지수가 25 이상이면 과체중, 30 이상이면 비만으로 구분된다. 미국인(20~74세)의 약 2/3가 과체중과 비만에 속한다. 이런 현상은 대부분의 나라에서도 비슷하게 보인다. 과체중과 비만은 전 세계적인 문제로 대두되고 있다. 비만은 고혈

분류	체질량 수
저체중	18.5 미만
정상체중	18.5~23
과체중	23~25
비만	25 이상
고도비만	30 이상

압, 심장병, 암과 당뇨 등의 질환과 상당한 연관성을 가진다. 2형 당뇨병(인슐린 작용에 이상)의 주요 원인 중 하나가 비만으로 알려지고 있다. 이 환자에서 혈당이 부족해지면 지방저장조직의 중성지방이 당으로 전환되어 사용되기 때문인 것으로 추측된다. 비만은 지속적으로 혈당을 높일 수 있는 것이다. 과다한 중성지방은 혈액의 점성을 높여 혈류를 방해할 수도 있다. 지방이 신체 하부보다 상부에 축적되는 것은 더욱 위험한 것으로 앞서 말한 질환들이 가능성이 높아진다. 비만은 과도한 음식 섭취와 함께 운동 부족으로도 발생한다. 많은 움직임이 필요 없는 인터넷, TV 시청, 컴퓨터 게임 등이 중요한 원인으로 여겨진다.

오키나와 스토리

일본의 최남단에 위치한 오키나와는 몇 년 전만 해도 '장수'의 대표적인 마을이었다. 특히 여성의 평균 수명은 86세로서 2000년까지 일본의 46개 마을 단위 중에서 부동의 1위였다. 100세 이상 노인의 수는 인구 10만 명당 51명으로 세계 최고수준이다. 80세는 어린아이에 불과하다고도 한다. 이곳 사람들은 '배를 80%만 채운다'는 원칙을 지키면서 가급적 많은 종류의 야채를 섭취하고 소금은 1인당 하루에 평균 7g 미만(일본 평균 12g)을 섭취한다. 대신 콩 섭취량은 60g으로 매우 높다. 삼겹살이나 돈까스처럼 굽거나 튀기지 않고, 푹 삶아 지방이 충분히 제거된 고기만을 즐긴다. 운동량도 많아 이곳 노인들은 거동할 수 없을 때까지 밭농사나 해초 채취 등의 생업을 계속한다. 마을이 산간 지역에 위치해 언덕을 오르내리는 과정을 통해 상당한 운동량을 가지게 된다.

그런데 이런 오키나와인들의 훌륭한 식생활과 운동습관에 상당한 변화를 가져왔던 사건이 있다. 1972년 이곳에 일본에서는 처음으로 미군이 주둔하게 되면서 일본의 '1호 맥도날드 햄버거'점이 나타난 것이다. 이곳에서는 볼 수 없었던 햄버거, 감자튀김, 콜라가 범람하였다. 많은 아이들은 어릴 때부터 이런 패스트푸드에 익숙하게 되었고 이런 습관은 나이가 들어서도 지속되었다. 햄버거 점포의 밀도는 일본에서 최고가 되었고, 오키나와 주민들의 평균 키는 155cm로 가장 작은 축에 속하지만 평균 몸무게는 61kg으로 일본에서 1위를 기록하게 되었다.

또한 섬의 특성상 오키나와에는 철도와 대중교통이 발달하지 못하였고 경제개발과 함께 대부분 자가용을 이용하게 되는 바람에 자연히 걷을 기회는 점점 줄어들게 되었다. 비만율은 계속 치솟았으며 남성의 비만율(40%)은 일본 평균(14%)보다 3배나 높게 되었다. 오키나와 50대 중년여성들의 비만율(50%)도 일본 평균보다 2배나 높게 되었다. 1985년까지 부동의 1위를 자랑하던 오키나와의 평균수명은 2000년에 26위(77.6세)로 내려앉았다. 사람들은 패스트푸드의 생활화가 비만으로 연결되었고, 비만은 평균수명을 줄이는 역할을 하였다고 진단한다.

생각넓히기 1 어느 마라톤 선수의 식이요법

올림픽에 출전한 어느 마라톤 선수는 출전을 앞두고 엿새 전부터 하루 여섯 끼를 고기와 물만 먹었다 한다(마라토너들은 이를 '지옥의 밥상'이라 부른다). 그것이 끝난 후 한 끼는 죽만으로, 다음 두 끼는 밥 위주로, 출전 마지막 날은 자장면을 먹는 고된 식이요법을 실시하였다.

마라톤이 요구하는 것은 엄청난 양의 ATP이며 이 ATP는 달리는 중에 곧바로 만들어져야 한다. 따라서 마라톤 선수는 곧바로 쓸 수 있는 형태의 많은 영양분을 근육에 저장하여 출전하는 것이 중요하다. 이 저장에 적합한 탄수화물 양분이 바로 글리코겐이다. 글리코겐은 포도당의 연결체로서 운동을 하면 포도당으로 분해되어 해당과정으로 빨려 들어간다. 포도당 한 분자는 해당과정을 거치며 2분자의 ATP를 생산하는데 바로 이 ATP가 마라톤 선수에게 긴요한 것이다. 포도당 1분자는 완전히 분해되면(세포호흡을 마치게 되면) 약 38개 정도의 ATP를 생산하지만 이 과정은 전자전달계를 거쳐야 하는 등 긴 시간이 요구된다. 해당작용을 거친 2개의 ATP는 비록 작은 수이지만 곧바로 만들어져서 즉시 사용될 수 있는 것이다. 바로 이것을 위하여 선수들은 가급적 많은 탄수화물(글리코겐)을 근육에 저장한 후 달리기를 시작한다. 단백질과 지방은 곧바로 해당과정을 거칠 수 없기 때문에 즉각적으로 ATP가 생산되지 않는다.

많은 글리코겐을 근육에 저장하기 위해서는 이 선수는 일단 근육으로부터 글리코겐을 없앤다. 인체는 부족한 것이 생기면 다음에 더 많이 저장하려는 특성이 있다 한다. 마라토너들은 단백질 덩어리인 고기와 물만 섭취함으로써 체내의 글리코겐을 소진시킨 후 서서히 죽, 밥, 자장면 등을 섭취하여 글리코겐을 최대한 근육에 저장시킨다. 등산 가방에 초콜릿을 비상식량으로 준비하는 것이 중요한 것도 마찬가지 이유이다. 음식과 단절된 비상사태가 생기면 곧 바로 ATP로 전환시킬 수 있는 탄수화물이 필요하기 때문이다.

생각넓히기 2 술의 분해

알코올은 소화가 되지 않는다. 술의 알코올은 단지 혈장을 통해 세포나 신체조직 속으로 흡수될 뿐이다. 술이 체내로 들어가면 20%는 위에서 위벽을 통해 즉시 혈관으로 흡수되고, 나머지 80%는 소장에서 이보다 늦게 천천히 흡수되며 혈액을 따라 뇌와 장기 및 신체조직으로 퍼져 나간다. 흡수된 알코올 성분은 간에서 알코올 대사에 의해 분해되어 칼로리로 변한다.

알코올 대사는, 우선 알코올탈수소효소가 알코올에서 수소를 이탈($CH_3CH_2OH + NAD^+ \rightarrow CH_3CHO + NADH + H^+$)시켜 아세트알데히드를 생성하고, 알데히드탈수소효소에 의해 이것이 다시 아세트산으로 산화되는 과정이다. 알코올의 1차 대사산물인 아세트알데히드(CH_3CHO)는 알코올의 수백 배 이상으로 생체작용이 강한 것으로 알려져 있다(그림의 12번 반응). 아세트알데히드는 말초 혈관을 확장시켜 얼굴을 붉게 만든다. 또한 음주 후 나타나는 두통, 어지럼증, 메스꺼움 등 숙취를 일으키는 원인이 되기도 한다. 아세트알데히드를 잘 분해하는 사람들은 흔히 술이 세다는 평을 듣는다.

술을 조금만 마셔도 힘들어하는 사람들은 아세트알데히드를 분해하는 효소인 알데히드탈수소효소가 제 역할을 하지 못하기 때문이다. 여기서 알데히드탈수소효소의 유전자형은 개인마다 정상 유전자를 가진 정상형, 정상과 효소결핍유전자가 각각 하나씩 있는 이형접합, 결핍유전자만 2개를 갖고 있는 동형접합으로 나뉜다. 2003년 『대한간학회지』에 발표된 논문인 「알코올 대사효소들의 유전적 다양성이 음주행태 및 간경변증 발생에 미치는 영향」에 따르면 술을 잘 마시는 사람은 정상형이 88%인 반면, 술이 약한 사람은 69%였다. 그리고 알데히드탈수소효소가 제 역할을 못하는 결핍형 유전자의 경우, 음주를 정상적으로 하는 이는 5%, 술을 선천적으로 못하는 사람은 30%인 것으로 나타났다. 이는 유전적 요인이 개인별 알코올 분해 능력에 영향을 미친다는 것을 보여 주는 것이다.

연습문제

I. OX 문제 (X로 답한 경우에는 이유를 설명함)

01 식물세포는 광합성을, 동물세포는 세포호흡을 한다. ( )

02 전자전달계에서 얻어지는 에너지는 100% ATP 합성에 사용된다. ( )

03 산소호흡을 하는 세포에서 ATP는 반드시 전자전달계를 통해 합성된다. ( )

04 포도당만 세포호흡에 사용되며, 지방은 사용되지 않는다. ( )

05 세포호흡과 연소는 모두 효소를 필요로 한다. ( )

06 탈수소반응은 해당작용보다 구연산회로에서 더 많이 벌어진다. ( )

07 하루 종일 잠만 잔다면 기초 대사량이 100kcal 정도에 지나지 않는다. ( )

II. 객관식

01 동화작용과 이화작용을 바르게 설명한 것은?

① 영양소로부터 이산화탄소를 생산하는 세포호흡은 이화작용이다.
② 아미노산이 결합하여 단백질을 합성하는 것은 동화작용이다.
③ 이산화탄소로부터 포도당을 생산하는 광합성은 동화작용이다.
④ 이화작용은 에너지를 생산하고 동화작용은 에너지를 사용한다.
⑤ 모두 맞다.

02 세포호흡을 가장 정확히 표현한 것은?

① 영양소에서 에너지를 얻는 과정
② 산소를 얻는 과정
③ 큰 분자를 작은 분자로 전환시키는 과정
④ 여러 화학반응의 합
⑤ 에너지를 사용하여 원자간의 화학결합을 일으키는 과정

03 세포호흡에서 산소가 구체적으로 하는 일은?

① 해당작용
② 전자전달계에서 전자를 받음
③ 발효
④ 구연산회로
⑤ ADP의 인산화

04 탄수화물과 지질이 고에너지를 가진 영양소인 이유는?

① 산소를 많이 가짐 ② 질소를 갖지 않음
③ 많은 수의 탄소를 가짐 ④ 많은 수의 수소를 가짐
⑤ 인산을 가짐

05 미토콘드리아 기능이 상실되어 산소호흡이 불가능하더라도 효모는 다음의 물질이 주어지면 이화작용을 통해 자랄 수 있다.

① 포도당 ② 단백질
③ 지방산 ④ 지방
⑤ 어떤 물질이 주어지더라도 자랄 수 없다.

06 영식이는 지하실에서 포도주를 만드는 과정에서 효모를 포도즙에 뿌려 자라도록 하였다. 며칠이 지난 후에 그는 포도즙에서 탄수화물의 농도는 줄었으나 알코올의 농도는 증가하지 않았다. 이 현상의 원인으로 맞는 것은?

① 탄수화물을 더 제공하여야 효모가 알코올을 생성할 수 있다.
② 포도즙에서의 산소 농도를 줄어야 한다. 산소가 있으면 알코올이 생성되지 않는다.
③ 포도즙에서의 산소 농도를 높여 ATP 생산을 늘려야 알코올 생산이 증가한다.
④ 포도즙에 탄수화물보다도 지방산을 첨가하여야 한다.
⑤ 포도즙의 온도가 낮아 효소가 제대로 작동하지 못하였다.

07 음식이 가진 에너지는 궁극적으로 어디서부터 제공받은 것인가?

① 태양 ② 생산자
③ 식물 ④ 소비자
⑤ ATP

08 사막 생물들은 물을 마시지 않고도 음식을 통해 물을 얻을 수 있다. 어떤 방법일까?

① 산소호흡 ② 무산소호흡
③ 지질분해 ④ 동화작용
⑤ 세포외호흡

09 우리 몸에서 필요 이상으로 ATP가 축적되었을 경우에 예상되는 일이 아닌 것은?

① 글리코겐이나 중성지방의 합성이 늘어날 것이다.
② 음식의 산화(소화)가 발생하기보다는 분자량이 큰 물질의 생성이 촉진될 것이다.
③ PFK(phosphofructokinase)의 억제(allosteric control)를 통해 해당작용을 줄인다.
④ 구연산회로가 더욱 활발해질 것이다.
⑤ 탈수소반응들이 억제될 것이다.

10 미토콘드리아에서 작동하는 전자전달계의 기능을 틀리게 설명한 것은?

① 많은 수의 전자전달매개체(electron transport carrier)가 관여한다.
② 진핵세포의 경우 미토콘드리아의 내막에서 벌어진다.
③ 전자의 출처는 주로 NADH 또는 FADH이다.
④ 전자이동으로 발생되는 에너지로 수소이온을 내막 외부에서 내부로 내보낸다.
⑤ 전자이동은 연속적인 산화와 환원반응이다.

11 ATP 생성을 위해 지방산이 산화되면서 거치게 되는 물질이 아닌 것은?

① 말릭산 ② 구연산
③ 아세틸-CoA ④ 포도당-6-인산
⑤ 옥살산

III. 주관식

01 "세포호흡에서 벌어지는 포도당의 분해는 발열반응이며 흡열반응을 가능하게 한다"의 의미를 설명하시오.

02 맛있는 햄버거가 앞에 놓여 있다. 내 몸이 어떻게 이 햄버거에서 사용 가능한 에너지를 얻어낼지 일련의 과정을 설명하시오.

03 중성지방, 단백질과 탄수화물의 화학 구조를 살펴보고 중성지방이 단위 무게당 가장 많은 에너지를 함유하는 이유를 짐작하여 보시오.

04 세포호흡과 연소의 공통점과 차이점을 설명해보시오.

05 최근 살이 많이 쪄서 먹는 음식의 양을 줄이기로 하였다. 약 2개월간에 걸친 음식 조절과 운동으로 몸무게가 줄었고 내 몸의 지방이 많이 감소된 것을 알 수 있었다. 이 기간 감소된 지방은 대부분 어떤 화학물질로 전환되어 내 몸에서 빠져나갔을까?

06 모든 세포는 지속적으로 ATP를 필요로 한다. 예를 들어 장시간 뜀뛰기를 하는 사람의 근육세포는 많은 양의 ATP를 필요로 한다. 하지만 이들이 충분한 ATP를 지속적으로 공급받는 것은 쉬운 일이 아니다.

1) 이들의 호흡이 가빠지는 것은 빠른 속도로 (   )를/을 내보내고 (   )를/을 들이마시기 위해서이다.
2) 산소의 공급이 줄어들어 산소호흡이 힘들어지면 이들의 근육세포에서 벌어지는 현상은?

07 어느 세포에서 ATP의 양이 충분하여 더 이상의 합성이 필요하지 않으면 구연산회로가 멈추게 될지에 관한 견해를 제시하시오.

08 생태계에서 에너지는 '식물 → 초식동물 → 육식동물'의 방향으로 흐른다(14장 참조). 또한 생태계에는 생체량 기준으로 식물이 초식동물보다 많고, 초식동물이 육식동물보다 많은 삼각형 모양의 먹이 피라미드를 형성하는데, 그 이유를 설명하시오.

"나의 들숨에 포함된 산소는 나무의 날숨으로 만들어진 것이며, 나무가 광합성으로 몸체를 불리는 것은 나의 날숨에 포함된 이산화탄소를 나뭇잎의 숨구멍을 통해 들숨으로 흡수했기 때문이라는 평범한 자각 말입니다. 이런 자각이 심화되고 확장되면 이 세상의 삼라만상이 모두 그물망처럼 촘촘히 연결되어 있다는 깨달음으로 이어지는 것 아니겠습니까"

– 산림학자 전 영우님 '숲'에서

식물과 사람은 광합성과 호흡을 통해 서로 연결되어 있는 관계를 표현한 글이다. 이렇듯 호흡을 하는 세상의 어느 생명체도 식물로부터 독립되어 있지 않다. 식물은 이 세상 생명체 모두에게 광합성으로 만들어진 양분을 제공하고 또 산소를 제공한다. 식물은 세상 모든 생명체를 떠받치는 마치 어머니 같은 생명체이다.

아홉 번째 강의

9 광합성과 식물

9.1 광합성 – 생명의 시작

식물은 세상 모든 생명을 떠받치는 생산자producer다. 하늘을 향해 넓게 벌린 잎을 통해 빛을 받아 세상 모든 생명체의 양분을 공급한다. 이산화탄소, 물과 빛을 가지고 양분을 빗는 것이다. 음식뿐만 아니다. 광합성은 산소를 방출시킨다. 이 산소 때문에 이 세상에 산소로 숨을 쉬는 유기호흡이 나타난 것이다. 유기호흡이 있어 많은 에너지를 만들 수 있고 생물들의 몸집은 커갈 수 있고 다양한 행동을 할 수 있는 것이다. 광합성으로 생겨난 산소로 유기호흡을 하고, 유기호흡으로 생겨난 이산화탄소로 광합성을 한다. 호흡과 광합성은 서로 긴밀하게 연결되어 있으면서 이 세상 생물들을 떠받히는 마치 쌍두마차와 같은 대사 반응이다(**그림 9.1**).

$$6CO_2 + 6H_2O + \text{빛에너지} = C_6H_{12}O_6 + 6O_2 \quad (\text{광합성})$$
$$C_6H_{12}O_6 + 6O_2 = 6CO_2 + 6H_2O + 38ATP \quad (\text{세포호흡})$$

광합성은 반응식에서 보듯이 빛에너지에 의해 이산화탄소와 물이 반응하여 당과 산소가 생기는 반응으로 요약된다. 포도당을 이루는 여러 공유결합들은 빛으로부터 온다. 빛이라는 물리에너지로 만들어진 ATP를 사용하는 것이다. 이 과정에서 물 분자가 분해하여 산소를 발생시킨다. 20억 년 전 시아노박테리아가 처음으로 광합성을 시작한 것으로 알려져 있다. 한참 후 이 박테리아가 고안한 광합성 기술이 식물로 전해진 것이다. 식물은 엽록체라는 특별한 세포소기관에서 광합성을 한다.

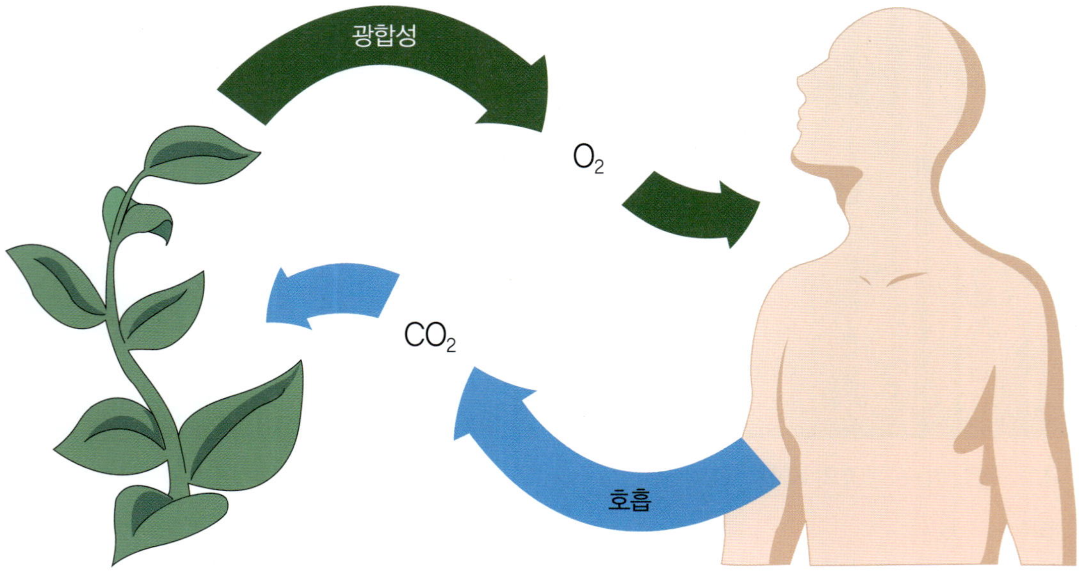

그림 9.1 광합성과 호흡. 식물은 광합성을 통해 우리에게 산소와 유기물을 제공하고, 우리는 이를 사용하여 세포호흡을 수행한다. 날숨을 통해 방출한 이산화탄소는 다시 광합성의 재료가 되고, 이렇게 자연의 대순환이 일어난다.

엽록체

식물은 잎으로 빛을 흡수한다. 잎은 물이 증발되지 않도록 잎의 위와 아래쪽에 큐티클층과 표피조직을 가진다(**그림 9.2a**). 기공stroma을 통해 물과 산소가 대기를 향해 배출되고, 이산화탄소가 들어온다. 주로 잎의 뒷면에 위치하는 기공은 기공 주변의 공변세포guard cell에 의해 열리고 닫힌다. 잎에서 광합성을 하는 세포들을 엽육세포mesophyll cell라 하며 이들은 잎의 표피와 잎맥을 제외한 엽육층(잎 내부의 부드러운 조직)에 위치한다. 엽육층은 책상조직과 해면조직으로 되어 있다. 빛을 받는 잎의 윗면에는 길쭉한 책상조직palisade layer들이 밀집되어 있다. 다양한 각도로 흡수되는 빛을 받을 수 있는 구조로 여겨진다. 책상조직의 아래에는 엽육세포들이 듬성듬성하게 분포되어 있는 해면조직spongy layer이 위치한다. 해면조직의 엽육세포들 틈 사이의 공간을 통해 산소가 식물 밖으로 나가고 이산화탄소가 들어온다. 또한 잎에는 뿌리부터 잎까지 연결되어 있는 관다발 조직인 물관부xylem와 체관부phloem가 뻗어 있다. 물관부를 통해 광합성에 필요한 물이 제공되고 체관부를 통해 광합성 산물인 당들이 식물의 다른 조직으로 운반된다. 관다발 조직은 잎의 표면에서 잎맥vein으로 나타난다.

광합성은 책상조직과 해면조직의 엽육세포에 있는 엽록체에서 벌어진다. 엽육세포는 보통 세포당 수십 개나 되는 엽록체를 가진다. 외막으로 둘러싸인 엽록체 내부에는 틸라코이드thylakoid 막들이 층층이 쌓여 있는 그라나grana 구조가 있다(**그림 9.2b**). 틸라코이드thylakoid막에는 빛을 받아들이는 통로인 색소pigments가 위치하고 ATP 생산을 위한 전자전달이 벌어진다. 그라나 지역을 제외한 내부 공간을 스트로

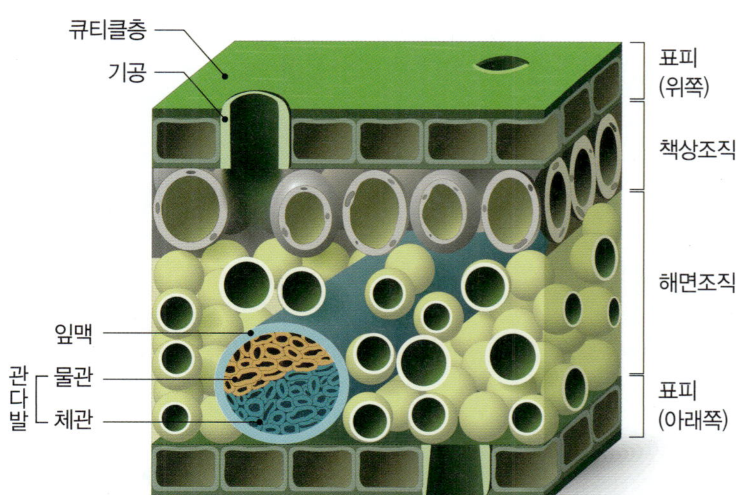

(b) 잎의 구조

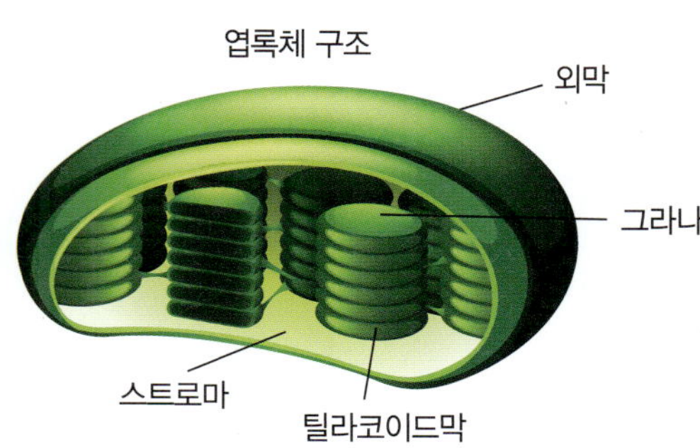

(b) 엽록체 구조

그림 9.2 식물의 잎과 엽록체의 구조

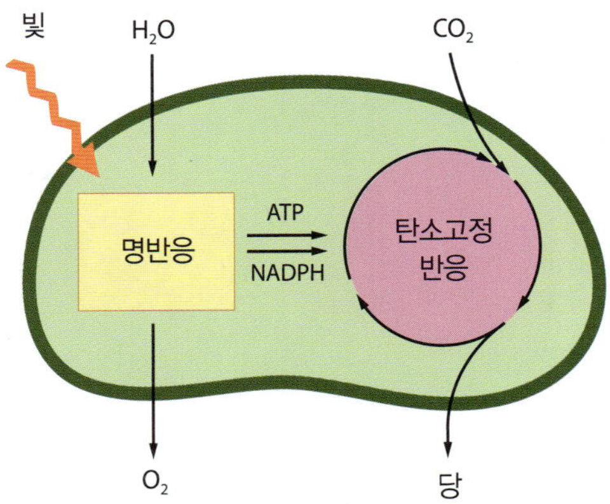

그림 9.3 광합성 요약—명반응과 탄소고정반응

마stroma라 하는데, 이곳에선 포도당이 합성된다. 미토콘드리아의 내막과 엽록체의 틸라코이드막에서는 전자전달계가 벌어지느라 막의 표면적이 넓은 공통점을 가진다. 미토콘드리아에선 NADH의 높은 에너지를 가진 전자가 전자전달을 시작시키지만, 엽록체에서는 빛에너지가 전자를 움직여 전자전달을 일으킨다.

광합성은 빛에너지가 전자전달을 거쳐 ATP로 전환하고(명반응light reaction), ATP와 이산화탄소로 유기물을 합성(탄소고정반응carbon reduction reaction)으로 구성된다(그림 9.3).

명반응 – 빛과 엽록소

태양으로부터 오는 빛은 전기와 자기적인 특성을 모두 가지면서 파동을 이룬다. 아인스타인은 빛은 작은 입자photon의 연속이라 했는데, 이들 입자는 미세한 양의 에너지를 가지고 있으면서 빛의 속도로 파동을 따라 이동한다. 파동의 두 봉우리 사이의 거리를 파장wavelength이라 하며 파장이 짧을수록 빛의 에너지는 높아진다. 파장이 400nm부터 700nm까지인 빛은 눈으로 들어와 시각신호를 만들어 낼 수 있어 가시광선이라 한다(그림 9.4). 광합성에는 가시광선 정도의 에너지를 가진 빛이 사용된다. 파장이 짧은 자외선은 너무 강해 광합성에 이용할 수 있기보다 오히려 식물을 다치게 할 수 있고 파장이 긴 적외선은 광합성을 하기에는 너무 약하다.

빛을 어떤 물체에 비추면 빛은 물체를 투과 또는 반사되거나, 물체에 흡수된다. 틸라코이드막에서 빛을 흡수할 수 있는 분자를 색소pigment라 한다. 색소는 빛의 특정 파장을 흡수하여 색을 띠게 하는 분자를 말한다. 빛을 색소에 비추면 특정 파장의 빛은 흡수되고 다른 파장의 빛은 투과되거나 반사된다. 프리즘을 통해 보면 7가지 파장을 가진 가시광선을 식물에 비추면 초록색을 띤다. 이는 잎의 대표적인 색소인 엽록소chlorophyll가 붉은색(650nm 정도)과 파란색 파장(400nm 정도)의 빛을 흡수하고 나머지 파장의 빛을 반사하기 때문이다. 이 반사되는 빛이 우리 눈에 초록색

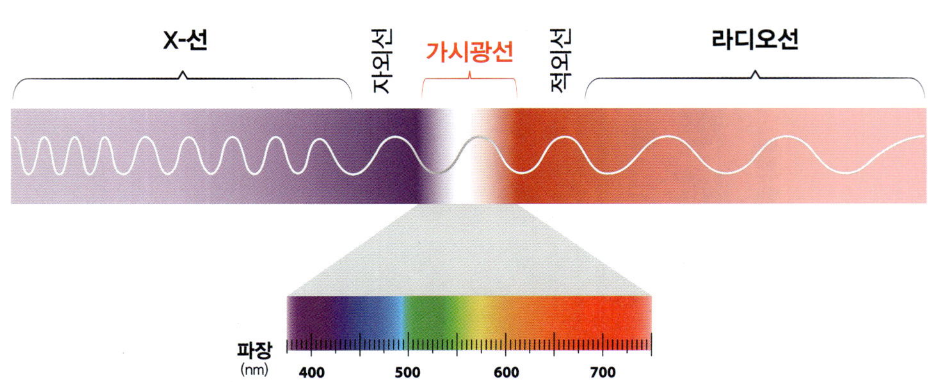

그림 9.4 가시광선

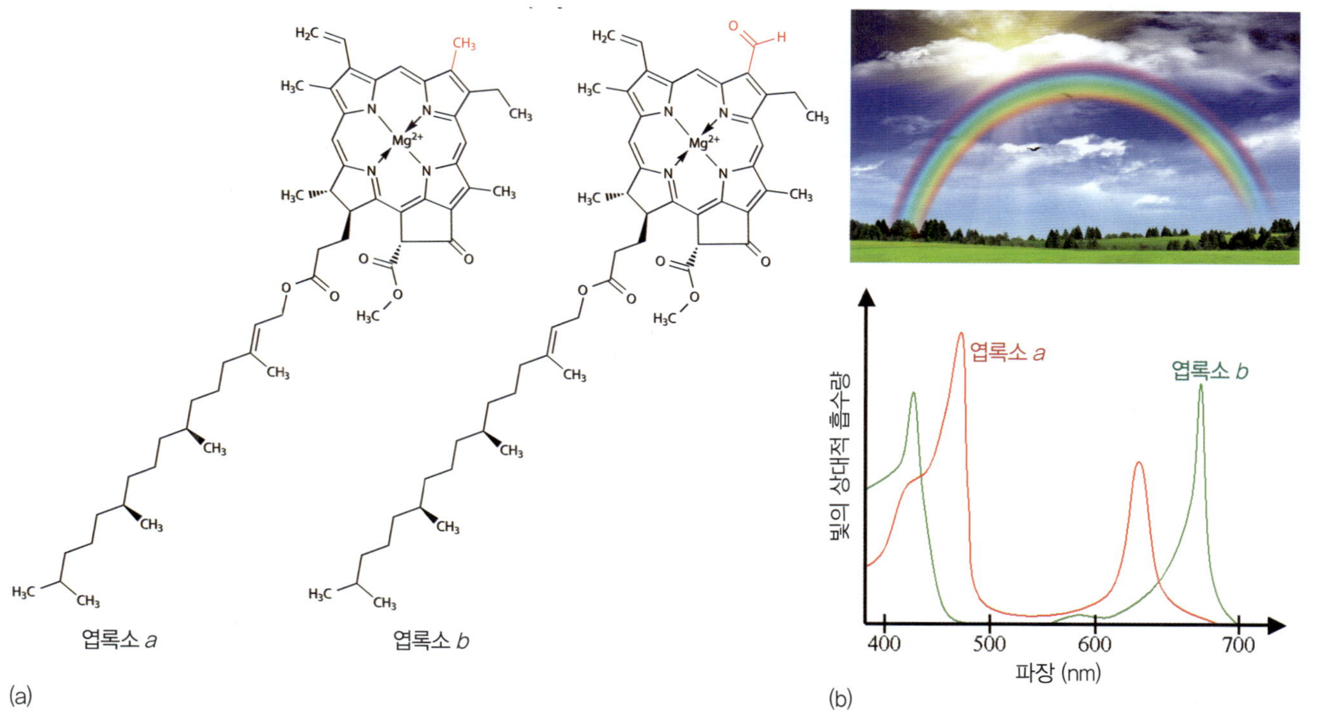

그림 9.5 엽록소의 구조(a)와 파장에 따른 흡수(b)

으로 보이는 것이다. 가령 늦가을 잎에 엽록소 없어지면 잎은 더 이상 초록색을 띠지 않고 카로티노이드 등 엽록소 외의 다른 색소에 따라 노랗거나 붉은 단풍 색을 보인다.

엽록소는 소수성의 긴 꼬리지역과 Mg^{++} 이온을 중심에 가지고 있는 포르피린 고리를 포함한다(**그림 9.5a**). 대부분의 식물들은 엽록소 *a*와 엽록소 *b*를 가지고 있다. 포르피린 고리의 화학구조는 에너지를 받으면 전자가 제 궤도를 벗어나게 하는 특성을 가진다. 원자핵 주변의 궤도를 따라 움직이던 전자는 빛을 받으면 전자가 원래의 궤도를 벗어나 들뜨거나(잠시 궤도를 벗어났다가 곧 원래의 자리로 되돌아옴) 또는 궤도를 완전히 이탈한다(산화). 포르피린 고리로부터 길게 뻗어 있는 소수성의 꼬리는 엽록소를 틸라코이드막 내부(역시 소수성을 띰)에 고정시키는 역할을 한다. 엽록소가 빛을 받아 전자를 이탈시키는 현상을 광산화반응photooxidation이라 한다. 빛에 의해 전자전달이 시작되고 빛이 촉발한 전자전달을 통해 ATP가 생성된다. 광산화반응을 효과적으로 일으키기 위해 틸라코이드 막에는 광계라는 특별한 장치가 있다.

엽록소
녹색식물의 엽록체에서 빛에너지를 흡수하는 색소의 일종.

광계

광계photosystem(PS)는 엽록소의 전자가 광산화 반응을 일으키도록 하는 특별한 장치이다. 광계에는 광계1과 광계2 두 종류가 있다. 광계는 중앙에 반응중심reaction center이 위치하고 그 주변에는 안테나구조(또는 광수집복합체light harvesting complex)

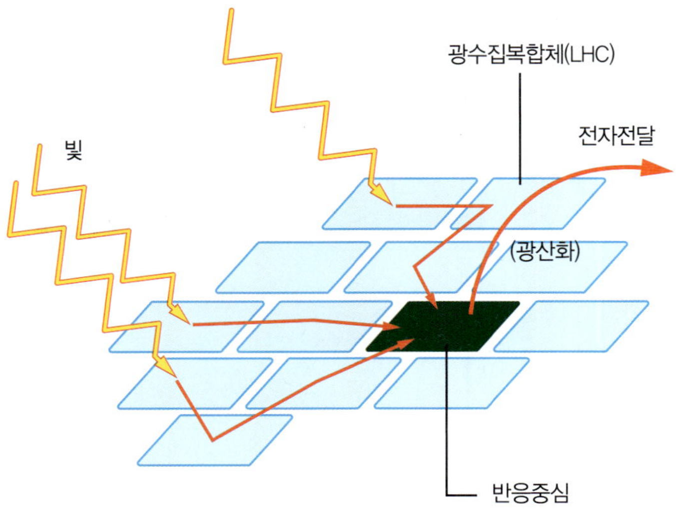

그림 9.6 **광계.** 광계는 반응중심과 이 주위에 있는 빛 수집구조(light harvesting complex, LHC, 또는 안테나구조)로 이루어지며 엽록소의 전자가 산화(전자가 떠남)되는 기능적인 단위이다. LHC에 있는 엽록소(주로 엽록소 *a*와 엽록소 *b*)들에 있는 전자는 빛을 받아(즉 에너지를 받아) 순간적으로 들뜬 상태(excited state)가 된다. 많은 수의 엽록소에서의 순간적인 들뜬 상태는 효과적인 에너지 이동을 통해 반응중심으로 전달되어 반응중심 엽록소 *a*에 있던 전자는 이곳을 떠나(광산화반응이라 함) 전자전달과정을 시작한다.

가 있다(**그림 9.6**). 안테나구조에서는 광산화반응이 벌어지지 않고 반응중심에서의 광산화 반응을 돕는다.

안테나구조에 있는 여러 엽록소들은 빛을 받아 에너지를 반응중심에 모아준다. 안테나구조의 엽록소는 빛을 받으면 전자가 궤도를 이탈하지 않고 순간적으로 들뜨게 된다. 들뜬다는 것은 전자가 빛에너지를 받으면 궤도를 잠시 벗어났다가 가지고 있던 에너지를 열로 발산하고 다시 원래의 위치로 되돌아오는 현상을 말한다. 안테나구조는 수많은 엽록소들이 단백질들과 함께하는 특별한 구조를 가진다. 때문에 엽록소들의 순간적인 **들뜸**은 옆에 있는 다른 엽록소에 전달된다. 이런 방식으로 안테나구조의 엽록소들은 들뜸으로 생겨나는 에너지가 계속 근처의 다른 엽록소로 전해지고 최종적으로 반응중심에 있는 엽록소로 전달된다. 이런 들뜸의 전달은 여러 갈래로 반응중심에 집중된다. 안테나구조의 여러 곳으로부터 전해오는 에너지를 받은 반응중심에 있는 엽록소의 전자는 들뜸 대신 궤도를 벗어나는 광산화반응이 벌어진다. 안테나구조의 높아진 에너지를 반응중심으로 향하게 하기 위해서는 반응중심 엽록소의 에너지 수위는 낮아야 한다. 에너지는 높은 곳에서 낮은 곳으로 이동하기 때문이다. 반응중심의 엽록소가 흡수하는 파장이 680nm 또는 700nm의 긴 파장으로 낮은 에너지를 유지할 수 있다. 반응중심에서는 엽록소*a* 두 분자가 결합되어 있는 것으로 알려져 있다. 광계2 반응중심의 색소를 P680, 광계1의 색소를 P700으로 표시한다(P는 pigment를 나타냄).

들뜸
전자가 에너지에 의해 원자핵으로부터 멀어지는 순간적인 상태를 말한다. 보통 들뜬 전자는 열을 발생하면서 원래의 위치로 복귀한다.

광산화반응에 의해 엽록소를 떠나는 전자는 매우 높은 에너지를 가지고 있다. 근처에 높은 에너지를 받아주는 전자전달매개체에 전자가 전달하고(환원), 전자는 다시 이 분자를 떠나(산화) 다음의 전자전달매개체를 거쳐 이동이 계속된다. 반응중심을 떠난 높은 에너지의 전자는 전자를 전달해줄 수 있는 여럿의 전자전달체 분자들을 거치면서 최종전자수용체까지 이동한다. 세포호흡에서의 전자전달계와 마찬가지로 명반응에서의 전자전달계도 환원과 산화 반응의 연속이라 할 수 있다. 틸라코이드막에서 작동하는 전자전달은 두 종류 광계에서의 광산화반응으로 이루어진다.

전자전달계

틸라코이드막의 두 광계를 떠난 전자를 중심으로 벌어지는 전자전달계를 살펴본다. 광계2는 긴 파장인 680nm 파장의 빛을 흡수하는 반응중심의 색소 P680에서 광산화

반응이 벌어진다. 반응중심을 떠난 높은 에너지의 전자는 전자전달체들인 피오파이틴, 플라스토퀴논PQ, 사이토크롬복합체 cytb6f, 플라스토시아닌PC을 거치면서 단계적으로 이동한다(**그림 9.7**). 전자의 단계별 이동을 거치며 내놓는 에너지로 스트로마에 있는 H^+를 스트로마로부터 틸라코이드막을 지나 내부 공간으로 이동시킨다.

산소발생 – 수중식물의 광합성

광산화반응으로 전자를 잃은 P680는 전자를 보충 받아야 한다. 광계2가 있는 틸라코이드막의 안쪽(틸라코이드 내부 공간)에는 산소발생복합체oxygen evoling complex(OEC)가 위치한다. 산소발생복합체가 진행하는 반응은 아래 반응식으로 정리된다.

$$2H_2O \rightarrow O_2 + 4H^+ + 4e^-$$

보통 물 분자는 H^+와 OH^-로 분해하는데, 산소발생복합체에서는 물 두 분자가 산소와 4개씩의 H^+와 전자를 발생시킨다. 바로 여기서 발생하는 산소가 대기 중으로 퍼지면서 세상에 유기호흡 시대를 열게 한 것이다. 이 반응으로 얻어진 4개의 전자는 하나씩 P680으로 이동한다. 산소발생복합체가 발생하는 4개의 H^+로 틸라코이드 내부 공간의 H^+ 농도는 더욱 높아져 틸라코이드막의 막전위를 높인다. 광계2를

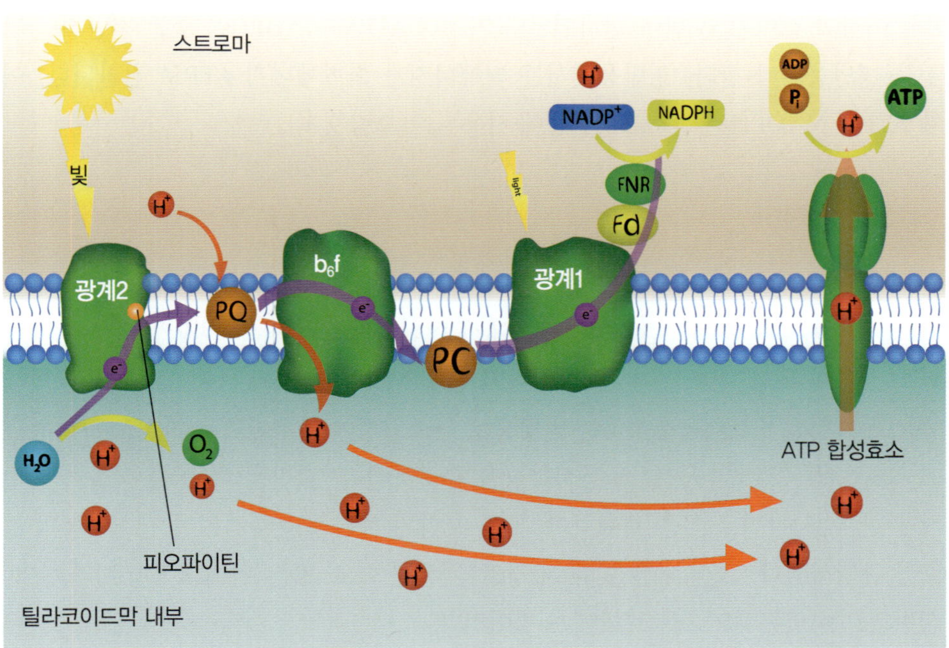

그림 9.7 빛에 의한 전자의 이동 – 전자전달계. 광계2에서 산화되어 전자전달을 시작한 전자는 광계1을 거쳐 최종적으로 NADP와 결합하여 NADPH를 형성한다. PC(플라스토시아닌)는 광계2와 광계1을 연결시켜 주는 역할을 한다.

떠난 전자는 여러 중간 전자전달매개체들을 거치면서 전자전달체 PC까지 이동된다.

광계1에서도 광계2와 비슷한 현상이 벌어진다. 광계1은 반응중심 P700에서 광산화반응이 벌어진다. 이곳을 떠난 높은 에너지의 전자는 전자전달매개체 페레독신 ferredoxin(Fd)을 거쳐 NADP로 이동하여 NADPH가 된다. P700은 잃어버린 전자를 PC로부터 보충받는다. 광계2와 광계1은 이와 같은 방식으로 연결되어 전자전달계를 이룬다. 산소발생복합체를 떠난 전자는 광계2와 광계1을 차례로 거친 다음 최종적으로 NADP까지 이동한다. 세포호흡에선 최종전자수용체가 산소이듯이 광합성에서는 NADP이다. 전자전달의 최종산물인 NADPH은 고분자분자를 합성하는 데 필요한 H를 제공한다. 산소호흡의 NADH 역할과는 무척 다르다.

광계1을 떠난 전자를 받은 페레독신은 광합성 상태에 따라 전자전달의 경로가 달라진다. 페레독신에서 NADP로 전자가 이동(비순환적 전자전달)하기도 하고 페레독신이 틸라코이드막을 이동하여 광계2에 전자를 전달하면 전자는 고리를 이루어 광계2와 광계1을 계속 순환할 수 있다(순환적 전자전달). 식물이 ATP가 많이 필요하면 순환적 전자전달이, 물질 합성을 많이 할 땐(NADPH가 필요) 비순환적 전자전달이 선호된다. 전자전달을 통해 틸라코이드막 내부 공간에 불균형하게 높은 농도로 있던 H^+는 틸라코이드막에 있는 ATP 합성효소를 통과하여 스트로마 방향으로 이동한다. 이때 이동하는 힘으로 ADP와 인산이 결합하여 ATP를 생성한다. ATP를 빛으로부터 얻는 광합성과 음식으로부터 얻는 세포호흡이 작동하는 전자전달계의 운용 방식과 원리는 무척 유사해 보인다.

이상과 같이 빛을 받아 전자전달을 거치며 ATP와 NADPH을 얻는 전반적인 과정을 명반응이라 한다. 명반응에서는 빛에너지가 화학에너지 ATP로 전환된다. 이제 ATP와 NADPH는 탄소고정반응에 사용된다(그림 9.3).

탄소고정반응

탄소고정반응carbon fixation은 명반응을 통해 생성된 ATP와 NADPH를 사용하여 당을 합성하는 반응이다. 탄소고정반응에서 이산화탄소의 탄소 원자가 당을 이루는 탄소 원자가 된다. 1953년 미국의 화학자 캘빈(Melvin Calvin, 1911~1997)은 방사능으로 표식된 $^{14}CO_2$를 추적하는 방법으로 탄소고정이 이루어지는 과정을 규명하였고, 그는 이 공로로 1961년 노벨화학상을 수상하였다. 캘빈은 $^{14}CO_2$를 식물이 흡수하게 한 후 시간별로 잎을 채취하여 ^{14}C가 포함된 물질들을 추적하여 탄소고정의 경로를 규명하였다. 그의 이름을 따 이 경로를 '캘빈 회로' 또는 '탄소고정경로'라 한다. 캘빈회로는 엽록체의 스트로마에서 벌어진다.

캘빈회로는 다음과 같다. 광합성 세포에 흡수된 CO_2가 5탄당 RuBP(ribulose 1,5 bisphosphate)와 반응하여 6탄당(5C+1C)이 되면서 회로가 시작된다(**그림 9.8**). 이렇게 만들어진 6탄당은 구조적으로 매우 불안하여 합성되는 즉시 2개의 3탄당

3–PGAphosphoglyceric acid로 분리된다. 그림에선 편의상 3분자의 RuBP와 역시 3분자의 CO_2가 반응하여 3분자의 6탄당을 거쳐 6분자의 3–PGA가 생성된 모습을 보여준다. 이 단계를 '탄소고정'라 한다.

5탄당인 RuBP는 CO_2와 처음으로 반응하는 식물 내 분자이다. Rubisco라는 효소가 이 반응을 촉매한다. RuBisco 단백질은 세상에서 가장 풍부하게 존재하는 단백질로 여겨진다. 기공을 통해 들어오는 엄청난 양의 CO_2가 캘빈회로를 시작하게 하는 효소임에 비추어 이 효소의 양은 엄청난 것이다. 캘빈회로를 시작하는 CO_2는 더 이상 대기 중을 떠돌아다니지 않고 3–PGA 분자에 고정된다. RuBP 한 분자에 인산을 두 개 가지고 있어 구조적으로 불안한 분자로 반응성이 높아 이산화탄소와 빠르게 반응한다. 명반응에서 만들어진 ATP와 NADPH를 사용하여 3–PGA는 환원되어 G–3–Pglyceraldehyde-3-phosphate를 생성하며 이 단계를 '환원 단계'라 한다.

이렇게 생성된 6분자의 G–3–P중 1분자는 포도당 합성에, 나머지 5분자는 RuBP 재생산에 사용된다. G–3–P 한 분자는 스트로마에서 세포질로 나와 포도당 합성에 사용된다. 포도당은 여러 포도당 분자들이 결합한 녹말로 전환하여 저장되기도 하고, 이당류인 설탕(포도당–과당)으로 전환하여 관다발의 체관부를 타고 식물 전체로 이동하기도 한다. 나머지 5분자의 G–3–P는 대부분은 스트로마에서 RuBP를 재생산하는 데 사용된다. 이산화탄소를 받아들여 캘빈회로를 지속하기 위해서이다. 이 단계를 'RuBP의 재생산 단계'라 한다. 이상과 같이 캘빈회로는 탄소고

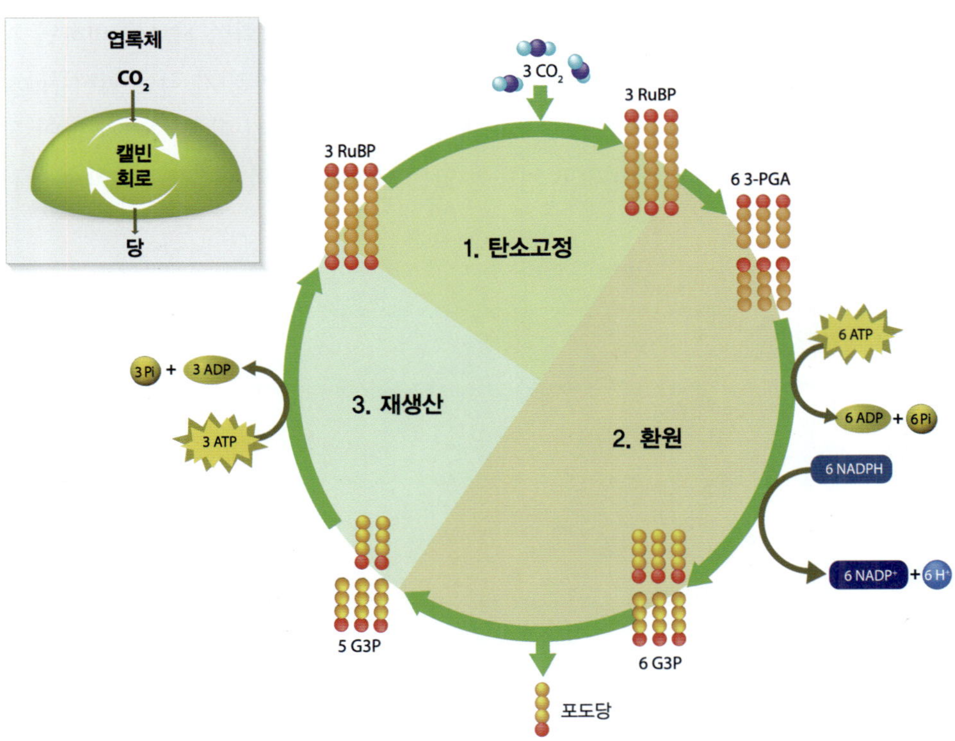

그림 9.8 **탄소고정 반응(캘빈회로).** 엽록체 스트로마에 있는 5탄당 RuBP가 CO_2와 결합하면서 캘빈회로가 시작된다.

정과 환원 단계를 거쳐 RuBP를 재생산하는 과정들로 구성되어 있다.

이산화탄소와 물을 재료로 당을 빚어내는 광합성은 매우 경이로운 현상이다. 빛에 숨어 있는 에너지를 ATP로 전환하는 기술, 물을 분해하여 산소를 발생시키고 전자를 광계2에 제공하는 기술, 이산화탄소로 모든 지구 생명체의 먹이인 포도당을 만드는 기술, 이들 하나하나에는 기적의 흔적이 숨어 있다. 이 세상의 모든 생명체는 이 기적과 직접 또는 간접적으로 연결되어 있다.

9.2 식물의 진화와 구조

식물의 진화와 다양성

우리가 흔히 볼 수 있는 식물은 어디에서 왔을까? 여러 과학적 증거들에 의하면 지금의 육상식물은 담수에 사는 녹조류green algae로부터 진화되었다(그림 9.9). 녹조류는 물에서 자라고 단순한 체제를 가지며 광합성을 하는 생명체로 관다발조직을 갖지 않는 생물군을 일컫는다. 진화의 초기에 광합성을 하는 녹조류는 물가의 언덕이나 습지에서 자라기 시작하였다. 곧이어 습한 지역에서 지면에 붙어 자라는 형태의 원시 식물들이 서서히 출현하기 시작하였고, 습지에서는 빛을 충분히 받을 수 없어 바로 설 수 있는 줄기를 갖기 시작한 식물들이 출현하였다. 화석 자료에 의하면 지금으로부터 약 4억 년 전에 바로 설 수 있지만 관다발이 없어 키가 작은 이끼류moss와 같은 **선태식물**이 처음 출현한 것으로 보인다. 이끼류는 키 작은 줄기가 많이 모여 있으며 특정한 생식기관이 없고 기동성 있는 남성배우자와 여성배우자가 물에서

선태식물
가장 원시적인 육상식물로 관다발조직을 갖추지 못해 표면을 통해 물을 흡수하고 배출한다. 이끼류가 한 예이다.

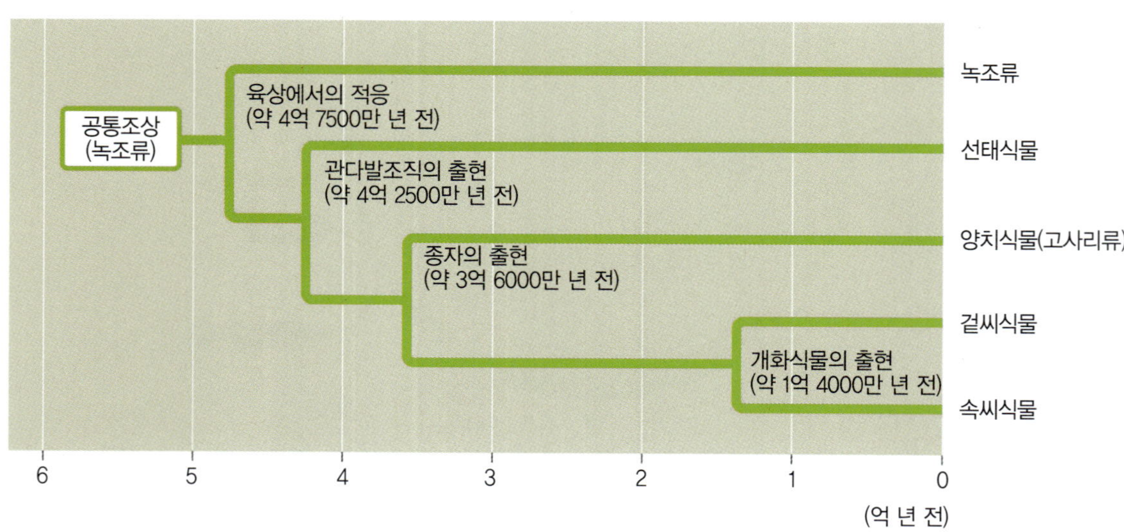

그림 9.9 식물의 진화

수정하여 성체가 된다. 이들은 관다발이 발달되어 있지 않아 키가 클 수 없고 물기가 풍부한 곳에서만 자란다. 이끼류의 일부는 서서히 관다발조직을 갖는 자연선택을 통해 담수나 습지를 벗어나 육상에서 뿌리로 물을 흡수할 수 있고 잎을 가지고 빛을 받을 수 있게 되었다. 이들은 관다발과 씨앗을 모두 갖는 **양치식물**로 진화하였으며 고사리가 대표적인 예이다(**그림 9.10**). 고사리는 꽃을 가지지 않고 **포자**로 생식한다. 이런 진화 과정에서 곤충이나 바람에 의해 수정할 수 있도록 생식 기관인 꽃도 생겨나게 되었다(개화식물–속씨식물과 겉씨식물).

이끼

고사리(양치식물)

그림 9.10 고사리와 포자. 포자가 들어 있는 포자낭이 보인다. 포자낭이 터져 포자가 땅에 떨어지면 새로운 고사리로 자란다

양치식물(고사리류)
잎의 구조가 양의 이빨과 비슷하다(톱니모양) 하여 붙여진 이름으로 꽃이 피지 않고 포자로 번식한다.

포자
무성생식하는 세포로 다른 세포와 합체하지 않고 단독으로 새로운 개체를 만든다.

이렇게 진화되어 온 육상식물들은 여러 기준으로 분류될 수 있는데, 가장 일반적인 것으로 씨앗의 모습에 따라 겉씨식물과 속씨식물로 구분된다(**그림 9.11**). 겉씨식물은 씨앗이 노출되어 있다. 소나무 같은 다년생의 나무들은 일반적으로 겉씨식물이며 해를 거듭할수록 물관부가 확장되어 많은 나이테가 보이는 목재가 된다. 이들은 일반적으로 날카롭고 뾰족한 잎(침엽)을 갖고 있으며 겨울이 되어도 잎은 잘 떨어지지 않는다. 가장 발달된 형태의 식물은 속씨식물로 사과나 토마토처럼 씨앗이 열매로 싸여 있다. 이들은 뚜렷한 꽃의 형태를 갖고 있어 꽃잎, 암술, 수술, 씨방을 가진다. 바람이나 벌레의 도움으로 날아온 꽃가루(남성배우자)와 씨방 안의 난세포(여성배우자)는 수정을 거쳐 씨앗을 형성한다. 속씨식물에는 수천 종이 있으며 발아하는 씨앗 안의 어린잎(떡잎)의 숫자가 하나이면 단자엽 식물monocotyledon, 두 개이면 쌍자엽 식물dicotyledon로 분류된다. 쌍자엽 식물과

겉씨식물

속씨식물

그림 9.11 겉씨식물과 속씨식물

쌍자엽 식물

단자엽 식물

그림 9.12 쌍자엽 식물과 단자엽 식물의 잎. 잎맥의 구조가 매우 다르다(망상맥과 평행맥).

단자엽 식물은 잎맥, 줄기와 뿌리의 구조, 꽃잎의 수, 형성층의 존재 등 여러 모습과 기능에서 뚜렷한 차이를 보이고 있다(그림 9.12).

식물의 구조와 기능

줄기stem**와 슈트**shoot
슈트는 식물에서 땅 위의 모든 구조를 말하는 것으로 줄기, 꽃, 눈과 잎 등을 모두 포함한다. 줄기는 마디node와 마디사이internode를 가지는 중심축을 말한다.

육상식물은 땅으로부터 물과 무기염류를, 이산화탄소와 빛을 대기로부터 얻는다. 땅속의 뿌리계와 땅 위의 지상계(슈트)(그림 9.13)가 각각 땅속과 땅 위에서 이 일들을 담당한다. 뿌리와 줄기는 독립적으로 살아갈 수 없으며 서로에게 필요하다. 줄기가 없어 광합성을 하지 못하면 땅속 어둠 속에서 광합성을 하지 못하는 뿌리는 살아갈 수 없고, 줄기도 마찬가지로 뿌리가 제공하는 물과 무기염류가 없으면 광합성을 못하고 살아갈 수 없다.

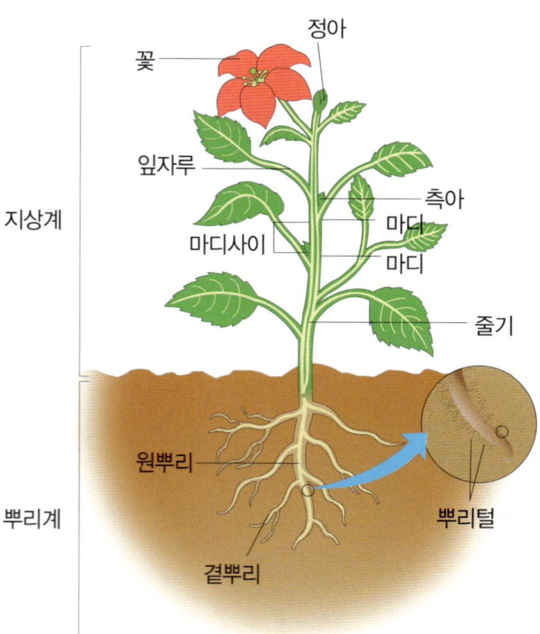

그림 9.13 식물의 기본 구조

뿌리와 물 흡수

뿌리는 물과 무기염류를 토양으로부터 흡수하여 관다발계를 통해 식물 전체로 전달한다. 식물에 따라 조금씩 다르지만 원뿌리와 원뿌리로부터 가지 친 곁뿌리를 가진다(그림 9.13). 뿌리의 표피세포들이 돌출되어 형성된 뿌리털은 물과 무기염류를 흡수하는 표면적을 증가시키는 효과를 가지도록 한다. 뿌리에서의 관다발조직은 뿌리 조직 한 가운데에 위치한다(그림 9.14). 표피로부터 받은 물은 관다발조직의 물관부로 이동하여 줄기와 잎을 거쳐 잎의 기공을 통해 대기로 향한다.

뿌리의 단면적을 보면 바깥쪽으로부터 표피, 기본조직, 내피, 관다발조직으로 되어 있다(그림 9.14). 외피로부터 흡수된 물은 내피까지 세포들을 통과해서 또는 세포 사이의 틈으로 이동한다. 내피를 이루는 세포들은 세포 사이의 틈이 고분자 물질인 리그닌이나 수베린으로 채워져 있다. 따라서 물은 내피를 지나며 세포로

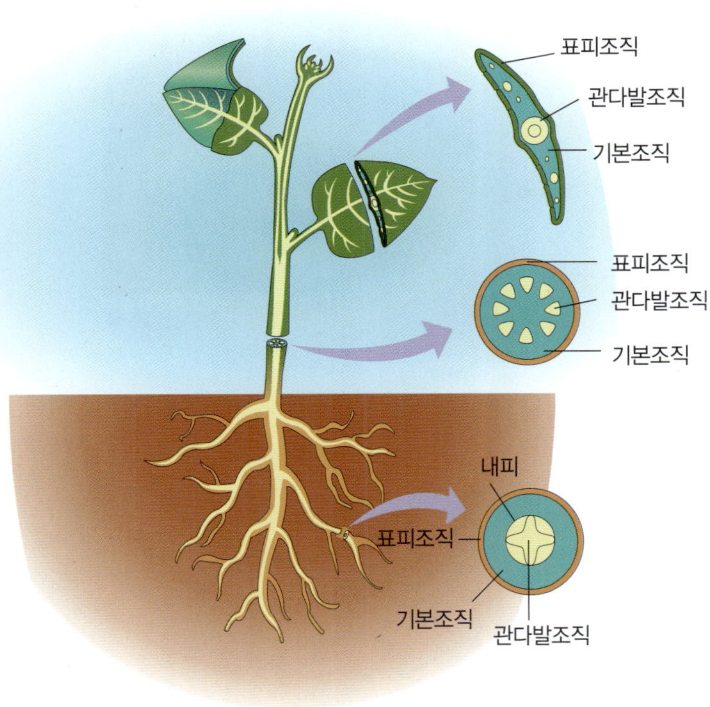

그림 9.14 식물의 조직계

만 통과가 가능해진다. 이런 구조의 내피를 지나며 물의 유입 속도는 빨라지고 압력이 늘어난다. 이 압력은 물을 이동시키는 힘이 된다. 잎의 증산작용으로 위에서 당기는 힘(pull)과 뿌리에서 올려서 미는 힘(push)이 합쳐져 물관부는 긴 물기둥으로 이루어 뿌리에서 줄기로 이동한다.

줄기와 분열조직

줄기stem는 식물을 바로 서게 하고 양분과 물의 이동 통로 역할을 한다. 줄기의 관다발은 뿌리와는 달리 물관부와 체관부 사이에는 부름켜(또는 형성층)이 있어 부피 생장(줄기가 두꺼워짐)을 할 수 있다(**그림 9.15**). 부름켜는 분열조직으로 세포분열을 통해 물관부와 체관부에 필요한 세포들을 제공한다. 식물의 키 생장은 줄기 정단부에 있는 줄기정단분열조직shoot apical meristem과 뿌리 끝에 있는 뿌리정단분열조직root apical meristem에 의한다(**그림 9.16**). 이들 분열조직은 줄기와 뿌리에서 생장을 시작하는 지점을 의미하는 생장점이라 불리기도 한다(그림의 붉은색). 줄기정단분열조직으로부터 새로운 잎이나 꽃이 발생한다. 이들 정단분열조직에 의한 키 생장과 관다발조직에 있는 부름켜의 부피 생장으로 식물은 성

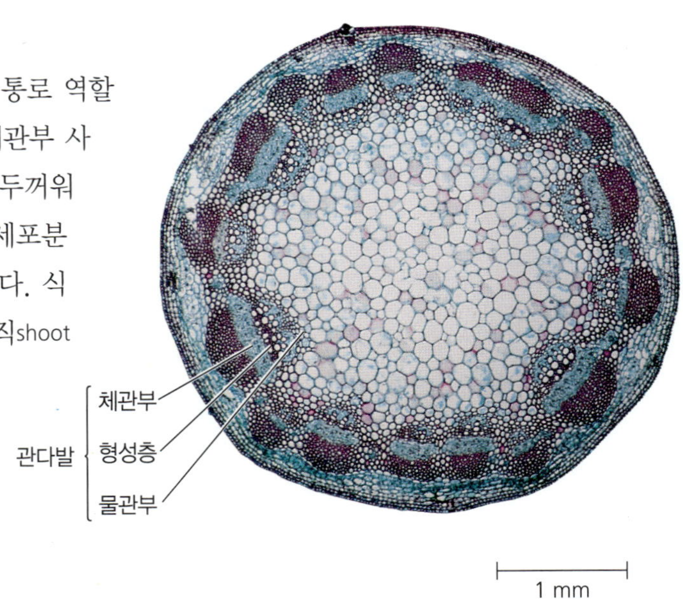

그림 9.15 줄기의 관다발계

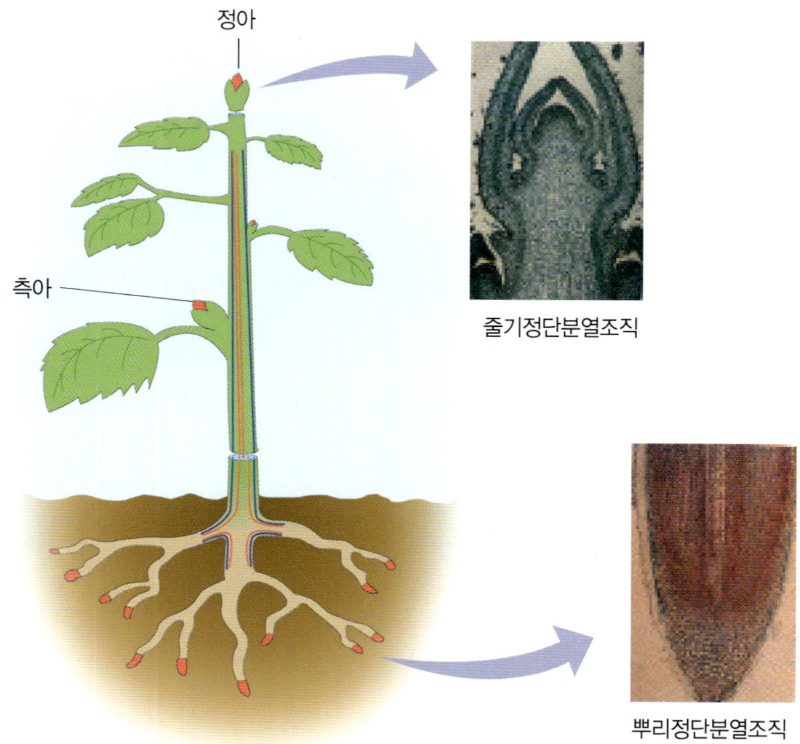

그림 9.16 생장의 시작점인 정단분열조직

장한다. 줄기에는 측면분열조직이 있어 측면으로 잎이나 꽃이 생겨날 수 있다.

줄기에는 눈bud(정단분열조직이 비늘잎에 싸여 보호받고 있는 구조)이 있어 이 곳으로부터 꽃이나 잎이 생겨난다. 눈은 줄기의 맨 꼭대기에 위치하는 정아(頂芽)(줄기정단분열조직을 감싸고 있다)와 줄기의 옆쪽에 생기는 측아 또는 곁눈(側芽)(측면분열조직을 감싸고 있다)이 있다(그림 9.16). 또한 여름이나 가을에 생겨 겨울을 날 수 있도록 두꺼운 비늘을 가진 겨울눈을 가지기도 한다. 줄기에 정아와 측아가 공존하는 경우, 정아는 잘 발육하지만, 측아는 잘 발육하지 않고, 정아가 제거되거나 발생이 멈추어야 측아가 발육하는데, 이 현상을 정단우성apical dominance이라 한다. 정아에서 특별한 물질을 분비하여 측아의 생장을 방해하는 것으로 알려져 있다. 정단우성은 식물이 꼿꼿이 자라 빛을 많이 받을 수 있도록 하는 역할을 한다. 눈이 자라 잎이 시작되는 줄기 지역을 마디node, 마디와 마디 사이를 '마디사이internode'라 한다(그림 9.13). 보통 잎은 줄기와 잎을 연결하는 잎자루(엽병)을 통해 줄기와 잎의 관다발이 연결된다.

관다발계

관다발계vascular system는 육상식물에서 물과 양분을 이동시키는 관이 다발을 이룬 구조로 두 조직으로 이루어진다. 즉 물과 무기염류가 이동하는 물관부xylem와 광합성 산물이 이동하는 체관부phloem가 다발을 이루어 식물의 잎에서 뿌리까지 연결되어 있다. 줄기에서의 관다발계는 표피에 가까운 쪽에 체관부가, 중심부의 가까운 쪽에 물관부가 위치한다(그림 9.15). 대부분의 식물은 물관부와 체관부 사이에 형성층(부름켜)이라는 분열조직층이 있어 부피 생장을 일으킨다.

물관부를 이루는 세포는 위아래로 길쭉해지고 세포벽이 두껍다(**그림 9.17**). 발생이 더욱 진행되면 물관부 세포는 핵, 소포체 등 세포의 내용물이 소실되고 두꺼워진 세포벽만 남는다. 길쭉해진 세포들의 위와 옆면에는 여러 구멍들이 있어 물관부 간에도 물은 이동할 수 있다. 발생을 마친 물관부 세포는 죽은 세포로 마치 마디진 수도관에 비유할 수 있다. 생명체의 한가운데 이처럼 죽은 세포가 버젓이 버티고 있는 것은 흔치 않은데, 물관부는 물을 이동시키는 역할과 함께 뼈대를 이루어 식물이 곧게 자랄 수 있도록 해준다. 식물은 세포벽을 충분히 두껍게 만든 다음 세포를 죽이는 아주 특별한 '세포자살 프로그램programmed cell death'이라는 발생 전략을 가진다. 1차와 2차 세포벽을 만들어 놓은 다음 세포의 DNA, 세포소기관들을 차례로 소멸시켜간다. 바람이 심히 불어도 나무가 쓰러지지 않는 것은 바로 물관부가 갖는 세포벽의 단단함 때문이다.

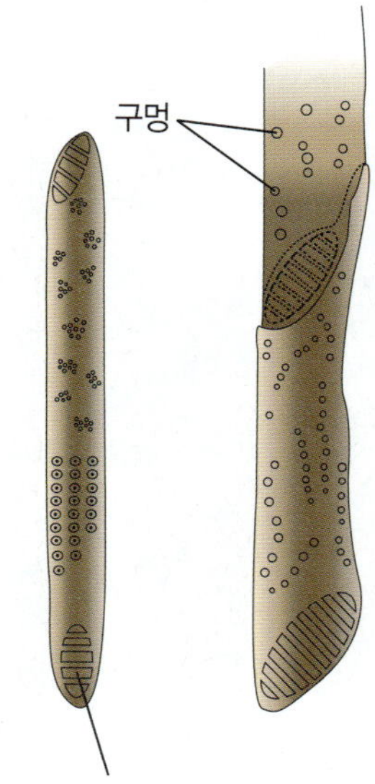

그림 9.17 물관부세포

체관부를 이루는 세포는 물관부의 세포와는 다르게 약간 길쭉하고 살아 있는 세포로 되어 있다(**그림 9.18**). 체관부 조직은 분열하여 양분을 직접 이동시키는 통로를 이루는 체관요소sieve element와 체관요소에 붙어 있는 동반세포companion cell를 가진다. 체관요소는 물관부처럼 위아래 방향으로 연결되지만 동반세포는 자기들끼리 연결되어 있지 않다. 체관부 세포가 체관요소와 동반세포로 세포분열하는 과정에서 핵과 미토콘드리아는 동반세포에만 불균형하게 분포된다. 이는 동반세포의 미토콘드리아에서 만드는 ATP로 광합성 산물을 동반세포를 거쳐 체관요소에 축적하기 위한 것이다. 광합성을 하는 잎에서는 동반세포가 광합성 산물을 체관요소 방향으로 이동시킨다. 반대로 광합성을 하지 않는 조직(뿌리나 꽃)에선 광합성 산물은 체관요소로부터 동반세포 방향으로 이동한다.

잎은 광합성 산물을 식물 전체로 공급하는 공급원source, 꽃이나 뿌리 등 광합성을 하지 않는 부위는 광합성 산물을 받아들이는 수용부sink가 된다. 광합성 산물은 항상 공급원으로부터 수용부로 이동한다(그림 9.18 오른쪽). 이때 공급원의 체관요소는 광합성 산물의 농도가 높아 주변 물관부로부터 물을 흡수하여 삼투압이 높아진다. 반면에 수용부의 체관요소는 광합성 산물의 농도가 낮아 물의 농도가 낮고 삼투압은 낮아진다. 이와 같은 삼투압의 차이로 인해 광합성 산물은 공급원으로부터 수용부로 이동하는 것이다.

키가 큰 육상식물의 진화는 관다발의 출현과 함께 이루어진 것이다. 관다발계를 통한 물과 양분의 이동으로 땅에서 직립할 수 있는 육상식물이 탄생한 것이다. 미국 캘리포니아에는 키가

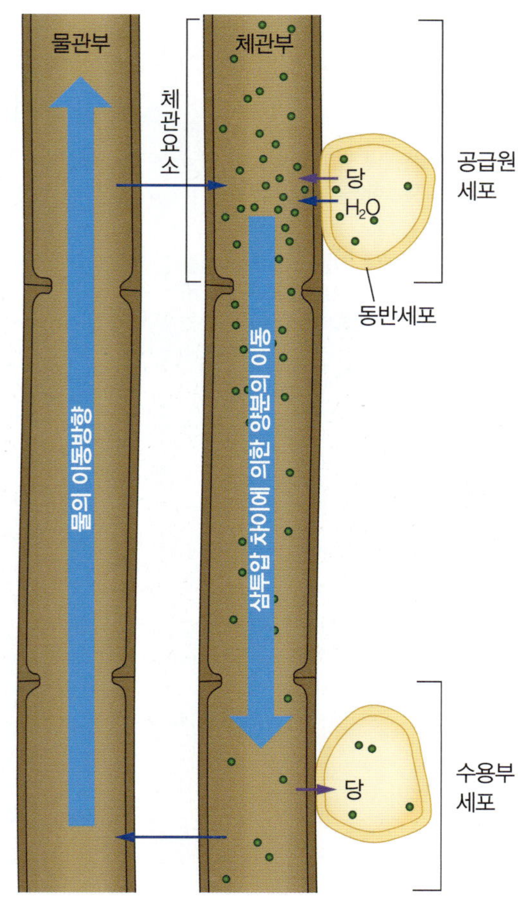

그림 9.18 물과 양분의 이동

거대한 세콰이어 나무

100m(약 40층 건물의 높이)를 넘고 나이가 2000년이나 되는 거대한 세콰이어 나무가 즐비하다.

식물의 생활사

사람이 수정란으로부터 생겨나듯이 식물은 종자(또는 씨앗이라 함)로부터 생겨난다. 종자는 발아하여 어린 식물의 단계를 거쳐 성숙한 식물로 자란다. 나이가 들어 성숙해진 식물은 꽃을 만들고 이곳에서 수정을 거쳐 종자를 형성한다. 식물의 생활사를 종자의 발아부터 진행되는 순서에 따라 살펴본다(**그림 9.19**).

종자의 발아와 생장

밑씨의 난세포egg cell가 꽃가루의 정핵과 수정하면 $2n$의 접합자가 되고 접합자는 씨앗 안에서 배embryo가 된다. 씨앗이 발아하면 한쪽에선 줄기가, 다른 한쪽에선 뿌리가 형성되며 어린식물이 된다. 씨앗은 배를 발생시키기 위해 배와 함께 **배젖**endosperm 또는 배유endosperm라는 영양조직을 가진다. 배젖에 저장되어 있는 양분들은 광합성을 하지 못하는 배의 초기 발생을 진행시킨다(**그림 9.20**). 배는 발아하면서 하나 또는 두 개의 자엽 또는 **떡잎**cotyledon을 형성한다. 자엽 또한 영양조직으로 발아 후 광합성을 할 수 있는 잎이 생겨나지 전에 필요한 양분을 제공한다. 자엽의 수에 따라 식물은 쌍자엽식물dicotyledon과 단자엽식물monocotyledon로 나뉜다. 광합성을 할 수 있는 잎이 생겨나면서 자엽은 없어진다(그

배젖
배젖은 식물 종자의 한 조직으로 배(embryo) 발달 및 발아에 필요한 영양분을 저장, 제공하는 역할을 한다.

떡잎
떡잎은 종자 내에 있는 배(embryo)를 구성하는 주요 부분으로 종자가 발아하여 생성된 어린식물(seedling)의 최초 잎이 된다.

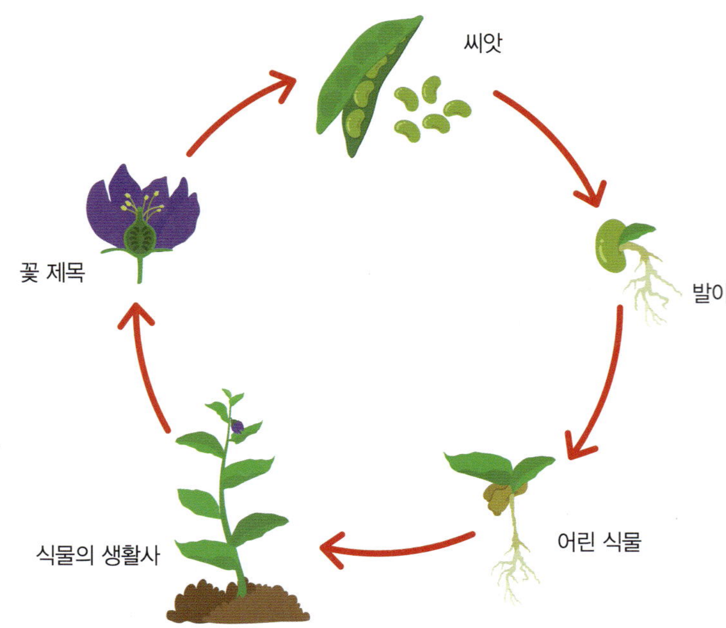

그림 9.19 속씨식물의 생활사

림 9.21). 콩 씨앗이 발아하면서 자엽이 나타나고(왼쪽으로부터 네 번째 그림의 초록색 잎), 광합성이 시작되면서 자엽은 시들어지고 없어진다(흰색). 발아가 진행되면 어린 식물 seedling이 종자로부터 뻗어 나온다. 식물은 줄기와 뿌리의 정단 분열조직으로 시작되는 1차 생장, 즉 길이 생장과 부름켜로부터 시작되는 2차 생장, 즉 부피 생장을 진행한다.

여러 해를 거쳐 생장하는 많은 식물들은 1년 중 주로 봄과 여름에 생장을 하고 늦가을과 겨울에 생장을 멈춘다. 봄과 여름에는 광합성이 활발해지며 이에 맞추어 형성층의 세포분열과 함께 물의 이동이 활발해진다. 이에 따라 봄과 여름에는 물관부 조직의 세포들이 확장하고 늦가을이 되면 물관부 세포의 생장이 멈추면서 짙은 색의 동심원 나이테 띠를 형성한다(그림 9.22). 이처럼 계절에 따라 물관부 층이 생장과 멈춤이 반복하면서 나이테 형성은 계속된다. 형성층이 분열하면서 매해 새로운 물관부(2차 물관부)와 체관부(2차 체관부)를 형성하면서 줄기의 부피생장이 이루어진다. 1차 물관부와 1차 체관부는 지난해에 형성된 것으로 2차 물관부와 2차 체관부가 형성층으로부

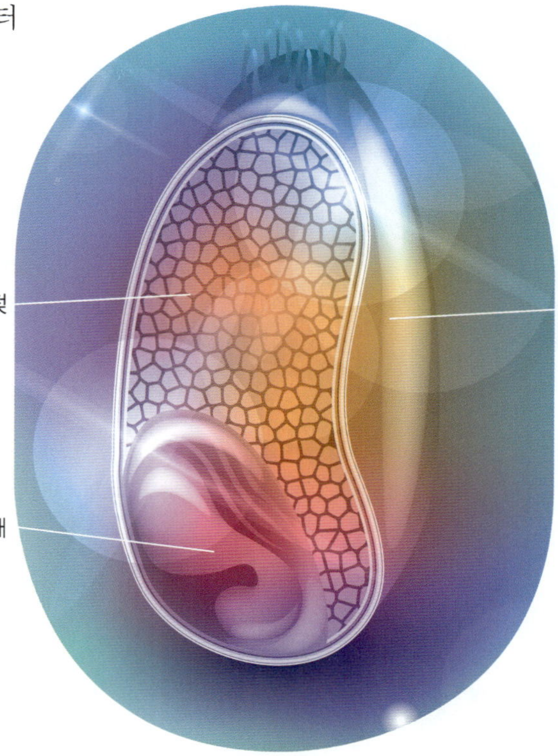

그림 9.20 곡물의 씨앗. 쌀은 보통 도정과정에서 배가 제거되는데, 배가 붙어 있으면 현미라 한다. 발아하면서 배 구조로부터 자엽이 나타난다.

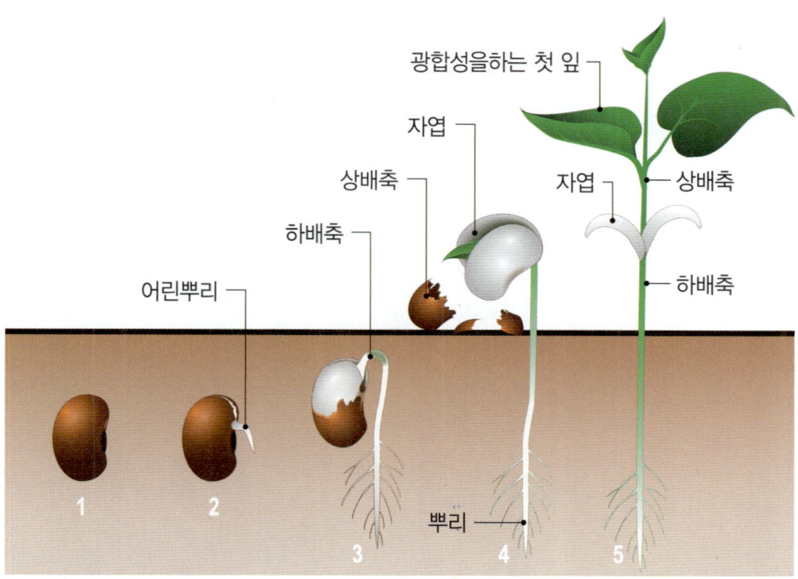

그림 9.21 발아와 자엽의 출현. 콩 씨앗의 발아가 시작되면서 배 구조에 있는 어린뿌리와 하배축으로부터 슈트와 뿌리가 발생한다. 발아가 진행되면서 배 구조의 하배축으로부터 자엽이 출현한다. 자엽이 두 개 나타남으로 콩은 쌍자엽식물로 분류된다. 어린뿌리, 하배축, 상배축은 씨앗 안의 배안에 이미 있던 조직으로 발아하면서 식물의 각 부분으로 발생된다.

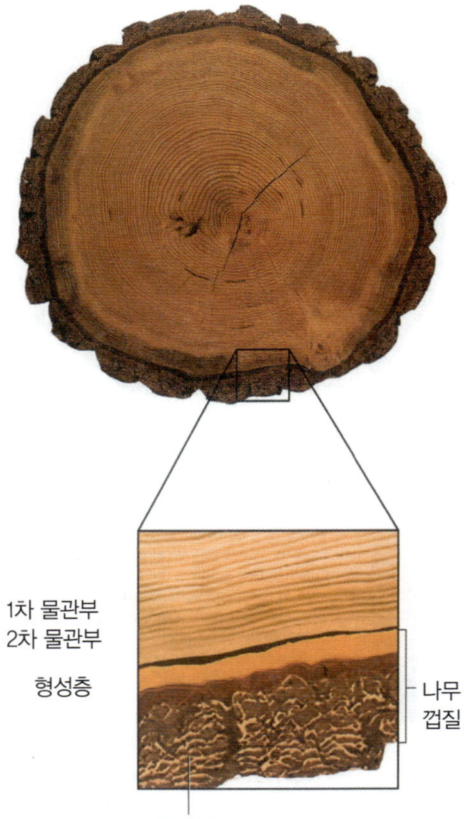

그림 9.22 줄기의 부피 생장과 나이테

터 새롭게 형성되면서 줄기의 중심부(1차 물관부) 쪽과 나무껍질(1차 체관부) 쪽으로 밀려난다(그림 9.22 아래).

추위 때문에 광합성이 힘든 늦가을이 되면 물 공급이 줄어들고 엽록소가 분해되기 시작한다. 광합성을 할 수 없는 조건에서 빛을 흡수하면 빛으로 발생되는 전자는 정상적인 전자전달 대신 산소와 결합하여 유해산소를 생성한다. 유해산소는 식물을 다치게 할 수 있다. 늦가을의 잎은 남은 영양분을 줄기로 보낸 다음 잎자루의 특정 부위를 단단하게 굳게 한다. 굳어진 잎자루 때문에 잎은 바람에 낙엽이 되어 땅에 떨어진다. 엽록소가 없어진 늦가을의 잎은 카로티노이드 등의 색소들을 많이 갖는다. 이들에 의해 잎은 노랗거나 붉은 단풍색으로 변한다. 이와 같이 다년생의 식물은 매년 계절에 따라 생장과 노화의 과정을 반복하는 특징을 가진다.

겨울이 되면 정단분열조직은 눈bud으로 싸여 다음 해 봄까지 추위를 견딘다. 목련은 겨울눈을 솜털로 감싼다. 그 안의 분열조직을 보호하기 위해서이다.

개화

식물은 성숙하면 꽃을 형성(개화)하여 생식을 준비한다. 개화는 잎이나 줄기 등의 다른 조직과는 달리 화려한 색과 확연히 다른 구조를 탄생시키는 식물의 대역사이다. 4월 초에 어김없이 피는 벚꽃을 보면 계절을 정확하게 인식하고 있음을 알 수 있다. 지구는 자전과 공전을 통해 밤과 낮이 교차하고 계절이 주기적으로 바뀌는데, 식물은 이런 주기 속에서 개화할 시기를 정확하게 알고 있다. 낮의 길이와는 상관없이 개화하는 꽃도 있지만 많은 꽃들에서 낮과 밤의 길이는 개화에 중요한 조절자이다. 식물은 개화의 시기가 결정되면 뿌

단풍잎

겨울눈

리를 비롯한 식물의 모든 부분으로부터 식물호르몬과 많은 영양분을 꽃망울로 집결시킨다. 꽃망울은 줄기정단분열조직이 개화 신호를 받아 전환된 것으로 꽃을 피우기 위한 개화분열조직을 말한다.

개화가 일단 시작되면 꽃망울은 꽃 구조의 바깥으로부터 꽃받침, 꽃잎, 수술과 암술의 순으로 꽃을 완성시킨다. 꽃을 이루는 이들 네 구조는 호메오박스homeobox 단백질이라는 전사조절인자들에 의해 벌어진다. 호메오박스 단백질은 전사조절인자로서 특정 구조를 이루는데 참여하는 여러 유전자들의 프로모터에 결합하여 이들의 전사가 동시에 시작하도록 한다. 개화가 시작되면 세 종류의 호메오박스 단백질 A, B, C가 차례로 작용하여 꽃받침, 꽃잎, 수술과 암술을 차례로 발생시킨다. 이를 'ABC 모델'이라 일컫는다(**그림 9.23**). 이 모델에 의하면 A는 꽃받침 형성에 참여하는 유전자를 동시에 발현시킨다. 다음으로 A와 B의 작용으로 꽃잎이, B와 C의 작용으로 수술이, 마지막으로 C의 작용으로 암술이 형성된다. 이렇듯 한 공정이 마쳐지면 다음의 호메오박스 단백질이 나타나 다음 공정을 진행하는 방법으로 꽃 구조를 완성한다. 이들 호메오박스 단백질을 암호화하는 호메오박스 유전자에 돌연변이가 생기면 해당되는 구조는 형성되지 않는다. 호메오박스 유전자를 사용하는 발생의 기본 전략은 동물의 경우에도 비슷하게 벌어진다.

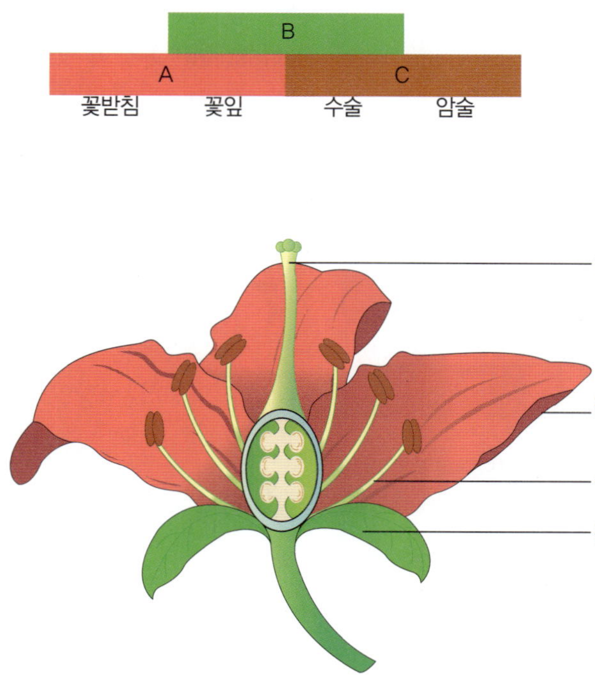

그림 9.23 ABC 모델. 호메오박스 단백질 A, B, C가 차례로 작용하여(위) 꽃받침, 꽃잎, 수술과 암술을 차례로 발생시킨다(아래).

피토크롬

발아와 개화 등 많은 식물의 발생과 생장은 광주기(낮의 길이)에 영향을 받는다. 빛이 갖는 에너지는 엽록소에 흡수되지만 빛의 존재는 특별한 광수용체에 의해 인식된다. 가장 대표적인 광수용체가 피토크롬phytochrome이다. 피토크롬은 두 형태 P_{fr}과 P_r로 존재한다. P_{fr}은 원적색광인 730nm 파장을, P_r은 적색광 680nm 파장을 선택적으로 흡수한다. 피토크롬 단백질은 빛을 받으면 구조적으로 변하는 특성을 갖는다. P_{fr}은 730nm의 빛을 받아 P_r 형태로, P_r은 680nm 빛을 받아 P_{fr}로 전환된다(**그림 9.24**). 피토크롬 단백질에는 빛을 인식하는 분자가 결합

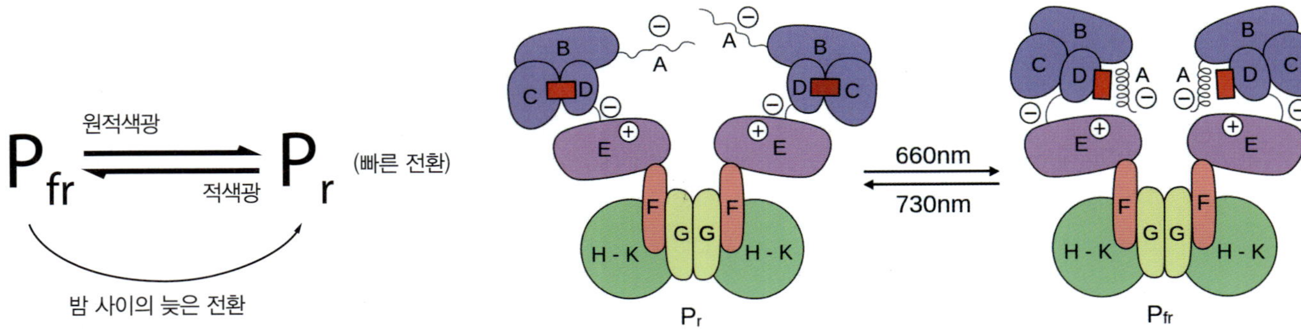

(a) 두 가지 형태의 피토크롬 간의 상호전환 (b) 아래 피토크롬의 구조변화

그림 9.24 피토크롬. 피토크롬은 660nm 파장(적색광)의 빛을 받으면 P_r이 P_{fr}로 전환하고, 730 nm의 빛(원적색광)을 받으면 P_{fr}이 P_r로 전환한다. 밤 사이엔 P_{fr}은 P_r로 느리게 전환한다(a). 빛을 받아 피토크롬의 구조가 변하는 모습이다. P_r에서 빛을 흡수하는 화학분자(단백질 B에 연결되어 있는 선)는 660nm 빛을 받아 P_{fr}로 변한다(b). P_{fr}이 활성화된 피토크롬으로 개화의 구체적인 일을 담당한다.

되어 있어 해당되는 파장의 빛을 받으면 분자의 구조가 바뀌면서 피토크롬의 3차구조가 변한다.

피토크롬 P_{fr}은 식물의 기능을 조절하는 활동성 피토크롬으로 주로 전사조절인자로 작용한다. P_{fr}은 빛이 없는 밤에는 서서히 P_r로 전환되는 특성을 갖는다. 낮에는 적색(680nm) 파장의 빛이 730nm의 파장보다 많이 포함되어 있어 피토크롬은 주로 P_{fr}로 존재한다. 밤 사이에는 P_{fr}의 양이 서서히 P_r로 전환되면서 P_{fr}의 양은 줄어든다. 이처럼 P_{fr}의 양으로 낮(밤)의 길이를 측정할 수 있어 피토크롬을 식물이 가지는 해시계라 하기도 한다. 낮의 길이는 P_{fr}의 양으로 해석된다.

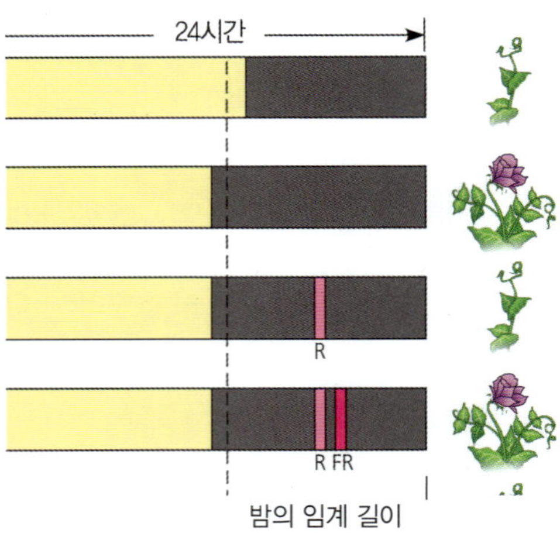

그림 9.25 단일식물에서의 개화 조절. 단일식물에서 P_{fr}은 개화를 억제하므로 개화가 되기 위해서는 밤이 길어야(낮이 짧아야) 한다. 밤 사이에 P_{fr}이 P_r로 전환되기 때문이다. 적색광(R)이 많은 섬광을 밤사이에 처리하면 P_{fr}이 다시 많아져 개화가 억제된다. 밤 사이에 처리하는 섬광의 종류에 따라 개화가 조절된다. 적색광에 이어 원적색광(FR)을 섬광처리하면 P_{fr}이 줄어들어 개화는 촉진된다(하단).

식물의 종류에 따라 개화 시점의 밤의 길이가 일정 길이 이상으로 길어야(낮의 길이가 짧아야) 개화하는 단일식물short day plant과 반대로 밤의 길이가 어느 기준 이하로 짧아야(낮의 길이가 길어야) 개화하는 장일식물long day plant로 구분된다. 이들 외에도 광주기에 민감하지 않은 중일식물도 있다. 장일식물에서는 P_{fr}은 개화를 촉진하는, 단일식물에서는 억제하는 역할을 한다. 따라서 장일식물의 경우 밤의 길이가 짧아야 개화가 촉진되는데, 만약 밤이 기준점보다 길어지면 P_{fr}이 과다하게 P_r로 전환되어 개화를 유도하기에는 P_{fr}의 양이 충분하지 못하게 된다(**그림 9.25**). 반대로 P_{fr} 양이 작아져야 개화하는(P_{fr}이 많으면 개화가 억제되므로) 단일식물에선 밤이 길어야 개화가 촉진된다(그림 9.25). 단일식물의 경우 밤사이에 짧은 시간이라도 섬광을 비추게 되면 개화가 억제된다. 빛에 많이 포함된 적색광이 순식간에 P_r을 P_{fr}로 전환시키기 때문이다. 섬광이 적색광이면 P_{fr}이 늘어나 개화가 억제되고, 반대로 원적색광이면 P_{fr}가 줄어들어 개화가 촉진된다. 농업 관련자들은 섬광처리에 의한 개화를 조절을 통해 식물의 생산성을 조절한다. 가령 담배 식물의 경우 개화를 억제하면 잎이 커져(꽃에 필요한 양분이 잎으로 이동함으로) 경제성을 증가시킬 수 있다.

이상에서 알 수 있듯이 P_{fr}의 양은 주로 밤의 길이에 따라 결정된다. 대부분의 식물에서 광주기는 단 하루의 것이 아니라 여러 날의 것이 축적되어 개화를 조절한다. 며칠의 차이는 있을 수 있겠지만 식물이 개화되는 시점이 매년 크게 변하지 않는 이유이다. 광주기가 개화 조절에 중요하게 관여하지만, 식물에 따라서는 식물의 성숙도(나이) 또는 춘화처리(개화 전에 추운 온도에의 노출) 등도 중요한 조절자로 참여한다. 다양한 개화 관련 신호들이 모여 줄기 정단분열조직을 꽃을 피우는 개화분열조직(꽃망울)으로 전환시키는 과정을 좀 더 살펴보자.

개화의 조절

많은 식물에서는 광주기 외에도 나이, 온도, 영양상태 등 여러 요인들이 개화에 영향을 미친다. 어떤 식물은 추위가 선행되어야만('춘화처리vernalization'라 함) 꽃이 피기도 한다. 이렇게 다양한 요인들에 의해 개화가 결정되지만 일단 개화를 시작하면 앞서 언급한 ABC 모델에 따라 일사천리로 꽃이 만들어진다. 광주기와 함께 춘화처리 및 여러 식물의 내재적인 요인(나이, 영양상태 등)이 통합적으로 조절되어 꽃망울에서 개화가 결정되는 것이다.

광주기 신호는 우선 잎에서 피토크롬에 의해 인식되고 이 피토크롬의 신호는 P_{fr}을 통해 FT라는 전사조절인자를 잎에서 발현시킨다. FT 단백질은 잎을 떠나 관다발을 타고 개화 분열조직(꽃망울)으로 이동한다. 개화 분열조직에서 FT 단백질은 SOC1이라는 전사조절인자의 유전자발현을 유도한다(**그림 9.26**). SOC1는 개화를 조절하는 중요한 전사조절인자로 LFY라는 전사조절인자를 활성화시킨다. LFY는 ABC 모델에 의해 꽃받침, 꽃잎, 수술과 암술 순으로 개화를 진행시킨다.

SOC1 유전자의 발현은 FT에 의해 전사가 촉진되고 또다른 FLC라는 전자조절인자에 의해 전사가 억제된다. FLC 단백질이 많으면 개화가 억제되며 FLC의 양이 줄어들면 개화가 촉진된다. FLC의 발현을 억제시키는 조건으로 식물의 나이, 양분과 춘화처리 등이 있다. 식물이 성숙되어 있거나 춘화처리가 되어 있으면 FLC의 유전자 발현이 억제되어 SOC1의 유전자 발현이 촉진되는 것이다. 이처럼 SOC1는 개화에 관련된 여러 신호를 통합하는 역할을 한다. 광주기 신호는 FT를 통해, 나이와 춘화처리 등의 신호는 FLC를 통해 전달받아 최종적으로 SOC1의 발현이 결정된다. 가령 광주기에 민감하지 않은 식물의 개화는 주로

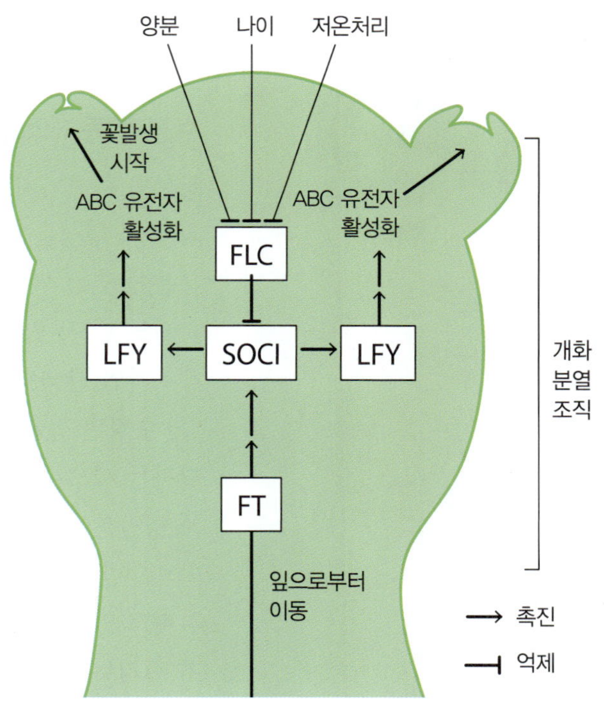

그림 9.26 개화의 조절. 개화분열조직에서 시작되는 개화는 전사조절인자 LFY에 의해 호메오박스 유전자 A, B, C가 활성화되면서 시작된다. 개화조절에 참여하는 여러 요인들은 전사조절인자 SOCI의 활성을 결정한다. 잎에서 피토크롬에 의해 결정된 광주기 신호는 FT를 통해 개화분열조직에 전해진다. FLC는 SOCI 유전자의 전사억제인자로 FLC 양이 줄어들어야 개화가 촉진된다. 그림은 광주기 등 여러 조절요인들이 SOCI 유전자의 발현으로 통합되어 개화조절에 참여하는 것을 보여준다.

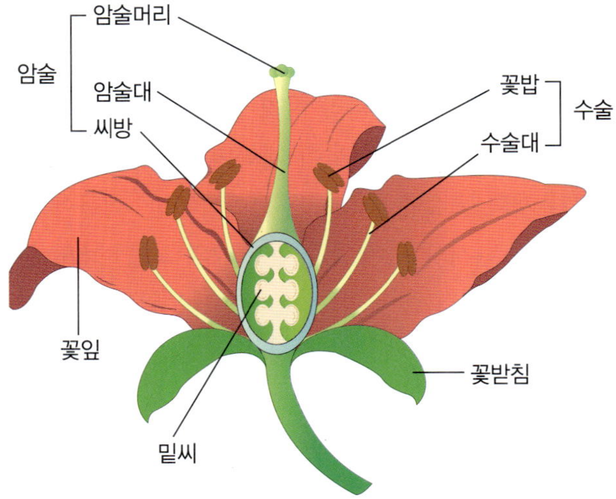

그림 9.27 꽃의 구조

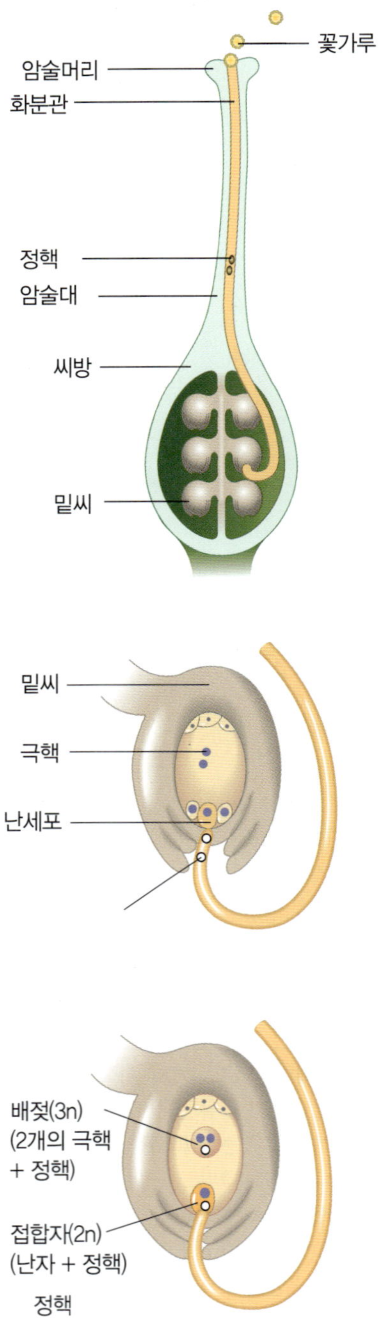

그림 9.28 중복수정

FLC 경로에 의해 SOC1의 양이 결정된다.

각 조건들을 대표하는 전사조절인자들은 SOC1 유전자의 프로모터 지역에 모여 전사를 결정한다.

수정과 종자의 형성

동물과 마찬가지로 식물도 감수분열을 통해 생식세포를 만든다. 감수분열, 수정과 종자 형성은 모두 식물의 생식기관인 꽃에서 벌어진다(**그림 9.27**). 암술의 아랫부분에 있는 씨방ovary 안에는 식물에 따라 하나 또는 여러 개의 밑씨ovule(배주라 하기도 함)가 있다. 밑씨는 수정을 거쳐 종자가 될 부분으로 밑씨 안에 있는 여성 배우자인 난세포egg cell는 수술머리의 꽃밥 안에 있는 남성배우자 정핵과 수정한다. 수정된 접합자를 갖게 된 밑씨는 성숙하여 종자가 된다(**그림 9.28** 가운데). 접합자는 세포분열을 거쳐 어린 식물의 구조를 가진 배로 발생되며 종자는 배와 함께 영양분이 저장되어 있는 배젖endosperm을 형성한다.

일반적으로 꽃은 한가운데에 암술이 위치하고 암술 주위를 여러 개의 수술이 감싸고 있다. 스웨덴의 식물 분류학자 린네는 '꽃은 가운데 자리에 한 여자(암술)가 드러누워 있고, 둘레에 여러 남자(수술)가 둘러앉아서 서로 사랑을 하는 것'이라고 짓궂게 묘사하기도 했었다. 식물의 종류에 따라 이들 남(수술)과 여(암술)의 생식기관이 같은 꽃 안에 있기도 하고(양성화), 수꽃 또는 암꽃으로 나뉘어 수술 또는 암술만 있기도 하다(단성화). 일반적으로 같은 꽃 안의 남녀배우자가 수정하는 경우는 흔치 않다.

암술은 여성 생식기관에 해당되며 암술머리, 암술, 씨방으로 구성되어 있고 남성 생식기관에 해당하는 수술은 수술머리와 수술대로 되어 있다. 수술머리에는 많은 수의 반수체의 남성 생식세포인 꽃가루가 있다. 수정을 위해 꽃가루가 곤충이나 바람에 의하여 날아다니다가 암술머리 위에 앉게 된다. 암술머리가 맞는 짝을 확인하면 화분관이 암술대 안에서 만들어진다. 화분관 안에서 꽃가루는 세포분열하여 2개의 반수체 정핵sperm nuclei을 만든다. 이들 정핵은 화분관을 따라 씨방 안의 밑씨로 이동하여 하나는 난세포와 수정하여 이배체의 접합자를 이루고 다른 하나는 두 개의 극핵세포와 결합하여 삼배체(3n)의 배젖을 형성한다(그림 9.28 아래). 이처럼 밑씨의 난세포와 극핵이 두 개의 정핵과 동시에 수정하는 현상을 중복수정double fertilization이라 한다.

유채꽃

이때부터 밑씨는 보통 몇 주에 달하는 세포분열과 발생과정을 거쳐 종자를 형성한다. 식물의 종류에 따라 씨방 근처에 있는 여러 조직이 같이 발생하며 종자의 주변에 열매를 만들기도 한다. 열매에는 일반적으로 동물들이 좋아하는 맛과 냄새가 있어서 동물이 먹을 수 있도록 한다. 그래야 종자가 노출되고 동물이 먹고 버려진 곳에서 새로운 식물이 생겨나게 된다. 식물은 정해진 영양분을 놓고 경쟁하는 것을 피하기 위해 야생에서 촘촘하게 자라려 하지 않는다. 동물을 이용하여 종자를 넓게 분산시키려는 식물의 지략이 엿보인다.

옥신과 굴광성

다세포들이 가지는 수많은 세포들, 조직들과 기관들은 서로 신호를 주고받으면서 한 생명체로서의 통합된 기능을 수행한다. 대부분의 생명체들은 호르몬이라 불리는 화학물질을 만들어 신호전달에 사용한다. 낮은 농도에서도 작용하며, 보통 한 장소에서 만들어져 다른 장소로 이동하여 신호전달자로 작용하는 화학물질을 호르몬이라 한다. 굴광성phototropism 현상을 통해 호르몬(옥신)의 존재가 식물에서 처음으로 발견되었다.

1880년도 진화론으로 유명한 다윈과 다윈의 아들은 어린 식물의 줄기가 빛을 향해 구부러지는 굴광성을 연구하였다(그림 9.29a). 굴광성은 줄기가 빛을 비추는 쪽을 향해 구부러지는 현상이다. 이들은 줄기의 끝을 없애거나 포일로 감싸면 굴광성이 사라지는 현상을 발견하였다. 이 결과는 줄기의 끝이 굴광성에 중요하게 작용하는 것을 보여준다. 곧이어 보이젠 옌센(P. Boysen Jensen)은 어떤 물질이 줄기 끝에서 아래로 이동할 것이라는 가정에서 줄기를 횡단면으로 자른 다음 물질의 이동을 차단하는 운모를 사용하였을 땐 굴광성이 나타나지 않은 것을 관찰하였다(그림 9.29b). 운모 대신 한천(물질이 통과할 수 있는 젤리형의 고체)을 사용하면 굴광성이 정상적으로 나타났다. 이는 어떤 물질이 줄기의 끝에서 아래로 이동하면서 굴광성을 보이게 한다는 것을 말해준다. 그는 계속해서 운모를 빛을 비추는 쪽과 안 비추는 쪽 줄기의 절반씩에 운모를 삽입하여 굴광성을 관찰하였다. 빛이 비추는 쪽이 운모에 의해 절단되면(이 부분에서 물질 이동이 막힘) 굴광성이 정상적으로 벌어지고(오른쪽 그림), 빛이 안 비추는 쪽이 절단되면 굴광성은 보이지 않는다(그림 생략). 이 결과는 굴광성을 유도하는 물질은 빛이 안 비추는 쪽(그림자가 지는 쪽)에서 위로부터 아래로 이동한다는 것을 말하고 있다(**그림 9.29c**). 여러 학자들에 의해 이 물질은 인돌 아세틱산indole aceteic acid(IAA)로 규명되었고 바로 옥신이라 불리는 물질이다. 빛이 줄기의 끝에서 인식되면 옥신은 빛이 비추지 않는 지역에서 위로부터 아래로 이동한다. 옥신의 이동과 함께 빛이 안 비추는 쪽의 세포들이 불균형하게 성장하여 줄기가 빛을 향해 구부러지는 것이다.

옥신은 처음으로 알려진 식물 호르몬으로 식물의 생장과 발생에 광범위하게 작용한다. 옥신은 세포벽에서 탄수화물 분자들 간의 수소결합을 해체하는 기능을 한다. 수소결합이 해체되면 세포벽의 강도가 느슨해지는데 이때 세포의 팽압(세포의 액포가 확장하여 세포벽에 가해지는 압력)이 주어지면 세포는 확장, 즉 생장하게 된다.

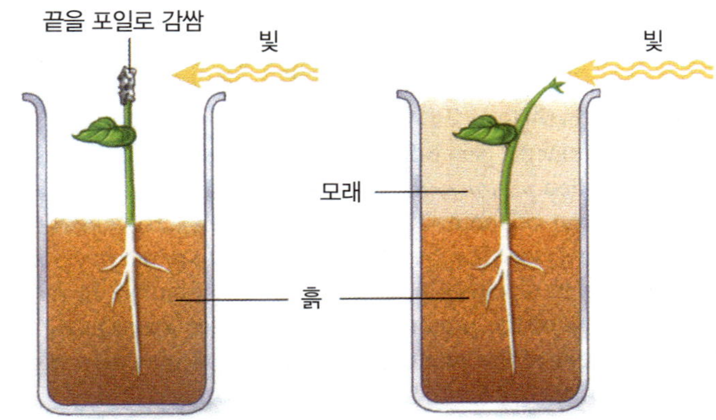

(a) 다윈의 연구

(b) 보이젠 옌센 연구

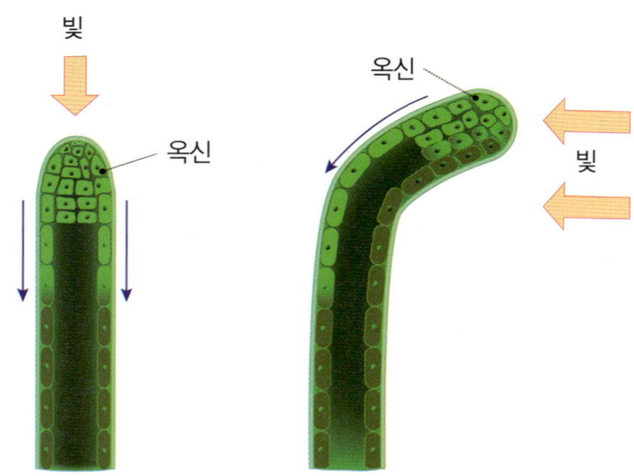

(c) 옥신과 굴광성

그림 9.29 굴광성 연구

생각넓히기 1 농업의 역사

200만 년 전 지구상에 인류가 출현하여 오랫동안 수렵, 어획 등을 통해 식량을 획득하며 살다가, 약 1만 년 전 신석기시대 말기에 이르러 식량을 인간의 손으로 직접 생산하기 시작했다. 농경은 야생 식물의 씨앗이 우연히 땅에 떨어져 싹트는 것을 보고 이를 흉내냄으로써 시작되었는데 점차 인간이 계획적으로 씨앗을 선택하여 뿌리게 되었다. 초기 농경시대에는 남자는 주로 수렵을 담당하고 여자가 농사일을 맡았다. 농업은 점차 수렵이나 채취보다 중요하게 되는데, 이는 수렵이나 채취에 의한 획득물은 매우 일정하지 않고 이에 따른 생활도 불안정하였지만 농경은 이와 달랐기 때문이다. 봄에 씨앗을 뿌리면 가을에 어김없이 많은 수확물을 가져다주는 것이 농사였다. 농업은 '신석기 혁명'이라고 불릴 만큼 여러 가지 획기적인 전환을 가져왔다. 농업은 인간이 한곳에 머물러 사는 정착 생활을 가능하게 하였고 농사 기술의 발달로 식량이 충분해지자 농사 외의 다른 직업을 가지는 사람들이 생기기 시작하였다. 연장을 만들거나 배틀을 짜서 의복을 만드는 기술이 싹트기 시작하였다. 농업 생산성이 더욱 증가하면서 다양한 직업, 도시, 기술과 사상들이 폭발적으로 늘어나는 문명사회로의 진입이 가능하게 되었다.

유럽, 아시아, 중동과 아메리카 등 여러 지역에 걸쳐 농경사회가 형성되었고 6000년 전에는 농업 중심의 삶이 전 세계적으로 정착되었다. 이 무렵 관개 시설, 농기구 등이 개발되어 농업 생산성이 증가되었지만 이후 오랫동안 농업 생산성은 획기적인 도약

없이 정체되어 있었다. 1900년대가 되어서야 주요 곡물을 중심으로 육종 기술이 개발되기 시작하였다. 좋은 형질의 품종을 선별하여 이들 간의 교배를 통해 좀 더 좋은 형질을 선발하는 육종을 통해 다양한 온도에서 자랄 수 있고 병원균에 저항할 수 있는 품종들이 속속 등장하였다. 농업 생산성은 급속히 증가하여 1980년도 전 세계 밀 생산량은 1940년에 비해 두 배로 증가하였고 농사 비용은 반으로 줄일 수 있게 되었다. 하지만 인구의 폭발적인 증가와 농지의 감소 등으로 전 세계적인 식량 자급자족은 아직도 달성하지 못하고 있다. 최근 유전자 변형 작물이 만들어지는 등 또 다른 농업 혁명이 시도되고 있지만 이 역시 문제점들을 내포하고 있다.

생각넓히기 2 통일벼

오래전부터 인류는 좋은 종의 동물이나 식물들을 육종을 통해 더욱 좋은 종으로 발전시켜왔다. 우리나라의 통일벼가 좋은 예다. 우리나라 기후에 맞고 생산성이 좋은 품종을 찾아 허문회 박사가 우리나라에 맞는 다수확 벼 개발에 착수했다. 무수한 시행착오 끝에, 인디카 품종으로 생산성이 뛰어난 필리핀 벼 IR8과 우리나라 재래종, 그리고 온대와 열대의 중간에 위치한 대만 벼를 사용하여 1966년 3월, 세계 최초로 세 품종의 육종으로 만들어진 새로운 종인 통일벼가 탄생하게 된다.

실험 재배를 거쳐 통일벼를 농민에게 보급한 지 6년째인 1977년, 쌀 생산량은 유사 이래 최고인 660만 톤을 돌파한다. 헥타르당 수확량은 4.94톤으로 당시 세계 최고기록을 세움과 동시에 쌀 자급자족을 하게 되는 녹색혁명의 쾌거를 이루게 된다. 통일벼 품종개발 과정에서 축적된 경험과 기술은 그대로 이어져 맛도 품질도 우수한 다양한 벼 품종이 개발됐고, 최근에는 외국과의 경쟁에 맞서기 위해 미네랄이 함유된 쌀 등 다양한 기능성 쌀까지 개발되고 있다. 또 개도국의 빈곤퇴치를 위한 다수확품종으로 우리나라의 통일벼가 해외에서 연구 · 보급되고 있다. 통일벼는 육종이 만들어 낸 성공 작품으로, 가난의 상징인 보릿고개를 사라지게 하였다.

연습문제

I. OX 문제 (X로 답한 경우에는 이유를 설명함)

01 '빛 수집 구조'의 엽록소는 광산화 반응을 한다. (   )

02 NADPH는 명반응에서 만들어지며 탄소고정에 사용된다. (   )

03 ATP 합성효소는 미토콘드리아에 있으나 엽록체에는 없다. (   )

04 광합성에서 물의 역할은 분해되어 광계1에 전자를 제공하는 것이다. (   )

05 식물의 1차생장은 정단분열조직과 형성층에 의해 벌어진다. (   )

06 밤이 길면 P_{fr}의 양이 많아진다. (   )

07 광주기는 꽃망울에서 처음으로 인식된다. (   )

II. 객관식

01 대부분의 식물이 초록색으로 보이는 이유는?

① 엽록소가 초록빛 파장을 흡수하기 때문에
② 푸른색과 붉은색 파장이 흡수되고 나머지 파장의 빛이 투과되거나 반사되기 때문에
③ 광합성 과정에서 초록빛을 생성하는 분자가 있기 때문에
④ 초록빛을 광합성에 사용하기 때문에
⑤ 푸른색 파장을 흡수하고 나머지 파장의 색이 반사하기 때문에

02 광합성 과정에서 산소가 발생하는 장소는?

① 광계2 ② 광계1
③ 스트로마 ④ 미토콘드리아
⑤ 세포질

03 엽록체와 미토콘드리아에서 벌어지는 전자전달과정을 틀리게 설명한 것은?

① 모두 산소를 최종 전자전달수용체로 사용하고 있다.
② 전자이동을 위해 엽록체는 빛, 미토콘드리아는 NADH를 필요로 한다.
③ 많은 수의 전자전달 매개체들을 통해 산화와 환원반응을 진행한다.
④ 모두 ATP를 생산한다.
⑤ 넓은 표면적의 세포막을 통해 이루어진다.

04 탄소고정 반응에 직접 참여하는 물질들로 이루어진 것은?

① RuBP, CO_2 ② NADP, 전자
③ 엽록소, NADPH ④ 산소, 물
⑤ 광계2, 광계1

05 명반응을 통해서 생성된 것으로 탄소고정 반응에서 직접 이용되는 것은?

① RuBP, CO_2 ② NADPH, ATP
③ NADH, ATP ④ 물, 산소
⑤ 양성자, 산소

06 다음 중 식물세포와 동물세포에 관해 가장 바르게 설명한 것은?

① 식물은 탄소화물을 사용하지만 자신의 물질대사에는 사용하지 않는다; 동물은 당을 사용하여 에너지를 얻지만 당을 만들지는 않는다.
② 식물세포는 광합성만을 할 수 있고 동물세포는 세포호흡만을 할 수 있다.
③ 식물세포는 대사를 통해 산소를, 동물세포는 이산화탄소를 발생한다.
④ 식물세포는 엽록체와 미토콘드리아를 가지고 동물세포는 미토콘드리아를 가진다.
⑤ 식물세포 중 광합성을 하는 세포는 엽록체와 미토콘드리아를 가지고, 광합성을 하지 않는 세포는 동물세포처럼 엽록체를 갖지 않고 미토콘드리아를 가진다.

07 피토크롬 분자의 구조와 기능에 관한 설명이 바르게 설명된 것은?

① 피토크롬은 단백질 구조로서 빛을 인식하는 유기 분자가 붙어 있다.
② 적색이나 원적색의 파장을 받으면 구조가 변한다.
③ 식물이 가지는 해시계라 할 수 있다.
④ 전사조절인자로 작용할 수 있다.
⑤ 모두

08 식물에서 감수분열을 관찰하고자 할 때 다음 중 적합한 재료는?

① 양파의 근단
② 마늘의 표피
③ 완두콩의 표피
④ 활짝 핀 백합의 꽃밥
⑤ 꽃봉오리 상태의 수선화 수술

09 단일식물에서 개화를 촉진하는 조건은?

① 밤에 660nm 빛을 잠시 비춘다.
② 밤의 길이를 짧게 한다.
③ 밤에 730nm 빛을 잠시 비춘다.
④ 낮이 기준점보다 길도록 한다.
⑤ 모두

10 개화신호의 통합에 관한 설명 중 틀린 것은?

① FT 단백질은 잎에서 개화지역으로 이동한다.
② 춘화처리는 FLC 작용을 억제한다.
③ LFY가 충분히 생성되면 개화가 시작된다.
④ FLC 작용이 억제되면 개화도 억제된다.
⑤ SOC1 유전자의 프로모터에는 여러 전사조절이 모여 발현을 조절한다.

11 '유전자 재조합 식물'에 반대하는 사람들이 주장하고 내용이 아닌 것은?

① 인체에 대한 안전성이 확인되지 않았다.
② 새로운 유전자가 생태계에 살포된다.
③ 유전자의 다양성이 줄어든다.
④ 사용되는 농약의 양이 감소한다.
⑤ 좀 더 연구를 거친 후에 사용 여부가 결정되어야 한다.

III. 주관식

01 명반응에서 작용하는 다음 현상들을 벌어지는 순서대로 적으시오.

보기

a. 빛에너지
b. 전자전달
c. 화학에너지를 당에 저장
d. 화학에너지를 ATP에 저장
e. 수소이온 농도기울기 형성

02 광합성을 하지 않는 뿌리의 세포들은 어떻게 ATP를 얻는가?

03 광합성을 거쳐 만들어진 탄수화물은 식물에서 어떻게 사용될지 설명하시오.

04 열대우림 지역에서 식물을 제거하는 것은 지구온난화 현상을 더욱 심각하게 만든다. 이유를 설명하고 광합성의 여러 반응 중 식물이 지구온난화 현상을 방지하는 데 기여하는 가장 직접적인 반응 하나를 지적하시오.

05 친구가 왜 사과나무는 에너지를 낭비하면서 사과 열매를 만드는지 이유를 모르겠다 한다. 어떻게 친구에게 설명하겠는가?

사람, 코끼리나 나방처럼 남성과 여성을 필요로 하는 생식법인 유성생식이 있다. 짝을 찾아 헤매고, 수정과 임신의 번거로움이 동반되는데도 불구하고 유성생식은 동식물 대부분이 선택하는 생식법이다. 수컷 복어는 공기로 가득 찬 부레 주변의 근육을 1초에 200번이나 수축시키거나 이완시키곤 한다. 단지 지나가는 암컷에게 휘파람을 불기 위해서이다. 수컷 벌새는 암컷을 유혹하기 위해 하늘을 곡예사처럼 날다가 쏜살같이 암컷을 향해 하강한다. 배우자와의 만남을 위해 암컷 나방은 페로몬이라는 독특한 화학물질을 분비하여 수컷 나방을 유혹한다. 성교 자체의 수고를 포함하여 이토록 대단한 노고가 짝을 만나는데 투여되고 있는 것이다. 임신과 출산 모두는 몸이 가진 기적과도 같은 능력이다. 한 생물이 다른 생물을 잉태한다는 것은 무척이나 신비스런 일이다. 간단한 무성생식이 있는데도 고등한 생명들은 왜 번거로운 성적 결합이 필요한 유성생식을 택할까?

열 번째 강의

10 생식

10.1 유성생식

생식에는 무성생식asexual reproduction과 유성생식sexual reproduction이라는 두 방법이 있다. 무성생식은 배우자 없이 어버이 몸체의 일부를 자식에게 그대로 전해주는 방법이다. 말미잘처럼 자신의 일부가 분열되어 떨어져 나가거나(분열법), 효모나 히드라처럼 혹이 생기고 이것이 떨어져 나가면서 새로운 자식이 생기기도 한다(출아법). 대부분의 박테리아는 그저 몸이 둘로 갈라져 두 마리의 자식을 생산한다. 유성생식을 하는 식물들에게도 무성생식의 잔재가 남아 있다. 사과나무의 줄기를 꺾어 땅에 심으면 새로운 사과나무가 생긴다.

유성생식이란 남녀 배우자($1n$)인 정자와 난자가 만나서 수정하고, 수정으로 생겨난 수정란($2n$)로부터 형태를 갖춘 자손을 형성하는 일련의 과정이라 할 수 있다. 한 사람이 감수분열을 통해 만들어내는 배우자의 유전자 배합은 모두 다르고(8장 참조), 남녀 배우자들 간의 수정으로 생겨나는 자손들의 유전자 배합 또한 서로 다르다. 무성생식은 자손의 다양성을 제공하지 못하지만 유성생식은 다양성의 원천으로 이는 자연선택의 바탕이 된다. 다양한 자손들 중 누군가는 나빠진 환경에 적응할 수 있어 종족은 쉽게 사라지지 않는 것이다. 종족이 유지되고 환경에 적응할 수는 형질은 자연선택되어 자손 대대로 이어진다. 많은 생물이 유성생식을 선택하는 이유이다. 기동성이 없거나 배우자를 찾을 수 없는 고립된 지역에 서식하는 생명체들은 한 몸에 수컷과 암컷 생식기관을 모두 가지기도 한다(자웅동체). 바다에서 바위에 붙어 고착생활을 하는 말미잘이나 여러 바다 무척추 생물들은 무성과 유성생식을 모두 할 수 있다. 대체로 이들은 먹이가 풍부하고 주변 환경이 지속적으로 양호하면 무성생식을 하지만 생존 환경이 나빠지면 생존 능력이 있는 자식을 얻고자 유성생식을 시작한다.

딱정벌레의 성교

수정은 생명체에 따라 체외 또는 체내에서 벌어진다. 대부분의 물고기나 양서류들은 암수 사이의 물리적 접촉 없이 체외 수정을 한다. 이들은 몸 밖 일정한 지역과 시점에서 배우자들을 배출한다. 이와는 달리 대부분의 육상 동물들은 정자를 짝짓기 상대의 몸 안에 밀어 넣는 체내 수정을 한다. 정자를 받아 수정이 벌어지고 수정란이 개체로의 발생이 벌어지는 암컷의 생식기관은 일반적으로 수컷에 비해 복잡하다. 체내 수정에 참여하는 암컷 배우자의 수는 많을 필요가 없다. 성인 여성이 한 달에 한 번씩만 배란하는 이유이다.

배우자 생성 – 정소와 난소

사람의 생식기관은 공통적으로 생식소gonad와 그 부속기관들로 구성된다(그림 10.1). 생식소는 감수분열을 거쳐 배우자가 만들어지는 곳으로 남성은 정소testis, 여

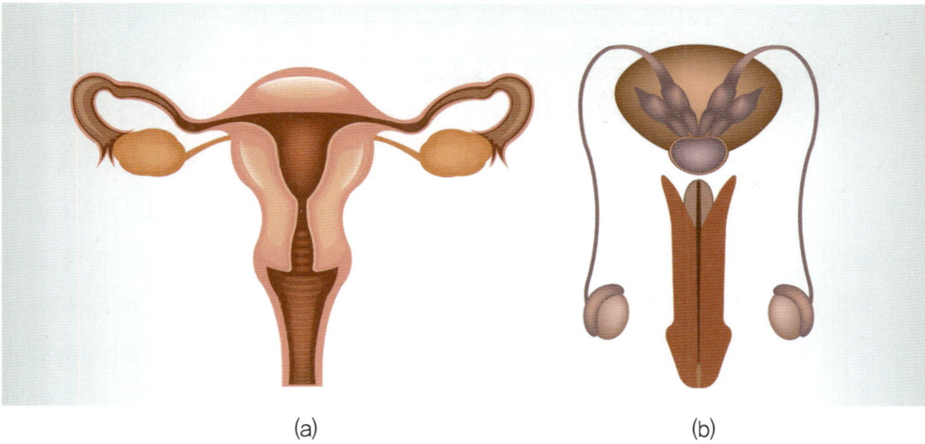

그림 10.1 **남자(a)와 여자(b)의 생식기관**

성은 난소ovary를 가진다(그림 10.3과 10.6). 생식소들은 배우자 생성과 함께 성호르몬들을 생산한다. 여성은 에스트로젠(화학명 에스트라디올)을 남성은 테스토스테론을 생성한다. 이들 성호르몬은 생식소에서 배우자 생성을 조절하고 또한 혈액을 타고 온몸으로 이동하여 남녀 각각에서 2차 성징을 나타내는 등의 역할을 한다.

배우자의 생성은 뇌에 있는 시상하부와 뇌하수체 전엽에 의해 조절받는다. 뇌 시상하부의 자극을 받아 뇌하수체 전엽으로부터 분비되는 생식소자극호르몬인 여포자극호르몬follicle-stimulating hormone(FSH)과 황체형성호르몬luteinizing hormone(LH)은 모두 생식소에서 성호르몬의 분비를 촉진한다(그림 10.2). 혈액 내 성호르몬의 양이 많아지면 이들은 시상하부와 뇌하수체 전엽으로 보내져 음성되먹임조절을 통해(그림의 ⊖표시) 성호르몬의 분비가 억제되도록 한다. 곧 설명되듯이 배우자 생성 과정 중 성호르몬이 더욱 분비되도록 하는 양성되먹임 조절이 벌어지기도 한다(그림의 ⊕ 표시). 여포자극호르몬과 황체형성호르몬 용어에 포함되는 '여포'와 '황체'는 여성 생식 구조의 일부이지만, 이들 호르몬은 난소뿐 아니라 정소에서도 작용한다.

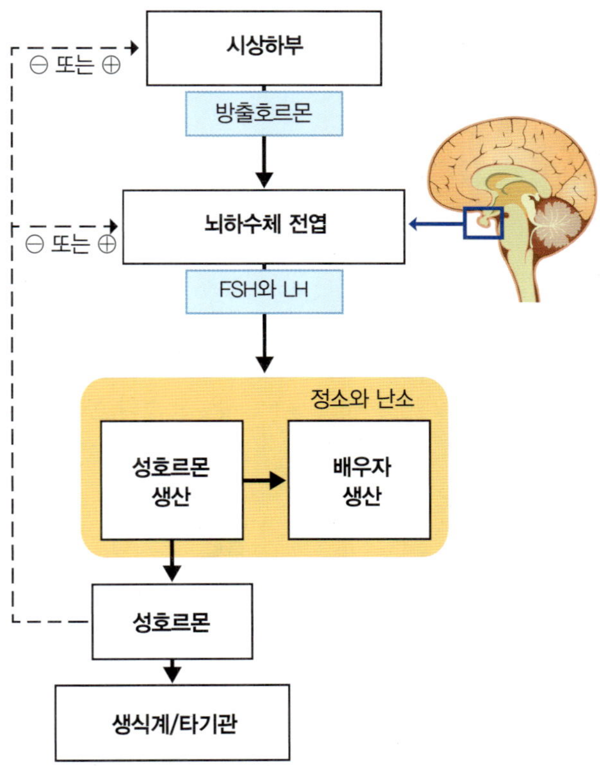

그림 10.2 **생식호르몬 생성과 조절.** ⊖는 음성되먹임조절 ⊕는 양성되먹임조절을 나타낸다.

정소

정소(또는 고환)는 타원형 기관으로 정자와 남성 호르몬인 테스토스테론을 생성한다. 정소는 몸 밖으로 늘어져 있는 음낭 안에 쌍으로 위치한다(그림 10.3). 정소의 내부에는 세정관이라고 하는 구불구불하고 가느다란 관들이 모여 있고 이곳에서 감수

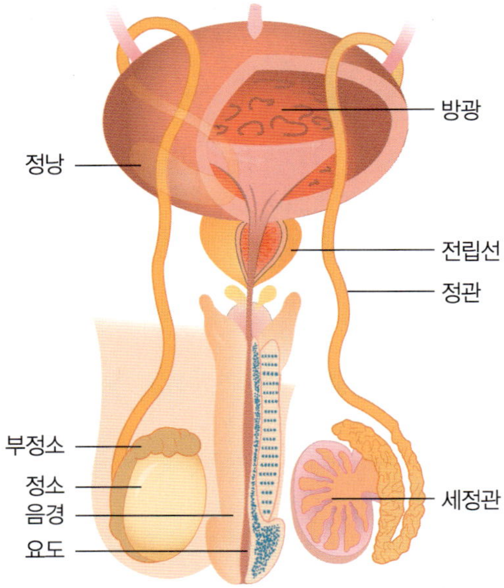

그림 10.3 남성 생식기

분열이 벌어진다. 세정관 횡단면의 바깥쪽 벽 근처의 체세포($2n$)들은 체세포 분열로 숫자가 늘어나고, 이들 중 일부가 정원세포(정자의 근원이 되는 체세포)가 되어 감수분열을 시작한다(**그림 10.4b**). 정원세포는 체세포분열을 거쳐 제1정모세포를 생산한다. 핵상이 여전히 $2n$인 제1정모세포는 감수1분열을 거쳐 제2정모세포(n)를, 제2정모세포는 감수2분열을 거치며 정세포(n)를 생성한다(**그림 10.4b**). 정세포들은 분화를 거쳐 미성숙 정자가 된다. 이들은 세정관의 중앙에 모인 다음 부정소로 이동해 그곳에서 더욱 성숙되고 운동성을 갖게 된다(**그림 10.4a**). 정자는 부정소에 머물며 사정(정자의 몸 밖 배출)을 기다린다. 세정관들 사이에 있는 세르톨리 세포(간질세포)에선 테스토스테론이 생성된다(**그림 10.4c**)

사정할 때면 부정소의 정자는 긴 관인 정관을 타고 방광 근처의 정낭을 지난다(그림 10.3). 정낭은 점액과 과당을 분비하여 정자를 보호하고 정자에게 양분을 제공한다. 정자는 여성 생식기 내에서 이동하느라 많은 에너지를 필요로 한다. 정낭을 지나 전립선을 지나며 정자는 우유 빛 점액을 보충받는다. 전립선은 알칼리성을 띠는데, 이는 수정이 벌어지는 수란관의 산성 환경을 중화시켜 정자의 활성과 운동성을 높이기 위한 것이다. 여성의 질과 자궁을 지나 수란관을 지나게 될 정자들은 여러 겹으로 수정을 위해 준비되고 있는 것이다. 정자와 이들 분비물이 섞여 있는 점액을 정액이라 한다. 전립선은 남성에서 암의 발생 빈도가 매우 높은 곳이기도 하다. 정액은 오줌의 통로인 요도로 이동하여 음경을 거쳐 배출된다. 전립선이 비대해지면 요

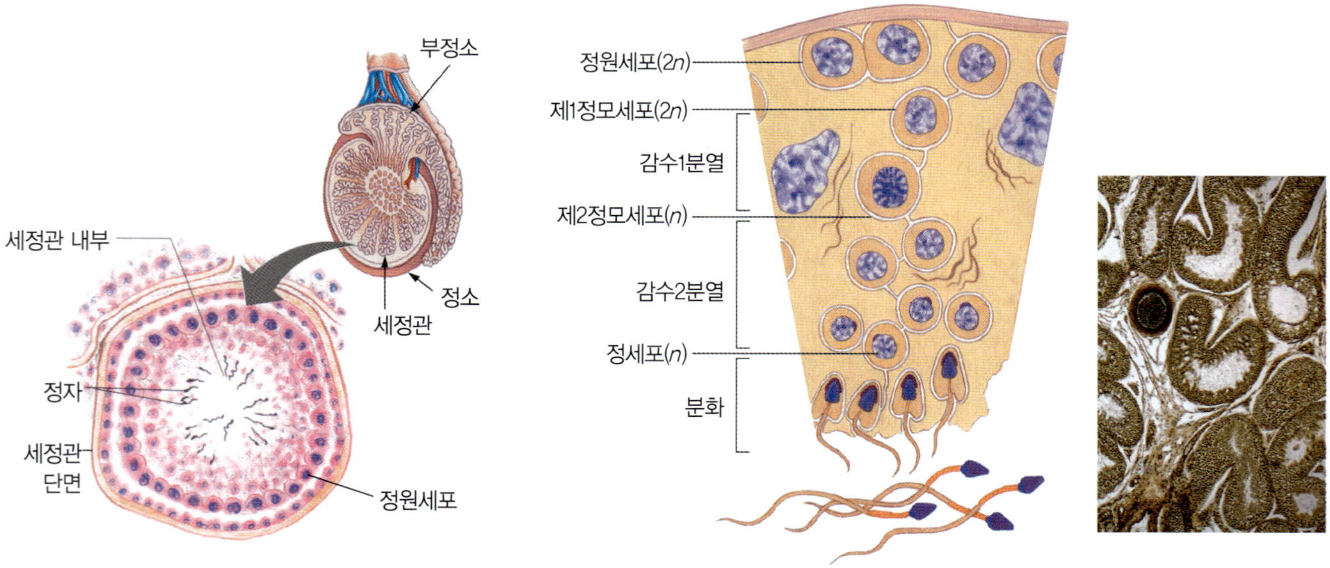

(a) 세정관 횡단면 (b) 세정관의 감수분열 (c) 세정관 사이의 세르톨리 세포

그림 10.4 정자 생성

도가 좁아져 오줌 배출이 힘들어지기도 한다. 한 번 사정할 때 약 2~5 mL의 정액이 배출된다. 정액 부피의 약 5% 정도가 정자로 1~3억 마리가 포함되어 있다. 정자는 머리 부분에 DNA를 가지며 머리의 전면에는 가수분해효소를 포함하는 첨체 acrosome라는 구조를 가진다(그림 10.5). 이들 효소는 수정 시 난자를 분해하고 뚫는 데 사용된다. 정자의 목 부위에는 미토콘드리아가 위치하여 정자의 운동에 필요한 ATP를 공급한다. 정자는 장거리 이동을 할 수 있도록 기다란 편모를 가진다. 세정관의 정원세포는 끊임없이 생겨나고 정자는 사춘기로부터 늦은 나이까지 쉼 없이 만들어진다. 한 달에 하나씩의 난자를 생성하는 여자와는 무척 다르다.

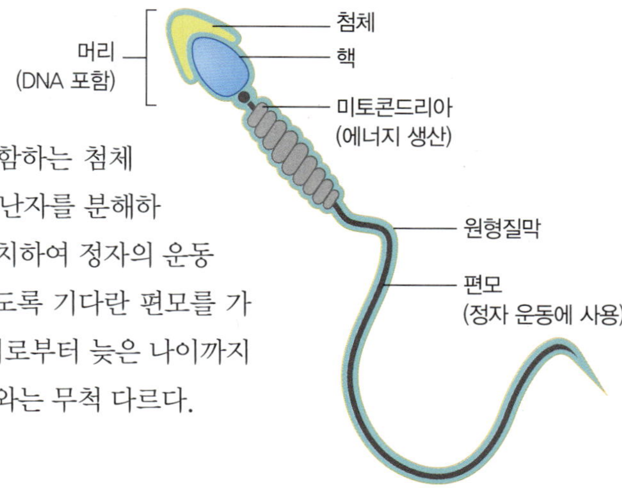

그림 10.5 **정자의 구조**

난소

여성의 생식소 난소는 정소에서와 마찬가지로 배우자인 난자를 생성하고 에스트로젠을 분비한다. 난소는 좌우 양쪽에 쌍으로 위치하며 각각의 길이는 약 2.5 cm 정도이다(그림 10.6). 난소는 28일을 주기로 1개씩의 배우자를 생성하여 수란관으로 배출하는데, 이 현상을 배란ovulation이라 한다. 28일을 주기로 두 난소는 교대로 (또는 무작위로) 배란한다.

난자의 생성은 출생 전부터 시작된다. 난자가 될 체세포인 난원세포는 출생 전 이미 감수1분열을 시작하여 전기에서 멈춘 제1난모세포 상태로 출생한다. 난소의 제1난모세포는 주변에 자신을 감싸고 있으면서 양분을 제공하는 세포들로 둘러싸여 있다. 이런 미성숙의 난자가 주변세포로 둘러싸인 구조를 **여포**follicle라 한다. 여포의 세포들은 성호르몬인 에스트로젠을 분비한다. 갓 태어난 여자아이의 난소는 약 100~200만 개의 여포를 가진다. 사춘기가 지나면서 폐경에 도달하기까지 28일을 주기로 여포들 중 하나씩이 선택되어 성숙과정을 거쳐 배란된다. 즉, 여포 중 수백 개 정도만이 생식 연령을 거치는 동안 난소를 떠나는 것이다.

여포
난소에 있는 주머니 모양의 세포집합체로 안에 미성숙 난자를 가진다. 배란 후에는 황체로 변한다.

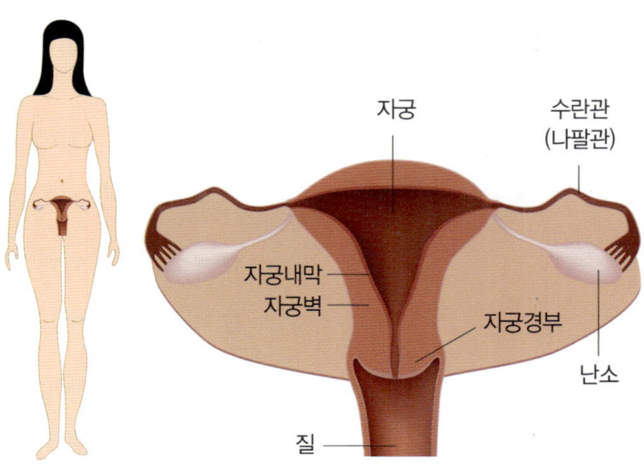

그림 10.6 **여성생식기관**

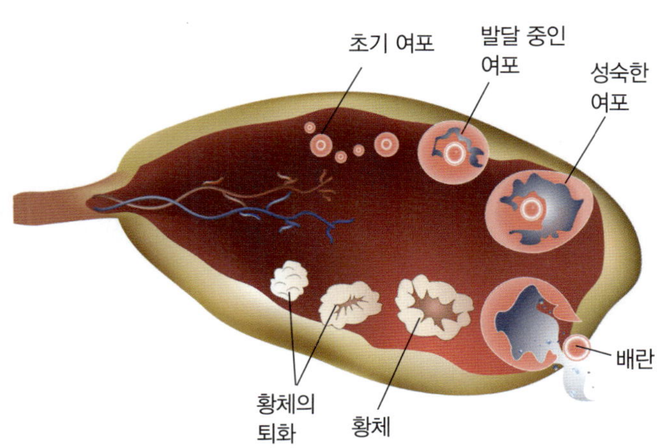

그림 10.7 **난소와 배란**

사춘기가 되면 28일 주기로 선택된 여포에서 제1난모세포 상태로 감수분열이 멈추어 있던 미성숙 난자는 감수1분열을 다시 시작한다. 여포의 성숙에는 여포자극호르몬이 작용한다. 여포자극호르몬의 자극을 받은 여포에서 제1난모세포가 커지고, 여포세포들이 분열하여 여러 층의 세포들로 늘어난다(그림 10.7). 제1난모세포는 감수1분열을 완성하고 1n의 제2난모세포가 된다(그림 10.8). 제2난모세포가 만들어지는 과정에서 세포질을 거의 갖지 않는 극체polar body가 생기는데, 이는 곧 소멸된다. 극체는 감수분열 과정에서 불균형한 세포분열로 생기며 생식 능력이 없다. 극체의 소멸은 정자와 달리 난자의 수는 많을 필요가 없다는 것을 말해준다. 제2난모세포는 감수2분열을 진행하다가 중기에서 멈춘 채로 배란된다.

배란은 황체형성호르몬에 의해 진행된다. 감수분열이 진행되는 동안 여포는 계속 발달하며 내부에 용액으로 가득 찬 주머니인 여포강이 형성된다(그림 10.9). 배란 시점이 다가오면서 부풀어진 여포강이 터지면서 미성숙 난자를 수란관으로 밀어 넣는다. 배란을 마친 여포는 황체yellow body로 변한다. 황체는 또 다른 성호르몬인 프

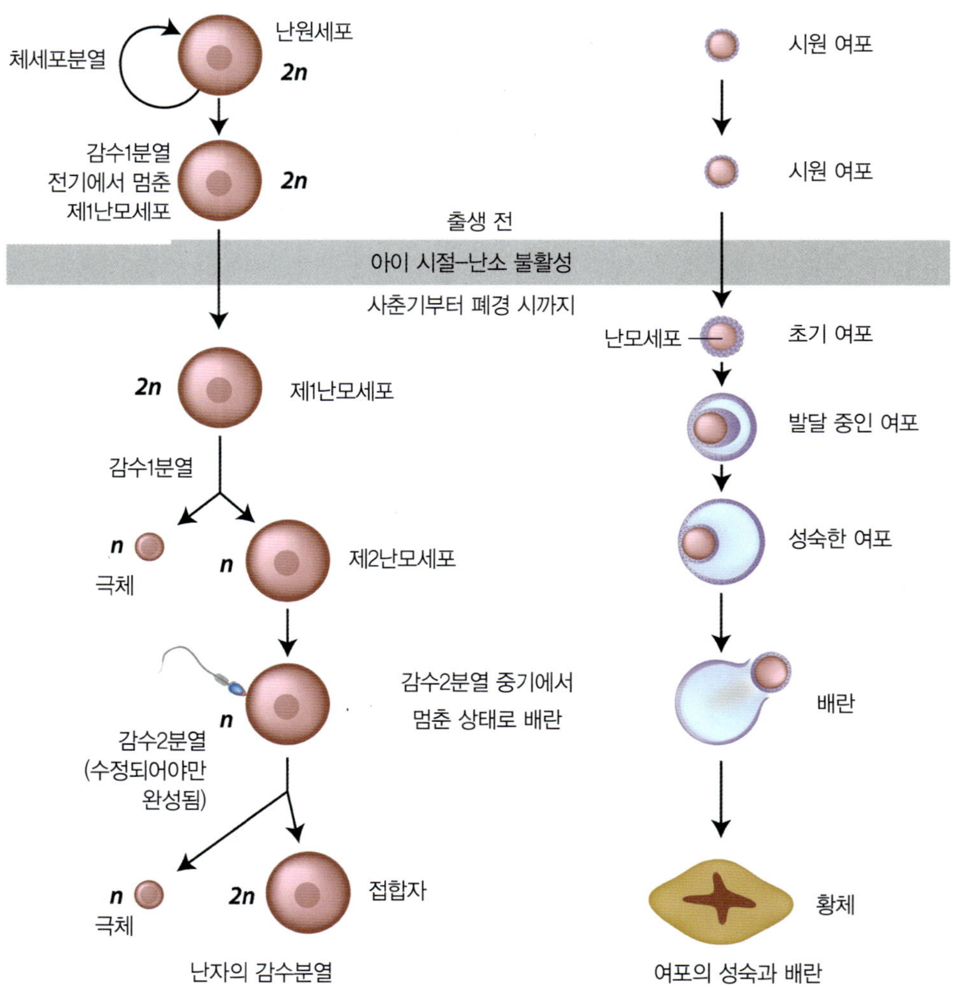

그림 10.8 불연속적인 난자의 성숙

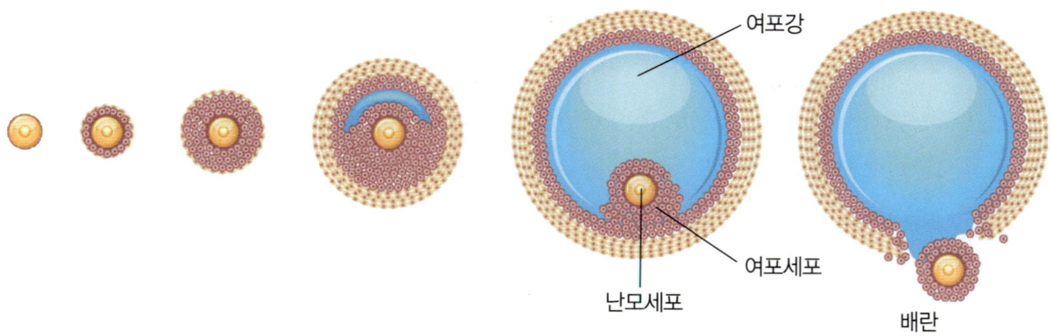

그림 10.9 여포의 성숙과 배란

로제스테론을 분비하며 수정란이 착상할 수 있도록 자궁내막을 준비시킨다. 배란된 미성숙 난자는 정자를 만나 수정이 되어야만 나머지 감수2분열 과정을 마치고 최종적인 배우자인 난자가 된다. 이와 같이 감수분열이 쉼 없이 진행되는 정자와는 달리 난자의 감수분열은 일생 동안 불연속적으로 진행된다.

여성의 생식기관은 난자를 생성하면서(난소) 임신을 준비해야(자궁) 한다. 수정이 이루어지면 자궁에서 임신이라는 과정을 거치고 수정이 되지 않으면 임신을 준비하느라 부풀어져 있던 자궁내막은 자궁에서 떨어져 배출되는 현상인 월경을 하게 된다. 호르몬들을 매개로 난소와 자궁은 함께 28일 단위로 주기적인 변화가 벌어진다.

난소주기와 월경주기(자궁주기)

난소와 자궁의 주기적 작용은 서로 독립적이지 않으며 맞물려서 벌어진다. 가령 난소에서 배란이 벌어지는 동안 자궁에선 자궁내막이 두꺼워지면서 임신을 준비하는 식이다. 난소에서 벌어지는 여포 발생, 배란과 황체의 형성은 대략 28일을 주기로 벌어진다(난소주기). 난소주기를 거치는 과정에서 생성되는 호르몬은 혈관을 타고 자궁으로 이동하여 임신을 준비하도록 한다. 두꺼워진 자궁내막은 수정되지 않으면 파괴되고 질을 거쳐 몸 밖으로 배출되는 월경을 하게 된다. 이런 자궁의 변화도 28일 주기로 벌어진다(월경주기 또는 자궁주기). 이처럼 난소와 자궁은 호르몬을 통해 함께 주기적인 변화를 겪는다. 일반적으로 월경의 시작 일을 난소주기와 월경주기 모두에서 1일day1로 설정한다.

먼저 난소주기를 살펴보자. 난소의 주기적 변화는 주기의 14일에 벌어지는 배란을 중심으로 그 이전을 여포기, 이후를 황체기로 나뉜다. 주기는 28일이 평균적이지만 20~40일 주기도 큰 문제없이 벌어지기도 한다. 여포기는 뇌하수체 전엽에서 분비되는 여포자극호르몬과 황체형성호르몬의 작용으로부터 시작한다. 여포자극호르몬은 하나의 여포를 자극해 여포의 성숙을 촉진한다. 여포가 자라며 분비되는 에스트로젠의 양은 서서히 증가하지만 한동안 급격히 증가하지는 않는다(음성되먹임 조절에 의해). 하지만 배란 시점이 가까워오면서 에스트로젠의 분비가 급격히 늘어난다. 여포의 성숙이 마무리될 단계에 이르면 에스트로젠은 시상하부와 뇌하수체 전엽에 양성되먹임조절을 가하여 여포자극호르몬과 황체형성호르몬의 농도를 급격히 증가시킨다. 에스트로젠은 배란을 준비하고 있는 성숙한 여포가 황체형성호르몬에 반응하도록 황체형성호르몬 수용체를 장착시킨다. 여포기 내내 낮은 농도를 유지하던 황체형성호르몬은 배란 24시간 전에 급격히 증가하기 시작하여 16시간 전이

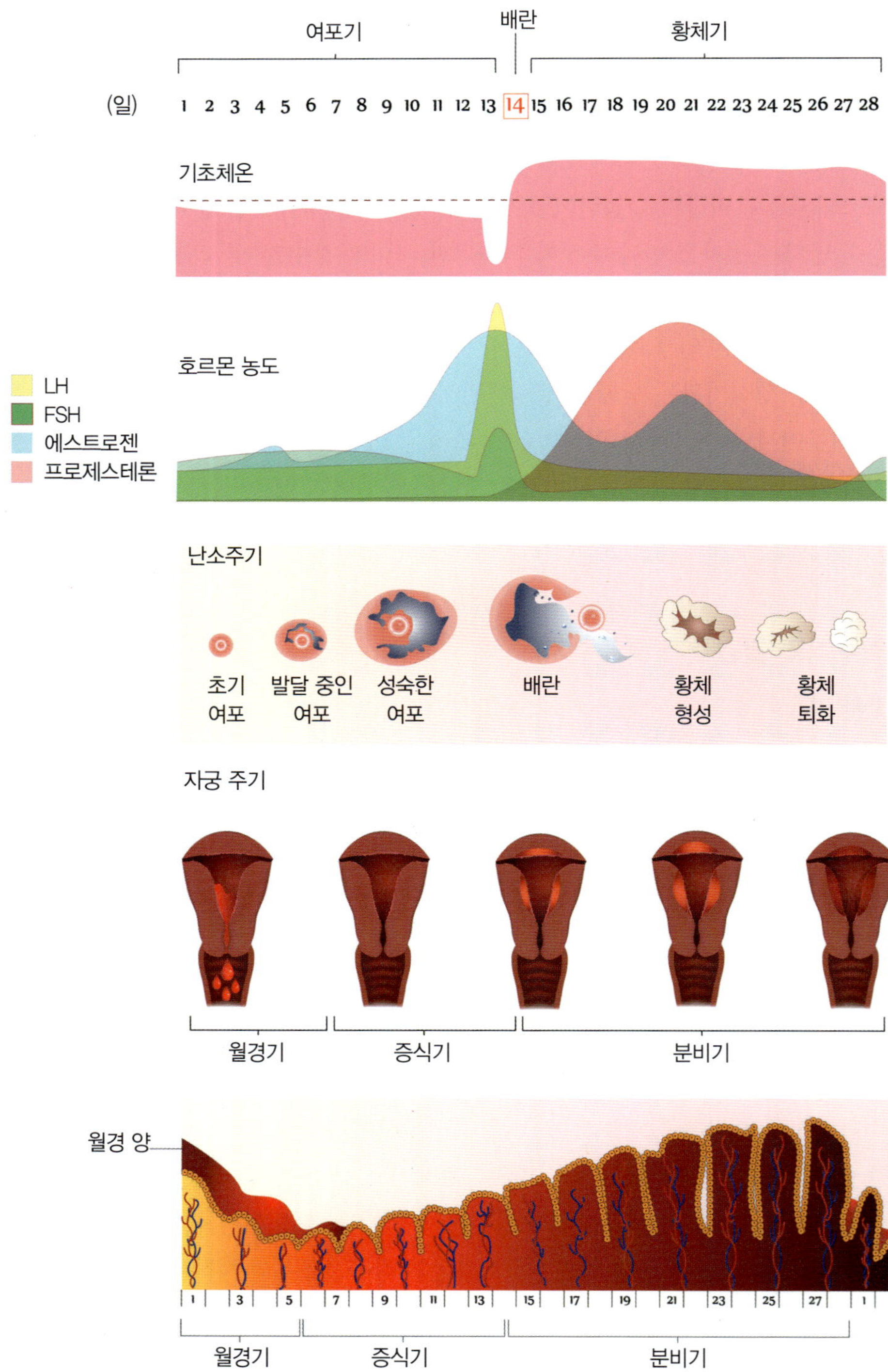

그림 10.10 난소주기와 월경(자궁)주기

되면 최대치에 도달한다(**그림 10.10**과 **10.11**). 황체형성호르몬의 작용으로 여포강이 터지면서 그 힘으로 여포 안에 있던 제2난모세포는 수란관으로 배란된다. 이상과 같이 초기의 여포가 성숙되며 배란되기까지의 시기를 '여포기'라 하며 난소주기의 처음 13일간에 해당한다(14일째 배란). 배란일이나 배란 하루 전에는 기초체온(아무런 활동을 하지 않은 상태에서의 체온)이 낮아지며 배란이 정상적으로 이루어졌으면 기초체온이 0.5도 정도 증가한다(그림 10.10 상단). 이처럼 기초체온의 변화를 측정하여 배란을 확인할 수 있다.

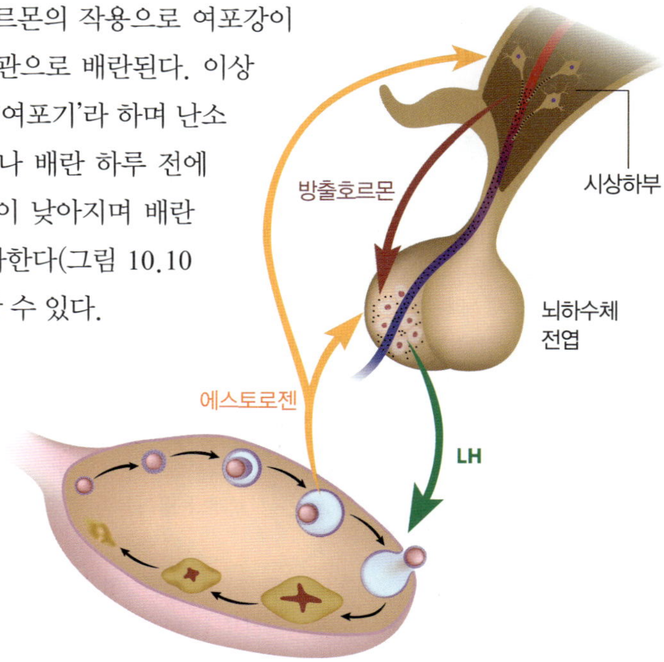

그림 10.11 에스트로젠에 의한 황체형성호르몬의 급증

배란의 결과로 속이 텅 비게 된 여포는 황체형성호르몬의 작용으로 황체라는 구조로 변한다(그림 10.10 난소주기). 황체는 에스트로젠과 프로제스테론을 함께 분비한다. 에스트로젠과 프로제스테론은 음성되먹임조절에 의해 뇌하수체 전엽에서의 여포자극호르몬과 황체형성호르몬의 분비를 억제하여 새로운 여포가 성숙하는 것을 방지한다. 수정이 되지 않으면 황체는 퇴화하여 에스트로젠과 프로제스테론의 분비도 멈추고, 음성되먹임조절이 풀린 여포자극호르몬과 황체형성호르몬의 분비가 시작되면서 새로운 난소주기가 시작된다. 황체가 생긴 이후부터 퇴화되기까지의 주기를 '황체기'라 한다. 이와 같이 난소의 주기는 여포기와 황체기로 구분되며 이들의 사이에서 배란이 벌어진다(**그림 10.12**).

그림 10.12 여포기와 황체기

난소주기의 진행과 맞물려가며 자궁도 주기적으로 변화한다. 월경 주기로 6일 정도가 되면 월경을 마친 자궁내막이 서서히 증식하여 두꺼워지기 시작한다. 이것은 이 무렵 난소의 여포로부터 생성되는 에스트로젠 때문이다. 에스트로젠은 난소와 자궁 사이의 혈관을 타고 이동하여 자궁 내막의 증식을 유도한다. 난소주기 동안에 생성되는 에스트로젠과 황체기에서 주로 분비되는 프로제스테론에 의해 자궁 내막은 계속 두꺼워지고 습해진다. 프로제스테론은 자궁벽을 부풀게 하고 글리코겐의 양과 점액을 증가시키면서 **배아**의 착상과 임신을 대비하게 한다. 월경주기는 자궁벽이 허물어지는 시점(1일)으로 시작되어 자궁벽이 두꺼워진 시점(28일)까지의 시기를 말한다.

배아
배아(embryo)는 수정란이 세포분열을 하며 임신 후 8주 전까지의 발생 초기 상태를 뜻하고, 그 이후는 태아(fetus)라 한다.

앞에서 설명한 난소주기와 월경주기는 수정되지 않은 상태에서 벌어지는 것이다. 수정이 되면 임신을 위해 난소주기와 월경주기는 멈추어야 하며 자궁에선 착상과 함께 임신이 진행된다. 수정을 막 마치고 자궁으로 이동해 착상한 배아는 인간융모성생식선호르몬human chorionic gonadotropin(HCG)을 분비한다. 이 호르몬은 황체의 퇴화를 막고 에스트로젠과 프로제스테론이 계속 분비되도록 한다. 이 호르몬에 의해 자궁내막이 유지되는 것이다. 이 호르몬은 분비량이 많아 오줌에도 다량 존재한

생각넓히기 1 폐경에 대한 진화론적 해석

여성은 개인마다 차이는 있지만 초경 후 40년 정도가 지나면 생식기능이 정지되는 폐경을 맞는다. 난소가 여포자극호르몬과 황체형성호르몬에 반응하지 않아 여포가 성숙되지 않고 에스트로겐과 프로제스테론도 만들어지지 않는다. 난소에서 생성되는 에스트로젠과 프로제스테론은 생식 기능뿐만 아니라 온몸으로 이동해 다양한 생리 현상을 조절한다. 폐경 후 이 두 호르몬의 혈중 농도가 낮아지면서 여러 비정상적 증상을 야기한다. 종종 가슴이 답답하고 메스껍고 어지러우며, 심혈관 질환인 협심증을 겪게 될 수도 있다. 가장 흔한 증상으로 한겨울에도 땀이 나고 얼굴이 빨개지는 안면홍조 증상과 불면증, 그리고 노인성 치매와 골다공증, 각종 암의 발병률도 높아진다.

이렇게 여성은 월경 그 자체만으로도 충분히 불편한데, 왜 거기다 폐경까지 겪어야만 하는 것일까? 많은 생물들에서 암컷과 수컷들은 모두 평생에 걸쳐 생식 능력을 가지는데 말이다. 첫 번째로 생각해볼 수 있는 원인은 나이가 듦에 따라 증가하게 되는 난자의 염색체 이상을 막기 위해서다. 살아가는 동안 정자를 계속해서 새롭게 만들어내는 남자와는 달리, 여성은 평생 사용할 난자를 난소에 보관한 채 태어난다. 여성은 나이가 듦에 따라 여포에 오래 머물러 있는 미성숙 난자에 염색체 이상을 가질 확률이 높다. 이런 까닭에 나이든 임산부일수록 염색체 질환을 가진 아이(다운증후군 등)를 낳을 확률이 높아진다. 폐경은 이런 염색체 이상을 가진 아이가 태어나는 것을 막기 위한 것이라고 볼 수 있다.

다음으로는 50세가 넘은 여성이 임신과 출산을 감당하기에는 체력이 부족할 수 있다는 생각이다. 임신, 분만, 육아는 많은 에너지를 소모하고 정신적, 육체적 스트레스를 수반하기 때문에 신체 활동이 활발한 젊은 여성만이 이들을 감당할 수 있다는 것이다. 사람은 다른 동물과는 달리 작은 수의 자녀를 가지고 육아에 많은 노력을 기울인다. 생식의 부담이 큰 여성까지 늦은 나이가 되도록 출산을 할 필요가 없다는 생각이다.

다. 에스트로젠과 프로제스테론의 증가는 음성되먹임조절에 의해 뇌하수체 전엽에서 여포자극호르몬과 황체형성호르몬의 분비를 감소시키고 새로운 여포의 성숙을 멈추도록 한다.

수정

정자의 여정은 험난해서 수란관의 깊은 곳에 머물러 있는 난자를 만나게 되는 것은 결코 쉬운 일이 아니다. 한번 사정으로 1~3억 개나 되는 많은 정자가 여성 생식기 안으로 들어가야만 수정될 확률이 높아지고 5,000만 개 이하의 정자 수로는 보통 수정이 되지 않는다. 대부분의 정자는 질 속의 산성 성분과 자궁의 백혈구에 의하여 파괴된다. 이 경로를 통과한 후에도 정자들은 자궁 경부와 자궁을 지나 수란관의 찐득찐득한 점액을 지나야 한다(그림 10.13). 정액에 포함되어 있는 과당으로 정자의 목 부위에 있는 미토콘드리아에서 ATP를 생성하여 추진력을 구한다. 하지만 수란관 안쪽에서 대기하고 있는 난자 근처까지 도달한 정자의 수는 겨우 1~200개에 지

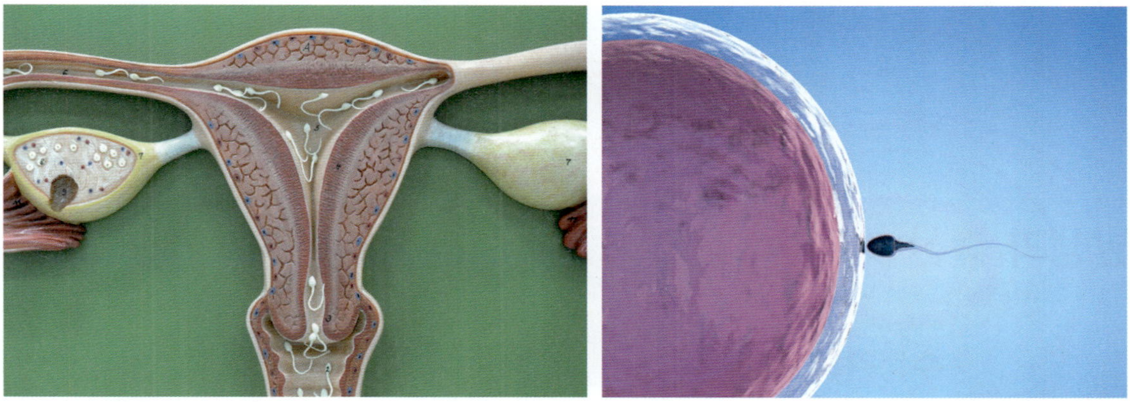

그림 10.13 수정

나지 않는다. 정자는 길게는 3일 정도 수란관에 머물면서 수정을 기다린다.

난자에 의하여 선택된 하나의 정자는 이제 새로운 역사의 장으로 들어가게 된다. 정자의 첨체는 난자에 닿는 순간 터지면서 속에 있던 가수분해효소로 난자의 벽을 뚫는다. 이렇게 하여 난자 속으로 들어온 정자는 난자 안에 있는 핵과 융합되고 상동염색체가 짝을 이루면서 46개의 염색체를 갖는 접합자인 수정란이 된다. 하나의 정자와 수정한 난자는 더 이상의 정자들의 접근할 수 없도록 세포막 구조를 변화시킨다. 감수분열을 거치며 불균형 분열을 거친 난자는 보통 체세포보다 크며 정자를 유인할 수 있는 강력한 신호물질을 갖고 있다. 또한 갓 수정된 배아의 모든 삶을 수행하고 감독하는 데 필요한 양분과 장치들이 난자에 준비되어 있다. 수정란은 자궁에서 10개월의 긴 임신과정을 시작한다.

피임

피임contraception이란 정자와 난자가 만나지 못하게 하거나 만나서 수정이 되더라도 착상이나 발생이 되지 않도록 하는 일련의 방법을 말한다. 여러 가지 방법 중에서 대표적인 몇 가지만 소개하기로 하자.

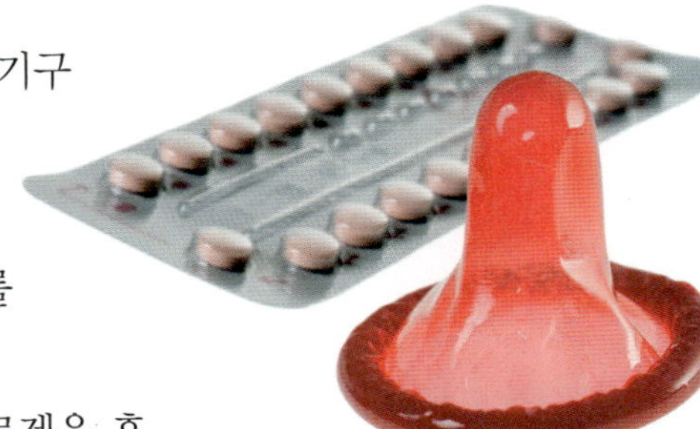

- **기구사용** – 남성의 경우에는 콘돔, 여성의 경우에는 다이아프램 등의 기구를 이용하여 정자와 난자와의 만남을 막는다.
- **월경주기 이용** – 배란된 난자는 수란관에 하루 정도, 정자는 3일 정도 수정 능력을 가진 채 머물 수 있으므로 배란일 전후 며칠간 성교를 피하면 된다.
- **피임약** – 배란과 월경을 조절하는 호르몬인 프로제스테론과 에스트로젠을 혼합한 약을 복용함으로써 여포자극호르몬 방출을 억제하고 여포의 성숙과 배란은 정지된다.
- **사후 피임약** – 한때 논란이 있었으나 결국 국내에서 시판이 허가된 사후 피임약은 자궁벽을 파괴하여 수정란의 착상을 방지한다. 이 약은 성교 후 3일 이내에

복용하여야 하는데, 이 약은 수정란이 수란관을 통해 내려올 때 자궁벽을 파괴하여 수정란이 착상할 수 없게 한다.

10.2 발생과 출산

수정란의 발생

초기 배아의 발생

수정란은 발생을 거쳐 어엿한 개체가 된다. 발생이란 개체를 이루는 수많은 세포들이 분열과 성장, 서로 달라지는 분화differentiation를 거치면서 최종 형태를 이루어 가는 현상을 말한다.

수정란은 수정 후 1일 정도가 되면 체세포분열을 시작한다. 두 개의 딸세포는 성장하지 않고 곧 바로 4개의 딸세포로 또 다시 분열을 한다. 이처럼 딸세포의 크기가 커지지 않으면서 계속 세포분열하는 현상을 난할cleavage이라 한다. 이때 두 개의 딸세포가 분리되어 각각 발생된 두 개체를 '일란성쌍둥이'라 한다. 가끔 한 여성이 동시에 두 번의 배란이 벌어지고 각각이 수정되어 형성된 두 개체를 이란성쌍둥이라 한다. 일란성 쌍둥이의 유전자 배합은 서로 동일하지만 이란성 쌍둥이의 경우는 서로 다르다.

난할은 수란관에서 자궁으로 이동하면서 벌어진다(그림10.14). 세포가 16개 이상이 되면 세포들로 꽉 찬 공모양의 상실배morula가 된다. 상실배를 거쳐 수정 후 6~7일이 되면 100개 정도의 세포들로 배반포(또는 포배)blastocyst를 형성한다. 배반포는 난할을 마친 단계의 배아라 할 수 있는데, 내부에는 액체 공간과 함께 여러 세포들이 모여 있는 내세포 집단inner cell mass과 배반포의 둘레를 쌓고 있는 영양아 세포trophoblast들로 되어 있다. 내세포 집단은 앞으로 태아가 될 부분이며, 영양아 세포들은 나중에 태반의 일부가 된다. 내세포 집단의 세포들은 각각이 한 개체로 발생될 수 있는 능력을 가지는데, 이런 내세포 집단의 세포들을 배아줄기세포embryonic stem cell라 한다. 수정 후 1주일이 되면서 자궁으로 이동한 배반포는 효소를 분비하여 자궁벽세포를 분해하고 여기에 자리를 잡는다. 이 현상을 착상implantation이라 한다. 수정란의 약 30%가 착상에 성공하고, 이 중 약 40% 정도가 정상적인 발생을 계속한다. 앞서 언급되었듯이 착상된 배반포는 인간융모성생식선자극호르몬(HCG)을 분비하기 시작한다. 오줌에서의 HCG를 검출함으로 임신 여부를 확인하기도 한다. 이 호르몬은 황체를 자극하여 에스트로젠과 프로제스테론을 계속 분비하게 하여 자궁 내막을 유지시켜 월경이 벌어지지 않도록 한다. 9일째가 되면 내세포 집단의 세포들은 분열과 분화를 거친 다음 마치 마스게임하듯 제자리를 찾아가면서 두 개 층

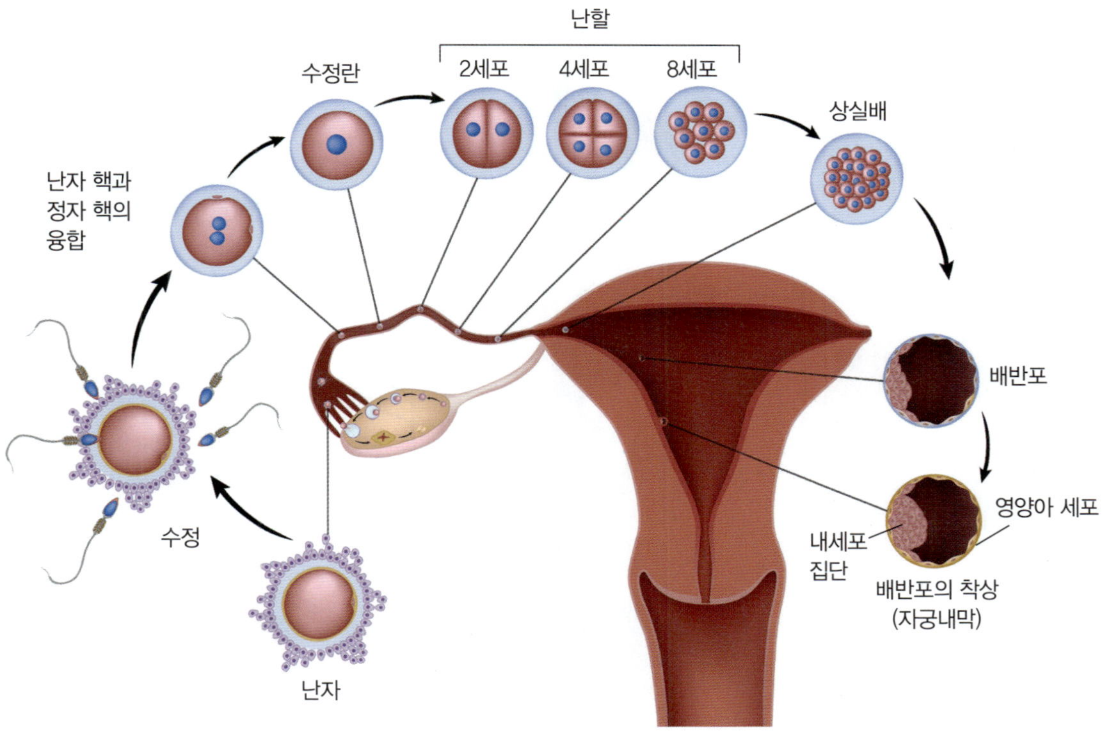

그림 10.14 **초기 배아의 발생**

(배반엽 상층과 배반엽 하층)으로 된 구조를 가진다(**그림 10.15** 좌측 상단). 배반엽 상층은 양막(내부에 양수를 가진다)을, 배반엽 하층은 난황을 둘러싼다(좌측 중앙). 배아는 양수에 의해 보호받고 양분도 공급받는다. 난황은 사람에서 혈구세포들을 생성하는 것으로 알려져 있다. 배반포가 자궁내막 표면의 자궁벽을 통과하면 영양아 세포들은 융모막(배아를 둘러싸는 가장 바깥 막)이 되어 태반placenta 형성에 참여한다. 태반은 모체와 배아 사이의 양분과 배설물이 교환되는 곳이다.

내세포 집단이 형성한 두 층 구조는 수정 14일이 되면 배반엽 상층에서 원시선primitive streak이라 불리는 긴 틈이 생겨난다(그림 10.15 좌측 하단). 원시선은 배아의 중심축을 이룬다. 이 틈으로 배반엽 상층의 세포들이 몰려 내려와 두 층 사이에 또 다른 층을 형성한다. 이렇게 형성된 3층 구조 각각은 나중에 여러 특정한 장기나 구조들로 발생한다. 이 3층 구조를 3배엽 구조라 하고 외배엽ectoderm, 중배엽mesoderm과 내배엽endoderm을 가진다(좌측 하단). 이때의 배아 발생 단계를 낭배gastrula라 한다. 낭배는 개체가 가진 장기나 구조들을 형성할 준비를 마친 단계로 볼 수 있다.

척삭과 신경관 형성

낭배가 형성되면 3개의 **배엽**들은 **분화**되기 시작하면서 각각에서 발생되는 장기들을 형성하기 시작한다. 배아의 초기 발생에서 뚜렷하고 중요한 변화 중 하나는 중배

배엽
향후에 특정 조직이나 기관을 형성하는 세포층.

분화
세포분열로 생긴 딸세포들이 서로 달라지는 현상.

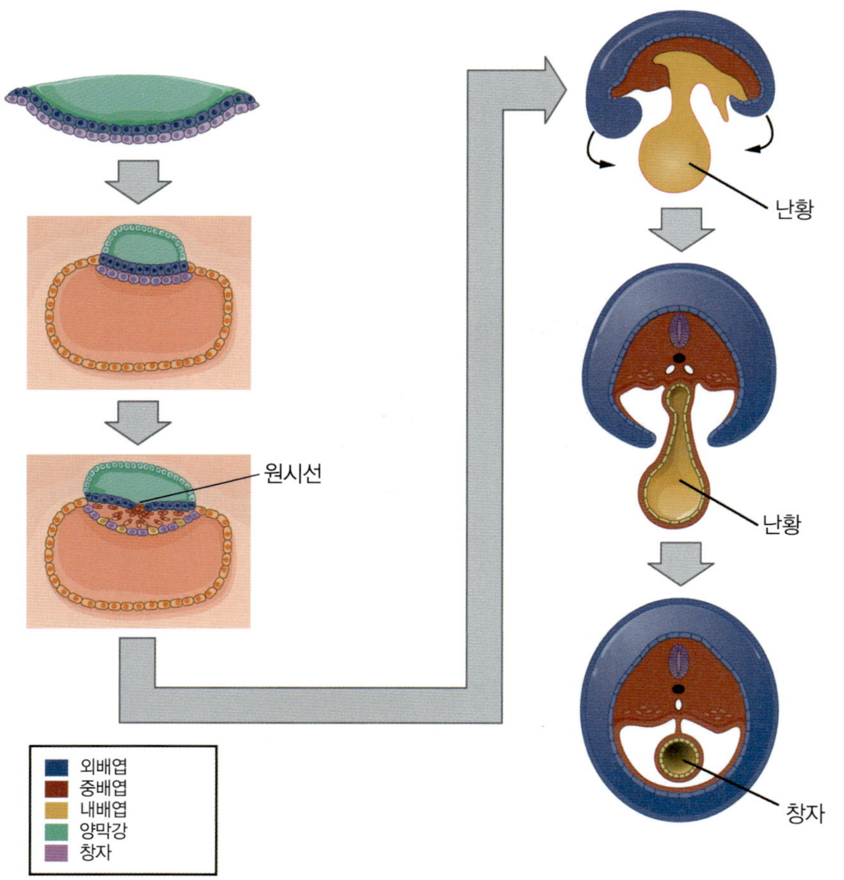

그림 10.15 배아의 발생

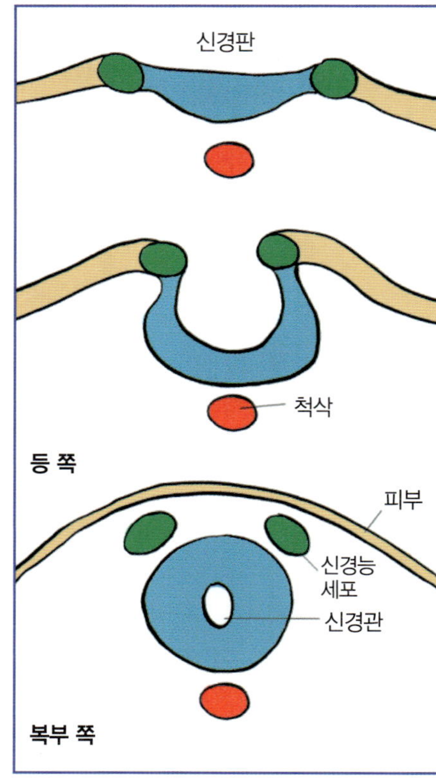

그림 10.16 척삭과 신경관 형성

엽의 한 지역에서 척삭notochord이 생겨나는 것이다(**그림 10.16** 빨간색 막대기). 척삭은 연골구조로 되어 있으며 마치 굵은 전깃줄 같은 모습으로 좌우 축을 이루면서 배아의 구조적인 안정성을 제공한다. 척삭은 신호전달 단백질을 분비하여 외배엽과 중배엽 세포나 주변 조직의 형태 형성에 관여하는 것으로 알려져 있다. 수정 3주차가 되면 척삭으로부터 신호물질을 받아 척삭 등 쪽의 외배엽 구조는 두꺼워지고 척삭과 나란히 펼쳐지면서 신경판neural plate을 형성한다(그림 10.16 상단). 외배엽을 이루는 신경판은 중배엽의 척삭 방향으로 깊이 파이면서 관 모습의 신경관neural tube을 형성한다. 신경관은 길어지면서 배아의 머리-꼬리 축을 형성한다. 머리 부분이 팽창하면서 뇌를, 나머지 부분은 척수를 이룬다. 즉, 중추신경계와 이곳들에 필요한 신경세포들과 부속 조직이 만들어지는 것이다. 신경관 근처의 세포(그림 10.16 하단 그림의 '신경능 세포'로 표시)들은 말초신경계를 이루어 몸의 여러 장기나 조직들과 중추신경계를 연결하는 역할을 한다. 마치 건축할 때 전기선와 수도관을 먼저 설치하는 것처럼 신경망을 설치하는 것이 나중의 벌어질 배아 발생에 선행되어야 한다. 신경관 근처의 세포들로부터 치아나 귀 등이 뇌 근처에서 생겨난다. 이 무렵 척수를 따라 척추가 형성되어 배아 전체의 구조적 지지대 역할을 한다. 척추동물에서 척삭은 대부분 출생 전에 사라지고 척추만이 남는다.

다시 조금 전에 살펴본 낭배의 구조(그림 10.15)로 되돌아가보자. 수정 3주차까지 낭배의 3배엽이 완성되고, 곧이어 척삭과 신경관 등으로 신경망과 발생의 골조가 형성된다(그림 10.15 우측 가운데, 검은 반점-척삭, 원통형 막대기-신경관). 이 무렵 신경관 형성을 마치고 남은 외배엽은 주로 피부조직으로 발생한다(그림 10.16 하단). 외배엽은 길게 확장되어(화살표) 배아를 둘러싸게 된다(그림 10.15 우측 가운데). 몸 전체로 퍼져 있는 피부가 되기 위한 것이다. 양막강도 더욱 확장되어 배아를 둘러싸게 된다. 난황은 좁아지고 결국 탯줄로 변한다. 중배엽은 좌우로 넓게 확장되고, 내배엽은 중배엽과 함께 접히면서 긴 창자를 이룬다(그림 10.15 우측 하단). 창자는 소화관의 일부로 입에서 항문까지의 긴 구조를 말한다. 신경관으로부터 형성된 뇌 근처엔 입이 위치하고, 식도, 위를 지나 신경관 꼬리 부분엔 항문이 위치한다. 세 개의 배엽은 서로 긴밀한 협력으로 특정한 장기나 구조를 형성한다. 예를 들면, 위stomach는 내배엽으로부터, 위를 둘러싸고 있는 근육조직이나 혈관은 중배엽으로부터, 뇌와 위를 연결하는 신경망은 외배엽으로부터 유래하며, 이들 간의 협력으로 최종적인 위가 완성되는 것이다.

수정 4주차가 되면 심장이 박동하기 시작하고 팔과 다리의 시작점인 몽우리가 보이기 시작한다. 수정 후 3,4주차 기간에는 배아의 세포들은 계속 분열, 성장, 분화와 이동이 활발하게 벌어진다. 배아의 좌우 축과 머리-꼬리 축이 생겨나고, 중추신경계가 자리를 잡는다. 외배엽, 중배엽과 내배엽 모두 자리를 이동하며 배아는 서서히 사람의 모습을 갖게 된다. 임산부는 이 시점에 각별한 주의를 기울여야 한다. 배아가 해로운 물질이나 알코올 등에 노출되면 배아 발생에 손상을 입을 수 있다. 이 초기 배아 단계에서의 손상은 나중에 심한 결과를 초래할 수 있다.

혹스 유전자와 형태 형성

앞서 배아가 발생하면서 다양한 개별 기관들이 형성되는 과정의 개요를 알아보았다. 발생은 또 다른 단계의 복잡함을 가진다. 개별 기관들이 발생하는 위치와 시점이 서로 연관되어 있다는 것이다. 가령, 머리와 목이 발생하는 위치가 멀리 떨어져서는 안 되고, 머리 다음에 곧바로 목이 되어야 하는 등 발생 시점도 서로 비슷해야 한다. 이런 방식으로 여러 기관들은 발생의 장소와 시점들의 연결성으로 형태를 형성해나갈 수 있다. 여러 기관들의 발생 위치와 발생순서 및 시점들은 어디엔가 적혀 있어야 한다. 이들은 '호메오 유전자homeotic gene'에 적혀 있다. 즉 DNA에 적혀 있는 것이다.

호메오 유전자는 '호메오 박스'라 하는 180 뉴클레오타이드 가진다. 박스box란 말은 특정 염기서열이 여러 유전자들에서 공통적인 경우를 말하는 것으로 호메오 유전자들은 공통적으로 거의 동일한 180개의 염기서열을 가진다. 따라서 180 염기서열이 번역되어 얻어진 단백질의 60 아미노산 서열 역시 거의 동일하다. 이 단백질

지역은 DNA의 특정 지역에 결합할 수 있도록 한다. 호메오 박스를 가지는 호메오 유전자로 얻어지는 호메오 단백질은 전사조절인자로 여러 유전자의 프로모터 지역에 결합하여 전사를 촉진한다. 하나의 호메오 단백질은 하나의 구조를 형성하는 데 참여하는 여러 유전자를 동시에 발현시킬 수 있는 특성을 가진다. 즉 한 구조나 기관이 발생하는 것은 호메오 유전자 때문인 것이다. 호메오 유전자들은 동물뿐만 아니라 식물과 효모 등에서 발견된다. 이는 호메오 유전자들로 형태를 형성하는 과정이 진화적으로 거의 모든 생물에서 유지되고 있다는 것을 의미한다. 식물의 경우 몇 개의 호메오 유전자가 있어 꽃을 발생시킨다. 한 호메오 유전자가 꽃받침을 이루는 데 필요한 여러 유전자를 동시에 발현시킴으로 꽃받침을 발생시킨다. 꽃받침이 얻어지면 다음 호메오 유전자들이 차례로 나타나 꽃잎, 수술, 암술 각각을 같은 방식으로 발생시킨다. 꽃이라는 최종 형태가 여럿의 호메오 유전자들의 순서적인 발현을 거쳐 완성되는 것이다. 호메오 유전자에 돌연변이가 생기면 한 구조가 통째로 생기지 않거나 엉뚱한 위치에서 발생하기도 한다.

동물에서의 호메오 유전자를 혹스hox 유전자라 한다. 그림은 초파리에서의 혹스 유전자들을 보여주고 있다. 염색체의 한 지역에 여러 혹스 유전자들이 무리를 지어 위치하고 있다(그림 10.17). 초파리의 특정 지역과 해당 혹스 유전자가 같은 색으로 표시되어 있다. 초파리의 머리부터 꼬리 지역까지 차례로 혹스 유전자가 위치해 있는 것을 볼 수 있다. 머리부터 꼬리까지 여러 구조들이 초파리의 DNA에 적혀 있는 혹스 유전자들의 순서에 의해 차례로 발생되고 있는 것이다. 머리 지역을 발생시키는 혹스 유전자에 돌연변이가 생기면 다리가 머리 앞부분에 나타나는 형체가 나타나기도 한다. 초파리가 가지는 여러 호메오박스 단백질 각각은 머리, 눈, 등, 날개 등 특정 구조를 차례로 발생시킨다. 발생이 벌어지는 현장 곳곳에 호메오박스 단백질이라는 지휘자가 차례로 나타나 각 구조의 형성에 참여하는 일련의 유전자들을 동시에 발현시킨다. 마치 건축 현장에서 감독자가 외치며 벽, 지붕, 창문 등 하나하나의 구조를 차례로 완성해 가는 방식과 같다. 이상의 학습에서 짐작할 수 있듯

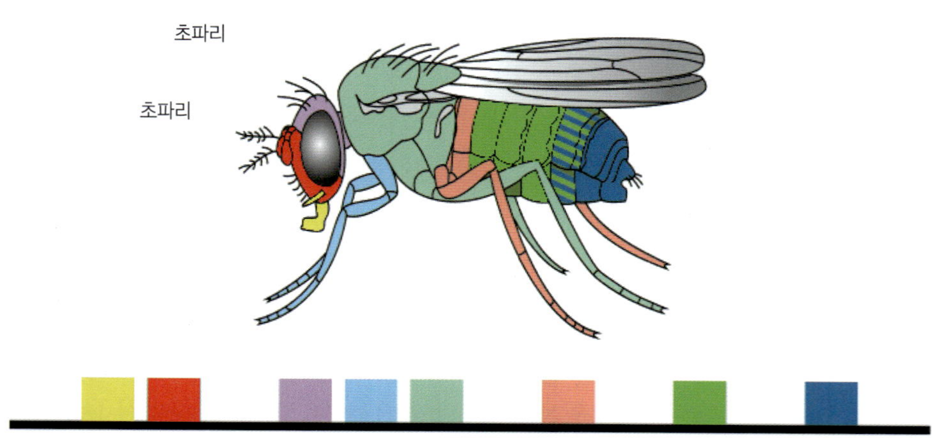

그림 10.17 **초파리의 혹스 유전자.** 혹스 유전자(아래)의 색과 초파리의 구조와 일치한다.

이 수십조 개의 세포들과 기관이나 조직들이 정확히 자기가 위치해야 될 곳과 시점에서 배아의 최종 형태를 형성한다. 여러 겹의 신호 전달들로 분화, 이동, 형태 형성 등의 건축 기술이 곧 태어날 아이 안에서 분주하게 벌어지고 있는 것이다.

임신과 출산

임신

수정 후 3주째가 되면 태반이 형성되어 산모와 태아 사이에 물질과 산소의 이동이 개시된다. 영양아 세포가 태반placenta으로 자라나 모체의 자궁내막과 결합해 태아와 모체 사이에 필요한 물질을 중개한다. 임신 후 약 한 달이 되면 배아는 태반과 함께 양수, 융모막, 탯줄 등에 의해 보호를 받는다(**그림 10.18a, b**). 태반에 있는 모체와 태아의 혈액은 직접 섞이지 않으며 선택적 흡수를 통해 두 혈액 간 물질 교환이 벌어진다(**그림 10.18c**). 이런 이유로 모체와 태아의 혈액형이 서로 달라도 문제없이 임신이 진행될 수 있는 것이다. 배아는 5주째가 되면 머리가 몸보다 큰 형태가 되고, 6주가 되면 손가락과 발가락이 생긴다. 임신 8주째에 접어들면 배아가 아니라 태아라 부르는데, 이때쯤이면 대충 아이의 형태를 갖춘다. 계속되는 발생과정을 거치면서 석 달쯤에는 성별이 확실하게 구별될 뿐만 아니라 뇌세포가 발달하고 복잡한 신경망이 형성된다. 5개월째가 되면 머리와 무릎이 맞닿는 구부러진 모습이 되며 이때의 몸무게는 약 0.5kg 정도이다. 6개월째가 되면 산모는 태아가 움직이는 것을 느낄 수 있다(**그림 10.19**).

옥시토신
뇌하수체 후엽에서 분비되는 펩타이드 호르몬으로 자궁이나 젖샘세포의 수축을 촉진한다.

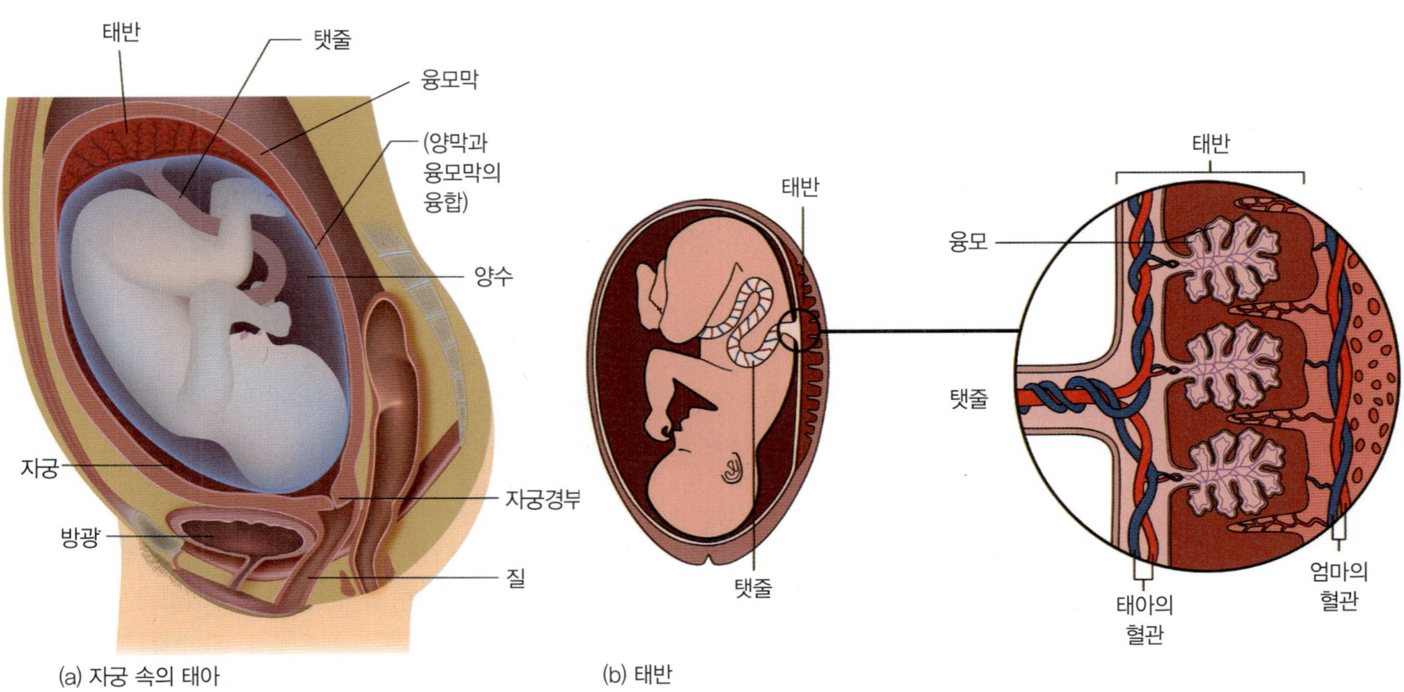

그림 10.18 자궁 속의 태아

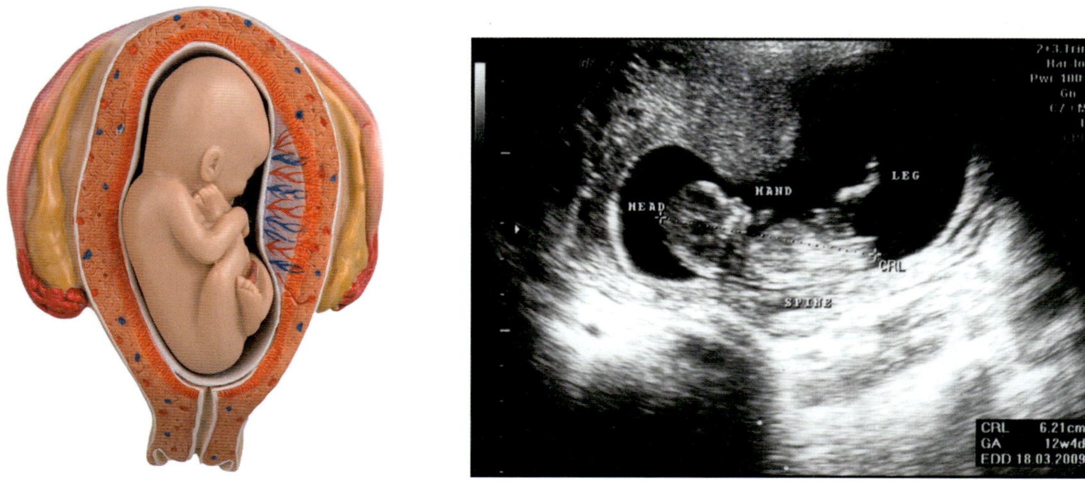

그림 10.19 5달째의 태아(왼쪽)와 초음파검사(4개월 태아)(오른쪽). 오른쪽 그림의 중앙부에 태아의 머리, 손과 다리가 어렴풋이 보인다.

10달째가 가까워오면 출산을 하게 된다. 뇌하수체 후엽에서 분비되는 **옥시토신**이라는 호르몬의 분비가 증가하며 자궁의 치골결합을 풀어주고 골반조직을 부드럽게 한다. 양성되먹임조절에 의해 옥시토신의 양은 수축과 함께 계속 증가하고 자궁 수축과 진통은 한동안 반복된다(그림 10.20). 옥시토신은 국소적으로 작용하는 호르몬인 프로스타글란딘prostaglandin을 분비시켜 자궁수축을 유도한다. 태아의 머리는 자궁의 아래쪽 출구를 향하게 되고 드디어 출산을 맞게 된다. 지금껏 태아는 자궁 속에서 어머니의 피를 통하여 산소를 얻었지만, 이 순간부터는 공기 중의 산소를 직접 흡입한다. 그 동안 공기가 들어 있지 않던 폐가 팽창하면서 큰 울음과 함께 첫 호흡을 시작한다.

비록 많은 수의 정자를 희생하며 수정이 가능하도록 한 남성의 역할도 크지만, 임신과 출산을 담당하는 여성의 역할은 남성의 것과는 비교되지 않는다. 산고의 고통을 포함하는 모성애라는 용어의 강렬함은 지극히 당연해 보인다.

시험관 아이

약 열 쌍의 부부 중 한 쌍은 아이를 가질 수 없다. 남성의 경우 정자의 수가 적거나 운동성이 부족하거나 음경의 발기가 되지 않는 발기부전이, 여성의 경우 배란이 되지 않거나 수란관이 막히거나 자궁에서 배아가 성장하지 않는 경우 등이 불임의 주요 원인이다.

불임 문제를 해결하는 방안으로 최근 실험실 조건에서 시행되는 체외수정in-vitro fertilization(IVF)을 통해 시험관 아이를 얻는 방법이 많이 사용되고 있다(그림 10.21). 이 방법은 외과적 시술로 정자와 난자를 얻어 시험관에서 수정시킨 다음 초기 배아를 배양하여 여성 배우자나 대리모의 자궁에 착상시키는 것이다. 이 방법은 부부의 것이 아닌 상품화된 정자와 난자의 사용이나 대리모 임신 등에서 파생되는

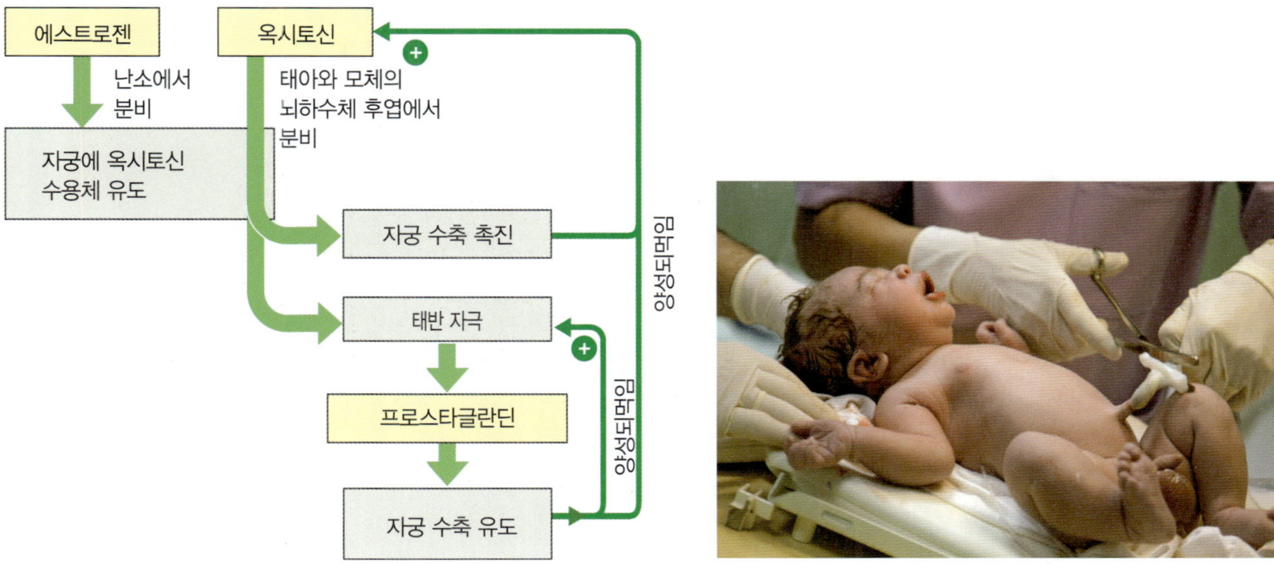

그림 10.20 **출산과 옥시토신**

윤리적이거나 법적인 문제점을 가지고 있다. 가령 어느 여성이 정자를 구매하여 체외수정을 통해 얻은 배아를 대리모를 통해 출산한 경우 이 아이의 진짜 부모는 누구인가? 등의 문제가 발생할 수 있는 것이다. 하지만 체외수정은 불임부부에게 커다란 도움이 되고 있으며 현재 세계적으로 이 방법을 통해 매년 수천 명의 아이들이 태어나고 있다.

줄기세포

수정란이 난할을 시작한 초기 단계의 배아에는 다양한 장기(臟器)로 발생할 정보와 능력을 가진 세포들이 있다. 이들 세포는 분열하여 심장, 혈관 등 다양한 장기로 분화할 수 있는 기원세포라 할 수 있는데, 바로 이런 세포를 줄기세포stem cell라 하고, 이들 중 배아에 있는 것을 배아줄기세포라 한다(그림 10.22). 수정 후 4일이 되면 나타나는 배반포의 내세포 집단이 배아줄기세포를 가진다.

도롱뇽은 꼬리가 잘려도 곧 재생되지만 사람은 이런 능력이 거의 없다. 중요한 장기나 조직은 한 번 손상되면 재생이 불가능하다. 만약 자동차 부품을 교환하듯 망가진 장기를 교체할 수 있다면 인류는 각종 질병으로부터 해방될 수 있고 건강한 삶과 오랜 수명을 누릴 수 있을 것이다. 이를 위해 줄기세포를 인위적으로 배양하여 원하는 장기를 얻고자 하는 연구는 국내뿐 아니라 전 세계적으로 매우 활발하게 이루어지고 있다. 그런데 장기의 이식은 장기 공여자와 수혜자의 유전자가 동일하거나 매우 유사한 경우에만 가능하다. 만약 장기가 손상된 환자에서 배아줄기세포를 얻어 원하는 장기로 배양시킬 수 있다면 면역 거부의 문제없이 장기 이식을 할 수 있을 것이다.

배아줄기세포의 사용은 배아도 엄연한 인간이라는 윤리적인 문제가 제기되면

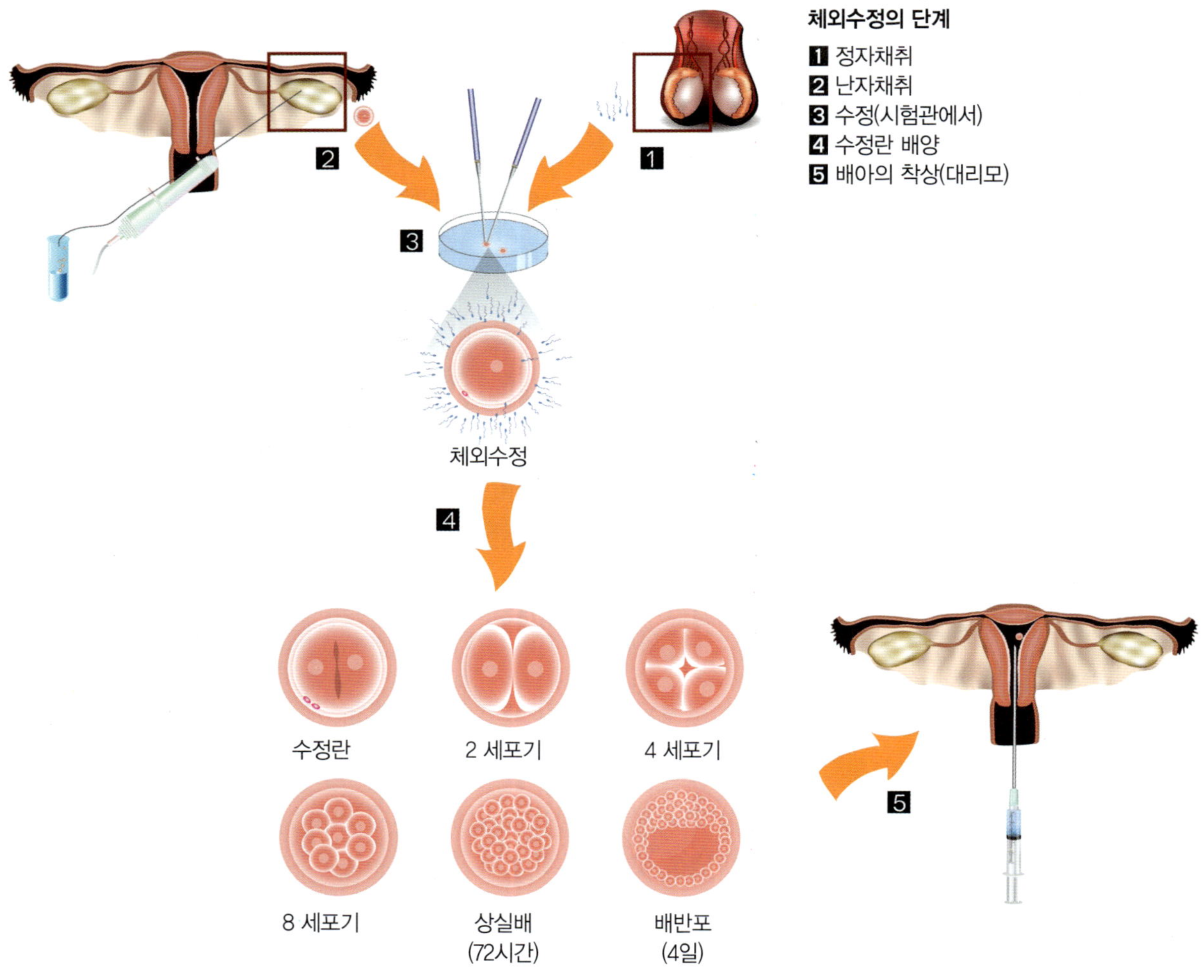

그림 10.21 **체외수정(IVF)**

서 많은 논쟁이 유발되고 있다. 배아에서 줄기세포를 찾아 분리하는 과정이 인간의 존엄성과 상치된다는 것이다. 현재 우리나라에서도 국가적 과제로 배아줄기세포에 관한 연구가 진행되고 있다. 그러나 최근 이 연구들은 질병치료에만 국한해서 진행하며 윤리적인 문제점을 가지고 있는 어떤 연구도 금지한다는 정부 방침이 발표되기도 하였다.

줄기세포는 배아가 아닌 성체에서도 얻을 수 있다. 성체줄기세포는 배아줄기세포보다 발생 단계에 있어서 후대에 속하기 때문에 분화 능력 및 범위가 좁다. 일례로 우리 몸의 골수에는 여러 종류의 혈액세포들(가령 적혈구, 백혈구 등)로 분화할 수 있는 성체줄기세포인 조혈모세포들이 있다(그림 11.15 참조). 또한 심장을 비롯한 여러 장기와 조직들에서도 성체줄기세포들이 알려지고 있는데, 이들을 사용하여 원하는 장기를 생산할 수 있을 것으로 기대되고 있다.

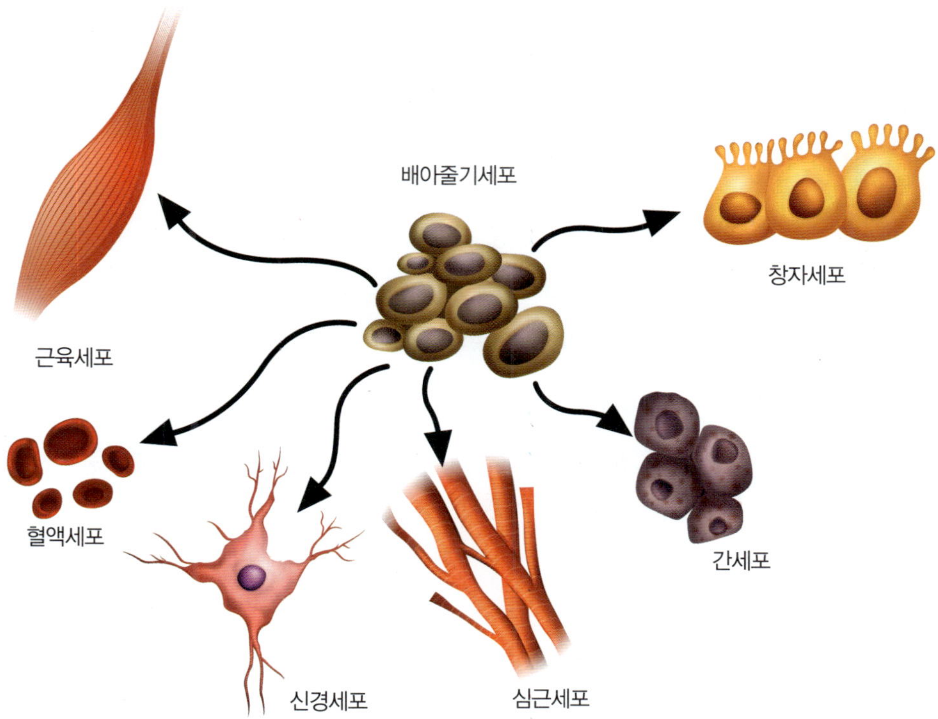

그림 10.22 **배아줄기세포**

동물의 복제와 핵 치환

동물의 복제는 주로 핵 치환을 통해 얻어진다. 핵 치환은 복제하려는 동물의 체세포에서 핵을 얻어 핵이 제거된 난자에 삽입하는 방법을 말한다. 치환된 핵을 가진 난자로부터 시험관 배양을 거쳐 얻은 배반포를 목적에 따라 다음의 두 가지 방법으로 사용된다.

첫 번째 방법은 배반포를 대리모의 자궁에 착상시켜 복제된 자손을 얻는 것이다. 이 자손은 난자에 제공된 핵의 소유자와 동일한 유전적 배합을 갖는 복제 생명체이다. 1997년 스코틀랜드 로잘린 연구소의 윌머트(Ian Wilmut, 1944~) 박사에 의하여 복제양 돌리가 소개되었다. 발표 후 세상은 잠시 충격에 휩싸였는데, 그 이유는 젖샘세포라는 성체의 체세포에서 얻은 핵을 이용하여 포유류인 양을 복제해 정상적인 양을 출산하였다는 사실 때문이었다. 이전에는 초기 배아에 있는 세포에서 꺼낸 핵을 핵이 제거된 난자에 이식하는 방법으로 동물을 복제시키곤 하였는데, 돌리는 6살이 된 암양의 젖샘에 있는 상피세포로부터 얻어진 핵을 사용했다는 것이다. 이 사실이 지닌 충격의 진면목은 사람도 성체의 체세포에서 핵을 얻어 돌리처럼 복제인간을 만들 수 있을지도 모른다는 데 있다. 과학자들은 성체의 핵은 유전자가 파손되어 있거나 정상으로 발생할 수 있는 능력을 상실할 것으로 생각해 왔는데, 돌리는 정상적인 복제 인간이 출현할 수도 있다는 것을 암시하고 있다. 즉 돌리의 탄생 과정을 이용하면 인간의 복제도 가능할 수 있다는 것이다.

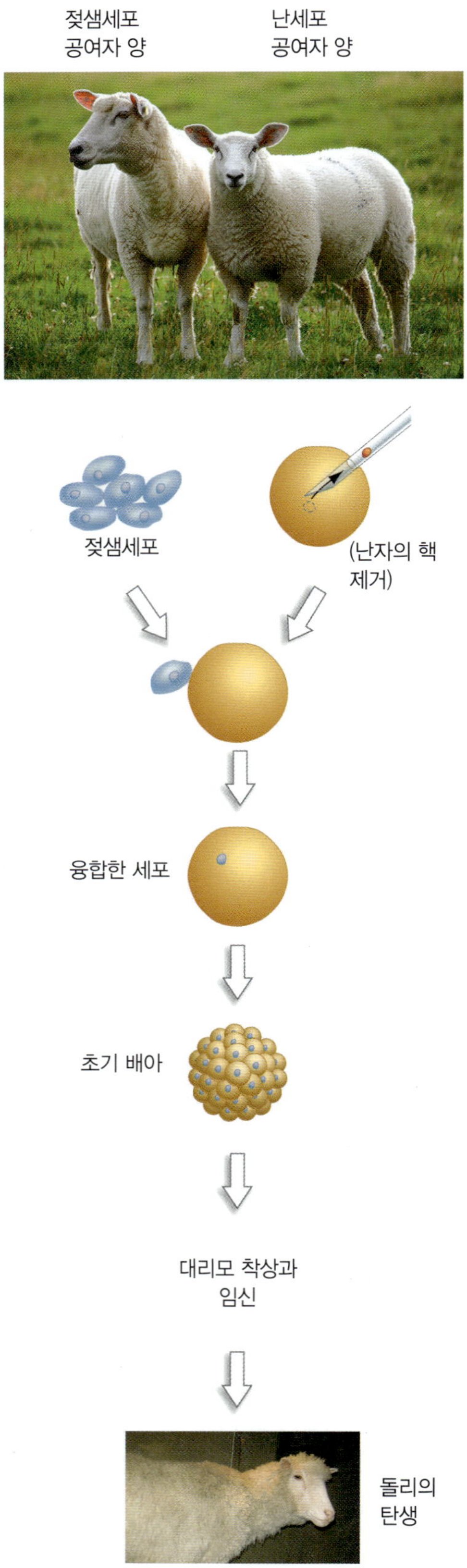

그림 10.23 핵 치환 기술 – 복제 양 돌리. (상단 그림, 양은 실제 돌리 탄생에 사용된 양이 아님)

윌머트 박사에 의한 돌리의 탄생 과정을 순서대로 정리해보기로 하자(그림 10.23).

① 양의 젖샘세포를 분리해서 핵을 얻음.
② 양에서 난자를 분리하여 핵을 제거
③ 전기충격으로 ①의 핵과 ②의 난자를 융합
④ 융합된 수정란을 체외에서 초기발생
⑤ 호르몬 처리를 통하여 가임신된 대리모의 자궁에 착상
⑥ 150일 동안의 임신과 돌리의 출산

두 번째 방법으로 핵 치환을 통해 얻은 배반포에서 배아줄기세포를 얻어 각종 장기로 분화시키는 것이다. 실험실에서의 배양을 통해 배아줄기세포로부터 분화된 혈액세포, 신경세포와 근육세포 등을 얻어 낼 수 있다. 아직 연구 단계에 머물러 있지만 이런 방식으로 만들어진 각종 세포들은 면역 거부의 문제없이 환자에 사용될 수 있을 것이다. 이런 배아줄기세포는 마치 암세포처럼 세포분열을 계속 할 수 있는 문제점을 가지고 있어 실용화되기 위해서는 많은 연구가 필요하다.

2007년도 일본 학자들에 의해 역분화 줄기세포인 유도 만능줄기세포induced pluripotent stem cell(iPS)를 만드는 기술이 개발되었다. 역분화 줄기세포는 성체의 체세포를 역분화시켜 만든 배아줄기세포로, 일본 학자들은 쥐의 피부세포에 배아줄기세포의 특성에 필요한 유전자를 삽입하는 방법으로 역분화를 성공한 것이다. 앞서 설명된 핵 치환은 난자를 얻어 실험에 사용하는 윤리적 문제가 남아 있는 반면에 역분화 방식은 체세포를 사용하는 것이므로 사용상의 어려운 점은 거의 없을 것으로 예상된다. 하지만 역분화된 줄기세포도 암세포가 될 수 있어 이런 방법이 당장 실용화되기는 힘들다. 향후의 연구들을 통해 손상된 장기를 쉽게 교체할 수 있는 재생 의료 시대가 성큼 다가오기를 기대해본다.

연습문제

I. OX 문제 (X로 답한 경우에는 이유를 설명함)

01 여포자극호르몬은 난소에서만 작용하며 정소에서는 작용하지 않는다. ( )

02 LH 양은 배란이 종료된 후 급증하여 자궁내막을 두껍게 한다. ( )

03 태반에서는 태아의 혈액과 모체의 혈액이 서로 섞이면서 물질을 교환한다. ( )

04 남녀의 생식소에서 벌어지는 감수분열의 전 과정은 모두 연속적으로 벌어진다. ( )

05 배반포의 내세포집단에 배아줄기세포가 포함된다. ( )

06 수정 후 일주일이 되면 태반을 통해 모체의 물질이 태아에게 공급된다. ( )

II. 객관식

01 남성생식세포인 정자 생성에 관한 설명 중 맞는 것은?

① 감수분열은 FSH에 영향을 받지 않는다.
② 감수분열은 간질세포에서 벌어진다.
③ 감수분열은 테스토스테론의 도움이 필요하다.
④ 감수분열은 부정소와 전립선에서도 벌어진다.
⑤ 감수분열은 뇌하수체와는 무관하다.

02 난소에서 벌어지는 여포 세포의 성숙과 임신을 대비하는 자궁내막과의 사이에서 벌어지는 현상은?

① 여포가 성장할 때 자궁벽의 두께는 얇아진다.
② 여포가 성장할 때 에스트로젠의 양은 증가한다.
③ 여포가 성장될 때 프로제스테론의 양은 감소한다.
④ 난소와 자궁내막 사이에 아무 연락이 존재하지 않는다.
⑤ 난소와 자궁내막 사이에 자율신경이 관여한다.

03 접합자의 난할에 의해 생긴 4세포기의 어린 배아가 발견되는 장소는?

① 난소 ② 수란관(나팔관)
③ 자궁내막 ④ 자궁경부
⑤ 질

04 FSH와 LH의 양이 가장 높은 시점은?

① 월경기간
② 여포기의 초반부
③ 배란 직전
④ 황체기의 후반부
⑤ 에스트로젠 농도의 증가가 시작될 때

05 다음 중 여성 생식세포의 생성에 관한 설명 중 틀린 것은?

① 여성의 생식세포는 불연속적으로 만들어진다.
② 여자는 감수1분열의 전기가 정지된 상태의 난모세포를 가지고 출생한다.
③ 수정은 감수분열 과정에 아무 영향을 미치지 않는다.
④ 난모세포의 성숙은 주로 LH의 조절을 받는다.
⑤ ③과 ④

06 복제양 돌리는 어떤 방법으로 얻어졌는가?

① 난자와 정자에 전기적 충격을 가함으로
② 한 양의 배아를 다른 양의 배아에 옮김으로
③ 성체 젖샘세포의 핵을 핵이 제거된 난자에 옮김으로
④ 시험관에서 정자를 난자와 융합하여
⑤ 젖샘세포의 지놈에 새로운 유전자를 삽입함으로

07 다음 중 호메오박스(Homeobox) 단백질을 바르게 설명한 것은?

① 스트레스 환경에서 특별한 유전자를 발현시킨다.
② 같은 발생단계의 여러 유전자들을 동시에 발현시킨다.
③ 동물에서만 관찰되는 발생의 조절자이다.
④ 유전자 발현과는 관계가 없다.
⑤ 모두 틀림

08 줄기세포에 관한 설명 중 맞는 것은?

① 성체 줄기세포는 모든 장기로 분화할 수 있다.
② 분화되는 장기의 범위는 배아줄기세포가 성체줄기세포보다 넓다.
③ 분화되는 장기의 범위는 성체줄기세포가 배아줄기세포보다 넓다.
④ 성체의 장기에서도 배아줄기세포가 발견된다.
⑤ ②와 ④

Ⅲ. 주관식

01 어느 굴 양식을 하는 어부가 굴을 먹는 불가사리를 제거하기 위해 불가사리를 수거한 다음 조각을 낸 후 고기들이 먹이가 되도록 바다에 다시 뿌렸다. 몇 주가 지난 후 어부는 불가사리의 개체수가 줄지 않고 오히려 엄청난 수로 증가한 것을 발견하였다. 왜 증가했을까?

02 임신되지 않은 경우 월경주기 28일을 단위로 뇌하수체와 난소에서 분비되는 호르몬의 변화 추이를 그려보시오. 만약 임신이 되면 이 그림은 어떻게 변할지 간략히 설명하시오.

03 에스트로젠의 구체적 역할과 이 호르몬의 양이 조절되는 원리를 설명하시오.

04 최근 여러 제약회사에서 남성이 복용할 수 있는 피임약을 개발하고 있다. 이 중 하나는 테스토스테론의 생산을 억제하여 정자의 생성을 방해하는 약품이다. 이 방법이 사용되면 제기될 수 있는 부작용을 짐작해보시오.

05 에스트로젠과 합성 프로제스테론으로 만들어진 여성 피임약은 가상적인 '임신' 상태를 유도한다. 이 피임약으로 피임되는 원리는?

몸은 수정란이 진행시키는 놀라운 발생프로그램으로 빚어진다. 큰 덩치의 몸체 곳곳은 고속도로와 샛길로 연결된 하나의 시스템이다. 모든 세포들이 연결되어 있는 까닭에 무의식중에라도 한 곳에서 어떤 성분이 부족해지면 순식간에 필요한 성분이 공급된다. 이렇게 최적을 향한 항상성의 원리가 항상 작동하고 있다. 이 단원에서는 순환계, 호흡계, 소화계, 배설계 등을 일별해봄으로써 우리 몸속에서 작동하는 각 장기들의 통합적인 조절능력을 파악한다. 혈액, 심장, 위, 소화효소, 신장, 간, 폐, 쓸개 등 우리 몸을 이루는 요소요소들은 모두가 진화의 산물이다. 이들을 살펴보는 것만으로도 그간 인간이 겪어온 환경 적응의 역정과 인간이 갈구하는 몸체의 최고 효율에 맞닥뜨리게 될 것이다.

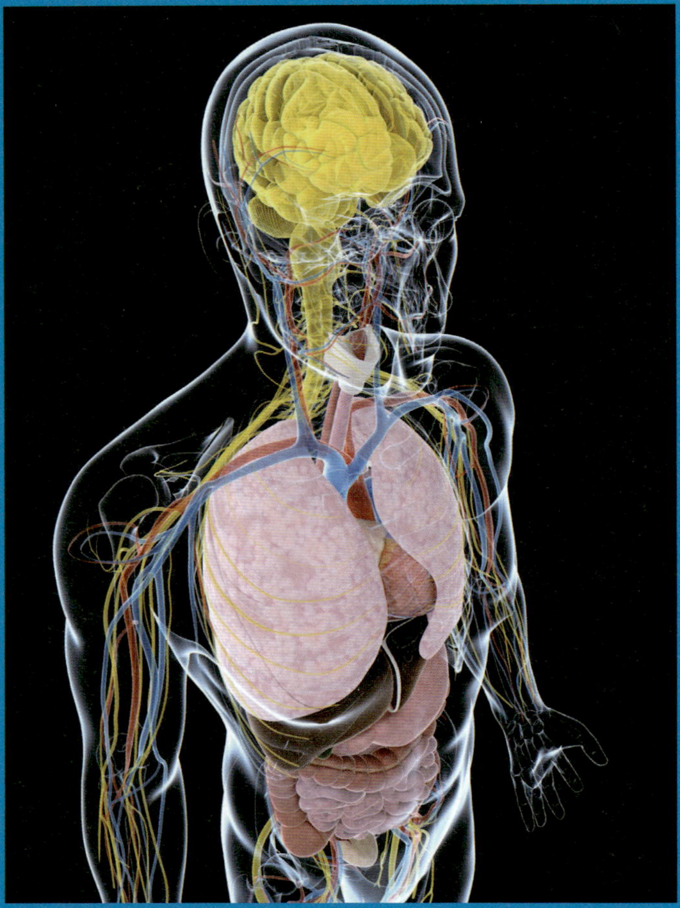

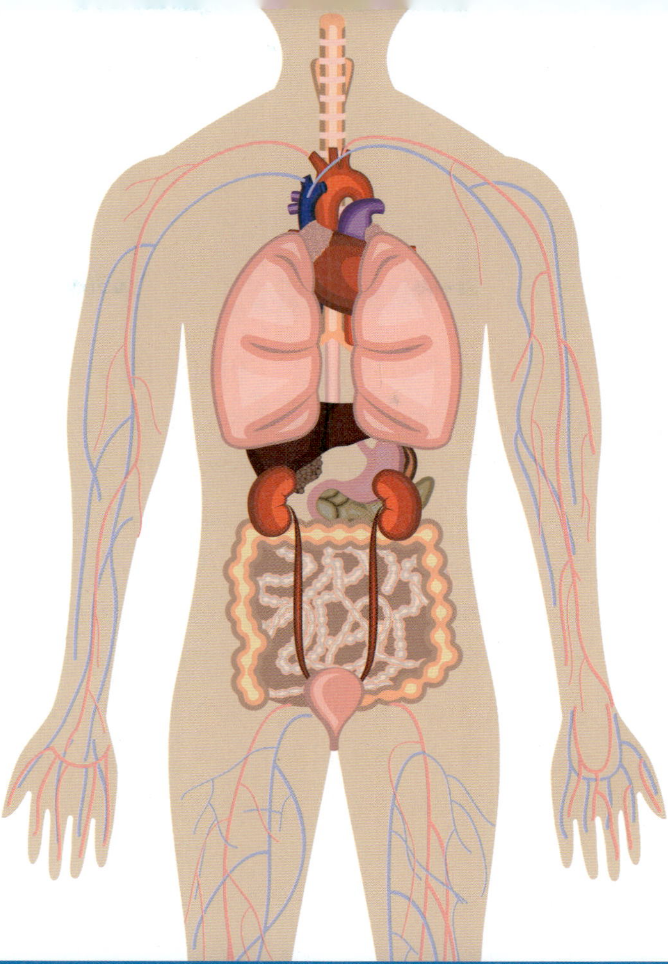

열한 번째 강의

11 몸과 기본 기능

11.1 몸

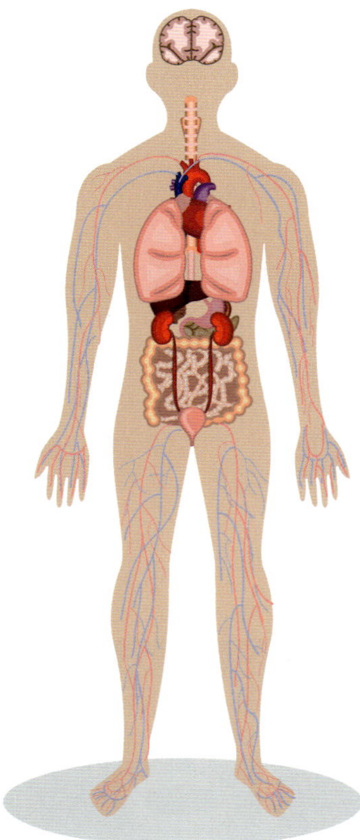

세포는 몸의 구조나 기능을 구성하는 가장 기본적인 단위이다. 한 몸을 구성하는 세포들의 종류는 200여 종이 넘는다. 마치 퍼즐을 완성해 나가듯이 세포분열을 거쳐 생겨난 100조 개나 되는 세포들은 개체의 서로 다른 부분들로 흩어진다. 비슷한 기능의 세포가 모여 하나의 조직tissue이 되고, 여러 조직이 모여 특정한 기능을 수행하는 기관organ을 이루고, 여러 기관이 모여 연결된 기능을 담당하는 기관계organ system로, 기관계들이 모여 개체individual를 완성한다. **표 11.1**은 사람이 가지는 다양한 기관계와 각 기관계에 속하는 기관들을 보여준다. 조직으로는 상피조직, 결합조직, 근육조직, 신경조직 등이 있으며, 이들 조직이 모여 심장, 폐, 뇌, 위와 같이 특정 기능을 담당하는 기관을 이룬다. 가령 순환계의 심장은 심장을 둘러싸고 있는 상피조직과 근육조직(심근조직), 심근조직을 둘러싸고 있는 결합조직, 이들 조직에 배선되어 있는 신경조직들로 이루어진다(**그림 11.1**).

몸은 배설계, 생식계, 순환계, 면역계, 근육계, 신경계 등 여러 기관계들의 집

표 11.1 기관계

기관계	구성 기관	기능
소 화 계	입, 식도, 위, 소장, 대장, 간, 이자 등	음식물의 소화와 양분 흡수
순 환 계	심장, 혈관, 림프관, 혈액, 림프 등	양분, 노폐물, 가스의 운반
호 흡 계	폐, 기관, 코 등	산소와 이산화탄소의 교환
배 설 계	신장, 수뇨관, 방광, 요도 등	노폐물의 배설
신 경 계	뇌, 척수, 말초 신경, 자율 신경 등	자극의 이동, 기관의 작용조절
감 각 계	눈, 귀, 코, 입, 피부 등	자극의 수용
내분비계	뇌하수체, 갑상선, 부신, 이자, 생식선 등	호르몬의 분비, 항상성 유지
근 육 계	근육, 뼈, 팔, 다리 등	근육 운동과 몸의 이동
생 식 계	정소, 난소, 수정관, 수란관, 자궁 등	생식 세포 형성, 수정과 발생

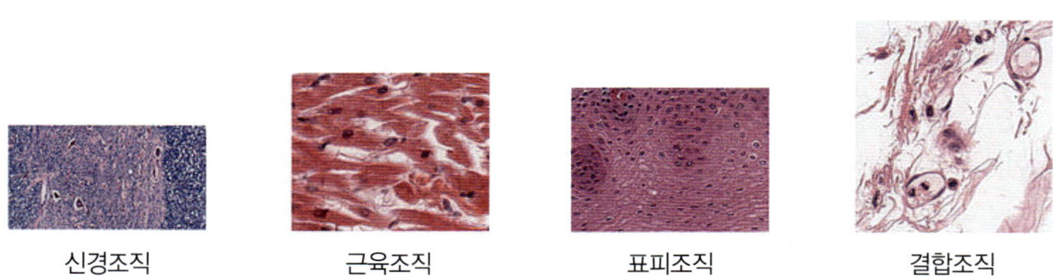

그림 11.1 4개 조직

출처: OpenStax College, Anatomy & Physiology, Connexions Web site. http://cnx.org/content/col11496/1.6/

합체이다. 서로 다른 기능을 가진다 하더라도, 이 기관계들은 매우 긴밀한 조절체계를 통해 통합적으로 작용한다. 이번 장과 다음 장들에서 이들 기관계들의 구조와 기능을 살펴본다.

몸의 항상성

항상성homeostasis이란 여러 가지 환경 변화나 스트레스에 대응해 내부를 일정하게 유지하려는 조절 과정 또는 그 상태를 말한다. 밖의 온도가 영하 20도가 되어도 몸 안의 온도는 크게 변하지 않는다. 우리 몸은 몸 밖의 온도를 감지하여 대사를 촉진하는 등의 방식으로 열을 발생시켜 적정 체온이 유지되도록 한다. 체온만이 아니라 우리 몸에서 벌어지는 모든 대사, 혈액의 당 농도(혈당), 호르몬의 농도 등 몸의 상태를 조절하는 모든 성분이나 기능은 시시각각으로 변할 수 있지만 적정선의 범위를 벗어나지 않으려 한다. 진화를 통해 몸의 항상성은 강화되어왔다. 항상성에 손상을 미치는 행위는 결국 몸을 손상시키고 비정상의 길을 걷게 한다. 높아진 혈당을 제대로 낮추지 못하는 항상성의 결핍은 당뇨병이라는 비정상의 길을 걷게 한다.

여러 기관계의 상호작용으로 우리 몸은 항상성을 지키려 한다. 설정된 온도센서의 경우에서 볼 수 있듯이 온도가 설정된 온도보다 높아지면 센서가 인식을 하여 온도를 낮추는 일을 지시하고, 반대로 온도가 낮아지면 온도를 높인다(**그림 11.2**). 가령, 뇌의 시상하부에 있는 온도센서는 땀샘을 자극하여 땀을 흘리게 함으로써 체온을 낮추거나, 반대로 근육을 수축시켜 몸을 떨게 함으로써 체온을 증가시킨다. 이처럼 몸 밖의 온도변화가 피부 등의 감각기에 인식되면 뇌에 있는 시상하부가 체온 변화의 내용을 판단하여 적정 체온을 유지하기 위하여 몸의 여러 곳에 위치하는 실행기에 반응을 지시하여 적정한 체온(최적점)에 도달하도록 한다. 이 과정에서 체온이 높으면 실행기가 체온을 낮추는 방향으로, 체온이 낮으면 높이는 방향으로 반응을 진행하는데, 이와 같이 진행되던 방향과는 반대 방향으로 그 기능을 촉진함으로써 항상성을 유지하도록 하는 음성되먹임조절negative feedback control을 사용한다. 혈액의 pH, 혈당, 혈압, 칼슘이온 농도 등 몸의 내부 환경 대부분은 음성되먹임조절을 통해 항상성이 유지된다. 우리 몸은 여러 기관계의 협동을 통해 항상성을 유지하며 어떤 기관계도 독립적으로 작동하지 않는다.

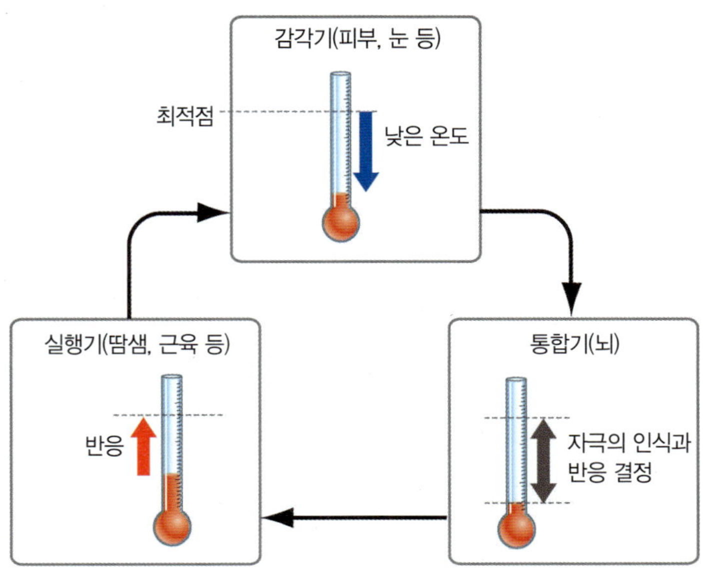

그림 11.2 체온조절과 항상성. 피부에 의해 감지된 외부 온도가 최적점(37℃)보다 아래이면 시상하부의 작용으로 땀샘이나 근육 등의 실행기를 통해 체온을 최적점으로 되돌려 놓는다.

몸의 노화

몸은 영원하지 않다. 최첨단의 건축물을 이루는 장기들과 그들의 정교한 기능은 결국 해체되며 죽음을 맞이하게 된다. 예외 없이 몸은 수명의 한계와 도도한 노화의 강줄기를 피하지 못한다. 노화를 '서서히 모습이 성숙되고 궁극적으로 모든 구성물이 쇠락하고 죽음을 맞게 되는 일련의 과정'이라 정의할 수 있다. 모든 생명체들마다 나이에 따라 성숙의 정도가 정해지고 노화의 과정을 거쳐 죽음의 시기도 정해진다. 인간은 궁극적으로 노화라는 벽을 허물 수 있을까?

노화의 원인에 대해서는 많은 연구가 있었는데 대표적으로 '실수 축적 가설'과 '세포 수명 가설'을 들 수 있다. 실수 축적 가설은 DNA와 단백질 등의 분자, 세포, 조직에의 이상이 점점 축적되어 그 이상의 정도가 어느 한계를 넘었을 때 노화가 일어난다는 것이다. 그리고 세포 수명 가설은 때가 되면 세포가 증식을 정지해버려 조직의 기능이 저하된다는 것이다. 노화는 몸을 구성하는 세포의 노화로부터 온다. 이렇게 생명과학계는 노화의 원인에 대한 여러 가지 가설들을 내놓고 있지만 아직까지 노화를 설명할 수 있는 이론은 정립되어 있지 않다. 노화의 원인을 규명하고 노화를 촉진하는 세포를 수선할 수 있는 효소와 유전자들을 발견한다면 노화라는 거대한 벽을 허물 수 있을 것이다. 최근 몇몇 학자들은 당연해 보이는 노화를 병으로 바라보고 있다. 치료를 염두에 두고 있다는 의미이다. 늙지 않고 건강하게 사는 것은 모든 사람들의 공통된 소망이다. 생명과학계가 불로장생이라는 인간의 보편적인 욕망을 어떻게든 충족시켜줄 것으로 기대해본다.

11.2 순환계

기린

키가 6m까지 자라는 기린이 높이 2m 70cm 정도에 위치한 심장에서 6m 높이에 위치한 두뇌로 혈액을 보내기 위해서는 중력을 이겨내는 엄청난 힘의 펌프질이 필요하다. 사람 혈압의 두 배가 필요하고 1분간의 심장 박동수는 약 170회로 역시 사람의 두 배 정도이다. 또한 두껍고 강력한 심장 근육을 가지며 특히 동맥을 온몸으로 내뿜는 좌심실의 벽은 자동차 타이어보다도 두껍다.

순환계circulatory system는 심장의 펌프질을 통해 혈액을 온몸으로 돌게 하여 영양분, 산소, 호르몬 등을 몸 전체의 세포에다 공급하고 세포들로부터 수거한 부산물들이나 이산화탄소를 콩팥이나 폐를 통해서 몸 밖으로 배출하도록 한다. 순환계는 소화계, 호흡계, 배설계뿐만 아니라 나중에 다룰 면역계와 내분비계와도 밀접하게 관련이 있다. 순환계의 중심에는 심장과 혈관이 있다.

심장

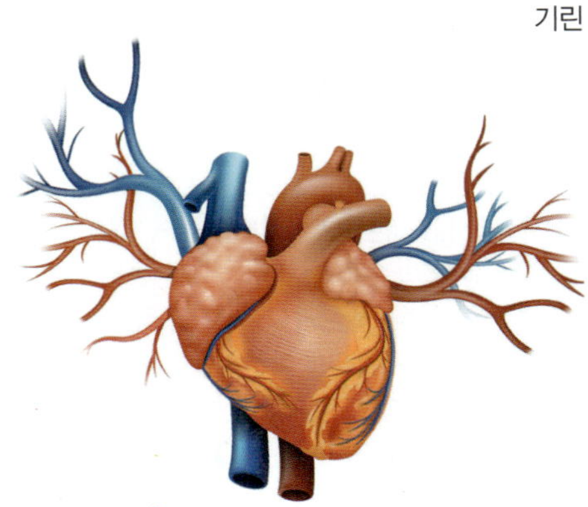
심장

심장heart은 약 130,000km나 되는 혈관을 통하여 온몸에 피를 공급한다. 심장은 생명이 있는 한 잠시도 쉬지 않고 작동하는 강력한 펌프라 할 수 있다. 석유난로에 석유를 넣을 때 사용하는 펌프를 생각해보자. 석유펌프 손잡이를 수축 · 이완시키면 석유통 안에 있는 석유가 난로 속으로 주입된다. 우리 몸의 심장도 이런 방식으로 작동하며, 1분에 약 70회 정도 박동한다. 이 박동은 20초 정도만 멈추게 되어도 의식이 없어지며, 3분을 초과하면 산소 부족으로 인해 뇌기능이 손상되고 회복이 불가능해져서 식물인간이 되기도 한다.

심장은 양쪽 폐 사이의 중앙에 있으며 약간 왼쪽으로 치우쳐 있다. 주먹만 한 크기의 심장은 온몸을 돌고 온 정맥피를 받아 폐로 보내고, 폐에서 공급받은 동맥피를 받아 (폐순환이라 함) 이를 온몸으로 보낸다. 동맥피는 온몸을 돌면서 다시 정맥피가 되고 다시 심장으로 모인다(체순환이라 함)(**그림 11.3**).

심장은 4개의 구역으로 나뉜다(**그림 11.4**). 심장 윗부분은 우심방과 좌심방으로, 아래쪽은 우심실과 좌심실로 나뉜다. 심장은 교대 수축이라 하여 두 심방이 동시에 수축하고 곧이어 두 심실이 역시 동시에 수축한다(곧 설명됨). 심방이 수축되면 혈액은 심방에서 심실로 이동한다(우심방 혈액은 우심실로, 좌심방 혈액은 좌심실로). 심실이 수축하면 우심실의 혈액은 폐로 이동하고, 좌심실의 혈액은 대동맥을 타고 온몸으로 이동한다. 심장에는 4개의 판막valve이 있어 혈액의 역류를 막고 한 방향으

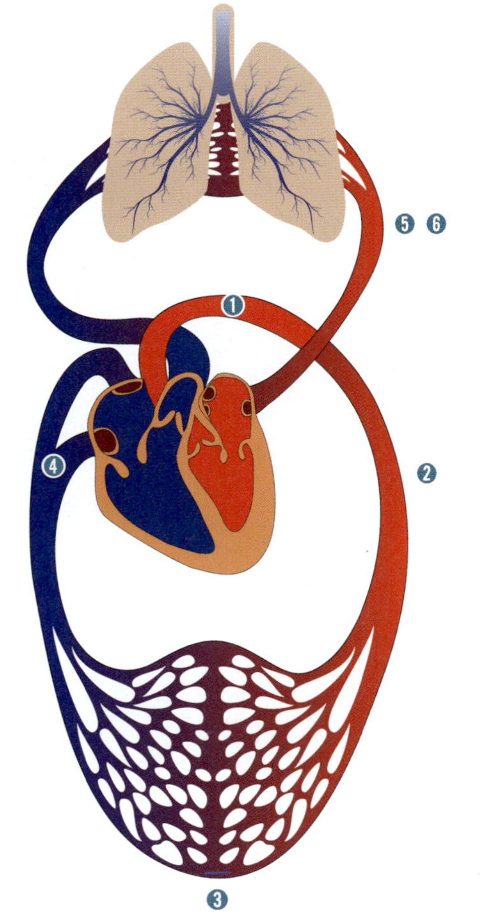

🅘 그림 11.3 **온몸의 혈액 순환 - 폐순환과 체순환.** 좌심실❶의 수축으로 대동맥과 동맥(❷)을 거쳐 모세혈관을 통해 물질과 기체가 조직세포에 전달된다(❸). 조직세포로부터 이산화탄소를 수거해 온 정맥피는 우심방(❹)으로 들어온다(체순환). 우심실의 혈액은 폐로 보내진 다음(❺, ❻) 기체교환을 거쳐 좌심방으로 들어온다(폐순환).

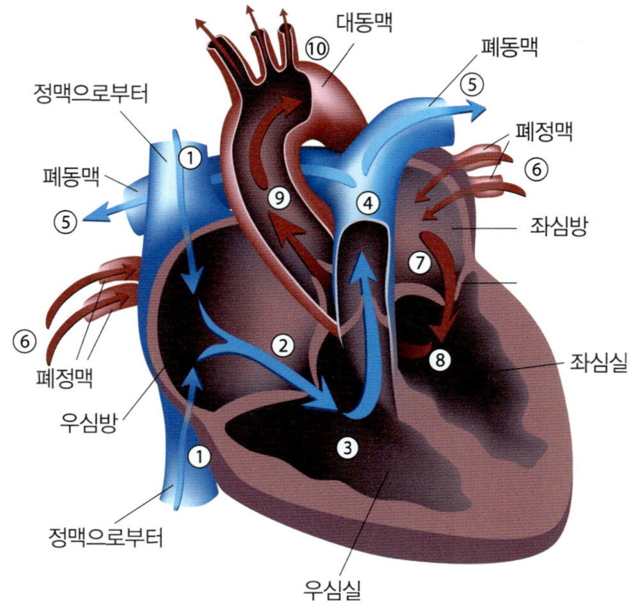

🅘 그림 11.4 **심장에서의 혈액 순환.** 우심방으로 들어온 정맥피는 우심실을 거쳐 폐로 이동하여 이산화탄소를 배출하고 산소를 공급받은 후 심장으로 돌아온다. 좌심방을 거쳐 좌심실에 도달한 깨끗한 피는 대동맥을 거쳐 온몸으로 전해진다.

로 이동할 수 있도록 한다. 우심방과 우심실 사이에는 삼첨판, 좌심방과 좌심실 사이에는 이첨판, 우심실을 떠나 폐로 향하는 곳의 폐동맥 판막과 좌심실과 대동맥 사이의 대동맥 판막이 있다(그림 11.5).

심장 내 혈액의 이동을 따라가 보자. 온몸을 돌면서 이산화탄소가 많아진 정맥피는 우심방으로 모인다(나를 바라보고 있는 앞 사람의 오른쪽 심방)(그림 11.4①). 정맥피가 우심방으로 들어오기 시작하면 삼첨판이 열리고 우심방에 있던 정맥피의 70% 정도가 우심실로 이동한다(②, ③). 우심방의 경우와 마찬가지로 폐로부터 폐정맥을 타고 온 혈액(동맥피)이 좌심방으로 모인다(⑦, ⑧). 좌심방 혈액의 70%는 이첨판을 통해 이동하여 좌심실을 채우게 된다. 우심방과 좌심방 혈액의 심실로의 이동은 심방이 수축되기 전으로 주로 중력에 의해 심실로 이동한다. 이제 두 심방은 동시에 수축하기 시작한다. 심방의 수축이 시작되면서 심방의 압력은 높아지고 심방에 남아 있던 나머지 30% 혈액이 심실로 짜내어지듯 이동하며 좌심실과 우심실을 채운다(③, ⑧). 혈액이 심실에 채워지면 삼첨판과 이첨판은 닫힌다. 심방의 수축에 이어 심실(좌우 심실이 동시에)이 수축된다. 우심실의 높아진 압력으로 우심실의 혈액은 폐동맥판막을 열면서 폐동맥(정맥피이지만 심장을 떠나 폐로 향하는 혈액이라 폐동맥이라 함)을 통해 폐로 간다(④, ⑤). 이 정맥피는 폐포에서 이산화탄소를 공기 중으로 내보내고 산소를 받아 동맥피가 된다. 동맥피는 다시 폐정맥(심장을 향하는 혈액이라 정맥이라 부르지만 실제 동맥피임)을 타고 좌심방으로 이동한다(⑥, ⑦). 좌심방의 수축으로 이첨판이 열리면서 동맥피는 좌심실로 이동하고(⑧), 심실의 수축으로 좌심실의 혈액은 대동맥판막을 열면서 대동맥으로 이동한다(⑨, ⑩). 좌심실이 대동맥판막을 열기 위해선 120mmHg 이상의 높은 압력이 필요하고, 우심실이 폐동맥판막을 열기 위해선 20mmHg 정도로 좌심실보다는 낮다. 좌심실의 수축은 높은 압력을 형성하기 위해 강하게 수축되어야 한다. 좌심실을 둘러싸고 있는 심근세포의 층이 우심실보다 두꺼운 이유이다. 혈액을 배출한 심실의 압력은 줄어들면서 대동맥판막과 폐동맥판막은 다시 닫힌다. 닫혀 있던 삼첨판과 이첨판은 혈액이 심방으로 들어오면서 다시 열리고 다음 주기의 심장박동이 시작된다. 좌심실이 한 번 박동할 때 약 50~70ml 혈액이 대동맥을 통해 온몸으로 뿜어진다. 성인의 경우에는 하루 약 9,000리터의 피가 심장을 통과한다. 몸 전체의 혈액(약 5리터)은 반복적으로 심장을 지난다. 대동맥으로 나온 혈액은 온몸의 동맥, 세동맥과 모세혈관으로 이동한다. 동맥피는 정맥피가 되어 대정맥을 타고 우심방으로 다시 모인다.

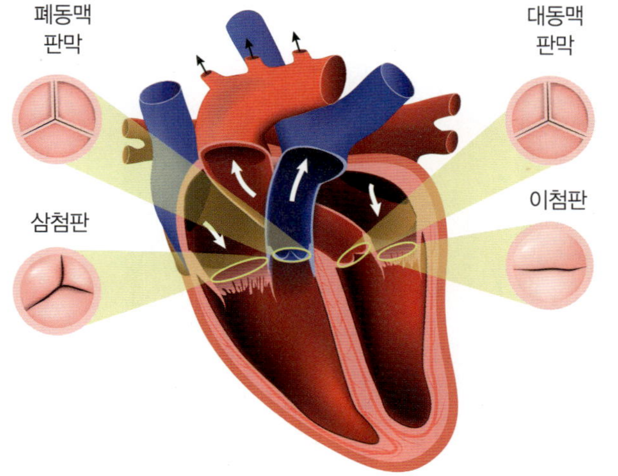

그림 11.5 심장의 판막들

심장 주기–수축기와 이완기

심장은 수축과 이완을 통해 박동하고 혈액을 이동시킨다. 좌우 심방이 동시에 수축하고, 곧이어 좌우 심실이 동시에 수축한다. 심장 박동은 자율신경의 지배를 받으며 대뇌와는 직접적으로 관계가 없다. 따라서 자신의 의지로 심장 박동을 멈출 수 없으며 심장은 스스로 알아서 리듬을 만들고 박동한다.

우심방 위쪽 벽에 있는 동방결절이 자율신경의 신호를 받아 심방의 박동을 시작시킨다(그림 11.6). 동방결절은 박동원이라 불리기도 하는데, 이곳의 세포들은 이온이 출입으로 전기신호를 발생시킨다. 이 신호는 좌우심방을 둘러싸고 있는 심근세포로 전달되어 두 심방이 동시에 수축되도록 한다. 심방 부분이 수축하여 피를 심실로 내려 보낸다. 심방의 수축이 마무리되면 우심실 벽 근처에 위치하는 방실결절에서 만들어진 전기신호로 좌우심실을 둘러싸고 있는 심근세포들을 수축시킨다. 우심실에서는 폐로, 좌심실에서는 대동맥을 거쳐 온몸으로 피를 내보낸다. 이처럼 심방과 심실의 교대 수축을 통해 심장에서 피의 흐름이 이루어지는 것이다.

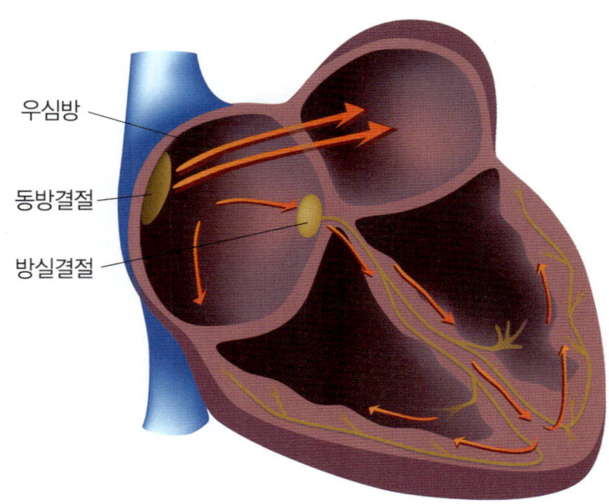

그림 11.6 심장에서의 전기적 신호.

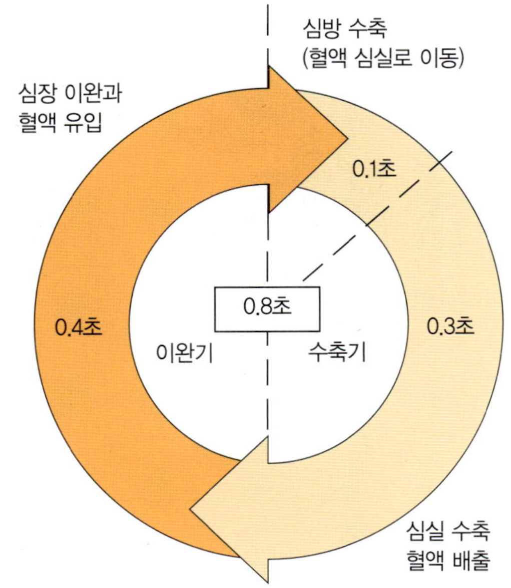

그림 11.7 **심장의 수축과 이완.** 심장은 이완기(0.4초)와 수축기(0.4초, 0.1초 + 0.3초)를 반복한다. 심실의 수축으로 혈액은 대동맥과 온몸으로 전해진다.

심장은 이와 같이 주기적으로 수축하고 이완한다(그림 11.7). 심장이 이완된 상태의 기간(약 0.4초)을 이완기라 한다. 이완기에는 혈액이 심방으로 들어와 고이기 시작하면서 삼첨판과 이첨판이 열리고 중력에 의해 심방 혈액의 70% 정도가 심실로 이동한다. 심실의 수축을 마치고 텅 비었던 심방과 심실에 혈액이 유입되는 기간을 말한다. 이완기가 마쳐지면 심방이 잠시(0.1초) 수축하여 혈액을 심실에 이동시킨다. 이때 심방에 남아 있던 30% 혈액이 심실로 이동한다. 심방 수축에 이어 심실이 수축하여(0.3초간) 심실의 혈액을 폐(폐동맥)와 온몸(대동맥)으로 배출시킨다. 이 기간을 수축기(0.1 + 0.3 = 0.4초)라 한다. 즉, 심장은 0.8초 주기로 수축기와 이완기를 거치며 한 번씩 박동한다(1분에 70회 정도). 박동할 때마다 동맥을 따라 혈액을 밀어내면서 혈관도 팽창과 이완을 반복하는데, 이 현상을 맥박이라 한다. 보통 손목의 동맥에서 맥박 수를 측정할 수 있는데, 성인의 경우 1분당 60~80회 정도이다. 맥박이 불규칙한 증상을 부정맥이라 한다.

생물과 무생물을 통틀어 약 70~100여 년 동안 꾸준히 펌프 작용을 하는 것은 인간의 심장 말고는 세상 어디에도 없을 것 같다. 이 모든 것은 심장을 구성하는 근육세포들의 강인함에서 기인하는 것이다. 이를 빗대어 어느 수필가는 '심장은 거선의 기관같이 힘이 있다'라 표현하기도 하였다.

혈압과 측정

심장박동의 힘으로 배출된 혈액은 동맥을 통해 모세혈관으로 전해진다. 동맥은 심장에서 모세혈관으로 혈액을 이동시키는 혈관으로 대동맥(직경 10~25mm), 소동맥(0.1~10mm)과 세동맥(0.005~0.1mm) 순으로 혈관의 직경은 가늘어진다. 모세혈관을 빠져나온 혈액은 세정맥, 소정맥, 대정맥을 타고 심장의 우심방으로 이동한다. 좌심실의 수축과 함께 심장을 떠난 혈액은 심장과 가까이에 있는 동맥에 강한 압력을 가하면서 이동하며 심장과 멀어질수록 이 압력은 줄어든다(그림 11.8). 탄성을 지닌 동맥의 벽은 좌심실이 수축함에 따라 확장된다. 동맥의 혈관 벽에 가해지는 압력을 혈압blood pressure이라 한다. 혈압은 일반적으로 팔뚝의 동맥에서 측정된다.

혈압은 심장의 수축기와 이완기에 따라 다르다. 정상인의 경우 수축기에는 120mmHg(수축기 혈압), 이완기에는 70mmHg 정도의 혈압(이완기 혈압)을 보인다. 좌심실이 수축되면 대동맥판막이 열리면서 높아진 압력으로 혈관 벽에 압력을 가한다(수축기 혈압). 이완기가 되면 대동맥판막은 닫히고 혈관에 남아 있는 혈액은 느려진 속도로 이동하며 수축기 혈압보다 낮지만 여전히 혈관에 압력을 가한다(이완기 혈압).

혈압은 혈액량, 혈액 성분, 혈관 벽의 탄력성, 혈관의 직경, 스트레스 등에 영향을 받는다. 가령 소금을 지나치게 많이 섭취하면 삼투압에 의해 조직액의 수분이 혈액으로 이동하여 혈액량을 증가시키고 혈압을 높인다. 혈관의 탄력이 낮아지면 압력을 분산시키는 효과가 줄어들어 혈압은 높아진다. 혈관이 직경이 좁아지면 마찬가지로 혈압은 증가된다. 스트레스를 받으면 부신에서 분비되는 호르몬 에피네프린과 노르에피네프린에 의해 혈관은 수축하고 혈압은 높아진다(13장 참조). 항이뇨호르몬에 의한 오줌량의 조절로 혈액량을 조절하여 혈압의 항상성이 유지되기도 한다(이 장의 배설계 참조). 일반적으로 수축기 혈압은 90~120mmHg, 이완기 혈압은 60~80mmHg가 정상범위이다.

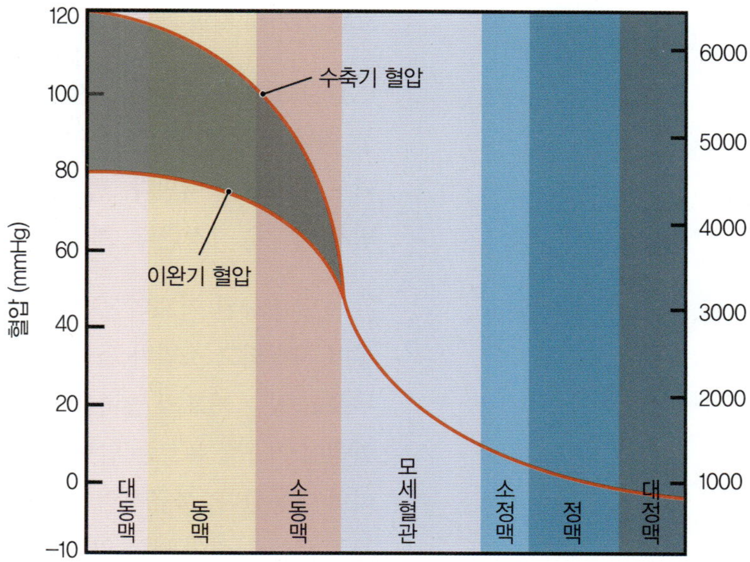

그림 11.8 혈관 종류에 따른 혈압의 변화. 혈액이 심장을 떠나 동맥, 모세혈관 및 정맥으로 이동하는 동안 혈압의 변화를 나타낸 것이다.

여러 가지 원인으로 정상 범위를 벗어나는 혈압이 지속적으로 유지되면 건강을 크게 해칠 수 있다. 수축기 혈압이 140mmHg, 이완기 혈압이 90mmHg를 지속적으로 넘으면 고혈압hypertension으로 진단된다. 고혈압이 되면 심장으로부터 높은 압력이 지속적으로 주어져야 한다. 심장에 부담이 생기는 것이다. 고혈압이 되면 혈관 벽의 세포들이 높아진 혈압에 손상될 수 있다. 손상된 지역에 백혈구, 콜레스테롤, 중성지방 등이 모여 혈관의 내벽에 딱지를 형성한다. 이는 혈관의 직경을 좁게 하고 혈류의 이동을 방해한다. 딱지가 떨어져 나가고 그 상처 위에 혈전(혈액 응고로 생겨난 피딱지)이 생기기도 한다. 이처럼 혈관이 굳어지고 좁아지는 현상을 동맥경화atherosclerosis라 한다. 심장으로 향하는 동맥(관상동맥)에 동맥경화 현상이 생기면 심근세포가 다치거나 고사되어 심장 박동이 멈추게 되기도 한다(심장마비). 심장마비는 암과 함께 가장 높은 사망 원인이다. 뇌로 향하는 동맥에 막히면 뇌졸중이 되기도 한다. 고혈압과 고지혈증이 동맥경화의 대표적인 원인이다. 혈액이 탁해지면(고지혈증 등의 원인으로) 이를 밀어내기 위해 높은 혈압이 필요해진다. 스텐트stent(확장할 수 있는 금속 구조물)를 좁아진 혈관 지역에 삽입하여 동맥경화를 치료할 수 있다. 저혈압의 경우에는 고혈압에 비해 위험성이 낮으나 영양실조와 갑상선 이상 등의 결과를 초래할 수 있다.

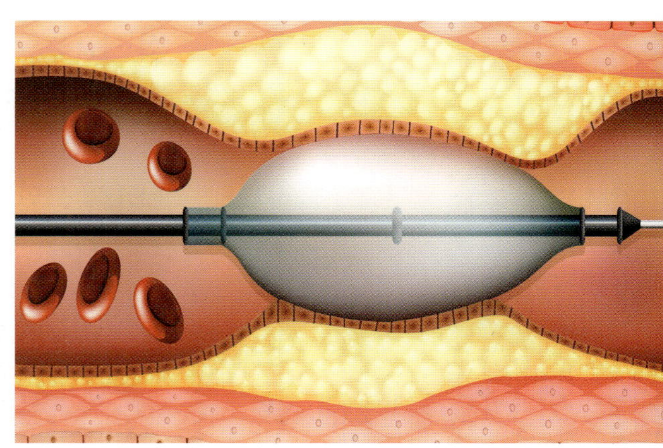

스텐트

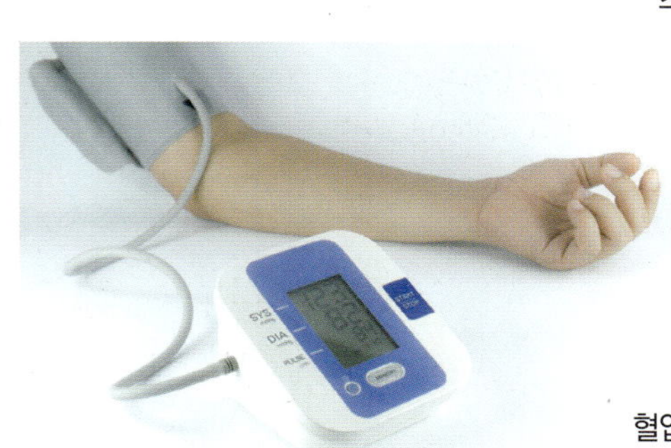

혈압측정

혈압의 측정은 혈압측정기를 통해 할 수 있다. 혈압측정기는 팔뚝을 감싸면서 공기 주입을 통해 팽창할 수 있는 커프, 커프에 연결되어 있는 혈압 읽기 장치와 소리 듣기 장치로 되어 있다. 순서적으로 기기의 사용과 원리를 살펴본다.

1) 팔뚝의 윗부분을 커프로 감싼다. 우선 공기 주입으로 커프를 팽창시켜 팔뚝을 지나는 혈액의 이동을 막는다. 손목에서의 맥박도 사라지게 된다. 듣기 장치를 커프 안으로 들이민다. 혈압을 보여주는 바늘의 움직임과 소리가 나는 것을 비교하면서 혈압을 측정한다. 혈액의 이동이 없으면 소리가 들리지 않는다.

2) 팽창된 커프의 공기를 서서히 빼면 팽창되었던 커프가 풀어지면서 혈액 이동이 시작되고 소리가 들리기 시작하는데, 이때의 혈압이 수축기 혈압이다. 혈관을 누르고 있는 커프의 압력을 막 넘어서서 혈액 이동이 시작된다. 수축기 혈압을 지나 혈액이 커프를 누르는 압력이 계속 낮아지면서 혈액은 불규칙적으로 혈관벽을 두드리며 이동한다. 불규칙적인 소리가 한참 동안 계속된다. 혈액은 이동하며 계속 커프를 누르는 압력이 남아 있기 때문이다.

3) 커프가 계속 풀어지면서 특정 시점이 되면 소리가 멈춘다. 이때의 혈압을 이완기 혈압이라 한다. 혈액이 더 이상 커프에 압력을 주기 않고 조용하게 이동하고 있는 것이다. 이완기 혈압을 지나 혈압이 더 낮아지면 소리는 더 이상 들리지 않는다. 소리가 처음 들리기 시작하는 시점의 혈압을 수축기 혈압, 소리가 멈추는 시점의 혈압을 이완기 혈압이 된다.

지단백체와 동맥경화

중성지방이나 콜레스테롤은 물에 안 녹는 지질로 혈액에 녹아 이동하지 않는다. 대신 이들은 지단백체lipoprotein라는 특별한 구조에 싸여 이동한다. 지단백체는 콜레스테롤과 중성지방, 그리고 이들을 둘러싸고 있는 단백질과 인지질 층으로 형성된다(**그림 11.9**). 지단백체는 조성 밀도에 따라 저밀도 지단백체low density lipoprotein, LDL와 고밀도 지단백체high density lipoprotein, HDL로 나뉜다. HDL은 LDL과 비교

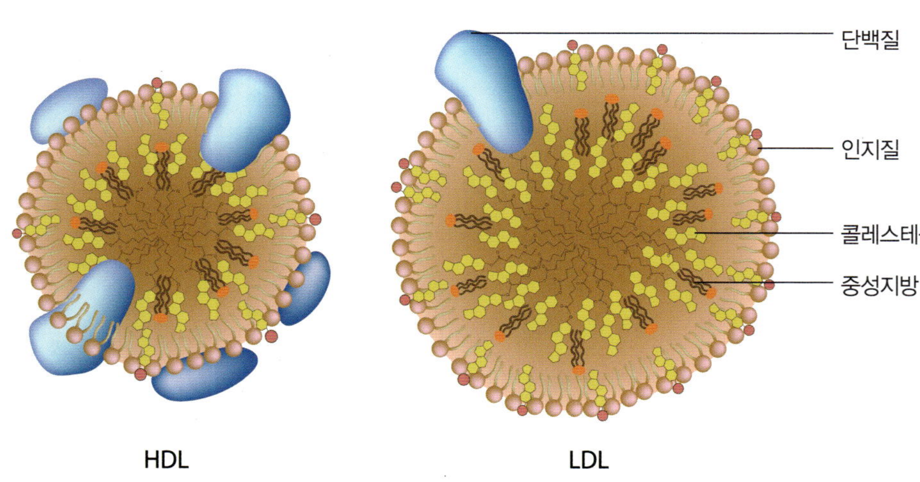

그림 11.9 지단백체 LDL과 HDL

하여 상대적으로 지질의 비율이 낮고 단백질의 비율이 높고 작은 직경을 가진다. LDL은 간이나 장에서 조직에 중성지방이나 콜레스테롤을 전달하는 역할을 맡고, HDL은 반대로 조직에 있는 콜레스테롤을 수거하여 간으로 옮기는 역할을 맡는다. 일반적으로 혈액에 있는 HDL은 건강에 유익하지만 LDL은 그 반대이다. LDL이 많아져서 콜레스테롤이 심장조직에 혈액을 제공하는 동맥의 혈관벽에 쌓이게 되면, 동맥 혈관벽이 딱딱해지는 동맥경화증이 유발되고 혈액의 흐름이 방해된다. 최근의 연구결과에 의하면 LDL이 혈관벽에 쌓이면 LDL을 구성하고 있는 지질 성분이 산화되어(철이 녹스는 것 같이) LDL의 외부구조에 변화가 생기고 이를 인식한 혈관 벽에 있는 세포에서 방어 관련 물질들이 흘러나와 LDL을 중심으로 덩어리가 생긴다는 사실이 알려졌다. 오랜 기간에 걸쳐 형성된 이런 덩어리가 관상동맥의 혈관 벽에 쌓이면 심장 근육에 혈액의 공급이 막혀 심장마비heart attack가 일어날 수 있다(그림 11.10). LDL에 있는 콜레스테롤 농도는 보통 혈액 1dl 당 100mg 이하가 바람직하며, 160 이상의 수치를 보이면 식이요법이나 운동 등으로 개선해야 한다. 높은 혈당과 흡연 등도 LDL 지질의 산화를 촉진하는 것으로 알려져 있다. 동맥경화는 이와 같이 **협심증**, 심장마비, 뇌졸중 등을 일으키는 무서운 질환으로 해마다 암보다 사망자가 많이 나오고 있다. 건강한 식생활, 규칙적인 운동, 체중조절 등이 이런 증상을 예방하는 방법으로 제시되고 있다.

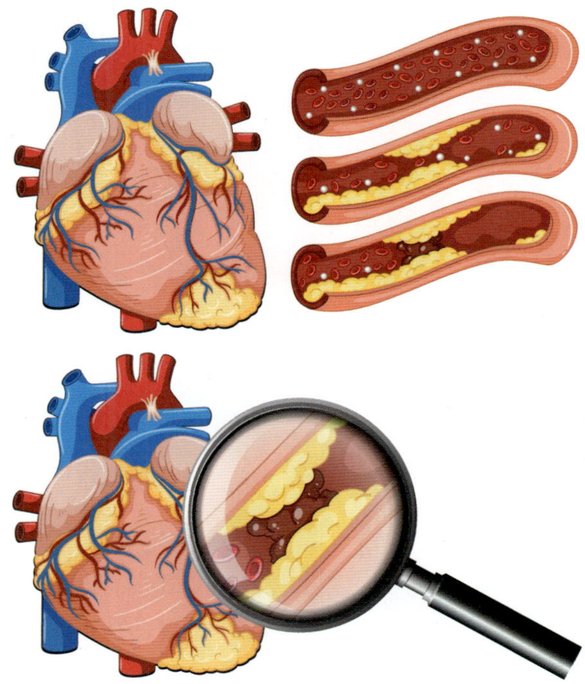

그림 11.10 관상 동맥경화

협심증
심장에 혈액을 공급하는 혈관인 관상동맥이 좁아져서 생기는 질환.

혈액의 체순환

좌심실을 빠져나온 혈액은 동맥과 소동맥을 거쳐 모세혈관으로 연결된다(그림 11.3). 동맥의 혈관은 혈액과 직접 부딪치는 내피조직, 내피조직을 둘러싸고 있는 탄력적인 근육조직, 그리고 결합조직의 세 층으로 구성되어 있다(그림 11.11). 가운데 위치한 탄력성 있는 근육조직 때문에 심장박동에 따라 확장과 수축이 반복된다. 소동맥으로 갈수록 혈관의 직경은 줄어들고 혈압은 낮아진다.

혈액은 세동맥을 거쳐 모세혈관에 도달하면 조직세포와의 사이에서 물질교환이 벌어진다. 모세혈관은 매우 작은 직경(10μm 정도)을 가지고 있어서 적혈구 하나가 겨우 통과할 수 있을 정도이다. 모세혈관은 한 층의 얇은 세포로 되어 있어 물질들이 빠져나오거나 받아들이기에 적합한 구조이다. 모세혈관은 총

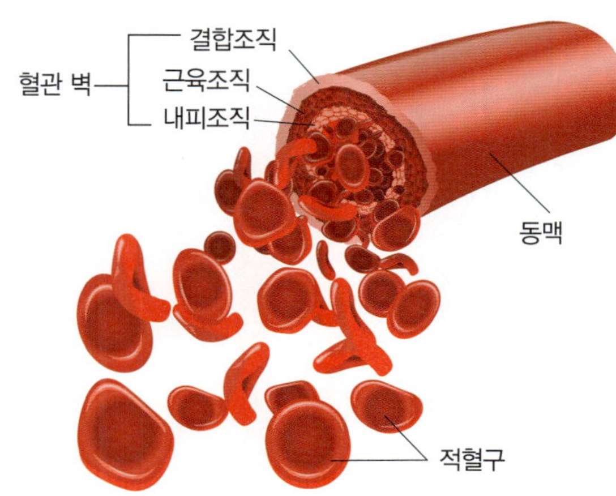

그림 11.11 동맥 혈관 벽의 구조

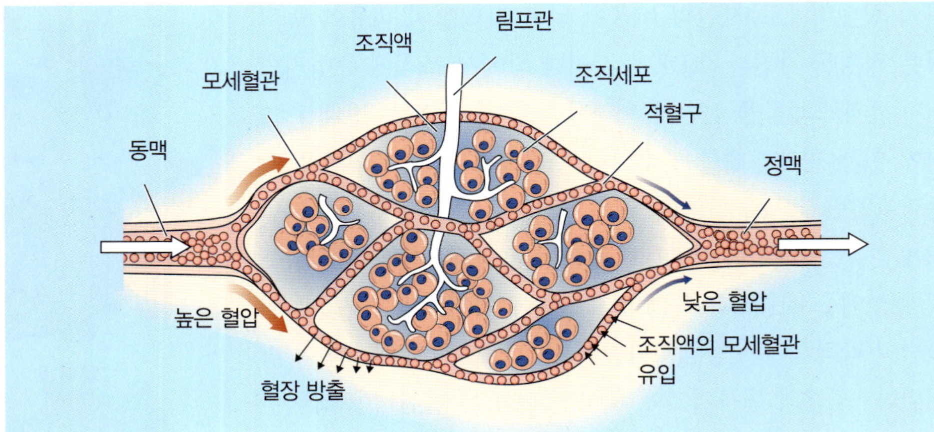

그림 11.12 모세혈관과 조직세포

연장 42,000km의 긴 혈관으로 우리 몸 전체에 퍼져 있다. 우리 몸의 모든 세포는 모세혈관에서 0.1cm를 벗어나지 않는다. 모세혈관은 조직에 산재해 있는 세포들에 필요한 물질을 공급하고, 다시 이들이 배출한 배설물을 수거하여 정맥vein으로 전해준다(그림 11.12). 모세혈관은 우리 몸의 혈관 중에서 이동속도가 가장 느리고 표면적의 합이 가장 넓다. 세포들은 모세혈관과 직접 접촉하고 있지 않으며 둘 사이의 틈은 조직액으로 채워져 있다. 따라서 모세혈관과 세포 사이의 물질교환은 조직액을 통해 이루어진다.

모세혈관에서 벌어지는 물질이동의 가장 중요한 원리는 확산diffusion이다. 모세혈관과 조직액 간에는 물질이 농도가 높은 곳에서 낮은 곳으로 이동한다. 산소를 예로 들어보면, 모세혈관에서의 산소 농도는 높고 조직액에서의 농도는 낮다(세포가 산소를 받아 사용하였으므로). 따라서 산소는 모세혈관으로부터 조직액 방향으로 이동한다. 반대로 이산화탄소는 조직액으로부터 모세혈관으로 이동한다. 조직액의 포도당은 항상 세포에 의해 사용되어 농도가 매우 낮기 때문에, 포도당은 모세혈관으로부터 조직액으로 이동한다. 소동맥에 가까운 곳에 있는 모세혈관 부분은 동맥으로부터 전해오는 혈압이 작용하여 물질을 조직액으로 방출하는 데 도움이 되기도 한다.

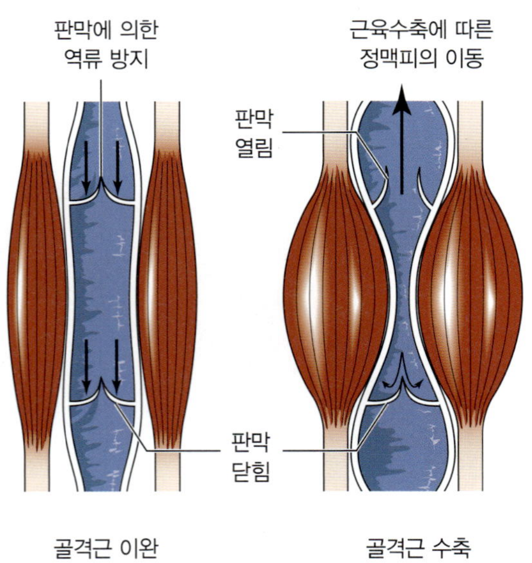

그림 11.13 **정맥에서의 혈류.** 정맥 주변 골격근의 수축은 정맥을 누르게 된다. 정맥 내벽에 펄럭이는 조직이 판막으로 작용하여 혈액의 역류를 방지한다. 만약 너무 오래 앉아 있거나 부동자세로 서 있을 때처럼 근육의 움직임이 없으면 정맥에 혈액이 고여 다리가 부을 수 있다.

물질들의 하역 및 수거작업을 마친 모세혈관의 혈액은 이제 정맥을 거쳐 심장으로 향한다. 소정맥을 지날 무렵의 혈압은 10mmHg가 안 될 정도로 낮으며, 정맥피의 이동은 심장의 펌프 작용에 의존하는 동맥의 경우와는 다른 방법을 사용한다. 정맥을 감싸고 있는 골격근의 압력으로 정맥피는 심장으로 향한다. 여기서도 판막이 있어서 혈액의 역류를 방지한다(그림 11.13).

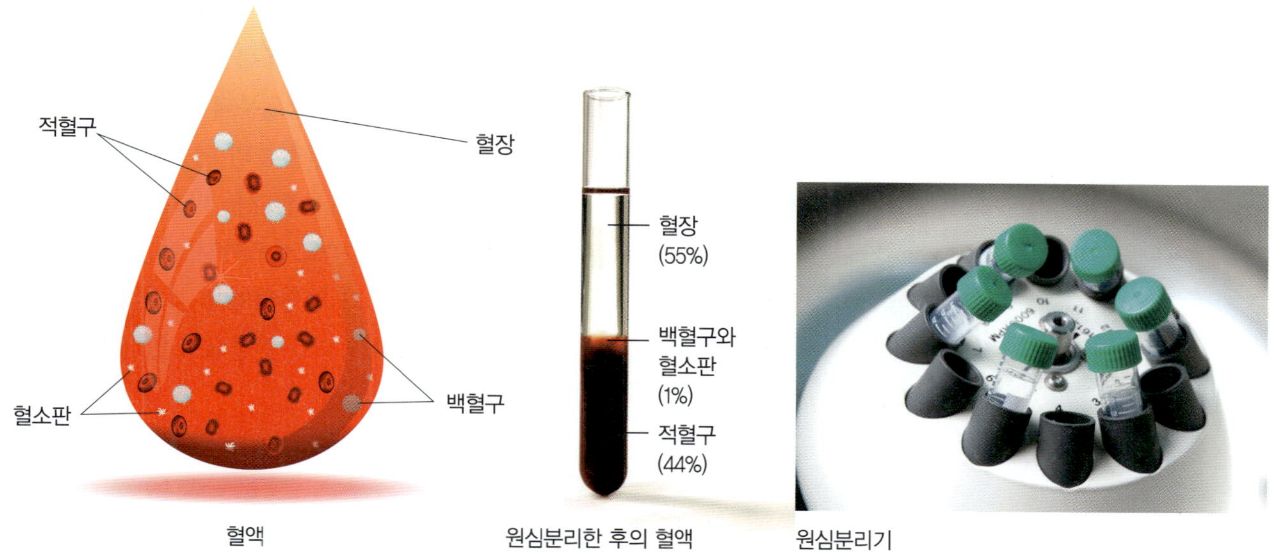

그림 11.14 원심분리에 의한 혈액 성분의 분리

혈액의 조성

혈액은 세포와 혈장plasma이라 불리는 용액으로 구성된다(**그림 11.14**). 세포 중 약 99%는 적혈구이며, 나머지 1% 정도는 백혈구와 혈소판이다. 적혈구는 산소와 이산화탄소의 이동, 백혈구는 우리 몸의 방어, 혈소판은 혈액응고를 담당한다. 혈액을 원심분리하면 맨 아랫부분에는 적혈구(전체 혈액부피의 약 44%)가 위치하며, 나머지 대부분은 혈장 용액(55% 정도)으로 윗부분에 위치한다. 이들 사이에 백혈구와 혈소판 층이 얇은 막을 이룬다.

적혈구는 뼈 안의 부드러운 조직인 골수에서 성체줄기세포의 일종인 조혈모세포로부터 생성된다(**그림 11.15**). 적혈구는 조혈모세포 중 일부가 분화하여 다른 혈액 세포와는 다르게 핵이 없어지고 헤모글로빈hemoglobin 단백질을 많이 갖는 특성을 갖는다. 이는 적혈구가 헤모글로빈을 통해 산소를 운반하는 단순한 기능을 담당하기 때문에, 핵과 DNA가 없어도 이 세포의 임무 수행에는 아무런 지장이 없다는 것을 말해준다. 이렇게 핵이 없는 적혈구는 세포분열이 불가능하여 생성된 후 골수를 떠나 혈관을 따라 이동하다가 약 120일 정도가 되면 소멸한다. 적혈구는 바깥쪽은 두툼하고 안쪽은 약간 파인 마치 도넛 같은 모습이다. 헤모글로빈은 폐에서 산소와 결합하며, 조직세포가 있는 모세혈관에 도달하면 산소는 헤모글로빈을 떠나 조직액을 거쳐 조직의 세포들로 들어간다.

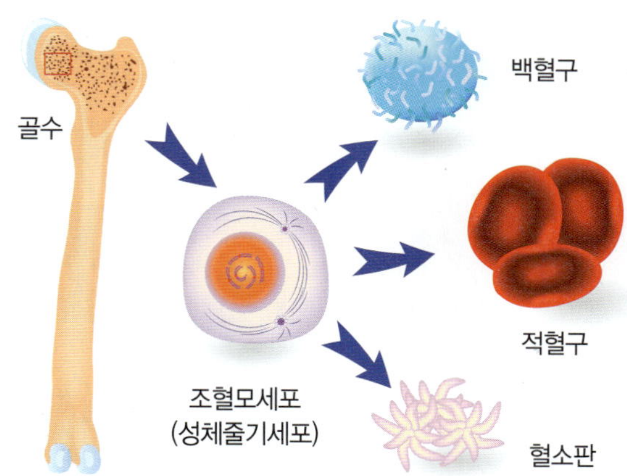

그림 11.15 **혈액 세포의 생성.** 골수에 있는 줄기세포인 조혈모세포가 끊임없이 분열하여 다양한 종류의 혈액 세포를 만들어낸다.

혈장에는 수많은 유기 분자와 무기 분자들이 녹아 있다.

많은 종류의 혈장단백질, 호르몬, 포도당, 아미노산, 중성지방 등의 영양분들, 요산 등의 세포 부산물들, Na^+, K^+ 등의 이온들, 비타민 등 무척 다양한 종류의 물질들이 녹아 있으며, 혈장은 조직세포에 이들을 전해주거나 그들로부터 전해 받는다.

심장, 혈관과 혈액으로 이루어진 순환계는 많은 물질들의 이동 수단이다. 호흡기를 통해 얻어진 산소와 소화계에서 흡수된 양분은 순환계를 타고 온몸의 세포들로 전해진다. 내분비계의 호르몬도 순환계를 통해 목표세포까지 이동한다. 혈액은 배설계의 신장을 통과하며 중요한 성분들의 농도가 일정하게 유지된다. 이처럼 순환계는 몸의 모든 세포들과 모든 기관계들과 여러 형태로 연결되어 있다.

11.3 호흡계

두루미 중에서 가장 작은 종인 쇠재두루미는 세계에서 가장 높고 험준한 히말라야 산맥을 넘는 철새다. 산소 부족과 영하 40도의 혹독한 추위 속에서 강풍과 눈보라, 거친 난기류를 뚫고 날아간다. 쇠재두루미가 이런 악조건을 극복할 수 있는 비결이 뭘까? 이들은 체중을 가볍게 하여 공기저항을 최소화하고 날개 근육을 발달시켰고 체내에서 희박한 산소를 효율적으로 흡수하는 능력을 키웠다. 이들이 가진 헤모글로빈의 농도는 높고 또한 산소 분자와의 결합력은 매우 강하다. 쇠재두루미는 모세혈관을 날개 근육에 집중시켜 산소가 이곳에서 충분히 사용되도록 한다. 이런 능력으로 쇠재두루미는 산소가 희박한 환경에서 산소를 사용하여 러시아를 떠나 에베레스트 산을 넘어 인도까지 지속적인 날갯짓을 할 수 있는 것이다.

산소로 호흡하는 생명체는 산소를 공급받고 이산화탄소를 배출한다. 몸집이 작은 생명체들은 특별한 장치 없이 피부를 통해 들어온 산소가 곧바로 각 세포들에 전달되고 물고기들은 아가미를 통해 물속의 산소를 얻는다. 하지만 몸집이 큰 동물들은 이들이 가진 수많은 세포들이 산소를 공급받고 이산화탄소를 배출하기 위해서는 좀 더 정교한 장치가 필요하다. 산소가 부족하고 이산화탄소가 풍부한 정맥피는 모세혈관을 통해 폐의 폐포alveolus의 얇은 세포막과 접하면서 기체교환을 일으킨다. 들숨으로 흡입한 폐포의 산소는 모세혈관으로 이동하고, 모세혈관의 이산화탄소는 폐포로 이동하여 날숨으로 배출된다. 호흡계의 가장 중요한 기능은 바로 두 기체 간의 기체교환이다.

쇄재두루미

공기의 이동

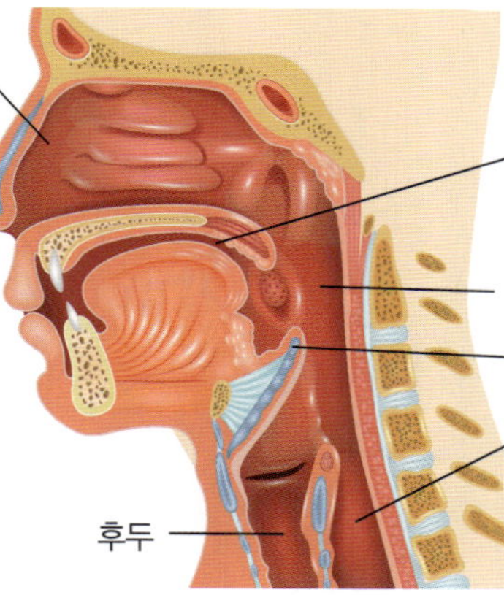

입과 코를 통해 들어온 공기는 목구멍 뒤 음식과 공기가 함께 지나는 공간인 인두pharynx로 모인다. 음식은 식도esophagus를 통해 위로 가고, 공기는 후두larynx를 지나 기도를 통해 폐로 이동한다. 후두의 입구에는 후두개epiglottis라는 뚜껑이 있어 음식의 유입을 막는다. 기도는 엄지손가락 굵기의 관으로 후두에서부터 시작하여 흉강 안으로 뻗어 있다. 기도의 벽은 연골로 감싸져 있어 기도는 항상 열려 있을 수 있다. 기도 벽의 안쪽 표면에는 섬모로 덮여 있고 기도 벽의 세포들은 점액을 분비하여 섬모를 적신다. 섬모의 움직임으로 박테리아나 독성 물질들은 점액과 함께 구강을 거쳐 입 밖으로 배출된다. 흡연 등의 이유로 섬모가 많이 부족해지면 반복적인 기침을 통해 점액을 배출하게 된다. 기도의 공기는 흉강 안에서 두 개의 작은 관인 기관지를 통해 폐로 유입된다. 기관지들은 좀 더 가느다란 기관세지들로 갈라진다(**그림 11.16**). 기관세지의 말단부에는 포도송이처럼 수많은 폐포(허파꽈리)라는 작은 공기주머니들이 달려 있다. 공기는 폐포 내부로 들어가서 공기 중의 산소를 혈액에 제공하고 혈액으로부터 수거한 이산화탄소를 몸 밖으로 배출한다. 즉, 폐포에서 산소와 이산화탄소가 교환되고 있는 것이다. 5억 개나 되는 폐포를 모두 펼치면 테니스장 정도의 넓이라 한다. 이런 넓은 표면적을 통해 생명을 지탱할 수 있는 대규모의 기체교환이 벌어질 수 있는 것이다.

폐는 근육조직이 없어 자체적으로 부피를 늘리거나 줄일 수 없다. 폐는 흉강 내에서 폐를 감싸고 있는 근육에 의해 팽창된다. 흉부와 복부 사이를 가르고 있는 횡

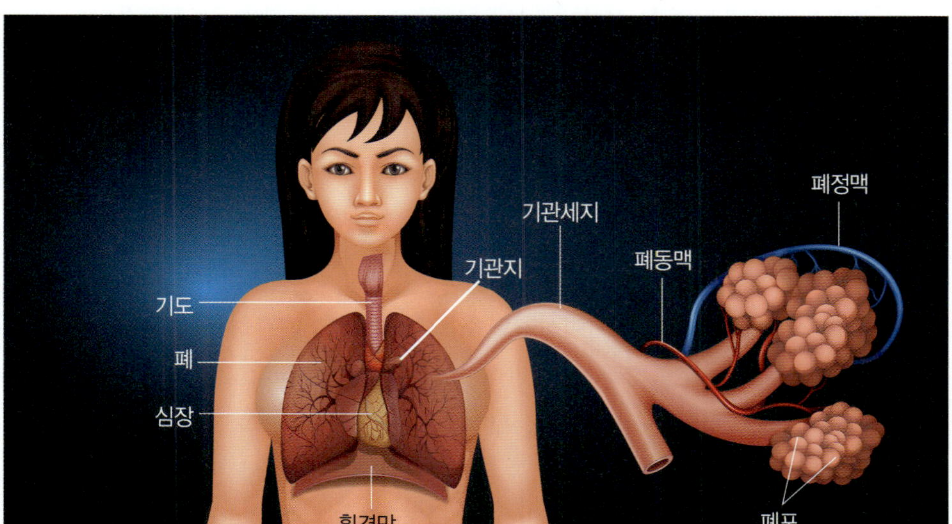

그림 11.16 사람의 호흡계. 호흡계는 세포호흡에 필요한 산소와 세포호흡의 부산물인 이산화탄소가 교환되는 기능을 담당하는 것으로 폐와 기도가 포함된다. 폐는 폐포라는 공기주머니를 가지며 이곳에서 기체교환이 벌어진다. 폐포는 모세혈관으로 둘러싸여 있어 혈액으로부터 이산화탄소를 흡수하고 혈액에 산소를 보충해준다. 기도와 기관지는 기체들의 이동 통로이다.

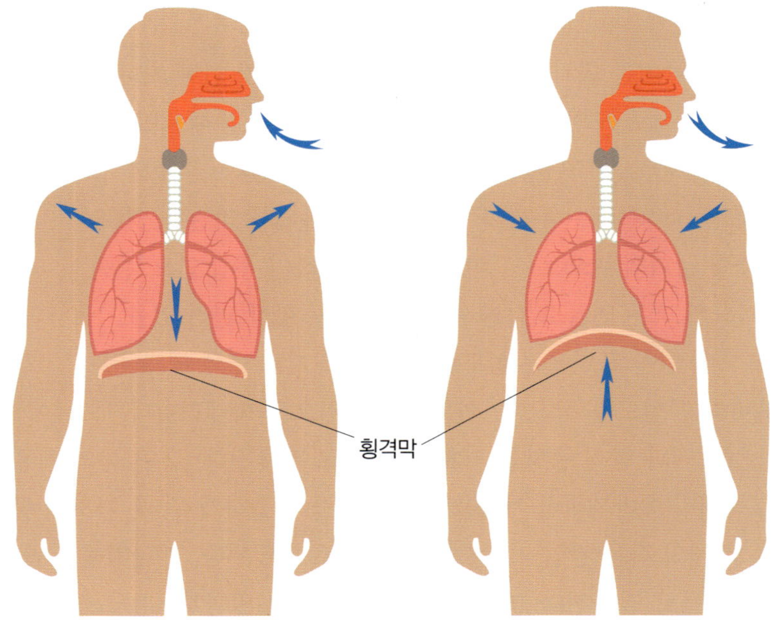

그림 11.17 **들숨과 날숨.** 들숨은 흉강을 넓히고 횡격막 근육을 복부 쪽으로 밀어 내린다. 날숨은 흉강을 좁히고 횡격막 근육을 흉부 쪽으로 밀어 올린다.

격막diaphragm 근육조직과 폐의 윗부분을 감싸고 있는 근육에 의해 팽창이 조절된다(그림 11.17). 폐가 팽창되면 그 속의 공기압은 대기의 공기압보다 줄어들어 몸 밖의 공기가 폐 안으로 유입된다(들숨). 반대로 폐가 좁아지면 폐 속의 공기압이 늘어나 폐의 공기는 몸 밖으로 배출된다(날숨). 폐의 팽창 정도(부피)를 결정하는 것엔 횡격막 근육이 중요하게 작용한다. 근육이 수축하면 횡격막은 복부 쪽으로 향하고 폐는 팽창되고 들숨을 쉬게 된다. 반대로 근육이 이완되면 횡격막은 흉부 쪽으로 밀어 올려지고 폐의 부피는 줄어들고 날숨을 쉬게 된다. 횡격막의 근육은 자율신경에 연결되어 있어 호흡의 빈도가 주변 상황에 따라 변할 수 있다. 가령 무서운 것과 마주치면 숨이 멈추게 되는 이유이다.

폐포와 기체교환

생명체들이 산소를 들이마시고 이산화탄소를 몸 밖으로 배출하기 위해서는 물기에 적셔 있고, 넓은 표면적을 갖는 얇은 막이 필요하다. 산소는 주로 물에 녹아 막을 통과하기 때문이다. 단세포생물들은 세포막의, 양서류는 피부의, 물고기는 아가미의 얇은 막을 통해서 기체교환을 한다. 포유류와 파충류 등의 생물은 폐에 있는 폐포가 가진 얇은 막으로 기체교환을 한다. 폐포는 주위에 모세혈관으로 싸여 있어 산소와 이산화탄소는 폐포와 모세혈관의 얇은 두 개의 세포막을 통과하게 된다. 진화적으로 폐가 몸 안 깊숙한 곳에 위치하게 된 것은 습기 때문에 산소가 용해되어 폐포막을 통과할 수 있게 하기 위한 것으로 여겨진다. 폐의 부피는 공기를 한껏 담았을 때 5~6리터 정도 되지만(이것을 폐활량이라고 한다) 한 번의 호흡을 통하여서는 약

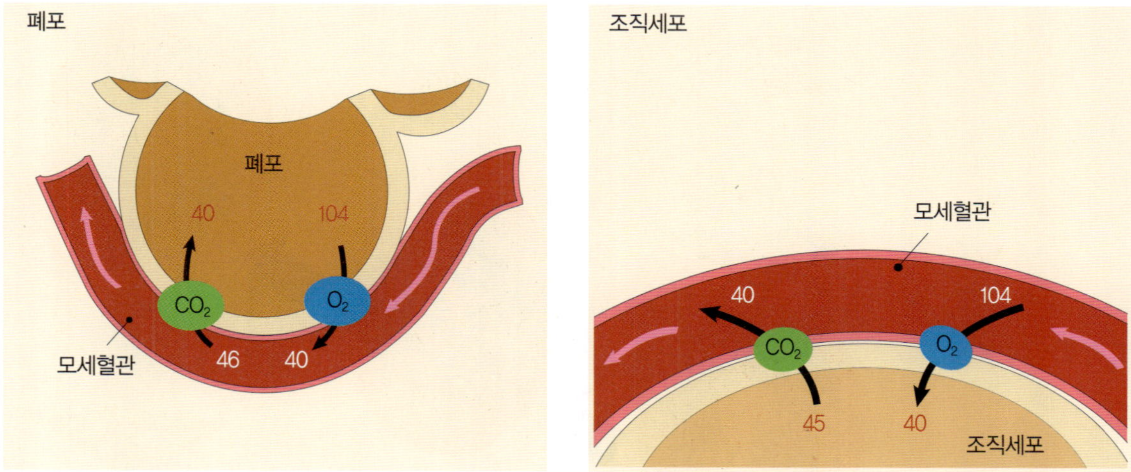

그림 11.18 분압 차이에 의한 기체교환. 폐포와 조직세포에서 각 기체들은 분압이 높은 곳에서 낮은 방향으로 이동한다. 산소는 산소 분압이 높은(104mmHg) 폐포로부터 산소 분압이 낮은(40mmHg) 모세혈관으로 이동한다. 이산화탄소도 역시 분압 차이로 인해 산소와는 반대 방향으로 이동한다.

0.5리터 정도의 공기가 들어온다.

산소와 이산화탄소의 이동은 농도가 높은 곳에서 낮은 곳으로 이동하는 확산에 의한다. 공기를 구성하는 각 기체들의 농도는 기체들이 나타내는 압력을 말하는 분압partial pressure이라는 용어로 표시된다(그림 11.18). 대기로부터 들어 온 폐포 내부에서의 산소 분압은 104mmHg 정도이고 모세혈관(정맥피)에서의 분압은 40mmHg 정도이다. 따라서 산소는 분압이 높은 폐포의 내부로부터 모세혈관으로 이동하게 된다. 산소의 분압이 높아진 동맥피는 다시 심장을 거쳐 온몸으로 이동한다. 비슷한 원리로 정맥피를 가진 모세혈관에서의 이산화탄소 분압은 46mmHg 정도이고 폐포 안의 분압은 40mmHg 정도인데, 이산화탄소는 모세혈관으로부터 폐포 내부로 이동하게 된다. 산소와 이산화탄소의 교환은 조직의 세포들에서도 마찬가지 원리로 벌어진다. 모세혈관(동맥피) 내 분압이 높은 산소는 조직세포로, 이산화탄소는 조직세포로부터 모세혈관으로 이동한다.

2019년도에 발생한 신종 코로나바이러스는 주로 폐포의 손상을 일으킨다. 폐포가 바이러스의 공격을 받아 손상되면 호흡이 곤란해진다. 손상으로 염증이 생기면 모세혈관으로부터 백혈구와 함께 수분이 빠져나와 폐포 조직에 부종(붓는 현상)을 일으켜 호흡 기능을 현저히 떨어트린다. 이들 환자는 인공호흡기를 사용하여 산소를 공급받아야 한다.

헤모글로빈

혈액 속으로 들어온 산소는 대부분 적혈구에 있는 헤모글로빈에 결합되어 운반된다. 하나의 적혈구 세포는 3억 개 이상의 헤모글로빈 분자를 가지며, 하나의 헤모글로빈은 4개의 폴리펩타이드 사슬로 되어 있다(그림 11.19 중앙). 각 폴리펩타이드

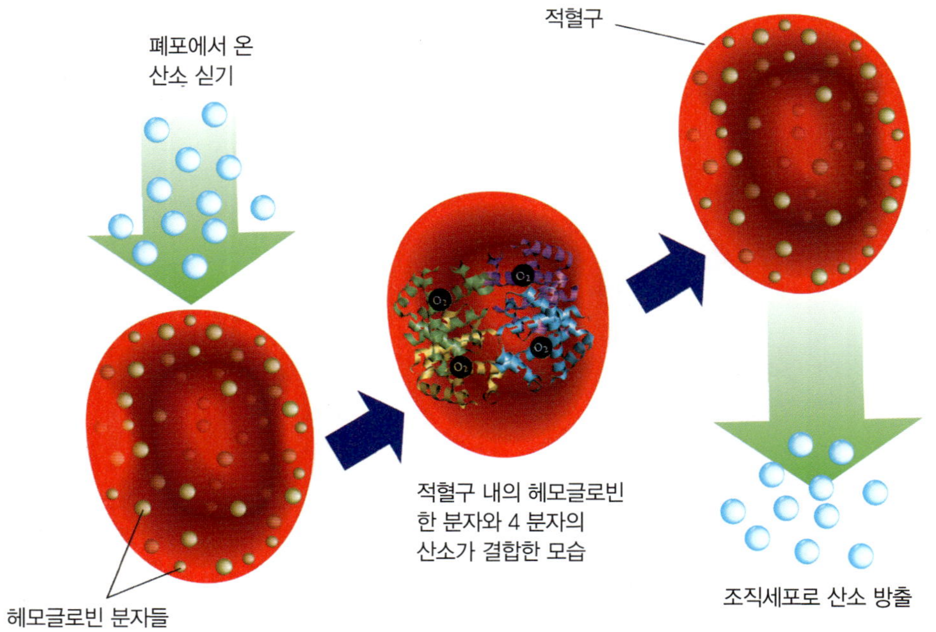

그림 11.19 헤모글로빈을 통한 산소의 운반

가 이루는 입체구조의 중앙에는 헴heme이라는 구조가 있다. 헴은 철(Fe^{++})이온을 포함하는데, 산소는 Fe^{++}이온과 결합한다. 철이 산소와 결합하면 철이 녹슬어(산화되어) 붉은 빛을 띠게 되듯이, 산소와 결합한 헤모글로빈 때문에 피도 붉게 보인다. 산소의 분압이 높은 동맥의 피가 정맥의 피보다 더 붉게 보인다(정맥은 검붉은색을 띤다). 높은 곳에 사는 동물들은 낮은 산소 분압에 적응하고 있다. 낮은 농도의 산소와 잘 결합할 수 있도록 이들의 헤모글로빈 구조는 다른 동물들과는 다르다.

헤모글로빈은 일산화탄소(CO)와 결합하기도 한다. 일산화탄소가 결합하면 산소의 결합이 방해받는다. 예전 연탄가스로 사망하는 사람들이 많았는데, 바로 연탄가스에 포함된 일산화탄소 때문이다. 헤모글로빈은 산소뿐만 아니라 이산화탄소를 운반하는 역할도 한다. 이산화탄소는 혈액에서 일부(23%)는 헤모글로빈과 결합된 상태로, 또 다른 일부(70%)는 혈장에 녹아 탄산수소이온(HCO_3^-) 상태로 이동한다. 혈액의 이산화탄소는 적혈구로 들어가 탄산무수화효소에 의해 탄산수소이온으로 전환된 후 적혈구를 빠져나와 혈장을 통해 이동한다(**그림 11.20**). 탄산무수화효소는 수소이온의 농도를 조절함으로써 혈장의 pH를 조절하는 역할을 담당한다. 나머지 7%의 이산화탄소는 혈장에 녹아 이동한다.

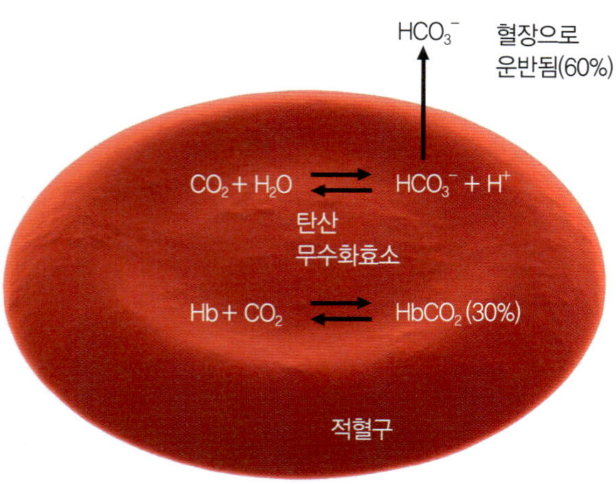

그림 11.20 이산화탄소의 혈액 내 운반. 이산화탄소는 혈액 내에서 탄산수소이온으로 전환되어(적혈구의 탄산무수화효소에 의해) 또는 헤모글로빈에 결합되어 이동한다.

공해물질과 담배

유해물질을 포함하고 있는 공기를 들이마시면 이 물질들은 폐포에 모이게 되고 기체교환의 기능을 악화시킨다. 담배는 특히 유해한 것으로 흡연은 기도나 기관지의 섬모나 폐포에 있는 상피세포를 다치게 한다. 상피조직의 표면에 묻은 담배의 독은 기침을 통해 밖으로 내보내지기도 하지만 결국 흡연자의 폐포는 담배의 독성물질로 차게 되어 폐포가 파괴되거나 그 기능이 저하된다. 흡입되는 유해물질들은 많은 경우 걸러짐이 없이 기관지를 통하여 폐포까지 이동한다. 담배를 많이 피우는 사람은 이런 청소작업을 제대로 할 수 없으므로 그것을 기침으로 대신하려 한다. 호흡을 할 때 힘이 들어가게 되며, 경우에 따라 심장에도 부담을 주면서 심장질환을 일으키기도 한다. 공기 중에 20% 정도로 존재하는 산소를 들이마시려는 것이 호흡인데, 담배 연기가 여기에 포함되면 호흡에 사용되는 산소의 양은 줄어들게 되고 숨이 가빠지는 건 당연한 현상이다. 눈에 보이는 담배연기는 탄소입자에 해당되며, 이 입자들에는 수많은 독성물질이 결합되어 있다. 흡연은 폐암을 비롯한 여러 종류의 암 발생률을 증가시킨다. 담배는 백해무익한 기호품이다.

11.4 소화계

사람들은 성인 남자를 기준으로 2,500kcal 열량에 해당하는 음식을 매일 섭취한다. 음식 속의 영양소(섭취한 생물의 생존, 활동 등에 필요한 물질)가 에너지를 만드는 재료가 된다. 다양한 종류의 음식은 섭취, 소화, 흡수, 찌꺼지 배출의 단계를 소화계의 여러 기관들에서 벌어진다. 이런 과정으로 얻어진 포도당, 아미노산 등의 작은 분자량의 영양소들은 순환계를 통해 온몸의 세포들에 전해진다.

소화계를 구성하는 기관들은 입부터 항문까지 관으로 길게 연결되어 있다(그림 11.21). 입으로 들어 온 음식은 이곳에서부터 시작되는 여러 단계의 소화 과정들을 거친다. 소화는 섭취된 음식을 잘게 부수어 몸에 흡수될 수 있도록 작은 분자로 분해하는 일련의 과정을 말한다. 소화에는 물리적 소화와 화학적 소화 두 종류가 있다. 물리적 소화는 씹기나 소화관의 운동 등을 통해 음식을 물리적으로 잘게 부수는 과정을, 화학적 소화는 큰 분자의 영양소들이 가지는 화학결합을 효소로 분해하는 과정을 말한다. 음식은 대부분 탄수화물, 단백질과 지방 등의 큰 분자들로 구성되어 있으며 이들은 세포에 흡수될 수 있도록 작은 분자들로 소화된다. 소화를 마친 영양소들은 주로 소장을 통해 혈액으로 흡수된다. 흡수를 마친 음식 찌꺼기는 큰창자를 거쳐 항문을 통해 몸 밖으로 배출된다. 이들 과정을 담당하는 각각의 소화기관들을

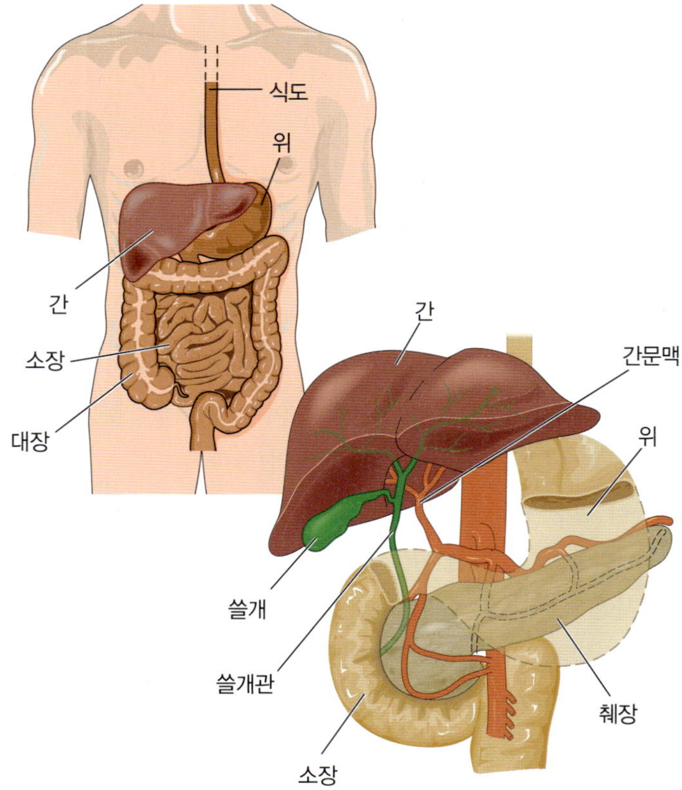

그림 11.21 **소화계.** 소화계는 입, 식도, 위, 소장, 대장으로 연결되는 하나의 긴 관으로 되어있다. 간, 이자, 쓸개는 소화에 직접 참여하지 않지만 소화에 필수적인 여러 기능들을 담당한다.

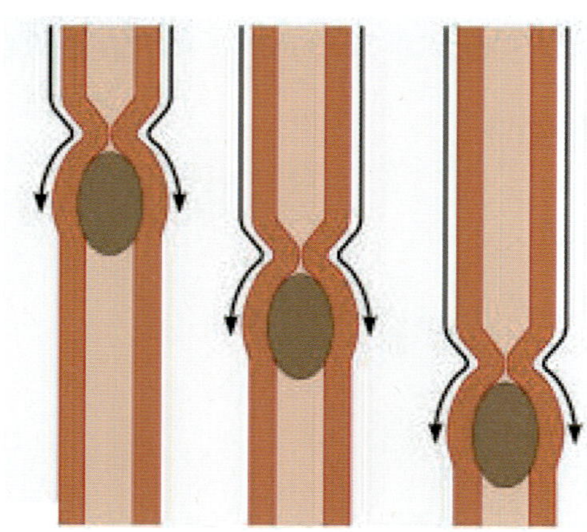

그림 11.22 연동운동

차례로 살펴보도록 하자.

입과 식도

입은 음식을 치아로 분해하는 물리적 소화와 함께 화학적 소화가 벌어지는 곳으로, 이곳에서 탄수화물의 분해가 시작된다. 구강 근처에 있는 침샘에서 분비되는 효소 아밀레이스amylase에 의해 다당류 등 큰 분자량의 탄수화물은 이당류인 엿당이나 포도당 등으로 분해된다. 또한 침은 탄수화물의 1차적인 소화와 함께 음식물들을 촉촉하게 감싸 목구멍을 타고 식도로 유입되는 것을 돕는다.

인두에서부터 위의 입구까지 식도를 감싸고 있는 근육이 파동을 이루는 수축으로 음식을 위까지 보낸다(그림 11.22). 이를 연동운동이라 하는데, 이는 음식을 섭취하는 동물의 자세에 무관하게 섭취된 음식을 위로 이동시키는 역할을 한다.

위

식도를 통해 위로 들어온 음식은 위에서 한동안 머무른다. 우리가 항상 먹지 않아도 되는 이유이다. 위는 저장 역할뿐만 아니라 위벽 근육의 꿈틀거리는 운동으로 커다란 음식 덩어리를 좀 더 작은 조각들로 부순다. 위에서는 단백질의 화학적 소화가 시작된다. 위벽은 상당히 굴곡진 구조로 되어 있다(그림 11.23). 굴곡진 곳의 점막세포들은 강산(pH 2)인 염산(HCl)과 펩시노겐을 분비한다. 세포들 중 벽세포parietal cell는 H^+와 Cl^- 이온을 분비한다. 분비된 두 이온은 점막 근처에서 결합하여 염산이 된다. 이처럼 벽세포는 직접 염산을 분비하지 않고, 대신 두 이온 각각을 분비한다. 염산은 음식의 고분자의 구조 변하게 하여 소화가 쉽게 되도록 한다. 단백질의 입체구조를 해체하여 1차구조로 전환시켜 소화가 쉽게 벌어질 수 있도록 한다. 염산은 또한 음식과 함께 들어온 병원균을 죽이기도 한다.

또 다른 점막세포인 주세포chief cell에 의해 분비되는 펩시노겐pepsinogen은 단백질 분해효소인 펩신의 불활성 형태의 전구체(펩신이 되기 전 단계의 분자)이다. 분비된 펩시노겐은 염산의 작용으로 활성화된 단백질 분해효소인 펩신pepsin으로 전환된다. 강산 환경에서 활성화되는 펩신은 단백질을 듬성듬성 분해하여 좀 더 짧은 길이의 폴리펩타이드들을 생성한다. 펩신은 폴리펩타이드 사슬에서 특정 아미노산을 인식하여 그 지역을 절단한다. 주세포에서 곧바로 펩신을 만들어 분비하지 않는 이유는 펩신이 주세포 내에서 세포 자신의 단백질을 분해하지 못하게 하기 위해서이다. 지질이나 탄수화물의 소화는 위에서 벌어지지 않는다. 위벽은 점막으로 싸여 있어 염산이나 펩신으로부터 보호를 받는다. 위에서는 음식이 염산과 펩신 등과 함께

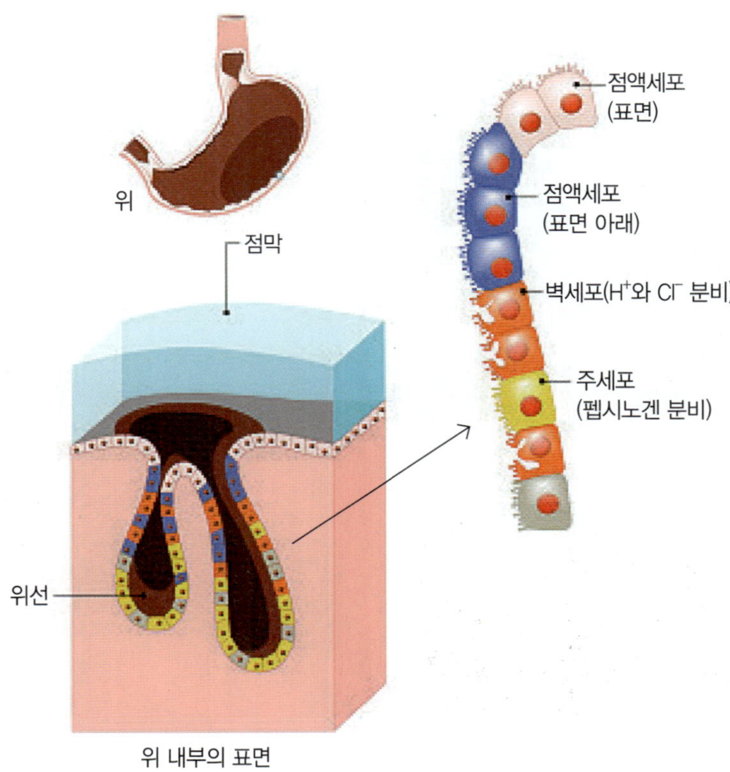

그림 11.23 위벽과 세포들. 위선(gastric gland)은 위벽에서 좁게 파인 공간을 말하며 주세포와 벽세포 등으로 점액을 분비한다.

뒤섞여 마치 죽(유미즙이라 함)과 같은 형태가 되어 소장으로 이동한다.

위벽의 점막이나 세포들이 손상되어 통증을 느끼게 되는 증상을 위궤양ulcer이라 한다. 이 증상은 주로 강산 환경에서도 잘 자라는 박테리아 *Helicobacter pylori*에 의한 것으로 알려져 있다. 강산에서 다른 박테리아는 살 수 없지만 *H.pyroli*는 살아남을 수 있는 것이다. *H.pyroli*는 점막이나 세포를 공격하여 독성물질을 분비한다.

소장, 담낭, 췌장

입과 위를 거치며 탄수화물과 단백질의 소화가 시작되었지만 본격적인 소화와 흡수는 소장small intestine에서 벌어진다(**그림 11.24a**). 소장은 길이가 6m, 직경은 2.5cm 정도이다. 이런 긴 창자를 거치며 화학적 소화가 최종적으로 벌어지고 소화의 결과로 얻어진 영양소는 소장 안쪽의 융모를 통과하여 순환계로 유입된다(**그림 11.24b**). 소장의 처음 25 cm는 십이지장(또는 샘창자), 나머지는 공장과 회장으로 되어 있다. 위로부터 십이지장으로 막 들어온 유미즙은 염산의 영향으로 강한 산성을 띤다. 대부분의 효소는 중성에서 잘 작용하는데, 대부분의 소화효소들도 마찬가지다. 소화효소들이 소장에서 작용할 수 있도록 하기 위해 췌장에선 알카리 용액을 분비하여 강산의 유미즙을 중화시킨다.

소장에서 작용하는 소화효소의 대부분은 췌장(또는 이자)pancrease으로부터 온다(그림 11.21). 췌장에선 지방 분해효소인 라이페이즈, 탄수화물 분해효소인 췌장 아밀레이스와 불활성 상태의 단백질 분해효소 전구체들인 트립시노겐과 카이모

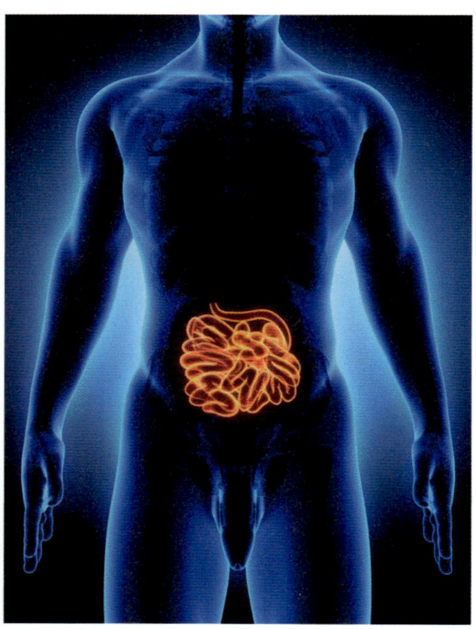

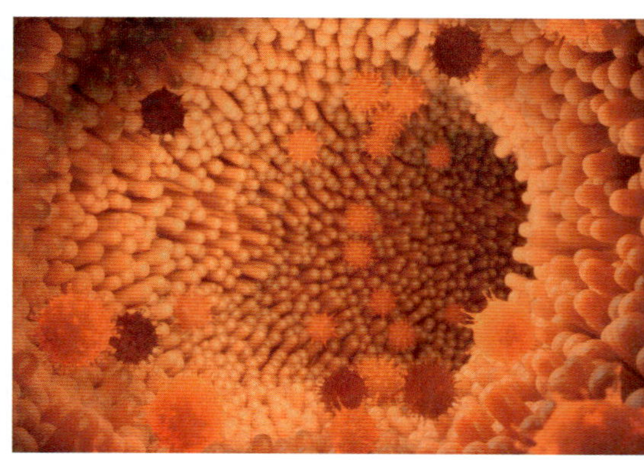

(a) (b)

그림 11.24 소장. (a) 소장 (b) 소장 안쪽의 수많은 융모들. 소화를 마친 영양소를 융모를 통해 혈액으로 유입된다.

트립시노겐 등을 생성하여 소장으로 흘려보낸다. 펩신의 경우와 마찬가지로 췌장도 세포에서 불활성 전구체를 생성하여 소장으로 내보낸다. 트립시노겐과 카이모트립시노겐은 소장에서 활성화된 단백질 분해효소인 트립신trypsin과 카이모트립신chymotrypsin으로 전환한다. 췌장은 혈당 조절 호르몬들인 인슐린과 글루카곤을 생산하여 혈액으로 분비하기도 한다(13장 참조).

이제 소장에서는 본격적으로 탄수화물, 단백질과 지방을 소화할 준비를 갖추게 된 셈이다. 입에서 침샘 아밀레이스로 시작된 탄수화물의 소화는 소장의 췌장 아밀레이스에 의해 계속된다(**그림 11.25**). 소장액에 있는 말테이스, 락테이스 등의 도움으로 다양한 종류의 이당류들이 단당류로 분해되어 화학적 소화의 최종 산물인 단당류로 전환되어 흡수된다.

췌장에서 생성되는 락테이스lactase(소장 벽 세포로부터 분비)는 포도당과 갈락토오스가 결합되어 있는 이당류인 젖당lactose을 단당류인 포도당과 갈락토오스로 분해한다. 우유에 포함되어 있는 젖당을 소화할 수 없는 사람은 이당류가 소장에 그대로 남아 거북한 느낌을 갖게 된다. 이런 증상을 '젖당 불내증lactose intolerence'이라

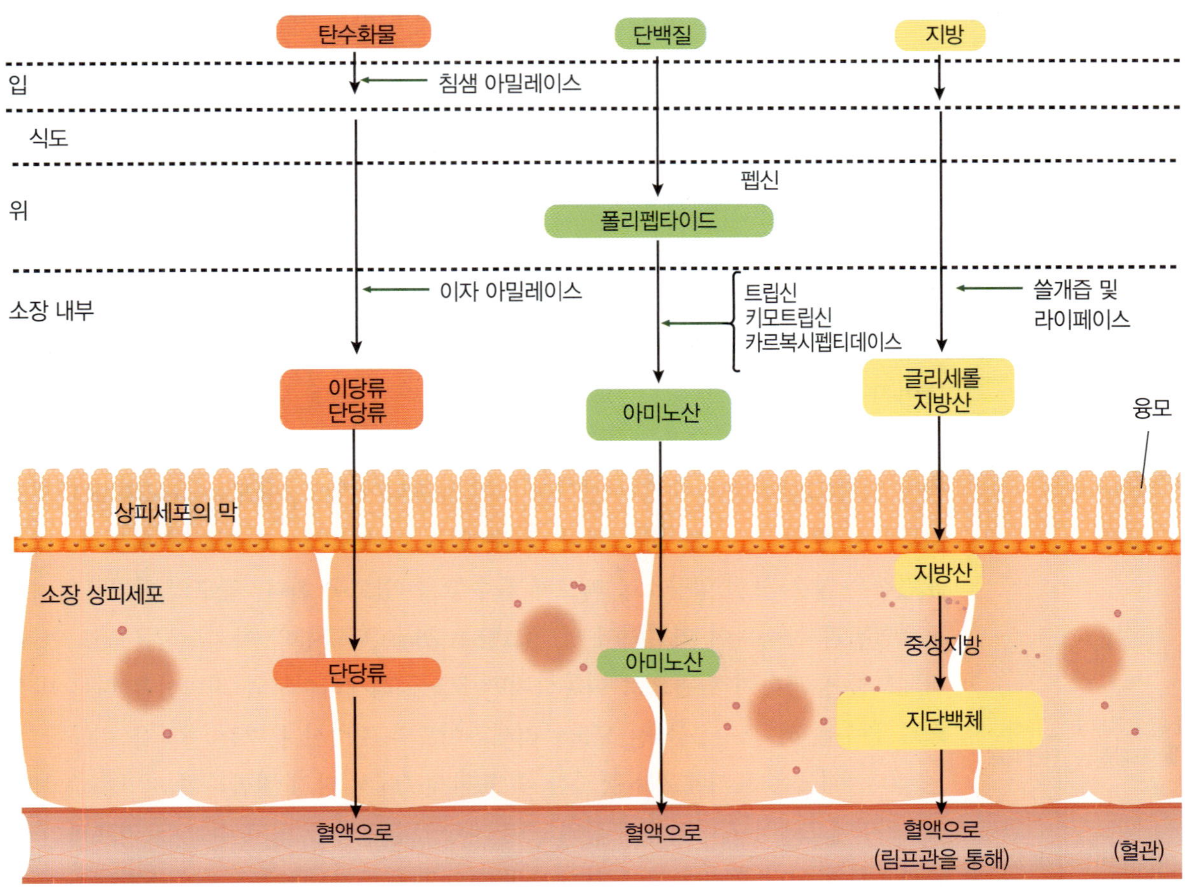

그림 11.25 탄수화물, 지방 및 단백질의 소화(요약). 영양소들은 여러 소화기관에서 다양한 효소에 의해서 분해된다. 소화 산물인 단당류, 지방산 및 아미노산은 소장의 상피세포로 흡수된 다음 혈액을 통해 간이나 조직세포로 이동한다(그림 하단).

하는데, 우리나라를 포함하는 전통적으로 낙농업이 발달되지 않은 지역에서 빈번하게 나타나는 것으로 알려져 있다. 유럽 등 낙농업이 발달한 나라에선 락테이스로 우유를 섭취를 할 수 있는 형질이 자연선택 되어 대부분의 이 지역 사람들은 이 증상을 갖지 않는다.

위에서 펩신에 의해 부분적으로 분해된 짧은 길이의 폴리펩타이드 조각들은 소장에서 트립신과 카이모트립신에 의해 더욱 잘게 분해된다(그림 11.25). 트립신과 카이모트립신은 폴리펩타이드 사슬에서 펩신과는 또 다른 종류의 아미노산을 인식하여 분해한다. 이런 방식으로 분해된 조각들은 아미노 말단으로부터 아미노산 하나씩을 분해하는 아미노펩티데이스 또는 카복시 말단으로부터 아미노산 하나씩을 분해하는 카복시펩티데이스에 의해 단백질의 최종 소화산물인 아미노산들이 생겨난다.

지방은 물에 녹지 않고 용액에서 덩어리로 있는 분자로서 지방 소화효소인 라이페이스lipase의 접근과 작용이 용이하지 않다. 이를 해결하기 위해 간에서 만들어지고 담낭(쓸개주머니)에 저장되었다 소장으로 흘러내려오는 담즙(쓸개즙)bile이 지방 소화에 사용된다(그림 11.21). 담즙은 한 분자에 소수성 지역과 친수성 지역을 모두 가지고 있다. 담즙은 지방덩어리를 아주 작은 입자로 잘게 분해하는 **유화** emulsification 현상을 일으킨다. 유화된 지방 조각들은 담즙이 가진 친수성에 의해 소장 내 용액에서 머물러 있으면서 라이페이스에 의해 소화된다(그림 11.25). 라이페이스는 지방을 모노글리세라이드와 지방산으로 분해한다. 글리세롤에 세 분자의 지방산이 결합되어 있는 지방이 모노글리세라이드monoglyceride(글리세롤에 지방산 한 분자가 결합)와 지방산으로 분해되는 것이다.

유화
물에 녹지 않는 큰 덩어리의 물질이 미세한 구조로 분산되는 현상으로 쓸개즙은 지방덩어리의 유화를 촉진한다.

소화의 최종 산물인 단당류, 아미노산, 모노글리세라이드와 지방산들은 이제 소장 벽을 통과하여 순환계로 흡수된다(그림 11.25). 십이지장은 주로 소화를 하고, 나머지 공장과 회장에서는 주로 흡수가 벌어진다. 소장은 벽은 많은 양의 소화 산물을 흡수할 수 있도록 넓은 표면적을 가지고 있다. 이를 위해 소장 벽 표면은 매우 굴곡져 있다(**그림 11.26**). 수많은 융모villi들이 돌출되어 있고, 융모는 융모의 표피세포들로부터 뻗어 있고 현미경으로나 볼 수 있는 미세융모microvilli로 덮여 있다. 넓은 표면적은 많은 양의 영양소를 빠르게 흡수할 수 있도록 한다. 융모의 한가운데에는 모세혈관과 암죽관이 연결되어 있다(**그림 11.26a**). 단당류와 아미노산은 융모의 표피세포들 통과하여 혈관으로 이동하지만 모노글리세라이드와 지방산은 다른 방식으로 흡수된다. 소수성을 띤 모노글리세라이드와 지방산 분자는 혈액을 이동할 수는 없다. 이들은 표피세포를 통과한 후 표피세포에서 다시 결합하여 지방을 형성한다. 표피세포에서 지단백체에 실려 큰 분자량의 물질이 유입될 수 있는 림프관인 **암죽관**으로 들어간 후 림프관을 거쳐 결국 혈액과 합류한다. 이와 같이 소장에서 흡수된 모든 영양소는 **간문맥**을 통해 간으로 향한다. 간은 소장으로부터 흡수된 영양소들의 1차적인 집합소이다.

암죽관
암죽관은 소장의 융모 내에 존재하는 림프관으로 지방을 포함하는 지단백체를 운반한다.

간문맥
간문맥은 위장관, 췌장 및 쓸개 등으로부터 온 정맥이 하나로 합쳐져 형성된다. 간문맥은 위, 소장 등과 같은 소화관에서 흡수한 영양소를 운반하는 통로로 간의 모세혈관과 연결된다.

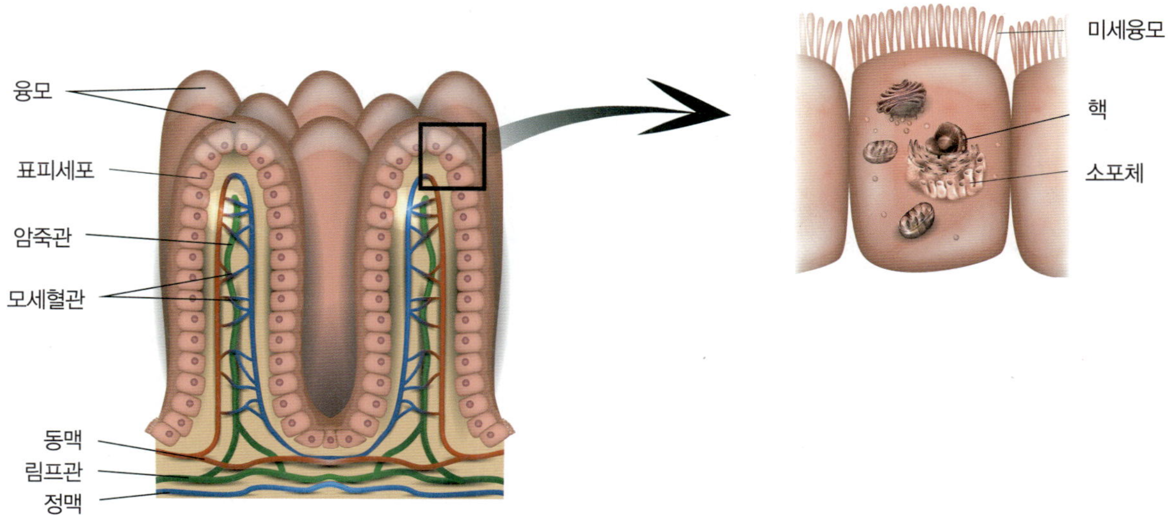

그림 11.26 융모(a)와 미세융모(b)

소장을 거치며 소화와 흡수를 마친 음식은 다음 단계로 대장으로 이동한다. 영양소는 대부분 소장에 흡수되고 나머지는 대장에서 흡수된다. 길이가 1.5m나 되고 직경이 5cm 정도인 대장은 주로 물이 흡수된다. 나머지 음식 찌꺼기는 항문을 통해 몸 밖으로 배출된다.

간

소장에서 흡수된 영양소는 순환계를 타고 간liver으로 이동한다. 간은 우리 몸의 장기 중 가장 크며 중요한 기능을 담당하는 기관이다. 간은 오른쪽 갈비뼈의 안쪽에 위치하고 있으며 약 1.4kg의 무게를 가진다. 간은 약 500 종류의 화학반응이 벌어지는 '인체의 화학공장' 또는 '물질분배센터'라고 할 수 있다. 간에서는 복잡한 화학반응들이 벌어져 우리 몸에 필요한 양분을 적절하게 공급한다.

간은 주요 영양분인 탄수화물, 지방, 단백질의 대사와 저장을 담당하고 있다. 가령 혈액에 있는 포도당의 양이 많아지면 간에서 포도당을 글리코겐으로 전환하여 저장하고, 포도당이 필요하게 되면 글리코겐을 다시 분해한다. 이처럼 혈액 속의 포도당 농도(혈당)가 제대로 유지되도록 하는 데는 간의 역할이 매우 중요하다. 또한 간은 다양한 종류의 대사를 통해 몸이 필요로 하는 지방산, 콜레스테롤, 아미노산 등의 영양분을 적절하게 생성도 하고 분해도 한다. 과도하게 음식을 섭취하면 간에서 주로 지방으로 전환하여 저장한다. 간은 소장에서 흡수한 영양소 용액에 독성이 있는 물질이 있으면 이를 다른 물질로 전환하거나 제거한다. 알코올 섭취가 과도하면 지방이 많이 생성되어 지방간이 되는 이유이다. 간은 소화기능으로서 쓸개즙을 만들어 지방의 소화를 돕기도 한다. 간은 다양한 영양소들의 항상성을 담당하는 중요한 장기이다. 소장에서 흡수된 다양한 영양소들의 양과 몸에서 필요한 영양소들을 파악하여 필요한 대사반응을 수행한다. 그야말로 우리 몸의 화학공장이자 물류 센터이다.

11.5 배설계

바다거북은 눈가에 있는 염선을 통해 염분(NaCl)을 눈물처럼 배출한다. 바다거북은 염분이 많이 포함된 (약 3.5% 정도) 바닷물을 마셔 필요한 물을 보충하지만 너무 높아진 염분을 제거해야만 한다. 염분은 물에서 용해되어 이온을 생성하는데 염분의 농도가 높으면 물의 농도는 낮아진다. 따라서 염분의 농도는 물의 농도와 이동에 많은 영향을 미친다. 이런 이유로 동물들은 물과 염분의 농도를 조절하는 장치를 필수적으로 가진다. 염분이 높은 바닷물에 사는 바다거북은 몸의 수분을 바다에 쉽게 잃어버린다. 이를 보충하고자 바다거북은 많은 양의 바닷물을 마셔야 하며 높아진 염분을 계속 눈물로 배출하는 것이다.

바다거북이 눈물

사람은 배설계를 통해 물과 염분의 농도를 조절한다. 배설계는 물과 염분 말고도 대사과정의 부산물이나 혈액의 여러 물질들의 농도를 일정하게 유지하고, 필요 없거나 독성인 물질을 배출한다. 배설계의 중심에는 콩팥이 있으며 방광, 신우(콩팥 깔대기), 요도 등과 함께 오줌의 배출을 담당한다.

콩팥

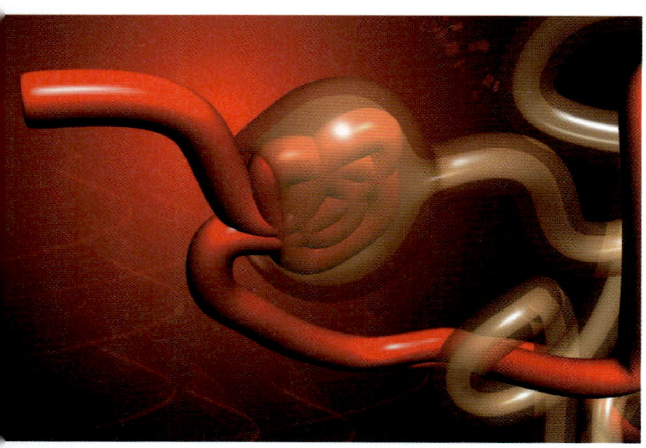

사구체를 감싸는 보우만주머니

콩팥kidney은 횡격막 아래 등뼈 안쪽 좌우 양쪽에 하나씩 두 개가 있으며 각각은 강낭콩kidney bean의 모습을 한 대략 주먹만 한 크기이다(그림 11.27). 콩팥의 바깥부분에는 콩팥겉질, 안에는 콩팥속질이 위치하고 가장 안쪽에는 신우라는 조직이 있다. 콩팥 기능상의 단위인 신단위 또는 네프론nephron이라는 미세한 공장이 각 콩팥 당 100만 개씩이나 있다. 수많은 네프론들에서 생성된 오줌은 깔때기 역할을 하고 있는 신우조직을 통해 모아져서 요관을 타고 이동하여 방광에 저장된다. 방광의 오줌은 요도를 타고 배출된다. 각각의 네프론에서 오줌이 만들어지고 이온과 부산물들이 배출되는 과정을 살펴보자.

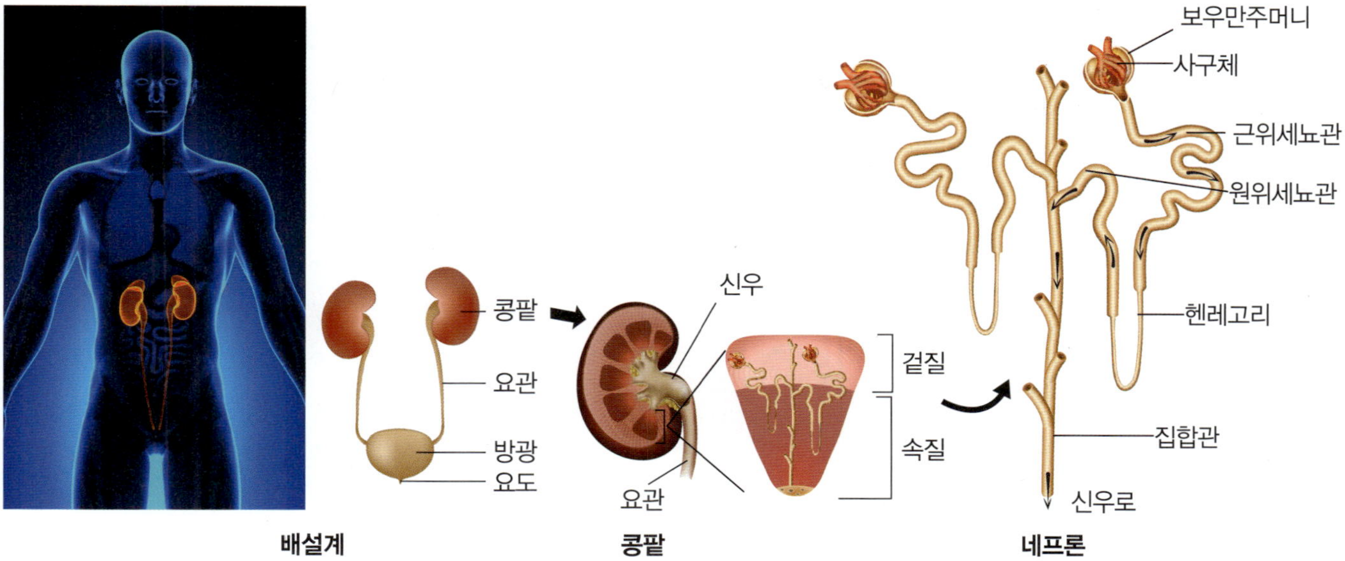

그림 11.27 배설계, 콩팥, 네프론 구조

네프론

혈액은 콩팥 동맥을 통해 네프론으로 이동한다. 각 네프론의 입구에는 보우만주머니Bowman's capsule라는 특별한 구조가 있어 콩팥 동맥이 여러 갈래로 갈라져서 직경이 좁아진 동맥 혈관들이 엉켜 있는 사구체glomerulus를 감싸고 있다(그림 11.27 좌측 상단). 따라서 사구체에 있는 혈관의 혈압은 콩팥 동맥에 비해 상당히 높다. 높아진 혈압으로 사구체 혈관 내 용액(혈장)의 약 20%가 혈관을 빠져나와 보우만주머니 안으로 이동한다(**그림 11.28**). 이 현상을 여과filtration라 하며 여과된 용액을 원뇨라 한다. 보우만주머니는 세뇨관renal tubule이라는 긴 관으로 연결되어 원뇨가 이곳을 흐른다. 세뇨관의 주변에는 많은 모세혈관들이 분포되어 있다. 사구체를 나온 동맥(세동맥)이 모세혈관으로 콩팥 겉질과 속질에 넓게 분포하고 있고, 모세혈관은 콩팥 정맥으로 연결된다.

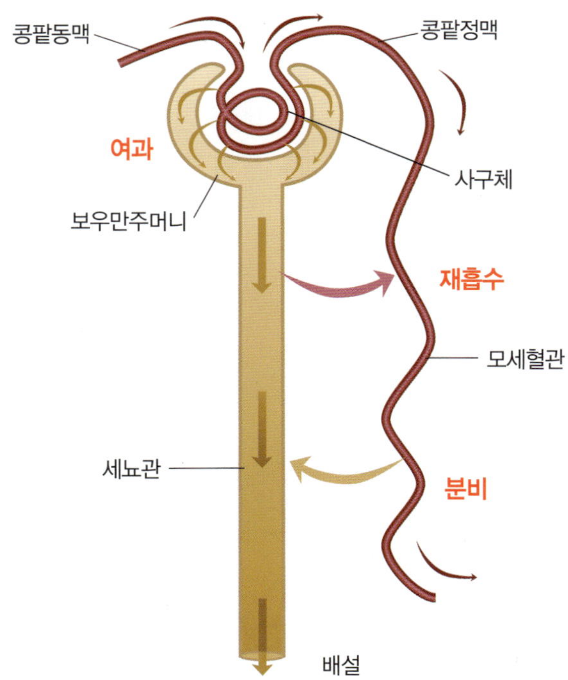

그림 11.28 네프론의 주요 기능

원뇨에는 물, 포도당, 아미노산, 이온 등의 무기염류가 포함되어 있고, 혈액의 세포, 단백질, 지방 등 큰 분자량의 물질들은 여과되지 않아 원뇨에 포함되지 않는다. 단백뇨라 해서 사구체 이상으로 오줌에 단백질이 섞이는 경우가 있다. 양쪽 콩팥의 200만 개 네프론에서 하루에 여과되는 원뇨의 양은 180리터나 된다. 이 원뇨 모두가 오줌으로 배출되지는 않는다. 원뇨의 대부분(99%)은 세뇨관을 지나면서 세뇨관을 빠져나와 조직액을 거쳐 세뇨관 근처의 모세혈관으로 재흡수reabsorption된다(그림 11.28). 나머

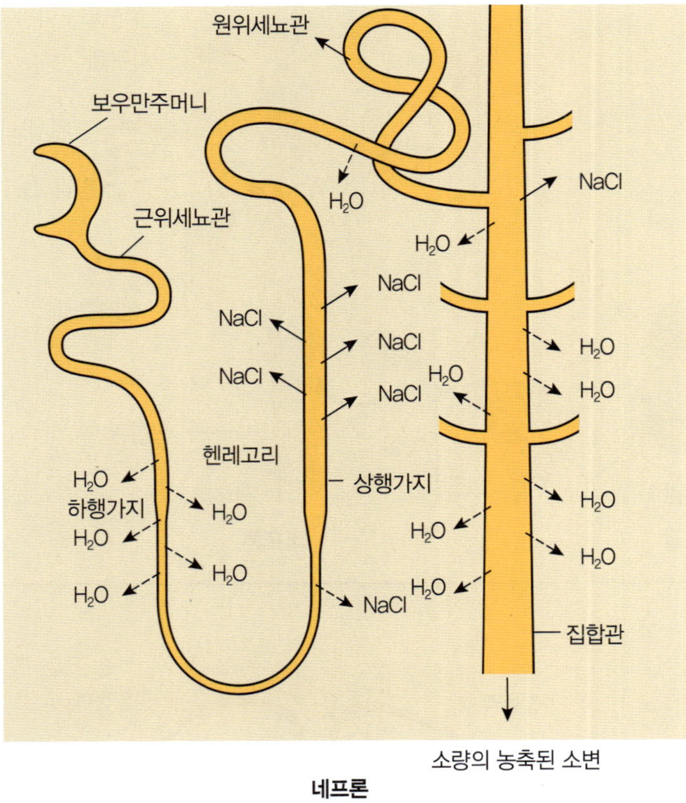

그림 11.29 소변의 농축

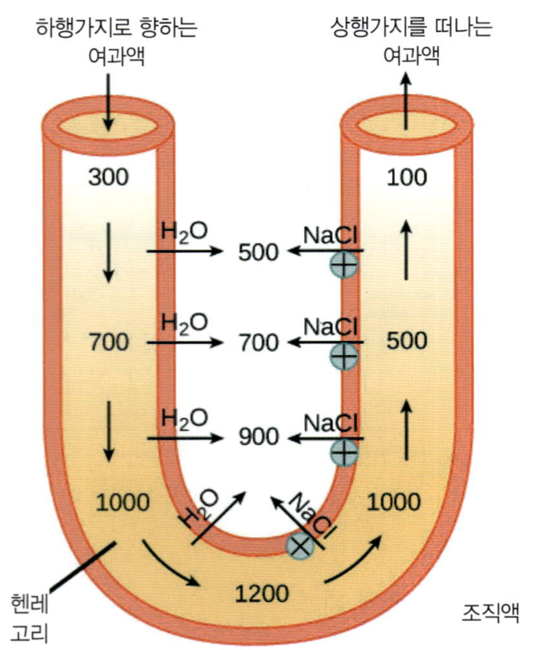

그림 11.30 헨레고리와 물의 재흡수

지 1% 정도(1.5리터)만 오줌으로 배출된다.

네프론의 구조는 가급적 많은 물과 용질들을 재흡수하도록 되어 있다. 보우만주머니를 벗어난 세뇨관은 겉질에서 근위세뇨관을 거쳐 겉질과 속질에 걸쳐 있는 헨리고리로 연결되고 원위세뇨관(보오만주머니와 멀리 떨어진)과 집합관을 거쳐 신우로 이동한다(그림 11.27). 세뇨관과 근처의 모세혈관은 재흡수를 통해 몸이 필요한 물과 용질들을 세뇨관으로부터 혈관으로 재흡수하고, 필요하지 않거나 독성이 있는 물질은 혈관으로부터 세뇨관으로 분비한다.

포도당, 아미노산, Na^+, 등의 몸이 필요로 하는 용질들의 대부분은 근위세뇨관에서 재흡수된다. 물도 이들처럼 재흡수된다. 물의 재흡수는 세뇨관과 함께 헨레고리에서 많이 벌어진다. 헨레고리의 긴 관은 겉질에서 속질로 내려오는 하행가지는 다시 속질에서 겉질로 올라가는 상행가지로 연결된다(그림 11.29). 하행가지에서는 물이 선택적으로 조직액으로 배출되고 상행가지에서는 NaCl이 선택적으로 조직액으로 배출된다. 속질의 높아진 NaCl 농도가 하행가지와 집합관에서 물이 조직액을 거쳐 모세혈관으로 재흡수된다. 이 과정을 좀 더 살펴보자. 헨레고리 주변 조직액의 특징은 NaCl 농도가 구배(또는 기울기)를 이루고 있다는 것이다(그림 11.30). 그림에서 보이는 숫자는 삼투압의 척도를 말하는 것으로 용질의 농도가 높을수록 크다. 조직액의 삼투압 수치는 500, 700, 900 등으로 속질 아래로 갈수록 높아진다. 하행가지는 물이 재흡수되도록 하행가지의 막은 물을 조직액으로 배출할 수 있다. 하행가지의 막은 물만을 선택적으로 수송할 수 있지만 NaCl은 수송할 수 없는 특징을 가진다. 하행가지로 들어온 여과액은 상대적으로 물의 농도가 높아(숫자가 300으로 삼투압 수치는 낮다) 물을 삼투압 수치가 높은 조직액(500정도)으로 배출한다. 하행가지 안의 용질 농도는 속질 아래 방향으로 갈수록 높아지지만 조직액의 삼투압도 커지면서 하행가지의 물 배출은 계속된다. 조직액을 희석시킨 물은 속질에 분포된 모세혈관으로 재흡수되어 조직액의 NaCl 구배를 유지시킨다. 물의 재흡수를 마친 하행가지 하단의 삼투압 수치는 1200 정도로 높아져 있다. 상행가지는 하행가지와는 반대로 물을 배출할 수는 없고 NaCl만을 조직액으로 배출할 수 있다. 하행가지를 지나 높은 삼투압 수치를 가진 여과액은 상행가지를 타고 겉질 쪽으로 상행하면서 NaCl을 조직액으로 배출하여 조직액의 삼투압 수치를 높이면서 조직액의 NaCl 농도 구배를 유지시키는 역할을 한다. 헨레고리의 하행과 상행의 반대 방향counter current으로 여과액이 흐르면서 물의 재흡수가 촉진되는 것이다. 물이 귀한 사막의 동물들은 일반적으로 헨레고리의 길이가 길다. 가급적 물의 재흡수를 많이 하여 물을 오줌으로 배출하지 않으려 하기 때문이다. 물의 재흡수는 집합관에서도 계속해서 벌어지는데, 앞서 설명했던 조직액의 NaCl 구배가 이곳에서도 물의 재흡수를 촉진한다.

이런 긴 경로를 통해 물의 재흡수가 활발하게 벌어져서 집합관을 벗어나는 여과액의 부피는 처음 보우만주머니를 벗어날 때 부피의 1% 정도 밖에 되지 않는다. 즉, 원뇨의 1% 만이 오줌으로 배출되는 것이다. 몸이 물을 필요하면 오줌이 양이 줄어들어야 하고, 물의 너무 많으면 오줌양이 늘어나야 한다. 이는 몸의 항상성에 중요한 부분으로 오줌량의 조절은 뇌와 호르몬이 관여하고 있다.

항이뇨호르몬

세뇨관에서 물의 재흡수가 많이 일어나면 오줌의 양은 적어지고, 반대로 물의 재흡수가 적어지면 오줌의 양은 많아진다. 물의 재흡수는 뇌 안에 있는 뇌하수체에서 분비되는 항이뇨호르몬antidiuretic hormone(ADH)에 의해 조절된다. 가령 땀을 많이 흘리는 등의 이유로 몸의 수분이 부족해지면 용질 농도가 증가하고 용질 농도가 어느 기준점을 벗어날 정도로 높아지면 우리 뇌의 특정 수용체가 이 높아진 농도를 감지한다. 곧바로 뇌는 뇌하수체 후엽에 신호를 보내 항이뇨호르몬을 혈액으로 분비하도록 한다. 항이뇨호르몬은 혈액을 타고 콩팥으로 이동하여 네프론의 집합관에 신호를 보내 물의 배출을 억제한다. 반대로 물은 많이 마시면 용질 농도가 줄어들고, 이 신호가 뇌와 뇌하수체를 통해 항이뇨호르몬의 분비가 줄어들도록 한다. 과도하게 술을 마시면 항이뇨호르몬의 분비가 줄어들게 되고 오줌량이 늘어나 탈수현상을 보이게 된다. 콩팥의 기능은 혈액량 조절을 통해 혈압의 항상성과도 밀접한 관계가 있다.

투석

콩팥 기능을 요약하면 여과, 재흡수와 분비라 할 수 있다. 포도당, 이온 등 우리 몸이 필요로 하는 물질들은 여과액으로부터 재흡수가 되고, 암모니아, 요소, 독소 등 몸이 필요로 하지 않는 물질은 세뇨관 안으로 분비되어 오줌으로 배출된다(그림 11.28). 이와 같이 네프론은 여과, 재흡수와 분비의 과정을 통해 혈액이 필요한 물

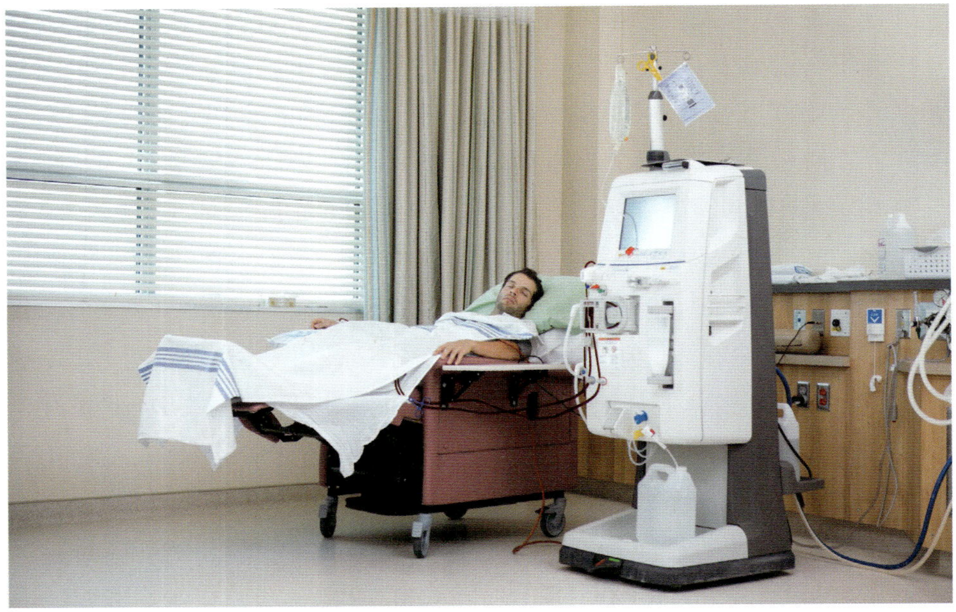

투석

질을 적정 농도로 유지하고 몸에 해가 되는 물질을 배설한다. 이런 기능에 이상이 생기면 신부전증 증세가 생기는데, 노폐물 축적과 혈액 pH, 혈액 이온 농도와 혈압 등의 조절이 힘들어진다.

이런 증세를 완화하기 위해 환자들은 투석dialysis치료를 받는다. 혈액이 콩팥 대신 기계 장치로 보내져 기계가 가진 네프론의 역할에 의존한다. 콩팥 기능이 손상된 환자들의 생명을 구할 수 있는 방법이지만 투석은 매우 성가시고 일생을 거쳐 받아야 하는 치료법이다. 4~6시간씩 걸리는 투석을 일주일에 세 번 정도 받아야 한다. 콩팥 이식이 좋은 대안이지만 이 역시 공여자 부족으로 쉽지 않다. 현재 우리나라에서 혈액 투석을 받는 신부전증 환자는 10만 명을 넘고 있다.

기관계들의 통합적 작용

생명체들은 끊임없이 주변 환경과 물질과 에너지를 주고받는다. 외부로부터 산소, 물, 음식을 받아들이고, 대신에 이산화탄소, 열, 오줌이나 땀 등을 몸 밖으로 배출한다. 생명이 유지되기 위해서는 이 물질과 에너지의 교환이 몸을 구성하는 수많은 세포들의 원형질막을 통해 지속적으로 벌어져야 한다. 소화계는 음식을 받아들이고 남은 찌꺼기를 배출하는, 호흡계는 세포호흡에 필요한 산소를 받아들이고 세포호흡

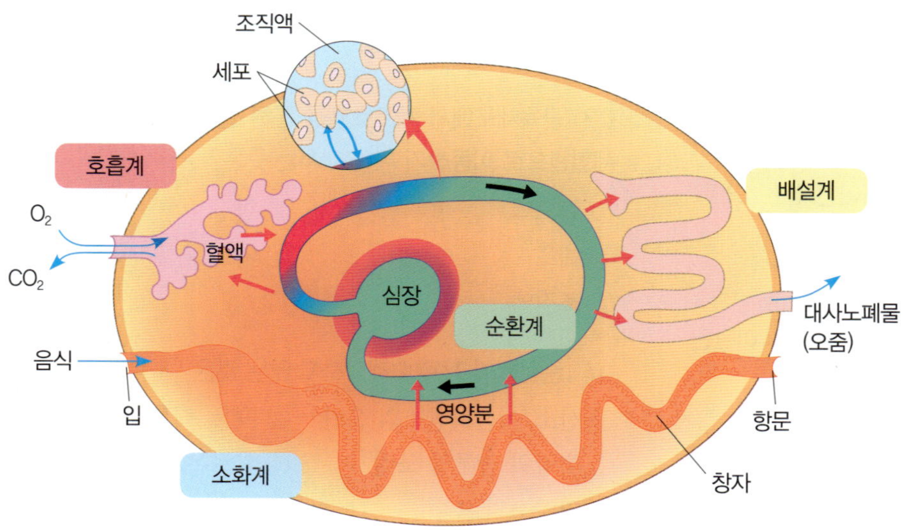

그림 11.31 기관계들의 통합적 작용

의 결과로 발생한 이산화탄소를 배출하는, 배설계는 몸 안의 부산물과 물의 양이 일정하도록 하는 구조와 기능을 가진다. 이들 기관계의 기능은 독립적이지 않으며 순환계를 통해 서로 긴밀하게 연결되어 있다(**그림 11.31**). 몸이 가진 복잡한 구조는 이들 기관계의 개별적 작용과 통합적 작용이 동시에 원활하게 이루어질 수 있는 구조와 배치를 위한 것이라 할 수 있다. 이런 통합적 작용으로 세포들은 양분, 산소 등의 항상성을 유지할 수 있는 것이다.

연습문제

I. OX 문제 (X로 답한 경우에는 이유를 설명함)

01 하나의 기관은 한 종류의 조직으로 이루어진다. (　)

02 동맥은 산소를 많이 포함하는 혈액으로 정의된다. (　)

03 심장의 이완기에는 우심실은 수축되고 좌심실은 이완된다. (　)

04 혈액에 들어온 이산화탄소의 대부분은 헤모글로빈에 결합된다. (　)

05 펩신과 트립신은 모두 중성 pH에서 잘 작용한다. (　)

06 세뇨관의 분비는 여과액으로부터 몸에 필요한 물질을 흡수하는 것을 말한다. (　)

07 콩팥은 몸에 해로운 물질을 분해하는 기능을 가진다. (　)

II. 객관식

01 다음 중 음성되먹임 조절을 가장 잘 보여주는 것은?

① 과도한 운동으로 체온이 높아졌다.
② 감기로 체온이 높아졌다.
③ 빛에 노출되어 체온이 높아졌다.
④ 체온이 감소하여 몸을 떤 결과로 체온이 증가하였다.
⑤ 모두

02 혈액에서 산소는 주로 (　　)에 결합한 상태로, 이산화탄소는 주로 혈장에서 (　　)의 형태로 이동한다.

① 적혈구, Na^+ 이온
② 헤모글로빈, Na^+ 이온
③ 헤모글로빈, 탄산수소이온
④ 적혈구, 백혈구
⑤ 미오글로빈, 탄산수소이온

03 근육세포에서 세포호흡을 통해 발생한 이산화탄소가 모세혈관으로 이동하기 위해 거치는 곳은?

① 림프액　② 혈장
③ 폐포　④ 기도
⑤ 조직액

04 순환계의 작용에 해당하지 않는 것은?

① 산소/이산화탄소의 운반　② 체온 조절
③ 혈장의 삼투압 조절　④ 호르몬의 운반
⑤ 영양소의 흡수

05 콩팥의 기능에 해당하지 않는 것은?

① 혈액량 조절
② 혈액의 여과
③ 대사 부산물의 분비
④ 혈액 내 Na^+ 양 조절
⑤ 포도당을 글리코겐으로 전환

06 다음 중 간의 기능이 아닌 것은?

① 포도당으로부터 글리코겐의 합성
② 글리코겐으로부터 포도당의 생산
③ 포도당으로부터 지방의 합성
④ 암모니아를 요소로 전환
⑤ 인슐린과 글리코겐의 합성과 분비

07 콩팥에서 혈액이 여과되어 오줌으로 배출되는 경로가 바른 것은?

① 신우 – 사구체 – 세뇨관 – 집합관 – 보우만주머니
② 사구체 – 집합관 – 보우만주머니 – 신우 – 세뇨관
③ 사구체 – 보우만주머니 – 세뇨관 –집합관 – 신우
④ 사구체 – 보우만주머니 – 신우 –집합관 – 세뇨관
⑤ 보우만주머니 – 사구체 – 신우 –집합관 – 세뇨관

08 다음 네프론의 기능 중 가장 '비선택적'인 현상은?

① 여과　② 분비
③ 재흡수　④ 능동수송
⑤ 모두 매우 선택적임

09 콩팥속질에 있는 '헨레고리'의 상행가지 근처는 높은 Na^+ 농도가 유지되는데, 그 목적은?

① 조직액의 pH를 유지하기 위해
② 독성물질을 제거하기 위해
③ 물을 여과액으로부터 조직액으로 끄집어내기 위해
④ 여과액에 있는 포도당의 농도를 낮추기 위해
⑤ 혈액의 삼투압을 높이기 위해

10 건강한 사람에게서 요소의 함량을 조사하였더니, 혈장 중에 0.03%, 원뇨에는 0.03%, 오줌에는 1.8%이었다. 요소의 농도가 원뇨에서보다 오줌에서 높은 이유는?

① 세뇨관에서 물이 재흡수되었기 때문이다.
② 사구체에서 보우만주머니 쪽으로 여과량이 증가되었기 때문이다.
③ 헨레고리 근처 조직액의 NaCl의 농도가 감소하였기 때문이다.
④ 알도스테론 농도가 증가하였기 때문이다.
⑤ 항이뇨호르몬의 농도가 증가하였기 때문이다.

III. 주관식

01 항상성과 항상성을 이루기 위해 벌어지는 현상을 설명하시오.

02 다음 소화효소가 작용하는 영양소와 작용하는 장소를 연결하시오.

1) 트립신	(,)	가. 탄수화물	a. 입
2) 라이페이스	(,)	나. 중성지방	b. 위
3) 카복시펩티데이스	(,)	다. 단백질	c. 소장
4) 이자 아밀레이스	(,)	라. 핵산	d. 식도
5) 펩신	(,)		
6) 침샘 아밀레이스	(,)		

03 음식에 포함된 다양한 영양소들이 소장에 있는 혈액에 흡수된 이후에 벌어지는 현상을 설명하시오.

04 당뇨병 환자들은 필요한 인슐린을 먹지 않고 주사를 통해 공급받는다. 이유는?

05 순환계가 호흡계의 작용을 어떻게 돕는지 설명하시오.

06 고혈압을 가진 사람들은 항이뇨호르몬의 분비나 작용을 방해하는 이뇨제를 섭취하기도 한다. 이뇨제가 혈압을 낮추는 원리는?

07 콩팥 기능이 정상인 사람에서 혈장에서 단백질과 포도당의 농도는 각각 8과 0.1 g/100ml 이라면 원뇨와 오줌에서 단백질과 포도당의 농도는?

08 10km 마라톤 경기 도중 물을 마시지 않고 심한 갈증을 가진 상태로 마쳤다고 가정하자. 다음의 각 현상들에 어떤 영향이 있을지 답하시오.

1) 항이뇨호르몬의 생산
2) 오줌에서의 물 농도
3) 오줌에서의 요소 농도
4) 집합관에서 물의 투과성
5) 알도스테론의 생산

몸의 한 부분이 살짝이라도 꼬집히면 우리는 몸 전체를 비틀면서 반응한다. 영화 속 슬픈 장면을 보면 눈물을 흘리게 된다. 이 모든 반응은 거의 실시간으로 벌어진다. 이 짧은 순간에도 몸은 자극을 인식하고, 자극의 내용을 판단하여, 자극에 적합한 반응을 보인다. 몸이 가지는 신비로운 능력으로 신경계를 통해 벌어지는 초고속 통신체계이다. 신경계는 뉴런이라 불리는 신경세포들로 이루어진다. 다른 세포들과 달리 뉴런은 신호 전달이 신속하게 벌어지게 하는 특성을 가진다. 혹자는 '영혼은 전기다'라 한다. 아주 약한 전기라 감지하지는 못하지만 우리 몸에는 항상 전기가 흐르고 있다. 뉴런의 전기 신호를 통해 우리 몸의 항상성이 유지되고, 생각이 벌어지며, 과거가 기억되고, 꿈이 간직된다.

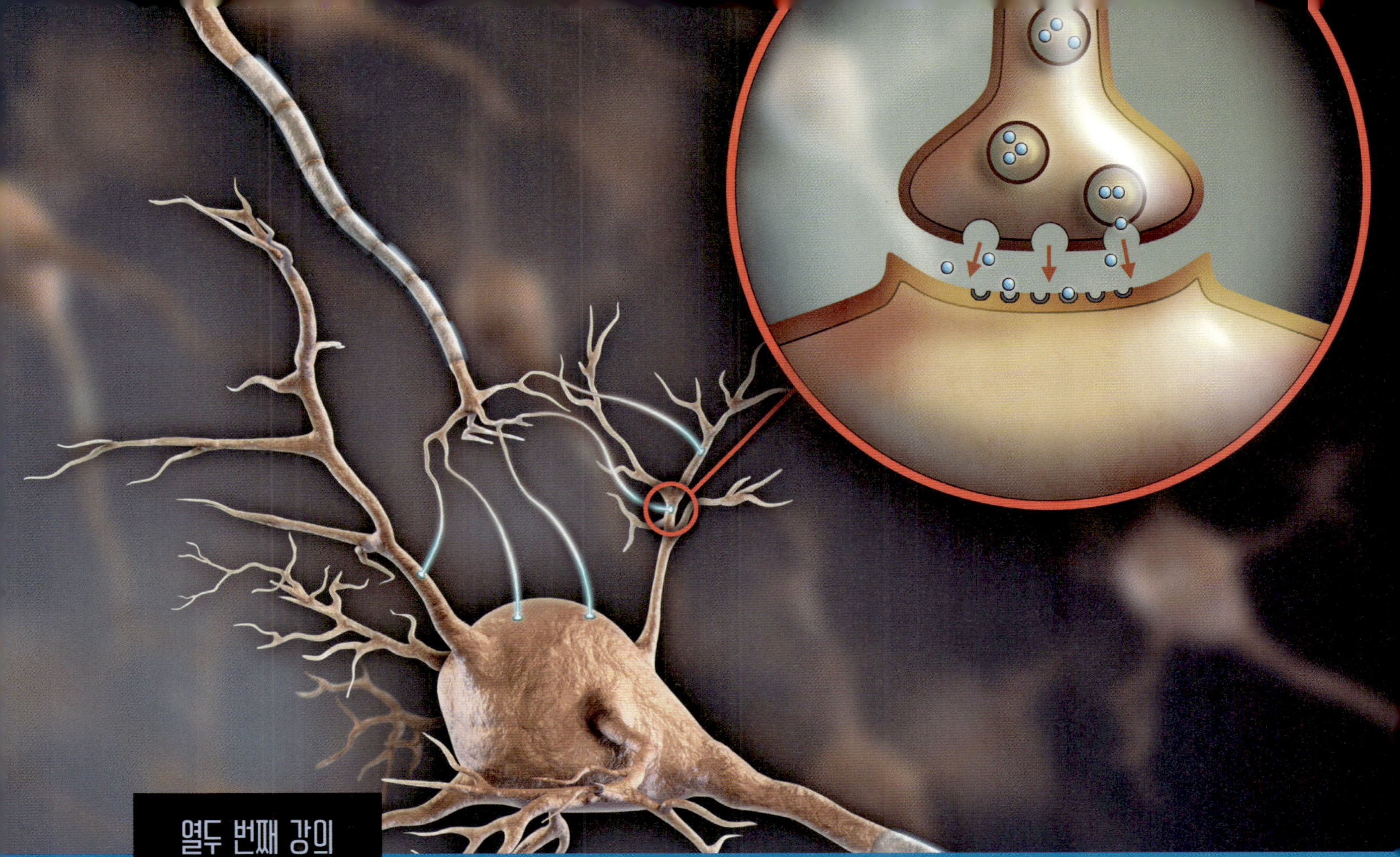

열두 번째 강의

12 신경계

12.1 뉴런

신경계의 기본단위인 신경세포 또는 뉴런neuron은 몸의 다른 세포들과는 모습과 기능에서 뚜렷한 차이를 보인다. 뉴런은 세포체cell body, 수상돌기dendrite와 축삭돌기axon의 세 구조로 되어 있다(그림 12.1). 수상돌기로 자극을 받아들이고 축삭돌기로 자극을 다른 곳으로 전달한다. 뉴런의 세포체에는 세포의 핵과 미토콘드리아 등이 위치한다. 이와 같이 뉴런은 신경자극을 입력하고 출력하기에 적합한 구조이다. 세포체로부터 여러 갈래로 뻗어 나와 있는 수상돌기는 다른 뉴런이나 감각기로부터 자극을 전달받는 역할을 한다. 축삭돌기는 보통 뉴런마다 하나씩 있으며 세포체로부터 길게 뻗어 있고 길이가 몇 mm부터 1m가 넘는 것도 있다. 축삭돌기는 절연체 물질인 수초에 둘러싸여 있기도 한다. 수초들 사이에는 '랑비에결절'이 있어 이온들의 출입이 벌어지는 곳으로 자극의 전도 속도를 높이는 역할을 한다(곧 설명됨). 수상돌기들을 통해 전해진 신경 자극은 세포체를 거쳐 축삭돌기를 통해 축삭돌기의 말단인 시냅스까지 전도된다. 이 과정의 주체는 전기 신호이다.

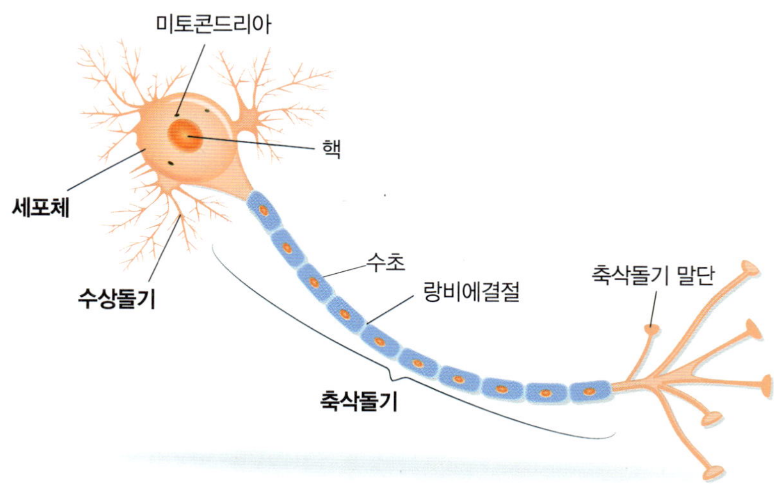

그림 12.1 뉴런

뉴런의 특성

뉴런의 종류

신경계는 뉴런의 집합체로 외부 자극을 인식하고 통합과 해석을 거쳐 반응을 지시하는 일련의 신경전달 과정을 수행한다. 뉴런은 몸에서 작용하는 위치에 따라 감각뉴런, 연합뉴런과 운동뉴런으로 구분된다. 감각기와 중추신경계인 뇌와 척수를 연결하는 감각뉴런, 중추신경계에서 감각뉴런을 통해 받은 신호를 연합해서 판단하는 연합뉴런, 중추신경계와 근육을 연결하는 운동뉴런이 우리 몸 전체에 퍼져 있다

(그림 12.2). 이처럼 다양한 자극들이 감각기관 → 감각뉴런 → 연합뉴런 → 운동뉴런 → 반응기관의 순서로 전달된다. 예를 들어 눈을 통해 들어온 시각적 자극은 감각뉴런을 통해 중추신경계로 전달되어, 이곳의 복잡한 연합뉴런 네트워크에 의해 자극이 해석되고 판단된 다음 운동뉴런을 통해 근육에 반응을 지시한다. 감각뉴런은 다른 뉴런들과는 다르게 하나의 긴 수상돌기(그림 12.2 오른쪽, 눈으로부터 수상돌기가 길게 뻗어 세포체에 연결된다)와 하나의 축삭돌기를 가진다. 연합뉴런은 수초를 가지지 않으며 돌기들이 짧고 운동뉴런의 축삭돌기는 상당히 긴 편으로 수초를 가진다.

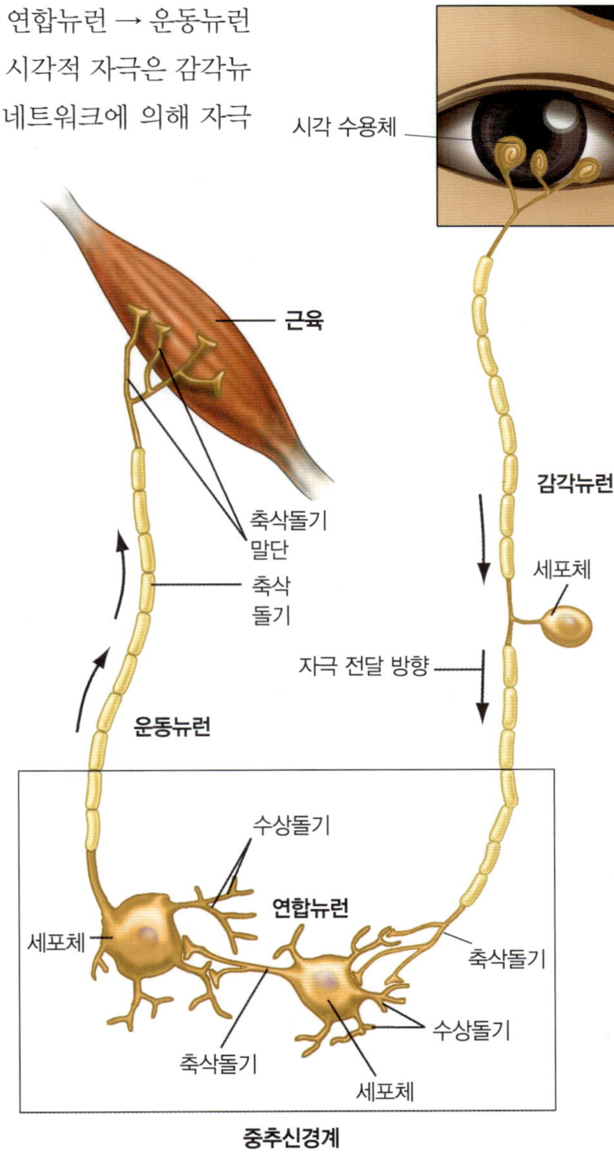

그림 12.2 뉴런의 종류와 연결. 중추신경계는 주로 연합뉴런으로 되어 있으며 감각기관들로부터의 자극을 감각뉴런을 통해 받아 운동뉴런을 통해 근육에 전달한다. 연합뉴런은 수초가 없고 축삭돌기는 짧으며, 감각과 운동뉴런은 수초를 가지고 축삭돌기가 길다. 감각신경은 예외적으로 수상돌기가 하나이고(오른쪽, 눈과 세포체를 연결하는 수상돌기) 하나의 긴 축삭돌기를 가진다.

휴지전위

뉴런에서 전기신호가 전도transduction되는 과정을 살펴보도록 한다. 대부분 세포들의 세포막에서는 이온들이 출입하고 있다. 가령 미토콘드리아의 내부 막에서 세포호흡을 하는 세포들은 수소이온의 이동으로 막전위membrane potential가 형성되고, 이 막전위로 ATP를 생성한다(7장 참조). 신경세포인 뉴런에서도 이온 출입이 활발하게 벌어지면서 전기신호를 발생시킨다. 신경 자극이 주어지지 않아 전도가 멈추어 있는 뉴런의 축삭돌기에서는 원형질막을 중심으로 Na^+와 K^+이온들의 출입이 여러 수송체 단백질을 통해 벌어진다. 우선 Na^+/K^+-수송체를 통해 3개의 Na^+ 이온은 축삭돌기 안에서 밖으로, 2개의 K^+ 이온은 밖에서 안으로 이동한다(그림 12.3). 자극이 없는 휴지기 상태에서도 축삭돌기는 ATP를 사용하여 부지런히 Na^+와 K^+를 회전문처럼

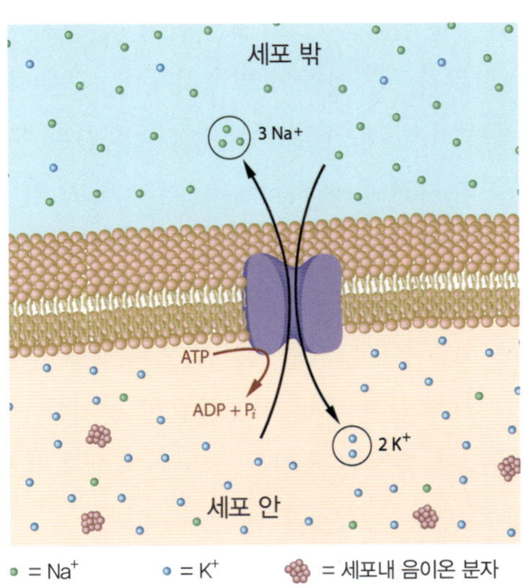

그림 12.3 Na^+/K^+ 펌프

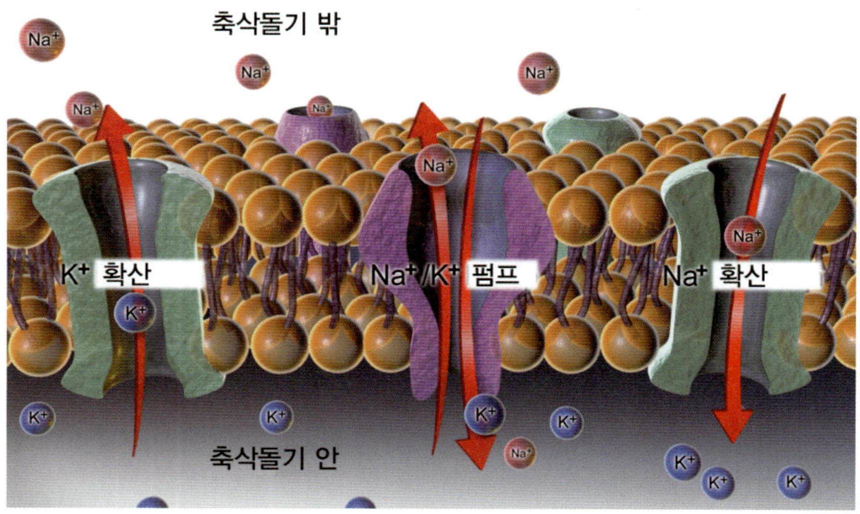

그림 12.4 **휴지전위를 형성하는 세 수송체.** Na^+/K^+ 펌프, Na^+–수송체와 K^+–수송체에 의해 축삭돌기의 밖엔 Na^+가, 안엔 K^+가 상대적으로 많이 위치하게 되고 휴지전위가 유지된다.

전도
뉴런의 축삭돌기에서 전기신호를 발생하며 축삭돌기 말단까지 이동하는 현상을 말하며, 뉴런 간에 자극이 전해지는 현상을 보통 전달이라 한다.

반대 방향으로 이동시켜 축삭돌기 밖에는 Na^+ 이온을, 안에는 K^+ 이온을 고농도로 분포시킨다. ATP를 사용하는 수송체여서 Na^+/K^+-수송체를 Na^+/K^+ 펌프라 한다. 이런 두 이온의 불균형 분포는 곧 있을 자극 **전도**를 준비하고 있는 셈이다. 신경 자극이 없는 잠을 잘 때에도 축삭돌기의 세포들은 ATP를 사용하여 두 이온의 출입을 반대 방향으로 진행시키고 있는 것이다. Na^+–K^+ 펌프 말고도 세포 밖과 안의 이온들의 농도 차에 의한 확산 현상으로 작동하는 Na^+–수송체와 K^+–수송체도 이들 이온들의 불균형 분포를 돕는다(그림 12.4).

Na^+, K^+ 두 이온의 불균형 분포와 함께 세포 안에는 음성 전하를 많이 띤 단백질들이 분포한다(이들 단백질은 세포 밖으로 이동하지 않는다). 결과적으로 축삭돌기의 밖은 양성 전하를, 안은 음성 전하를 띠는 분극polarization 상태를 갖게 된다. 두 반대되는 극이 가지는 위치에너지 각각을 전위, 두 극 사이의 전위 차이를 전위차라 할 수 있는데, 바로 이 전위차를 전압(V)으로 표현한다. 건전지 내부에서 막 사이를 두고 양극과 음극 사이에 전위차, 즉 전압이 발생하듯이, 같은 원리로 축삭돌기 원형질막을 사이에 두고 축삭돌기 밖과 안의 전위차가 발생한다. 자극이 전도되지 않을 때의 축삭돌기 전위차를 휴지전위resting potential이라 하며 약 −70mV 정도이다. 축삭돌기 안은 음극, 밖은 양극이어서 전위차는 '−'로 표시된다. 이 −70mV 휴지전위를 유지하기 그림 12.4에서 보여주는 세 종류의 수송체 작동이 중요하다. 하나의 뉴런이 사용하는 ATP의 약 70% 정도는 Na^+–K^+ 펌프를 작동시키는 데 사용된다 한다. 휴지전위를 유지시키기 위해 많은 에너지가 필요한 것이다. 충전된 건전지가 일을 할 수 있는 것처럼 −70mV로 충전된 축삭돌기의 원형질막 세포들은 자극을 받아 축삭돌기 말단으로 전도할 수 있는 능력을 갖게 된 셈이다.

활동전위와 전도

하나의 뉴런에서 돌출되어 있는 많은 수의 수상돌기 각각은 근처 다른 뉴런들로부터의 신경 자극을 전달받는다. 여러 뉴런으로부터 전해오는 자극의 합은 세포체 내의 Na^+ 나 K^+ 이온 등의 농도로 나타난다. 이들 이온의 종류와 농도에 따라 자극의 강도가 결정된다. 강도가 일정 수준 이상이면 세포체는 축삭돌기로 연결되는 부위('축삭돌기 둔덕'이라고도 함)에서부터 축삭돌기를 따라 전도가 시작되고, 강도가 일정 수준보다 낮으면 자극의 전도는 시작되지 않는다. 이 현상을 실무율의 법칙all-or-none law이라 하며 전도 여부를 결정하는 일정 수준의 자극의 강도를 역치threshold라 한다. 이 법칙에 따르면 세포체의 이온 농도로 결정되는 자극의 강도가 역치 이상이 되면 자극은 축삭돌기를 따라 축삭돌기 말단까지 전도된다.

축삭돌기에는 휴지전위를 유지하는 데 사용되는 수송체들과는 또 다른 수송체들이 위치한다. 이들 수송체는 축삭돌기의 전압에 민감하게 반응하는 특성을 가진다. 이들은 휴지기를 지나 자극 전도가 시작되면 작동하는 특별한 수송체로서 전압에 의해 개폐가 결정되는 특성을 가진다. 이들은 '전압 의존적 Na^+–수송체'와 '전압 의존적 K^+–수송체'이다. 휴지전위를 유지하고 있던 '축삭돌기 둔덕' 근처에서 전도가 시작되면 가장 먼저 '전압 의존적 Na^+–수송체'가 열리면서 Na^+ 이온이 세포 내부로 유입되기 시작한다(**그림 12.5A(b)**). 이때 축삭돌기 내부의 양성 전하가 증가하며 −70mV의 휴지전위는 서서히 증가하며 역치인 −55mV에 다다른다. 주어진 자극이 역치 이상의 강도이면 '전압 의존적 Na^+–수송체'의 작동이 더욱 활발해져서 전위차는 +30mV까지 증가한다('+'는 세포 안이 밖보다 양성 전위를 띠게 되었음을 의미). −70mV에서 열리기 시작한 '전압 의존적 Na^+–수송체'는 +30mV가 되면 닫히는 전압의존성을 보인다. 결과적으로 휴지기 때의 분극 상태는 역전되어 탈분극depolarization(세포 안이 양성 전위를, 세포 밖이 음성 전위를 갖게 된다) 상태가 된다.

탈분극이 마쳐지는 시점의 전위차 +30mV에 다다르면 '전압 의존적 Na^+–수송체'는 닫히고 또 다른 수송체인 '전압 의존적 K^+–수송체'가 열린다. 축삭돌기 내부의 K^+ 이온은 세포 안에서 밖으로 급격하게 유출되어 자극이 없을 때의 −70mV의 분극 상태로 돌아가는 재분극repolarization 상태에 도달한다(**그림 12.5A(c)**). '전압 의존적 K^+–수송체'는 +30mV에서 열리고, −70mV에서 닫힌다. 이 때 '전압 의존적 K^+–수송체'는 −70mV가 되어도 제대로 닫히지 않아 잠시 과분극 상태에 이르기도 한다(**그림 12.5B**). 과분극 상태에서는 K^+ 이온이 세포 밖으로 과하게 유출되어 일시적으로나마 전위차가 −70mV 아래가 되기도 한다. 재분극과 과분극 상태를 지나면 휴지전위를 형성할 때 사용되었던 Na^+–K^+ 펌프, Na^+–수송체와 K^+–수송체가 다시 작동하기 시작하면서 휴지전위(−70mV)에 이르고 다시 분극 상태로 되돌아간다(**그림 12.5A(d)**).

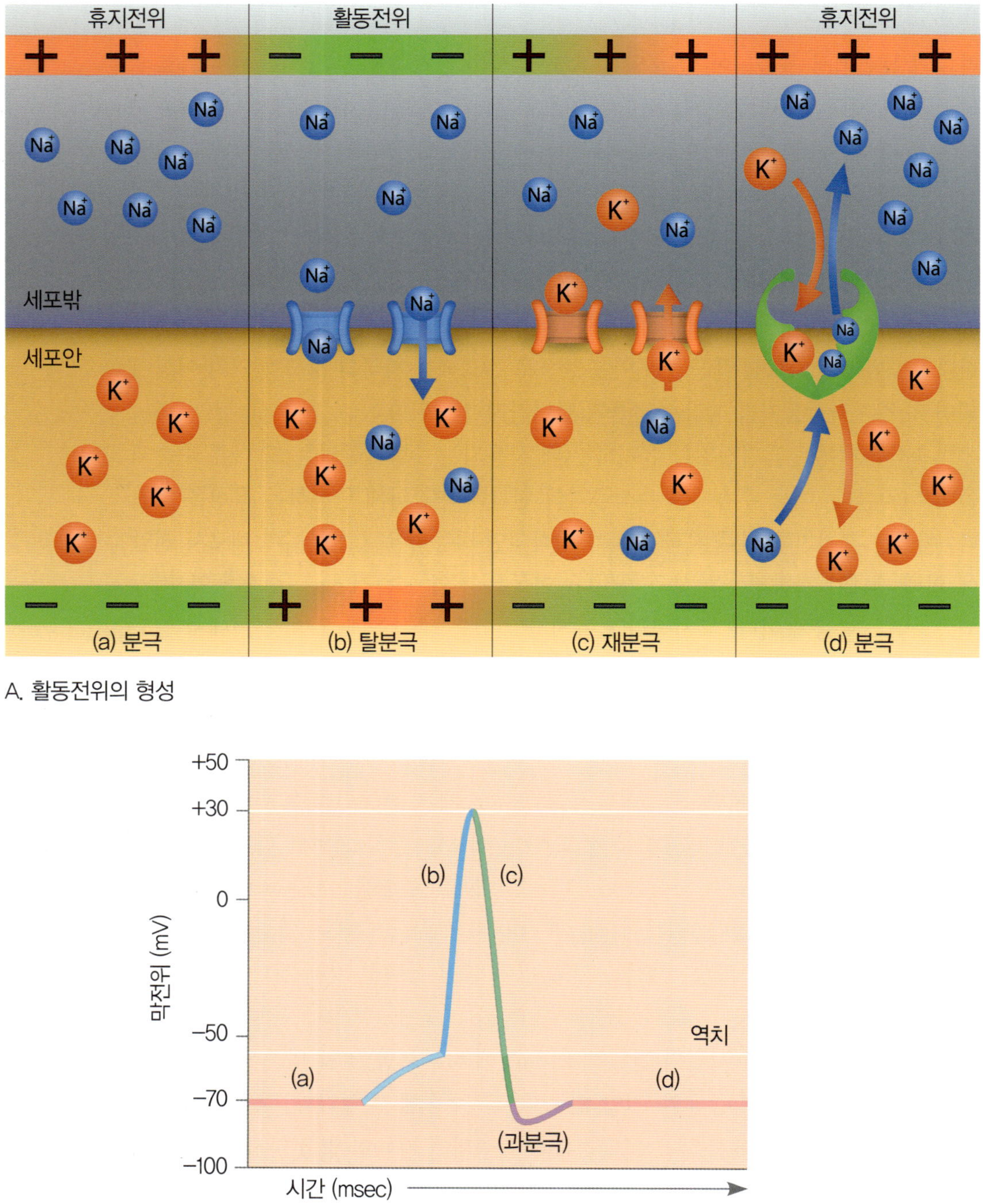

B. 활동전위 파동

그림 12.5 신경세포에서의 활동전위 생성

위에서 설명한 분극-탈분극-재분극-분극의 단계들을 거치면서 하나의 파형이 만들어진다(**그림 12.5B**). 이때 탈분극 상태인 +30mV를 활동전위라 하며, 이는 자극이 주어졌을 때 얻어지는 최고 높은 전위를 일컫는다. 역치 이상의 강도가 주어지면 축삭돌기의 전도 시작점에서 활동전위가 얻어지는 것이다.

활동전위는 일단 시작되면 활동전위는 멈추지 않고 축삭돌기 말단까지 전도된다(**그림 12.6**). 한 지점에서 유입된 Na^+ 이온은 축삭돌기 말단 방향으로 바로 옆 지점에 있는 또 다른 '전압 의존적 Na^+–수송체'가 열리도록 한다. 한번 열렸던 '전압 의존적 Na^+–수송체'는 한 동안 다시 열리지 않으며 그 지점은 휴지전위 상태로 되돌아간다(**그림 12.6**). 이런 이유로 축삭돌기의 자극 전도 시작점에서 시작한 활동전위 파형은 축삭돌기 말단 방향으로 지속된다. 줄 한쪽 끝에 불이 붙으면 줄의 말단 부분까지 멈추지 않고 타들어가는 것과 비슷하다. 활동전위를 형성하는 파형은 역치 이상의 자극에서 자극의 강도에 따라 변하는 것이 아니라 항상 최저 −70mV와 최고 +30mV의 파형을 유지한다. 치과 등에서 사용하는 국소마취제는 주로 '전압 의존적 Na^+–수송체'의 작용을 일시적으로 방해하여 활동전위가 생기지 않도록 한다.

수초와 전도의 속도

이 장의 후반부에 살펴볼 말초신경계의 뉴런들은 아주 긴 길이의 축삭돌기를 가진다. 긴 길이의 축삭돌기에서는 신경 자극의 전도가 빠른 속도로 벌어진다. 말초신경계를 이루는 감각신경이나 운동신경을 이루는 뉴런들은 수초(또는 말이집) myelin sheath라는 절연체 구조가 축삭돌기를 감싸고 있다(그림 12.1). 뉴런 주변에는 신경교세포라는 세포들이 존재하는데, 이들은 자극의 전도를 하지 않는 대신 뉴런을 보호하거나 양분을 제공하는 등의 역할을 담당한다. 이들 중 슈반세포는 신경교세포의 일종으로 마치 전기 줄을 감싸고 있는 절연체 피복처럼 축삭돌기를 감싸고 있다. 슈반세포 절연체는 축삭돌기를 연속적으로 감싸고 있지 않고 띄엄띄엄 축삭돌기 표면이 외부에 노출되어 있는 있는데, 이 지역을 발견자의 이름을 따서 '랑비에결절'이라 한다. 이 결절에서는 이온의 출입이 가능하여 활동전위가 생성된다. 따라서 한 지점에서 발생한 활동전위는 슈반세포 절연체(수초)를 건너뛰어 랑비에결절에 위치하는 '전압 의존적 Na^+–수송체'를 열리게 하면서 활동전위가 형성된다. 보폭이 넓은 사람이 더 빨리 달리는 이치이다. 절연체가 없는 뉴런에선 활동전위의 생성이 촘촘하게 벌어지며 전도의 속도도 느리다. 대체로 중추신경계의 뉴런들은 축삭돌기의 길이가 짧고 수초로 둘러싸여 있지 않다. 수초가 손상되

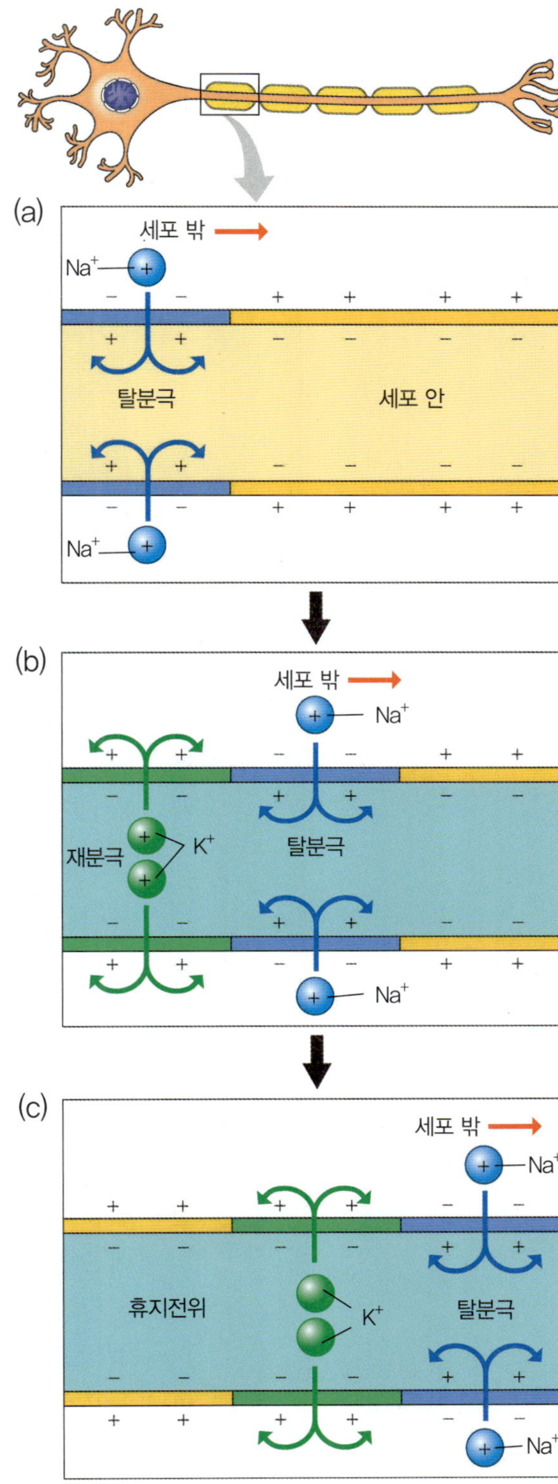

그림 12.6 활동전위와 전도. 축삭돌기의 한 지점에 자극이 전달되면 Na^+의 유입으로 축삭돌기 내에 Na^+가 높아지면서 활동전위가 형성된다(a). Na^+ 유입이 끝나면 K^+ 이온이 세포 밖으로 유출되면서 세포 내는 다시 음전하를 갖게 된다(b). 이때 세포 내 Na^+은 다음 지점(그림의 중앙부)의 이온투과도에 영향을 미쳐 이곳에서 Na^+의 유입을 유도하면서 활동전위를 새롭게 형성한다. 이런 방식으로 축삭돌기의 한 지점에서 형성된 활동전위는 말단부 방향으로 멈추지 않고 전도된다(c).

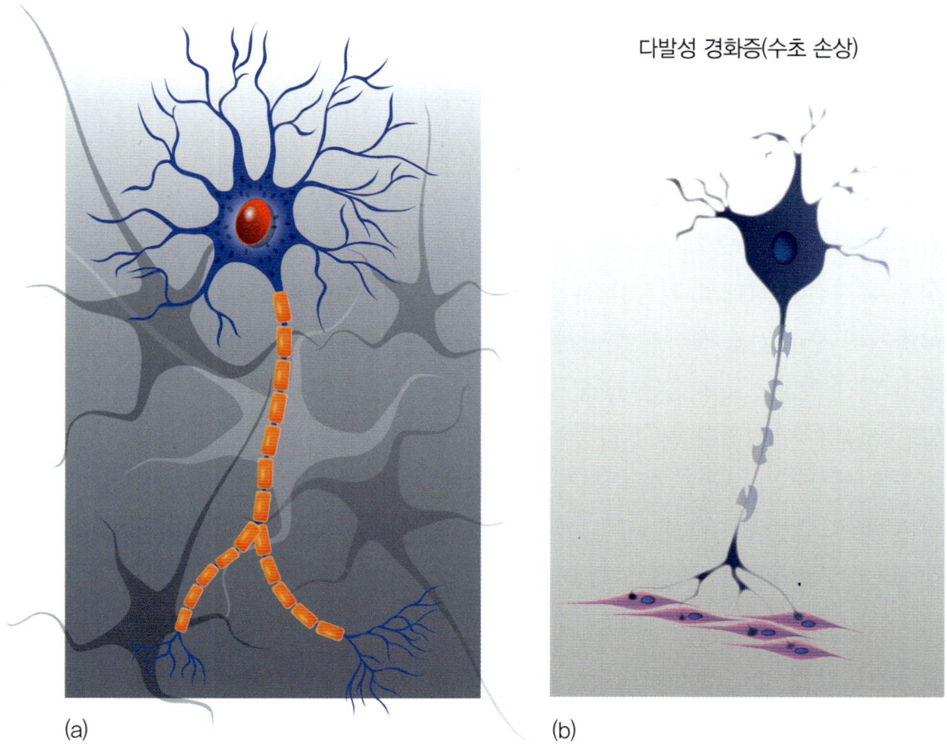

그림 12.7 수초가 있는 뉴런(a)과 다발성 경화증을 야기하는 수초의 손상(b)

어 전도의 속도가 상당히 느려지는 현상을 '다발성 경화증multiple sclerosis'이라 한다(**그림 12.7**). 이들 환자는 감각장애나 사지마비 같은 운동장애 등의 증상을 보인다.

시냅스와 뉴런 간 신경전달

앞에서 설명되었듯이 축삭돌기를 따라 벌어지는 전도는 시작한 지점으로 되돌아가지 않고 항상 축삭돌기의 말단에 있는 시냅스synapse로 향한다. 축삭돌기 말단에 도달한 활동전위는 어떻게 다른 뉴런으로 전달될까? 축삭돌기 말단에 도달한 활동전위는 이곳에 위치하는 시냅스 소포(일반 세포의 운반소낭과 유사)를 시냅스 공간에 접하는 원형질막으로 이동시키고, 소포 안의 신경전달물질을 시냅스 공간으로 분비시킨다(**그림 12.8**). 시냅스란 신경을 전달해주는 뉴런(시냅스 전 뉴런)의 축삭돌기 말단과 신경을 전달받는 뉴런(시냅스 후 뉴런)의 수상돌기 말단 사이의 접합 부위를 말한다. 시냅스 공간과 축삭돌기와 수상돌기의 말단부들 모두가 시냅스에 포함된다. 시냅스를 사이에 두고 두 뉴런 간에 자극이 이동하는 것을 전달이라 한다. 신경전달물질은 전달이 마쳐진 후 시냅스 공간에서 효소에 의해 분해되거나 시냅스 전 세포 안으로 재흡수되기도 한다. 현재 사용되고 있는 항우울증 약들은 대부분 신경전달물질 세로토닌의 재흡수를 억제하여 세로토닌이 시냅스에 오래 남아 우울증 증세를 약화시키도록 한다.

이상에서 볼 수 있듯이 두 뉴런 간의 자극의 전달은 시냅스 전 뉴런의 전기신호

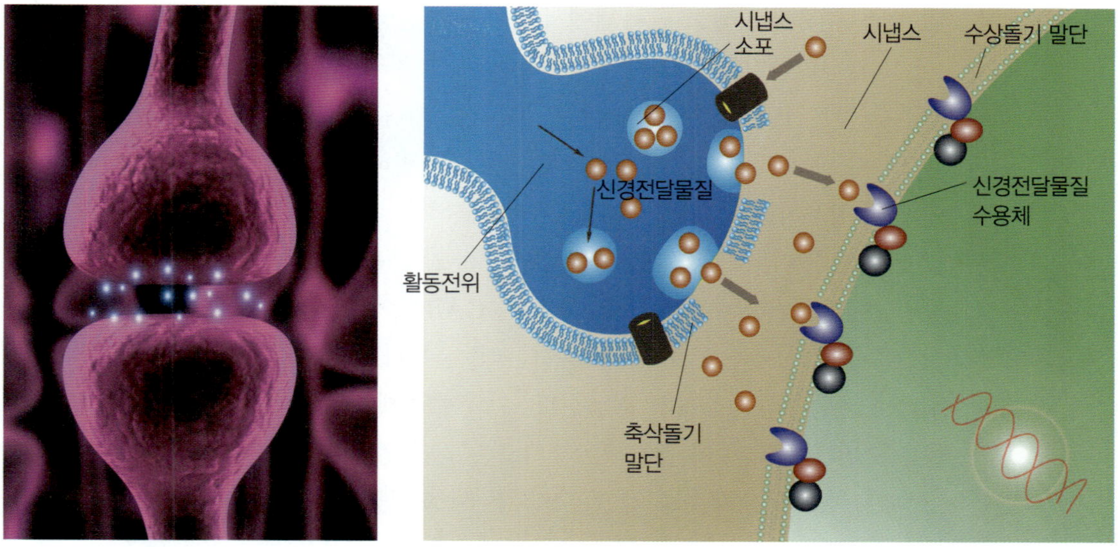

그림 12.8 **시냅스와 자극 전달.** (왼쪽) 시냅스는 한 뉴런(신경 전달)의 축삭돌기 말단과 다른 뉴런(신경 접수)의 수상돌기 말단 사이의 공간을 말하며 이곳에서는 신경전달물질(반짝이는 점으로 표시)의 이동이 벌어진다. (오른쪽) 활동전위가 축삭돌기 말단에 전해지면 이곳에서 신경전달물질을 포함하는 시냅스 소포가 말단의 원형질막에서 터지며 신경전달물질을 시냅스로 분비한다. 신경전달물질이 다른 뉴런의 수상돌기에 있는 수용체에 결합하면 이 뉴런 내부로 자극이 전달된다.

가 신경전달물질이라는 화학적 신호로 전환되어 시냅스 후 뉴런으로 전해지고, 시냅스 후 뉴런에서 다시 전기적 신호로 전환되는 단계를 거친다. 자극의 전달은 반드시 두 뉴런 간에서만 벌어지는 것은 아니다. 시냅스 전 뉴런의 자극이 시냅스를 거쳐 근육이나 내분비조직으로 전해지기도 한다.

신경전달물질

하나의 뉴런이 갖는 여러 개의 수상돌기들은 여러 다른 뉴런들로부터의 자극을 서로 다른 시냅스를 통해 전달받는다. 이때 자극을 전달해주는 신경전달물질 neurotransmitter에 따라 시냅스 후 뉴런 내로 유입되는 이온들의 종류와 농도가 다르다. 이처럼 여러 시냅스를 통해 전달되는 자극들의 합은 세포체 내에서 생겨나는 이온들의 종류와 농도로 표현된다. 가령 시냅스 A를 통해서 받은 자극으로 세포 내 Na^+ 이온이 증가하고, 시냅스 B를 통해서 받은 자극으로 Na^+ 이온 농도가 낮아진다면 (세포체 내 Na^+이온을 세포 밖으로 분비함으로) 두 다른 뉴런들로부터 받은 자극들의 합은 세포체 내의 낮은 Na^+ 이온의 농도로 나타날 것이다. 이는 활동전위를 시작시키는 역치 이상의 강도를 일으키지 못해 축삭돌기에서의 활동전위를 일으키지 못하게 된다. 여기에서 짐작할 수 있듯이 여러 다른 수상돌기들로 분비하는 서로 다른 신경전달물질은 시냅스 후 뉴런에서 자극 강도를 높이게 하기도 하고(흥분성 신경전달물질) 낮추게 하기도 한다(억제성 신경전달물질). 억제성 신경전달물질은 세포 내의 Na^+ 이온의 농도를 낮추거나 Cl^- 이온의 농도를 높이는 등의 역할을 하는

데, 이들은 모두 시냅스 후 뉴런에서 활동전위 생성을 억제하는 결과를 초래한다.

신경전달물질들은 작은 분자들로 뉴런 간 자극 전달에 중요하게 작용한다. 잘 알려진 신호전달물질 아세틸콜린은 운동신경과 근육조직 사이의 시냅스와 뇌에서 작용한다. 아세틸콜린은 뼈대근육의 수축을 촉진하는 것으로 잘 알려져 있다. 미용에 많이 사용하는 보톡스는 박테리아가 생산하는 독소인데, 적은 양으로 눈가 주름 등에 주사하면 아세틸콜린의 생성을 막아 눈가 근육의 수축을 막아준다. 또 다른 신경전달물질들인 글루타메이트, 글리신, GABA(아미노부티릭산) 등의 신경전달물질들은 주로 중추신경계에서 작용하는데, 글루타메이트는 흥분성 뉴런, 글리신과 GABA는 억제성 뉴런으로 작용한다. 이외에도 세로토닌, 도파민 등의 신경전달물질은 수면과 정서 등에 관여하는 것으로 알려져 있다. 세로토닌은 우울증과 연관성이 높다. 대표적인 우울증 약인 프로작은 세로토닌의 시냅스 전 뉴런으로의 재흡수를 방해하여(즉, 시냅스의 세로토닌의 농도를 높여) 우울증 증세를 낮추는 효과를 얻는다. 마리화나, LSD, 코카인 등 보통 마약으로 불리는 화학분자들은 일반적으로 신경전달물질과 구조가 유사하여 인위적인 정신 상태를 강하고 장기간 유지시킨다. 마리화나는 세로토닌처럼, 필로폰은 도파민처럼 작용한다. LSD는 세로토닌이나 도파민의 수용체에 결합하여 인위적인 흥분 상태를 갖도록 한다. 많은 사람들이 즐겨 사용하는 알코올, 카페인, 니코틴 등은 여러 신경전달물질의 작용에 영향을 미쳐 일정 수준의 인위적 정신 상태를 갖도록 한다. 카페인은 억제성 뉴런의 작용을 방해하여 깨어 있는 정신을 갖도록 한다. 주의력결핍 과잉행동장애(ADHD) 증상자들이 사용하는 약들에는 도파민이 시냅스 전 뉴런으로의 재흡수를 방해하여 집중도를 증가시키는 효과를 얻도록 한다.

마리화나

수상돌기나 축삭돌기를 통해 하나의 뉴런이 형성할 수 있는 시냅스의 수는 1,000개부터 100,000개 정도라 한다. 하나의 뉴런은 수많은 다른 뉴런들로부터 자극을 전달받고, 이 자극들을 종합하여 활동전위 형성 여부가 결정된다. 활동전위가 형성되면 축삭돌기를 통해 또 다른 뉴런들의 수상돌기에 자극을 전달하는 네트워크를 형성한다(하나의 축삭돌기는 여러 다른 뉴런들의 수상돌기와 시냅스를 형성한다). 하나의 뉴런은 활동전위를 형성하거나(1로 표시) 하지 못하는데(0으로 표시), 특정 신호전달에 참여하는 뉴런들은 마치 컴퓨터 암호처럼 0과 1로 표시되는 뉴런들의 집합체가 형성되고, 이 암호에 신경자극의 내용이 숨어 있는 것으로 추측된다. 하지만 현대과학은 아직 특정 신호에 작동하는 암호회로를 알지 못하고 있다. 멀지 않은 장래에는 영화를 보고 웃거나 우는 각각의 상황에서 작용하는 뉴런의 네트워크가 규명될 수 있을 것이다. 신경계를 떠도는 전기 신호에는 현대 과학이 이해하지 못하는 수많은 비밀들이 숨겨져 있다.

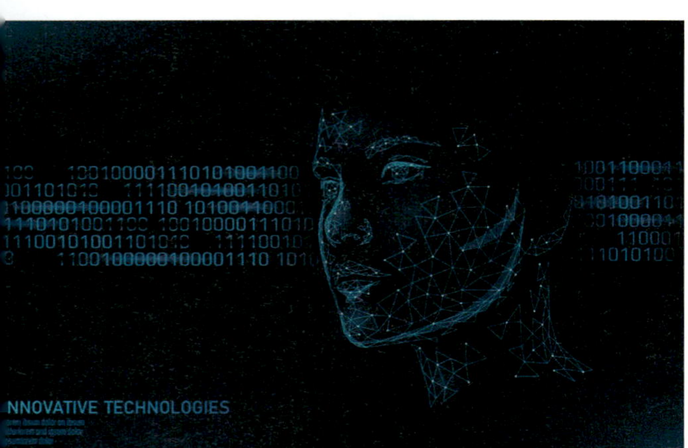

12.2 중추신경계

신경계

잠시 음악을 듣는 장면을 생각해보자. 몸이 가진 천억 개의 뉴런 중 일부는 마치 불꽃이 튀듯이 활동전위를 수없이 내뿜고 있을 것이다. 음악 소리가 감각기관(청각)인 귀로부터 뇌로 전해지고, 대뇌에서 음악의 내용과 리듬에 따라 감정을 만들어지고, 듣고 있는 음악이 좋아 미소를 짓는 일련의 과정에 참여하는 뉴런들이 긴 연결고리를 이루어 감각, 판단과 반응 등 일련의 신경 전달의 과정을 이룬다. 이처럼 단순한 행동에도 우리 몸의 신경계라는 복합적인 시스템이 거의 실시간으로 작동한다.

우리 몸의 신경계는 중추신경계central nerve system, CNS와 말초신경계peripheral nerve system, PNS로 나뉜다(그림 12.9). 두 신경계는 구조적으로나 기능적으로 서로 연결되어 있다. 중추신경계는 뇌와 척수로 되어 있고, 말초신경계는 중추신경계 외부에 위치하는 뉴런들로 되어 있다. 중추신경계는 말초신경계로부터 다양한 감각 신호(몸의 외부나 내부로부터의)를 전달받아 이를 해석하고 판단한다. 중추신경계는 반응을 결정하여 말초신경계를 통해 운동정보를 온몸에 전달한다.

말초신경계는 구심성 신경과 원심성 신경으로 구분된다(그림 12.10). 구심성 신경은 감각 정보가 말초신경계에서 중추신경계로 향하는 것을, 원심성 신경은 운동 정보가 중추신경계에서 몸의 여러 근육들로 향하는 신경을 말한다. 원심성 신경은 뼈대 근육으로 전해지는 체성신경계와 몸 안의 여러 장기들로 전해지는 자율신경계로 나뉜다. 체성신경계는 의지에 따라 작용하지만 자율신경계는 의지와는 상관없이 작용한다. 심장과 위 등의 장기들은 우리의 의지와 상관없이 자율적

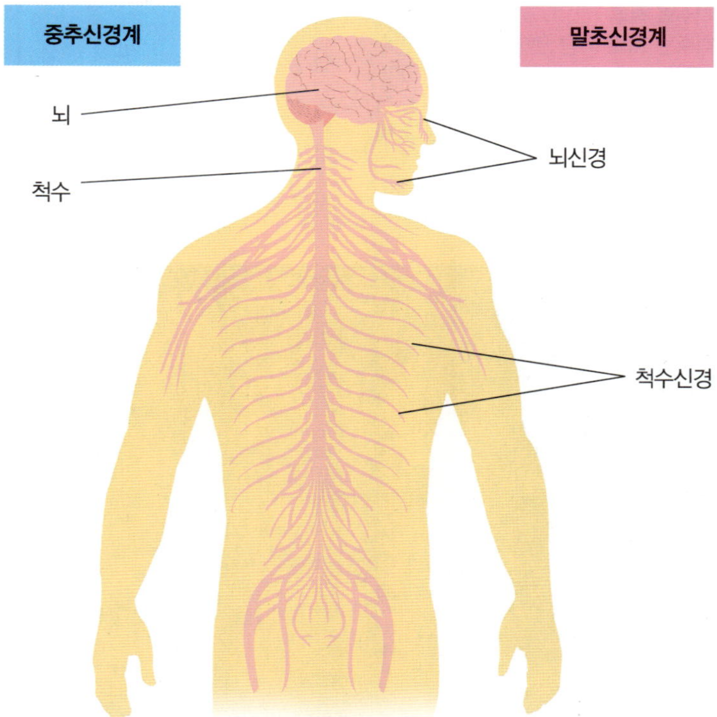

그림 12.9 척추동물의 신경계

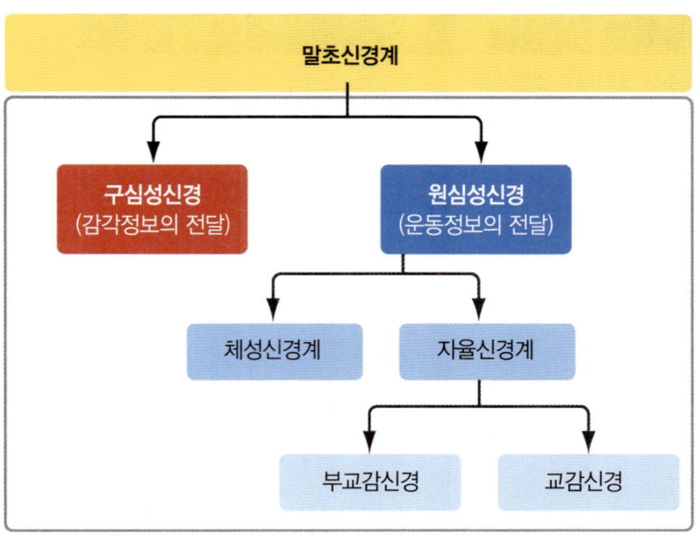

그림 12.10 **말초신경계.** 말초신경계는 감각신경과 운동신경을 포함하며 운동신경은 체성신경계와 자율신경계로 구분된다.

으로 작용한다. 자율신경계는 교감신경계와 부교감신경계로 구분된다.

척수

중추신경계는 감각기관으로부터 전해지는 감각정보가 집결되고, 감각자극에 적합한 반응을 근육이나 장기 등에 보내는 역할을 한다. **척수**spinal cord는 뇌와 함께 중추신경계를 이루며 말초신경과 뇌 사이에서 정보의 소통 경로로 작용한다. 척수는 뇌의 가장 아래에 있는 연수로부터 허리뼈까지 길게 뻗어 있다. 척수는 목, 가슴, 허리와 골반 등에서 31개의 마디로 나뉘어 있다. 척수를 감싸고 있으면서 관을 이루는 **척추**는 몸을 지탱하고 중심을 이루는 기관으로 여러 척추 뼈들로 긴 척추관을 형성하고 있다. 척수도 관을 이루는데(척수관), 척수관의 내부에는 말초신경과 연결되는 많은 수의 뉴런 다발들로 차 있다. 가는 전화선들이 다발들로 엮여 이루어진 굵은 전화선과 같다. 운동이나 사고로 생길 수 있는 척추나 척수의 손상은 사지마비 등의 심각한 결과를 초래할 수 있다.

척수와 척추
척수는 뇌의 가장 밑에 존재하는 연수(延髓: medulla) 아래쪽으로 뻗어 있다. 척수는 척추에 의해 보호되고 있다. 척추는 뼈를 말하는 것이고 척수는 그 뼈 안에 들어있는 뉴런을 말한다.

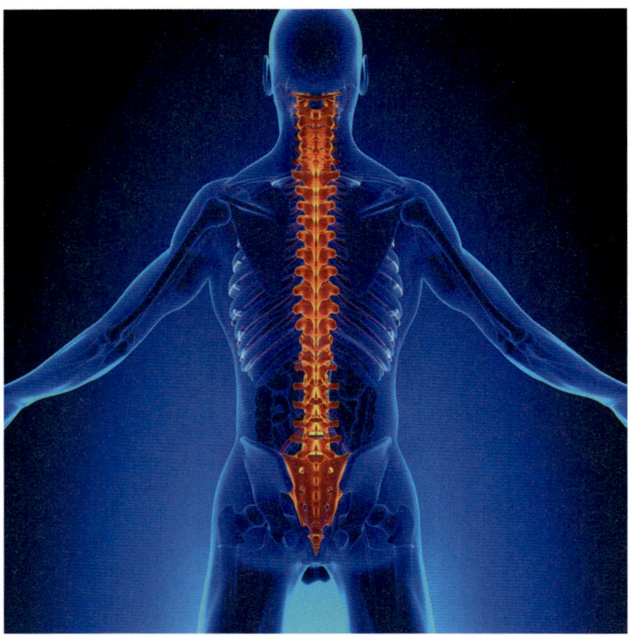

척수를 둘러싸고 있는 척추

척수의 각 마디에서는 두 종류의 뉴런 다발인 전근과 후근으로 연결되어 있다. 후근은 척수관을 중심으로 등쪽에, 전근은 배쪽에 위치하는데, 전근과 후근은 합쳐져서 척수신경을 이룬다(**그림 12.11**). 후근을 통해서는 감각신경을 받아들이는 감각뉴런이 척수로 들어오고, 전근은 척수에서 근육이나 장기로 가는 운동뉴런을 내보낸다. 후근을 구심성 뉴런, 전근을 원심성 뉴런이라 하기도 하는데, 후근은 척수로 향하고, 전근은 척수를 떠나는 정보 전달의 방향을 보인다. 척수관의 횡단면을 보면 H자 모습의 회색질(회색을 띰)과 주변의 백색질로 되어 있다(그림 12.11). 백색질은 축삭돌기가 위치하고 회색질에는 축삭돌기 말단, 수상돌기와 세포체가 위치하여 시냅스가 형성되는 장소이다.

반사궁

척수의 백색질을 통해 들어온 감각뉴런의 정보는 경우에 따라 뇌로 전해지지 않고 척수의 회색질로 전해져 이곳의 연합뉴런과 운동뉴런의 세포체들을 거쳐 곧바로 반응기인 뼈대 근육으로 전해지는 반사궁reflex arc이라는 신경전달 경로를 거친다(**그림 12.12**). 반사는 주어진 자극에 본능적이고 자동적인 반응을 말하는 것으로 '무릎반사' 현상이 잘 알려진 예다. 무릎의 대퇴근과 연결된 인대를 수십 번을 두드려도 예외 없이 항상 다리가 앞으로 튀어 오른다. 이런 반사현상은 즉각적으로 반응해야 하는 자극에 대처할 수 있게 하는 반응이다. 가령 뜨거운 물체를 만지게 되면 즉각적으로 손을 떼야지 뇌로 전해서 뇌의 판단을 기다릴 수 없다. 무릎반사의 경우 인대

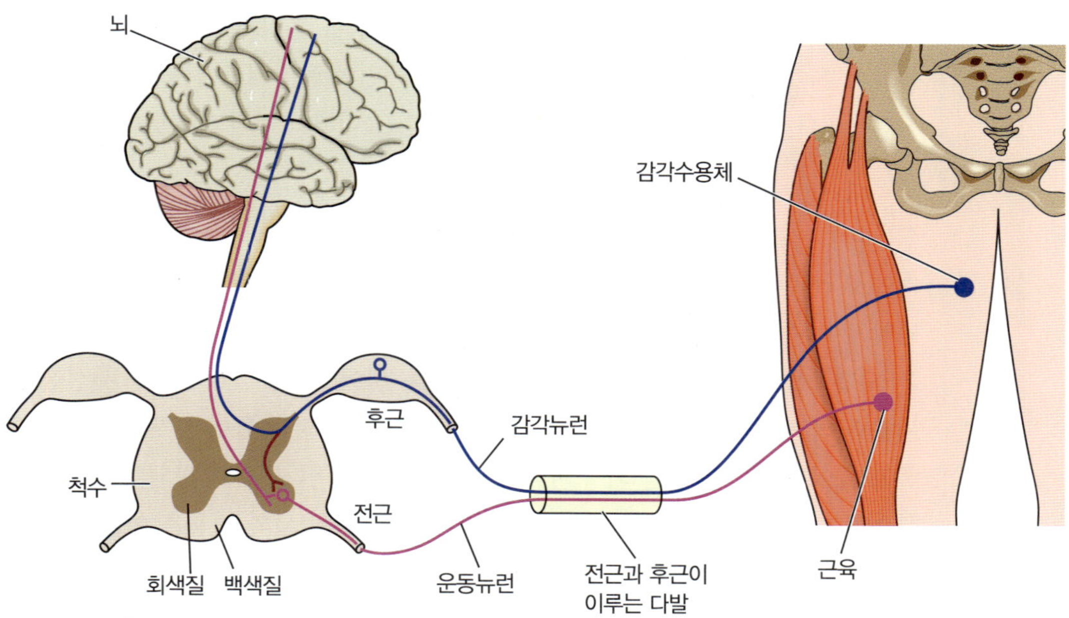

그림 12.11 척수. 척수는 감각신경과 운동신경을 연결하는 중추신경계에 속한다. 일예로 감각수용기(그림의 오른쪽 부분, 허벅지 피부)에서 시작된 감각뉴런을 타고 척수의 백색질과 회색질을 거쳐 뇌로 전해진 다음 뇌의 신호를 다시 받아 척수를 거쳐 운동뉴런으로 허벅지 근육으로 전해지는 과정이다. 척수로 향하는 회로(감각뉴런)를 후근, 척수를 떠나는 회로(운동뉴런)를 전근이라 하며 두 회로는 말초신경계에 속한다.

에서 인지된 감각은 감각신경을 타고 척수의 백색질을 거쳐 회색질에 있는 운동뉴런과 시냅스를 통해 연결된다. 이 운동뉴런의 자극이 다리에 전해져 이곳의 근육을 수축시켜 다리가 앞으로 튀어 오르게 한다. 반사궁은 대뇌가 관여하지 않지만 경우에 따라서는 대뇌의 통제를 받을 수도 있다. 가령 항상 일정한 형태인 걸음걸이는 대뇌를 필요로 하지 않는 반사궁을 사용하지만 특별한 이유로 걸음의 모양을 변경하고 싶을 때는 대뇌의 통제를 받게 된다.

반사의 종류에 따라 회색질에서 감각뉴런이 연합뉴런을 거쳐 운동뉴런과 시냅스 연결을 중재하기도 하고 단순한 반사궁인 무릎반사의 경우처럼 감각뉴런이 곧바로 운동뉴런과 연결되기도 한다. 또한 기침이나 하품의 경우에는 회색질의 연합뉴런으로부터 뇌의 연수를 거쳐서 다시 운동신경을 통해 반응하기도 한다. 이와 같이 대뇌와 관계없이 벌어지는 반사를 무조건반사라 하며 무조건반사에는 무릎반사처럼 척수를 통해서 벌어지는 척수반사와 기침처럼 연수를 거쳐 벌어지는 연수반사가 있다. 대뇌가 관여하는 반사를 조건반사라 하며 파블로브의 '침 흘리는 개' 실험이 좋은 예다. 종을 친 다음 음식

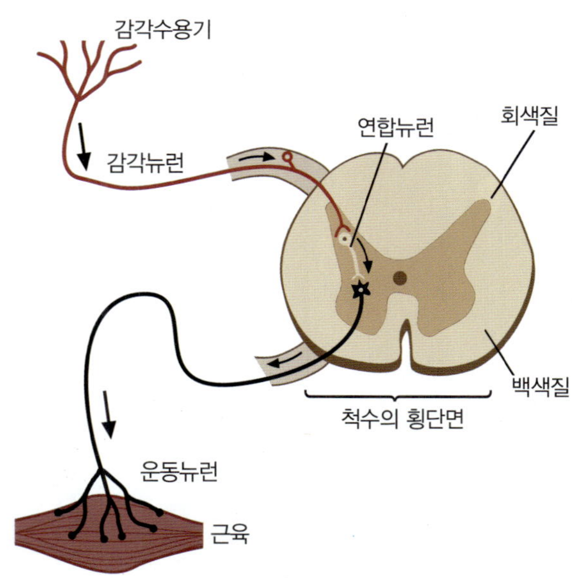

그림 12.12 반사궁. 감각뉴런의 정보가 뇌로 전해지지 않고 연합뉴런을 거쳐 척수에서 곧 바로 운동뉴런으로 전해지는 반사궁의 회로를 보여준다. 회로에 따라 연합뉴런이 없는 반사궁도 있다. 척수의 연합뉴런은 연수(연수반사) 또는 대뇌(조건반사)로 연결되기도 한다.

을 제공받는 습관을 들인 개는 종소리만 들어도 침을 흘리게 된다. 이는 '종을 치면 음식이 온다'는 대뇌를 통한 학습에 따라 음식 없이 종만 쳐도 침을 흘리게 되는 반사현상이다. 조건반사의 경우 척수의 연합뉴런은 대뇌와 연결되어 있다.

뇌

책에서 글 한 줄을 읽게 되는 상황을 가정해보자. 몇 초 사이의 이 동작이 진행되는 동안 우리 몸에서는 수많은 뉴런들에서 활동전위가 생겨나고, 뉴런 수보다 훨씬 많은 시냅스들에선 분주하게 신경전달물질들을 뿜어 낸다. 감각신경인 시신경이 글귀를 뇌의 시각을 인식하는 부위(시각중추)로 보내면 방금 들어온 시각 정보를 인식하고 글이 의미하는 것을 뇌가 파악하게 된다. 뇌의 어디엔가 저장되어 있던 과거에 학습했던 기억이나 감정들이 되살아나면서 방금 읽은 글의 내용을 이해하고, 새로운 시냅스들이 연결되면서 고차원적인 상념에 잠기기도 할 것이다. 그리고는 시각중추와는 좀 떨어져 있는 운동중추에 정보를 전달하여 산책을 결정하게 되면 이 정보는 척수로 내려 보내진다. 계속해서 이 정보는 말초신경의 전근을 따라 다리 근육을 향하는 운동뉴런으로 전해진다. 반사나 자율신경 등의 예를 제외하곤 거의 모든 감각은 뇌에서 처리되고 반응이 결정된다. 대뇌 안에 있는 뉴런들은 긴 길이로 수초화되어 있는 운동뉴런이나 감각뉴런들과는 달리 대부분 길이가 짧고 수초화되어 있지 않은 연합뉴런들이다. 뇌의 뉴런들은 자극 전달의 신속함보다는 폭넓은 시냅스 연결로 복잡한 신경망 네트워크를 형성하고 있다. 이들이 형성하는 시냅스의 수는 억 단위로는 셀 수 없다. 뇌가 가진 1000억 개의 뉴런들과 각각 뉴런들이 갖는 100,000개 정도의 시냅스들, 실로 어마어마한 네트워크이다.

뇌는 척수와 함께 중추신경계를 이루면서 신경계의 '최고 사령탑'이라 할 수 있다. 뇌는 몸에서 전해지는 감각을 받아들이고 반응을 결정하는 그야말로 컴퓨터의 중앙정보처리 장치에 해당한다. 이뿐만이 아니다. 뇌에서는 새롭고 창조적인 생각이 만들어지고, 기억과 감정이 만들어진다. 현대 생명과학의 뇌에 대한 이해는 아직 피상적인 수준에 머물러 있다. 시를 읽는데 어떤 뉴런이 사용되었는지 아직 모른다. 학습을 통해 저장되어 있는 기억들이 이 시각 정보에 어떻게 연결되어 감정이 형성되는지 아무도 설명하지 못한다. 요즘 기계들을 학습시켜 판단하도록 하는 인공지능의 시대가 열리고 있다. 뇌를 닮은 기계가 연구되고 있는 시대이다. 신비스럽기만 한 살아있는 슈퍼컴퓨터인 뇌 속으로 들어가 보도록 하자.

뇌의 뉴런 네트워크

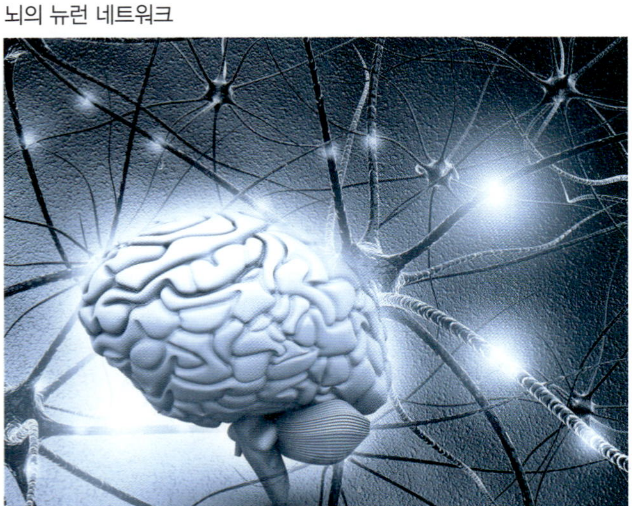

단단한 머리뼈로 되어 있는 두개골로 둘러싸여 있는 뇌brain는 수많은 뉴런들의 집합체로 1.5 kg 정도의 무게를 가진다. 뇌의 가장 윗부분에는 대뇌cerebrum가, 그 아래에는 간뇌(시상과 시상하부)와 대뇌와 척수를 연결하는

뇌줄기(중뇌, 뇌교, 연수)가 차례로 위치한다(그림 12.13).

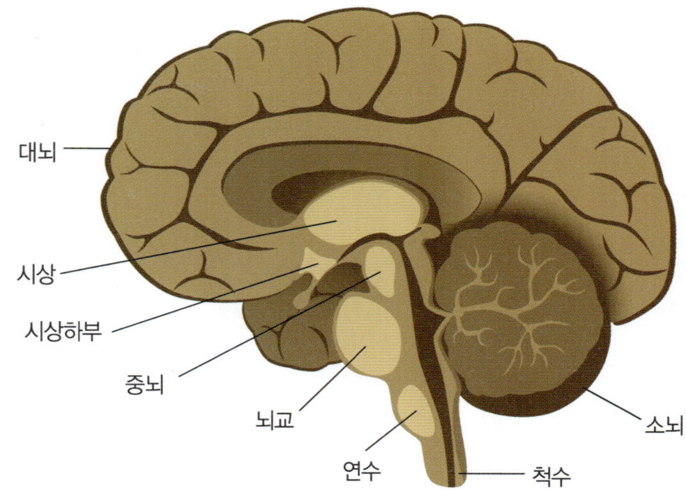

그림 12.13 **뇌의 구조.** 대뇌, 간뇌(시상과 시상하부), 뇌줄기(대뇌와 척수를 연결하는 줄기모양의 구조로 중뇌, 뇌교와 연수를 말한다)를 포함하는 뇌의 구조가 표시되어 있다.

대뇌

대뇌는 전체 뇌 무게의 80% 이상을 차지하는 가장 큰 부분이다. 대뇌는 부위에 따라서 대뇌겉질, 대뇌속질과 변연계 등으로 구성되어 있다. 대뇌의 표층을 이루는 두께 2~4mm 정도의 층인 대뇌겉질 cerebrum cortex은 마치 호두 알의 표면처럼 주름이 많이 잡혀 있다. 대뇌겉질에는 약 8~900억 개의 뉴런들이 밀집되어 있다. 이들 간의 복잡하고 정교한 시냅스 연결들로 인간만이 누릴 수 있는 고차원의 사고가 가능해진다. 대뇌겉질의 꿈틀거리는 것은 가급적 표면적을 넓혀 뉴런들 간의 네트워크가 광범위하게 이루어질 수 있도록 하는 것이다. 이뿐만이 아니라 대뇌겉질은 눈, 코, 귀, 혀, 피부 등으로부터 전해오는 감각정보를 인식하고 판단하여 적합한 반응을 운동뉴런으로 내보기도 한다.

대뇌겉질은 두 개의 좌우 반구들로 나누어져 있고, 이들은 뇌량이라는 구조를 통해 서로 연결되어 있다(그림 12.14a). 두 개의 각 반구들은 4개의 구획—전두엽, 두정엽, 측두엽, 후두엽—으로 나누어져 있다(그림 12.14b). 이들 각 구획에는 특정 감각정보를 처리하는 중추(뉴런의 집합부로 특정한 역할을 담당)들이 있는데, 후두엽에는 시각중추가, 측두엽에는 청각중추가, 전두엽에는 언어중추와 운동중추가 위치한다(그림 12.14c). 전두엽과 두정엽 사이에 있는 운동중추는 감각 자극에 적합한 반응을 보이도록 뼈대근육으로 전해지는 운동신경에 명령을 보내는 지역이다. 이 운동중추 근처에 체성감각중추가 위치하여 몸의 접촉, 통증, 압력과 온도 등의 자극을 인식한다. 대뇌겉질의 대부분을 차지하는 부분으로 연합지역association area들이 산재해 있다. 이들은 각 중추에서의 정보를 판단하고 해석하는 역할을 담당하는 것으로 알려져 있다. 이들 연합지역들은 서로 합쳐져서 좀 더 큰 범위의 생각을 하도록 하기도 한다. 가령 어느 가수의 노래를 보면서 들을 때엔 시각과 청각중추 근처의 연합지역들이 협동하여 특정 생각이나 감정을 형성하도록 한다. 이런 연합 활동의 결과를 입술과 혀를 움직여 언어를 만들어 내기도 하는데, 이를 통제하는 좌반구의 전두엽 지역을 브로카 영역이라 한다. 언어의 듣기와 이해는 좌반구의 측두엽에 있는 베르니케 지역에서 이루어지는데, 측두엽 청각 중추의 연합지역과 긴밀한 협동으로 이루어진다. 이들 여러 연합영역들은 또 다시 연합하여 형성되는 고차원의 생각은 주로 전두엽에서 벌어진다. 대뇌겉질의 여러 연합영역들은 전두엽과 연결되는 것으로 알려져 있다. 이런 이유로 혹자는 전두엽을 대뇌의 총지배자라 하기도 한다.

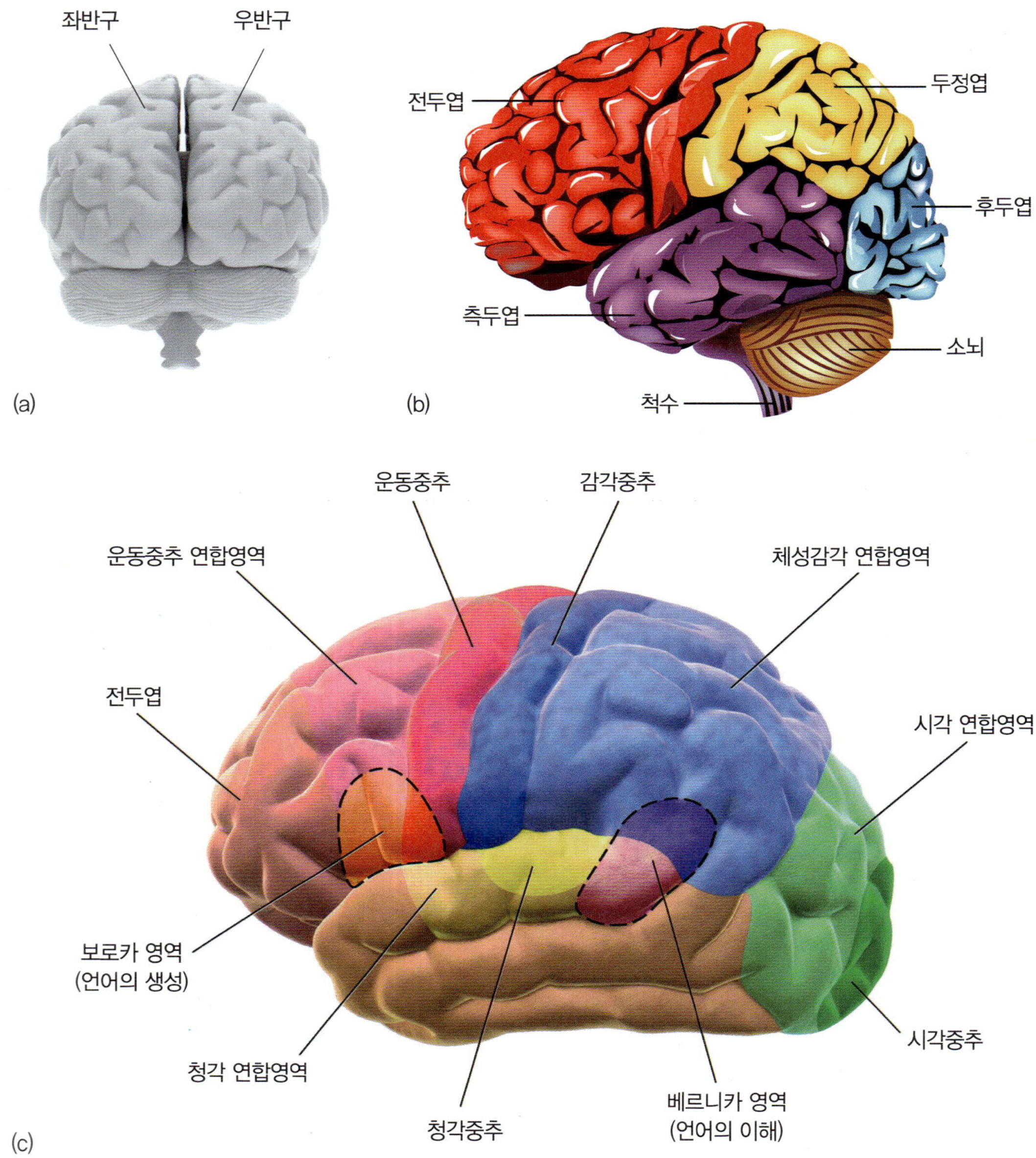

그림 12.14 대뇌의 구조. (a) 대뇌를 위에서 내려다 본 좌반구와 우반구, (b), (c) 각 반구들의 가지는 구역과 구역별 중요 기능, (d) 대뇌의 횡단면에서의 회색질(대뇌겉질)과 백색질(대뇌속질)의 모습.

뇌의 능력

뇌에서 이루어지는 정보흐름의 조합은 거의 무한대에 가깝다. 교육이나 경험들은 바로 뉴런들의 가지 수를 증가시키면서 더욱 회로망을 광대하게 하는 것으로 알려져 있다. 어린아이가 성장함에 따라 뉴런들의 배선이 늘어나 복잡한 회로망이 형성되기도 하고, 처음에는 배선되기가 어려웠던 시냅스가 연결되기 쉬워지게 된다. 신경회로망의 구축은 우선은 유전정보에 써진 대로 이루어지기도 하지만, 생후에 접하게 되는 여러 환경적인 요인들에 의해서 배선은 달라진다. 척추동물에서는 뇌를 둘러싸고 있는 대뇌겉질에 있는 뉴런들의 극심한 증식으로 대뇌겉질의 주름은 깊어지며 표면적은 넓어진다. 고도의 정신이 바로 이 대뇌겉질 안에 숨어 있는 까닭이다.

폭넓은 독서와 경험으로 잘 짜인 신경회로망에서 좋은 의식이 생길 수 있으며, 지식과 경험의 축적 없이 훌륭한 생각이 불현듯 튀어나올 수는 없다. 한쪽으로 치우치지 않는 폭넓은 생각과 교육이 우리 학생들이 자신의 뇌와 인생을 위해 할 수 있는 가장 확실한 생명과학적 준비라 할 수 있겠다. 수상돌기와 축삭돌기의 가지가 풍성해져야 새로운 생각들이 무럭무럭 생겨날 수 있을 것이다.

고차원의 사고. 대뇌의 복잡하고 협동적인 뉴런 네트워크를 통해 고차원의 사고가 가능함을 상징적으로 보여준다.

기능적 자기공명영상

기능적 자기공명영상 fMRIfunctional magnetic resonance imaging은 우리가 인지 작용을 수행할 때 활성화되는 뇌의 부분을 추적하는 기술이다. 이 방법의 핵심은 뇌 혈관을 흐르는 혈액 속의 산소량을 추적하는 것이다. 특정 자극에 의해 활성화되는 뇌 부위는 시냅스 활동과 이온 출입 등에 필요한 ATP를 만들기 위해 산소 공급이 늘어나야 한다. 따라서 활성화된 뇌 부위에는 피가 많이 몰리는데, fMRI는 이 지역에서 산소와 결합한 헤모글로빈(Hb−O_2)의 농도를 측정하여 시각화한다. 예를 들면 우리가 음악을 듣고 있으면 청각을 담당하는 뇌의 부분이 fMRI 사진에서 밝게 나타난다. 또한 우리가 무언가를 기억하여 새로운 사고를 하려 하면 기억과 사고를 담당하는 전두엽, 즉 뇌의 앞부분이 밝게 나타난다. 이처럼 fMRI는 활성화된 부분을 보여줌으로써 우리가 무슨 생각을 하는지, 무엇을 느끼는지를 보여준다.

과거에는 정신이 육체와 분리되어 존재한다고 믿어왔다. 동서양을 막론하고 과거의 사람들은 인간의 육체를 조종하는 분리된 영혼이 있다고 믿었다. 하지만 fMRI 기술을 중심으로 하는 현대 과학은 이런 생각에 강력한 반론을 제기하고 있다. fMRI 기술로 생각의 종류와 뇌의 위치 사이를 연결할 수 있게 된 것이다. 즉 육체와 정신이 한 곳에 뭉쳐지는 것이다. 전통적으로 철학과 종교의 영역이었던 정신의 문제도 이제 과학의 영향으로부터 자유로울 수 없게 된 것이다.

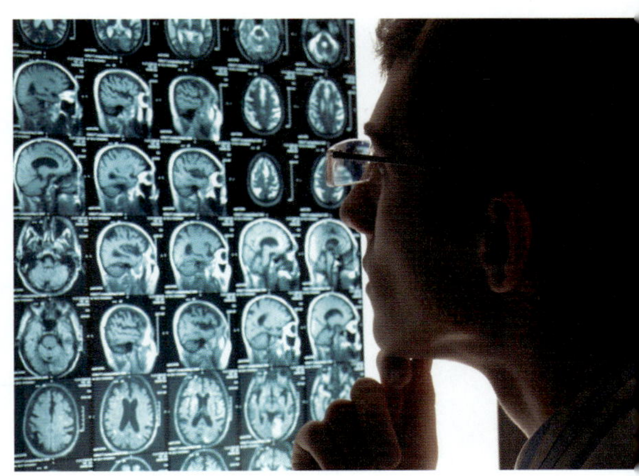

기억과 감정

기억과 감정들은 뇌기능에서 있어 매우 중요하다. **학습**을 통해 기억된 것은 어떤 형태로던 대뇌에 남아 있다. **기억**이란 학습을 통해 얻어지는 것으로 저장도 가능하고 필요할 때 다시 끄집어 낼 수도 있어야 한다. 기억은 뉴런들 간에 사용되었던 시냅스 연결의 흔적이라 할 수 있다. 길거리에 우연히 마주쳤던 사람들을 보는 데 사용된 시냅스 연결은 뇌에서 곧바로 풀어진다. 시냅스 연결의 강도가 매우 낮기 때문이다. 하지만 같은 사람을 반복되어 길거리에서 마주 친다면 시냅스 연결이 강화되면

학습과 기억
새로운 정보를 얻는 것을 학습이라 하고, 그 정보를 저장하는 것을 기억이라 한다.

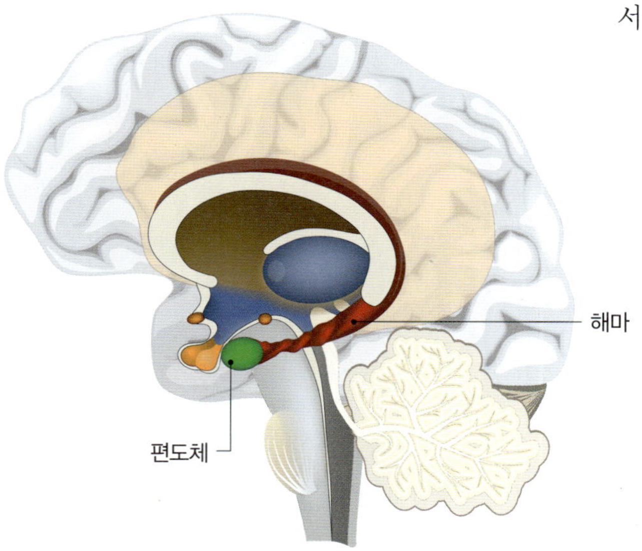

그림 12.15 변연계의 해마와 편도체

서 기억의 형태로 남는다. 반복적인 학습이나 경험을 통해 시냅스 결합이 강화되면서 기억이 형성되는 것이다.

기억에는 대략 몇 분 정도 지속되는 단기기억과 한 주나 몇 달 또는 평생에 걸쳐 기억되는 장기기억이 있다. 사람들은 초등학교 때 저장되었던 구구단을 기억하고 있고 쉽게 끄집어낸다. 한 번의 강력한 사건이 장기기억으로 남기도 한다. 대뇌겉질에서 벌어졌던 다양한 정보들 중에서 장기기억으로 전환되어야 할 것들은 대뇌겉질 아래 뇌의 중심 공간에 위치한 변연계의 해마로 옮겨진다(그림 12.15). 이곳에서는 신경전달물질의 양도 늘어나고, 시냅스 후 뉴런의 수상돌기에 있는 신경전달물질 수용체의 수도 증가한다(그림 12.16). 강력하거나 반복되는 자극은 수용체의 수를 증가시킨다. 장기적으로 시냅스 연결이 강화된 상태를 장기기억강화long-term potentiation, LTP라 한다. 반복되는 사용으로 특정 축삭돌기와 수상돌기 간의 거리가 매우 좁혀지기도 한다. 이런 강화된 시냅스 연결이 장기기억의 원리인 것이다. 이런 장기기억들은 해마에서 목록화되어 저장되기도 하고 다시 대뇌겉질로 이동하여 저장되기도 한다. 평면의 그림으로 짐작되지 않지만 대뇌겉질(특히 전두엽)과 해마는 매우 가까이에 있다. 장기기억의 내용으로 인격이 결정되기도 한다. 노트나 연필 등으로 기록할 수 없는 시대의 원시인들은 장기기억을 통해 먹을 음식과 먹지 말아야 할 음식이나 해야 할 행동과 하지 말아야 행동이 구분되기도 한다. 기억은 삶의 수단이면서 생명을 보호하는 장치이기도 하다. 기억의 전 단계라 볼 수 있는 경험과 학습은 물론이다.

잠은 약한 기억들을 정리하는데 필요하다 한다. 그날 있었던 약한 시냅스 연결들은 주로 잠을 자는 동안 풀어진다는 것이다. 이 과정에서 시냅스 연결이 엉뚱한 곳으로 연결되는 현상이 꿈이라 하기도 한다. 오늘 보았던 수많은 사람들과 사건들에 작용했던 약한 시냅스 연결들은 풀어져서 맑은 뇌가 되어야 새로운 시냅스 연결들이 형성될 수 있는 것이다. 잠이 필요한 이유이다.

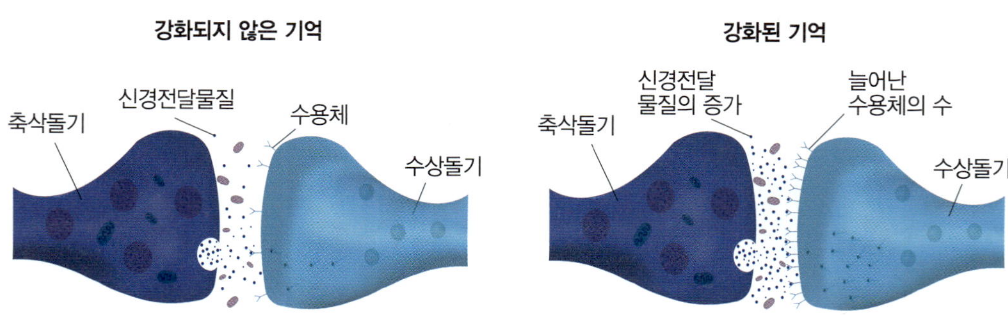

그림 12.16 기억과 시냅스

자극의 종류에 따라 사람들은 얼굴을 찡그리기도 하고 만족의 표정을 짓기도 한다. 언어가 없던 원시들에게서나 지금의 우리에게도 표정은 중요한 소통 수단이다. 나의 상태를 알리는 가장 즉각적인 수단인 것이다. 기쁨, 사랑, 고통, 만족 등의 감정이 얼굴 근육을 통해 표정으로 나타나는 것이다. 감정은 주로 변연계의 편도체라는 곳에서 형성된다. 감정은 근처에 있는 해마에 전해져 기억되기도 한다. 혹자는 편도체와 해마는 대뇌겉질의 총지배자라 하는 전두엽의 일부라 하기도 한다.

최근 인간 커넥텀 프로젝트(Human Connectome Project)가 진행되고 있다. 특정 자극에 사용된 뉴런들의 목록을, 즉 뉴런 지도를 만들자는 것이다. 특정 생각에 참여하는 뉴런들과 그들의 시냅스 연결망, 즉 커넥텀을 알아보자는 것이다. 멀지 않은 미래에는 생각들의 뇌 속 경로가 규명될 것이다. '당신은 당신의 유전자 이상이다'라는 말이 있다. 당신의 특성들이 대부분 유전자로 결정되는 것이 아니라 경험이나 학습을 통해 당신 특유의 신경망에 의해서도 결정될 수 있다는 것이다. 세포분열을 통해 뉴런의 수는 증가하지 않지만(약간의 논란은 있음) 경험이나 학습을 통해 새로운 돌기들이 만들어지고 새로운 시냅스 연결이 형성된다는 것이다. 이런 당신의 커넥텀이 진정한 당신이라는 의미이다.

간뇌와 뇌줄기

간뇌는 시상과 시상하부로 구성된다(그림 12.13). 시상은 후각을 제외한 대부분의 감각뉴런(시각, 청각, 미각, 척수를 통해 오는 체성감각 등)이 통과하는 곳이다. 이들 각각의 감각뉴런들은 시상을 거쳐 대뇌겉질의 여러 감각중추들로 전해진다. 이와 같이 시상은 대뇌겉질로 가는 감각뉴런들의 간이역에 해당된다. 후각은 예외적으로 시상을 거치지 않고 곧바로 편도체/해마 근처로 향한다. 시상은 감각정보의 전달뿐만 아니라 여과 기능도 가진다. 여러 다른 감각 자극들 중에 대뇌겉질로 보내야 할 정보를 선택할 수 있다. 소음이 큰 지역에서 누구와 대화를 나누고 있다면 시상은 소음의 자극을 거르고 대화의 소리 감각을 여과해서 대뇌겉질로 보낸다. 즉, 시상은 여러 감각정보들을 접수하여 가공을 거쳐 대뇌겉질로 전달하는 역할을 한다.

시상하부는 시상 바로 아래에 위치하며 몸의 항상성을 유지하는 데 중요한 역할을 담당한다. 대뇌겉질이 관여하지 않는 자율신경을 통해 체온 또는 위장관 기능과 함께 호르몬을 분비하여 내분비계의 상위 조절자로서의 역할을 담당하기도 한다(13장에서 자세히 다룬다). 간뇌는 시상을 거쳐 가는 감각정보들을 통해 몸의 상태를 인식하고, 시상 바로 아래에 있는 시상하부를 통해 항상성을 유지하도록 하는 것으로 여겨진다.

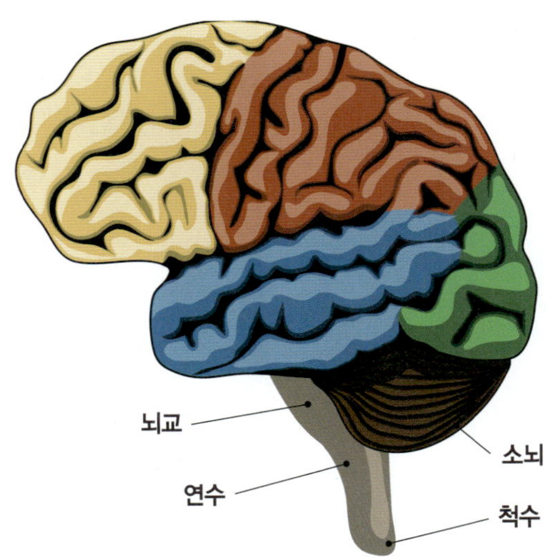

그림 12.17 뇌줄기

뇌줄기는 간뇌의 바로 아래에 위치한다(그림 12.17). 뇌줄기는 중뇌, 뇌교, 연수를 거쳐 척수로 연결된다. 이들 연수 후면에는 소뇌가 위치한다. 중뇌는 간뇌 바로 아래에 있으며 뇌줄기의 시작점이다. 대뇌와 척수 사이의 신경전달의 통로라는 것 외에는 특별한 기능이 알려져 있지 않다. 중뇌 아래에 있는 뇌교는 소뇌와 뇌의 다른 부분 사이의 통로로 여겨진다. 뇌교로부터 여러 뇌신경이 접속되기도 한다. 뇌교 바로 아래에는 연수가 있는데, 연수는 뇌의 최하단에 있는 작은 구조로 척수와 연결되는 접합부이기도 하다. 연수는 호흡과 순환 등 생명 유지에 매우 중요한 역할을 담당한다. 연수는 호흡중추, 심장반사중추, 혈관운동중추 등 생명 유지에 필수적인 반사 중추들을 가진다. 숨쉬기, 기침, 재채기 등은 반사적으로 벌어지며 특수한 상태가 아니면 대뇌가 관여하지 않는다. 소뇌는 몸의 균형과 움직임을 조절한다. 대뇌겉질로부터 감각정보와 척수로부터 움직임에 관한 정보를 받는다. 타이핑을 하거나 눈을 감은 채 손을 코에다 갖다 대는 등 소뇌는 여러 근육들을 동시에 움직이게 할 수 있도록 한다. 소뇌에 이상이 생기면 유리잔의 물을 흘리지 않고 마시기는 힘들어진다.

이상에서와 같이 뇌의 다양한 구조와 기능을 살펴보았다. 다양한 종류의 뉴런들이 구성원으로 참여하며 이들은 전기신호를 만들어 다른 뉴런(들)에 전달한다. 활동전위의 불꽃들이 신경계 곳곳에서 튀고 있는 것이다.

12.3 말초신경계

말초신경계는 중추신경계와 몸의 각 부분 사이를 감각신경이나 운동신경으로 연결하는 신경계를 말한다. 말초신경계는 뇌에서 가지 쳐 있는 12쌍의 뇌신경과 척수의 31마디 각각에서 가지 쳐 있는 31쌍의 척수신경을 말한다. 말초신경계는 몸의 외부 또는 내부의 감각정보를 중추신경계에 전해주고(감각정보) 중추신경계의 반응 정보를 근육이나 장기로 전해(운동정보) 몸의 움직임과 내부 환경을 조절하는 기능을 담당한다. 말초신경계에서 운동정보를 뼈대 근육에 전하는 신경을 체성신경계, 장기 등으로 전하는 자율신경계라 한다.

자율신경계-교감과 부교감 신경계

뼈대근육에 정보를 전하는 체성신경계와는 달리 자율신경계는 몸의 여러 장기들에 자극을 전달한다. 하나의 긴 뉴런으로 되어 있는 체성신경계의 운동뉴런들과는 달리 자율신경계의 뉴런들은 두 개의 뉴런으로 중추신경계 신경 정보가 효과기(장기나 샘처럼 신경 전달로 최종적인 효과를 나타내는 기관)로 보내진다(그림 12.19). 자율신경계는 자기의 의지에 상관없이 벌어지기 때문에 대뇌가 관여하지 않는다. 자율신경계는 교감신경계와 부교감신경계로 나뉘며 이들은 특정 효과기에 반대되는 효과를 내도록 한다. 가령 교감신경에 의해 심장의 박동을 촉진하면 부교감신경으로 심장의 박동을 억제하는 방식이다. 이들 효과기의 항상성을 유지하기 위해 두 자율신경계의 균형 있는 역할이 중요하다.

교감신경은 '싸움 또는 회피fight or flight'로 묘사되는 급박한 상황에서 활성화되고, 부교감신경은 '휴식 또는 소화rest or digest'로 묘사되는 안락한 상황에서 활성화된다(그림 12.18). 급박한 상황이 되면 심장이 뛰어야 하고, 주변을 살피느라 동공이 확장되는 등의 일련의 반응이 벌어진다. 반대로 안락한 상황이 되면 부교감 신경은 심장 박동을 줄이고 동공이 수축되도록 한다. 안락한 상황과 맞물려 부교감 신경은 소화 기능이 촉진되도록 한다. 반대로 교감신경은 소화 기능을 억제하도록 한다. 급한 상황에서 소화를 할 여유가 없고 또 소화에 소모되는 에너지를 심장 박동 등에 사용하기 때문이다. 콩팥 내 사구체의 여과 기능은 교감신경에 의해 억제되고 부교감신경에 의해 촉진된다. 급박한 상황에서 양분을 가급적 혈액에 남겨 두고자 하려 하기 때문이다. 자율신경계는 우리 몸이 접하는 상황에 따라 신속하게 대처하는 정교한 고속 통신체계인 것이다. 급박한 상황에서 살아남을 수 있는 이유가 되기도 한다.

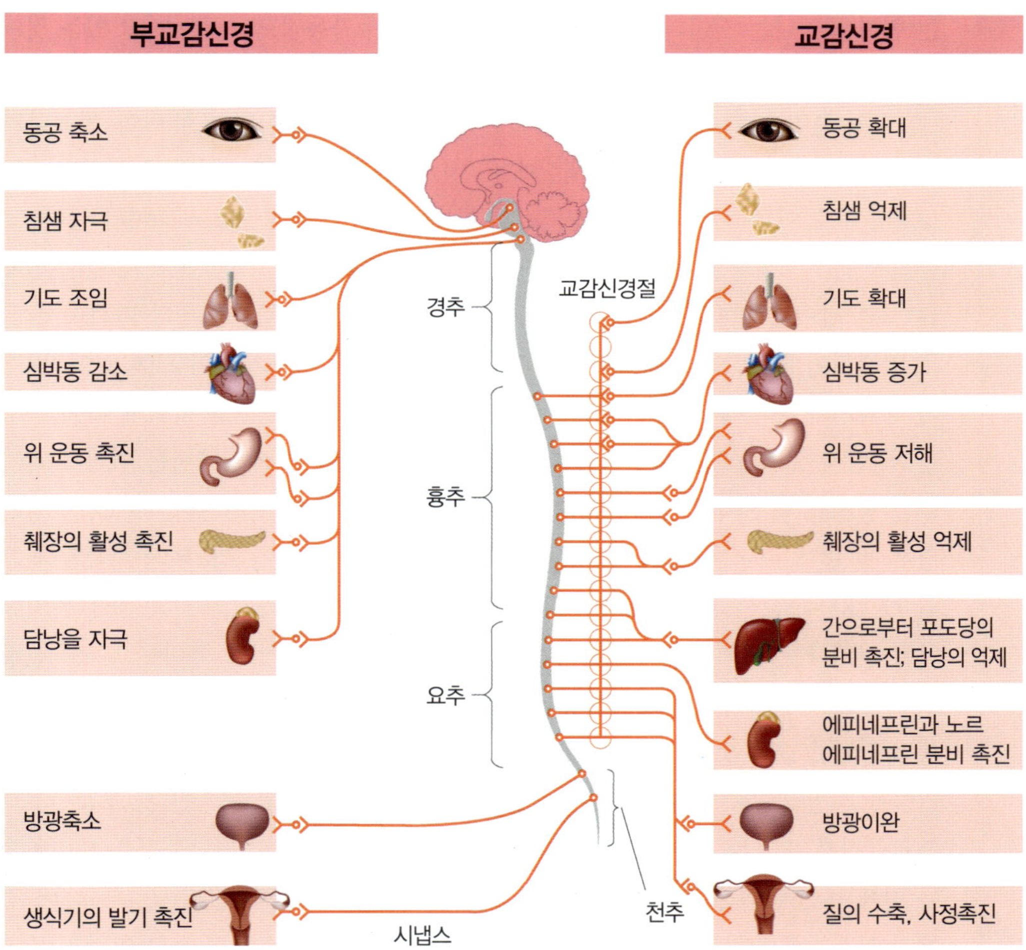

그림 12.18 교감신경계와 부교감신경계. 교감신경계(오른쪽)와 부교감신경계(왼쪽)는 같은 장기에 서로 반대되는 길항 작용을 한다. 자율신경계는 두 개의 뉴런을 통해 중추신경계로부터 내장기관으로 신호를 전달한다.

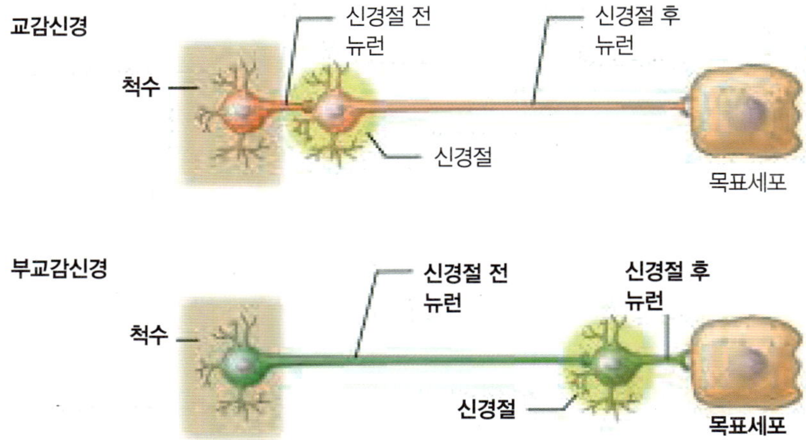

그림 12.19 자율신경 두 뉴런의 연결

늦잠을 자느라 시험 시간을 맞추지 못하는 상황이 되면 자동적으로 교감신경이 촉진되어 가슴이 두근거리고(심장이 빠르게 박동한다) 아주 빠른 속도로 뛰어갈 수 있는 힘이 생겨나는 것이다. 우리의 의지에 상관없이 자동적으로 벌어지고 있는 것이다.

자율신경은 가슴과 허리 근처의 척수 마디들에서 첫 번째 뉴런이 뻗어나가(이 뉴런의 세포체는 척수의 회색질에 위치) 두 번 째 뉴런과 시냅스를 이룬다(그림 12.19). 바로 이 두 뉴런 사이의 시냅스를 이루는 부분을 신경절ganglion이라 한다. 교감신경에서는 신경절 전 뉴런(첫 번째 뉴런)의 길이는 짧고, 신경절 후 뉴런(두번째 뉴런)의 길이는 길다(그림 12.19). 교감신경의 여럿 신경절은 척수와 가까이서 서로 연결되어 있다. 이 신경절에선 여러 두 번째 뉴런의 세포체들이 모여 있어 몇 개의 효과기를 동시에 자극하기도 한다. 또한 여러 첫 번째 뉴런들이 함께 하여 특정한 두 번째 뉴런을 자극하기도 한다. 진화적으로는 급박한 상황에서는 여러 효과기들을 동시에 촉진되는 것이 유리할 것이기 때문일 것으로 여겨진다. 부교감신경의 경우 첫 번째 뉴런은 몇몇 뇌신경들과 골반 이래의 척수신경으로부터 시작된다(그림 12.18). 교감신경과 비교하여 특이한 것은 신경절이 효과기 바로 근처에 위치한다는 것이다. 첫 번째 뉴런의 길이가 길고 두 번째 뉴런은 짧다. 아마도 부교감신경 전부가 동시에 자극되어 생명현상에 필수적인 중요한 기능들이 동시에 억제되면 치명적 결과를 초래할 수 있기 때문으로 생각된다. 따라서 부교감신경은 각각의 효과기들을 개별적으로 억제하는 것이 생명들에 유리할 것이라고 여겨진다. 교감신경과 부교감신경 모두는 첫 번째 신경절에서는 아세틸콜린을 신경전달물질로 분비하고 두 번째 뉴런에 의해 분비되는 물질은 교감신경에선 노르에피네프린을, 부교감신경에선 아세틸콜린을 분비한다(그림 12.20). 서로 다른 신경전달물질들로 교감과 부교감 신경은 동일한 효과기에서 서로 반대되는 효과를 보이는 것이다.

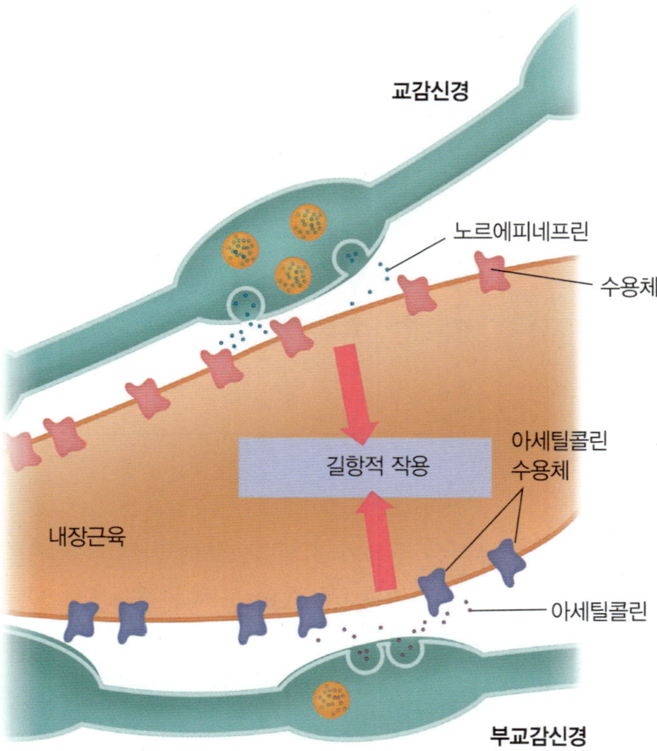

그림 12.20 교감과 부교감신경의 말단에서 분비되는 서로 다른 신경전달물질. 교감신경의 축삭돌기 말단에서는 노르에피네프린, 부교감신경의 축삭돌기 말단에서는 아세틸콜린이 내장근육에서 서로 반대되는 길항적 작용을 나타낸다. 근육세포는 이들 신경전달물질과 결합하는 각각의 수용체들을 가진다.

12.4 감각계와 근육계

신경계의 마지막 주제로 신경 반응의 시작과 끝에 해당하는 감각계와 근육계를 살펴본다.

감각계

세상의 모든 생명체들은 주위 환경과 독립해서 살 수 없다. 동물들도 마찬가지로 시각, 청각, 후각 등의 자극을 감각 기관을 통해 인식하고 이에 적절한 반응을 한다. 감각기관은 동물들이 가지는 세상과의 창이며 이를 통해 환경 자극이 몸 안에 들어온다. 감각기관의 감각수용체들은 빛이나 소리 등의 환경 자극을 신경 자극으로 전환시키는 역할을 담당한다. 감각수용체가 직접 신경 자극을 생성하거나 근처의 신경세포에서 신경 자극이 생성되도록 한다. 환경 자극을 인식한 감각수용체는 세포의 이온 출입을 유도하며 탈분극과 함께 수용기 전위를 일으킨다. 감각수용체와 시

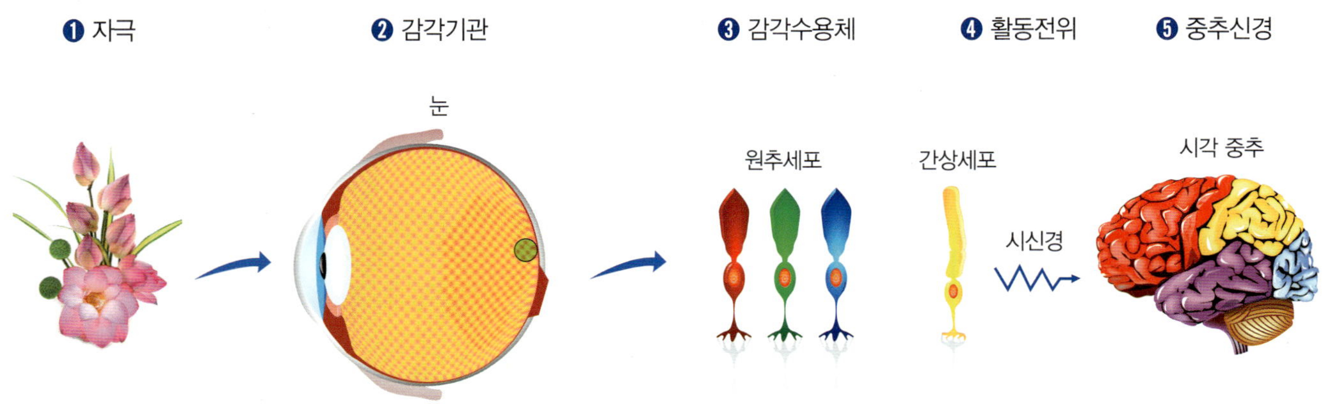

그림 12.21 환경자극의 인식 및 전달

냅스로 연결되어 있는 감각뉴런은 수용기 전위를 전달받아 활동전위를 발생시키며 이를 뇌의 특정 지역으로 보낸다(그림 12.21). 뇌에는 청각중추, 시각중추 등 다양한 감각 인식 지역이 있어 환경 자극의 내용을 인식한다. 우리가 보고 있는 꽃을 '꽃이구나'하고 실제로 인식하는 것은 눈이 아니라 뇌의 시각중추이다. 학습을 통해 꽃에 대한 정보가 저장되어 있는 시각중추 연합영역의 도움으로 꽃임을 인식하는 것이다. 여러 감각 기관들 중 눈이 시각 정보를 처리하는 일련의 과정을 살펴보자.

눈

진화론의 창시자인 다윈이 '종의 기원'에서 설파한 눈에 관한 생각이다. '다양한 거리에 초점을 맞추고, 다양한 양의 빛을 받아들이고, 공간과 색채를 흡입하기 위해 타의 추종을 불허하는 장치를 탑재한 눈이 자연선택으로 생성될 수 있다고 가정하는 것은 아무리 되풀이 생각해 보아도 모순이라는 것을 토로하지 않을 수 없다.' 살다보니 조금씩 개선되어 지금의 눈이 된 것이 아니라, 처음 만들어질 때 천재적이고 창조적인 계획도가 이미 있었던 것이라 생각하는 것이 훨씬 그럴듯해 보인다는 의미이다. 그도 진화론에 허점이 있음을 토로하고 있는 대목이다. 눈부신 빛, 아름다운 색조들, 역동적인 사물의 모습들이 거의 실시간으로 우리 눈과 신경에 의해 처리되고 있다는 사실에서 다윈은 눈의 경이로운 능력을 느끼게 된 것으로 보인다.

탁구공 같은 안구는 뇌 근처에 포진하고 있으면서 세상의 사물들을 보게 한다. 우리가 보고 있는 글자나 사물이 직접 눈으로 들어오는 것이 아니라 이들에서 반사되는 빛으로 들어온다. 빛은 마치 시계의 유리판처럼 눈을 덮고 있는 투명한 각막을 지난다(그림 12. 22). 빛은 각막cornea을 지나면서 굴절되어 눈의 중심부를 향하게 된다. 눈의 한가운데 원형의 빈 공간인 동공pupil을 통해 안구 내부로 들어간다. 동공은 민무늬근으로 된 홍채iris의 조절로 인해 동공을 통과하는 빛의 양을 조절한다. 어두운 곳에서처럼 빛의 양이 많이 필요하면 홍채는 이완되어 동공은 커지고, 밝은

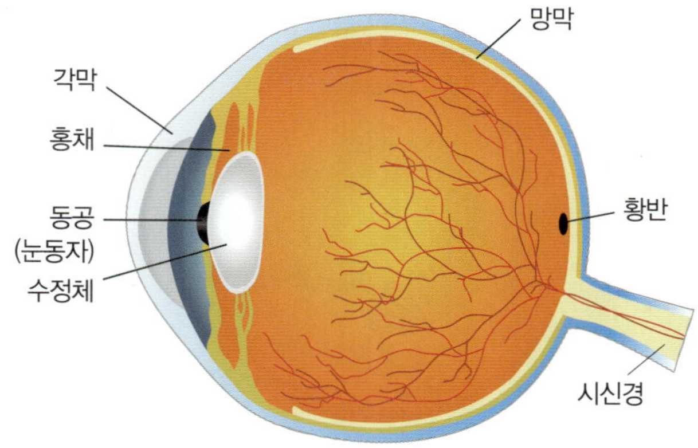

그림 12.22 눈의 구조

곳에서처럼 빛을 많이 받을 필요가 없을 땐 홍채가 수축되어 동공은 작아진다. 동공은 '싸움과 회피' 상황에서 작용하는 교감신경에 의해 커지고, 반대로 부교감신경에 의해 작아진다. 모든 사람의 동공은 검은 원형으로 보이지만 동공을 둘러싸고 있는 홍채의 색은 인종이나 사람마다 다를 수 있다. 동공을 통해 안구의 안쪽으로 들어간 빛은 망막에서 대부분 흡수되고 반사되지 않기 때문에 안구 내부는 빛이 없이 검은색이 된다. 동공이 검은색으로 보이는 이유이다. 홍채의 색, 굴곡, 혈관 등의 모습은 사람마다 다르기 때문에 홍채로 사람을 구별하는 홍채인식 기술이 널리 사용되고 있다. 동공의 바로 안쪽에는 조리개 기능을 가진 투명한 수정체lens가 근처의 모양체라는 구조에 연결되어 있다. 가까운 거리에 있는 사물을 볼 때는 수정체의 두께가 두꺼워지고, 먼 곳의 것을 볼 때는 얇아져 망막에 상이 선명하게 맺히도록 한다. 홍채 가장자리에 있는 흰자는 안구를 이루는 가장 바깥쪽 층 공막sclera의 일부이다. 눈 안쪽 안구에는 바깥부터 공막, **맥락막**choroid, 망막retina의 세 개 층이 안구를 둘러싸고 있다. 동공, 수정체, 안구 중심부의 용액 층을 지나 빛은 망막으로 향한다. 망막에는 감각수용체인 광수용체가 있어 빛을 인식하여 전기신호를 생성한다.

맥락막
안구 벽의 중간층에 위치하는 막으로 혈관과 멜라닌 색소가 많이 분포하여 있다. 외부에서 들어 온 빛이 분산되지 않도록 막는다.

시각 정보의 전달

안구 안으로 들어온 빛은 망막에 있는 두 종류의 시각세포인 간상세포rod cell와 원추세포cone cell 내에 있는 광인식분자 photoreceptor에 의해 인식된다. 하나의 안구는 약 1억2천만 개의 간상세포와 6백만 개의 원추세포를 가진다(그림 12.23). 원추세포들은 대부분 망막의 중심부에 위치한 황반 지역(그림 12.22)에 집결되어 있고, 간상세포는 주변 지역에 골고루 분산되어 있

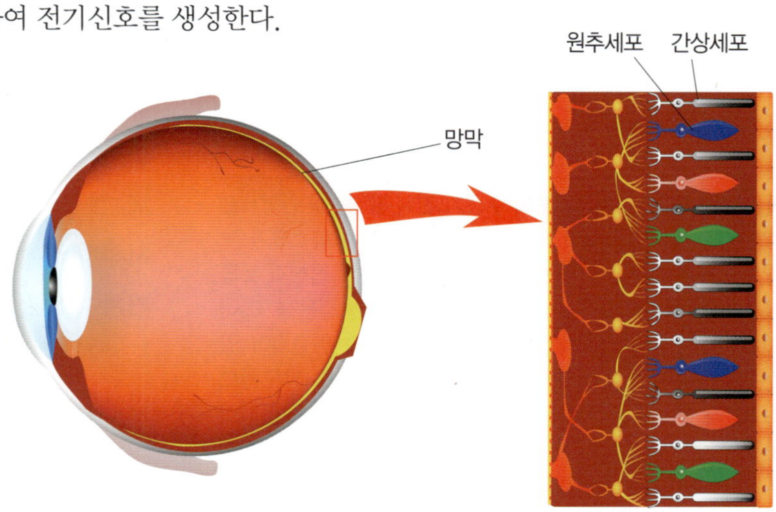

그림 12.23 망막의 시각세포

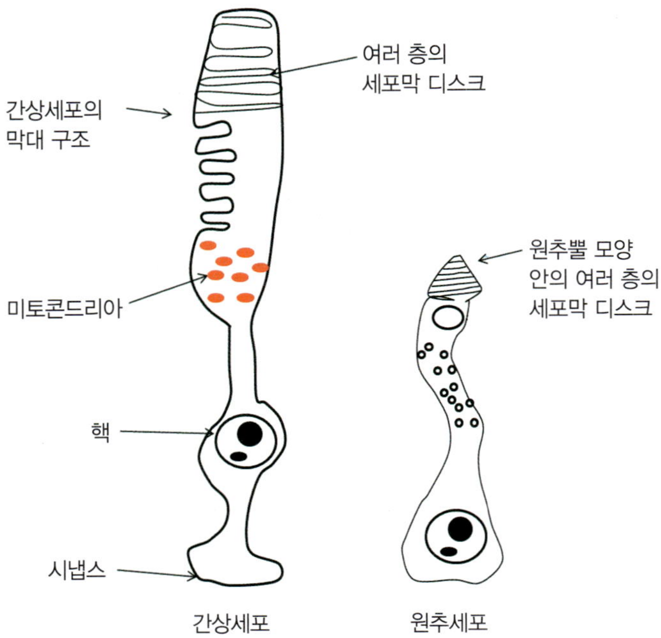

(a) 간상세포와 원추세포

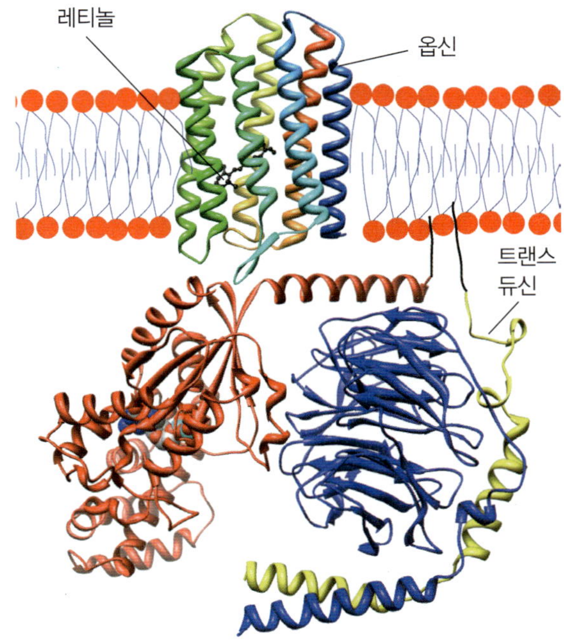

(b) 로돕신과 트랜스듀신

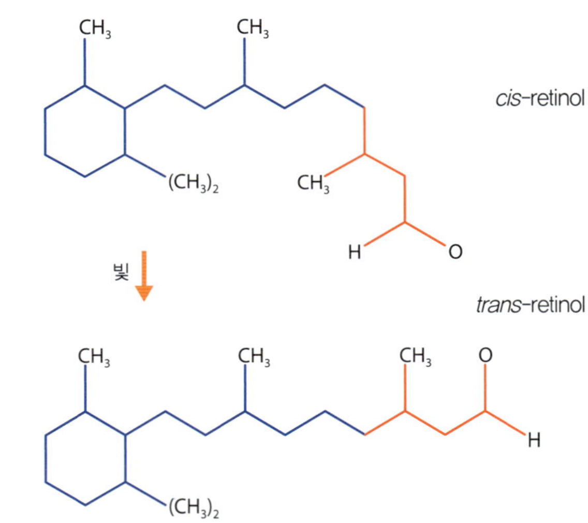

(c) 레티놀의 구조 변화

그림 12.24 시각세포의 수용기 전위 발생. (a) 간상세포와 원추세포 안에 여러 층의 세포막 구조로 된 디스크가 보인다. (b) 디스크를 이루는 세포막을 관통하는 로돕신과 로돕신 구조 중앙에 빛을 받는 화학분자인 레티놀(검은색 표시)이 보인다. 옵신 단백질의 구조변화는 옵신과 연결되어 있는 트랜스듀신(transducin) 단백질의 구조변화를 유도함으로 빛의 신호가 간상세포 내의 여러 신호전달 경로를 활성화시켜 수용기 전위(감각 수용체에서의 활동전위)를 발생시킨다. (c) 레티놀이 빛을 받아 구조가 변한다(*cis*-retinol(위)에서 *trans*-retinol(아래로). 레티놀의 구조 변화는 로돕신의 단백질 부분인 옵신 단백질의 구조 변화를 일으킨다.

다. 빛은 망막의 가장 깊은 곳(맥락막과 접한 쪽)으로 향한다. 간상세포는 로돕신rhodopsin이라는 단백질이 여러 층의 디스크(얇은 원반들이 쌓여 있는 구조) 구조 안에 위치한다(**그림 12.24a**). 로돕신은 옵신opsin이라는 단백질에 빛을 흡수하는 화학분자인 레티놀retinol이 결합되어 있다(**그림 12.24b**). 비타민 A로부터 만들어지는 레테놀은 빛을 받으면 *cis*–레티놀 구조가 *trans*–레티놀 구조로 전환되면서 옵신은 레티놀 분자와 분리되면서 구조적 변화를 일으킨다(**그림 12.24c**). 바로 이 레티놀 분자가 빛을 인식하는 빛수용체이다. 레티놀과 분리된 옵신의 구조 변화는 세포막 근처의 트랜스듀신의 구조 변화를 유도하며 빛 인식의 신호전달경로를 활성화시키고 수용기 전위를 발생시킨다(그림 12.24b) 이런 전기신호의 변화는 간상세포의 아래쪽(안구의 중심부 방향)의 시신경으로 전해진다. 시신경은 활동전위를 갖게 되고 긴 축삭돌기를 통해 시상을 거쳐 대뇌겉질의 시각중추로 전해진다.

간상세포의 옵신은 매우 낮은 강도의 빛에서도 막전위를 일으킬 수 있을 정도로 빛에 민감하게 반응하지만 원추세포의 옵신은 높은 강도의 빛이 있어야만 전기신호가 발생한다. 민감하게 반응하는 파장에 따라 적색, 녹색, 붉은색을 인식하는 세 종류의 원추세포로 나뉜다. 원추세포는 색뿐만 아니라 사물의 세밀한 구조나 선명함에도 관여한다. 간상세포는 빛의 민감도는 높으며 주로 흑과 백의 구분에 관여한다. 어두운 곳에서 잘 볼 수 없는 것은 어두운 곳에서는 원추세포가 활성화되지 않기 때문이다(옵신이 잘 만들어지지 않는다). 어두운 곳에서는 간상세포에 의해 사물이 인식될 수 있으나 선명하게 볼 수는 없고, 원추세포의 옵신이 활성화되지 못해 사물의 색을 구분할 수 없고 선명함도 떨어진다. 밝은 곳에서 갑자기 영화관 같이 어두운 곳으로 들어가면 한동안 모든 것이 잘 보이지 않고 한참 시간이 지난 뒤에야 겨우 사물을 인식하게 된다. 어두운 곳으로 들어가면 빛을 많이 흡수하기 위해 동공이 서서히 커진다. 빛은 여러 각도로 굴절되어 망막에 고르게 분산되어 있는 간상세포들을 자극하여 옵신의 양도 늘릴 수 있게 된다. 어두운 곳에서 서서히 사물을 인식할 수 있게 되는 이치이다. 반대로 어두운 곳에서 밝은 곳으로 이동하면 동공이 좁아지고 빛은 원추세포들이 밀집되어 있는 황반으로 모이게 된다. 원추세포의 옵신이 서서히 늘어나 사물의 색도 알아차리게 되고 선명하게 볼 수 있게 된다. 어두운 빛에서 전혀 볼 수 없는 야맹증 증세를 보이는 사람들이 있다. 가장 주된 원인은 레티놀 분자의 전구체인 비타민 A의 부족이다. 레티놀이 만들어지지 않아 로돕신이 합성 되지 않는다. 정상인의 경우 어두운 빛에서도 간상세포의 로돕신이 만들어지지만 야맹증 환자들은 만들지 못한다.

눈은 시각을, 귀는 청각과 감각균형을, 혀는 미각을, 코는 후각을 수용하여 대뇌에 전달한다. 혀에 있는 여러 종류의 맛을 수용하는 미각세포들과 코에서 수천 가지 냄새를 수용하는 후각세포들은 모두 감각수용체로서 특정한 화학물질과 결합하여 전기적 파동을 일으켜 대뇌로 전달된다. 소리, 음성, 맛, 냄새 등 모든 외부의 신호는 감지되어 전기(수용체 전위)로 번역된 후 신경계를 통해 대뇌로, 역시 전기(활동전위)로 이동되고 있다. 다양한 자극의 감지, 해석, 반응을 하기 위하여 전기가 우리의 감각계, 신경계, 근육계를 떠돌아다니고 있는 것이다.

근육계

뼈대근육

몸의 움직임은 뼈대와 뼈대근육(또는 골격근)에 의해 이루어진다. 뇌에서 판단된 정보는 운동신경(체성신경계)을 통해 이들 뼈대근육을 움직이도록 지시한다. 뼈대는 몸의 형체를 이루면서 내부의 장기나 조직들을 보호하는 역할과 함께 움직임의 지렛대 역할을 한다. 뼈대는 움직임의 방향을 결정하고 움직임의 강도를 높인다. 골격근의 움직임을 위해선 ATP가 필요하며 ATP는 뼈대근육의 세포들을 수축하여 움직이도록 한다. 뼈대근육은 힘줄을 통해 뼈에 붙어 있는 근육으로 근육의 전체 길이에 평행하게 달리는 여러 다발의 근육 섬유들로 형성된다(그림 12.25a,b). 각각의 근육 섬유는 여러 개의 핵을 가진 하나의 세포로, 보통의 세포들처럼 원형질막으로 둘러싸인 작은 단위의 세포가 아니라 가로로 길게 늘어진 모습의 세포이다. 세포분열 시 핵의 분열은 이루어지지만 세포질 분열이 이루어지지 않은 근육 섬유 세포는 여

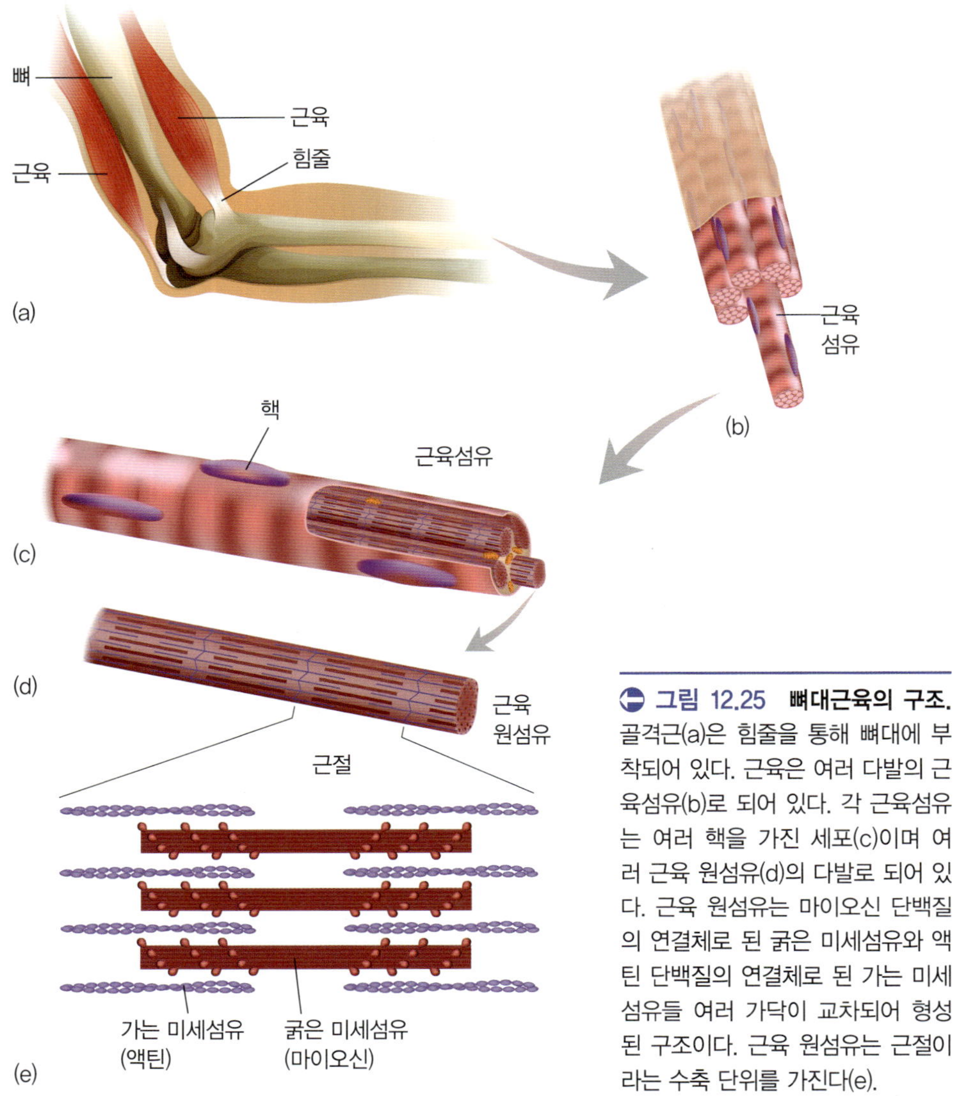

그림 12.25 뼈대근육의 구조. 골격근(a)은 힘줄을 통해 뼈대에 부착되어 있다. 근육은 여러 다발의 근육섬유(b)로 되어 있다. 각 근육섬유는 여러 핵을 가진 세포(c)이며 여러 근육 원섬유(d)의 다발로 되어 있다. 근육 원섬유는 마이오신 단백질의 연결체로 된 굵은 미세섬유와 액틴 단백질의 연결체로 된 가는 미세섬유들 여러 가닥이 교차되어 형성된 구조이다. 근육 원섬유는 근절이라는 수축 단위를 가진다(e).

러 개의 핵을 갖지만 여러 세포들의 세포질이 하나의 긴 세포 공간으로 연결되어 있는 아주 특별한 모습의 세포이다. 이 세포들의 외곽지역에 핵과 미토콘드리아, 근육세포의 소포체에 해당하는 근소포체 등이 위치한다.

하나의 근육섬유 세포는 근육 원섬유들의 다발로 채워진다(d). 각 근육 원섬유는 마이오신myosin 단백질이 연결되어 이루어진 굵기가 굵은 미세섬유와 액틴actin 단백질이 연결되어 이루어진 가는 미세섬유가 서로 교차되어 있는 구조로 되어 있다(e). 굵은 미세섬유와 가는 미세섬유가 하나의 수축 단위에 해당하는 근절에 위치한 모습에서 보듯이 가는 미세섬유는 세로축으로 형성된 Z선(단백질로 이루어진 구조임)에 연결되어 있는 반면에 굵은 미세섬유는 Z선에 연결되어 있지 않으며 양쪽의 가는 미세섬유 사이에 위치한다(그림 12.26 왼쪽). 근절은 두 Z선 사이의 지역을 말한다. 근육을 전자현미경으로 관찰하면 굵은 미세섬유가 위치한 지역(A대 또는 암대로 표시)은 어두운색을, 굵은 미세섬유들이 없는 지역(I대 또는 명대로 표시)은

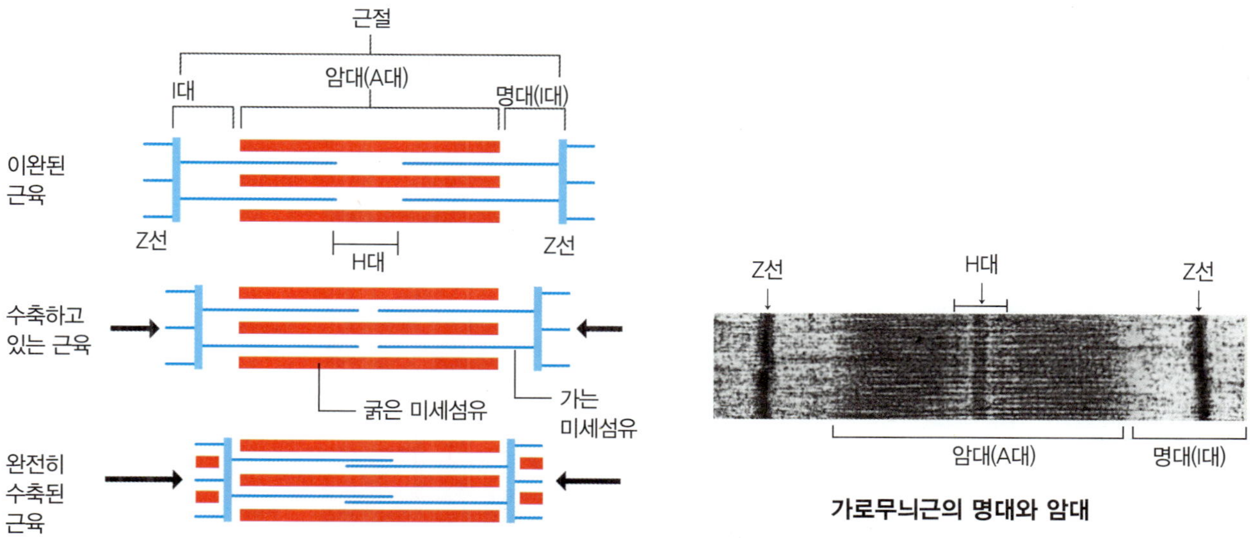

그림 12.26 근수축과 이완. (왼쪽) 근육의 이완 상태(위)로 근절이 길이가 길며, 수축 상태(가운데, 아래)는 가는 미세섬유가 근절의 중앙부 방향으로 미끄러지며 근절의 길이가 짧아진다. 근육의 수축과 이완은 굵은 미세섬유는 움직이지 않고 가는 미세섬유만 움직이는 것을 보여준다. (오른쪽) 근절은 굵은 미세섬유가 위치하는 암대(A대)와 가는 미세섬유만이 위치하는 명대(I대)로 구성된다.

밝은색을 띠고 있다(그림 12.26 오른쪽). 이와 같이 골격근은 A대와 I대가 교대로 나타나 가로로 명대와 암대가 반복되어 나타나므로 가로무늬근이라 한다. A대의 중앙부에 있는 밝은 지역(가는 미세섬유가 없는)을 H대라 한다.

근육이 수축되면 굵은 미세섬유의 길이는 변하지 않고 가는 미세섬유가 근절 중앙부로 미끄러져 들어온다. 굵은 미세섬유의 마이오신 머리가 갈고리가 되어 가는 미세섬유에 걸치고 가는 미세섬유를 중앙부로 끌어들인다(그림 12.26 왼쪽 가운데와 아래).

근육의 수축

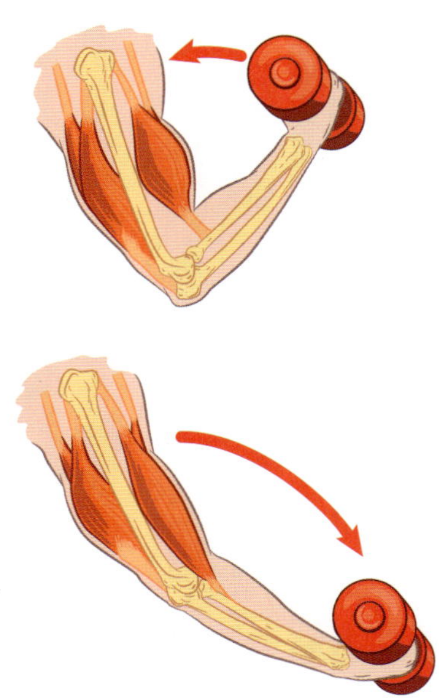

근육의 수축은 굵은 미세섬유를 이루는 마이오신 단백질이 가는 미세섬유를 이루는 액틴 단백질에 결합하여 가는 미세섬유를 근절의 중심부 쪽으로 끄는 현상에 의해 발생한다. 즉 근육의 이완은 두 미세섬유 간의 결합이 없어진 상태이며 수축은 가는 미세섬유가 마이오신의 머리 구조에 연결되어 근절의 중심부 쪽으로 미끄러지는 현상이라 할 수 있다. 이런 근육의 수축 원리를 활주설이라 하며 폭넓게 받아들여지는 이론이다. 활주설에 의하면 수축이 일어날 때 가는 미세섬유는 근절의 중앙 부분으로 미끄러져 들어오면서 굵은 미세섬유와 대부분 겹치게 되고 굵은 미세섬유의 길이는 변함이 없으면서 근절의 길이가 줄어든다.

수축과 함께 가는 미세섬유가 활주하는 현상은 굵은 미세섬유의 마이오신에서 돌출된 마이오신 머리 구조가 액틴에 갈고리를 걸어 가는 미세섬유 전체를 근절 안쪽으로 끌어 잡아당기기 때문이다. 하나의 굵은 미세섬유는 약 350개의 마이오신 머리를 가지며, 각각의 마이오신 머리는 1초당 가는 미세섬유의 액틴에 5번 정도 붙

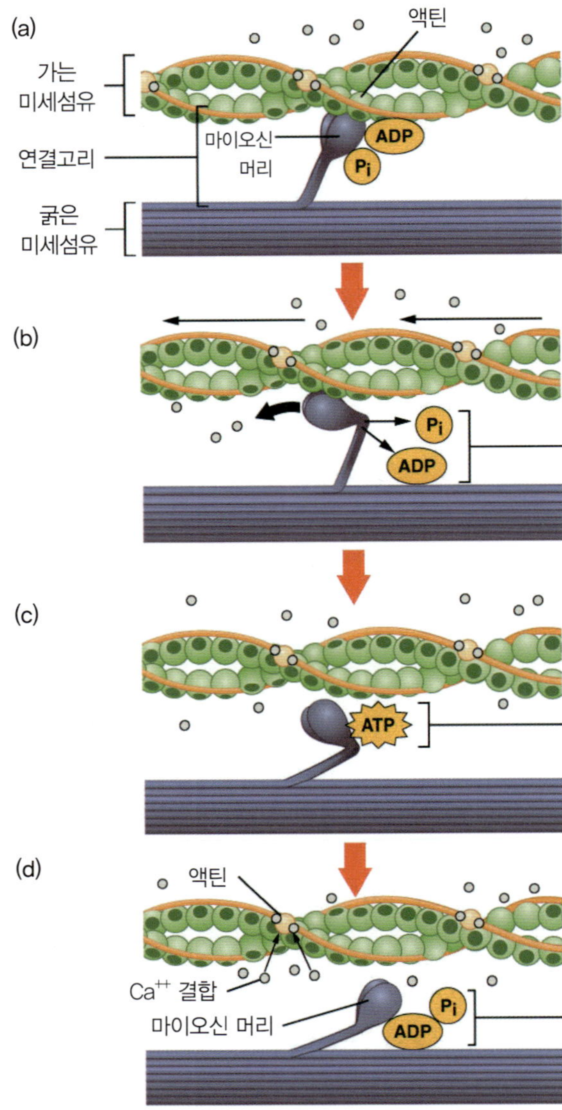

단계 1 (a) – ATP가 ADP와 인산으로 분해되면서 생기는 에너지로 마이오신의 머리가 펴지면서 액틴과 결합한다. 높은 에너지 상태로 ADP와 인산이 마이오신 머리에 결합되어 있다. 이 결합에는 Ca^{++}이 필요하다.

단계 2 (b) ADP와 인산이 마이오신 머리로부터 분리된다. 마이오신 머리의 높은 에너지 상태가 낮은 에너지 상태로 되돌아가는 힘으로 가는 미세섬유는 근절의 안쪽으로 활주하게 된다(수축이 벌어진다). 마이오신 머리는 가는 미세섬유로부터 분리된다.

단계 3 (c) 가는 미세섬유에서 분리된 마이오신 머리에 ATP가 결합한다. 이 단계는 낮은 에너지 상태로(ATP는 ADP와 인산으로 분해되어야 에너지를 내놓음) 마이오신 머리가 구부러진 상태로 남아 있으며 액틴과 결합하지 않는다.

단계 4 (d) ATP가 ADP와 인산으로 분해하면서 마이오신 머리가 뒤로 젖혀지기 시작한다.

그림 12.27 근육 수축의 원리

었다 떨어졌다 한다. 하나의 마이오신 머리가 액틴에 결합하였다 떨어지는 과정을 살펴보자(그림 12.27). 이 과정은 ATP를 필요로 하며 전체 과정을 벌어지는 순서대로 간략히 요약하면 다음과 같다.

근육 수축과 칼슘이온

뇌의 의도는 운동신경을 통해서 뼈대 근육에 전달된다(그림 12.28). 운동신경은 뇌의 의도를 전달받아 근육세포에 닿아 있는 운동신경 말단에서 신경전달물질 아세틸콜린을 분비시킨다. 수용체를 통해 신경전달물질의 신호를 받은 근육세포에서는 활동전위가 형성되고, 이 활동전위로 근소포체에 저장되어 있던 칼슘이온(Ca^{++})이 쏟아져 나와 가는 미세섬유에 마이오신 머리가 결합되도록 한다. Ca^{++}이 없는 상태에서는 가는 미세섬유의 액틴 단백질은 트로포닌과 트로포마이오신이라는 단백질들이 결합되어 있어 마이오신 머리가 결합할 자리가 감추어지지만, Ca^{++}이 나타나면 트로포닌에 결합하여 가는 미세섬유의 결합 부위가 마이오신 머리에 노출되도록 한다(그림 12.29). 이렇듯 Ca^{++}은 뇌의 의도에 따라 근육의 수축을 유도하는 중요한 조절자이다.

미용 목적으로 사용되는 보톡스 주사는 아세틸콜린의 분비를 방해하여 근육수축이 멈추도록 하는 것이다. 보툴리즘 박테리아의 독소를 낮은 농도로 주사하면 근육수축이 일시적으로 멈추어 주름이 펴지는 등의 효과를 보일 수 있게 된다.

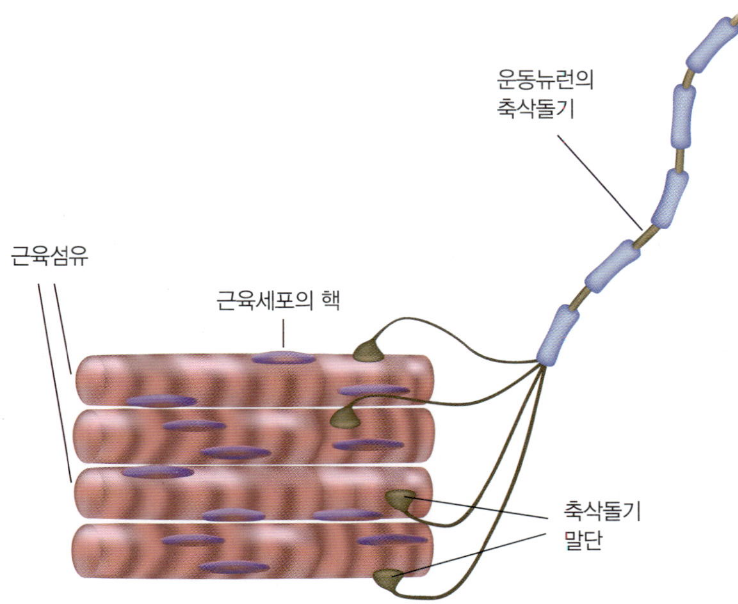

그림 12.28 운동신경에 의한 근육 수축. 운동신경의 말단에서 신경전달물질 아세틸콜린이 분비되면 근육 섬유(세포)에서 Ca^{2+}이 생겨 근육 수축을 시작시킨다. Ca^{2+}은 굵은 미세섬유의 머리가 가는 미세섬유에의 결합을 돕는다.

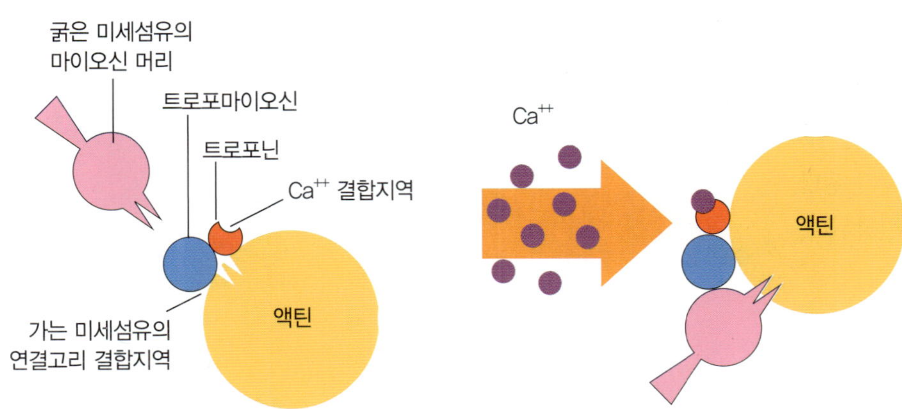

그림 12.29 칼슘의 역할. Ca^{++}이 없으면 마이오신 머리가 액틴과 연결다리를 형성할 수 없으므로 근육이 이완된다(위). 칼슘이 트로포닌과 결합하면 트로포닌-트로포마이오신 복합체에 변형이 생겨 연결다리가 형성되고 근육은 수축한다(아래).

연습문제

I. OX 문제 (X로 답한 경우에는 이유를 설명함)

01 +30mV 전위차는 활동전위 형성 시에 관찰된다. (   )

02 하나의 뉴런은 반드시 하나의 뉴런에 신호를 전달한다. (   )

03 심장 박동은 교감신경에 의해서 억제된다. (   )

04 교감신경과 부교감신경은 표적기관에서 모두 아세틸콜린을 분비한다. (   )

II. 객관식

01 신경 자극이 사람의 신경계에 거치는 순서가 바르게 적힌 것은?

① 감각뉴런 → 연합뉴런 → 운동뉴런 → 근육세포
② 연합뉴런 → 감각뉴런 → 운동뉴런 → 근육세포
③ 감각뉴런 → 연합뉴런 → 근육세포 → 운동세포
④ 근육세포 → 연합뉴런 → 운동뉴런 → 감각세포
⑤ 운동뉴런 → 연합뉴런 → 감각뉴런 → 근육세포

02 신경세포에서 활동전위의 생성에 관한 설명 중 틀린 것은?

① Na^+ 이온이 급속히 세포막 안으로 들어오는 것으로 시작한다.
② ①의 현상은 일정한 전압이 되면 닫힌다.
③ Na^+ 세포로의 유입의 닫침과 동시에 K^+이 세포 밖으로 방출된다.
④ ③ 현상의 결과로 전압은 약 +30mV가 된다.
⑤ ①~③현상은 시냅스 쪽 방향으로 전달된다.

03 활동전위가 축삭돌기의 말단을 향하는 한 방향으로 이동하는 이유는?

① 랑비에결절이 활동전위를 한 방향으로 전달한다.
② 한번 열렸던 Na^+ 통로는 한동안 다시 열리지 않는다.
③ 축삭돌기 시작점에서의 막전위는 축삭돌기 말단에서보다 높다.
④ 세포 내의 이온은 축삭돌기 말단 방향으로 이동한다.
⑤ K^+ 통로가 한 방향으로만 열린다.

04 활주설에 의해 근육 수축 과정에서 근절이 짧아지는 현상을 바르게 설명한 것은?

① 액틴과 마이오신 필라멘트 모두가 짧아지며 서로 미끄러져 들어간다.
② 서로 미끄러져 들어가면서 액틴 필라멘트는 짧아지고 마이오신 필라멘트는 짧아지지 않는다.
③ 액틴과 마이오신 필라멘트 모두 짧아지지 않으면서 액틴 필라멘트가 근절의 중앙부로 미끄러져 들어간다.
④ 서로 미끄러져 들어가면서 마이오신 필라멘트는 짧아지고 액틴 필라멘트는 짧아지지 않는다.
⑤ 서로 미끄러져 들어가면서 액틴 필라멘트는 길어지고 마이오신 필라멘트는 짧아진다.

05 다음 신경(계) 중 서로 반대되는 길항적 작용을 하는 것은?

① 운동신경계와 감각신경계
② 교감신경계와 부교감신경계
③ 중추신경계와 말초신경계
④ 신경절 전 뉴런과 신경절 후 뉴런
⑤ 전근과 후근

06 신경 통로 중 마약이 주로 작용하는 곳은?

① 축삭돌기 ② 수상돌기
③ 세포체 ④ 시냅스
⑤ 말이집

07 다음 뇌의 구조와 기능이 바르게 짝지어진 것은?

① 척수 – 뇌와 말초신경계 사이의 정보전달 통로
② 시상하부 – 생체 내부환경, 내부 기관의 항상성
③ 연수 – 호흡, 심장박동, 소화운동 등 기초 활동의 중추
④ 대뇌 – 복잡한 통합을 위한 감각, 연합, 운동 구역이 포함됨
⑤ 모두 맞음

08 손가락이 나도 모르는 사이에 뜨거운 물체에 닿자 순간적으로 팔을 당겨 그 물체로부터 손가락을 분리시켰고 이후에 심한 통증을 서서히 느끼게 되었다. 통증을 느끼기에 앞서 팔을 당기게 된 원인을 바르게 설명한 것은?

① 간뇌에 의해 대뇌로 향하는 통증의 전달이 늦어졌다.
② 팔을 당기게 된 것은 반사궁에 의한 것으로 통증이 뇌로 전달되기 전에 벌어졌다.
③ 뇌가 자극의 종류를 파악하는 데 시간이 걸린다.
④ 운동뉴런은 말이집으로 되어 있어 신속하게 반응할 수 있다.
⑤ 이러 상황은 실제로 벌어지지 않으며 보통은 통증을 느낀 후 반응을 보인다.

III. 주관식

01 다음 용어와 용어를 바르게 설명한 것을 연결하시오.

1) 활동전위( ) a. 탈분극과 재분극이 벌어진다.
2) 신경전달물질( ) b. 신경세포의 다른 이름
3) 뉴런( ) c. 시냅스 공간에서 발견되는 화학물질
4) 시냅스( ) d. 축삭돌기의 말단에 위치
5) 휴지전위( ) e. 분극 상태에 있다

02 뉴런 기능의 이상으로 신경 질환이 발생되기도 하지만, 실생활에 유용하게 이용되기도 한다. 주어지는 네 용어 각각에 주어진 중심어를 바탕으로 각 용어의 내용을 추측해보시오. (답 쓰기를 마친 후 인터넷 검색을 통해 각 용어의 내용을 정확히 이해하기 바람.)

1) 다발성 경화증 – 말이집, 신경전달의 이상 증세
2) 보톡스 – 보톡스 독소, 아세틸콜린, 시냅스 공간, 근육 수축 방해, 주름살 방지
3) 국소 마취제 – Na^+ 유입 방해, 말초신경계 신경전달 멈춤
4) 니코틴 – 아세틸콜린 수용체, 심장 박동 증가, 중독성

03 하나의 신경전달물질이 서로 다른 조직에서 서로 다른 영향을 미치는 이유를 설명하고 이번 학습에서 해당되는 예를 찾아보시오.

04 정상적인 신경전달물질의 기능을 방해하는 마약이 신경전달물질 자체에 결합하기보다 수용체에 결합하여 방해하는 이유를 추측하여 보시오.

05 누군가 내 이름을 부르는 소리를 듣고 뒤를 돌아보았다. 이 과정에 참여하는 뉴런들과 이들을 통해 벌어지는 전달과정을 설명하시오.

06 만약 아침이 되어서야 오늘 1교시에 시험이 있다는 것을 알게 되었다면 교감신경과 부교감신경 중 어느 것이 활성화될 것인가?

최근 TV에서 본 어느 환자의 얘기다. 140cm 정도의 키를 가진 초등학생 외모의 30대 남성으로 2차 성징을 보이지 않는다. 변성이나 목젖도 없고 20살이 넘어 어금니 유치를 뺐다 한다. '뇌하수체 기능 저하증'증세이다. 뇌 중앙에 위치한 작은 조직인 뇌하수체 전엽에서 분비되는 '성장 호르몬'의 양이 적어 생기는 증상이다. '성장 호르몬'은 적어도 너무 많아도 문제를 일으키며 양이 너무 많으면 성조숙증이나 거대증이 되기도 한다. 전화나 이메일 등의 통신으로 인간세계가 순조롭게 운용되고 있는 것과 마찬가지로 몸의 여러 조직들도 여러 통신 체계를 통해 몸은 정상적인 활동을 할 수 있다. 통신 체계 중 하나는 앞에서 학습한 신경계이고 다른 하나는 곧 학습할 내분비계이다. 내분비샘에서 만들어지는 호르몬은 혈관을 타고 특정한 조직들에 신호를 전해준다. 신경계처럼 신속한 반응을 유도하지 못하지만 호르몬은 일단 시작하면 오랫동안 효과가 지속되도록 한다.

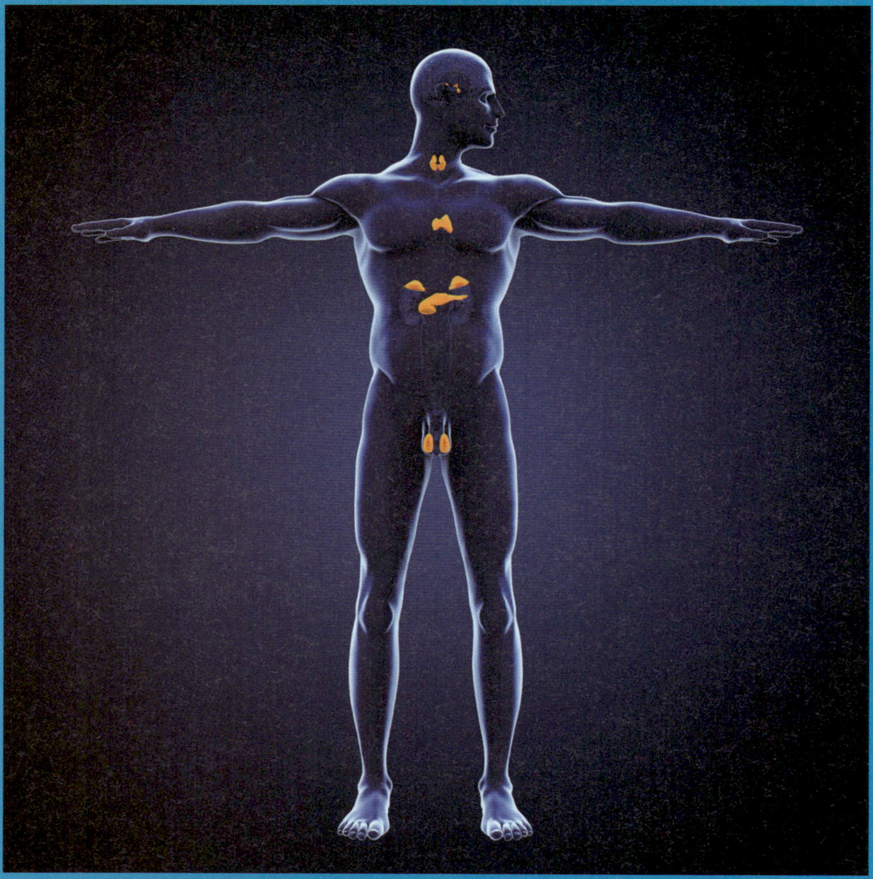

내분비샘들

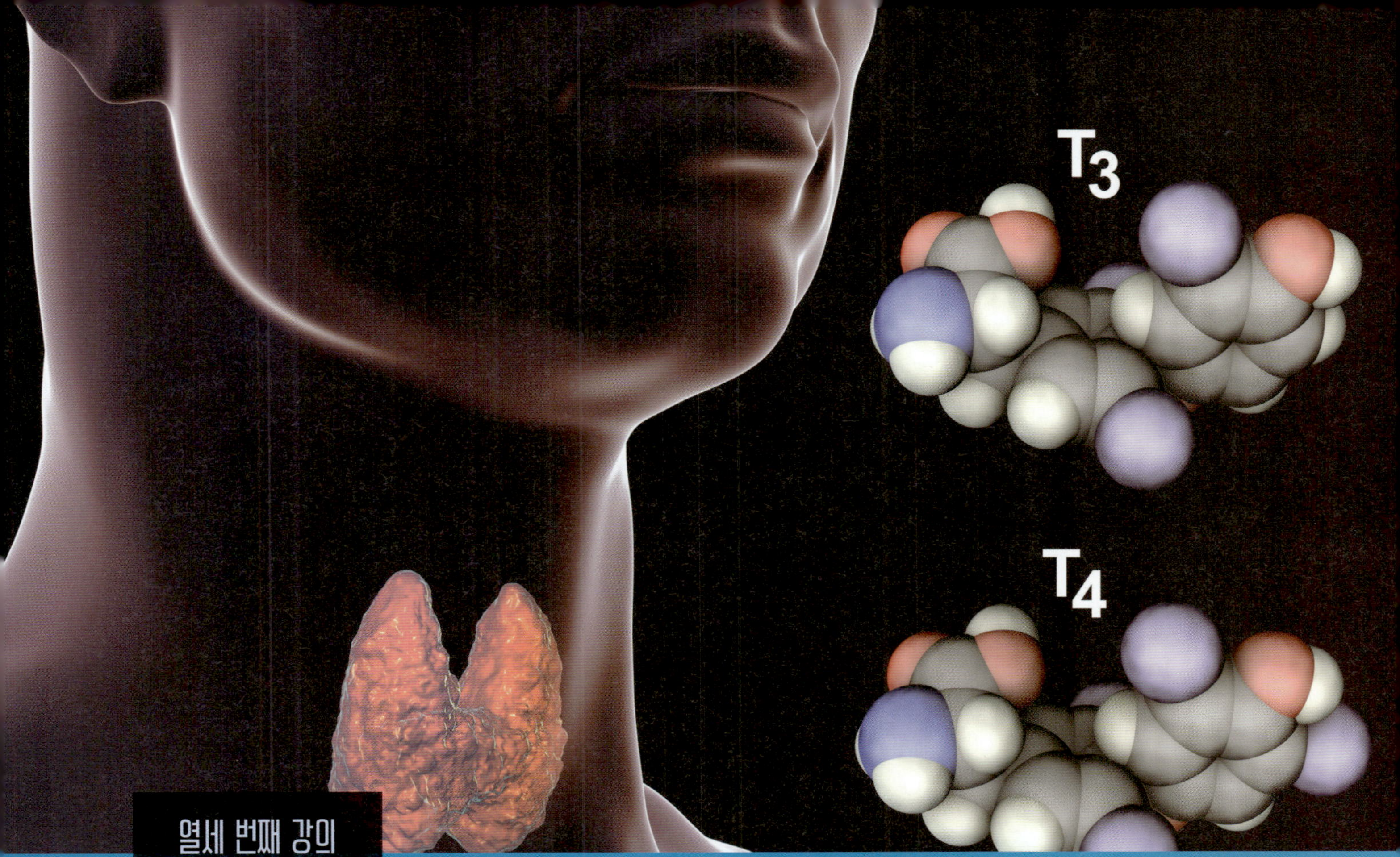

열세 번째 강의

13 내분비계와 항상성

13.1 호르몬

호르몬hormone은 몸의 특정 세포들에서 만들어진 다음 혈액을 타고 온몸을 순환하면서 표적세포에 작용하여 다양한 기능을 일으키는 화학분자들로 정의된다. 즉, 호르몬은 몸의 한 부분에서 만들어진 다음 몸의 다른 부분에서 작용하는 신호전달자라 할 수 있다. 호르몬이 생성되어 분비되는 조직이나 기관을 내분비샘endocrine gland(또는 내분비선), 내분비샘의 집합을 내분비계endocrine system라 한다(**그림 13.1**). 사람의 경우 10개를 조금 넘는 내분비샘이 분비하는 수십 종류의 호르몬들은 자극에의 반응, 생식, 성장과 발생, 물질의 흡수 등 그야말로 많은 일들을 담당한다. 호르몬은 혈액을 타고 이동하며 호르몬을 인식하는 수용체receptor를 가진 표적세포target cell에서 작용한다(**그림 13.2**). 호르몬들의 화학적 구조를 살펴보면 아미노산 수십 개로 연결되어 있는 펩타이드 호르몬과 생식호르몬으로 잘 알려진 스테로이드 호르몬 등이 있다. 펩타이드 호르몬은 아미노산 변형체로부터 인슐린 같은 단백질에 이르기까지 다양하며 스테로이드 호르몬은 보통 콜레스테롤로부터 만들어진다.

내분비계는 신경계와의 협력을 통해 몸 안에서 벌어지는 수많은 생리 활동을 조절하여 체내의 항상성을 유지하는 역할을 담당한다. 예를 들어 교감신경의 신호를 받아(신경전달물질로) 내분비샘인 부신이 호르몬 아드레날린을 분비하여 심장박동과 호흡률 등을 촉진하도록 한다. 우리 몸의 많은 호르몬들은 내분비계의 지휘소라 할 수 있는 뇌의 시상하부–뇌하수체의 신호를 받아 여러 내분비샘들에서 분비된다. 시상하부는 체온과 혈액량 등 몸의 여러 상황을 신경을 통해 인식하고 뇌하수체에 신호를 보내 호르몬

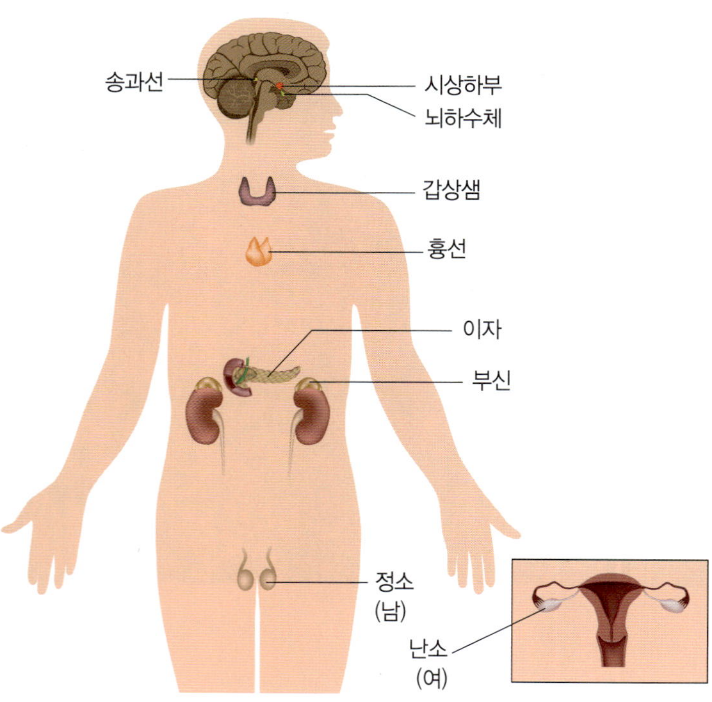

그림 13.1 내분비계

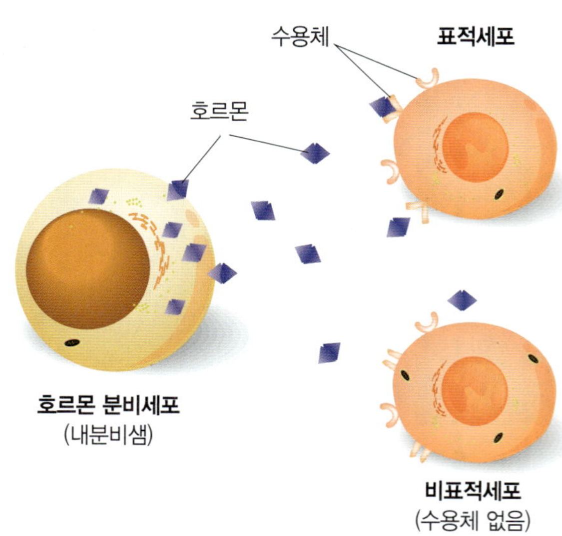

그림 13.2 수용체와 표적세포

을 생성하여 분비하도록 한다.

시상하부와 뇌하수체

시상하부hypothalamus는 간뇌의 한 부분으로 시상의 바로 아래쪽, 뇌줄기 바로 위에 위치한다(**그림 13.3**). 아몬드 크기로 시상하부는 대사과정과 자율신경계를 관장하고 신경 호르몬을 분비하여 바로 아래쪽에 있는 뇌하수체pituitary gland에서 호르몬 분비를 유도한다. 시상하부와 뇌하수체는 바로 신경계와 내분비계를 연결시키는 접점으로 내분비계의 최상위 조절자라 할 수 있다. 뇌하수체 호르몬은 혈액으로 이동하여 갑상샘, 생식소, 부신 등의 또 다른 내분비샘으로 이동하여 이곳에서 또 다른 호르몬을 분비하도록 한다. 이와 같이 뇌하수체는 시상하부의 지시를 받아 여러 내분비샘들의 호르몬 생성을 자극하고 조절하는 역할을 담당한다.

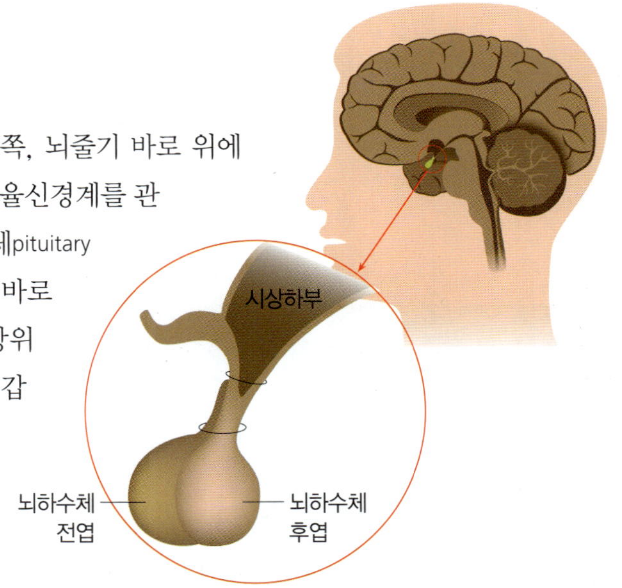

시상하부와 뇌하수체: 시상하부는 신경계와 내분비계의 연결 지점으로 신경조직과 내분비샘의 기능을 모두 가진다.

그림 13.3

뇌하수체는 전엽anterior pituitary과 후엽posterior pituitary 두 부분으로 나뉜다. 후엽은 시상하부의 신경자극을 직접 받아 항이뇨호르몬과 옥시토신 호르몬을 생성한다. 시상하부로부터 뉴런이 후엽으로 뻗어 있다. 항이뇨호르몬은 배설계에서 다루어졌듯이 콩팥에서 물의 재흡수를 조절하여 오줌의 양, 즉 혈액의 양을 조절하는 기능을 가진다. 옥시토신은 출산 시 자궁 수축을 촉진하거나 유관을 자극하여 젖의 분비를 촉진한다. 또한 옥시토신은 감정의 변화 특히 사랑과 행복의

표 13.1 뇌하수체 호르몬

호르몬	약어	주요 표적	주요 작용
뇌하수체 후엽			
항이뇨호르몬	ADH	신장	소변으로 소실되는 물의 양을 감소시킴
옥시토신	–	자궁	자궁 수축 유도
		젖샘	젖샘에서의 모유 방출을 유도
뇌하수체 전엽			
부신겉질자극호르몬	ACTH	부신겉질	부신겉질의 글루코코르티코이드 방출 촉진
갑상샘자극호르몬	TSH	갑상샘	갑상선호르몬의 합성과 분비를 촉진
여포자극호르몬	FSH	난소	여성의 난자 성숙과 에스트로겐 분비 촉진
		정소	남성의 정자 형성 촉진
황체형성호르몬	LH	난소	여성의 배란(난자 방출)과 프로게스테론 분비 촉진
		정소	남성의 테스토스테론 분비 촉진
프로락틴	PRL	젖샘	젖샘 세포의 발달과 모유 생산 촉진
성장호르몬	GH	대부분의 세포	어린이들의 성장 촉진; 성인기의 세포분열, 단백질 합성, 물질대사의

감정을 형성하는데 관여한다. 전엽은 후엽에서와 다르게 시상하부로부터 받은 방출 호르몬에 의해 여러 호르몬들을 생성한다. 뇌하수체 전엽에서 만들어진 호르몬은 몸의 여러 내분비샘들로 이동하여 그곳에서 새로운 호르몬을 분비하도록 한다. 뇌하수체 호르몬의 표적과 작용이 요약되어 있다(표 13.1). 이들 중 우리 생활과 밀접한 연관이 있는 호르몬들과 항상성을 살펴본다.

갑상선 호르몬

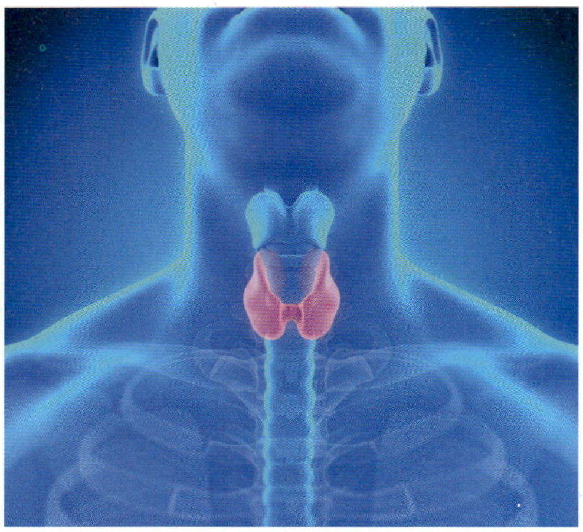

갑상선

뇌하수체 전엽 호르몬에 의해 조절을 받는 갑상선thyroid gland 호르몬을 살펴보도록 하자. 시상하부의 방출호르몬 갑상샘 방출호르몬 thyrotropin-releasing hormone(TRH)의 자극으로 뇌하수체 전엽에서 갑상샘 자극호르몬thyroid-stimulating hormone(TSH)이 분비되어 갑상선으로 이동한다(그림 13.4).

갑상선은 목 부위의 기도를 감싸고 있는 내분비선으로 갑상선 호르몬을 분비한다. 갑상선 호르몬은 온몸으로 이동하여 세포들에서 대사를 촉진시킨다. 갑상선 호르몬은 구조가 비슷한 두 종류를 일컫는데, 이들은 모두 요오드 원자 I를 포함한다. 갑상선 호르몬의 한 종류인 티록신은 4개의 요오드 원자를 가지고 있어 T_4로, 또 다른 종류의 갑상선 호르몬인triidothyronine은 세 개의 요오드 원자를 가지고 있어 T_3로 표시한다. 이들은 여러 세포에서 산소 소모량을 늘리고 대사를 촉진한다. 갑상선 호르몬은 혈압과 심장 박동의 조절에도 관여한다. 사람을 포함하는 정온동물에서 발생하는 열의 약 70%는 갑상선 호르몬에 의해 활발해진 대사 때문이라 한다. 따라서 T_3와 T_4의 양은 정확하게 조절되어야 한다. 혈액의 T_3와 T_4의 양이 많아지면 음성되먹임 조절에 의해 TRH와 TSH의 분비가 줄어든다(그림 13.4). 갑상선 호르몬이 너무 많아지면 갑상선 항진증 hyperthyroidism 증세를 보인다. 고열과 함께 땀이 많이 나고, 체중이 줄고 자율신경이 자극되어 심장 박동이 빨라진다. 반대로 갑상선 호르몬의 양이 너무 줄어들면 동작이 느려지고 추위를 많이 타고, 체중도 늘고 심박수가 줄어든다. 해산물 섭취가 부족한 지역에 사는 사람들에선 요오드 부족으로 갑상선 호르몬의 저농도 증세를 보이기도 한다. 어린 시절의 이런 증세는 뼈대 근육의 미성숙이나 정신적 결함이 생기기도 하고, 어른의 경우 갑상선이 비정상적으로 확장되어 목 부위가 부풀어 오른다.

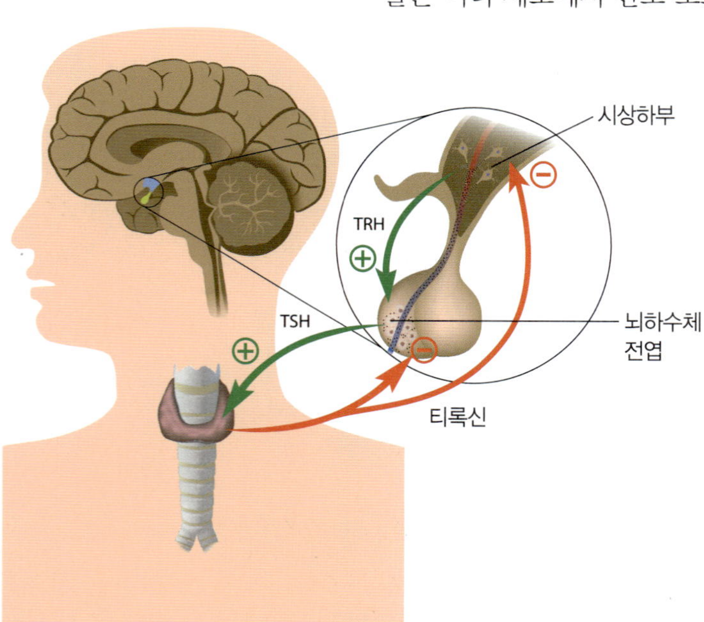

그림 13.4 **갑상샘 호르몬 티록신의 분비와 조절.** 시상하부의 TRH, 뇌하수체 전엽의 TSH 호르몬에 의해 분비가 촉진(+)되는 갑상샘의 티록신은 시상하부와 뇌하수체 전엽에서 이들 호르몬의 분비를 억제(−)하는 음성되먹임 조절을 한다. 티록신의 경우처럼 대부분의 호르몬은 음성되먹임 조절을 통해 호르몬 양이 너무 많아지거나 적어지는 것을 방지한다.

요오드 결핍으로 갑상선 호르몬이 제대로 만들어지지 않으면 음성되먹임 조절이 제대로 진행되지 않고 TRH와 TSH는 계속 분비되어 갑상선이 비대해진다.

부신과 스트레스 호르몬

동물들은 자주 위급한 상황에 노출된다. 사고 등 위험스런 상황이 눈앞에서 벌어지기도 하고, 아주 중요한 약속된 시간을 맞추지 못해 당황하기도 한다. 부정적인 사건 말고도 시험에 합격했다는 소식에 접했을 때 같은 과도한 정신 상태도 스트레스 범주에 포함된다. 교감신경을 유도하는 '싸움 또는 회피' 상태가 스트레스 상태로 포함될 수 있다. 1920년대 캐나다의 생리학자 한스 세일은 스트레스의 종류에 상관없이 서로 다른 동물들에서 벌어지는 스트레스 상황에 적응하는 생리학적 반응이 매우 비슷하다는 것을 발견했다. 그는 나중에 스트레스 상황에서 부신adrenal gland으로부터 분비되는 호르몬들에 의해 스트레스 반응이 벌어지기 때문이라는 것을 알게 되었다.

부신은 좌우 콩팥의 위쪽에 마치 모자 같이 위치한다. 부신은 내부 중앙부를 부신수질, 부신수질을 둘러싸는 바깥 부분을 부신겉질이라 한다. 스트레스가 오면 두 경로로 부신에 자극이 주어진다. 하나의 경로는 스트레스 자극이 주어지면 시상하부의 특정 뉴런이 자극되어 척수를 거쳐 부신수질을 자극하여 호르몬 에피네프린(혹은 아드레날린) 또는 노르에피네프린(노르아드레날린)을 분비하도록 한다. 뉴런이 사용되는 만큼 이 경로는 신속하게 벌어진다. 이 호르몬들은 근육 등의 목표세포에서 혈당의 증가, 심장 박동 증가, 호흡률 증가, 대사율 증가, 소화와 신장 기능 감소 등의 결과를 유도한다. 또 다른 경로로는 시상하부가 분비하는 방출호르몬에 의해 뇌하수체 전엽의 부신겉질 자극호르몬adrenocorticotropic hormone(ACTH)을 분비하고, ACTH는 부신겉질에서 스테로이드 호르몬인 코티솔cortisol을 분비하도록 한다(그림 13.5). 코티솔은 비슷한 구조의 여러 물질들을 통칭하는 것으로 이들은 여러 포도당 생성, 단백질이나 지방의 포도당으로의 전환을 촉진하기도 하고, 고농도에선 면역 반응을 떨어트리기도 한다. 스트레스 상황에선 긴요하지 않은 면역 기능을 약화시키려는 것으로 보인다.

스트레스는 누구나 겪는 일이며 설명되었듯이 부신에서 분비하는 호르몬들로 스트레스에 대처할 수 있다. 문제는 지속적인 스트레스이다. 포도당을 생성하느라 단백질이나 지방이 과도하게 포도당으로 전환되기도 하고, 면역력이 빠르게 약해지기도 한다. 즉, 스트레스가 지속되면 건강을 크게 해칠 수 있는 것이다. 스트레스에 자주 접하고 있는 현대 생활에서 우리가 가질 수 있는 큰 지혜는 스트레스를 잘 관리하는 것이다.

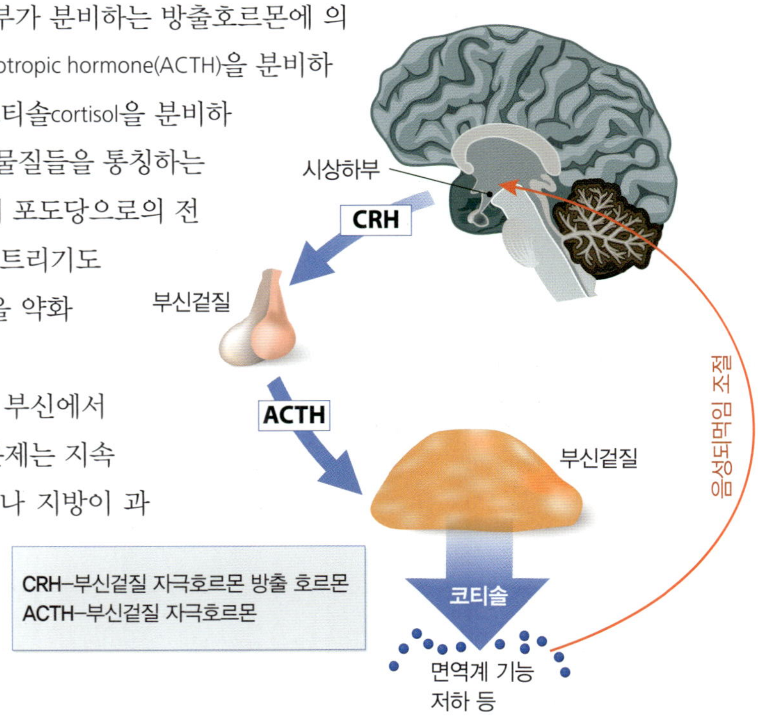

그림 13.5 스트레스 반응

세상을 크게 보고 닥치고 있는 스트레스 상황을 수긍하거나 헤쳐나가는 자세가 중요하다.

체온의 항상성

체온은 체온조절의 중추적 역할을 하는 시상하부를 중심으로 일정하게 유지된다. 시상하부는 피부나 혈액의 온도를 인지할 수 있는 신경조직을 가지고 있어 온도가 낮아지면 몸 전체로 하여금 열을 발생시키고 온도가 높아지면 체온을 낮추도록 하는 지시를 온몸으로 보낸다. 시상하부는 자율신경을 통하거나 시상하부의 조절을 받는 호르몬을 만들어 온도 변화에 대응하도록 한다. 경우에 따라 대뇌에 온도변화를 전달해 손을 비비거나 뜀을 뛰게 하는 등의 의식적인 행동을 지시하기도 한다.

영하 20도나 되는 추운 겨울날 바깥에 서 있는 상황을 설정해보자. 급히 떨어진 혈액의 온도는 시상하부에 의해 감지된다. 시상하부로부터 연결되는 교감신경을 통해 내분비선인 부신수질로부터 에피네프린(아드레날린이라고도 함) 호르몬을 분비하게 한다. 에피네프린은 간에서 글리코젠을 포도당으로 전환시키는 반응을 활성화시켜 혈당량을 증가시킨다. 높아진 혈당은 조직세포에 스며들어 각 세포들의 대사를 촉진하여 열을 발생시킨다(그림 13.6).

온도가 서서히 떨어지면 앞서 언급한 교감신경을 통한 신속한 반응 대신에 시상하부는 갑상샘자극호르몬방출호르몬 TRH 호르몬을 뇌하수체 전엽으로 보내 이

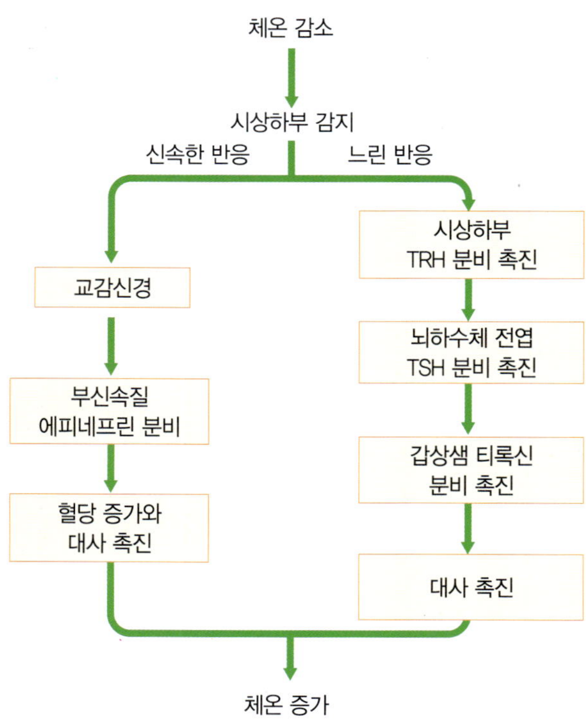

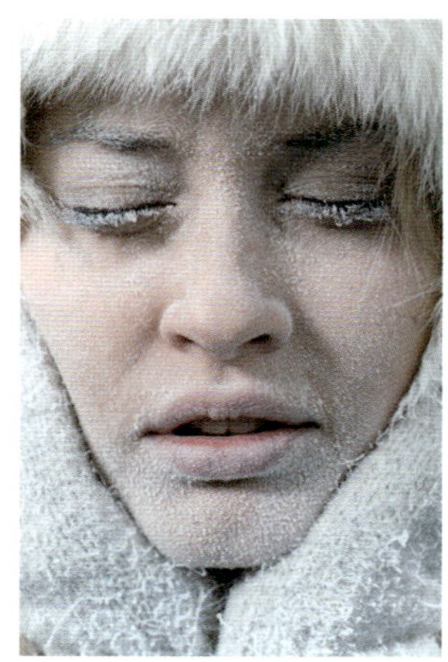

그림 13.6 **체온의 항상성.** 체온의 항상성은 신속한 반응인 교감신경 경로와 느린 반응인 시상하부 경로로 벌어진다.

곳에서 갑상샘자극호르몬 TSH을 분비하게 한다. TSH는 갑상선으로 전달되어 티록신을 분비하게 한다. 티록신은 세포들에서 대사를 활성화시켜 열을 발생시키고 체온을 증가시킨다. 시상하부가 체온이 상승된 것을 인지하면 교감신경의 작용을 완화시키거나 부교감신경을 통해 심장박동이나 물질대사를 억제한다. 체온 상승이 끝나고 정상적인 체온에 도달하면 음성되먹임 조절로 시상하부에서의 TRH의 분비를 감소시킨다. 이와 같이 신경계와 내분비계가 긴밀하게 협력하면서 체온이 37도 근처에서 유지되는 항상성이 지켜진다.

혈당의 항상성

포도당은 거의 대부분의 생명체들에서 가장 빈번하게 사용되는 영양소이다. 식물이 광합성으로 생성하는 대표적인 유기물이 포도당이고, 동물들도 주로 포도당의 대사로 많은 양의 에너지를 얻는다. 급히 에너지가 필요한 사람들이 포도당 주사를 맞는 이유이다. 우리의 뇌는 포도당을 거의 유일한 영양소로 사용한다. 포도당이 있어야 효율적으로 ATP가 생성되고 전기신호가 발생할 수 있는 것이다. 에너지가 충분하여 양분의 저장이 필요하면 포도당을 중합하여 글리코젠glycogen으로 전환한다. 주로 탄수화물의 섭취로 얻어진 포도당은 보통 혈액에서 100ml당 80부터 120mg의 농도가 유지되어 온몸의 세포들에게 공급된다. 제법 많은 사람들에서 이 농도가 비정상적으로 높아지기도 한다. 포도당이 세포들에게 제대로 흡수가 안 되거나 사용되지 않아 혈액에 높은 농도로 남아 있는 현상을 당뇨병diabetes mellitus이라 하고, 환자의 수는 점점 늘어나고 있는 추세이다. 자료에 따르면 한국에서 약 400만 명이 당뇨병 환자로 추정된다. 10명당 1.2명이 환자인 매우 고빈도의 질병이다.

우리 몸에는 혈당이 높아지면 낮추는 호르몬인 인슐린insulin과 낮으면 높여주는 글루카곤glucagon이라는 호르몬이 있다(그림 13.7). 이들의 서로 상반된 역할로 혈당의 농도가 적정한 수준으로 유지될 수 있도록 한다. 혈당의 농도가 시상하부에 인식되어 췌장의 섬세포에서 인슐린 또는 글루카곤을 분비시킨다. 시상하부는 포도당 농도에 따라 자율신경을 조절하는데, 교감신경은 혈당의 상승을, 부교감신경은 혈당의 하강을 촉진한다. 즉, 인슐린은 부교감

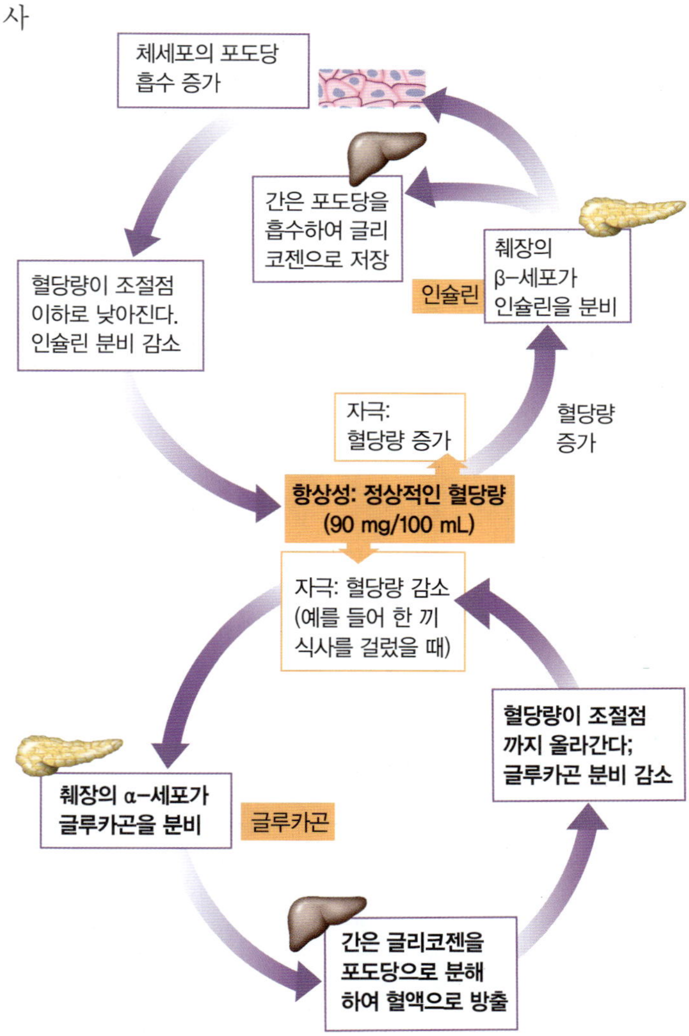

그림 13.7 혈당량 항상성. 우리 몸의 혈당량은 인슐린(혈당 감소)과 글루카곤(혈당 증가)에 의해 일정한 수준을 유지하는 항상성을 보인다.

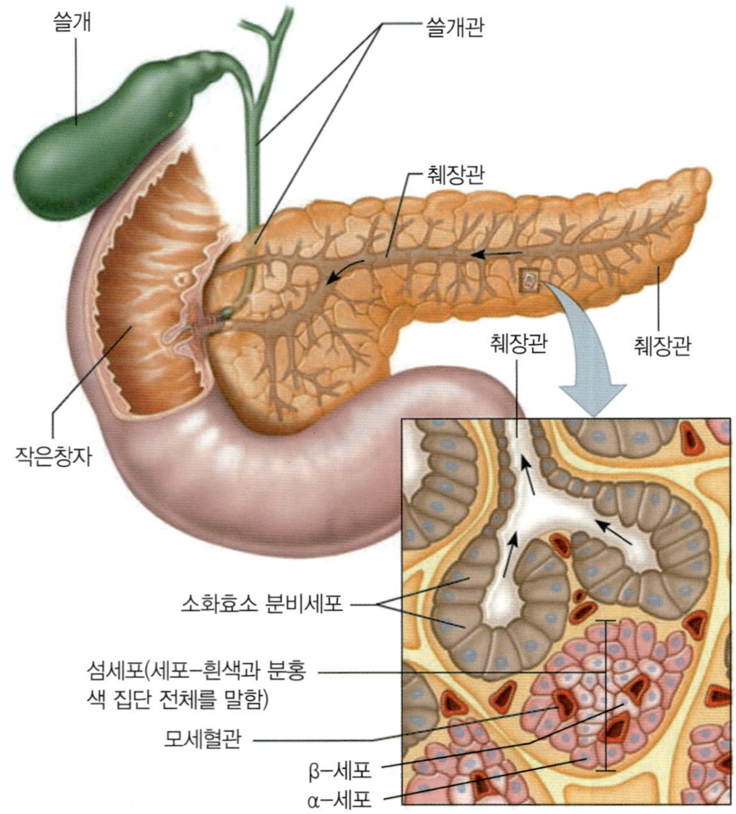

그림 13.8 췌장의 섬세포. 섬세포의 β–세포에서 분비하는 인슐린과 α–세포에서 분비하는 글루카곤은 모세혈관으로 분비된다. 췌장은 또한 소화효소를 생성하여 췌장관을 거쳐 작은창자로 분비한다.

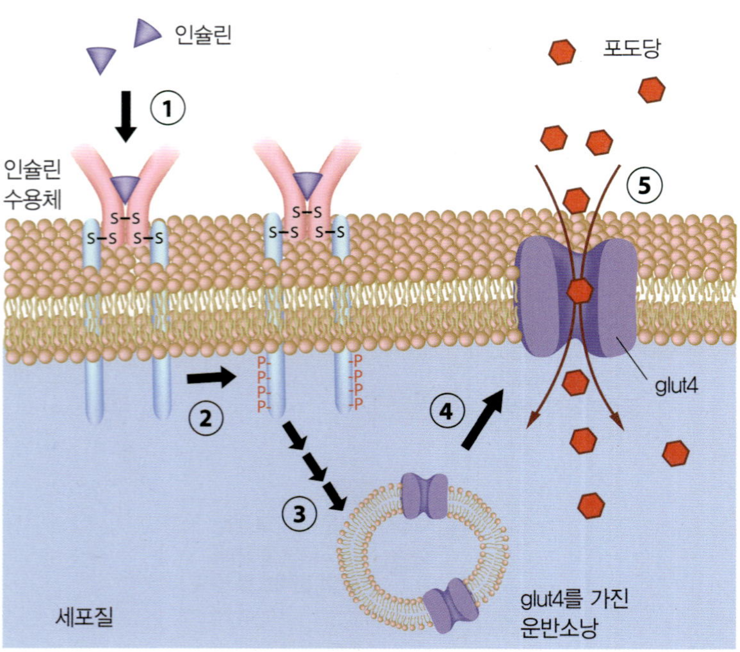

그림 13.9 인슐린과 포도당 세포 내 유입. 인슐린인 간이나 근육세포의 원형질막에 있는 인슐린 수용체와 결합하면 일련의 신호전달체계를 거쳐 포도당 수송체인 glut4가 원형질막에서 포도당을 세포 내로 유입시킨다.

신경에 의해 분비가 촉진된다.

인슐린과 글루카곤

인슐린과 글루카곤은 췌장에서 만들어진다(그림 13.8). 앞서 살펴보았듯이(11장) 췌장에선 소화효소가 생성되어 췌장관을 타고 작은창자로 분비된다. 소화효소 생성세포 근처에는 마치 섬처럼 여러 세포들이 집단을 이루고 있는 섬세포(발견자의 이름을 따서 '랑게르한스 섬세포'라고도 함)가 있다. 섬세포의 α–세포는 글루카곤을, β–세포는 인슐린을 생성하여 근처 모세혈관으로 분비한다.

β–세포는 포도당이 유입되면 여러 단계를 거쳐 인슐린을 분비한다. 인슐린은 부교감신경에 의해 분비가 촉진되기도 한다. 인슐린은 몸의 여러 곳으로 이동하여 혈당이 낮아지도록 한다. 인슐린은 몸의 간, 근육, 지방저장조직 등에 있는 세포들의 원형질막 수용체에 결합한다. 결합은 복잡한 신호전달과정을 거쳐 glut4라는 포도당 수송체를 원형질막에 위치하도록 하여 포도당을 세포 내로 유입시킨다(그림 13.9). 포도당 수송체 glut4는 인슐린이 있어야만 형성되며 주로 간, 근육과 지방저장조직에 존재한다. 인슐린이 수용체에 결합하면 수용체의 구조가 변하면서 수용체가 인산화된다(인산이 결합된다). 이 인산화를 시작으로 세포 내의 신호전달 과정을 거쳐 glut4가 만들어지고 운반소낭을 타고 원형질막에 위치하여 포도당 유입을 시작한다.

간이나 근육세포들에서 포도당은 글리코젠으로 전환되고, 지방저장조직에서는 포도당은 지방으로 저장된다. 혈당이 낮아지면 췌장 β–세포의 인슐린 분비는 억제된다. 혈당이 낮아지면(식사 후 4~6시간이 되거나 식사를 건너뛰게 되는 경우) 췌장의 α–세포가 글루카곤을 분비한다. 글루카곤은 간과 근육 등에서 글리코젠을 포도당으로 전환하거나, 지방저장조직에서 지방을 포도당으로 전환시켜 혈당을 높인다. 공복 상태가 되어도 글루카곤에 의해 일정 수준의 혈당이 유지될 수 있는 것이다.

당뇨병

당뇨병diabetes mellitus은 혈당이 비정상적으로 높은 현상을 말한다. 세포로 유입되어 사용되어야 할 혈당이 혈액에 남아 있게 되는 증상이다. 혈당이 세포에 사용되지 않고 오줌으로 배출되는 현상이 당뇨(오줌에의 당)병인 것이다. 심한 경우 당을 제대로 공급받지 못하는 세포들이 고사하여 심각한 증상을 초래하기도 한다.

높은 혈당의 대표적인 원인으로 인슐린이 만들어지지 않거나(I형 당뇨병) 인슐린이 제대로 작용하지 않아(II형 당뇨병) 포도당이 세포들에 제대로 유입되지 않는 것이다(그림 13.10). '풍요 속의 빈곤'으로 표현되기도 하는데, 당뇨병의 특징은 몸에 포도당은 풍부하나 (주로 혈액에) 정작 포도당이 필요한 세포들은 포도당 부족 현상을 보이는 것을 말한다. 당뇨병 환자들의 가장 대표적인 증상으로 피곤함, 잦은 소변과 갈증을 느끼게 되는 것이다. 포도당 분자는 수분을 동반하는 경향이 있어 소변의 빈도를 높이고 수분 부족으로 갈증을 야기한다. 콩팥에서 포도당이 걸러지지 않

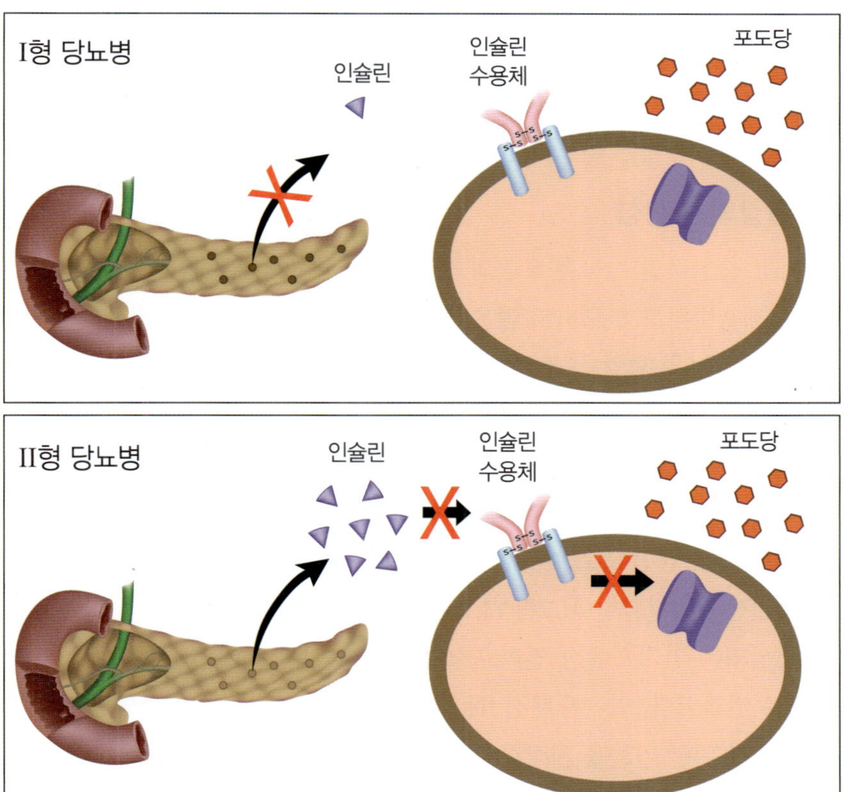

그림 13.10 I형 당뇨병과 II형 당뇨병. 정상인의 경우 혈당량이 높아지면 인슐린이 분비되어 조직이나 간세포에서 인슐린 수용체와 결합하여 포도당의 흡수를 유도한다. I형 당뇨병은 인슐린이 생성되지 않아, II형 당뇨병은 인슐린 수용체가 작용하지 않아 포도당 수송체인 glut4(그림 13.9)가 제대로 만들어지지 않으며 포도당의 세포 내 흡수가 억제된다.

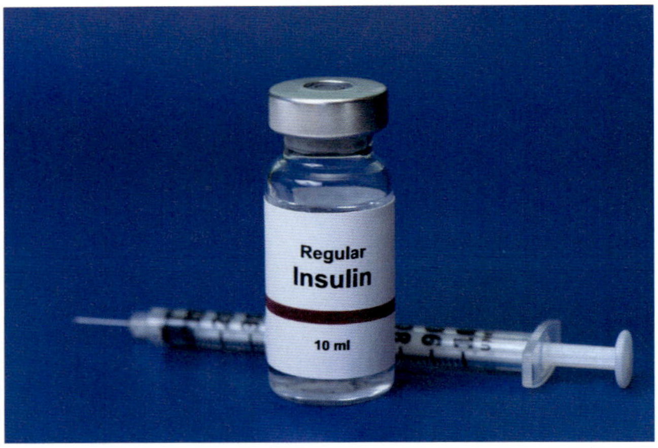

인슐린

고 오줌에 섞여 나오기도 한다(당뇨). 포도당 공급이 원활하지 않아 세포들이 고사되기도 하고, 높은 혈당은 혈관에 독성으로 작용하여 혈관의 손상을 일으키기도 한다.

I형 당뇨병은 인슐린-의존형, II형 당뇨병은 인슐린-비의존형으로 분류된다. I형 환자는 췌장에서 인슐린 분비세포의 이상 등의 원인으로 인슐린을 생산할 수 없는 경우가 대부분이다. I형 환자들은 인슐린을 공급받아야만 혈당을 조절할 수 있다. 우리나라 당뇨병 환자의 5%에 해당하는 흔치 않은 유형이며 유전적인 이유가 주된 병인으로 여겨진다. 근래에는 자가면역질환(14장 참조)으로 면역세포가 β-세포를 파괴하여 인슐린 생성을 억제하는 것이 잘 알려져 있다. II형 환자는 간이나 조직세포에 있는 인슐린 수용체가 작용하지 못하거나 포도당을 인식하는 민감도가 떨어지는 경우이다. II형은 선진국형 당뇨병으로 분류되며 대부분의 당뇨병 환자가 II형에 포함된다. 섭취하는 음식이 풍부해 인슐린의 사용빈도가 너무 빈번해져서 세포에 있는 인슐린 수용체가 혈당을 인식하는 민감도가 떨어지는 현상이 주요 원인으로 여겨진다. 혈당이 높은데도 불구하고 세포의 인슐린 수용체가 제대로 작동하지 않아 혈당이('인슐린 저항성'이라 함) 줄어들지 않는 것이다. 그림 13.9에서 설명되었던 포도당 수송체 glut4가 만들어지지 않게 된다.

콩팥과 혈압의 항상성

콩팥의 가장 중심적인 기능은 오줌의 생성이다. 사구체에서 혈액을 여과하고, 필요한 성분을 재흡수하고 필요하지 않은 성분은 오줌으로 분비하는 곳이다. 콩팥의 또 다른 중요한 기능은 혈압을 조절하는 것이다. 콩팥은 혈압이 높으면 낮추고, 낮으면 높이는 항상성의 역할을 담당한다. 이 기능은 콩팥의 사구체를 향하는 콩팥 동맥의 벽에 있는 세포에서 분비하는 레닌renin 호르몬에 의해서 시작된다. 레닌은 사구체를 향하는 혈압이 낮으면 분비되고, 높으면 분비되지 않는다. 레닌은 혈액을 타고 순환계를 따라 온몸으로 이동한다. 레닌은 간으로 이동하여 안지오텐신 단백질을 안지오텐신 I로 전환한다(**그림 13.11**). 안지오텐신 I은 순환계를 타고 이동하다가 폐에서 생성되는 안지오텐신 전환효소angiotensin-converting enzyme, ACE에 의해 안지오텐신 II로 전환된다. 안지오텐신 II는 활성화된 단백질로 몸의 여러 곳에서 높아진 혈압을 낮추기 위한 일들을 시작한다. 우선 혈관 벽을 둘러싸는 근육을 수축시켜 혈압을 높인다(혈관이 수축되면 혈류 이동의 저항성이 증가하여 혈압은 높아진다). 또한 안지오텐신 II는 콩팥으로 이동해서 Na^+의 재흡수를 증가시킨다. Na^+의 재흡수는 높아진 삼투압으로 물을 혈관 내로 이동시켜 혈액량을 증가시켜 혈압을 높인다. 안지오텐신 II는 또한 시상하부를 자극하여 뇌하수체 후엽에서 항이뇨호르몬(ADH)

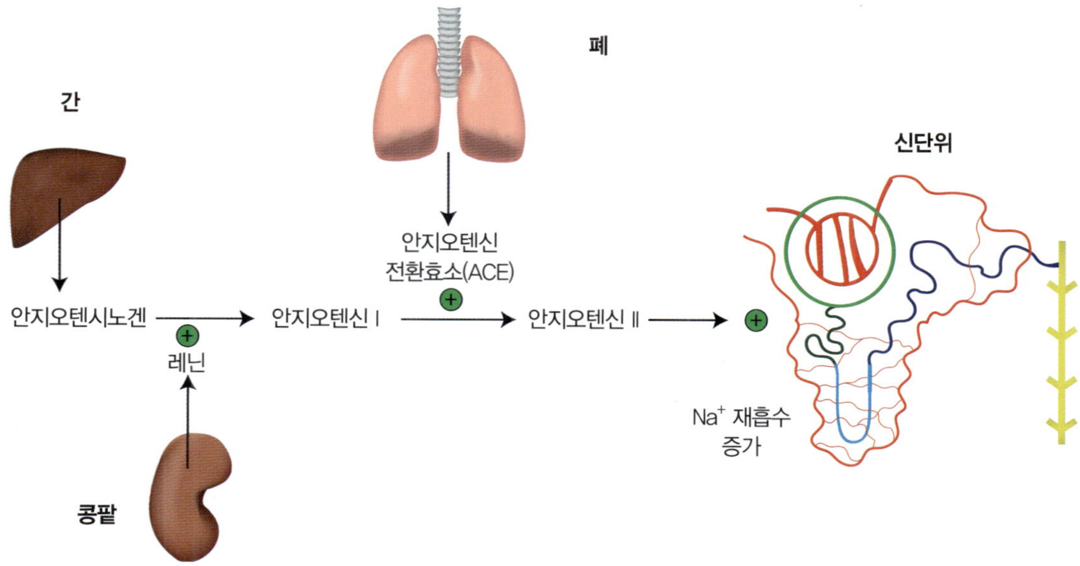

그림 13.11 레닌과 안지오텐신에 의한 혈압 조절

을 자극하여 오줌량을 줄여(혈액량을 증가) 혈압을 높아지도록 한다. 안지오텐신 II는 또 다른 경로로 부신에서 알도스테론aldosterone 호르몬을 분비하게 하여 콩팥에서 Na^+가 많이 재흡수되도록 하여 혈압을 높이는 역할을 한다. 이상과 같이 콩팥 동맥의 낮은 혈압으로 분비된 레닌이 온몸을 거친 후 재차 신장에서 Na^+의 양과 혈액량의 증가시켜 혈압을 높인다. 콩팥 동맥의 혈압이 높으면 레닌의 분비를 억제하여 혈압을 낮추는 방식으로 혈압의 항상성이 유지되도록 한다. 근래에 폐에서 생성되어 안지오텐신 II를 만드는 안지오텐신 전환효소(ACE)의 억제제가 혈압약(혈압을 낮춤)으로 개발되어 있다. 심장과 혈관은 물론 콩팥도 혈압 조절에 매우 중요한 것이다.

최근 코로나바이러스 covid19이 사람의 호흡기 세포에 침투하는 과정이 알려지고 있다. 이 바이러스의 표면에 부착된 스파이크spike 단백질(그림의 빨간색 돌기)이 사람 호흡기 세포 표면에서 안지오텐신 전환효소의 일종인 ACE2(그림의 초록색 돌기) 수용체와 결합함으로 침투를 시작한다는 것이다(그림 13.12). ACE2는 혈압의 항상성을 포함하는 여러 심혈관계 질환에 중요하다. 심혈관계 질환을 가지고 있는 사람들은 심혈관계 증상을 방비하느라 ACE2를 정상인보다 더 많이 가지고 있는 것으로 알려지고 있다. 때문에 이들 환자들이

그림 13.12 코로나바이러스와 안지오텐신 전환효소

covid19에 더욱 취약한 것으로 여겨지고 있다. 코로나바이러스가 하필 ACE2를 수용체로 사용하며 공격하는 이유가 궁금하다.

표적세포의 신호전달

우리의 몸은 어떻게 신호를 전달할까? 인슐린, 글루카곤, 성장 호르몬, FSH, LH 등의 호르몬, 뉴런의 말단에서 분비되는 여러 신경전달물질, 면역세포들 간의 언어인 사이토카인 등의 물질이 신호전달자로 사용된다. 이들은 세포 간에 필요한 정보들을 주고받아 우리의 몸이 살아나가는 데 적합한 환경을 만든다. 이런 다양한 언어들이 전해주는 소식들은 이 소식을 전해받을 수 있는 수용체를 막 표면이나 세포 안에 가지고 있는 세포들에 전달된다. 이 수용체들은 단순히 신호를 인식하기만 하는 것이 아니며 그 신호를 시작으로 세포의 신호전달경로를 작동시킨다. 신호전달자와 수용체의 결합으로 생겨난 신호전달과정을 거쳐 신호전달자가 요구하는 반응을 수행한다(그림 13.13). 불활성 상태에 있는 단백질을 변형시켜 활성화되게 만들기도 하고, 전사조절인자를 만들어 핵에서 특정 유전자의 발현을 유도하기도 한다.

호르몬 등의 신호전달자들이 혈액을 타고 이동하다가 수많은 세포들 틈바구니에서 표적세포의 수용체를 찾아 자물쇠-열쇠 같은 특이적 결합을 하는 것은 경이로운 현상이다. 앞에서 살펴보았듯이 혈액의 인슐린이 세포 수용체와 결합하면 수용체의 구조가 변하면서 몇 개의 인산이 수용체 단백질에 결합한다. 인산을 결합시키는 효소인 단백질 인산화효소protein kinase들은 신호전달경로의 다음 신호전달자에 인산을 전달하는 방식으로 신호전달과정을 이어 나가도록 한다. 마치 바톤을 다음 주자에게 전하는 이어달리기 경주 같다. 이런 경로가 진행되면서 특정 전사조절인자가 인산화되어 핵 안으로 들어가 glut4 라는 포도당 수송체의 유전자의 프로모터 지역에 결합하여 유전자 발현을 시작하도록 한다. 리보솜에서 만들어진 glut4 단백질은 운반소낭에 실려 원형질막으로 이동하여 포도당을 세포 안으로 이동시키는

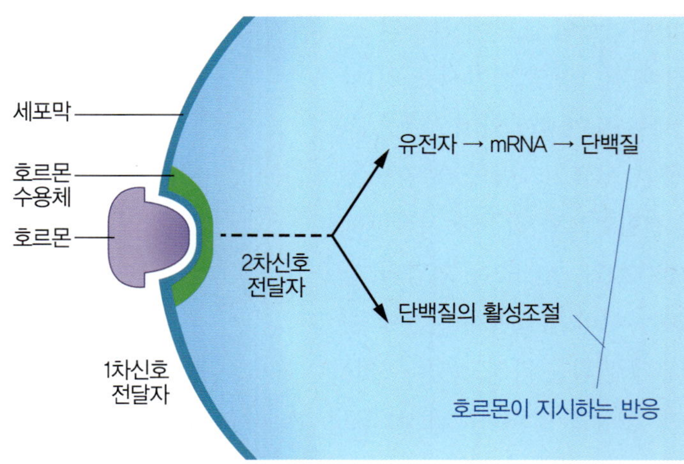

그림 13.13 목표세포에서의 신호전달

일을 수행한다. 진화과정을 통해 인슐린이라는 신호전달자와 인슐린 수용체라는 짝이 형성되었을 것이다. 인슐린뿐이겠는가? 수많은 신호전달자와 수용체와의 조합은 생명의 통신체계를 작동하도록 하는 언약이다. 마치 집 앞 우편함으로 편지를 기다리듯이 세포들은 수용체를 세포 표면에 내놓고 소식을 기다리고 있다.

지금까지 내분비계와 신경계를 통해 우리 몸의 모든 세포들은 긴밀하게 연결되어 있는 것을 살펴보았다. 눈과 귀 등의 감각기관을 통해 들어온 우리 몸 주변의 여러 소식이나 자극들은 뇌의 통합과 조절 과정을 거쳐 근육으로 전달된다. 거의 실시간으로 벌어지는 신호전달로 신경계는 우리를 자극에 신속하고 정확하게 반응하며 살아갈 수 있도록 한다. 중추신경계와 말초신경계를 통해 우리 몸의 어느 부분도 결코 고립되지 않는다. 초고속으로 작동하는 신경계와 맞물리며 내분비계는 좀 느리지만 세밀하고 정확하게 몸의 상태와 기능을 정상 범위에 머무르게 한다. 신경계와 내분비계로 이루어진 우리 몸의 통신체계는 몸 안에 있는 다양한 환경을 항상 일정하게 유지시킨다. 이들의 통신으로 우리 몸의 수많은 구성원들은 항상 항상성을 추구하고 있다.

호르몬은 수용체(우체통)를 가진 표적세포(수신처)에 전달된다.

연습문제

I. OX 문제 (X로 답한 경우에는 이유를 설명함)

01 시상하부는 체온이나 혈당량을 인식한다. (　)

02 2형 당뇨병은 과체중과 운동하지 않음과 연관이 깊다. (　)

03 조직세포의 glut4는 항상 발현되어 있다. (　)

04 ACTH는 뇌하수체 호르몬으로 부신겉질에서의 호르몬 분비를 조절한다. (　)

05 혈관을 통해 표적세포에 도착한 호르몬이 처음 만나는 것은 수용체이다. (　)

06 시상하부는 생식샘에서 생식세포의 생성을 담당하는 호르몬을 직접 분비한다. (　)

II. 객관식

01 다음 중 호르몬에 관한 내용으로 틀리는 것은?

① 내분비선에서 생성된다.
② 몸의 다른 곳으로 이동하여 작용한다.
③ 순환계를 통해 이동한다.
④ 목표세포에서 특이적인 반응을 유도한다.
⑤ 생물들 간의 소통을 담당한다.

02 뇌의 일부인 내분비선은?

① 갑상샘
② 정소
③ 뇌하수체
④ 췌장
⑤ 부신

03 항이뇨호르몬에 관한 설명 중 맞는 것은?

① 콩팥에서 물의 재흡수를 높인다.
② 동맥 수축을 통해 혈압을 조절한다.
③ 콩팥에서 오줌의 양을 줄인다.
④ 뇌하수체 후엽에서 만들어진다.
⑤ 모두 맞는다.

04 다음 중 나머지 모든 항목을 조절하는 가장 상위 단계의 조절자는?

① 갑상샘　② 정소
③ 뇌하수체　④ 자궁
⑤ 부신

05 몸이 혈액에 있는 티록신의 농도를 일정하게 유지시킬 수 이유로 맞는 것은?

① 티록신은 뇌하수체를 자극하여 티록신 분비를 증가시킨다.
② 티록신은 시상하부로부터의 TRH 분비를 억제한다.
③ TRH는 갑상샘에서 티록신 분비를 억제한다.
④ 티록신은 시상하부의 TRH 분비를 촉진한다.
⑤ 티록신은 뇌하수체의 TRH 분비를 촉진한다.

06 특정 유전자가 변형된 실험용 쥐는 운동시키지 않고 음식을 정기적으로 제공하면 건강함을 유지할 수 있다. 이들 쥐는 음식을 먹은 후 혈당량이 조금 증가하였다가 뒤이어 적정 수준으로 떨어진다. 하지만 이들은 굶거나 운동을 하면 혈당량이 위험한 수준으로 급격히 떨어진다. 급격히 떨어지는 이유를 찾기 위한 연구에 가장 적합한 가설은?

① 쥐는 인슐린 의존적인 당뇨병을 가진다.
② 쥐는 세포에 인슐린 수용체를 가지지 않는다.
③ 쥐는 세포에 글루카곤 수용체를 가지지 않는다.
④ 쥐는 세포에서 포도당으로 글리코젠을 합성을 할 수 없다.
⑤ 모두 가설로는 적절하지 않다.

07 어느 여성이 뇌를 다쳐 뇌하수체 기능이 크게 손상되었다. 이 여성이 나이가 들어가면서도 뇌 손상의 영향을 가장 안 받는 기능은?

① 성장
② 월경주기
③ 대사율
④ 혈당량
⑤ 혈액 칼슘 농도

Ⅲ 주관식

01 부신 겉질에서 분비되는 알도스테론의 양이 과도하게 높으면 어떤 현상이 벌어질까?

02 인슐린과 글루카곤 역할과 이들은 각각 어느 시점에 혈액으로 분비되는지를 설명하시오. 굶고 있지 않은 상태에서 높은 농도의 글루카곤 주사를 맞으면 어떤 현상이 벌어질까?

03 뇌하수체 후엽이 제거된 어느 환자를 관리하는 의사라 가정해보자. 이 환자에게 처방해야 할 호르몬에는 어떤 것들이 있을까? 또한 이 호르몬의 투여량과 투여 간격이 적절한지 알려면 이 환자의 어떤 증상을 주의해서 관찰해야 할까?

길에 내놓은 아이처럼 인간의 몸은 항상 몸을 노리는 여러 침입자에게 노출되어 있다. 공기 속에 날아다니는 병원균들, 출입구 손잡이에 묻어 있는 갖가지 미생물들……. 다행히도 우리 몸에는 여러 겹의 방어체계들이 있어서 이들을 물리치며 살아간다. 사람들은 면역계라는 정교한 방어시스템을 통해 외부 침입자를 인식하고 물리친다. 면역계는 현미경마저도 관찰해낼 수 없는 섬세한 회로로, 이 안에서 은하계 속의 별들처럼 수많은 입자들이 혈관과 림프관을 유영하며 침입자를 분별한다. 그리고 이들은 서로 교신하며 침입자의 정체를 파악하고 그곳으로 몰려가 함께 섬멸한다. 이 작용의 주체는 혈액과 림프액에 있는 백혈구 세포들이다. 이 백혈구들이 침입자를 제대로 발각하지 못하거나 아군을 적군으로 잘못 인식하거나 혹은 별것 아닌 적군에 너무 과민한 반응을 보일 때, 그 숙주인 인간에게는 질병으로 연결될 수 있다.

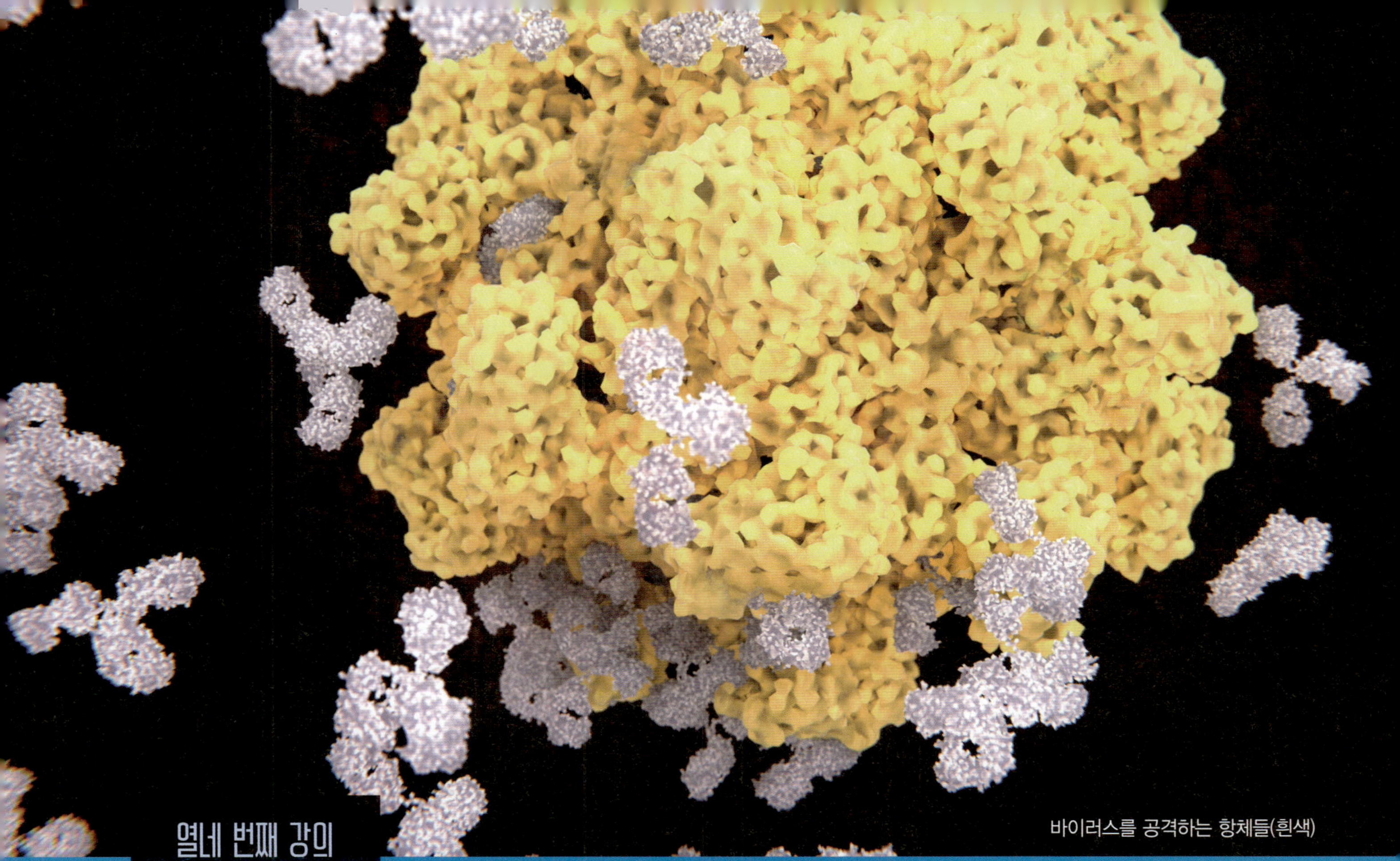

바이러스를 공격하는 항체들(흰색)

열네 번째 강의

14 면역계

14.1 면역과 선천적 면역

면역immunity은 침입자로부터 몸을 보호하는 일련의 과정이라 정의할 수 있다. 면역계의 능력은 다양하고 정교하다. 외부로부터 온 침입자라고 확인되면 가차 없이 공격한다. 그뿐 아니라 면역계는 한참 전에 침입했던 침입자를 기억하고 있다가 재차 침입하면 마치 기다리고 있었다는 듯이 침입자를 강력하게 퇴치한다. 기억은 뇌에서만 벌어지는 것이 아니라 우리의 면역계에서도 벌어지고 있는 것이다. 면역계는 침입자의 정체를 구분하여 각각을 맞춤형으로 공격하기도 한다. 면역은 크게 두 가지 방식으로 나뉜다. 침입자의 정체에 상관없이 몸을 보호하는 면역으로 선천적 또는 비특이적 면역과 이와는 달리 병원균의 정체에 특이적으로 반응하는 면역으로 후천적 또는 특이적 면역을 말한다. 면역의 주체들인 백혈구들은 지금 이 순간에도 랜턴을 들고 우리 몸 구석구석을 순찰하고 있다.

백혈구

혈액은 용액 부분인 혈장과 세포로 되어 있다. 세포(혈구세포)로는 적혈구, 백혈구와 혈소판이 있다. 사람의 혈액 $1mm^3$당 적혈구는 500만 개, 백혈구는 6~8천 개 정도가 존재한다. 백혈구의 특징은 아메바처럼 크기가 일정하지 않고 적혈구 보다는 큰 크기를 가지고 있다.

면역의 주체들인 백혈구white blood cell 또는 leukocyte의 종류를 살펴보자. 이들은 모두 갈비뼈, 척추, 골반 등의 뼈 안의 골수bone marrow의 조혈모세포로부터 만들어진다. 혈액을 원심분리하면 적혈구와 혈장 층들 사이에 세포들이 흰색 막을 형성하게 되는데, 이로부터 백혈구라는 이름이 유래한 것이다.

백혈구는 호중구, 호산구, 호염기구, 림프구 및 단핵구의 5가지 주요 유형으로 세분된다. 이들 중 호중구, 호산구, 호염기구는 세포 안에 과립(작은 알갱이)이 보여 과립성 세포로, 단백구와 림프구는 비과립성 세포로 분류된다(그림 14.1). 호중구, 호염기구, 호산구 등의 용어는 해당 pH에 염색되는 특징을 나타낸다. 이들 중 호중구와 단핵구(대식세포 포함)는 식균작용에 주로 사용된다. 호중구는 백혈구의 60%를 차지하는 대표적인 백혈구로서 주로 미생물 감염에 대응하는 백혈구로서 고름 등에 다량 존재한다. 림프구는 혈액보다 림프액에 주로 위치하는 백혈구로 B 림프구와 T 림프구가 있다. 이들은 곧 설명될 후천적 면역의 일꾼으로 침입자 정체를 정확히 인식하여 공격하는 백혈구들이다.

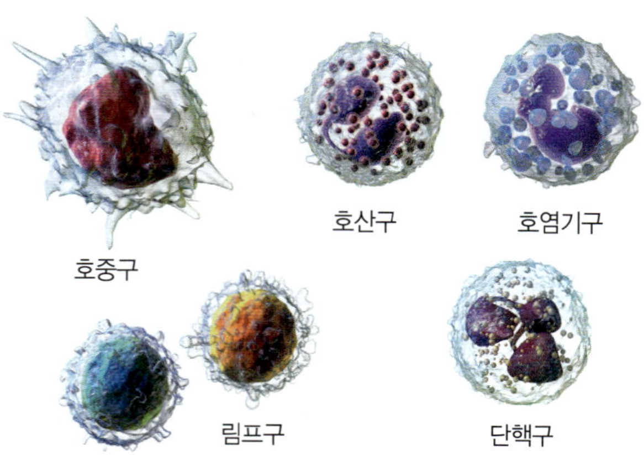

그림 14.1 백혈구. 백혈구는 세포 안에 과립(작은 알갱이)이 있는 과립구들인 호중구, 호산구와 호염기구(위 줄)와 과립이 없는 무과립구 림프구와 단핵구(아래 줄)로 나뉜다.

출처: Blausen.com staff (2014). "Medical gallery of Blausen Medical 2014". WikiJournal of Medicine 1 (2). DOI:10.15347/wjm/2014.010

선천적 면역

선천적 면역innate immunity은 침입자의 종류에 관계없이 몸을 지키는 방어 기능을 말한다. 피부가 박테리아, 바이러스, 모기 등 침입자의 종류에 관계없이 침입을 억제하듯이 선천적 면역은 태어날 때부터 가지고 있는 방어체제를 말한다. 위의 염산, 눈물 등은 모두 선천적 면역의 예이다. 백혈구들 중 주로 식균작용phagocytosis을 담당하는 과립구 백혈구들도 선천적 면역 기능을 가진다. 몸이 병원균을 만나게 되면 우선 선천적 면역으로 대응한다. 일차적으로 피부나 점막 등의 물리적 장벽으로 병원균의 침입을 막는다. 만약 일차적인 선천적 면역 방법으로 병원균이 처리되지 않으면 다음 단계로 식균작용이나 염증 반응이 시작된다. 대표적인 식(균)세포들인 호중구neutrophil와 대식세포macrophage들은 병원균이나 이물질을 세포 내로 끌어들여 분쇄한다. 이들 식세포들은 계속해서 염증 반응을 일으켜 침입자들의 추가적인 침입을 봉쇄하도록 한다.

염증반응inflammation(炎症)은 선천적 면역반응으로 감염이나 상처 지역에서 작용한다. 열이 나고, 붓고, 아프고, 붉어지는 과정에서 침입 지역의 파괴와 복구가 이루어진다(**그림 14.2**). 상처가 생기면 상처부위에 있는 백혁구의 한 종류인 비만세포mast cell가 히스타민histamine이라는 신호물질을 분비하여 주변에 침입을 알린다. 이 신호에 따라 혈액이 이 상처지역으로 모이면서 모세혈관이 확장된다. 혈류량이 증가되면서 혈관의 투과성이 증가된다. 혈액에 있던 호중구나 대식세포 등의 식세포들이 혈관을 비집고 빠져 나와 조직에 있는 병원균을 잡아먹는다. 이 과정에서 생겨난 식세포의 사체와 조직액으로 고름이 만들어진다. 모세혈관이 확장되는 과정에서 열이 나고 붓고 통증이 느껴진다. 식균작용이 종료되면 염증반응은 서서히 종료되고 피부와 혈관은 원래 상태로 되돌아간다. 식세포들은 선천적 면역의 최전선에서 침입자들과 일차적인 방어전선을 구축하고 있는 셈이다. 선천적 면역으로 방어가

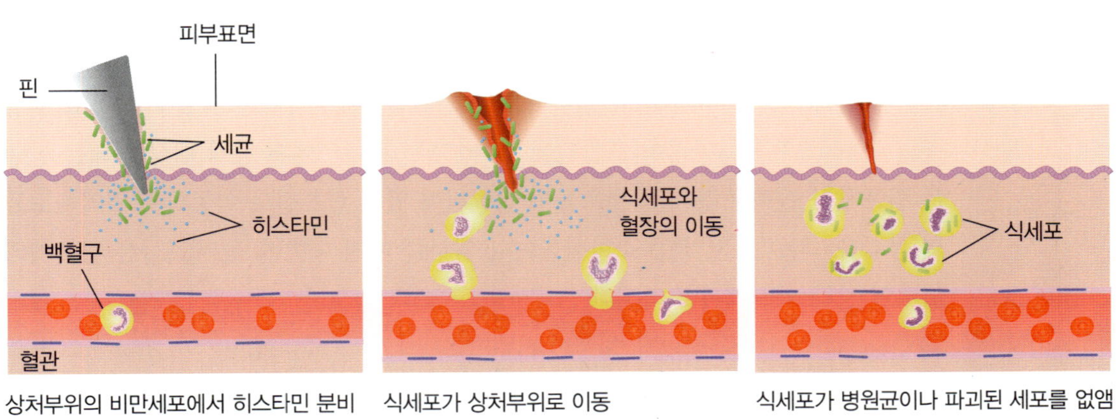

그림 14.2 염증반응. 염증반응은 병원균의 침입이나 바늘 등의 물질에 상처를 입으면 유도되는 선천적 방어의 한 예다. 가시에 의한 상처부위의 결합 조직에 있는 비만세포에서 히스타민이라는 화학물질을 분비하여 혈액이 이곳에 모이고 혈관의 투과성을 증가시켜 혈액 속의 식세포들이 상처부위의 조직액으로 빠져나가도록 한다.

되지 않으면 다음 단계의 후천적 면역이 대기하고 있다.

14.2 후천적 면역

선천적 면역과는 다르게 후천적 면역acquired immunity은 공격할 대상의 정체를 인식하는 것으로 반응을 시작한다. 후천적 면역은 공격의 주체인 B 림프구와 T 림프구들을 활성화시켜 침입자를 맞춤형으로 섬멸한다. 가령 같은 박테리아라도 후천적 면역에선 박테리아A와 박테리아B 각각의 정체가 구분된다. 정체를 파악하기 위해선 이들 림프구들은 침입자의 항원antigen을 정확하게 인식해야 한다. 항원이란 후천적 면역을 일으키는 분자들을 말하는데, 박테리아의 표면에 있는 단백질, 바이러스 표면의 단백질, 꽃가루, 이식 받은 장기등이 항원이 될 수 있다. 항원의 특징은 몸이 자신의 것이 아니라 외부의 물질로 인식될 수 있어야 한다. 가끔 자신을 남으로 잘못 인식하여 공격하는 면역 질환이 있기도 한다(자가면역질환). 후천적 면역이란 용어는 침입한 항원의 종류에 따라 적응하여 반응하는 후천성의 의미를 내포하고 있다.

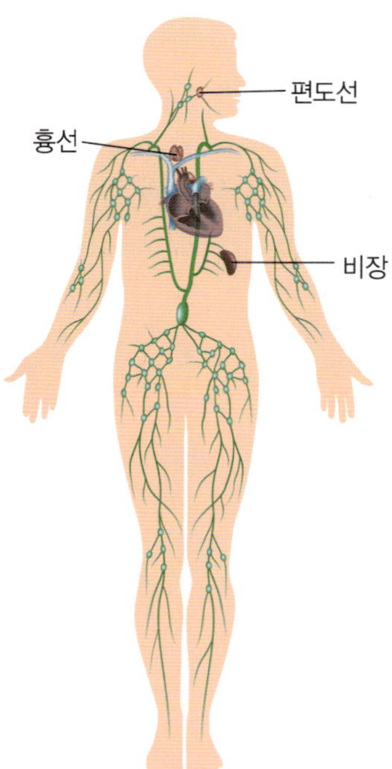

➊ 그림 14.3 **림프계.** 가슴 위부분에 T 림프구가 성숙되는 장소인 흉선이, 복부엔 혈구세포들이 소각되는 장소인 비장(또는 지라)이 보인다. 림프구들의 집합소인 림프절이 림프계 곳곳에 굵은 점들로 보인다. 림프액에는 적혈구가 없으며 열린 순환계라 할 수 있다.

후천적 면역은 림프구인 B 림프구와 T 림프구에 의해 벌어진다. B 림프구는 항체를 분비하여 세포 밖에 있는 항원을 공격하는 체액성 면역humoral immunity을, T 림프구는 병원균에 침입 당한 세포를 직접 섬멸하는 세포성 면역cell-mediated immunity을 담당한다(추후 설명됨). T 림프구는 세포성 면역에서도 중요하게 작용한다. B 림프구는 골수에서 만들어지고 또 성숙하고, T 림프구는 골수에 만들어진 다음 흉선thymus(가슴샘)에서 성숙한다. 성숙한 림프구들은 주로 림프절lymph node에 머물며 후천적 면역을 수행한다.

모세혈관으로부터 흘러나온 조직액은 대부분 정맥으로 순환하지만 일부는 림프액이 되어 림프계를 따라 이동한다(그림 14.3). 림프액은 온몸에 분산되어 있는 림프관을 통해 이동하다가 다시 혈관으로 유입된다. 림프액에는 적혈구가 없고 백혈구들 특히 림프구들이 많이 포함되어 있다. 후천적 면역에서 공격 대상이 되는 항원은 림프구와 단핵구 등 면역세포들이 집결되어 있는 림프절로 이동하여 면역세포들의 공격을 받는다. 지질 등 소화산물이나 임무를 마친 다한 혈액 세포들은 림프계의 일부인 지라spleen에서 소각된다.

림프구의 성숙과 다양성

골수에서 생성된 초기 단계의 림프구들은 면역 반응을 수행할 수 없다. B 림프구는 골수에 계속 남아 성숙의 과정을 거친다. 성숙이란 림프구가 항원을 인식해서 활성화될 수 있는 림프구들로 변모하는 과정을 말한다. 성숙과정에 가장 중요한 것은 B 림프구가 다양한 종류로 분화하여 세상에 있는 역시 다양한 항원을 1:1로 인식할 수 있도록 하는 것이다. 각 B 림프구는 특정 항원을 1:1로 인식하여 선천적 면역 반응을 일으킬 수 있게 된다.

B 림프구의 표면에는 항원수용체라 해서 특정 항원과 결합할 수 있는 구조가 있다(그림 14.4). 바로 이 구조가 다양해야 다양한 항원들과 결합할 수 있는 것이다. 하나의 B 림프구는 한 종류의 항원과 특이적으로 결합한다. 세상에 존재하는 수많은 종류의 침입자나 항원을 인식하기 위해서는 역시 수많은 종류의 B 림프구들이 준비되어 있어야 한다. 항원수용체가 B 림프구로부터 분리되면 항체antibody가 되는데, 항체는 세포 밖의 항원과 결합하여 항원을 공격한다. 항체의 구조는 곧 설명된다(그림 14.10).

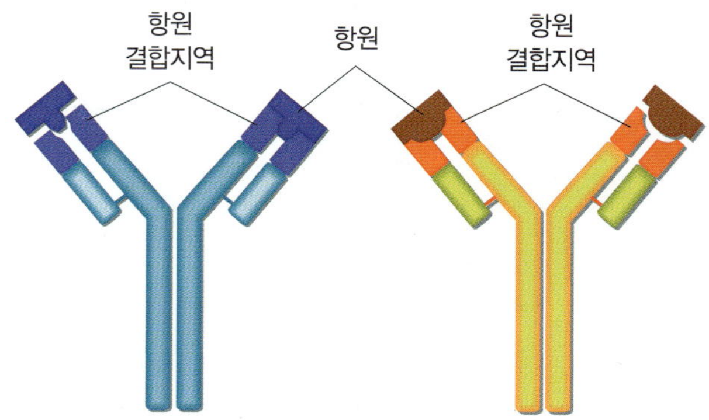

그림 14.4 두 서로 다른 항원수용체에 결합한 두 서로 다른 항원들. B 림프구의 성숙과정에서 다양한 종류의 항원수용체가 만들어져서 역시 다양한 항원들을 인식하여 후천적 면역을 일으킬 수 있게 된다. B 림프구의 표면에 붙어있는 항원수용체가 분리되면 항체가 된다(곧 설명됨). 따라서 항원수용체와 항체의 구조는 동일하다.

B 림프구의 다양성을 위해 각각 항원을 인식할 수 있는 항원수용체를 표현하는 유전자 종류 역시 많아야 한다. 이 많은 조합의 유전자들은 유전자재조합gene recombination이라는 방식에 의해 만들어진다. 조금씩 서로 다른 유전자 조각들이 재조합되어 많은 조합의 항원수용체를 형성한다는 것이다. 이것이 바로 몸 밖에 있는 삼라만상의 항원을 각각의 B 림프구가 1:1로 상대할 수 있는 원리인 것이다. B 림프구와 마찬가지로 T 림프구의 종류도 다양해야 하는데, B 림프구와 비슷한 원리로 수많은 종류의 T 림프구가 흉선thymus에서 형성된다.

이제 다양해진 B 림프구와 T 림프구들은 주로 림프절에서 항원을 기다린다. 림프절이 경찰서라면 각 림프구는 경찰 한명 한명에 해당한다. 특이하게도 이들 경찰 한명 한명은 각각의 항원을 인식할 수 있도록 특화된 경찰관이라 할 수 있겠다. 이들은 기다리던 항원이 나타나면 본격적으로 후천적 면역을 시작한다.

체액성 면역과 항원제시

B 림프구와 T 림프구가 담당하는 후천적 면역은 항원을 인식하는 것으로부터 시작한다. 항원은 항원제시세포antigen presenting cell, APC에 의해 후천적 면역을 시작하는 면역세포들에게 제시된다. 대표적인 항원제시세포로는 대식세포macrophage와 B 림프구가 있다. 앞서 선천적 면역으로 병원균을 잡아먹는 대식세포가 다시 등장한다. 대식세포 경우에 따라서는 후천적 면역에 필요한 항원을 제시해주는 임무를 갖기도 한다. 대식세포는 항원제시세포antigen presenting cell, APC로 림프구에 침입자의 정체를 알려준다.

항원제시세포가 벌이는 항원제시는 주조직적합복합체major histocompatibility complex(MHC)라는 특별한 구조를 통해 벌어진다. MHC는 장기이식과정에서 붙여진

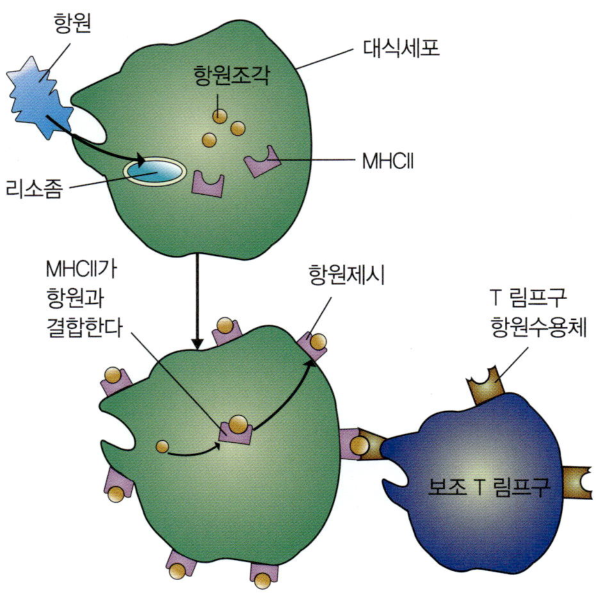

그림 14.5 **대식세포의 항원제시.** 대식세포가 병원균(항원)을 잡아먹고 분해한 다음(위) 항원조각을 MHCII에 결합하여 세포 표면에서 항원제시한다. MHCII에 결합된 항원조각(비자기에 해당)은 보조 T 림프구의 항원수용체와 결합한다.

용어로 MHC가 서로 다른 사람들 간에는 장기이식을 할 수 없다. MHC는 6개 단백질이 모여 있는 복합체로 개인별 명찰에 해당한다. 한 사람이 가지는 세포는 동일한 MHC를 가지고 있어 항원으로 여기지 않고 면역 반응을 일으키지 않는다. 장기를 공여 받기 위해서는 MHC가 동일하거나 매우 유사한 공여자의 장기를 이식받아야 하는 이유이다.

MHC에는 두 종류 MHCI 과 MHCII가 있다. MHCI은 핵을 가지는 모든 세포들이 공통적으로 가지는 것으로 세포성 면역에서 작용하고, MHCII는 체액성 면역을 벌이는 면역세포가 가진다. MHCII로 항원을 제시하는 대식세포와 B 림프구를 통해 체액성 면역을 살펴보자. MHCII를 통해 제시되는 항원은 반드시 세포 밖의 혈액, 림프액이나 조직액에 있는 항원이 되어야 한다. 식균작용으로 세포 밖의 병원균을 섭취한 대식세포는 후천적 면역이 필요하면 항원을 제시한다(그림 14.5). 대식세포는 섭취한 병원균을 리소솜의 가수분해 효소를 사용하여 조각을 낸다. 이 조각은 MHCII(분홍색)에 결합한다. 항원–MHCII 결합체는 대식세포의 표면으로 이동해 항원을 보조 T 림프구에게 제시한다. 대식세포가 제시하는 항원(노란색 원)은 같은 항원을 인식할 수 있는 구조를 가진 보조 T 림프구에게 의해서도 결합된다. 보조 T 림프구는 대식세포의 MHCII– 항원을 인식할 수 있는 T 림프구 수용체 T cell receptor, TCR(옅은 노란색)로 대식세포가 제시하는 항원을 인식한다. 이제 보조 T 림프구는 항원을 섬멸하기 위한 다음 단계로 **사이토카인**cytokine이라는 화학물질을 분비한다. 사이토카인은 항원을 제시한 대식세포와 자신을 증식시켜 항원을 공격할 수 있도록 한다. 항원을 제시하고 인식했던 대식세포와 보조 T 림프구의 수가 늘어나 체액성 면역을 시작할 수 있게 된 것이다. 사이토카인은 경보음에 해당하는 것으로 화학분자를 분비시켜 근처의 특정 항원을 인식할 수 있는 특정 보조 T 림프구가 복제되어 충분한 공격력을 갖추도록 하는 것을 물론 근처의 다른 면역세포들에 우리 면역계가 항원에 의해 공격당하고 있음을 알려주는 것이다. 이 특정 보조 T 림프구가 선택되는 현상(수많은 경찰들 중에서 한 명이 선택된 것)을 '클론 선택clonal selection'이라 하고 이 클론이 증식하는 현상 '클론 증식clonal expansion'이라 한다. 클론clone이란 같은 개체의 집합을 의미하는 것으로 클론 증식은 같은 종류의 보조 T 림프구가 많이 생겨나 대규모로 항원을 공격할 준비를 마친 것에 해당된다. 특정 항원을 1:1로 인식할 수 있는 특정 보조 T 림프구는 자기 증식을 통해 많은 수의 동일한 보조 T 림프구를 가지게 된 것이다.

사이토카인
면역세포가 분비하는 단백질의 총칭으로 사이토카인은 자신이나 다른 세포의 증식을 유도할 수 있다. 예를 들어, 보조 T 림프구가 분비한 사이토카인에 의해 보조 T 림프구, 대식세포, B 림프구와 T 림프구가 증식될 수 있다.

대식세포와 함께 B 림프구도 항원을 제시할 수 있는 항원제시세포이다. B 림프구도 대식세포가 제시했던 동일한 세포 밖의 항원을 B 림프구 표면의 항원수용체로 결합한 다음 세포 안으로 끌어들여 조각낸 후 조각난 항원을 MHCII에 결합하여 세포 표면에서 보조 T 림프구에게 제시할 수 있다. 보조 T 림프구로서는 대식세포와 B 림프구로부터 동일한 항원을 제시 받은 결과가 된다(**그림 14.6**). 이런 이중적인 항원 확인을 통해 자신의 세포나 조직을 항원으로 잘못 인식하여 공격하는 자가면역질환을 방지하려는 면역세포들의 정교함이 엿보인다. 이중적 항원 확인이 이루어지면 클론 선택과 클론 증식 현상은 더욱 강력해진다. 머뭇거림 없이 항원을 공격하게 되는 것이다.

이와 같이 동일한 항원이 이중적으로 확인되면 B 림프구는 사이토카인에 의해 형질세포plasma cell로 전환되면서 세포의 수가 크게 증가한다. 또한 형질세포는 항원수용체가 세포막으로부터 분리되면서 항체를 생산하기 시작한다(**그림 14.7**). 항체로 세포 밖의 항원을 공격하는 체액성 면역이 본격적으로 시작되는 것이다. B 림프구는 형질세포와 함께 기억세포memory cell로도 전환되어 오랜 기간 몸에 남아있게 된다. 기억세포는 항원수용체를 부착하고 있으며 한참 후 동일한 항원이 침입하면 곧바로 형질세포로 전환하여 항체를 신속하고 대규모로 분비하여 이전 보다 더욱 강력한 체액성 면역을 진행한다.

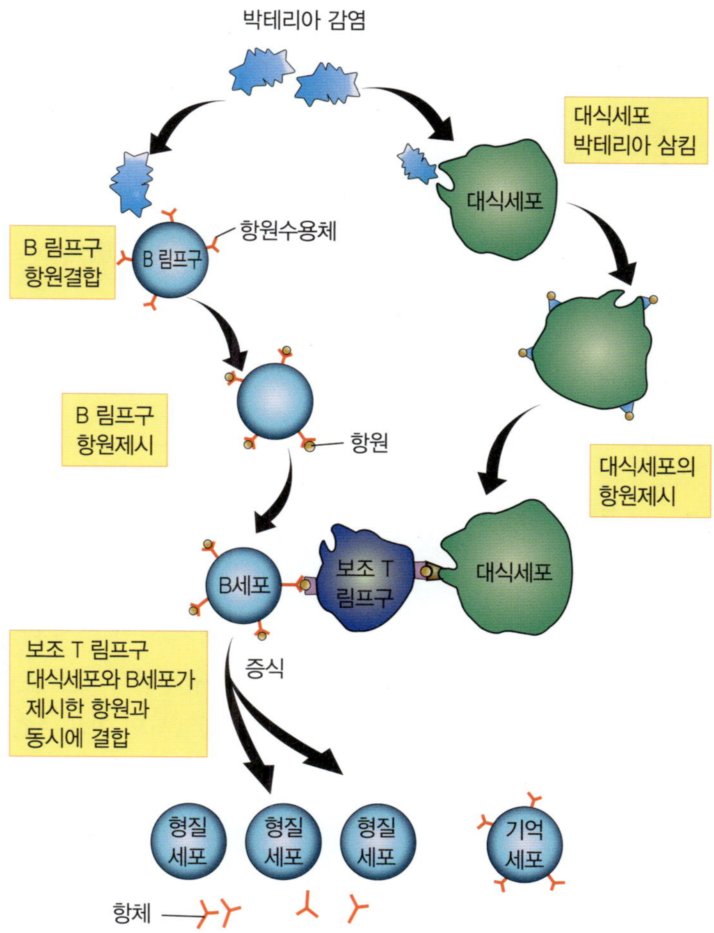

그림 14.6 **이중적 항원 확인과 B 림프구 활성화.** 보조 T 림프구는 대식세포와 B 림프구가 제시하는 항원이 동일하다는 것이 확인하면 B 림프구를 활성화시켜 많은 수의 형질세포와 기억세포로 전환되도록 한다.

지금까지 체액성 면역의 항원제시와 항체 생성 등을 살펴보았다. 이와 같이 후천적 면역의 한 축인 체액성 면역은 세포 밖 혈액, 림프액이나 조직액에 있는 항원을 형질세포가 분비하는 항체로 공격하는 면역으로 정의된다.

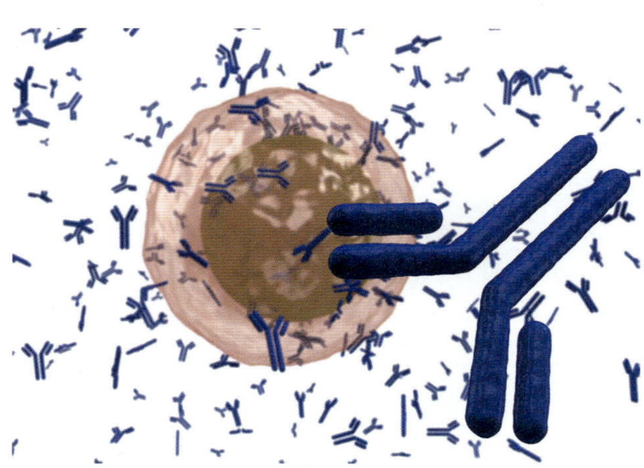

그림 14.7 항체를 분비하는 형질세포.

항체

체액성 면역에서의 공격 수단인 항체는 항원과 열쇠와 자물쇠처럼 특이적인 결합을 위한 구조를 가진다. 항체 한 분자는 중사슬heavy chain과 경사슬light chain 두 종류의 폴리펩타이드 사슬 각각 2개씩 모두 4개의 폴리펩타이드 사슬로 형성된다(**그림 14.8**). 이들 네 사슬의 일부분은 아미노산 서열이 항체들 간에 서로 다른 가변 지역variable region과

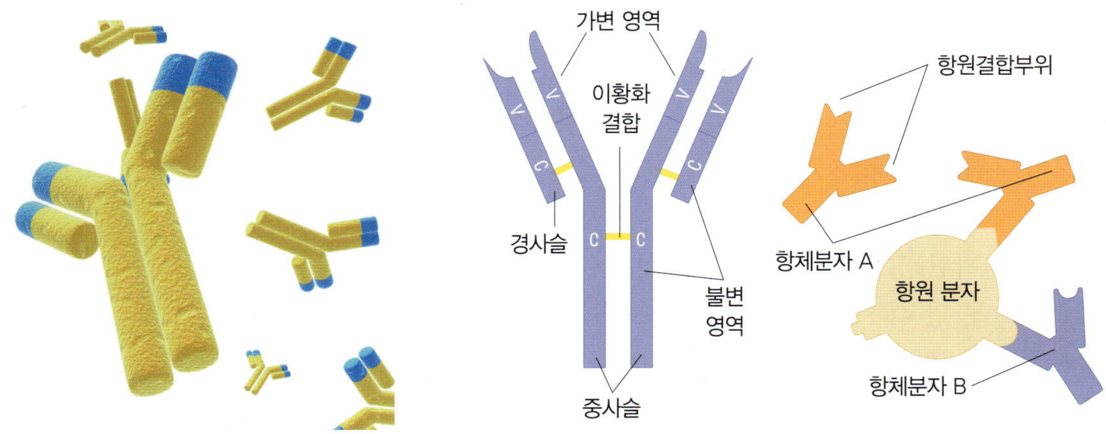

그림 14.8 항체의 구조. 항체는 Y자형 모습을 하며 4개의 폴리펩타이드 사슬(두 개는 중사슬, 두 개는 경사슬)로 되어 있다. Y 모습의 말단부위는 항원의 종류에 따라 다른 가변 영역, 나머지 부분은 모든 항체들이 일정하게 가지는 불변 영역으로 구성된다(중앙). 항원이 항체의 가변 영역과 결합한 모습이 보인다(오른쪽).

항체들 간에 서열이 크게 다르지 않는 불변 지역constant region으로 구분된다. 항체는 불변 영역에 의해 Y자 모습의 항체로서의 입체구조 틀을 갖게 되지만 Y자 모습의 상단 부에 있는 가변 지역이 서로 달라 항체마다 약간씩 서로 다른 입체구조를 갖게 된다. 다양한 입체구조를 갖는 각각의 항체들은 다양한 항원과 특이적으로 결합할 수 있는 것이다. 그림에 여러 분자의 항체가 항원 박테리아에 결합한 모습을 보여준다(그림 14.9). 항체에 결합된 병원균은 침전되거나 식세포에 인식되어 제거된다.

4개의 폴리펩타이드 사슬로 이루어진 항체의 입체구조로 Y자 모습이다.

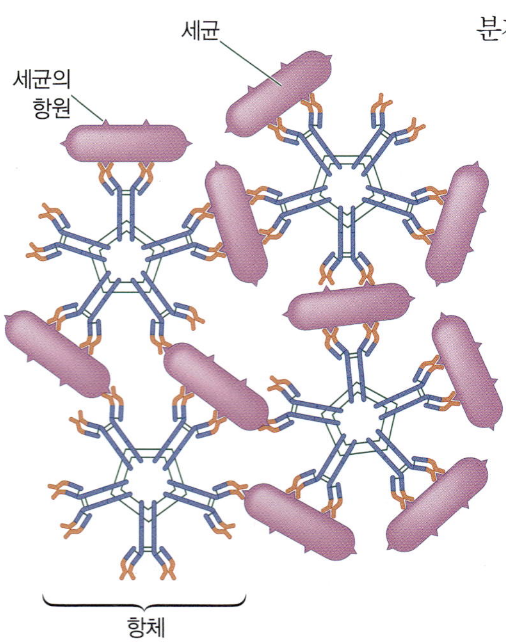

그림 14.9 항원-항체 결합. 많은 수의 항체가 세균 항원에 결합하여 항원을 침전시키거나 식세포에 알려 이를 섭취하도록 한다.

B 림프구의 항원수용체와 항체는 구조적으로 매우 유사하다. 항원수용체는 세포막 결합 부위에 항체가 결합되어 있는 구조를 가지는데, 형질세포는 세포막 결합 부위만 남긴 채 항체 부분을 세포 밖으로 분비한다.

기억세포와 백신

처음으로 접해 본 침입자에 대한 1차 체액성 면역반응(1차 반응)은 일반적으로 강력하지 않다. 감염된 후 며칠에 걸쳐 항원과 결합한 B 림프구가 분열하여 형질세포와 기억세포를 만들기는 하지만 형질세포에 의해 만들어지는 항체의 양이 적어 감염 후 몇 주가 지나면 항체의 대부분이 혈액에서 사라진다. 하지만 1차 반응을 경험한 후 수 주나 수년이 지난 후에 동일한 침입자가 다시 침입하면 1차반응시 생겨났던 기억세포는 급격히 활성화되어 감염 후 수 시간 내로 많은 수의 형질세포로 전환하여 항체를 분비하는 2차 반응을 유도한다(그림 14.10). 기억세포는 B 림프구와 T 림프구 모두가 가지는 후천적 면역의 공통된 특징이라 할 수 있다.

인위적으로 기억세포를 갖게 하기 위해서 백신을 사용하는 방법이 있다. 죽이거나 끓이는 등의 방법으로 얻은 약화된 병원균을 백신vaccine이라 하는데, 백신은 더 이상 병을 일으킬 수 없지만 항원으로서의 특성은 계속 가지고 있다(죽이거나 끓여도 항원의 특성은 여전히 남아 있다). 예방주사는 백신을 주사하는 것으로 1차 반응을 일으켜 우리 몸에 기억세포를 만들어준다. 예방주사를 미리 맞아두면 살아가는 동안 동일한 항원을 가진 실제의 병원균이 침입해도 기억세포가 있어 쉽게 병원균을 격퇴할 수 있는 것이다.

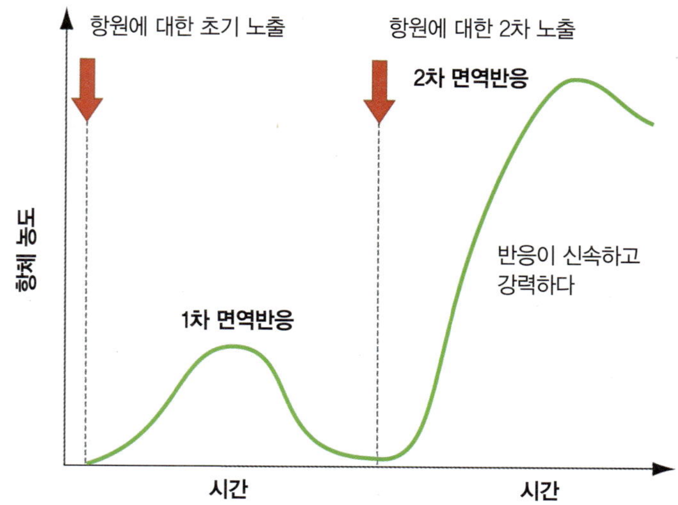

그림 14.10 **기억세포의 작용.** 1차 반응에서 형성된 기억세포 때문에 나중에 같은 항원이 나타나서 유도되는 2차 반응은 1차의 경우보다 항체의 생산이 훨씬 신속하게 벌어진다.

세포성 면역과 항원제시

체액성 면역과는 또 다른 후천적 면역으로 세포성 면역cell-mediated immunity이 있다. 세포성 면역은 세포 밖 항원을 세포 내로 끌어 들여 MHCII에 의해 항원제시를 하는 체액성 면역과는 다르게 바이러스 등에 의해 감염된 세포나 암세포 등에서처럼 세포 내에서 새롭게 생겨난 항원을 MHCI에 의해 항원제시를 한다. MHCI은 핵을 가진 몸의 모든 세포가 가지는 것으로 바이러스 등에 의해 감염되면 바이러스는 침입한 세포 내에서 새로운 단백질(가령 바이러스가 자신의 복제에 사용하기 위해)을 만드는데 바로 이 것을 침입자의 항원으로 인식하는 것이다. 암세포에서도 유전자 변형 등의 원인으로 세포 내에 정상 세포들이 가지지 않은 새로운 단백질들이 항원으로 인식되는 것이다. 이들 세포 내 항원은 세포 내에서 분해된 다음 MHCI에 결합되어 세포 표면에서 제시된다. 이때 항원을 인식하는 세포는 또 다른 종류의 T 림프구인 세포독성 T 림프구cytotoxic T lymphocyte이다. 세포독성T 림프구는 암세포나 감염된 세포가 제시하는 항원을 특이적으로 인식할 수 있는 것이어야 한다. 항원을 침입자로 인식한 세포독성 T 림프구는 보조 T 림프구와는 달리 사이토카인을 분비하지 않고 곧바로 감염된 세포를 공격한다. 퍼보린perforin 단백질을 분비하여 감염된 세포를 조각내어 섬멸한다(그림 14.11). 바이러스 등은 세포 밖 항원으로도 보조 T 림프구에 의해 인식될 수 있는데, 이 경우 보조 T 림프구가 분비하는 사이토카인이 세포독성 T 림프구의 증식을 야기한다.

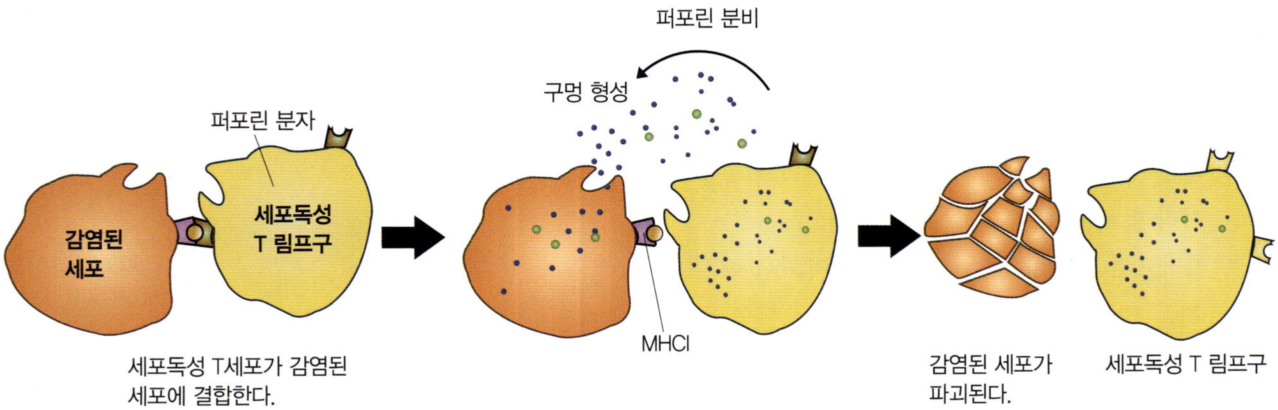

그림 14.11 세포성 면역. 감염된 세포나 암세포에서 MHCI에 의해 제시하는 항원(노란 원)이 세포독성 T 림프구에게 제시되면 세포독성 T 림프구는 퍼포린을 분비하여 암세포나 감염된 세포를 파괴한다.

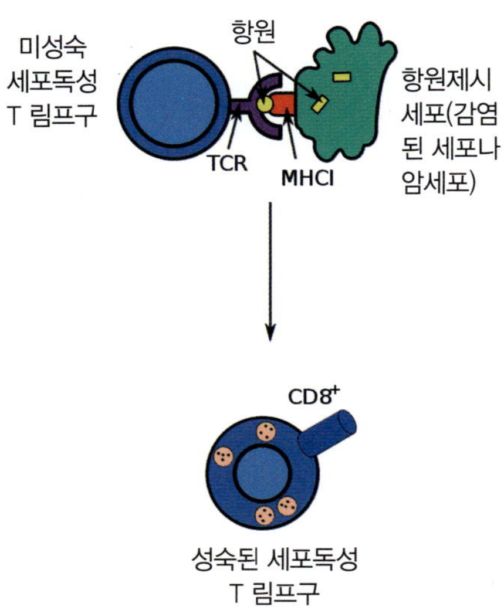

그림 14.12 세포독성T 림프구와 감염된 세포의 항원과의 결합

세포성 면역에선 암세포나 감염된 세포가 항원제시세포(MHCI으로 제시)가 되어 세포독성 T 림프구에게 항원을 제시한다. 보조 T 림프구에서처럼 세포독성 T 림프구도 항원 인식에 TCR(T 림프구 항원인식수용체)와 보조 수용체 역할을 하는 CD8 단백질이 항원 인식에 필요하다(그림 4.12). 보조 T 림프구의 보조수용체로는 CD4가 잘 알려져 있다.

에이즈 바이러스(HIV)

에이즈, 이 병의 우리말 명칭은 '후천성 면역결핍증후군acquired immuno-deciency syndrome, AIDS'이다. AIDS를 일으키는 HIVhuman immunodeficiency virus라 불리는 바이러스는 보조 T 림프구를 파괴하여 우리 몸의 면역 능력을 저하시킨다. 에이즈는 외부 침입자들의 공격에 대항하지 못하게 되는 질병으로 인류가 맞고 있는 커다란 재앙으로 꼽힌다. 바이러스는 살아 있는 숙주세포에서 숙주세포의 여러 장치와 물질을 이용하여 증식한다(그림 14.13). HIV가 가지는 RNA는 숙주세포 안에서 역전사효소에 의해 DNA로 전환된 다음 숙주세포의 DNA에 삽입된다(잠복기의 시작). HIV는 보조 T 림프구를 공격하는 즉시 파괴하지는 않으며, 이 안에서 오랫동안 잠복하고 있다가 결정적인 순간에 파괴를 감행한다. 에이즈 감염자 개인별로 차이는 있지만 보균 후 1~10년 정도의 다양한 잠복기간을 갖는다.

잠복기에도 몸은 HIV에 대항하여 항체를 만드는데 이 항체를 검출하는 것이 일반적인 에이즈 검사이다. 최근에는 바이러스를 직접 확인할 수 있게 되어 감염 초기에 검사가 가능해졌지만 아직 이 바이러스를 퇴치하는 방법이 없어서 대부분의 환자가 극심한 보조 T 림프구의 감소 현상을 보이고 면역력이 저하되면서 암과 같은 질병에 걸리게 된다. HIV는 뇌의 신경세포에까지 침입하여 치매를 일으킬 수 있는 무서운 질병이다.

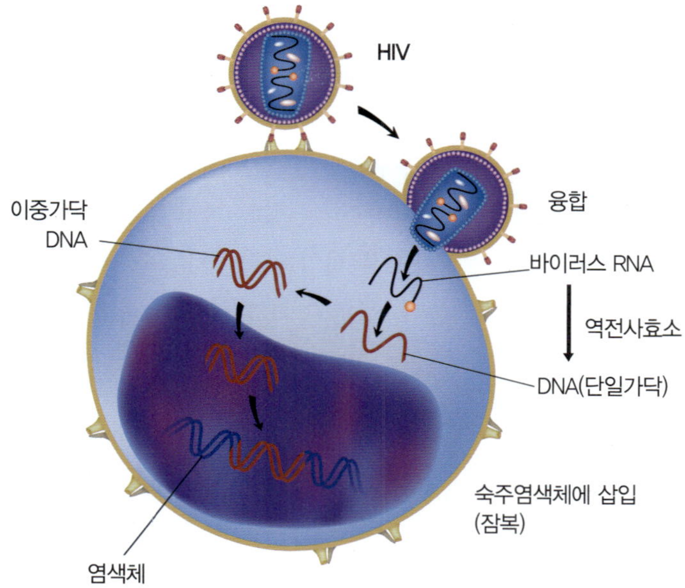

그림 14.13 HIV의 보조 T 림프구 침입. HIV 바이러스는 보조 T 림프구에 침입하면 역전사효소로 RNA를 DNA로 전환시킨다. 이중가닥 DNA로 전환된 바이러스 유전체는 숙주 염색체에 삽입되고 잠복을 시작한다. 잠복을 멈추고 숙주 안에서 증식하여 세포를 파괴하고 다른 세포를 감염시킨다.

HIV는 지름이 약 100nm의 원형입자로 되어 있으며, RNA를 유전물질로 가지고 있다(그림 14.14). 막에는 당단백질이 안테나처럼 돌출되어 있어 표적이 되는 세포의 표면 구조를 인식하여 침투한다. 보조 T 림프구는 HIV 표면의 당단백질과 결합할 수 있는 구조를 가지고 있어서 HIV의 표적이 된다. HIV는 이 보조 T 림프구에 잠복하고 있다가 결국 이 세포를 파괴하고 다른 보조 T 림프구로 옮겨 공격한다.

미국 LA에서 5명의 AIDS 환자가 최초로 보고된 것은 1981년이었는데 2010년도를 기준으로 전 세계적으로 약 3,400만 명의 환자가 있는 것으로 알려지고 있다. 특히 성관행이 문란한 동남아시아나 아프리카를 중심으로 환자의 숫자가 급속도로 늘어나고 있다.

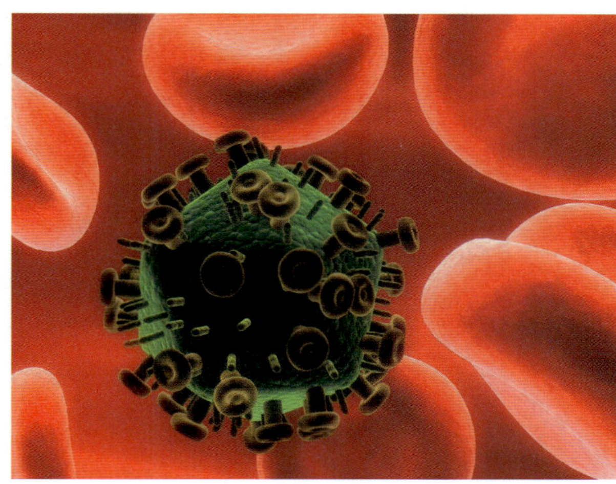

그림 14.14 HIV 표면

면역 관련 질환

백혈병

백혈병leukemia은 백혈구 세포에 생기는 암이다. 백혈병 환자는 백혈구가 계속 생겨서 혈액 내 다른 세포들(적혈구, 혈소판 등)의 기능을 방해하여 혈액 응고가 안 되고 빈혈 증세가 생기는 매우 무서운 질병이다. 수적으로 많아진 백혈구도 대부분 제대로 기능을 못하게 된다. 정상인으로부터 골수를 이식받아 정상적인 백혈구를 생성하는 것이 주된 치료 방법이다.

혈액세포로 발전할 수 있는 혈액줄기세포로 백혈병을 치료하려는 시도가 최근 활발하게 이루어지고 있다. 골수 속에 있는 조혈모세포는 성체줄기세포 중 하나인데, 이것은 적혈구, 백혈구 등으로 분화할 수 있다. 가령 백혈병을 치료하고자 할 때에는 우선 암화되어 있는 백혈구세포를 항암제나 방사능을 통하여 제거한 후 기증받은 정상인의 줄기세포를 이식한다. 물론 면역거부반응이 없는 줄기세포를 사용하여야 한다.

알레르기

어떤 음식을 먹고 두드러기가 생기거나 꽃가루에 민감하게 반응하여 심하게 재채기를 하는 등 많은 사람들에서 볼 수 있는 증상이다. 또한 페니실린 주사를 맞으면 생명이 위험할 정도로 민감한 반응을 보이는 경우도 있다. 이런 현상을 알레르기allergy라 하는데, 면역계가 정상인이라면 반응하지 않아야 할 이상과민현상을 보이는 경우를 말한다. 알레르기를 유발하는 물질이 이 증상을 보이는 사람에게 들어오면 심한 면역반응, 즉 과도한 전쟁을 하게 되어 전선에 있는 조직의 혈관이 과도하게 확장되는 결과가 발생하고 재채기, 콧물, 두드러기 등의 증상이 나타난다. 왜 특정한 물질이 특정한 사람에게서만 알레르기 반응을 일으키게 하는지, 또 나이에 따라 갑자기 이 반응이 생기게 되는지 아직 정확히 이해되고 있지 않다. 이들 물질과 멀리하는 것 외에는 피할 뚜렷한 방법이 현재로서는 없어 보인다.

자가면역질환

매일 수십억 개의 면역세포를 생산하다 보면 일부 불량제품이 나올 수 있다. 즉 어떤 림프구는 자기 단백질을 항원으로 오인하여 공격을 한다. 이와 같이 자기의 조직을 파괴하는 질병을 자가면역질환autoimmune disease이라고 한다. 대표적인 것으로 류머티즘이 있는데, 체내의 면역세포들이 자신의 관절에 있는 연골조직을 침입자로 인식하여 공격하는 무서운 병이다. 어처구니없게도 자기에게 공격을 당한 관절은 제대로 사용할 수 없을 정도로 석회화되기도 한다.

이 병에 걸리는 정확한 이유는 아직 밝혀지지 않고 있다. 어떤 학자들은 사람의 면역체계는 원래 여러 가지 이물질들에 항상 노출된 채로 바쁘게 일을 해왔는데, 최근 생활환경의 개선으로 할 일이 없어진 면역체계가 자기 몸의 조직을 대상으로 공격하게 되었다고 추측하기도 한다.

차세대 항암제

인체는 외부의 침입자(바이러스, 독소 등)뿐만 아니라 암세포의 출현 등 내부의 해로운 변화로부터 스스로를 보호하는 방어체계를 갖추고 있다. 암세포는 정상세포와 달리 표면에 항원을 MHC1를 통해 제시하는데, 암 발생 초기 단계에서의 암세포는 대부분 세포성 면역에 참여하는 T 림프구들(세포독성 T 림프구와 보조 T 림프구 모두 말함)에 의해 인식된다. T 림프구는 항원수용체 TCR지역이 암세포에 있는 MHC1의 항원과 결합하면서 암세포를 공격한다. 이때 방금 언급된 결합만으로 벌어지는 것이 아니라 암세포와 T 림프구의 표면에 있는 여러 다른 보조 결합으로 결합이 조절된다. 이들 여러 결합으로 암세포와 T 림프구간의 힘의 균형이 유지되다가 균형이 무너져 암세포의 증식이 개시될 수 있는 것이다. 바로 이 과정을 면역관문immune checkpoint이라 하는데, 암세포를 공격하는 면역의 활성여부가 결정되는 관문에 해당된다. 암세포 표면의 특정 구조로 T 림프구의 접근이 방해받게 되면 암세포가 본격적인 증식을 시작한다. 암세포와 T 림프구의 결합을 방해하는 요인을 제거하게 되면 면역은 다시 활성화되고 암세포는 다시 공격받게 된다. 암세포는 교묘하게도 T 림프구가 자신을 인식하지 못하도록 결합을 방해하는 장치를 개발한다. 바로 암세포에 의한 결합의 방해를 억제하는 억제제immune checkpoint inhibitor가 최근 새로운 항암요법으로 부각되고 있다. 암세포와 T 림프구 간의 결합을 조절하는 단백질들인 CTLA4, PD-1, PD-L1 등이 면역관문억제제의 주요 대상이다(그림 14.15).

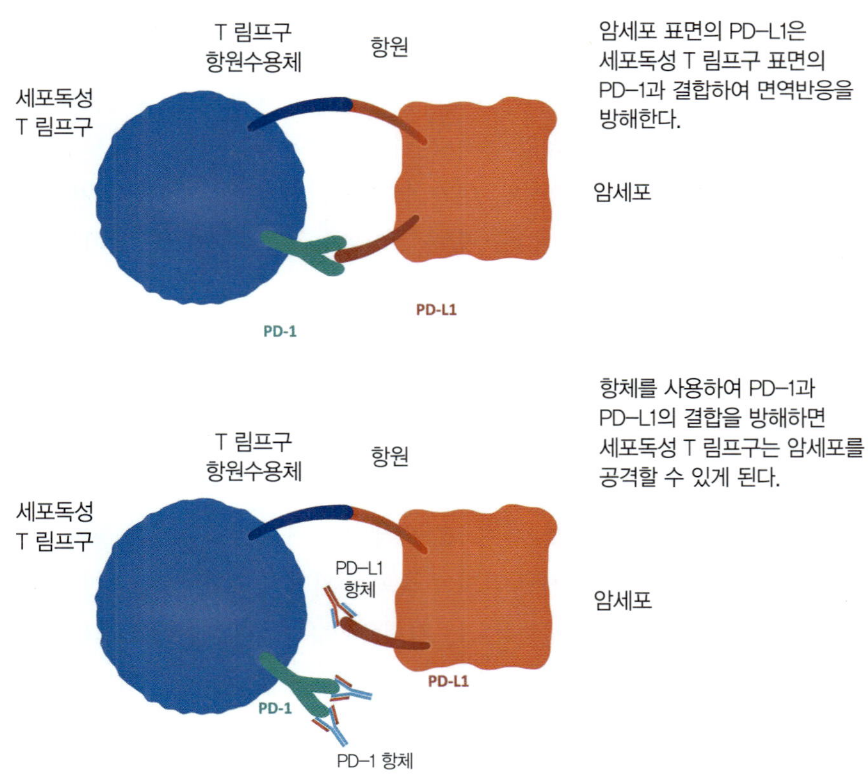

그림 14.15 면역관문억제제의 사용. 암세포는 세포 표면에 PD-L1을 내놓아 세포독성 T 림프구의 PD-1 단백질과 결합을 유도하여 세포독성T 림프구로부터의 공격을 차단한다(위). 세포독성T 림프구의 PD-1 단백질에 결합하는 항체를 결합하면 암세포가 더 이상 PD-1을 인식하지 못한다(아래). 마찬가지로 암세포가 면역회피를 위해 가지는 PD-L1에 결합할 수 있는 항체를 제작하여 결합시키면 세포독성 T 림프구가 암세포의 면역회피를 피해 암세포를 공격할 수 있게 된다.

2018년 항암치료의 새로운 패러다임을 제시한 면역관문억제제 연구자들이 노벨상을 받았다. 일본의 혼조 다스쿠는 면역세포인 T 림프구의 표면에 나타나는 'PD-1' 단백질을 처음 발견했다. PD-1이 암세포 표면에 발현되는 'PD-L1' 단백질과 만나면 T 림프구는 암세포를 공격하지 못한다. 혼조 교수의 연구는 PD-1 단백질에 항체를 결합하여 T 림프구의 무력화를 막는 면역관문억제제를 개발했다(그림 14.15). 아직 면역관문억제제가 모든 암 종에서 효과적으로 작동하는 것은 아니지만 많은 사람들의 기대를 모으고 있는 차세대의 항암제이다. 수술이나 화학항암제 시대, 표적항암제 시대를 거쳐 면역관문억제제 시대가 선 듯 다가온 것이다.

14.3 인류의 적 - 병원성 미생물

우리나라에서 4~50년 전만 해도 아이를 출산하면 참숯과 고추가 달려 있는 새끼줄을 대문 위에 걸어 놓곤 했었다. 이것을 금줄이라고 한다. 이것의 의미는 출산 후 21일 동안 다른 사람들이 출입을 삼가 해 병원균의 감염으로부터 산모와 아이를 보호하려는 것이다. 당시만 해도 태아의 사망률이 상당히 높았음을 보여준다. 백일을 넘기면 축하연을 할 정도였으니 말이다. 1950년대의 유아 사망률은 1000명당 100명, 1942년 우리나라 남자의 평균수명은 42.8세 여자는 47.1세 등의 통계는 사람들이 얼마나 많은 질병에 무방비 상태로 공격당했는지 짐작하게 한다. 1995년 기준으로 우리나라 남자의 평균수명은 69.5세, 여자의 경우 77.4세이고, 2012년 기준으로는 남자 77.4세, 여자 84.0세로 길어지고 있다. 2018년엔 남자 79.7세, 여자 85.7세로 계속 늘어나고 있다.

질병은 세계의 역사를 바꿀 정도의 파괴력을 가지고 있어 왔다. 페스트로 서양의 중세가 마감되었고, 천연두로 아메리카 인디언은 무력화되었다. 13세기의 한센병, 14세기의 페스트, 15세기의 매독, 18세기의 천연두, 19세기의 결핵, 20세기의 암 등은 한 시대의 문화와 문명을 파고들면서 수많은 인명을 희생시켰다. 15세기에는 '성의 개방'과 함께 매독이 창궐하여 16, 17세기를 거치며 매춘부를 통해 얻은 균이 고향을 찾은 군인들을 통해 전국 각지에 급속히 퍼지게 되었다. 19세기에는 비위생적인 환경으로 발생한 것으로 추정되는 결핵은 많은 희생과 함께 이 시대 사람들의 평균수명을 15세 정도로 만들어버렸다. 비슷한 시기에 우리나라에는 교역의 증가와 함께 유입된 콜레라균으로 인해 수많은 인명이 희생되었다. 21세기를 맞는 지금도 에이즈, 인플루엔자 바이러스로부터 유래하는 독감 등 사람들을 위협하는 감염성 질병들이 도사리고 있으며, 다시 한 번 전 세계를 뒤흔들 수 있을 태세를 보이기도 한다. 다행히 청결해진 환경과 의학의 발달로 희생자의 수나 감염의 범위는 감소 추세에 있으나 여전히 경계를 필요로 한다.

질병은 병원균이 여러 경로를 통해 숙주인 인간을 공격하고 면역력을 넘어 다치게 하는 것을 말한다. 수명 증가의 원인은 면역력의 강화에 의한 것보다는 세균이 쉽게 서식하고 번식할 수 없도록 주거환경이 개선된 것과 병원균을 퇴치할 수 있는 약제의 개발에 의한 영향이 크다. 대부분의 질병은 그 원인이 밝혀지고 치료법이 개발되어 인간들은 과거보다 풍요로운 일생을 보내고 있다. 그러나 인류가 질병으로부터 완전히 벗어난 것은 아니다. AIDS와 같이 새로운 형태의 질병이 계속 출현하고 있기 때문이다. 인류의 평균수명을 연장시킨 가장 강력한 요인 중의 하나는 병원성 세균의 퇴치일 것이다. 1860년대 영국의 외과의사가 수술에 사용되는 장비들을 소독하기 시작한 뒤 수술 후 환자의 사망률이 45%에서 15%로 낮아졌다고 한다. 병원균에 대한 기초적인 지식을 습득하여 건강을 유지하는 데 잘 활용해야 할 것이다.

질병의 성립

질병을 일으키는 병원균으로는 세균(박테리아), 곰팡이, 바이러스, 원생동물 등 종류가 다양하다. 이들은 환경조건에 따라 스스로 이동하며 병을 전파하기도 하지만 보통 매개체를 통하여 전파되고 있다. 환자의 침구, 손잡이, 장난감 등 무생물은 물론 수많은 생명체들도 병원균을 간직하고 있다가 전파하는 운반체 역할을 한다. 질병에 걸린다는 것은 무엇보다 원인균이 우리 몸과 접촉되었다는 것을 뜻한다. 아래의 여러 가지 방법으로 세균은 우리 몸으로 들어와 질병을 유발한다.

① 공기
② 곤충/진드기 등의 매개
③ 접촉
④ 음식이나 식수
⑤ 무생물

그리고 세균이 질병을 일으킬 수 있는 환경에 접하여야 한다. 결핵균은 공기를 타고 침입하며(**그림 14.16**), 어떤 세균은 정상적인 피부에는 침입을 못하지만 피부에 상처가 생기면 침입을 시작한다. 장출혈성 대장균인 대장균 O-157는 음식을 통하여 소화기관으로 침투하여 번식하게 되고 결국 심각한 문제를 일으킨다. 이와 같이 적절한 환경이 주어지면 이들 병원균은 증식을 한다. 이때가 질병 성립의 중요한 시점인데, 만약 숙주의 면역체계를 넘어서면 질병이 성립되고 숙주를 다치게 한다.

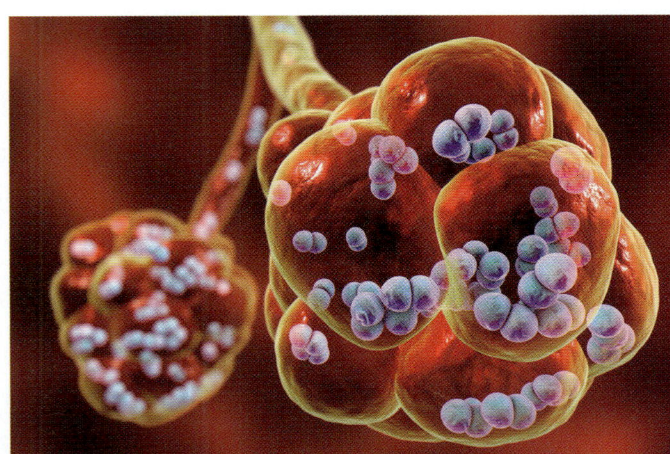

그림 14.16 폐포 속의 결핵균. 인류 역사에서 가장 많은 생명을 앗아간 결핵은 세균인 결핵균에 의해 발생하는 폐의 염증이다. 결핵균은 공기를 따고 호흡기로 침입하며 주로 폐포에서 발병한다.

병원균의 공격 수단

병원균이 우리 몸을 다치게 하는 방법은 종류에 따라 여러 가지가 있으며, 다음과 같이 정리된다.

외독소 – 우리를 다치게 하는 단백질 무기를 독소toxin라 하며, 이중 외독소exotoxin는 살아 있는 세균이 분비하는 독소를 말한다. 이들은 보통 물에 잘 녹는 단백질(수용성 단백질)로 혈액이나 림프 등의 순환계를 타고 온몸을 순환하게 된다. 보툴리눔 박테리아의 외독소는 뇌세포를 죽게 하고, 디프테리아균의 외독소는 세포에 침입하여 단백질 합성을 방해한다. 콜레라, 장염비브리오균도 숙주세포의 여러 기능을 파괴한다. 보통 외독소의 분자구조와 숙주세포의 표면의 구조가 서로 상응하도록 되어 있어서 외독소(즉 이를 분비하는 세균)의 종류에 따라 공격당하는 세포가 정해져 있는 경우가 일반적이다.

콜레라를 일으키는 세균 *Vibrio cholerae*은 외독소인 콜레라 독소를 분비한다. 이것은 감염자의 작은창자 세포막에 있는 'G-protein'이라는 수용체의 작용을 변형시켜 많은 이온들을 급격히 세포 안으로 들어오게 한다. 결과적으로 물도 세포 안으로 유입되어 콜레라 환자는 설사 증세와 함께 극심한 탈수현상을 보이게 된다. 물이 제대로 보충되지 않으면 생명을 잃기도 한다.

내독소 – 외독소와는 달리 내독소endotoxin는 분비되지 않으며 세포의 구성성분으로 있다가 세균이 죽음으로써 방출된다. 대장균, 이질균 등에 있는 독소가 여기에 해당된다.

면역세포의 파괴 및 회피 – 어떤 세균들은 특별한 신호물질을 분비하여 숙주의 면역세포가 고사되도록 한다. 또한 자기를 나타내는 표면의 항원구조를 다른 구조물로 둘러싸 면역체계를 벗어나는 위장전술을 쓰기도 한다.

항원교체 – 어떤 병원균들은 항원(즉 자신의 특정구조)을 자주 바꿈으로써 숙주의 면역체계를 벗어난다. 대표적인 것이 독감 바이러스로 자주 항원을 바꿈으로써 우리 몸은 항체를 제대로 생산할 수 없게 된다. 최근의 조류독감이나 사스 바이러스 경우도 이런 경우에 해당한다. 항원이 수시로 바뀌는 까닭에 백신 개발이 어렵다.

RNA 바이러스와 변종

2004년 조류독감 바이러스와 사스가 출현했다. 에이즈의 원인인 HIV는 1984년에 발견되었고 지금까지 약 2,000만 명이 사망했다. 1995년에는 아프리카의 자이레에서 사망률 50%인 에볼라 바이러스가 나타나기도 했다. 독감으로 사람들을 괴롭혀온 인플루엔자 바이러스는 매년 한 번씩은 한국을 방문하는 것으로 보인다. 사스severe acute respiratory syndrome(SARS)(중증급성호흡기증후군)는 코로나 바이러스가 원인으로 전염성 폐렴을 일으키며 세계인들을 공포로 몰아넣고 있다. 2003년, 2012년에 출현했던 사스 바이러스의 변종들은 최근 2019년에 다시 나타나 전 세계적으로 번지고 있다.

이 바이러스들은 모두 'RNA 바이러스'로 유전정보를 DNA가 아닌 RNA를 가진다. RNA 바이러스가 치명적인 것은 RNA 게놈이 복제될 때 염기서열에서 실수가 많이 발생한다는 것이다. 보통 생명체들에서 벌어지는 DNA의 복제는 이런 실수를 'DNA 수선' 방법에 의해 치유하는데 반해, RNA 바이러스는 이런 치유능력이 잘 작동하지 않는다. 결국 이 바이러스의 표면에 돌출되어 있는 단백질 항원은 계속 변하게 된다. 어떤 특정 RNA 바이러스를 대상으로 하는 백신을 만들었다 해도 이들이 곧바로 변신을 하기 때문에 만들어진 백신은 무용지물이 되고 만다.

조류독감을 일으키는 인플루엔자 바이러스는 닭, 오리 등 가금류에 전염되면 호흡기는 물론 전신으로 증식하기 시작한다. 변신이라는 책략을 통해 방어선을 돌파하면서 말이다. 사람들이 정말 두려워하고 있는 것은 조류독감을 일으키는 인플루엔자 H5N1형 바이러스가 사람에도 전염되기 때문이다(**그림 4,17**). 실제로 사람에서 독감을 일으키는 여러 바이러스는 옛날에 조류로부터 유래되었을 가능성이 매우 높다. 사람에게 옮겨온 후 계속 변신해왔기 때문에 아직도 독감에 대한 치료제를 개발할 수 없을 정도이다. 아마 지금의 조류독감 바이러스도 사람에 감염되면 또 다른 형태로 사람을 괴롭히게 될 것이다. 독감 정도가 아니라 재앙으로 몰아갈 수 있는 변종이 생기게 될지도 모른다. 2019년에 새로 출현한 신종 코로나바이러스도 RNA 바이러스로 많은 변이를 겪고 왔고 변이는 향후에도 계속될 것이다. 계속되는 변이로 사람 호흡기 세포의 특정 단백질을 인식하여 결합할 수 있는 바이러스 표면 단백질(스파이크 단백질이라 함)을 장착하는 무서운 바이러스가 되어 있는 것이다.

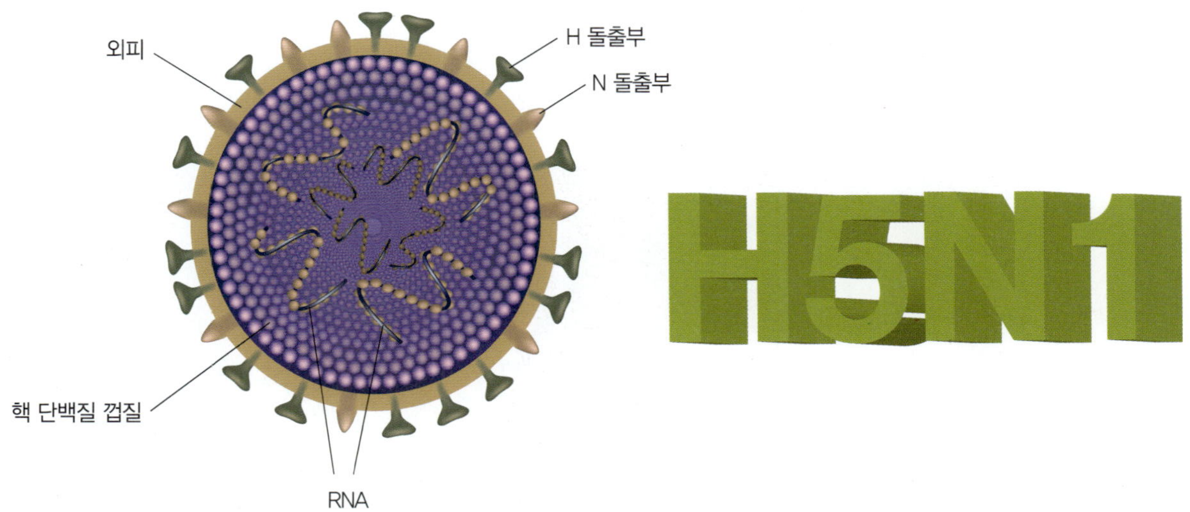

그림 14.17 인플루엔자 바이러스. 급성 호흡기 질환인 독감을 유발하는 바이러스로 RNA를 게놈으로 가진다. RNA를 둘러싸고 있는 단백질 껍질과 가장 밖에 위치하는 외피가 보인다. 외피는 병원성, 숙주 선택 등에 중요한 역할을 하는데, 외피에서 돌출된 구조인 H와 N 돌출부가 이 역할에 중요하다. H과 N 돌출부가 H5N1로 특정한 구조를 갖는 바이러스임을 보여준다. 돌출부의 구조는 자주 바뀌어 독감 백신 개발을 어렵게 한다.

2019년 신종 코로나 바이러스

최근 전 세계가 2019년에 새롭게 출현한 신종 코로나바이러스에 의해 약 1억 명 이상의 확진자와 200만 명 이상의 사망자를 발생시키고 있다(2021년 2월 현재). 예전에 발생했던 사스(2003년)나 메르스(2013년) 코로나바이러스들의 변종으로 여겨지는데, 이들에 비해 치명률은 낮지만 전염성은 높은 것으로 알려지고 있다. 사스 바이러스와 매우 유사한 변종임을 나타내는 SARS-COV2Severe Acute Respiratory Syndrome-Coronavirus2가 공식적으로 사용되는 신종 코로나바이러스의 명칭이다. 2019년에 새롭게 나타난 코로나바이러스 질병임을 COVID-19coronavirus infection disease19로 표현하기도 한다.

직경이 100nm(1/10,000mm) 정도인 SARS-COV-2는 RNA 바이러스로 단일 가닥의 RNA와 외피, 여러 외피 단백질을 가지고 있다(그림 14.18). 박쥐에서 처음 서식하게 된 것으로 여겨지는 SARS-COV2는 아직 규명되지 않은 중간 매개 동물을 거쳐 사람에서 서식하게 된 것으로 여겨진다. RNA 바이러스가 가지는 공통된 특징인 높은 돌연변이율로 신종이 계속 발생하고 있는데, 이런 변이 과정이 사람 세포와 결합할 수 있는 SARS-COV2의 외피 단백질을 만들어 낸 것으로 보인다.

SARS-COV2는 자신의 표면에 돌출되어 있는 스파이크spike 단백질이 사람 세포 표면에 있는 수용체 ACE2angiotensin converting enzyme2(13장 참조) 단백질와 결합함으로 감염이 시작된다. 숙주인 사람 세포에 감염이 되면 바이러스는 자신의 RNA를 세포 안에 방출한다(그림 14.19). RNA는 복제되어 여러 가닥이 더 만들어진다. 또한 RNA 염기서열 정보로 사람 세포의 리보솜에서 단백질이 만들어진다. 복제된 RNA와 단백질들은 조면소포체와 골기체를 거치면서 많은 수의 새로운 바이러스를 만든다. 복제된 바이러스 입자들은 숙주세포를 파괴하면서 세포를 나와 근처의 다른 세포들을 침입하여 감염 지역을 넓히고 감염의 강도를 높인다. 이런 바이

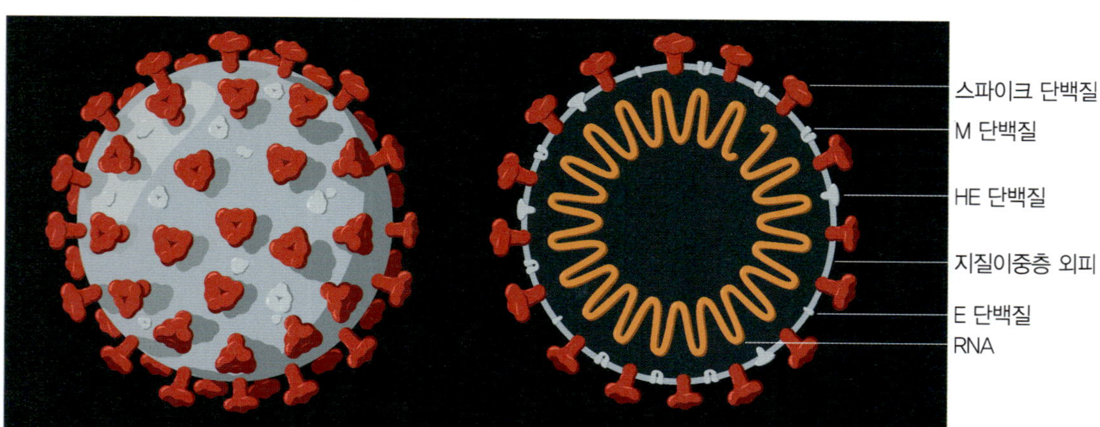

그림 14.18 코로나바이러스 표면(왼쪽)과 내부의 핵산(오른쪽)

러스 복제과정으로 생겨난 많은 수의 바이러스 입자들이 호흡기를 타고 공기 중으로 방출되어 다른 사람들에게 옮겨간다. 마스크 쓰기와 손 씻기는 감염을 방지하는 가장 중요한 수단이다. 손도 중요한 감염 경로가 될 수 있는 것이다.

SARS-COV2는 숙주에서 급성 호흡기 질환을 일으킨다. 호흡계인 기도나 폐의 폐포를 침투하여 세포나 조직을 파괴시키는 것이 질환의 주요 원인으로 보인다(그림 14.20). SARS-COV2의 침입으로 기도, 폐나 폐포 등의 점막세포가 고사되고, 호흡기능을 떨어뜨리는 폐렴으로 발전하게 된다. 기관지나 폐포를 침입하면 염증반응이 시작되고 많은 경우 면역체계에 의해 염증반응은 멈추게 된다. 하지만 염증반응이 과도해지면서 이 지역의 세포들이 심하게 손상될 수 있다. 감염 지역에 나타난 대식세포나 호중구들이 사이토카인 분비하여 경보음을 울리면 더 많은 식균세포들이 모여들어 또 다시 사이토카인을 분비하여 악순환이 지속되기도 한다. 과도한 사이토카인의 분비(사이토카인 폭풍cytokine storming이라 함)로 감염된 세포뿐만 아니라 정상적인 세포들도 다칠 수 있다. 또한 염증반응으로 인해 폐포 표면에 있는 모세혈관의 투과성이 증가하여 혈액의 수분이 조직액으로 흘러나오고 폐포에 물이 찰 수 있고 조직이 손상되어 폐포 벽이 경화 현상을 보이기도 한다. 산소와 이산화탄소를 교환하는 장소인 폐포의 기능이 급격히 떨어지고 숨이 가빠지게 된다. 정상적인 면역으로 바이러스의 복제를 막게 되는 경우가 일반적이지만 과도한 면역반응으로 폐렴이 발생하고 호흡 기능에 심한 손상을 끼치고 사망에 이르게 할 수도 있다.

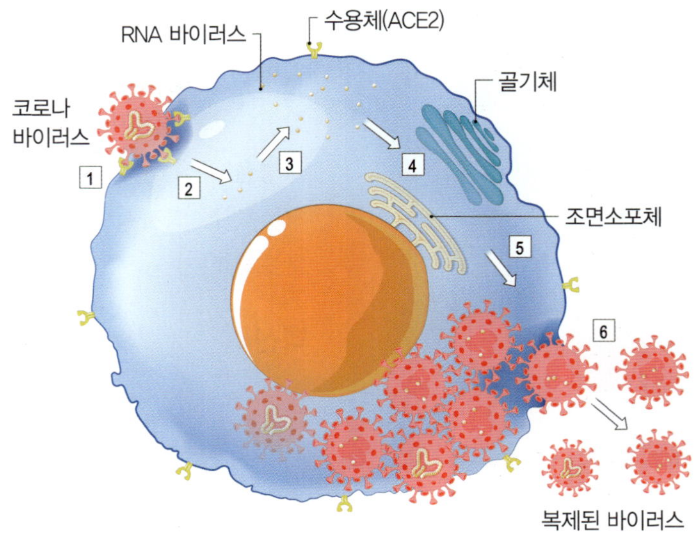

그림 14.19 SARS-COV2 감염과 복제. 바이러스 표면의 스파이크 단백질은 사람의 세포 표면에 있는 수용체 단백질 (ACE2)에 결합함으로 침입을 시작한다(1). 바이러스 외피가 없어지고 바이러스의 RNA가 세포 안에서 노출된다(2). RNA가 여러 RNA로 복제된다(3). 리보솜에서 바이러스 RNA 정보로 여러 단백질을 만들어 소포체로 옮긴 다음(4) 골지체에서 복제된 RNA와 단백질로 바이러스 생성한다(5). 새롭게 만들어진 여러 바이러스 입자들이 바이러스가 세포벽을 뚫고 나간다(6).

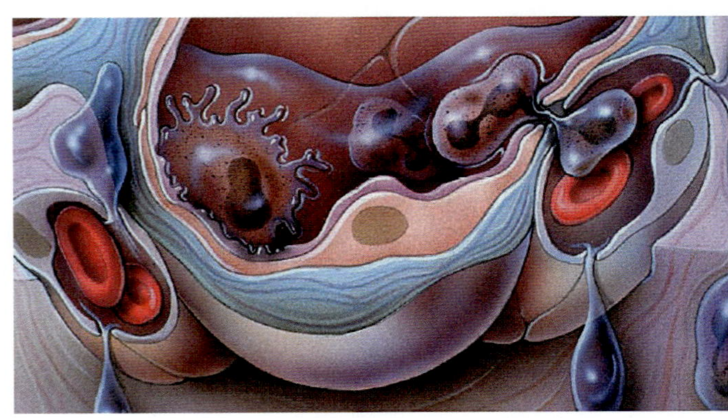

그림 14.20 SARS-COV2 감염과 염증. 폐포 벽에 있는 세포들에서 염증반응이 벌어지면 폐포 벽에 붙어 있는 모세혈관으로부터 식세포들이 투과성이 높아진 혈관벽을 뚫고 폐포 안으로 들어온다. 이때 수분도 폐포 안으로 유입된다. 대식세포 등이 분비하는 과도한 사이토카인으로 폐포의 세포들이 손상되고 폐포에는 물이 차 호흡이 곤란해진다.

이 신종바이러스를 치료하는 뚜렷한 방법은 아직 없다. 신종이라 백신이 개발되어 있지 않다. 비말이 사람 간에 전파되지 않도록 하는 것이 자신과 남을 함께 보호하는 가장 확실한 방법이다. 주로 손을 통해 입, 코, 눈 등이 감염될 수 있으므로 손을 자주 씻는 것이 가방 기본적인 방어 수단이다. 마스크 쓰는 것, 전염 가능성이 있는 사람들은 격리되어야 하는 것도 마찬가지이다.

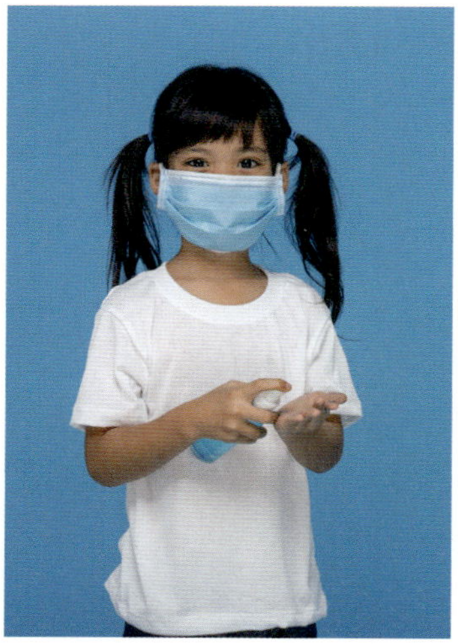
마스크와 손 소독

질병의 퇴치

질병을 유발하는 병원균의 종류와 유발 방법이 다양한 것과 비례하여 이들을 퇴치할 수 있는 방법이나 약제들도 다양해지고 있다. 이를 위해서는 무엇보다 병원균이 질병을 유발하는 병원성을 이해하여야 하는데, 학문적인 뒷받침이 요구된다. 여기서는 인류 역사상 질병퇴치에 결정적인 공헌을 한 백신과 항생제에 대해 좀 더 알아보도록 하자.

백신

백신vaccine은 균이나 바이러스를 죽이거나 약화시켜 감염력은 없지만 항원은 그대로 남아있는 것을 말한다. 백신 주사는 기억세포(기억 B 림프구 또는 기억 T 림프구) 만들어 놓고 실제 균이나 바이러스가 침투해도 쉽게 이를 물리칠 수 있게 한다.

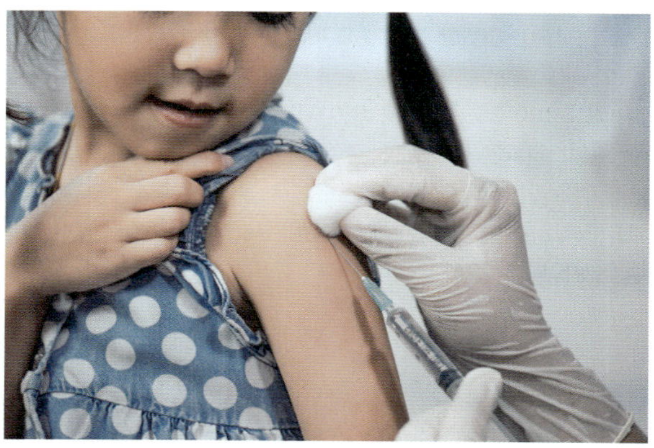

백신은 이미 기원전에도 사용되었다. 1716년 영국 대사의 부인이 터키에서 사람들이 팔에 가벼운 상처를 내고 천연두 환자의 고름을 바른 뒤 호두의 껍질로 덮는 방법으로 천연두를 예방하는 것을 관찰하였다 한다. 이러한 계속된 노력의 결과로 1980년 WHO는 천연두균은 이 세상에서 완전히 박멸되었다고 선포했다. 천연두의 후유증으로 나타난 '곰보'가 이제는 보이지 않는다. 백신을 가지고 있다는 것은 그 병으로부터 해방될 수 있다는 것을 의미한다.

19세기 이래 미생물학의 지속적인 연구로 콜레라, 장티푸스, 페스트 등의 백신이 개발되었고 1909년에는 결핵의 백신인 BCG를 개발하였다. 우리는 어릴 때부터 많은 종류의 예방주사를 맞아왔다. 백신이 없다는 것은 해당되는 침입 병원균에 대한 뚜렷한 대비책이 없다는 것을 의미한다. 신종 코로나바이러스에 대항하는 연구자들은 현재 백신 개발에 몰두하고 있다. 최근 SARS-COV2 표면의 스파이크 단백질의 RNA를 백신으로 시용하는 시도가 벌어지고 있다. 이를 RNA 백신이라 하는데, 스파이크 단백질을 암호화하는 mRNA가 전 세계적으로 인체에 접종되기 시작하였다(2020년 12월 현재). 인체에서 스파이크 단백질이 만들어지면서 이에 대한 항체가 만들어질 것을 기대하고 있는 것이다. mRNA 백신을 통해 얻어진 항체는 실제 SARS-COV2가 침입하더라도 스파이크 단백질에 결합하여 침입을 억제하게 될 것이다.

항생제

위대한 과학의 발견에는 우연이나 실수가 관련된 경우가 많다. 1929년 영국의 세균학자 플레밍은 포도상구균 세균을 배양하는 배양접시의 뚜껑을 실수로 닫지 않은 채 휴가를 떠나게 되었다. 돌아와서 보니 이 세균이 배양접시에 온통 자라 있는데 이상하게도 한 가운데에 푸른곰팡이에 오염된 곳에서는 이 세균이 자라지 못한다는 것을 관찰하였다. 실수로 오염된 배양접시를 통하여 플레밍은 인류역사에 매우 위대한 발견을 하게 된다. 푸른곰팡이에는 페니실린이라는 물질이 있어서 이것이 세균을 죽이고 있다는 것을 알게 된 것이다(그림 14.21). 이 발견을 시작으로 여러 종류의 항생제가 개발되었고, 다양한 종류의 병원성 세균을 죽일 수 있게 되었다.

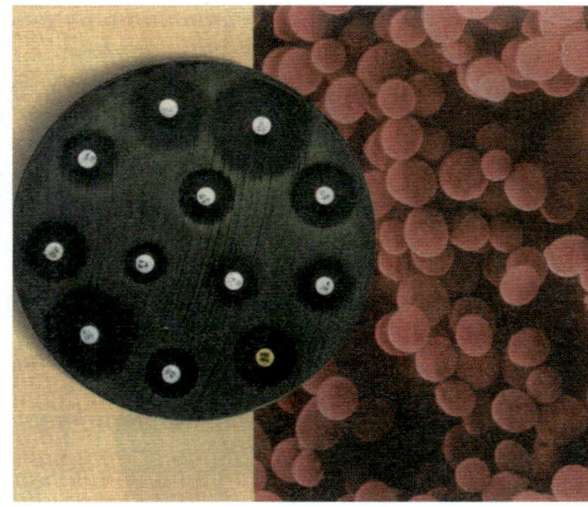

그림 14.21 박테리아를 죽이는 항생제 페니실린. 박테리아 배지에 페니실린 용액에 적신 종이 디스크를 놓으면 종이 디스크 주변에 박테리아가 자라지 못해 검은색 지역이 나타난다(왼쪽). 오른쪽 그림은 페니실린이 얻어진 곰팡이의 포자를 보여준다.

생각넓히기 1 세균과의 투쟁

사람과 세균 간의 결투에서 누가 최종 승자가 될까? 이 질문에 대한 대답은 아무도 내릴 수 없다. 세균을 격퇴하려는 인간의 기술이 날로 늘어나지만 이를 피해 인간을 괴롭히는 세균의 지략 또한 갈수록 정교해진다. 이 지리멸렬한 싸움은 영원히 진행될 것 같기도 하다. 수천여 종의 감염성 질환 중 현재까지 완전 퇴치에 근접한 것은 천연두와 소아마비 등 극히 일부이다. 세균 · 바이러스가 유전자 변이를 통해 기존 항생제와 항바이러스제에 견딜 수 있는 내성을 갖게 된 것이 가장 주요한 이유이다. 우리나라에서 결핵 환자의 수는 1960년대에 17만 명 정도였는데 범국가적인 퇴치 노력으로 1970년대 14만 명, 1980년대 8만 명, 2000년대 3만 명으로 감소하였지만 2012년도 기준으로 환자 수는 다시 증가하여 4만 명에 근접하고 있다. 내성을 갖게 된 결핵균을 박멸할 항생제가 개발되지 않았기 때문이다. 또한 우리나라의 AIDS 환자의 수도 1985년 2명이 처음 보고된 이후 꾸준히 증가하여 2012년엔 950명 정도가 보고되고 있다(보고 안 된 숫자가 많을 것으로 예상됨). 모두 내성바이러스를 없앨 약이 개발되고 있지 않기 때문이다. 2020년 11월 현재 신종 바이러스에 의해 희생된 사망자의 수가 전 세계적으로 100만 명을 넘어서고 있다.

문명이 발달하고 과학 기술이 발전하면 기존의 질병은 퇴치할 수 있지만 새로운 환경에 적응하는 새로운 종류의 질병이 출현한다. 이런 질병을 일으키는 세균은 세상에 없던 것이 갑자기 출현하는 것이 아니라 다른 생물들로부터 옮겨오든지 또는 유전자의 변이를 통한 변종의 형태로 다시 새롭게 등장한다. 기동성이 뛰어나고 변신의 귀재들인 많은 세균들은 쉽게 무너지지 않으며 항상 사람들을 공격할 준비를 하고 있는 것이다. 사람들은 여행길을 따라 질병을 세계화시키기도 하고, 항생제의 폭격을 벗어난 저항성 세균들이 난데없이 나타나기도 한다. 결핵을 비롯하여 홍역, 콜레라, 디프테리아 등 오래된 질병들이 최근 다시 증가하는 추세를 보이고 있으며, 원래 원숭이에 머물던 특정 바이러스의 강력한 변종으로 추정되던 HIV도 결국 중앙아프리카의 킨샤사 고속도로와 비행기를 통해 이제 전 세계로 퍼져 있다. 환경오염, 지구온난화, 삼림의 황폐화, 스트레스 등 현대인에 의해 만들어진 조건들은 병원체들을 다시 불러 모으는 요인이 되어버렸다. 이 병원체들의 이동과 변종의 과정을 면밀히 분석하여 이들을 화나지 않게 하면서 한 곳에 오래 머물게 할 수 있는 지혜가 필요한 시점이다.

살아 있는 미생물이 다른 미생물을 죽이기 위한 수단으로 만들어진 물질을 항생제antibiotics라 한다. 아마 항생제 덕을 보지 않은 사람은 없을 것이다. 지금은 여러 종류의 항생제가 상품화되어 있고 세균의 종류에 따라 그 처방도 다르다. 페니실린은 세균이 세포벽을 형성하지 못하도록 하는 역할을 하고, 클로람페니콜, 테트라사이클린, 에리스로마이신 등은 단백질 합성을 저해시키며, 리팜피신이라는 항생제는 DNA 합성을 방해한다. 하지만 항생제는 세균을 죽이는 것이지 바이러스를 죽이지는 못한다. 따라서 바이러스가 원인인 질병의 치료에는 항생제가 사용되지 못한다. 바이러스가 원인인 감기에 항생제를 사용하는 경우가 있는데, 이는 단지 감기의 결과로 생기는 세균에 의한 2차 감염을 막기 위한 것이다.

대부분의 세균은 항생제에 의해 죽지만 항생제를 남용하면 세균 중 일부는 항생제에 저항하여 살아남게 된다. 따라서 항생제는 어느 정도 심각한 증상에서만 사용하여야 한다. 우리나라에서는 얼마 전만 하여도 항생제를 약국에서 마음대로 구입하여 거의 대부분의 증세에 사용하기도 하였다. 이런 과정에서 항생제에 저항하는 세균이 생겨나 이를 퇴치하기 위하여 또 다른 종류의 항생제를 사용해야만 했다. 결국에는 많은 종류의 항생제에 동시에 저항할 수 있는 세균이 출현하기도 하였다. 항생제의 남용은 막아야 하며 항생제의 사용은 제한적이어야 한다. 자칫 어떤 항생제로도 죽일 수 없는 무서운 세균이 출현할 수 있기 때문이다.

연습문제

I. OX 문제 (X로 답한 경우에는 이유를 설명함)

01 위에서 강산에 의해 병원균이 죽는 현상은 비특이적 면역에 해당한다. ( )

02 결핵과 콜레라는 모두 세균에 의해 발병된다. ( )

03 비특이적 면역과 특이적 면역은 모두 침입자의 정체가 '기억'될 수 있다. ( )

04 백신은 기억세포를 갖도록 한다. ( )

05 몸의 세포가 바이러스에 감염되면 체액성 면역이 활성화된다. ( )

06 B 림프구는 골수에서 생성되어 흉선에서 성숙한다. ( )

07 대식세포와 B 림프구는 항원을 보조 T 림프구에게 제시할 수 있다. ( )

II. 객관식

01 염증반응을 시작하는 세포와 신호 물질은?

① 식균세포와 라이소자임
② 대식세포와 사이토카인
③ 식균세포와 인터페론
④ 비만세포와 히스타민
⑤ 백혈구와 인터페론

02 병원균을 접하고 벌어지는 체액성 면역반응 단계들의 순서가 바르게 나열된 것은?

보기

a. 항체가 병원균에 결합된다.
b. 림프구가 항체를 분비한다.
c. 림프구의 항원 수용체에 병원균 항원이 결합한다.
d. 항원과 결합한 항원 수용체를 가진 림프구가 증식한다.
e. 기억세포가 오래도록 남는다.

① a → c → b → d → e
② c → b → a → e → d
③ b → a → d → c → e
④ d → b → c → a → e
⑤ c → d → b → a → e

03 B 림프구와 세포독성 T 림프구가 하는 역할은?

① B 림프구는 능동면역을, 세포독성 T 림프구는 수동면역을 담당한다.
② B 림프구는 항체를 분비하고, 세포독성 T 림프구는 감염된 자기 세포를 공격한다.
③ B 림프구는 병원균을 직접 죽이고, 세포독성 T 림프구는 자기 세포를 공격한다.
④ B 림프구는 세포성 면역을, 세포독성 T세포는 체액성 면역을 담당한다.
⑤ B 림프구는 비특이적 면역을, 세포독성 T 림프구는 특이적 면역을 담당한다.

04 다음 중 비특이적 면역과 관련이 없는 것은?

① 식세포 ② 백신
③ 히스타민 ④ 위의 염산
⑤ 라이소자임

05 HIV의 특성이 아닌 것은?

① 보조 T 림프구를 공격한다.
② RNA를 지놈으로 가지고 있다.
③ 변종이 생길 가능성이 높다.
④ 주로 혈액을 통해 감염된다.
⑤ 사람에게 감염 후 새로 만들어지는 HIV는 DNA를 지놈으로 가진다.

06 체액성 면역과 세포성 면역을 모두 유도하는 세포는?

① 형질세포 ② 세포독성 T 림프구
③ B 림프구 ④ 보조 T 림프구
⑤ 비만세포

07 체액성 면역의 주요 기능은?

① 균류와 원생동물을 방어
② 조직 이식의 거부
③ 암세포로의 전환 방지
④ 세포 외에 있는 병원균이나 항원을 공격
⑤ 감염되어 있는 자기 몸 세포의 공격

08 세포독성 T 림프구가 감염된 세포를 인식하는 원인은?

① 감염된 세포가 항원을 세포 표면에 노출하기 때문이다.
② 감염된 세포가 화학물질을 분비하기 때문이다.
③ 감염된 세포가 항체를 분비하기 때문이다.
④ B 림프구가 돕기 때문이다.
⑤ 보조 T 림프구가 세포를 파괴하여 항원을 노출시킨다.

09 자가면역질환이 생기는 이유는?

① 내분비계의 비정상적 작동
② B 림프구의 생성 억제
③ 보조 T 림프구의 사이토카인 분비 억제
④ 면역계가 자기와 비자기를 구분 못함
⑤ 염증반응의 비정상적 작동

10 백신이 장기간 효과적으로 이용되기 위해서는,

① 병원균의 표면에 있는 항원이 변하지 않아야 된다.
② 병원균의 내부에 있는 항원이 변하지 않아야 된다.
③ 항원의 변화와는 상관없다.
④ 기억세포가 가진 항원수용체가 변해야 한다.
⑤ 병원균이 약화되어야 한다.

11 어떤 항생제가 어떤 박테리아 집단의 99.9%를 죽였다. 이 항생제를 계속 사용하면 어떤 현상이 벌어질까?

① 항생제를 처리할 때마다 집단의 99.9%가 죽을 것이다.
② 시간이 지나면 항생제의 효과가 줄어들 것이다.
③ 결국은 모든 박테리아가 완전히 박멸될 것이다.
④ 어느 적정선에서 박테리아 수가 일정하게 균형을 잡을 것이다.
⑤ 예상할 수 없다.

III. 주관식

01 다음 용어와 역할을 연결하시오.

a. 림프구	1. 감염된 세포의 공격
b. 세포독성 T 림프구	2. HIV의 주요 공격 대상
c. 보조 T 세포	3. 2차 면역반응을 시작시킴
d. 식세포	4. B와 T세포의 일반적인 이름
e. B 림프구	5. 체액성 면역을 담당
f. 기억세포	6. 세포나 분자를 삼키는 세포
g. 대식세포	7. 항원제시

02 면역계에서 비특이적 면역과 특이적 면역이 연결되어 작용하는 현상의 예를 드시오.

03 보조 T 림프구는 '특이적 면역 스타'라 할 수 있을 정도로 체액성과 세포성 면역의 활성화에 중요한 역할을 한다. 50자 정도의 길이로 보조 T 림프구의 역할을 서술하시오.

04 AIDS의 발병 원인과 AIDS가 다른 바이러스 질병보다 더욱 치명적인 이유를 설명하시오.

05 대부분 사람들이 독감을 일생에 걸쳐 여러 번 걸리면서 수두는 한 번 이상 걸리지 않는 이유를 추측하여 보시오.

06 1500년대 유럽인들이 신대륙에 도착한 후 수많은 이곳 원주민들은 유럽인들이 들여온 감염성 질병으로 생명을 잃게 되었지만 이주해온 유럽인들의 피해는 매우 제한적이었다. 왜 질병이 원주민에게만 치명적이었을지 이유를 설명하시오.

07 어느 학생이 특이적 면역의 예를 양복점에 비유하여 간단한 글을 썼다. 이 비유가 잘못된 점을 지적하시오.

"면역계는 내 몸의 형태와 크기에 꼭 맞는 양복을 만들어 주는 양복점과 같다. 양복점은 주문하는 손님들마다에 맞게 서로 다른 양복을 만들므로 특이적 면역과 비슷하다. 특이적 면역에서는 병원균이 침입하면 그 병원균의 특성과 모습에 꼭 맞는 항체가 병원균의 표면에 있는 항원과 결합한다."

어느 연못가의 모습이다. 물고기는 개구리밥을 먹고 자란다. 개구리밥은 물 위에 둥둥 떠다니는 식물로서 광합성을 한다. 물고기는 쏜살같이 달려든 뱀에게 잡아먹힌다. 뱀은 후각기관이 특히 발달되어 있으며 혀를 날름거리면서 먹이의 냄새를 맡는다. 뱀은 빠른 비행속도와 수직강하 능력이 있는 매에게 잡혀 먹는다.

지구상의 생명체 각각은 동일종으로 이루어진 집단인 개체군과 여러 종들의 모임인 군집의 구성원인 동시에 주변의 환경과 밀접하게 연결되어 있다. 연못에 물이 고갈되거나 수온이 급격히 변하면 개구리밥도 사라지고 먹이사슬도 붕괴된다. 날씨, 흙, 연못가의 낚시꾼들, 개구리, 뱀 등 모든 생물과 무생물들이 합쳐진 상태를 생태계, 생태계 구성원들 간의 상호관계를 연구하는 학문을 생태학이라 정의할 수 있다.

생태계란 생물과 환경이 조화된 집단이며 환경은 생물에게 영향을 주고 생물 또한 환경을 변화시키는 작용을 한다. 무생물적 요소이든 생물적 요소이든 각각은 독립되어 있지 않고 항상 교통한다. 인간도 생태계의 일원이므로 생태계의 질서로부터 자유로울 수 없다. 생태계의 거대한 흐름을 인위적으로 조정할 권리는 물론이거니와 그럴 능력도 가지고 있지 않다. 생태계의 질서와 조화는 실로 오묘한 것이어서 특정 구성원의 작은 변화도 이 질서와 조화에 영향을 미친다. 만약 사람이라는 구성원이 자연을 크게 파괴하여 자연의 회복력이 상실되었을 때 생태계 전체의 질서와 조화가 파괴되는 것은 물론 사람 또한 돌이킬 수 없는 피해를 입게 된다.

열다섯 번째 강의

15 생태계

15.1 생태계

1977년 해저의 화산 활동을 연구하기 위해 갈라파고스 제도의 주변 바다에 잠수한 지질학자들은 수심 2,600m의 깊은 바다에서 열수 분출구를 발견했다(그림 15.1). 열수 분출구는 바다 밑 지각의 틈새로 스며든 바닷물이 마그마에 의해 뜨거워져 지구 내부의 물질과 함께 분출되는 것으로 온도가 200~400℃에 달하며 중금속을 비롯한 여러 화학 물질을 포함하고 있다. 그 중에는 독성이 강한 황화수소(H_2S)도 있어, 처음에 학자들은 열수 분출구 주변에는 생명체가 살지 못할 것이라고 생각했다. 그러나 이렇게 뜨겁고 독성이 가득한 열수 분출구 주변에는 이전까지 전혀 알려지지 않았던 다양한 종류의 생물들이 떼를 지어 살고 있었다.

가장 눈에 띄는 것은 **관벌레**tube worm였으며, 그 아래에는 수백 마리의 심해 홍합과 대합들이 살고 있었다. 또 이들 사이로 게들이 기어 다니고 물고기가 유유히 헤엄치며 다닌다. 생명체가 살 수 없을 것이라고 여겨졌던 열수 분출구 주변에 오히려 심해의 다른 어떤 곳보다 더 많은 생물들이 살아가고 있는 것이다.

관벌레
관벌레가 서식하는 심해 열수구는 수천 미터 깊이의 깊은 바다 아래에 위치한 화산이라고 할 수 있다. 이 해수에는 철을 비롯하여 여러 광물이 녹아 있어 색이 검다. 심해는 햇빛이 전혀 닿지 않기 때문에 수온이 2℃ 남짓이고 엄청난 수심으로 인한 수압은 지상 기압의 몇 백 배에 달한다. 생명체가 생존하기 어려운 극한의 환경이기 때문에 관벌레의 발견은 더욱 경이롭다.

생산자
생태계에서 무기물로부터 유기물을 만들어 다른 생물에 공급하는 생물

빛이 없어 광합성이 불가능한 이 심해 지역에서 어떻게 이런 생태계가 이루어질지에 관해 많은 학자들은 궁금증을 갖게 되었다. 연구 결과 이 생태계를 떠받치는 생산자는 관벌레 안에 거주하는 박테리아였다. 이 박테리아는 황화수소를 이용해 생물이 먹고 살 수 있는 영양분을 만들어 내는 능력을 가지고 있었던 것이다. 이를 식물의 광합성에 대응되는 용어로 화학 합성이라고 한다. 박테리아가 양분을 황화수소로부터 합성하여 관벌레에게 전해주고 관벌레는 생태계의 여러 구성원의 먹이가 되는 것이다. 육상 생태계의 **생산자**producer는 식물이듯이 이 깊은 바다 열수 분출구 주변의 생태계에서는 박테리아가 생산자인 것이다.

생태계의 중요한 특성 중 하나는 열수 분출구 근처의 생태계에서처럼 생물적 요인들과 환경적 요인들 간에 에너지와 물질이 이동한다는 것이다. 생태계에 포함된 생물들과 환경 사이, 그리고 생물들 간에 에너지와 먹이가 이동하는 것이다.

그림 15.1 **열수 분출구.** 열수 분출(검은색)과 관벌레(흰색 관모양)이 보인다.

물질과 에너지의 순환

지구는 에너지 측면에서는 열린계open system이지만 물질의 측면에서는 닫힌계closed system이다(그림 15.2). 현존하는 지구상의 물질은 지구가 처음 형성된 수십억 년 전의 것 그대로이다. 가끔 우주에서 떨어지는 운석과 너무 가벼워서 지구의 인력을 벗어날 수 있는 수소가 우주 공간으로 소실되는 경우가 있긴 하지만, 지구의 물질은 지구 내에서 순환한다. 에너지는 태양으로부터 지속적으로 공급되지만 물

과 화학물질은 추가 공급이 없기 때문에 계속 순환 · 재활용되어 사용된다. 탄소, 수소, 질소, 인, 황 등의 원소들은 생물의 유기물과 무생물 환경의 무기물 사이를 계속 순환하고 있다. 지금 우리의 몸 DNA에 있는 질소 원자는 수백만 년 전의 어느 하루살이 곤충이 간직하던 그 동일한 질소 원자일 수 있다. 탄소도 마찬가지로 사람이 날숨으로 내보낸 이산화탄소의 탄소 원자는 식물의 광합성을 통해 식물의 구성 성분으로, 더 나아가 식물을 먹은 어느 초식동물의 구성원으로 옮겨가 있을 수 있다. 물질은 전환하지만 결코 소멸되지 않는다는 열역학 제1법칙의 주요 내용이다.

그림 15.2 생태계 에너지의 흐름과 물질의 순환

물질의 경우와는 다르게 태양에서 지구로 전해오는 빛에너지는 태양으로 되돌아가지 않으며 생태계의 먹이사슬을 통해 이동하면서 결국 열로서 지구의 대기권을 맴돌다 지구 밖으로 떠나 버린다. 이처럼 에너지는 물질처럼 순환하지 않고 '태양 – 먹이사슬 – 열의 방출'의 한 방향으로 이동한다. 때문에 지구상 생물들이 살아가기 위해서는 태양으로부터 빛에너지를 지속적으로 공급받아야 한다.

탄소의 순환

생물에 가장 많이 포함되어 있는 원자인 탄소(C)는 대기와 생물권을 거치면서 순환된다. 탄소는 생태계를 떠받치고 있는 원자라 할 수 있다. 태양의 에너지는 생산자들의 광합성에 의해 CO_2를 물과 함께 엮어 유기물을 생산한다. 이렇듯 태양에너지는 탄소 원자를 결합시키는 데 사용된 것이다. 유기물은 광합성을 하는 생산자들 자신뿐만 아니라 생산자에 의존하는 소비자들의 호흡과 생명활동의 에너지원으로 사용된다(그림 15.3). 이 과정과 맞물리며 유기물의 탄소들은 질소 등 다른 종류의 원자들과 함께 이 생물체들의 조직을 구성하는 물질이 된다. 단백질이나 DNA가 바로 이들이다. 호흡의 결과로 생기는 이산화탄소는 다시 대기 중으로 방출되며 광합성의 재료로 사용된다. 대기 중의 이산화탄소가 약 0.03%로 일정한 농도를 유지하는 것도 호흡과 광합성의 균형 때문이다.

동물의 시체나 죽은 식물들은 땅속에 묻히게 되며, 이들은 대부분 분해자decomposer인 박테리아에 의해 분해된

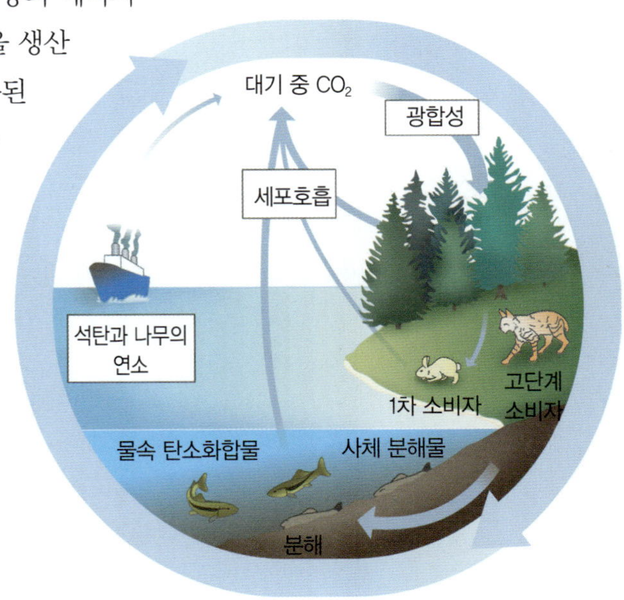

그림 15.3 탄소순환

화석연료
옛날 지구상에 살았던 생물의 잔해로부터 생성되는 에너지 자원으로 석탄, 석유, 천연가스 등을 말한다.

다. 이들 중 식물의 세포벽을 이루는 셀룰로스cellulose는 비교적 분해자에 의해 덜 분해되는 물질로서 땅속에서 높은 열과 압력을 견디며 오랫동안 머무르면서 **화석연료** fossil fuel인 석유와 석탄으로 전환된다. 이들 화석연료는 지구 역사와 함께 하는 태양에너지의 집합체라 할 수 있다. 마치 나무를 불태우듯이, 화석연료를 태우면 이산화탄소가 생겨나 대기로 방출된다.

인류 문명이 점점 발달하면서 화석연료는 대규모로 사용되고 있다. 앞으로 얼마나 더 인간이 화석연료를 사용하게 될지는 모르지만 이것들이 고갈되면 심각한 에너지 문제에 부딪칠 것은 분명해 보인다. 광합성과 호흡을 통해 형성된 지구생태계의 에너지 균형이 파괴될 시점이 다가오고 있는 것이다. 또한 과도한 이산화탄소의 방출로 지구는 서서히 더워지고 있다. 이런 지구온난화의 현상은 자연이 인간에게 던지는 일차적인 경고로 보인다. 인류 문명의 보존을 위해 에너지 소비를 줄이든지 다른 에너지원을 찾아야 할 시점이다.

질소의 순환

질소 원자는 대기 중에 가장 많은 부분을 차지하는 원자로 생명체들의 단백질이나 핵산 등의 유기물을 구성하는 중요한 구성 성분이다. 대부분의 생물들은 대기 중에 존재하는 질소를 직접 이용할 수 없으며 질소 원자로부터 질산이온(NO_3^-)이나 암모니아(NH_3^+)를 만들 수 있는 박테리아에 의존한다(그림 15.4). 암모니아는 질화 박테리아에 의해 질산이온으로 전환되고, 질산이온은 식물의 뿌리를 통해 흡수되는 대표적인 질소화합물이다. 대기 중에서 자유롭게 떠도는 질소 원자를 질산이온이나 암모니아 형태로 더 이상 떠돌지 못하는 질소화합물을 만드는 현상을 질소고정 nitrogen fixation, 이를 수행하는 박테리아를 질소고정 박테리아라 한다. 이들 질소화합물은 뿌리를 통해 식물로 흡수되어 식물체 내에서 핵산이나 단백질들의 구성 성분으로 전환되며 이를 섭취하는 동물로 옮겨가기도 한다. 생물체들의 배설이나 사체들로부터 생겨난 질소화합물들은 땅속의 박테리아에 의해 다시 질소로 전환되어 대기 중으로 날아간다. 이들 질소화합물을 질소 원자로 전환시키는 박테리아를 탈질화 박테리아denitrifying bacteria라 한다.

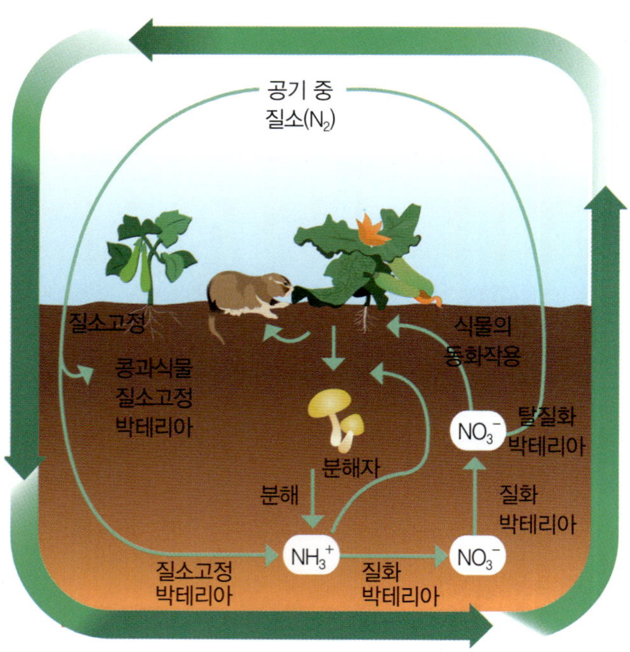

그림 15.4 질소순환

이상에서 보듯이 탄소와 질소 원자들의 순환은 땅속에 살고 있는 분해자인 여러 종류의 미생물들에 의해 이루어진다. 폐쇄된 지구계를 떠돌아다니는 물질들의 변신과 지구 전체에서 이들 물질이 균형과 질서를 유지한다는 점에서 자연의 장대한 항상성을 느끼게 된다. 지구의 물리적 환경과 생물권 전체는 밀접하게 연관되어 있으며 지구는 마치 살아 있는 생명체처럼 항상성을 가지며 자기 조절적이라는 '가이아의 이론(영국의 대기과학자 제임스 러브록과 미국 생화학자 린 마굴리스가 정리하였다)'이 매우 신빙성 있게 여겨진다. 가이아는 그리스 신화에 나오는 '대지의 여신'의 이름이다. 이 이론에 따르면 지구는 마치 자애로운 가이아처럼 생명이 나타난 이래 줄곧 생명체에 적합한 온도와 화학적 구성 등을 제공한다. 이런 지구 환경의 항상성에는 미생물들의 공로가 매우 크다.

미생물과 생태계

확대 기구를 통하지 않고는 볼 수 없는 단세포 생물을 보통 미생물microorganism이라 일컫는다. 이러한 미생물은 남극의 얼음산 지하 3.6km 지점과 섭씨 100도를 넘나드는 온천에서도 발견되는 등 지구의 거의 모든 곳에 존재하며 종류도 다양하다. 현재 인간이 알고 있는 미생물의 종류는 극히 일부에 지나지 않고, 실제 이들 미생물을 모두 합치면 그 생체량biomass은 지구의 어떤 생물체보다도 많을 것이다. 펄펄 끓는 온천, 얼음 아래, 공기 속, 물속, 식물의 몸속, 동물의 몸속, 대장 속, 손바닥, 문고리…… 그야말로 미생물이 없는 곳은 세상에 없다(멸균실 말고는). 미생물은 지구에서 가장 오래된 주민이며 가장 성공한 생명체라 할 수 있겠다. 세상의 어떤 환경이나 장소에서도 에너지를 만들고 생식하는 방법을 터득하고 있고, 이들은 생명이 필요한 가장 기본적인 요소들을 모두 가지고 있다.

미생물이 생명의 시작과 함께 만들어낸 다양한 물질대사와 물질이 없었다면, 오늘날의 고등생물은 출현할 수 없었을 것이다. 고등생물은 지금도 미생물의 도움 없이는 살아갈 수 없다. 인간의 장에는 수많은 박테리아들이 우글거리며 물질의 분해를 담당하고 있다. 또한 미생물이 대기 속의 질소가스를 생명체가 사용할 수 있는 형태인 질소화합물로 만들지 않는다면 생명체들은 지구상에 존재할 수 없을 것이다. 미생물이 사람에게 처음 알려진 것은 질병의 원인이었기 때문이지만, 사실 인간에게 해를 끼치는 것은 극히 일부이고 대부분의 미생물은 인간과 지구를 살리고 생명을 가능하게 한다.

비교적 안정된 생명현상을 유지할 수 있게 된 박테리아는 여러 새로운 재료들을 포획하여 생명물질과 생명현상의 다양화를 이루어갔다. 박테리아는 암석권에 있는 원소들을 이용하여 여러 유기물질을 합성하였고, 이 유기물질들을 오늘날의 진핵세포들도 사용하고 있다. 또한 박테리아는 암석, 대기, 물을 포함하는 지구생태계에서 물질의 순환을 이루게 하는 분해자로서 지구생태계의 항상성을 유지시킨다.

다양한 모습의 박테리아

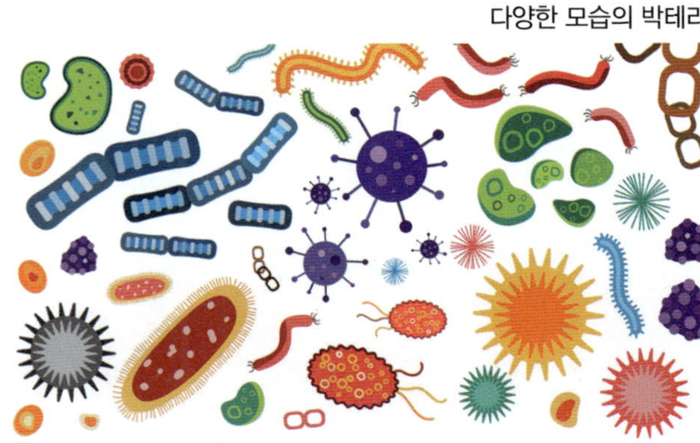

생산자, 소비자와 분해자

지구상의 거의 모든 생명체들은 직간접적으로 식물 없이는 살아갈 수 없다. 육상 생

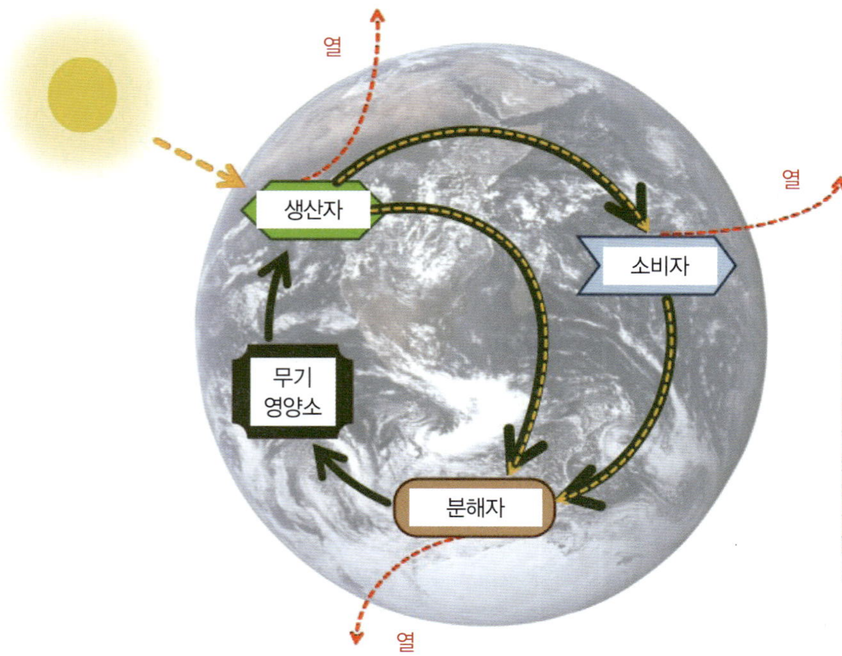

분해자에 의한 나무의 분해

그림 15.5 생태계를 구성하는 생산자, 소비자와 분해자 간의 상호관계

태계를 순환하는 유기물은 궁극적으로 식물의 광합성을 통해 얻어지기 때문이다. 태양에너지를 사용하여 유기물을 만드는 식물을 포함하는 광합성 생물을 생산자라 하며 식물이나 다른 동물을 먹어야 살아갈 수 있는 동물들을 소비자consumer라 한다. 또한 생물들이 죽거나 배설하여 생긴 양분들은 주로 미생물들인 분해자에 의해 분해되며, 이들 분해된 물질들은 생산자와 소비자들에게로 옮겨진다. 이처럼 분해자는 물질을 생물들 간에 순환시키는 중요한 기능을 가진다. 이와 같이 생태계를 이루는 생물들은 이들 생산자, 소비자와 분해자로 이루어진다(그림 15.5). 생산자가 없는 곳에서는 소비자가 있을 수 없으며 분해자 또한 생태계에 필수적이다.

먹이사슬

먹이를 제공하는 생물과 섭취하는 생물들 간의 상호관계를 먹이사슬food chain이라 한다. 먹이사슬을 따라 한 종의 생물들은 다른 종의 생물들의 먹이가 되며, 이 다른 종의 생물은 또 다른 종의 먹이가 된다. 육상 생태계에서 먹이사슬은 대부분 생산자로 불리는 식물로부터, 빛이 도달하는 바다 생태계에서는 광합성을 할 수 있는 식물성 플랭크톤으로부터 시작한다. 소비자는 여러 **영양단계**들로 나뉘는데 식물을 직접 먹는 초식동물을 1차 소비자, 초식동물을 먹는 소형 육식동물을 2차 소비자, 소형 육식동물을 먹는 대형 육식동물을 3차

소비자라 한다(그림 15.6). 먹이사슬을 구성하는 식물이나 동물 모두는 죽어서 분해자에 의해 분해된다.

한 생태계에 존재하는 여러 생물들의 먹이prey–포식자predator 관계를 먹이사슬로는 정확히 보여주지 못하는 경우가 흔하다. 같은 영양단계의 소비자들 간에서도 먹고 먹히는 관계가 있을 수도 있고 먹이사슬로는 상위에 해당하는 생물을 하위단계의 생물이 먹는 경우도 있다. 또한 초식동물들은 모든 식물을 먹는 것은 아니며 특정한 식물만을 먹으며 마찬가지로 육식동물도 먹는 초식동물의 종류가 서로 다르다. 따라서 먹이–포식자 관계를 먹이사슬이 아닌 먹이그물food web로 표현하는 것이 생태계 내의 먹이와 에너지 이동의 실제적인 표현이 될 수 있다(그림 15.7). 먹이그물은 각 생물종들 간에 벌어지는 먹이–포식자 관계를 나타낸다.

먹이사슬의 피라미드 구조

먹이사슬을 살펴보면 영양단계가 낮을수록 생물의 수나 생체량biomass이 많아지고 높을수록 적어진다. 가령 생산자인 식물은 1차 소비자보다 수나 총 생체량에 있어서 훨씬 많다. 이는 에너지가 생산자에서 1차 소비자로 낮은 효율로 전달되는 것을 의미한다. 예를 들어 1차 소비자인 초식동물은 모든 식물을 먹을 수 없으며 먹는 식물 중에서도 가시나 털 등의 특정 부분은 먹을 수 없다. 또한 식물을 먹으려고 1차 소비자들은 어슬렁거려야 하는 등의 동작에도 많은 에너지를 소비한다. 이와 같이 에너

영양단계
먹이사슬에서 물질에너지가 차례로 전달되는 과정을 말한다. 물질에너지는 각 영양단계를 거치는 동안 일부는 소실되고 일부만이 다음 단계로 전달된다.

그림 15.6 육상에서의 먹이사슬

그림 15.7 **먹이그물.** 단순환 먹이그물의 예로서 종들 간의 먹이–포식자 관계를 보여준다.

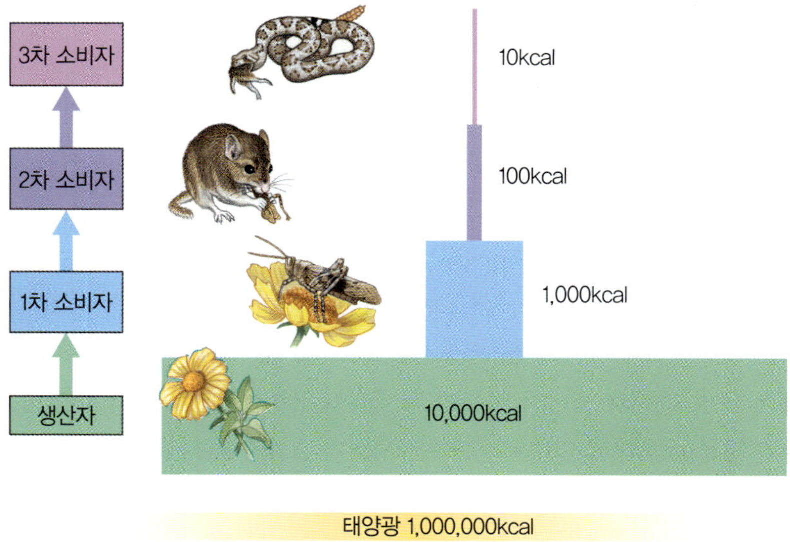

그림 15.8 에너지의 영양단계별 이동. 에너지의 각 영양단계별 이동은 매우 낮은 효율(10% 정도)로 벌어진다.

생체량
생물의 건조량.

지는 아주 일부분만 높은 영양단계로 이동하여 높은 영양단계의 생체 수나 총 **생체량**도 작아질 수밖에 없다(**그림 15.8**). 보통 각 영양단계로 이동할 때 약 10% 정도의 효율로 이동한다. 이는 먹이사슬을 구성하는 영양단계가 3~4단계를 넘을 수 없는 이유가 된다. 생산자가 가지고 있는 에너지의 10% 정도가 1차 소비자로 전달되고 1차 소비자의 에너지 중 10%만 2차 소비자로 전달되는 등 3차나 4차의 높은 영양단계의 생물들에 전달되는 에너지는 매우 작을 수밖에 없다. 이는 최상위 영양단계에 속하는 사자나 호랑이 등의 수가 작을 수밖에 없는 이유가 된다. 먹이사슬이 피라미드 구조를 이루는 원리이다.

생태계의 항상성

먹이사슬을 구성하는 각 영양단계들은 서로 간에 밀접한 영향을 주고받는다. 가령 여러 이유로 초식동물의 수가 줄어들면 이를 먹는 소형 육식동물의 수도 감소하게 된다. 소형 육식동물의 수가 줄어들면 초식동물의 수는 다시 늘어나 원래의 초식동물-소형 육식동물 수의 비율은 원래의 상태로 돌아간다. 이처럼 먹이사슬이 일시적으로 교란되면 생태계는 이를 원래 상태로 되돌리려는 특성을 생태계의 항상성이라 한다. 이렇듯 먹이사슬은 쉽게 파괴되지 않으며 항상성을 이루는 평형상태를 유지하고자 한다. 삼림 생태계를 관찰해보면 기후가 계절적으로 크게 변화한다 해도 그 숲속에 사는 생물들의 종류, 각 종의 수와 분포는 크게 변하지 않는다. 생태계는 견딜만한 조건 안에서는 (내성 범위 안에서는) 항상 일정한 상태를 유지하며 내성 범위를 벗어나 생물들이 정상적인 생명활동을 할 수 없는 조건(제한요인)이 주어져야만 이런 평형 상태는 파괴되기 시작한다.

생각넓히기 1 황소개구리 이야기

1990년대 중반에는 당시 중고교생들이 미국에서 수입해온 외래종인 황소개구리를 잡아오면 그 수효를 봉사점수로 인정해주기도 했었고, IMF 시절에는 그 수렵이 공공근로의 일거리가 되기도 했었다. 그러나 이제 황소개구리들의 개체수는 급감해서 도입된 후 몇 년이 되지 않아 그다지 심각한 문제로 받아들여지지 않게 되었다.

미국 동부가 고향인 이 황소개구리는 식용을 목적으로 수입되었으나 장사가 신통치 않자 산과 개울에 버려졌는데, 이들이 그만 한국의 생태계를 흔들어 놓았다. 이들은 곤충은 물론 우리의 토종 개구리, 참게, 심지어 뱀까지 잡아먹으며, 천적이 없는 습지의 무법자 또는 최상위의 포식자가 되어버린 것이다. 더욱이 산란기가 되면 마리당 1만 개 정도의 알을 낳는 왕성한 번식력까지 가지고 있다. 이런 공포의 침입자가 이제 그 수가 급감하여 그저 습지에 있는 한 종류의 개구리 정도의 위치로 전락하여 버린 것은 무슨 까닭일까?

황소개구리를 연구해온 국내 과학자들에 의하면 다음과 같은 몇 가지 이유를 든다. 첫째, 1990년대 황소개구리의 수가 급증하면서 이들의 먹이인 곤충과 작은 물고기들의 숫자는 크게 줄었다. 둘째, 황소개구리가 같은 지역에 너무 몰려 살다 보니 근친교배가 생겨나게 되었다. 근친교배가 되면, 앞서 다루었던 혈우병의 경우에서처럼, 열성유전자들끼리 짝을 이룬 유전자를 자식에게 물려줄 수 있다. 이리저리 서식처를 옮겨 다니는 동물은 근친교배의 가능성이 매우 적지만 황소개구리는 한곳에 모여 사는 특성상 근친교배의 빈도가 높고, 그에 따라 기형의 자식이 많이 발견되고 있다는 것이다. '인구가 과포화 상태에 이르면 여러 질병과 전염병이 돈다'는 멜서스의 인구론이 적용되는 부분이다. 마지막으로 절대로 존재하지 않을 것으로 알았던 황소개구리의 천적이 하나 둘 나타나기 시작했다. 황소개구리를 직접 잡아먹는 강자는 출현하지 않았지만 황소개구리의 자식(올챙이)을 먹는 왜가리와 고니 등의 새와 가물치, 메기 등 물고기가 나타나기 시작했다. 황소개구리도 먹이사슬 속으로 서서히 엮여 들어가게 된 것이다.

황소개구리의 예에서 볼 수 있듯이, 지구상에 있는 모든 생명체는 한 생태계의 네트워크 안에서 절묘하게 연결되어 있을 수밖에 없다. 생태계에서 독불장군이란 있을 수 없으며 생태계를 구성하는 식구들이 많으면 생태계는 자기조절능력이 생기며 먹이사슬은 오랫동안 평형을 유지하게 된다.

생태계가 안정적인 평형을 유지하기 위해서는 그 생태계 내에 존재하는 먹이그물에 포함되는 생물의 종류와 수가 많아야 한다. 그러면 한 종이 사라진다 하여도 다른 종들로 대체하여 먹이사슬을 유지할 수 있지만 생물종이 부족한 생태계에서는 한 종이 사라지면 생태계의 평형이 쉽게 파괴될 수 있다. 수년 전 우리나라에서 벌어졌던 '황소개구리 사건'에서 다양한 방법으로 생태계의 평형을 유지하는 생태계의 능력을 엿볼 수 있다(생각넓히기 참조).

15.2 생물들의 집단 — 개체군과 군집

미국 옐로스톤 국립공원에 서식했던 늑대들은 무분별한 사냥으로 1920년대부터 사라지기 시작했다. 이처럼 초식동물의 포식자가 없어지면서 늘어난 붉은사슴 떼는 버드나무, 미루나무, 사시나무를 마구 먹어 치우기 시작했다. 특히 사슴 떼들은 어린 나무까지 가리지 않고 훼손해 많은 나무들은 자취를 감추고 말았다. 하지만 최근 늑대들이 이 숲에 살기 시작하면서 나무들의 생육 상태가 양호해지고 있는 것으로 조사됐다. 먹이사슬의 상위 층에 속하는 늑대가 식물 생태계 회복에 기여한 결과이다. 옐로스톤에서는 지난 10년간 상당수 사시나무가 2m 이상이나 자라났다. 사시나무는 이만큼 자라면 붉은사슴 먹이에서 벗어나는 높이가 되기 때문에 장기 생존의 결정적 관문을 통과한 것으로 간주되고 있다. 이런 연구 결과는 대형 포식동물이 생태계에 미치는 긍정적인 영향이 생각보다 훨씬 보편적이며 광범위하다는 사실을 보여준다. 이들 포식동물은 초식동물의 밀도를 조절함으로써 어린 나무들이 크게 자랄 수 있도록 해 주며 그 결과 하천 둑의 침식을 줄여 숲과 하천, 물고기 등 다른 야생 생태계의 건강에 기여할 수 있다는 것이다.

옐로스톤의 사례에서 볼 수 있듯이 생태계를 이루는 생물들은 생물들 간에 여러 형태로 관계를 맺고 있다. 늑대의 개체수가 초식동물은 물론 식물상에까지 영향을 미치고 있다. 군집community을 이루는 서로 다른 종들 간은 물론 같은 종의 집단인 개체군population내의 개체 사이에서도 상호관계는 벌어진다. 개체군 크기의 변화와 변화 요인들, 군집의 안정성, 개체군 내에서 벌어지는 구성원들 간의 복잡한 관계들 모두가 중요한 생태학적 연구 대상이다. 생태계를 이루는 생물들 간의 상호관계를 집중적으로 살펴본다.

그림 15.9 개체군 – 고기떼

개체군의 특성과 성장

기러기 떼, 소나무 산림, 어느 국가의 국민 등 대부분의 생물들은 지구상에 골고루 퍼져 있는 것이 아니라 특정지역에 집단을 형성하며 살고 있다. 특정 시간대에 특정 지역에 존재하는 같은 종의 집단을 개체군이라 한다(그림 15.9). 개체군의 크기는 여러 요소들에 의해 변화한다. 성장과 생식에 적합한 환경이 주어지면 개체군은 급격히 늘어나지만 결국은 더 이상 늘어나지 않고 적절한 크기에서 안정되거나 줄어든다.

개체군의 크기는 여러 비생물적과 생물적 요인들에 의해 변한다. 가령 어떤 생물에 최적의 환경이 주어지면 개체군의 크기는 급격히 늘어난다. 풍부한 영양분과 최적의 배양조건에서 대장균 박테리아를 배양해보면 대장균은 약 20~30분 간격으로 분열을 하여 대장균 한 마리가 4, 8, 16, 32로 기하급수적인 성장을 한다. 한동안 이런 성장을 지속하여 수 시간이 지나면 플라스크에는 엄청난 수의 대장균이 자라며 배양액은 뿌옇게 변한다. 이와 같이 개체수가 급격히 늘어나는 성장을 이론적 개체군 성장logistic population growth이라 한다. 그림은 주어진 기간(x축)에 개체수(y축)가 계속 증가하는 그래프를 보여준다(**그림 15.10**). 이 기간에는 새롭게 태어나는 개체수가 죽는 개체수보다 월등히 많다. 최적의 환경에서 살고 있는 개체군들이 보여주는 성장형태이다.

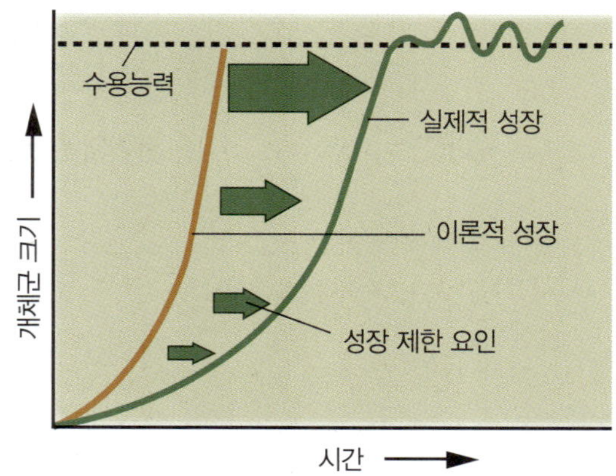

그림 15.10 개체군 성장 – 이론적 성장과 실제적 성장. 실제적 성장은 지수적 성장을 거듭하는 이론적 성장과는 달리 여러 성장 제한 요인들에 의해 성장이 수용능력 근처에서 멈추게 된다.

어떤 경우이든지 이론적 개체군 성장은 오랫동안 지속되지 않고 멈추게 된다. 각 개체들은 충분한 공간과 음식 등의 조건에서 빠르게 성장하지만 결국은 개체당 공간도 좁아지고 음식도 고갈된다(**그림 15.11**). 이들이 배설하는 분비물은 생활환경을 급격히 망가뜨리고 좁아진 생활공간에서는 경쟁이 치열해지고 한정된 먹이를 가지고 경쟁해야 한다. 근친교배가 시작되고 열성유전자에 의한 피해가 개체군에 나타난다. 이와 같은 환경 저항과 함

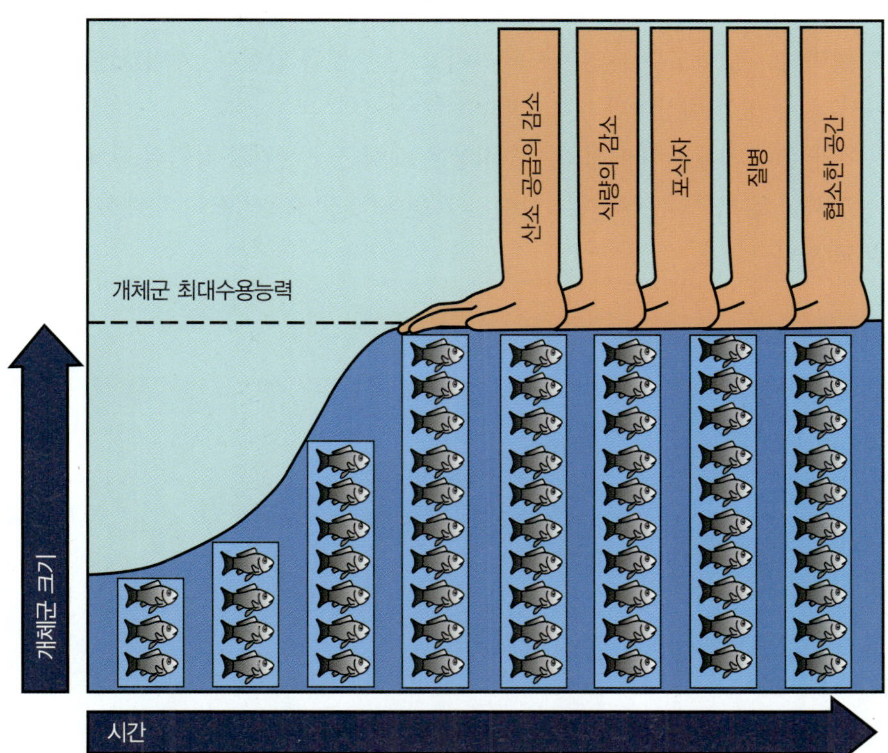

그림 15.11 개체군 성장의 제한 요인들. 수용능력 근처의 개체군 수에 근접하는 여러 형태의 제한 요인들이 생겨나 개체군의 수는 한동안 일정 수준을 유지하거나 감소한다.

께 결국 성장은 멈추며, 이때의 개체군의 크기를 수용능력carrying capacity이라 한다. 이 정도에서 추가적으로 약간의 증가와 감소는 있을 수 있지만 수용능력 수준에서 안정화된다. 수용능력에 다다르면 개체군의 크기가 증가되는 요인(출생과 유입)과 유출되는 요인(사망과 유출)이 균형을 이룬다. 따라서 이론적 성장곡선의 모습은 정지되고 수용능력 근처에서 성장이 멈추는 모습의 실제적 성장곡선을 보이게 된다(그림 15.10).

개체군 내 상호작용

개체군의 밀도가 높아지면 먹이와 주거지 등을 차지하기 위한 경쟁이 심해지면서 이들의 적절한 분배가 이루어지도록 개체군 내에서는 여러 형태의 사회적 질서가 생겨나게 된다. 텃세는 먹이 획득과 주거지 확보 등을 목적으로 일정 공간을 점유하고 다른 개체들이 들어오는 것을 막는 것을 말한다(**그림 15.12**). 텃세는 개체들의 밀도를 조절하는 순기능의 역할을 하기도 한다. 개체군이 새로 형성되면 개체 간에 힘이 센 순서에 따라 순위가 결정되는데, 이런 사회질서를 순위제라 한다. 순위제가 정착되면 개체군의 구성원들 사이의 싸움이 줄어든다. 예를 들어 여러 마리의 닭을 같은 닭장에 모아두면 처음에는 서로 싸우지만 곧 순위가 정해지면서 순위에 따라 질서를 찾게 된다. 다음으로는 리더제가 있는데 이는 최고 우두머리에 해당하는 리더가 나타나 리더의 결정에 따라 개체군의 활동이 결정된다(**그림 15.13**). 마지막으로는 사회생활인데 이는 모든 개체군의 구성원들이 개체군의 여러 활동을 분담하고 서로 협력하는 조화로운 분업구조를 가지고 있는 것을 말한다. 개미나 꿀벌의 개체군에서 볼 수 있는 현상이다.

이와 같이 개체군 내에서의 상호작용은 개체군 구성원들 사이의 관계를 적정하게 설정하여 질서를 유지하거나 한정된 자원을 가장 효율적으로 분배하는 데 목적을 두고 있다.

그림 15.12 텃세 – 두 가젤라의 싸움

그림 15.13 리더제 – 리더를 따르는 코끼리 행렬

군집의 특성과 분포

산호초는 최저 수온이 20°C 이하로 내려가지 않는 온대지방과 열대지방의 얕은 바다에서 발달한다. 산호초 부근에는 4,000여 종의 어류가 서식하며, 100만 종 이상의 무척추동물과 해조류들이 살아간다(그림 15.14). 노랗거나 빨간 풀 산호와 홍조류가 착생하여 군락을 이루는데, 마치 고산지대의 꽃밭을 방불케 한다. 군집은 특정 지역에서 서식하는 개체군들의 집합이다.

그림 15.14 군집의 예, 산호초와 다양한 바다 생물들

먼 거리를 여행하다 보면 차창 밖으로 식물들의 군집이 변하는 것을 볼 수 있다. 키가 큰 교목으로만 이루어져 있거나 키가 작은 관목으로 되어 있는 등 식물 군집의 모습이 다양하다. 군집을 이루는 생물종은 보통 식물이 자리 잡고 나면 식물에 따라 적합한 동물이 유입된다. 온도와 강수량이 식물의 분포를 결정하는 가장 중요한 요인이지만 토양에 있는 원소들의 종류 등 여타 다양한 요인들에도 영향을 받는다.

기후조건에 따라 넓은 지역에 걸쳐 특징적인 생물분포를 이루고 있는 군집으로는 툰드라, 타이가(침엽수림), 온대림, 열대우림, 초원, 사막 등의 육상군집과 이에 대비되는 수생군집이 있다. 이들 중 북극에 위치하는 툰드라 지역은 가장 따뜻한 달의 평균 기온이 0~10도 사이인 지역을 말한다. 이 지역에는 주로 키 작은 식물이나 수풀과 이끼들이 자라고 있다(그림 15.15). 땅은 항상 얼어 있는 동토층으로 되어 있어 뿌리가 깊을 수 없고 키가 큰 나무가 자랄 수 없다. 이와는 가장 대비되는 군집은 열대우림으로 아프리카, 아시아와 남아메리카의 적도지역에 걸쳐 있는 이 지역에는 키가 큰 나무로 뒤덮여 있으며 넓은 잎으로 가려져 있어 지표는 항상 어두우며 영양분이 풍부한 토양을 가지고 있다(그림 15.16). 다양한 종류의 식물과 함께 다양한 동물들이 이곳에 서식하고 있으며 지구상에서 생물다양성이 가장 풍부한 군집이

그림 15.15 툰드라 식물상, 스웨덴

그림 15.16 열대우림 식물상, 태국

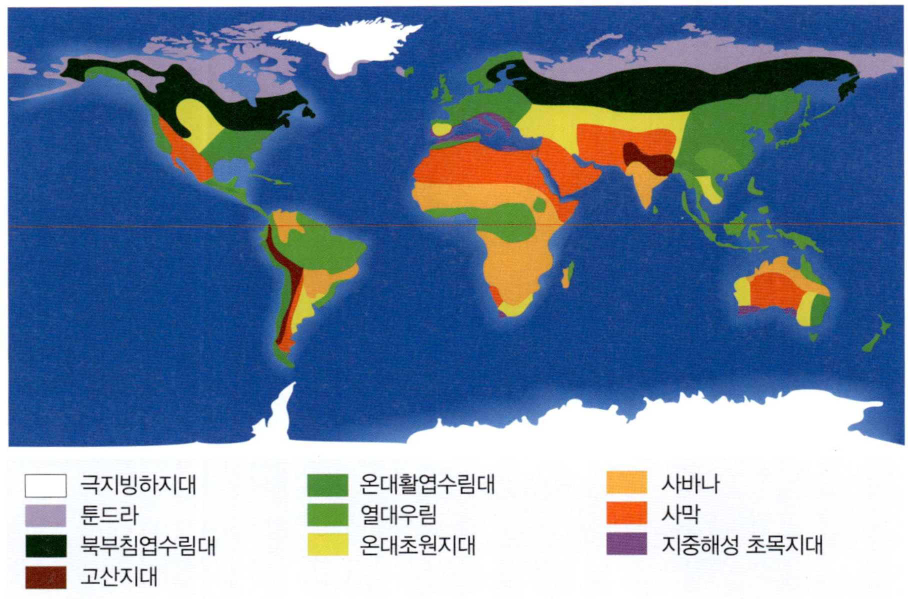

그림 15.17 생물상 분포도

다. 온대지역에 넓게 걸쳐 있는 초원은 강수량이 부족하여 삼림보다는 풀들의 생장에 적합한 지역이다. 초원에는 풀을 먹는 초식동물이 모여들고 토끼처럼 앞니가 날카로운 설치류들이 서식한다. 온대림은 유럽이나 북아메리카의 온대지역에 분포되어 있으며 가을과 겨울에 낙엽을 떨어트리는 나무가 풍부하다(그림 15.17). 또한 지표에서도 키가 낮은 다양한 식물들이 넓게 퍼져 있다.

군집의 분포는 앞서 설명된 온도와 강수량을 중심으로 한 수평 분포와 함께 고도에 따른 수직 분포가 있는데, 수직 분포는 주로 온도 차이에 의해 결정된다. 온도가 낮은, 즉 고도가 높은 순으로 관목대(키가 작아 줄기와 가지가 잘 구분 안 되는 식물), 침엽수림, 낙엽활엽수와 상록활엽수층으로 분포된다.

군집 내 상호작용

군집 내의 생물들은 생물들 간뿐만 아니라 환경조건과도 마치 거미줄 같은 관계를 형성한다. 이곳에 사는 각각의 생물들은 자신의 서식지에 기거하는 것 외에 항상 다른 생물이나 무생물적인 환경에 영향을 주기도 하고 받기도 한다. 특정 생물의 생태계에서의 역할을 **생태적 지위**niche로 표현된다(그림 15.18). 모든 생물은 개체군 내의 다른 생물, 군집 내의 다른 개체군, 온도, 빛 등 무생물적 요소들과 밀접한 상호관계에 따라 **서식지**habitat와 생태적 지위가 결정된다. 종들 간에도 다양한 형태의 상호관계가 존재하며 이들의 종류는 다음과 같다.

생태적 지위
군집에서 개개의 개체군이 차지하는 위치. 단순한 서식지가 아니라 먹이사슬 등 상호관계상의 위치를 말한다.

서식지
개체 또는 개체군이 살고 있는 장소.

경쟁competition – 근접해 사는 서로 다른 종의 생물들 사이에서 제한된 자원을 쟁취하기 위한 서로 간의 다툼으로 정의된다. 같은 지역에서 자라는 식물들 간에 벌어지는 흙 속의 영양분이나 빛을 향한 경쟁관계가 예가 된다. 식물이 독소를 분비하여 경쟁자가 양분을 섭취하지 못하게 하기도 한다. 생태학자들에 의해서 설정된 '경쟁배타원리'에 의하면 동일한 지역에서 동일한 자원을 놓고 서로 다른 종들 간에 경쟁하면 자원을 좀 더 효율적으로 이용할 수 있는 종이 그렇지 못한 종을 제거시킨다.

분서(나누어살기) – 생태적 지위가 비슷한 두 개체군이 경쟁을 피하기 위해 먹이와 활동시기 등을 서로 달리하거나 서식지를 나누는 현상을 말한다.

상리공생mutualism – 양쪽 모두에게 이익이 돌아가는 관계이다. 대표적인 예로 식물과 벌의 관계이다. 벌은 꽃에서 꿀을 얻고 대신 식물의 수정을 돕는다. 꽃가루를 발바닥에 묻혀 다른 식물로 옮겨가 수정을 일으킨다. 식물과 벌이 함께 지구상에서 번성할 수 있는 이유가 바로 이들 간에 벌어지는 상리공생이다(**그림 15.19**). 또 다른 예로 콩과식물과 뿌리혹박테리아의 관계이다. 뿌리혹박테리아는 뿌리 조직에서 질소고정을 통해 식물에 질소화합물을 제공하고 대신 식물로부터 양분을 얻는다.

편리공생commensalism – 한 종의 생물이 이익을 얻는 반면, 다른 한 종은 아무런 영향을 받지 않는다. 고래의 피부에 붙어사는 따개비, 고래 근처에서 보호받으며 맴도는 작은 물고기(**그림 15.20**), 고래에는 아무 도움이나 해가 되지 않지만 따개비와 물고기는 고래의 있어야만 된다.

기생parasitism – 어떤 생물이 다른 종류의 생물체 속이나 표면에 살고 있으면서 그 생물에게 해(害)를 끼치는 경우를 의미한다. 동물이나 식물의 몸에 침투해서 여러 가지 병을 일으키게 하는 미생물들이 대표적인 예다.

포식predation – 포식자가 피식자를 잡아먹는 관계이다. 먹이가 되는 생물에게는 불행한 일이지만 포식을 하는 개체군에는 이익이 된다. 주로 행동이 굼뜬 개체가 희생되는데 행동이 빠른 생물들이 남게 되어 개선된 진화의 조건이 될 수 있다.

그림 15.18 니체, 석양이 질 무렵 독수리가 무리를 이루어 나무 가지에서 밤을 보낸다. 먹이를 찾고 있는 것으로 보인다. 미국 버지니아

그림 15.19 상리공생, 식물과 벌

그림 15.20 편리공생, 고래와 작은 물고기

그림 15.21 바위에 붙어있는 지의류

지의류
균류와 녹조류가 공생하는 복합생명체이다. 균류와 조류 각각은 살아갈 수 없는 척박한 환경에서 공생하는 지의류는 살아갈 수 있다.

음수림과 양수림
음수림은 그늘에서 잘 자라는 음수로 된 숲을, 양수림은 빛이 충분해야 잘 자라는 양수로 된 숲을 말한다. 양수는 음수에 비해 초기 생육이 빠르고 강한 빛에서는 음수보다 광합성 속도가 더 빠르지만 약한 빛에서는 음수의 광합성 속도가 더 빠르다. 양수에 의해 형성된 그늘 속에서도 음수는 잘 자란다. 양수림의 번성으로 생기는 그늘이 음수림의 번성을 도와주어서 혼합림(양수림과 음

군집과 천이과정

생태계는 일정한 상태로 정지되어 있는 것이 아니라 항상 변화한다. 한 지역에 있는 군집이 오랜 세월에 걸쳐 질서 있게 변해가는 현상을 천이succession라 한다. 천이는 군집을 대표하는 생물종인 우점종이 단계적으로 다른 종으로 대체되면서 벌어진다.

천이의 처음 단계에서는 바닷가 모래사장이나 바위같이 생물이 없는 척박한 곳에서 **지의류**lichens나 이끼moss 같은 개척 종pioneer species이 먼저 자리 잡는다(그림 15.21). 이들은 이런 열악한 환경에서 살아갈 수 있는 방법을 찾으면서 성장하고 자손을 퍼트린다. 개척 종은 서서히 좀 더 크고 복잡한 구조의 다른 생물들에 의해 교체되면서 천이의 마지막 단계인 극상climax에 다다른다. 천이는 바위 위나 용암 등 생물체가 존재하지 않았던 곳부터 시작(1차 천이)하거나 환경재앙이나 인간에 의해 교란된 군집으로 시작(2차 천이)된다. 1차 천이의 경우 지의류, 이끼, 박테리아 등의 개척종이 출현한 다음 키가 작은 관목, 키가 큰 교목, **양수림**, **음수림**의 순으로 천이를 거쳐 극상으로 진입한다. 2차 천이의 예로 산불로 인해 삼림이 모두 불타버린 군집을 들 수 있다(그림 15.22). 이곳에는 원래 식물이 살고 있었기 때문에 산불이 났어도 살아 있는 씨앗이나 포자가 흙속에 머물러 있는다. 이들의 발아로 원래의 식물상이 빠르게 회복되고 천이도 빨라진다. 천이는 인위적인 간섭이 없으면 결국 극상단계에 이른다. 천이의 초기단계에서는 생물종의 변화는 빠르며 천이의 후반기에는 변화가 느려진다. 또한 천이의 후반부에는 먹이그물이 더욱 복잡해지며 군집은 더욱 안정되어간다. 극상은 강력한 외래종이 나타나거나 산불이나 홍수 등의 환경적 재앙이 나타나지 않는 한 오랫동안 지속된다.

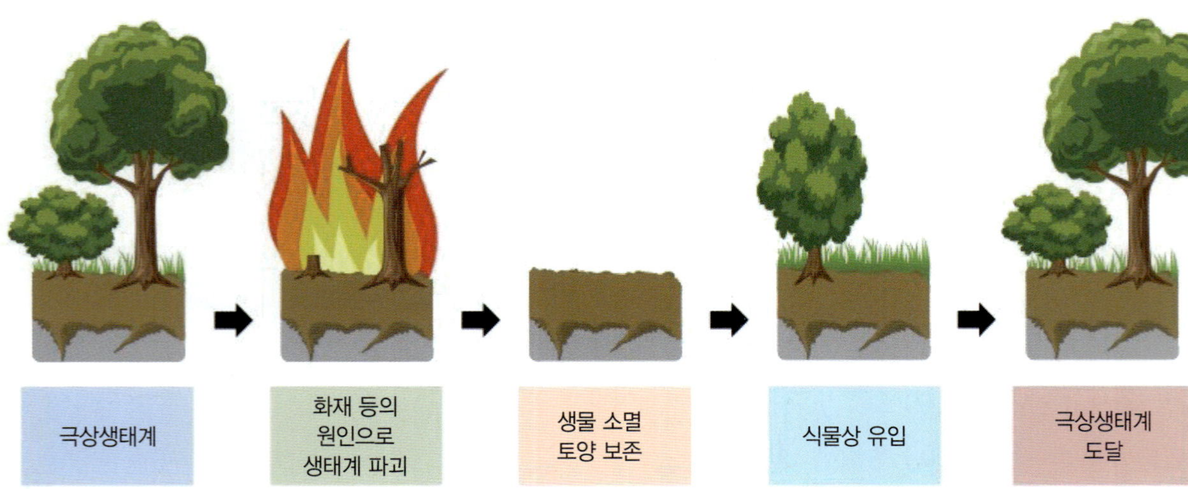

그림 15.22 2차 천이의 단계들

수림의 혼합)이 형성된다. 음수가 생장하여 양수가 음수의 그늘에 가리게 되면 양수는 생육은 느려진다. 식물군집은 천이 단계에서 양수림과 혼합림(양수와 음수의 혼합)을 거쳐 극상은 음수림으로 형성된다.

광주 무등산의 천이

한국전쟁을 거치면서 벌거숭이 산이었던 무등산을 다시 푸르게 만든 장본인은 침엽수인 소나무와 신세력인 활엽수 참나무이다. 이들은 생존의 필수 요소인 햇빛을 얻기 위한 치열한 생존 경쟁을 벌이고 있다. 국립공원관리공단과 산림전문가들은 이 같은 침엽수와 활엽수의 싸움을 숲이 건강해 지는 천이과정으로 보고 있다. 반면 이 과정에서 한국인의 사랑을 받아왔던 소나무는 도태할 수밖에 없어 아쉬움을 주고 있다.

광주시와 무등산국립공원관리공단 등에 따르면 무등산 국립공원 75.425km^2 중 소나무 군락은 26.04km^{2}로 전체 면적의 35.75%를 차지하고, 활엽수인 졸참나무(7.70km^2)와 신갈나무 군락(7.27km^2)이 그 뒤를 따른다. 또한 20~50년생의 군락이 분포하는 지역이 52.90%로 가장 많다. 하지만 최근 들어 지난 50여 년간 무등산에서 독보적인 우점종을 유지해온 소나무가 활엽수인 참나무 등에 밀려나고 있다는 게 무등산국립공원관리공단의 설명이다. 실제 그 동안 무등산의 우점종(대표종) 자리에 있던 소나무는 신세력인 참나무와의 키(높이)싸움에서 연달아 패배하고 있는 것이다.

키 싸움에서 승리한 참나무는 큰 키와 넓은 잎을 이용해 키 작은 소나무의 광합성을 방해하고 있다. 이는 대량의 햇빛 없이는 생존이 불가능한 소나무(침엽수)를 쫓아내기 위한 자연현상이다. 소나무는 참나무의 공격을 피해 접근이 힘든 바위주변이나 정상 부근으로 점점 터전을 이동하는 중이다. 이 같은 소나무와 참나무의 싸움은 무등산의 해발 300~600m 지점 곳곳에서 목격되고 있다. 특히 무등산 소나무는 바위봉우리인 새인봉(정상 608m)을 '최후의 방어선'으로 놓고 참나무와 사투를 벌이고 있지만, 무등산국립공원관리공단은 생태계의 흐름상 소나무의 참패를 예상하고 있다.

무등산은 현재 햇빛을 받아야만 잘 자라는 침엽수(소나무)가 숲을 이룬 양수림 단계를 지나 침엽수와 활엽수가 섞인 혼합림, 그늘에서도 잘 자라며 땅을 비옥하게 하는 활엽수가 숲을 이루는 음수림 단계로 접어들고 있다. 음수림을 지나 더 음수성을 지닌 서어나무 등이 숲을 이루게 되면 기름진 토양 위에서 다양한 식물이 공존하는 건강한 숲의 극상에 도달하게 된다.

(광주일보 2013년 7월 30일)

대표적인 개척종 지의류

1차 천이의 과정을 좀 더 이해하기 위해서 아무것도 살지 않던 바위의 표면에서 천이를 거쳐 극상을 이루는 단계들을 생각해보자. 1차 천이에서의 개척종은 보통 지의류가 된다. 지의류는 바위, 나무, 흙 등의 표면에 붙을 수 있는 상리공생체로서 진핵미세조류 또는 남세균과 종속영양을 하는 균류의 집합체이다. 지의류는 바위 표면이 물기가 생기면 자라고 건조해지면 휴면을 한다. 이들은 여러 종류의 산성 물질들을 분비하여 바위 표면을 부식시키면서 미세한 틈을 만든다. 이 틈에 먼지가 날라들고 지의류의 사체가 쌓이면서 이끼 등 다른 생물들이 옮겨와 지의류를 대체한다. 이끼 등의 사체, 바람을 타고 날아오는 흙과 모래 등으로 영양물질이 제법 풍부해진 부식토층이 생겨난다. 이곳에 바람을 타고 풀과 초본식물의 씨앗이 옮겨와 발아를 거쳐 생장한다. 이들의 생장과 함께 부식토층은 점점 더 두꺼워지고 서서히 관목식물이나 키 큰 교목식물도 정착할 수 있게 되며 한참 뒤에는 안정된 극상을 이루게 된다(**그림 15.23**).

그림 15.23 바위의 극상

15.3 생물다양성

전 세계 야생 호랑이의 숫자는 100여 년 전에는 10만 마리가 넘었는데 지금은 겨우 5,000마리 정도이다. 비싼 값에 팔리는 호랑이 가죽 때문에 남획되는 것이 주요 원인이다. 이 상태가 유지된다면 20년 안에 야생 호랑이는 이 세상에서 사라지고 동물원에서나 겨우 볼 수 있을 것으로 예상된다. 상어의 경우도 비슷하여 500여 종에 달하는 상어 종들의 약 1/3은 현재 멸종의 단계로 접어들고 있다. 가장 큰 이유 중의 하나는 상어 지느러미 요리를 좋아하는 아시아 사람들 때문이라 한다. 10년 내로 지금 남아 있는 상어의 70% 정도는 어업에 의해 소멸될 것으로 예상된다.

관련 국제기관에 의하면 현재 약 280종의 포유류와 350종의 조류가 멸종위기에 놓여 있다. 멸종위기에 처해 있는 동물은 두루미, 고릴라, 아시아 코끼리 등 이루 헤아리기 어려울 정도이다. 삼림의 훼손으로 매일 100여 종의 동식물이 지구상에서 없어져 생태계의 균형이 깨지고 있다. 소멸되고 있는 종들에서는 상품가치가 높은 종도 많이 포함되어 있다. 우리나라에서는 곰이 거의 멸종되다시피 하였다. 산삼의 서식처도 거의 사라지고 있다. 국내에서 늑대와 여우는 멸종위기 야생 동식물 1급으로 지정돼 있다. 1968년 충북 음성에서 포획된 늑대는 현재 표본 상태로 보관 중이다. 1970년대까지는 우리나라에서도 간혹 목격됐지만 지금은 북한의 북부 산악지대에서 극소수가 사는 것으로 알려진다.

수중생물의 다양성

종들의 소멸은 결국 생태계의 항상성을 해친다. 생태계의 특징인 먹이사슬도 불안정해지고 자기조절능력도 없어진다. 결국 남아 있는 종들도 이런 생태계에서 안정되게 살아갈 수 없어 생태계는 점점 더 단순해질 것이다. 때문에 생물다양성biodiversity은 유지되어야만 한다. 인간은 생물다양성 파괴의 가장 큰 원인이다. 혹자는 인간 때문에 인간도 결국 멸종될 것이라 하기도 한다.

생물다양성

생물의 종류가 많고 다양하다는 것은 그 지역의 자연 환경이 풍요롭다는 것을 의미한다. 생물다양성은 지구상에 서식하는 생물 종의 다양성, 그러한 생물들이 생활하는 생태계의 다양성, 그리고 생물이 지닌 유전자의 다양성 등을 총체적으로 지칭한다. 지구 역사의 긴 시간을 거치며 생겨난 무수한 생물종들은 근래 들어 급격하게 감소하고 있다. 자원의 무절제한 사용, 이에 따른 대기 온도의 변화, 산업화와 도시화에 따른 환경의 파괴, 세계 인구의 증가 등이 그 주요 원인으로 꼽힌다.

20세기 후반에 들어와서야 인간은 생물자원의 유한성과 이들을 보호하는 것의 중요성을 인식하기 시작했다. 하나의 종이 멸종하면 그 종이 가지고 있던 유전자와 그 종이 포함될 생태계는 폭이 좁아지고, 새로운 종으로의 진화 가능성도 사라진다. 생물다양성의 파괴는 인류의 생존까지 위협할 수 있는 매우 중대한 문제이다.

생물다양성을 유지해야 하는 이유로 몇 가지를 생각해 볼 수 있다. 첫째, 생물들은 우리의 생활환경을 보전하는 데 없어서는 안 될 소중한 존재라는 점이다. 생물은 자연계에서 물질 순환의 주요 매체가 되어 대기, 수질, 토양의 보전에 기여하고, 쾌적한 환경을 마련하는 데 매우 중요한 요소가 된다. 우리가 매일 들이마시는 공기 속 산소의 양을 20%로 일정하게 유지시키는 역할은 광합성을 하는 녹색 식물들이 맡는다. 또한 생물다양성의 유지는 안정된 먹이사슬의 구조를 형성하고, 먹이사슬과 함께 인간을 포함하는 모든 생명체들에게 안정된 먹이와 물질을 제공한다. 이렇게 생물다양성은 생태계의 선순환을 촉진한다. 다양성이 소멸된 생태계에서는 탄소, 질소, 인 등의 순환이 억제되고, 결국에는 인간의 생활에 막대한 영향을 미친다. 둘째로, 우선 모든 생물자원은 장차 어떻게 이용될지 모르는 잠재적인 가치를 가지고 있다는 것이다. 생물자원은 인류가 생활하는 데 필요한 식량이 되고, 의약품이나 공산품의 원료가 된다. 의약품의 많은 부분은 실제 식물이나 동물이 가지고 있는 물질로부터 유래한다. 지구상에 존재하는 생물의 종에 대한 무한한 가치를 인식해야 한다. 인간이 이용하는 음식, 목재, 옷, 염료 등 거의 모든 것을 생물들에서 얻고 있

다. 유전자의 연구가 활발해지면서 생물들이 가지고 있는 유전자원들도 향후에는 매우 중요한 자원으로 변모해 있을 것이다. 셋째로, 생물다양성은 한 지역의 기온 등 고유한 특성들에 바탕을 두면서 형성된다. 즉 우리나라의 생물다양성은 다른 어느 누구도 만들어낼 수 없는 우리 고유의 자원이다. 오랜 세월을 거쳐 형성된 이런 생태적 환경이 파괴되는 것은 이 속에 사는 모든 생물들의 안정된 생태적 지위에 위협을 미치는 요인이다. 자연조절능력이 상실되면 외부 생물의 유입과 환경적 충격에 약한 불안정한 생태계가 된다. 만약 지구상에서 대부분의 생물들이 사라지고 사람과 세균만 남게 되면 세균은 사람을 공격할 수밖에 없게 된다.

단순한 생태계는 결국 파괴된다. 가령 옥수수의 단작 농업은 병충해에 취약하고 유해한 환경변화가 오면 전멸할 수 있다. 생물종의 다양성과 함께 유전자의 다양성은 생태계의 안정에 매우 중요하다. 단순화된 식물상에는 병충해가 자주 창궐하며 토양미생물의 다양성 감소와 이에 따른 탄소와 질소 대사 등에 불균형을 초래할 수 있다. 유전적 다양성으로 무장한 다양한 변이체들이 그 개체군과 개체군이 속한 생태계를 안정화시킨다. 이들과 마찬가지로 인간의 다양성도 중요해 보인다. 모든 젊은이들이 공부로 내몰리는 우리나라의 현실이 자칫 위험해 보일 수 있다. 공부 잘하는 아이, 손재주가 뛰어난 아이, 음식에 소질 있는 아이 등 다양성이 존중되는 것이 생태적 안정성에 중요하다.

아이랜드 감자 기근

1854년 아일랜드 기근에 관한 이야기는 생물의 다양성이 인류 생존에 얼마나 중요한지를 잘 보여준다. 당시 아일랜드에는 감자 잎마름병으로 감자에 피해가 발생해 불과 2개월 사이 아일랜드 전역이 기아와 공포에 고통받으며 100만여 명이 굶어죽게 되었다. 결국 이러한 감자 기근을 견디다 못한 약 200만 명의 아일랜드 사람들은 급기야 아일랜드를 떠나 미국과 캐나다 등지로 이민을 가기 시작했다. 그 결과 800년간의 영국의 식민 통치를 받아온 아일랜드의 전 국토는 황폐화되었고 이 기근은 아일랜드 인들의 전통 문화와 민족 정체성마저 무너뜨리는 결과를 불러오기에 이른다.

감자 기근 동상

이 대기근의 원인은 다양한 감자 품종을 재배하지 않고 단일품종만 재배한 데 있다. 단지 수확하기 쉽고 품질과 생산성이 높은 품종만을 골라 경제적 효과만을 누리려 했는데, 이들이 선택한 종이 잎마름병에 대한 저항력이 매우 약한 종이었기 때문이다. 감자 잎마름병이 발생했을 때 생존할 수 있었던 감자는 거의 없었다.

감자는 남아메리카 안데스 산맥이 원산지이다. 스페인 정복자들은 잉카 제국을 정복하고 남미 지역을 식민지화하면서 감자를 처음으로 발견하게 되었다. 감자는 유럽 전 국가들에 소개되어 싸고 실용적인 농작물로 자리 잡기 시작했다. 오랜 감자 농사 전통의 안데스 산맥의 페루 농부들은 여러 가지 다른 종류의 감자를 재배함으로써 더위나 추위, 다양한 질병으로 인해 발생하는 흉작을 예방하고 있다. 추위가 닥칠 경우 추위에 약한 종은 살아남기 힘들어도 추위에 간한 종은 수확이 가능하니 기근이 발생하는 것을 예방할 수 있다는 것이다. 이러한 품종의 다양성이 결국 우리 인류를 보호하고 있는 것이다. 생물다양성의 중요성을 말하는 윤재철 시인의 시 '인디오의 감자'를 감상해보자.

안데스의 감자

인디오의 감자

텔레비전을 통해 본 안데스산맥
고산지대 인디오 생활
스페인 정복자들에 쫓겨
깊은 산꼭대기로 숨어든 잉카의 후예들
주식이라며 자루에서 꺼내 보이는
잘디잔 감자가 형형색색
종자가 십여 종이다

왜 그렇게 뒤섞여 있느냐고 물으니
이놈은 가뭄에 강하고
이놈은 추위에 강하고
이놈은 벌레에 강하고
그래서 아무리 큰 가뭄이 오고
때 아니게 추위가 몰아닥쳐도
망치는 법은 없어
먹을 것은 그래도 건질 수 있다니

전체적인 이 문명의 질주가
스스로 전멸을 입에 올리는 시대
우리가 가야 할 집이 거기 인디오의
잘디잘은 것이 형형색색 제각각인
씨감자 속에 있었다.

생각넓히기 2 침팬지의 멸종

침팬지의 개체수가 지금처럼 급감한다면 20년 내로 침팬지가 지구상에서 사라질 것으로 예상된다. 관련 학자들에 의하면 세계 '침팬지의 80% 이상이 가봉 · 콩고 지역에 사는데 지난 20년 동안 그 수가 절반으로 줄었다'고 한다. 또한 학자들은 '이들이 지금 추세대로 해마다 줄어들면 20년 안에 80%가 줄어 결국 멸종할 것'이라고 경고했다. 학자들은 침팬지가 멸종위기에 처한 이유로 삼림 벌채와 침팬지 사냥을 꼽았다.

침팬지의 멸종은 인간에게 많은 영향을 미치게 될 것이다. 인간 지놈프로젝트에 의하면 침팬지와 인간의 지놈 염기서열은 99%가 일치하고 1% 정도만 상이하다. 때문에 다른 어떤 생물들보다 침팬지는 사람과 비슷하다. 침팬지는 동물들 중에서 가장 지혜롭고 도구를 사용할 줄 안다. 1968년도에 생태학자인 제인 구달은 침팬지가 나뭇가지를 사용하여 흙더미에서 흰개미를 끄집어내는 것을 관찰하였다.

침팬지

침팬지는 사람과의 유사함 때문으로 의학 연구의 실험 대상이 된다. 침팬지와의 염기서열 차이를 분석함으로써 인간이 침팬지와는 다른 '인간다움'을 갖는 원인이 규명될 것이다. 침팬지는 AIDS를 일으키는 HIV 바이러스에 저항성이 사람보다 강해 이 원인이 연구 대상이 되고 있다. HIV와 오랫동안 싸워온 침팬지는 강력한 저항성을 갖게 된 것이다. 암이나 다른 질병에도 침팬지는 사람과는 다른 저항성을 보이며 이런 모든 특징들이 학자들의 연구 대상이다. 연구자들은 인간과 가장 가까운 동물 동료를 잃는 섭섭함보다 침팬지 유전자를 더 아쉬워하는 것으로 보인다. 지금도 아프리카에서는 침팬지가 야생고기용으로 사냥되고 있다. 20년 전에 30만 마리가 지금은 10,000마리도 안 된다 한다. 어떤 경우이든 침팬지의 멸종은 막아야 할 것이다.

다양성 파괴와 인간

인간은 생태계의 한 구성원으로서 생태계의 질서에 참여하고 있다. 그러나 지구 역사의 최후반부에 나타난 늦둥이 인간들이 저지른 생태계에의 충격은 대단한 것이었다. 인간은 의식으로 자연을 지배하고자 했고, 모든 생물의 최고 지배자로 먹이사슬의 최상부에 자리하게 되었다. 지난 천 년의 역사를 살펴보면 인간에 의한 엄청난 변혁이 계속되었다. 그 변화는 불, 전기, 전화, 자동차, 비행기, 종교, 사상, 건축물, 농업, 컴퓨터, DNA 발견과 조작, 영혼에의 과학적 접근, 복제인간, 정보화, 로봇 등 실로 어마어마하다. 거침없는 질주였고 질주는 지금도 계속되고 있다. 언제 어디에서 멈추게 될지 아무도 모른다.

플라스틱 공해

다른 변화도 나타났다. 그것은 인구의 폭발, 빈곤층과 패자의 양산, 산업 부산물(폐기물, 폐수, 나쁜 공기 등)의 폭증, 전쟁과 증오, 플라스틱, 제초제, 방부제,

농약, 암, 우울증 등이다. 인구증가와 산업의 발달과 함께 생태계가 급속도로 망가져가고 있다. 지금처럼 지구환경이 이렇게 무참히 공격받았던 때는 없었다. 인구밀도가 높고 산업성장이 빨랐던 우리나라의 경우 환경파괴 정도는 매우 심하다. 도시의 공기는 오염되었고 하수는 더럽혀져 있다.

환경파괴와 사례들

온실효과와 지구온난화

이산화탄소가 대기 중에 많아져서 지구상에 방출되는 복사열이 우주공간으로 향하지 못하고 다시 지구로 돌아와 지구가 온실 안에 갇히는 것과 같이 되는 현상을 온실효과green house-effect라 한다. 이산화탄소가 대기 중에 층을 이루어 온실 유리의 역할을 하는 것이다. 지구의 온도가 일정하게 유지되기 위해서는 태양에서 받아들이는 열과 지구에서 우주공간으로 방출되는 열이 균형을 이루어야 한다. 그러나 석유의 소비량은 산업화와 함께 계속 증가하기만 하였고, 이산화탄소를 광합성 재료로 사용하는 식물의 숫자는 삼림의 제거 등에 의해 계속 줄어들고 있다. 최근 100년 동안 지구 이산화탄소의 양은 두 배 늘어났으며, 2050년까지 다시 두 배 이상 늘어날 것으로 예측된다. 이렇게 인간의 산업 활동 등으로 생기는 이산화탄소와 메탄(CH_4), 질소 비료의 사용으로 인한 이산화질소(N_2O)의 배출은 지구 지표면의 온도를 상승시킨다. 전 세계에서 배출되는 이산화탄소의 양은 연간 약 200억 톤에 달하며, 그 중 약 70% 이상이 선진국에서 배출된 것이다.

기온이 상승하면 해수의 온도도 상승한다. 그 결과 해수의 팽창이 일어나고, 이는 빙산을 녹여 해수면을 상승시킨다. 해수면은 100년 이내에 약 1m가 높아질 것으로 보이는데, 이는 인간의 생활에 막대한 영향을 미치게 될 것이다. 학자들은 '지구온난화를 이대로 방치하면 10년 뒤 지구에 대재앙이 올 수 있다'라고 경고하고 있다. 지구온난화의 영향은 한국에도 영향을 미친다. 기상청에 따르면 1910년 이후 한반도의 기온은 약 1.5도 상승했고, 2100년에는 약 4도가 상승할 것이라 한다. 한국은 이미 대표적인 에너지 다소비 구조를 가지고 있기 때문에 온실가스의 배출량을 줄이기 위한 범국가적인 노력이 필요하다.

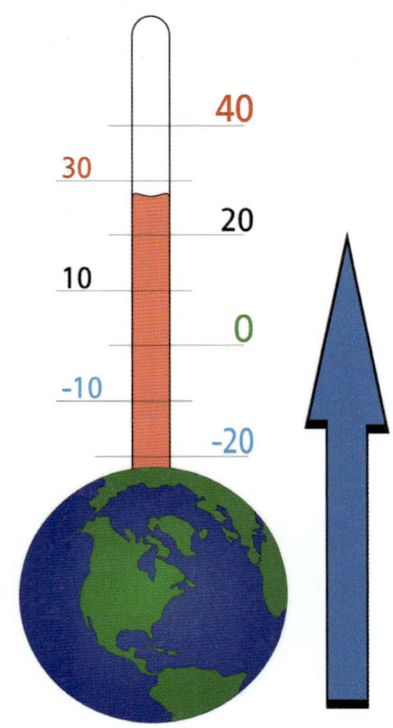

지구온난화(온도 상승)

환경호르몬

환경호르몬이란 동물의 내분비계나 생식계를 교란하거나 나쁜 영향을 주는 화학분자를 말한다. 환경호르몬은 1997년도에 '내분비계 교란 화학물질'이란 용어를 쉽게 표현하기 위해 도입된 용어이다. 환경호르몬은 대부분 인간이 만들어낸 물질로 안드로겐 같은 제2성징에 관여하는 남성호르몬, 여성호르몬 에스트로겐, 또 다른 내분비계를 포함하는 여러 종류의 호르몬 작용을 교란시킨다. 산업폐기물, 농약, 제초제, 살충제, 플라스틱 제품, 심지어 어린이 장난감에 이르기까지 다양한 물질들에 환경호르몬이 포함되어 있는 것으로 알려져 있다.

최근 사용이 전면 금지된 '다이옥신dioxin'이라 불리는 환경호르몬은 여러 동물실험에서 자궁내막증을 유발시킬 뿐 아니라 사람에게도 그와 유사한 증세를 일으키는 것으로 알려져 있다. 다이옥신은 플라스틱을 소각할 때 많이 발생한다. 인공적으로 합성된 화학물질은 대부분의 환경호르몬들처럼 쉽게 분해되지 않고 우리 주변에 축적된다. 따라서 환경호르몬의 유독성은 한 세대에서만이 아니라 오랜 기간 지속된다. 환경호르몬의 원인 물질인 플라스틱의 경우 자연에서 완전히 분해시키기 위해서는 수백 년이 걸린다. 생태계는 이런 물질들에 매우 위험스럽게 노출되어 있다.

DDTdichlorodiphenyltrichloroethane

DDT는 1939년 스위스의 화학자 뮐러에 의해 개발된 것으로 살충효과가 매우 대단하였고, 그 결과 작물의 생산성이 크게 증가하였다. 그는 1948년에 이 공로로 노벨상을 수상하였다. 인도네시아의 보르네오 섬에서 말라리아를 옮기는 모기를 퇴치하기 위해 DDT가 대량으로 살포되었다. 모기는 거의 박멸이 되었으나 예상치 않은 일들이 일어나기 시작했다. 도마뱀의 움직임이 둔해졌다. 고양이들이 죽어갔고 쥐들이 들끓기 시작했다. 또 나무기둥으로 된 집들이 무너지기 시작했다. 대체 무슨 일이 벌어지고 있었을까?

DDT는 목적대로 모기를 박멸했다. 그러나 저항성이 강한 바퀴벌레는 살아남았다. 바퀴벌레를 잡아먹는 도마뱀에게 바퀴벌레의 몸에 있던 DDT가 옮겨갔다. 도마뱀은 DDT에 의해 신경계가 파괴되었고 행동이 둔해졌다. 굼뜬 도마뱀은 고양이의 밥이 되었고, 결국 DDT에 의해 고양이도 전멸되었다. 또 둔해진 도마뱀이 나방을 잡아먹지 못하게 되자 움막집의 나무기둥을 갉아먹는 나비유충이 자기 세상을 만났고 집들은 와해되었다. 1955년의 일이다.

DDT는 말라리아, 발진티푸스 등 전염병을 퇴치하기도 했고 작물의 생산량을 30~50% 증가시켰다. DDT를 소량 함유한 술과 'DDT 햄버거'가 등장하기도 했다. 1950~60년대 아이들의 머리에 DDT 가루를 뿌려 이를 박멸하고자 하기도 하였다. DDT는 물에 잘 녹지 않고 몸에 한번 흡수되면 여러 해 동안 몸 안에 잔류한다. DDT는 뉴런에 구멍을 내어 Na^+–K^+ 펌프의 작용을 방해하기도 한다. 강력한 화학적 안정성으로 인하여 DDT는 남극의 펭귄과 모유에서도 검출되기도 하였다. 새들의 알은 부화되기 전에 깨지기 시작했다. 이 저주의 화학물은 1970년대에야 사용 금지되었다. DDT의 개발은 지구생태계에 재앙이었다.

대기오염

1952년 런던에서 일어난 일이다. 12월 4일부터 5일간 4,000여 명이 사망하고 수만 명의 호흡기 질환자가 발생한 사건이다. 12월 4일은 온도가 4도였고 습도가 80%였는데, 런던의 공장들과 차량들이 배출한 매연이 짙은 안개에 흡수되어 스모그를 만

들었다. 높은 습도와 안개, 그리고 바람이 없던 그날의 환경이 하늘로의 통로를 막아놓고 5일 간 매연을 도시의 구석구석으로 몰아갔다.

다음은 히로시마의 원폭투하 사건과 비교되기도 하는 인도의 보팔시에서 벌어진 사건이다. 1984년 12월 3일부터 48시간 동안 2,500명이 사망했을 뿐 아니라 실명, 정신이상, 폐질환 등 10만여 명의 환자를 발생시켜 세계를 경악케 하였다. 3일 새벽 이 도시 인근에 있는 한 농약공장에서 유독가스인 메틸 아이소시아네이트를 누출시켰다. 이 백색의 가스는 역 주변의 빈민가를 덮쳐 많은 사람들을 구토와 공포의 소용돌이로 몰아넣었다. 눈에 화상을 입은 사람은 밟혀 죽었고, 폐를 찌르는 고통을 느끼며 수많은 사람들이 길에 쓰러졌다. 외부와의 유일한 통로인 기차도 역무원들이 쓰러지는 바람에 운행되지 못했다. 하늘의 새도 질식되어 땅에 떨어질 정도였다 한다.

생물다양성의 유지

우리가 접하고 있는 생물다양성의 폭은 매우 좁고 수많은 생물종들은 지구상에서 사라지고 있다. 긴 탄생과 진화의 역경을 지나 지금까지 살아온 생물종들이 인간에 의해 사라지고 있다. 지구 탄생의 비밀과 진화의 역사가 이들의 소멸과 함께 사라지는 것이다. 하나의 종이 지구상에서 사라진다는 것은 이 종이 살아남아 진화되어 수많은 자손과 변이 종을 퍼트릴 수 있는 가능성을 없애는 것이다. 생태계에서의 안정된 물질의 순환과 에너지의 흐름은 결국 생물다양성을 필요로 한다. 폭이 좁은 생물다양성은 궁극적으로 생태계의 자기조절능력을 상실하게 한다. 이제부터라도 인간의 활동은 생물다양성을 해치지 않으며 다른 생물은 물론 환경과 함께하는 것이라야 한다.

우리는 요즈음 '환경'이란 용어와 자주 접한다. 환경문제, 환경 친화적, 환경부, 환경오염 등 많은 용어들은 우리의 일상생활과 환경과의 밀접한 연관성을 보여주고 있다. 모든 생물은 주변의 여러 환경조건에 영향을 받기도 하고 주기도 한다. 즉 환경 없는 생명이란 있을 수 없다. 그러므로 환경과 생명체는 호혜적이 되어야 한다. 이를 거부할 때 모두 파멸을 피할 수 없을 것이다. 지구라는 생태계는 오직 하나뿐이기 때문이다. 이 단원에서는 이런 환경과 생명체와의 관계를 살펴보았다. 지구 생태계에 지대한 영향을 미치고 있는 인간들이 가져야 할 환경의식을 가다듬어 볼 기회가 되었기를 바란다.

연습문제

I. OX 문제 (X로 답한 경우에는 이유를 설명함)

01 태양으로부터 전해진 빛에너지는 양분에 포함된 화학에너지로 전환되어 먹이사슬을 따라 이동한다. (   )

02 먹이사슬의 각 영양단계 간 이동되는 에너지의 전달 효율은 높으며 대략 50% 정도이다. (   )

03 한 먹이사슬을 이루는 영양단계들은 일반적으로 5단계 이상이다. (   )

04 먹이 그물이 복잡할수록 생태계의 평형이 잘 유지된다. (   )

05 물질은 지구 생태계 내에서 순환하며, 에너지는 태양으로부터 유입되고 열로서 지구 생태계를 벗어난다. (   )

06 상위 단계 포식자에 의한 섭식은 하위 단계 생물들의 진화와는 아무 상관없다. (   )

07 포식과 기생은 모두 먹이나 숙주를 죽인다. (   )

II. 객관식

01 다음 중 생태계를 가장 잘 설명하는 예인 것은?

① 한강에 있는 물고기 집단
② 어느 서해안 조간대에 사는 동물, 식물과 분해자
③ 어느 연못에 사는 동물과 식물의 모든 종
④ 어느 사막지역에 서식하는 동물과 식물 간이 관계
⑤ 어느 열대우림지역에서의 생물들과 주변 환경

02 생태계를 구성하는 생물적 요인들의 예가 틀리게 짝 지어진 것은?

① 생산자 – 식물　② 소비자 – 동물
③ 분해자 – 박테리아　④ 소비자 – 곰팡이
⑤ 생산자 – 동물

(3~4) 다음 그림은 어느 특정 생태계에서 종들 간의 먹고 먹힘의 관계를 나타내는 먹이 그물을 보여준다.

03 먹이 그물에서 어느 종이 '생산자'인가?

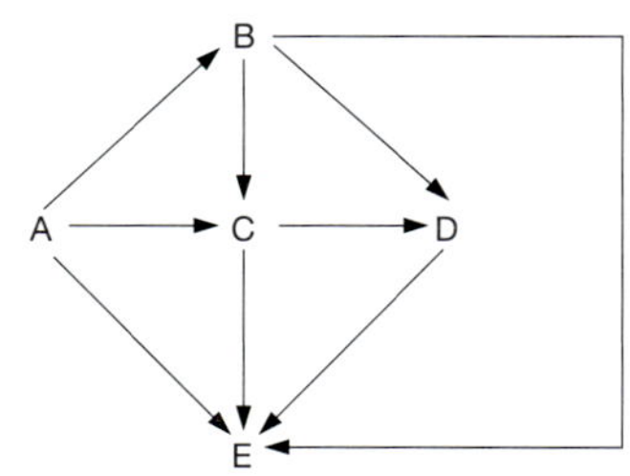

① A　② B
③ C　④ D
⑤ E

04 먹이 그물에서 분해자를 보여주는 종은?

① A　② B
③ C　④ D
⑤ E

05 다음의 먹이사슬 '풀 – 매뚜기 – 쥐 – 뱀 – 매'에서 풀이 광합성을 통해 형성한 화학에너지(100%)의 대략 어느 정도가 매에게 이동되었겠는가?

① 0.01%　② 0.1%
③ 1%　④ 10%
⑤ 50%

06 위 5번 문제의 생태계에서 총 생체량이 가장 적은 것은?

① 풀　② 매뚜기
③ 쥐　④ 뱀
⑤ 매

07 생명체에 사용되기 전에 반드시 토양 박테리아에 의해 화학적 전환이 필요한 영양소는?

① 탄소　② 물
③ 질소　④ 인
⑤ 포도당

08 '토끼가 식물을 먹는다'에서 식물에서 토끼로 이동하는 것을 가장 잘 설명한 것은?

① 물질이 이동한다.
② 에너지가 이동한다.
③ 물질과 에너지가 이동한다.
④ 열이 이동한다.
⑤ ATP가 이동한다.

(9~10) 우리나라 어느 중부지방 지역에 큰 화재가 발생하여 모든 식물이 사라지고 황무지로 변하였다. 화재 후 10여 년이 지난 지금은 여러 종류의 식물들이 자라고 있으며 매년 자라는 식물의 종류도 변하고 있었다.

09 화재 후 새로운 식물종들이 유입되어 자라는 과정을 무엇이라 하는가?

① 나누어 살기 ② 1차 천이
③ 2차 천이 ④ 극상
⑤ 유전적 부동

10 이 지역에서 가장 많이 발견되는 식물 종류의 변화를 순서대로 바르게 나열한 것은?

① 소나무 → 민들레 → 참나무 → 산딸기
② 민들레 → 산딸기 → 소나무 → 참나무
③ 민들레 → 산딸기 → 참나무 → 소나무
④ 산딸기 → 민들레 → 참나무 → 소나무
⑤ 산딸기 → 참나무 → 소나무 → 민들레

11 멸종은 자연스런 현상이다. 지구상에 존재하였던 종들의 99%은 멸종되어 지금의 지구에서는 찾아볼 수 없다. 그렇다면 왜 현재를 멸종 또는 생물다양성 위기의 시대라 하는가?

① 사람들은 윤리적으로 멸종 단계의 생물들을 보호해야 한다.
② 과학자들은 이제야 지구상의 존재하는 대부분의 종들을 파악하였고, 이들 중 대부분은 멸종 단계에 있다는 것을 알았다.
③ 멸종의 속도가 과거와는 비교되지 않을 정도로 빠르고 대부분은 인간에 의한 것이다.
④ 현재의 인류들이 과거보다 필요로 하는 생물 자원들이 많다.
⑤ 여러 형태의 자연 재해들이 많은 생물종들을 소멸시켰다.

12 어떤 종이 멸종 단계에 있는 것을 가장 잘 보여주는 증거는?

① 개체군이 지리적으로 분산되어 있다.
② 개체군이 차지하는 지역이 너무 좁다.
③ 유전적 다양성이 줄어들고 있다.
④ 생태 통로를 통해 연결되지 않는다.
⑤ 모두

Ⅲ. 주관식

01 사람이 식물을 먹고 자란 소고기를 먹는 것보다 직접 식물을 먹는 것이 생태계의 에너지 보존 측면에서 더 효율적이다. 이유는?

02 심한 강우 같은 특별한 환경 조건에서 육상 생태계가 사용할 수 있는 질소나 인의 양이 부족해질 수 있으나 탄소의 양은 거의 문제가 되지 않는다. 이유는?

03 생산자, 1차 소비자와 2차 소비자로 구성된 생태계에서 특별한 이유로 1차 소비자의 개체수가 증가하면 단기적과 장기적으로 이들이 형성하는 먹이 사슬의 패턴은 어떻게 변할까?

04 안에 아무것도 없는 텅빈 공간의 유리 집(빛과 온도 조절이 가능)에 지속가능한 생태계를 유지하고 싶다면 무엇을 유리 집 안에 집어 넣을지 생각해보시오.

05 다음은 올빼미에 관한 내용이다. "올빼미와 부엉이류는 오염된 먹이로 인해서 생존에 위협을 받고 있으며 번식지를 비롯한 월동지와 서식지의 파괴, 인간에 의한 마구잡이 등의 원인으로 나날이 그 수가 감소하고 있다. 올빼미와 부엉이류는 국제적으로 보호되고 있는 새들로서 우리나라에서도 10종 중 7종을 천연기념물로 지정하여 보호하고 있다."
우리가 올빼미를 보호해야 하는 이유를 생태학적인 관점에서 서술하시오.

06 최근 지구 생태계는 온실효과로 인해 지구의 온도가 높아지는 지구온난화 현상을 경험하고 있다. 날로 늘어가는 화석연료의 사용으로 대표적인 온실가스인 이산화탄소의 배출은 날로 심각한 수준으로 급증하고 있다. 온실가스 배출을 조절하는 전 세계적인 협조체계가 진행되고 있으며 이들은 지구인 모든 개인들도 이산화탄소와 다른 온실가스의 배출을 줄이는 노력에 동참할 것을 요청하고 있다.
다음 문항들에 답하시오.

1) 지구 전체로 볼 때 '탄소순환은 균형을 잃었고 통제하기 힘들다'는 관점에 대한 견해를 서술하시오.
2) 전기를 얻기 위해 석탄을 사용하는 대신 풍력이나 태양에너지를 사용하면 지구 생태계에 어떤 영향을 미칠까?
3) 나무 심기와 겨울에 내복 입기가 각각 어떻게 온실가스인 이산화탄소량을 줄일 수 있을까?
4) 인터넷 조사 등을 통해 '탄소 발자국'의 의미를 알아보시오.

07 종 내 개체들 간의 경쟁과 종들 간의 경쟁 중에서 어느 것이 더 치열할지 추측해보시오.

08 최근 우리나라에서 도시 사람들이 공해나 도시의 복잡함을 피해 농촌으로 이주하는 추세가 증가하고 있다. 하지만 이런 현상이 지속되면 결국은 농촌도 서서히 도시화되어 농촌지역이 가졌던 장점들이 없어질 것이다. 이런 농촌의 도시화 현상과 생태계에서 벌어지는 천이와 비슷한 점을 생각해보시오. 또한 천이과정을 통해 얻을 수 있는 자연계의 교훈을 통해 원하지 않는 도시화 현상의 피해를 최소화할 수 방안을 제시해보시오.

09 생물다양성의 세 단계를 쓰고, 인간들이 각각의 단계들에 미치는 영향을 설명하시오.

10 어느 지방의 공청회에서 한 전문가가 공기오염과 화석연료의 사용을 줄이고자 철도의 건설을 주장하고 있었다. 그는 다른 대책보다 철도 건설이 이 지적에 미치는 경제적 이익을 집중적으로 강조하고 있었다. 생태학을 공부한 사람으로 이 전문가에게 던져야 할 질문을 생각해보시오.

해 답

1장

I.

1. O **2.** O **3.** X (DNA 뿐이다.) **4.** O **5.** O **6.** X (속과 종이다.) **7.** O **8.** X (바른 변인통제로 대조군 실험이 필요하다.) **9.** O

II.

1. ③ **2.** ③ **3.** ④ **4.** ① **5.** ② **6.** ③ **7.** ④

III.

1. 1) e 2) b 3) a 4) d 5) f 6) c

2. 마치 알파벳이 모여 하나의 의미를 갖는 단어를 이루듯이 DNA는 염기서열이 모여 단백질을 설계한다. 단백질은 생명현상을 연출하는 물질이므로 DNA는 생명현상을 설계하는 도면(설계도)을 가진다 할 수 있다. DNA는 긴 사슬로 되어 있어 생명이 가지는 단백질을 모두 설계할 수 있다.

3. 이런 첨단 기계 장치들은 겉으로 보기에는 생명체들이 가진 여러 특징들을 가진다. 에너지를 만들어 사용하기도 하고, 온도 등의 환경 자극을 인식하여 이에 적절하게 반응하기도 한다. 이들은 매년 진화를 거듭하여 말하는 로봇이 등장하는 등 사람의 모습이나 능력을 점점 더 닮아가고 있다. 하지만 이들이 가진 이런 특징들은 생명체들의 경우에서처럼 작동하지 않는다. 이들은 자연선택으로 진화하는 것이 아니라 시장의 요구와 기술자의 능력에 의해 진화된다. 여러 기계들은 자동적으로 생산(생식)될 수 있지만 생명체들이 사용하는 DNA가 관여하지 않는다. 또한 기계들은 생명체들처럼 세포를 가지지 않는다. 첨단 기계 장치들은 생명체의 특성을 부분적으로 가지지만 여러 다른 생명의 특성들을 가지지 못해 생명체가 될 수 없다.

4. 대조군 실험을 하지 않았다. 그가 얻은 실험 결과는 대조군 실험이 없어 호르몬을 제공한 후 5일간이라는 기간 동안 호르몬과는 관계없이 다른 요인으로 주파 속도가 변했을 가능성이 배제되었다. 가령 음식 섭취 후 5일 동안 늘어난 근육량이 호르몬에 관계없이 주파 속도를 빠르게 할 수 있다. 옳은 결과를 도출하기 위해서는 실험군과 모든 실험 조건이 동일한 상태에서 호르몬A만 제외된 대조군이 필요하다. 대조군 실험은 호르몬이 포함되지 않은 음식으로 실험군과 동일한 통제변인(음식 종류, 실험 시간, 음식 투여 양과 일시, 실험 장소 등)으로 실시해야 한다. 음식을 먹인 후 주파 속도가 대조군에서는 빨라지지 않고 실험군에서만 빨라졌다면 가설은 맞는 것으로 결론 지을 수 있다.

5. 1) IAA의 낮은 농도(10^{-6}–10^{-5}M)에선 단편이 성장하고, 높은 농도(10^{-4}M보다 높은)에선 생장이 억제된다. 2) 가설을 지지하지 않으며 가설은 수정되어야 한다. 3) IAA를 처리하지 않은 실험 집단(그림의 점선 표시) 4) 조작변인 – IAA. 5) 사용된 식물의 나이, 배지에 포함된 성분(IAA 제외한)이나 배지의 pH, 실험이 진행된 일시 등이 통제변인이다.

2장

I.

1. X (핵과 엽록체와 함께 미토콘드리아도 DNA를 가진다.)

2. X (세포질에 결합되지 않은 상태로 있기도 한다(유리 리보솜).

3. O **4.** O **5.** O **6.** X (인지질에는 전하를 띠는 부분이 있다.) **7.** O **8.** O

II.

1. ① **2.** ② **3.** ④ **4.** ③ **5.** ② **6.** ② **7.** ⑤ **8.** ③ (탄수화물은 $(CH_2O)_n$의 화학식을 가진다) **9.** ③ **10.** ⑤ **11.** ①

III.

1. 1) c 2) d 3) a 4) b

2. a. 공유결합, 수소결합 b. 셀룰로스 또는 녹말, 글리코젠

3. 기름집은 다른 세포소기관들과 달리 내부에는 용액이 아닌 소수성의 지방으로 차 있다. 즉 용액과 친화적인 인지질의 전하를 띤 '머리 부분'은 기름집 세포막의 외부 용액과 접하는 한 층만 있어도 된다. 기름집은 인지질 이중층 대신 인지질 단일층으로 안정된 구조를 형성할 수 있는 것이다. 단일층의 인지질이 가지는 소수성의 '꼬리' 부분은 기름집 내부의 지방 분자들과 안정된 접촉을 할 수 있다.

4. 규소 원자도 탄소 원자와 마찬가지로 최외곽 전자 층에 4개의 전자를 가지며 4개의 공유결합과 짝을 가질 수 있다. 즉 생명체가 필요한 다양한 종류의 물질들이 규소로부터도 형성될 수 있는 것이다. 규소 원자는 전자의 수가 탄소보다 많아 결합에너지가 매우 높은 것이 지구 생명체에서 규소가 사용되지 않는 것으로 생각된다. 하지만 지구보다 온도가 높은 우주의 별에서는 탄소보다 규소가 우주 생명체에 더 적합할 수 있다고 예상될 수 있다.

3장

I.

1. X (샤가프 규칙에 의해 A + G의 양은 T + C의 양과 같다)
2. X (S형의 세포벽이 아니라 DNA가 R형에 옮겨져야 한다.)
3. O **4.** X (dUTP가 아니라 dTTP가 필요하다.) **5.** X (DNA는 디옥시리보스당, RNA은 리보스당을 가진다.) **6.** X (유전자 지역은 지놈의 10% 미만이다.) **7.** X (아직 많은 유전자의 기능을 모르고 있다.) **8.** O **9.** O **10.** X (두 가닥이 풀어지는 방향의 반대 방향으로 합성되는 가닥을 말한다.)

II.

1. ④ **2.** ⑤ **3.** ③ (T가 10%면 A도 10%이며, G와 C가 나머지 80%이다. 즉 C는 40 %가 된다) **4.** ② **5.** ② **6.** ⑤ **7.** ② **8.** ① **9.** ⑤ **10.** ④ **11.** ⑤ **12.** ⑤

III.

1. 1) D 2) R 3) R 4) N (DNA와 RNA 합성은 모두 단량체 뉴클레오타이드가 필요함) 5) DR 6) R
2. 오카자키 단편들이 연결되지 않았다. 이 세포에는 이 단편들을 연결하는 DNA 접합효소가 없던지 제대로 작용하지 않았다.
3. ATP는 RNA 합성에 필요한 뉴클레오타이드이기도 하다.
4. 돌연변이로 다양한 종류의 형질을 갖게 되고 이들 중에는 환경 스트레스에 대항할 수 있도록 할 것이다. 즉 돌연변이는 형질의 다양성을 갖게 하며 자연선택의 범위를 넓힌다.
5. 변성(이중가닥을 단일가닥으로 전환)에 더 높은 온도가 필요하다는 것은 이중가닥을 연결하는 염기들의 수소결합이 강함을 의미한다. A와 T는 두 개의 수소결합을, G와 C는 세 개의 수소결합을 갖는다. 즉 높은 온도가 필요한 시료 B는 시료 A에 비해 더 많은 G와 C를 가질 것이다.

4장

I.

1. 1) O 2) X (인트론이 잘려나가 pre-mRNA보다 짧다.) **3.** X (삼중자 코돈의 세 번째 염기에서의 교체는 반드시 아미노산의 교체를 야기하지 않는다.) **4.** X (메티오닌은 시작 아미노산으로 사용되고 또한 중간에 사용되기도 한다.) **5.** X (mRNA가 만들어 진 후에 벌어지는 현상으로 '전사후 조절'에 해당한다.) **6.** X (동물, 식물, 박테리아 등 거의 모든 생물에서 통용된다.)

II.

1. ③ **2.** ④ (전사조절인자는 단백질-DNA와 단백질-단백질 결합을 할 수 있다.) **3.** ④ **4.** ⑤ **5.** ① **6.** ① **7.** ③ **8.** ⑤ **9.** ⑤ **10.** ⑤ **11.** ③

III.

1. 1) 5′AUGCUAAUUUCUUAG3′
Met–Leu–Ile–Ser(UAG는 종료코돈임)
2) AGA
2. 암이 의심되는 사람의 몸에서 mRNA을 추출한 다음 cDNA를 합성하여 DNA 칩을 사용한다. DNA 칩에는 암 세포나 조직에서만 특별히 만들어지는 DNA가 심어져 있어 cDNA와의 결합을 분석하여 암 진단을 할 수 있다.
3. 유전자 A의 발현을 촉진하는 전사조절인자들에 의해 RNA 중합효소가 유전자 A의 전사를 진행한다. 이 과정에서 인트론이 제거되고 엑손들이 연결되는 스플라이싱 과정을 거친다. 최종적으로 만들어진 mRNA는 리보솜으로 이동하여 시작코돈부터 시작해서 정지코돈이 나타날 때까지 코돈에 맞는 안티코돈을 갖는 tRNA에 결합되어 있는 아미노산들이 차례로 연결되면서 단백질 A를 합성한다.
4. 체세포들의 DNA는 동일하지만 유전자 발현을 거쳐 만들어진 단백질의 종류는 서로 다르기 때문이다.

5장

I.

1. O **2.** X (5 아미노산을 연결하는 위해서는 4개의 펩타이드 결합이 필요하다.) **3.** X (전하를 띠지 않는 곁사슬도 있다.) **4.** X (효소는 생물학적 촉매로 반응의 속도를 촉진하지만 방향을 변화시킬 수는 없다.) **5.** X (일반적으로 경쟁적 억제제로 특정 효소의 작용을 억제한다.)

II.

1. ② **2.** ② **3.** ④ **4.** ⑤ **5.** ③ **6.** ⑤ **7.** ⑤ **8.** ③ **9.** ② **10.** ④

III.

1. 1) N–말단, C–말단 2) 전이상태 3) 아르기닌, 리신 4) 경쟁적 억제제 5) 3차구조
2. 모두 소수성 곁사슬을 가지는 아미노산들로 물을 피해 단백질의 내부로 들어가면서 단백질의 3차구조 형성에 도움을 줄 것이다.
3. 효소 활성부위에 기질이 결합하고 효소의 꿈틀거림(유도적합)으로 활성화 에너지를 낮출 수 있으며 신속하게 '전이상태'에 이르게 한다.
4. 해당작용의 최종 대사산물인 피루브산이 해당작용 첫 번째 효소의 알로스테릭 지역(활성부위가 아닌 지역)에 결합하여 효소의 활성을 억제한다.
5. 활성부위에 기질이 결합하면 유도적합 가설에 의해 활성부위의 구조가 변한다. 즉 활성부위에 위치하는 아미노산들의 이동을 측정함으로 효소의 활성을 측정할 수 있는 것을 의미한다.

6장

I.

1. X (G2기의 DNA양은 2배이지만 염색체 수는 같다.) **2.** O **3.** X (염기서열이 같지 않을 수 있다.) **4.** O **5.** O **6.** X (감수2분열에선 DNA 양이 반으로 줄어든다.)

II.

1. ② **2.** ③ **3.** ③ **4.** ⑤ **5.** ⑤ **6.** ① **7.** ④ (DNA 합성이 이루어지는 S기를 마친 G2기가 가장 많은 양의 DNA를 가진다.) **8.** ⑤ **9.** ③ **10.** ③ **11.** ③

III.

1. A. c → a → d → b, 이 현상은 체세포분열이나 감수2분열시 벌어짐 B. c → d → a → b → e, 이 현상은 감수1분열에 해당됨

2. 상동염색체가 적도판을 사이에 두고 나란히 배열되어 있으면 감수1분열의 중기이고, 상동염색체가 짝을 이루지 않고 모든 염색체들이 적도판에 일렬로 배열되어 있으면 체세포분열 또는 감수2분열의 중기이다.

3. 세포질분열이 없는 체세포분열이 반복되어 벌어졌다. 세포질분열이 벌어지지 않으면 여러 개의 핵을 갖는 하나의 세포가 생성된다.

4. 3)번의 자매염색분체는 DNA 복제의 결과로 생겨난 것으로 DNA 염기서열은 동일하다. 2)의 경우는 대립유전자의 관계로 염기서열이 비슷은 하지만 동일하지 않다. 한 대립유전자는 아버지로부터 다른 대립 유전자는 어머니로부터 오는 것으로 같은 종류의 유전자이지만 기능에서의 차이가 날 수 있다. 1)의 경우는 서로 다른 유전자를 갖는 경우로 염기서열이 매우 다르다. 염기서열 유사 정도는 3)−2)−1)의 순이다.

5. 1) 뿌리 끝에 있는 세포는 체세포분열을 하며 20pg은 간기의 G2 단계에서부터 세포질분열이 벌어지기 직전의 체세포분열의 말기까지의 세포가 가지는 DNA 양이다. 10pg은 세포질분열이 벌어진 이후의 말기 단계로부터 간기의 G1의 마지막까지이며, 15pg은 간기의 S기에서 DNA 복제가 50% 벌어진 시점에서의 DNA 양이다. 2) 감수분열을 하는 세포로 40pg은 세포질분열이 이루어진 감수1분열의 말기로부터 세포질분열 전의 감수2분열의 말기 사이의 세포이거나, 감수분열을 준비하는 이배체 세포의 G1 단계에서의 DNA 양이다. 80pg은 G2기에서부터 세포질분열을 앞둔 감수1분열의 말기까지 가지는 DNA 양이다. 49.3pg은 감수1분열 전에 벌어지는 S기의 어느 한 시점의 경우이고, 20pg은 감수2분열의 말기(세포질분열 이후)로부터 완성된 배우자 세포의 경우이다.

6. 노새가 가지는 63개 염색체로 체세포분열이 가능하다. 즉 모든 염색체는 다른 염색체에 상관없이 독립적으로 복제되고 염색분체가 분리될 수 있어 노새의 체세포분열과 성장은 문제없이 벌어진다. 하지만 감수분열의 경우 상동염색체가 감수1분열에서 짝을 이루어 세포의 중앙에 배열해야 하는데 말과 당나귀의 염색체는 수, 크기, 모습들이 달라 상동 염색체로 작용하지 못한다. 감수1분열의 전기에서 벌어지는 상동염색체들 간의 접합으로부터 시작해서 나머지 감수분열의 전 과정이 벌어지지 못한다.

7. 유전적 다양성이 사라진 생물은 치명적인 질병 하나로 일시에 멸종 위기로 몰릴 수 있다. 캐번디시의 단일 품종이 전 세계에 걸쳐 재배되고 있으며 현재로선 이 캐번디시를 대체할 품종이 없다. 무성생식으로 번식된 이 품종이 Foc-TR4 곰팡이에 당하는 공격이 전 세계적으로 확산될 조짐이 보이고 있는 것이다. 씨가 없어 과일로 먹기 편한 장점이 있었지만 유전적 다양성이 없어지는 결과가 만들어진 것이다. 접목 등의 무성생식으로 만들어진 캐번디시 품종을 다시 씨를 통한 유성생식의 방식으로 재배할 수는 없다. 대응책으로는 바나나의 유전적 다양성을 증가시키고 다양한 품종들이 재배되어야 하는데 이는 간단히 해결될 수 있는 것이 아니다. 이제라도 씨가 있는 야생 바나나 품종을 가지고 유성생식을 통한 다양한 바나나 품종이 얻는 노력이 이루어져야 한다. 유전적 다양성과 유성생식의 중요성을 일깨우는 사건이다.

7장

I.

1. X (멘델은 DNA의 존재를 모르고 있었다.) **2.** O **3.** O
4. X (상동염색체에서 같은 단백질을 암호화하는 유전자를 말한다.) **5.** X (열성 대립유전자에 의한다.) **6.** O **7.** O **8.** O

II.

1. ① **2.** ③ **3.** ② **4.** ② **5.** ④ **6.** ② **7.** ③ **8.** ④ (퍼넷 사각형에서 한쪽 부모의 생식세포는 *BT, Bt, bT, bt*이고 다른 쪽 부모의 생식세포는 *Bt*이다. 이들 간의 교배에서 생기는 자식이 검은색(*B_*)이고 긴 꼬리(*tt*)일 확률은 1/2이다.) **9.** ⑤ **10.** ④ **11.** ④ (정상인 부모의 유전자형이 모두 *Dd* 이어야만 자식에서 귀머거리인 *dd*가 생길 수 있다.) **12.** 3) (자식의 반은 *Hh*으로 병을 가질 것이다.)

III.

1. 노란색(우성)을 A, 초록색(열성)을 a로 표시하면,
1) *AA* × *aa*이며 자식은 모두 *Aa*(노란색)이다.
2) *Aa* × *aa*이며 자식은 *Aa*(노란색) : *aa*(초록색) = 1 : 1
3) *Aa* × *AA*이며 자식은 *AA*(노란색) : *Aa*(노란색) = 1 : 1 (모두 노란색)
4) *Aa* × *Aa*이며 자식은 *AA*(노란색) : *Aa*(노란색) : *aa*(초록색) = 1 : 2 : 1(75%, 노란색, 25 % 초록색)

2. 부모의 유전자형이 모두 이형접합이다. 혀를 말 수 있는 형질을 B, 없는 형질을 b로 표시하면 부모의 유전자형은 모두 Bb이다. 즉 자식에서 bb를 가진 혀를 말 수 없는 열성 형질이 나타난 것이다.
3. A와 B 사이와 a와 b 사이에 교차가 벌어져 Ab와 aB의 조합이 생겨났다.
4. 1) X 염색체 반성 유전 2) 우성 유전 3) 열성 유전 4) 상염색체 유전
5. 1) 27/64 (3/4 × 3/4 × 3/4) 2) 1/64 (1/4 × 1/4 × 1/4) (Aa인 부모에서 태어난 자식은 AA, $2Aa$, aa로서 3/4은 정상, 1/4은 병을 갖는다.)
6. 여성이 색맹이 되기 위해서는 색맹을 유도하는 X 염색체 대립유전자를 부모로부터 하나씩 받아야 한다. 어버지는 X 염색체가 하나뿐이므로 아버지는 색맹이 될 수밖에 없다. 남자가 색맹이 되기 위해서는 X 염색체에 색맹 대립유전자를 가져야 하는데 이는 보인자인 어머니로부터 받을 수 있다.
7. 1) 부모 모두 Gg이다. (여동생이 질환을 갖고 부모는 갖지 않으므로 부모의 유전자형은 Gg가 될 수밖에 없다.) 2) GG 또는 Gg이다 3) 아니다. 여동생의 배우자가 GG라면 자식이 모두 질환을 갖지 않으며, Gg라면 1/2 확률로 질환을 갖지 않을 수 있다.

8장

I.

1. X (식물세포 모두가 아니라 잎에 있는 일부 세포만이 광합성을 하며, 세포호흡은 동물과 식물 모두 수행한다.) **2.** X (전자전달계에서 발생되는 에너지의 일부는 ATP 합성에, 또 다른 일부는 열의 발생으로 사용된다.) **3.** X (기질수준 인산화로도 ATP를 얻을 수 있다.)
4. X (탄수화물, 지질, 단백질 등 모든 영양소들은 세포호흡에 참여한다.) **5.** X (연소는 생물체에서 벌어지는 현상이 아니며 효소를 필요로 하지 않는다.) **6.** O **7.** X (기초대사량은 대략 1000–1500 kcal 정도이다.)

II.

1. ⑤ **2.** ① **3.** ② **4.** ④ **5.** ① (포도당은 해당작용을 거치면서 무산소호흡을 할 수 있다.) **6.** ② (산소 농도가 높아 알코올 발효 대신 산소호흡이 진행된 것으로 보인다.) **7.** ① **8.** ① (전자전달계에서 산소는 전자와 결합하여 물을 생성한다.) **9.** ④ **10.** ④ (수소이온은 내막의 내부로부터 외부(내막과 외막 사이)로 이동한다.)
11. ④ (지방산은 산화되어 아세틸-CoA를 거쳐 구연산회로 유입된다.)

III.

1. 포도당이 가진 에너지(화학결합의 형태로)는 세포호흡을 통해 ATP를 생산한다(발열반응). 발열반응을 통해 생산된 ATP는 에너지를 필요로 하는 흡열반응(동화작용)에 사용된다. 이런 방식으로 발열반응은 흡열반응에 필요하다.
2. 햄버거는 소화를 거쳐 단당류, 지방산, 아미노산 등의 간단한 구조의 영양소로 전환되어 세포로 흡수된다. 세포에선 세포호흡을 통해 이들 영양소의 수소 원자에 있는 전자들이 전자전달계를 이동하며 ATP를 생성한다. 또한 ATP는 기질수준 인산화를 통해서도 얻어진다. 이 ATP는 다양한 세포활동에 사용된다.
3. 단위 탄소 수당 수소 원자를 가장 많이 가진 것이 중성지방이다. 수소 원자에 있는 전자들은 전자전달계를 거치면서 ATP로 전환되어 많은 수의 ATP를 생성한다. 따라서 중성지방은 가장 많은 에너지를 가진다.
4. 세포호흡과 연소는 모두 물질의 화학결합에 포함된 에너지를 끄집어내는 현상이다. 세포호흡이나 연소는 모두 전자의 이동을 거치며 최종적으로 산소와 결합한다. 세포호흡은 세포에서 벌어지는 것으로 영양소가 지닌 전자들이 전자전달계의 여러 단계를 거치면서 각 단계별로 조금씩의 에너지를 방출하며 이 에너지의 일부는 열로 전환되지만 대부분은 ATP로 전환된다. 세포호흡과는 달리 연소는 생명체가 아닌 곳에서 벌어지는 현상으로 물질에 포함된 전자가 여러 단계의 전자전달 과정을 거치지 않고 곧바로 산소와 결합하면서 물질에 포함된 에너지를 ATP 생산이 없이 대부분 열로서 방출한다.
5. 지방을 포함하는 대부분의 영양소들은 세포호흡 과정을 거치면서 화학결합에 포함되는 에너지를 ATP의 형태로 방출한다. 화학결합이 분해되는 과정이 필요한데 이 과정에서 이산화탄소가 발생한다. 문제에서의 지방은 대부분 이산화탄소(CO_2)의 형태로 몸 밖으로 배출되었다.
6. 1) 이산화탄소, 산소 2) 산소호흡이 줄어들고 젖산이 생기는 무산소호흡인 발효가 시작된다. 따라서 ATP의 생산이 줄어든다.
7. 세포의 ATP 양이 충분하더라도 구연산회로의 활성은 어느 정도 억제되겠지만 완전히 멈추지는 않을 것이다. 구연산회로와 해당작용은 ATP 생산 말고도 큰 분자의 유기물을 합성하는 재료를 제공한다. 구연산회로는 약하지만 지속될 것이다.
8. 광합성으로 얻어진 유기물 영양소로 식물은 자라고 살아간다. 초식동물은 식물을 먹음으로 유기물과 함께 유기물이 가진 에너지를 전달받는다. 이때 식물이 가진 유기물 중 일부만이 초식동물로 전해진다. 초식동물은 식물의 전체를 먹을 수 없고 일부만을 음식으로 섭취한다. 또한 초식동물은 식물을 먹느라 많은 에너지를 열로 소모한다. 마찬가지로 초식동물이 가진 유기물과 에너지 중 일부만이 육식동물로 전달된다. 이런 낮은 효율의 물질과 에너지의 전달 때문에 먹이 피라미드의 상위 단계 동물들의 수나 생체량이 식물이나 초식동물에 비해 매우 적은 것이다.

9장

I.

1. X (빛 수집 구조의 엽록소 전자는 광산화 반응을 하지 않는다.) **2.** O **3.** X (엽록체와 미토콘드리아 모두에 있다.) **4.** X (물은 분해되어 광계 2에 전자를 제공한다.) **5.** X (형성층은 2차성장에 작용한다.) **6.** X (P_{fr}은 밤사이에 P_r로 전환되므로 밤이 길면 P_{fr}의 양이 줄어든다.) **7.** X (광주기 신호는 잎에서 인식되어 꽃망울로 전해진다.)

II.

1. ② **2.** ① **3.** ① **4.** ① **5.** ② **6.** ⑤ **7.** ⑤ **8.** ⑤ **9.** ③ **10.** ④ **11.** ④

III.

1. a → b → e → d → c
2. 잎으로부터 광합성 산물을 공급받아 세포호흡을 통해 ATP를 얻는다.
3. 식물의 여건에 따라 다음의 반응을 가질 수 있다. 1) 광합성 세포에서 설탕을 만들어 다른 조직으로 관다발을 통해 이동한다. 2) 녹말로 전환되어 저장된다. 3) 세포벽을 이루는 셀룰로스로 전환된다. 4) 세포호흡으로 사용된다. 5) DNA나 단백질 합성에 사용된다.
4. 식물이 제거되면 이산화탄소가 식물로 흡수되지 않아 대기 중의 이산화탄소의 양이 높아진다. 이는 지구의 온도를 높이는 역할을 한다. 탄소고정의 첫 번째 반응으로 이산화탄소가 RuBP에 결합되는 반응.
5. 열매가 있어야 동물이 먹어 씨앗을 노출시킬 수 있고 사과 식물이 서로 간의 경쟁을 피해 분산되어 자랄 수 있다.

10장

I.

1. X (난소와 정소에서 모두 작용한다.) **2.** X (배란 직전에 급증하여 배란을 유도한다.) **3.** X (모체와 태아의 혈액은 직접 섞이지 않는다.) **4.** X (난자의 감수분열은 불연속적이다.) **5.** O **6.** X (배아는 수정 후 초기에는 자궁내막에서 직접 물질을 공급받지만 3주가 되면 태반이 형성되고 이를 통해 물질들이 공급받는다.)

II.

1. ③ **2.** ② **3.** ② **4.** ③ **5.** ⑤ **6.** ③ **7.** ② **8.** ②

III.

1. 불가사리는 무성생식을 한다. 조각들이 모두 새로운 불가사리 개체로 태어난다.
2. 그림 10.10 참조. 뇌하수체 호르몬인 FSH와 LH, 난소 호르몬인 에스트로젠과 프로제스테론의 변화를 찾을 수 있다. 만약 임신이 되면 황체기의 프로제스테론과 에스트로젠의 양이 줄지 않고 높은 농도를 지속적으로 유지할 것이다. 높은 호르몬 농도는 음성되먹임 조절에 의해 뇌하수체로부터 FSH가 분비되지 않고 여포가 성숙되지 않는다.
3. 에스트로젠은 남성과 여성 모두에서 생성되지만 여성에서의 농도가 높다, 특히 여성의 경우 생식이 가능한 나이가 되었을 때 에스트로젠은 매우 높은 농도로 존재한다. 에스트로젠은 여성의 가슴 발달과 같은 2차 성징과 자궁내막의 발달을 촉진하고 월경주기를 조절하기도 한다. 이외에도 근육량의 감소, 지방 축적의 증가, 자궁내막의 발달, 자궁의 발달 등 많은 세포 반응에 관여한다. 남성에서 합성되는 에스트로젠의 경우 정자의 성숙과 같이 생식계에 있어서 역할을 한다. 에스트로젠의 농도가 높으면 시상하부와 뇌하수체에 음성되먹임 조절이 벌어져 시상하부로부터 방출되는 GnRH와 뇌하수체 전엽에서 분비되는 FSH와 LH의 분비가 억제된다. 이는 난소에서 에스트로젠의 생성이 억제되는 결과를 야기한다.
4. 호르몬을 이용한 남성 피임약은 현재 사용되고 있는 것은 없지만 개발을 위해 많은 노력을 기울이고 있다. 한 방법으로 테스토스테론의 생성이나 분비를 억제하여 정자의 생성을 억제하고자 하는 노력이 진행되고 있다. 테스토스테론은 정자 생성 외에도 남성의 2차 성징에도 중요한데, 피임약으로 사용되기 위해서는 테스토스테론이 몸 전체에 퍼져 근육의 생성 등 남성의 2차 성징을 조절하는 역할에 부정적인 영향을 미치지 않도록 개발되어야 한다.
5. 피임약을 복용하면 에스트로젠과 프로제스테론의 농도가 높아져 시상하부와 뇌하수체에 음성되먹임 조절이 벌어진다. 시상하부로부터 방출되는 GnRH와 뇌하수체 전엽에서 분비되는 FSH와 LH의 분비가 억제되어 난소에서 새로운 여포가 성숙되지 않고 배란이 멈추는 결과를 야기한다.

11장

I.

1. X (기관은 일반적으로 상피, 근육, 결합, 신경조직으로 이루어진다.) **2.** X (심장을 떠나는 혈액으로 정의된다.) **3.** X (좌심실과 우심실 모두가 이완된다.) **4.** X (이산화탄소의 일부만이 헤모글로빈과 결합한 상태로 이동한다.) **5.** X (펩신은 강산성인 pH 1 근처에서 잘 작용한다.) **6.** X (분비는 대사 부산물이나 독성 물질을 혈액으로부터 여과액으로 보내는 현상을 말한다.) **7.** X (콩팥은 독성 물질을 배설하며 분해하지는 않는다.)

II.

1. ④ **2.** ③ **3.** ⑤ **4.** ⑤ **5.** ⑤ **6.** ⑤ **7.** ③
8. ① (여과에선 혈액의 세포와 단백질을 제외하고 모두 여과한다.) **9.** ③ **10.** ①

III.

1. 항상성은 외부의 환경변화에도 불구하고 몸의 내부는 일정한 상태를 유지하는 현상을 말한다. 항상성은 일반적으로 음성 되먹임 조절에 의해 이루어지며, 이를 위해서 몸의 여러 기관이나 기관계들의 협력적인 작용이 필요하다.

2. 1) 다, c 2) 나, c 3) 다, c 4) 가, c 5) 다, b 6) 가, a

3. 혈액에 흡수된 아미노산, 당, 지방산(암죽관을 거쳐 혈액으로 합류한다)은 우선 간으로 이동한다. 간에서 이들 영양소의 일부는 포도당을 전환되어 혈액으로 방출되고 또 다른 일부는 중성지방이나 글리코젠 등의 저장형 물질로 전환되어 간에서 저장될 것이다.

4. 단백질인 인슐린을 먹으면 위와 소장을 거치면서 소화되어 호르몬의 기능을 발휘할 수 없다. 주사를 맞아야 소화기관을 거치지 않고 인슐린 단백질이 혈액에 보내질 수 있고 인슐린이 필요한 세포들에 전달될 수 있다.

5. 순환계는 호흡에 필요한 산소와 이산화탄소를 운반해준다. 순환계가 없다면 세포들이 폐로부터 확산을 통해 산소를 공급받기 위해 너무나 많은 시간이 필요할 것이다.

6. 이뇨제에 의해 항이뇨호르몬의 작용이 억제되면 물의 재흡수가 줄어들고 오줌의 양은 늘어난다. 결과적으로 혈액량이 줄어들어 혈압이 낮아진다.

7. 원뇨, 단백질 0, 포도당 0.1(단백질은 여과되지 않고 포도당은 여과된다.) 오줌, 단백질 0, 포도당 0(포도당은 재흡수되어 오줌에는 남아 있지 않는다.)

8. 1) 물의 손실을 줄이기 위해 항이뇨호르몬의 생산이 증가될 것이다. 2) 오줌에서의 물이 농도가 줄었을 것이다. 3) 오줌에서의 물의 농도가 줄었기 때문에 오줌의 요소 농도는 높을 것이다. 4) 투과성이 증가되어 오줌량을 줄어들고 세뇨관에서의 물의 재흡수가 늘어날 것이다. 5) 혈액에서의 Na^+ 농도를 늘려 물의 재흡수를 촉진하기 위해 알도스테론의 생산이 늘어날 것이다.

12장

I.

1. O **2.** X (하나의 뉴런은 여러 시냅스 연결을 통해 여러 개의 뉴런에 자극을 전달할 수 있다.) **3.** X (심장 박동은 교감신경에 의해서 촉진된다.) **4.** X (교감신경은 노르에피네프린을 표적기관에 분비한다.)

II.

1. ① **2.** ④ **3.** ② **4.** ③ **5.** ② **6.** ④ **7.** ⑤ **8.** ②

III.

1. 1) a 2) c 3) b 4) d 5) e

2. 1) 다발성 경화증 – 다발성 경화증은 중추신경계의 뉴런에서 말이집이 소실되는 질환이다. 말이집이란 신경세포의 축삭(axon)을 둘러싸고 있는 절연물질이며, 수초가 벗겨져 탈락될 경우 신경전달에 이상이 생기고, 해당 신경세포가 죽게 된다. 환자는 감각에 이상이나 운동 장애 등의 증세를 보인다. 2) 보톡스 – 보톡스는 식중독균(*Clostridium botulinum*)의 독소를 희석하여 만든 것으로 뉴런 축삭돌기의 말단에 침투하여 신경전달물질인 아세틸콜린의 분비를 방해한다. 보톡스는 아세틸콜린을 분비시키는 운반소낭에 작용하여 아세틸콜린이 시냅스 공간으로 분비되는 것을 막는다. 보톡스 독소는 최근 눈 주위나 입 주위의 주름살을 제거하는 성형 목적으로 사용되기도 한다. 보톡스 주사로 주사 지역의 뉴런에 아세틸콜린이 분비되지 않으면 근육은 수축이 방해되고 이완된 상태로 있으면서 주름살이 없어지는 효과를 보인다. 3) 국소 마취제 – 국소 마취제는 말초신경의 자극 전달을 차단하여 국소적인 마취를 일으키는 약물로, 의식에 관계없이 신체의 일부를 마취시킨다. 최과 치료나 다양한 의료 목적으로 사용된다. 마취제는 종류에 따라 Na^+ 통로에 결합하여 활동전위의 생성을 방해하기도 하고 신경전달물질의 수용체에 결합하여 시냅스를 통한 뉴런 간 신경전달을 방해하기도 한다. 4) 니코틴 – 담배에 아주 풍부하게 함유되어 있는 니코틴은 아세틸콜린을 흉내내서, 원래 아세틸콜린을 받아들여야 할 수용체에 결합한다. 이는 고농도의 아세틸콜린이 한곳으로 몰려 분비되는 효과를 낳고, 이 때문에 심장 박동이 증가하고 혈압이 올라간다. 통상적으로 이때에 인체는 일종의 쾌감을 느끼며, 또한 고농도의 니코틴으로 인해 신경세포의 수용체는 무디어져서 점점 더 다량의, 더 고농도의 니코틴을 원하게 된다. 이런 원인으로 담배의 중독성은 설명될 수 있다.

3. 같은 신경전달물질에 결합하는 수용체의 종류가 서로 다른 조직에서 다르기 때문이다. 신경전달물질인 아세틸콜린과 결합하는 골격근의 수용체와 부교감신경을 통해 분비되는 아세틸콜린과 결합하는 표적 기관의 수용체는 서로 다르다. 아세틸콜린은 중추신경계에서도 작용하며 이 경우 또 다른 수용체를 가진다.

4. 앞 3번 문항에서 언급하였듯이 하나의 신경전달물질과 결합하는 수용체는 조직이나 기관에 따라 서로 다를 수 있다. 마약이 수용체에 결합하여야 조직이나 기관에 특이적으로 마약의 효과를 발휘할 수 있다. 만약 마약이 신경전달물질의 합성이나 분비에 작용한다면 영향을 받는 조직이나 기관의 범위가 매우 넓어진다.

5. 귀에 있는 감각기가 소리 신호를 감각뉴런인 청신경을 통해 뇌로 전달한다. 뇌에 있는 연합뉴런을 통해 내 이름을 누군가 부르고 있다는 것을 인식하고 운동신경을 통해 목에 있는 근육을 수축시켜 고개를 뒤로 돌리도록 한다.

6. 급격한 반응을 필요로 하는 교감신경이 활성화될 것이다.

13장

I.

1. O **2.** O **3.** X (인슐린이 있어야 glut4가 발현된다.) **4.** O
5. O **6.** X (시상하부는 방출호르몬을 뇌하수체 전엽에 보내 FSH와 LH를 분비하도록 한다.)

II.

1. ⑤ **2.** ③ **3.** ⑤ **4.** ③ **5.** ② **6.** ③ **7.** ④

III.

1. 알도스테론은 부신 겉질로부터 분비되어 Na^+의 혈액 내 이동을 유도한다. 알도스테론의 분비량이 많아지면 혈액 내 Na^+ 양이 높아져서 혈액량이 증가되고 혈압이 높아지게 된다.

2. 인슐린은 식후 높아진 혈당을 낮추고, 글루카곤은 굶은 상태에서 혈당을 높인다. 인슐린은 간이나 근육세포에서 포도당 수송체를 늘리는 방법으로 혈당을 낮추고 글루카곤은 글리코겐을 포도당으로 전환하는 대사를 활성화하여 혈당을 높인다. 굶지 않은 상태에서 글루카곤을 주사하면 정상 이상의 혈당을 보일 것이다.

3. 옥시토신과 항이뇨호르몬이다. 옥시토신은 생명과 직접 관련이 없지만 항이뇨호르몬은 주사를 해서라도 환자의 혈액량 항상성이 유지되도록 해야 한다. 환자의 혈압이나 혈액내 용질의 농도를 세심하게 관찰하여 항이뇨호르몬의 주사를 실시해야 한다.

14장

I.

1. O **2.** O **3.** X (특이적 면역에서만 침입자의 정체가 기억되다.) **4.** O **5.** X (감염된 세포를 공격하는 것은 세포성면역이다.) **6.** X (B 림프구는 골수에서 생성되고 성숙한다.) **7.** O

II.

1. ④ **2.** ⑤ **3.** ② **4.** ② **5.** ⑤ **6.** ④ **7.** ④ **8.** ① **9.** ④
10. ① **11.** ②

III.

1. a–4, b–1, c–2, d–e, e,g–5,7, f–3

2. 1) 특이적 면역에 사용되는 항체는 항원에 표식을 부착하여 비특이적 면역에서 작용하는 식세포로 하여금 항원을 소각하도록 한다. 2) 대식세포는 비특이적 면역을 담당하는 식세포의 일종으로 병원균의 종류에 관계없이 잡아먹지만, 대식세포는 세포의 표면에 항원을 제시하여 보조 T 림프구에 의한 특이적 면역을 유도하기도 한다.

3. 보조 T 림프구는 특이적 면역을 촉진하는 중요한 면역세포이다. 보조 T 림프구는 B 림프구가 항체를 분비하도록 유도하고, 세포독성 T 림프구가 감염된 세포를 잡아먹도록 유도한다. 또한 대식세포로 하여금 병원균을 비특이적으로 잡아먹도록 유도하기도 한다. AIDS 환자에서 볼 수 있듯이 보조 T 림프구의 수가 부족하면 대부분의 병원균에 대항할 수 없을 정도로 우리 몸의 면역계는 약화된다. 보조 T 림프구는 대식세포와 같은 항원제시세포에 의해 활성화되며 항원제시세포에 의해 제시된 항원과 동일한 항원을 인식한 B 림프구나 세포독성 T 림프구에게 사이토카인을 분비하여 이들로 하여금 각각 체액성 면역과 세포성 면역을 활성화시킨다.

4. AIDS의 원인이 되는 HIV는 성교나 체액을 통해 전염된다. AIDS 환자가 사용한 주사 바늘에 의해서 감염되기도 한다. HIV는 보조 T 림프구를 파괴하여 세포성과 체액성 면역 모두를 방해한다. AIDS 환자는 면역력이 약해 감염성 질병에 대항할 수 없는 치명적인 병이다. 또한 HIV는 RNA 지놈을 가지고 있어 백신 개발이 어렵고 아직까지 강력한 치료 방법이 개발되지 않고 있다.

5. 수두 바이러스는 DNA 바이러스로 돌연변이가 좀처럼 생기지 않는다. 한번 수두에 걸리거나 백신 주사를 맞으면 바이러스의 변종이 생기지 않아 평생에 걸친 면역이 가능하다. 이와는 다르게 독감을 일으키는 인플루엔자 바이러스는 RNA를 지놈으로 가지고 있어 변종이 자주 생긴다. 작년에 독감을 앓았거나 백신을 맞았어도 금년에 새로운 변종이 생겨 독감에 다시 걸릴 수 있다.

6. 원주민들은 유럽인이 옮겨 온 병원균에 감염되어 본 적이 없어 기억세포를 가지지 않기 때문이다.

7. 이 비유는 다음 점에서 틀렸다. 재단사처럼 손님에 따라 맞춤형으로 양복을 재단하는 것이 아니라 백화점에서처럼 많은 종류의 양복을 미리 만들어 놓고 손님의 체형에 따라 양복이 팔리는 비유가 좀 더 정확하다. 다양한 종류의 항체가 이미 우리 몸에 준비되어 있으며 침입하는 항원에 따라 특정 항체가 항원에 작용한다. 항원이 침입한 다음 항원의 특성에 따라 항체가 새롭게 만들어지는 것이 아니다.

15장

I.

1. O **2.** X (에너지 전달 효율은 낮으며 대략 10% 정도이다.)
3. X (단계별 에너지 전달 효율이 낮아 5단계 미만이다.) **4.** O
5. O **6.** X (동작이 느린 등의 형질은 포식자에 포식되기 쉬워 자연선택되지 않을 것이다.) **7.** X (기생 당하는 숙주가 반드시 죽는 것은 아니다.)

II.

1. ⑤ **2.** ⑤ **3.** ① **4.** ⑤ **5.** ① (각 단계별 에너지 전달 효율은 약 10% 정도로 계산하면 4단계를 거치며 0.01%가 된다.) **6.** ⑤
7. ③ **8.** ③ **9.** ③ **10.** ② **11.** ③ **12.** ⑤

III.

1. 광합성에 의해 식물이 얻은 에너지의 약 10%가 초식동물인 소로 이동된다. 또한 초식동물의 에너지 중 약 10% 정도가 소고기를 먹는 사람에게 전해진다. 즉 소고기를 먹으면 식물이 지닌 에너지의 1% 정도만 전달받지만 사람이 식물을 직접 먹으면 10% 정도를 전달받는다. 생태계 전체로 보면 사람이 식물을 직접 먹는 것이 에너지 효율 면에서 유리하다.

2. 질소 화합물이나 인 등 많은 영양소들은 토양으로부터 오지만 탄소는 이산화탄소의 형태로 대기로부터 오기 때문이다.

3. 단기적으로 2차 소비자의 개체수는 증가하고 생산자의 개체수는 감소한다. 하지만 장기적으로는 원래의 정상적인 상태로 되돌아 갈 것이다.

4. 기본적인 생태계를 형성할 수 있도록 생산자인 식물과 분해자인 곰팡이나 박테리아가 필요하다. 분해자가 있어야 사체나 배설물을 분해하여 물질들이 생태계 생물들에 재활용될 수 있다. 식물은 생산자로서 역할과 산소를 공급하여 다른 생물들의 호흡을 가능하게 한다, 식물을 먹는 작은 크기의 소비자도 필요하다. 소비자는 식물이 무한정 자라는 것을 방지할 뿐만 아니라 호흡을 통해 식물의 광합성에 필요한 이산화탄소를 배출한다. 또한 생명체에 필요한 적당량의 물과 함께 무기염류와 질소 화합물을 만드는 박테리아를 포함하는 토양 등이 필요하다. 여러 종류의 작은 생물들도 집어넣어 간단하지만 안정된 먹이사슬이 형성되도록 한다. 만약 오랫동안 생태계 내의 물질 순환과 항상성이 유지된다면 지속 가능한 생태계가 형성되었다 할 수 있을 것이다.

5. 생태계에서 한 종이 사라지면 그 종이 가진 여러 다른 종들과의 먹이 관계에 영향을 받는다. 예를 들어 올빼미는 쥐나 토끼 등의 1차 소비자들을 먹이로 삼고 있는데 올빼미가 생태계에서 사라지면 쥐나 토끼의 개체수가 폭증할 것이다. 결과적으로 쥐나 토끼가 먹는 식물의 생체량과 다양성이 감소할 것이고 이는 다른 종의 1차 소비자들에게도 영향을 미칠 것이다. 1차 소비자의 감소는 다른 포식자들에게도 부정적인 영향을 미칠 것이다. 생태계의 다양한 종을 보호하여 복잡한 먹이 그물을 유지하여야 안정된 생태계가 유지될 수 있다.

6. 1) 지난 1~2세기에 걸쳐 지구 생태계에서 방출하는 이산화탄소의 양은 폭발적으로 늘어나고 있는데 이는 화석 연료의 사용과 대규모의 삼림 훼손에 의한 것이다. 산업의 발전과 함께 이 같은 추세는 지속될 것으로 예상되어 지구 생태계이 탄소순환은 균형을 잃었다 할 수 있다. 2) 오랜 역사를 통해 지구 생명체의 잔해로부터 만들어진 화석연료(석탄, 석유 등)는 멀지 않은 미래에 고갈될 것으로 예상된다. 화석연료를 대체할 수 있는 대체 에너지가 필요한 시점이다. 자연에서 낭비되고 있는 태양에너지와 풍력에너지와 같은 대체 에너지의 활용은 현재 전 세계적으로 개발되고 있고 생태학적으로도 중요한 의미를 갖는다. 대체 에너지의 사용은 이산화탄소의 배출을 줄이고 지구온난화를 방지할 수 있는 효과와 함께 지구 생태계의 탄소순환을 안정되도록 할 것이다. 3) 나무는 광합성을 통해 이산화탄소를 대기 중으로 흡수한다. 내복을 입으면 겨울에 난방에 필요한 에너지 사용을 줄일 수 있다. 난방에 필요한 전기의 사용은 결국 화석연료의 사용을 의미하는 것으로 대기 중 이산화탄소 양을 증가시킨다. 4) 탄소 발자국은 어떤 주체(개인, 직장, 나라 등)가 일상생활이나 영업을 하는 과정에서 직간접적으로 배출하는 이산화탄소의 양을 말한다. 가령 전기 사용을 줄이는 것은 나의 탄소 발자국을 줄이는 것이다. 모든 지구인들이 탄소 발자국을 줄이기 위한 노력을 함께하여 지구의 탄소순환을 살리고 지구 온도를 정상화시켜야 한다.

7. 같은 종간의 개체들 간의 경쟁이 더욱 치열할 것이다. 이들은 같은 생태적 지위를 가지므로 같은 서식지, 자원이나 먹이를 두고 경쟁할 것이다.

8. 농촌으로의 사람들의 이주가 시작되면 여러 사람이 모이게 되어 작은 마을이 형성된다. 이 과정은 개척종으로 시작되어 여러 종과 개체가 모여 작은 군집을 이루는 천이 과정과 비슷하다. 마을에 사람들이 늘어나게 되면서 도로, 가게, 문화 시설, 아파트, 학교 등이 들어서면서 도시화가 진행된다. 일단 어느 정도 크기의 도시가 형성되면 작은 도시는 도시 생활을 필요로 하는 사람들이 계속 유입되어 더욱 넓고 복잡한 대형 도시로 변모한다. 이와는 다르게 자연계에서 벌어지는 천이는 일정 기간이 되면 극상 단계로 접어들면서 더 이상 변하거나 넓어지지 않는 안정된 생태계가 오랫동안 유지되도록 한다. 도시화의 복잡함과 불편함을 최소화하는 방법으로 도시화의 적당한 단계에서 더 이상의 개발이나 이주를 제한하는 정책을 생각해 볼 수 있다. 자연계의 극상처럼 안정된 도시들로 더 이상의 도시화를 제한하는 방안이 제시될 수 있다. (다양한 답이 있을 수 있음)

9. 종 다양성, 유전자 다양성, 생태계 다양성이다. 개체수가 줄어들면 일반적으로 그 종의 유전적 다양성도 감소한다. 유전적 다양성은 서식지 파괴 등의 이유로 개체들이 격리되면서 발생한다. 환경과 생태계를 무분별하게 파괴하는 인간의 활동은 지금까지 수많은 종들을 멸종시켰으며 지금도 많은 종들이 멸종위기에 처해 있다. 개체들의 격리나 멸종은 생태계의 구조와 안정성에 영향을 미친다. 생태적 의식을 잃은 인간 활동은 생태계 다양성을 줄이고 결국 생태계를 파괴할 것이다.

10. 철도 건설이 이 지역 생태계에 미칠 파급 효과에 관한 질문을 던질 수 있겠다. 가령 철도 건설이 서식지의 단편화를 초래할지에 관한 분석이 이루어졌는지 질문할 수 있다. 부득이하게 철도가 건설되어야 한다면 생물이 이동할 수 있는 통로(이동 통로)의 건축을 포함하는, 생태계 파괴를 최소화할 수 있는 대책을 촉구할 수 있다. (다양한 답이 있을 수 있음)

찾아보기

● ㅎ

기타

생명을 돌아보며...

150억 년 전으로 추정되는 지구의 탄생과 함께 원시 환경을 떠돌던 무기원소들은 결합을 통해 탄소 원자를 중심으로 유기물을 만들었다. 그리고 무수한 조합의 형태로 화학결합을 시도하거나 또는 통제된 형태의 화학결합을 통해 현재의 유기물들은 생겨나게 되었다. 이 유기물을 통하여 살아 숨 쉬는 생명체가 지구상에 출현하게 되었음은 물론이다.

단세포 생물로 출발한 생명체는 생명현상에 필수적인 큰 틀을 유지하면서 엄청난 다양성을 창출하였다. 광합성 작용으로 풍부해진 유기물과 산소 덕분에 생명체의 세계는 확대될 수 있었고, 유기호흡이라는 효과적인 에너지 생성방법을 통해 그 운신의 폭은 넓어졌다. 나아가 DNA를 창조하여 그 속에 기묘하지만 범생물적인 언어를 채워 넣음으로써 단백질을 생산하고 생명의 기본체계를 세웠다. 그렇게 생명은 조직되면서 수많은 세포들로 이루어진 고등생물로 진화했다. 더구나 생명체들은 주어진 환경에서 안정되게 살아가기 위해 오랜 세월에 걸쳐 자신의 모습을 환경에 최적화시키며 조직적인 변신을 꾀했다. 물고기의 아가미, 새의 날개, 기린의 긴 목 등은 그들 삶의 몸부림이 만들어낸 것일지 모른다. 또한 히말라야 산에 있는 들꽃들은 몰아치는 바람을 견디기 위해 그렇게 키가 작아졌는지도 모르겠다.

생명은 때가 되면 생을 마감해야 한다. 하지만 이러한 생명의 진리에도 불구하고, 생명체들은 유 · 무성생식을 통해 DNA를 전달함으로써 그 덧없는 일생을 보상받는다. 자신의 DNA를 후손에 물려줌으로써 자신을 연장시키는 것이다. 이 과정에서 생명은 감수분열이라는 묘안을 만들어내어 다양성을 확보하기도 한다. 다양성의 폭이 넓어진 생명체들은 환경의 어떤 변화에도 적응할 수 있게 되었고, 그 종족은 오래 유지되며 더 다양해질 수 있었다. 그러나 이런 체계적인 장치에도 불구하고, 30억 년이 넘는 생명체의 역사 기간 중에는 환경에 적응하길 포기하고 사라져간 종족들 역시 많다. 이런 흐름 속에서 약 5만 년 전에 탄생한 인간은 특별히 선택받은 종족으로 보인다. 박테리아와 벌레가 사용하는 것과 동일한 유전암호를 이용하고 있으면서도 독특한 진화의 혜택을 누려왔다. 소화기관, 운동기관, 면역기관 등 많은 부분에서 다른 고등 생명체들과 유사하지만, 유독 그 뇌만은 인간만의 차별성을 누린다. 이를 통해 이른바 문화가 생겨나고 사상이 축적되면서 다른 종족의 길로 접어들었으며 다른 종족을 지배할 수 있는 위치에도 서게 되었다.

이제 인간은 생명의 물질인 DNA의 비밀을 풀어헤치고 이를 원하는 대로 변화시킬 수 있는 단계에까지 도달했다. 백만 년 걸려 이루어졌던 유전자 변이가 인간이 마음먹기에 따라 하루 만에 바뀔 수도 있게 된 것이다. 마음만 먹는다면 인간은 유성생식이라는 수억 년 동안의 전통을 버리고 자신과 똑같은 분신을 복제할 수도 있게 되었다. 이렇게 인간이 능력이 스며들어간 비자연적인 생명체들이 언젠가 지구를 뒤덮을 날이 올지 모른다. 그동안 자연발생적이었던 인간도 그 다양성을 버리고 제한된 표본을 좇아 획일화된 인간들로 교체될지도 모른다. 지구와 그 땅 위에 생겨난 장대한 역사의 흐름을 바로 현대의 인간이 바꾸려 하고 있는 것이다. 바로 이 시점에서 생명체가 생겨나고 만들어지고 변화해갔던 역사를 겸허히 반성하는 모습이 인간에게 필요해 보인다.

이제 그 겸허함 속에 이 강의를 마치고자 한다. 지금껏 알고 있던 생명과학의 지식보다 모르고 있는 것이 훨씬 많다는 것을 이해한 수강생이라면 이 강의의 충실한 참여자였다고 생각할 수 있겠다. 그 충실한 생명께 감사한다.